韩式毛衣全集 Ⅳ

Fashion sweaters

辽宁科学技术出版社
·沈阳·

主　　编：张　翠

编组成员：郁新儿　皮夜梦　李思菱　孙惜玉　乐慧巧　乐云霞　魏若云　余霞英　葛嘉云　喻慧颖　水雅懿　时英媛　平芳菲　李秀媛
韦依云　马璇珠　康静姝　卫云梦　苏霞绮　安清漪　冯慧丽　卫雅可　尤慧巧　卞秀艳　施里洪　萧贤松　凤旭笙　郎庭沛
俞心怡　余澄邈　许德海　孔宣展　顾绍辉　康德茂　俞伟誉　魏弘文　鲁杰伟　元德厚　唐朗诣　章心怡　倪德海　郎淳雅
柳越泽　章开霁　余嘉懿　吴雅畅　冯越彬　郑浩天　邬德海　沈英杰　平怡畅　乐俊哲　冯怡畅　奚怡悦　元伟誉　施睿渊
秦伟诚　凤怡悦　乐楷瑞　方淳雅　鲁英杰　金雄博　卜博文　严怡畅　吴伟祺　金旭尧　毕浩强　云德辉　谢明旭　任鸿涛
康高爽　陶宣展　史雅畅　顾岚彩　傅芷若　韦问萍　唐芷文　姜娟巧　韩施诗　郑清韵　顾佳悦　廉欣跃　施和雅　鲁乐英
毕红艳　李欣然　贺婉丽　孙丽文　雷逸美　冯璇珠　秦逸馨

图书在版编目（CIP）数据

韩式毛衣全集Ⅳ/张翠主编. —沈阳：辽宁科学技术出版社，2013.11

ISBN 978－7－5381－8228－6

Ⅰ.①韩… Ⅱ.①张… Ⅲ.①女服—毛衣—编织—图集 Ⅳ.①TS941.763－64

中国版本图书馆CIP数据核字（2013）第192339号

出版发行：辽宁科学技术出版社

（地址：沈阳市和平区十一纬路29号　邮编：110003）

印 刷 者：中华商务联合印刷（广东）有限公司

经 销 者：各地新华书店

幅面尺寸：210mm×285mm

印　　张：22

字　　数：400千字

印　　数：1~8000

出版时间：2013年11月第1版

印刷时间：2013年11月第1次印刷

责任编辑：赵敏超

封面设计：幸琦琪

版式设计：幸琦琪

责任校对：潘莉秋

书　　号：ISBN 978－7－5381－8228－6

定　　价：49.80元

联系电话：024－23284367

邮购热线：024－23284502

E-mail：473074036@qq.com

http://www.lnkj.com.cn

Contents 目录

1-081
2-082
3-083

4-084

5-085

6-088

7-089

8-091

9-092

10-93

11-94

12-95

13-096
14-097
15-098

16-099
17-100
18-101
19-102
20-103
21-104
22-106
23-107

24-108
25-109
26-110
Ford

27-111

28-112

29-113

30-114
31-115
32-116

33-117

34-118

35-119

36-120
37-121
38-122
SPRINKLER
ALARM

39-123
40-124
41 25

42-126
43-127
44-128

45-129
46-130
47-131
48-132
49-133
50-134
51-135
52-136

53-138
54-139
55-140

56-141
57-142
58-143

59-144

60-145

61-146

62-147

63-148

64-149
65-150
66-152

67-153

68-154

69-155

70-156
71-157
72-158

73-159

74-160

75-161

76-162

77-164

78-165

79-166

80-167

81-168

82-169

83-170

84-171
85-172
86-173

87-174
88-175
89-176

90-177

91-178

92-179

93-180

94-181

95-183

96-184

97-185

98-186

99-187

100-188

101-189

102-190

103-191
104-192
105-193

106-194

107-195

108-196

109-197

110-198

111-199

112-200

113-201

114-202

115-203

116-204

117-205

118-206

119-207

120-208

121-209

122-210

123-211

124-212

125-213

126-214

127-215

128-216

129-217

130-218

131-219

132-220

133-221
134-222
135-223

136-224
137-225

138-226

139-227

140-228

141-230

142-231

143-232

144-233

145-234

146-235

147-236

148-22

149-238

150-239

151-240

152-241

153-242

154-243
155-244

156-245

157-246

158-247

159-248

160-249
161-250

162-251
163-252

164-253

165-254

166-255

167-256

168-257

169-258

170-259

171-260
172-261
173-262
174-263

175-264

176-265

177-266
178-267
179-268

180-269

181-270

182-271

183-272

184-273

185-274

186-275

187-276

188-277
189-278
190-279

191-280
192-281
193-282

194-283
195-284

196-285

197-286

198-287

199-288

200-289

201-290

202-291

203-292

204-293

205-294

206-295

207-296

208-297

209-298

210-299

211-300

212-301

213-302

214-303

215-304

216-305

217-306

218-307

219-308

220-309

221-310

222-311

223-312

224-313

225-314

226-315

227-316

228-317

229-318

230-319
231-320
232-321

233-322

234-324

235-325

236-326

237-327

238-328

239-329

240-330

241-332

242-333

243-334

244-335

245-336

246-337

247-338

248-339

249-340

250-341

251-342

252-343

253-344

254-348

255-349

256-350

257-351

258-352

1

【成品规格】 衣长67cm，衣宽51cm，肩宽22cm

【工　　具】 10号棒针，2.0mm钩针

【编织密度】 37针×37行=10cm²

【材　　料】 黑灰色圆棉线800g

编织要点：

1.棒针编织法，从上往下编织，环织领片，再分片织成袖片与前后片。

2.袖窿以上的编织。从领口起织，双罗纹起针法，起240针，首尾连接，环织。起织花样A双罗纹针，不加减针，编织10行的高度。下一行起，依照花样B图解进行编织。每8针一组，共分成30组。依照花样B图解进行单独每组的加针编织。织成94行时，完成领胸片的编织。下一行起，开始分片。前后片各取135针，两边各取6组花样B的宽度。

3.前后片的编织。前后片各135针，连接起来做一片环织。继续花样B编织，织成136行后，改织花样A，不加减针，再织10行后，收针断线。衣身完成。袖片的编织，两边余下的针数共90针，各自编织，织14行的高度后，改织花样A，不加减针，编织10行后，收针断线。用相同的方法去编织另一边袖片。

4.用钩针单独钩织一段系带，图解见花样C，衣服完成。

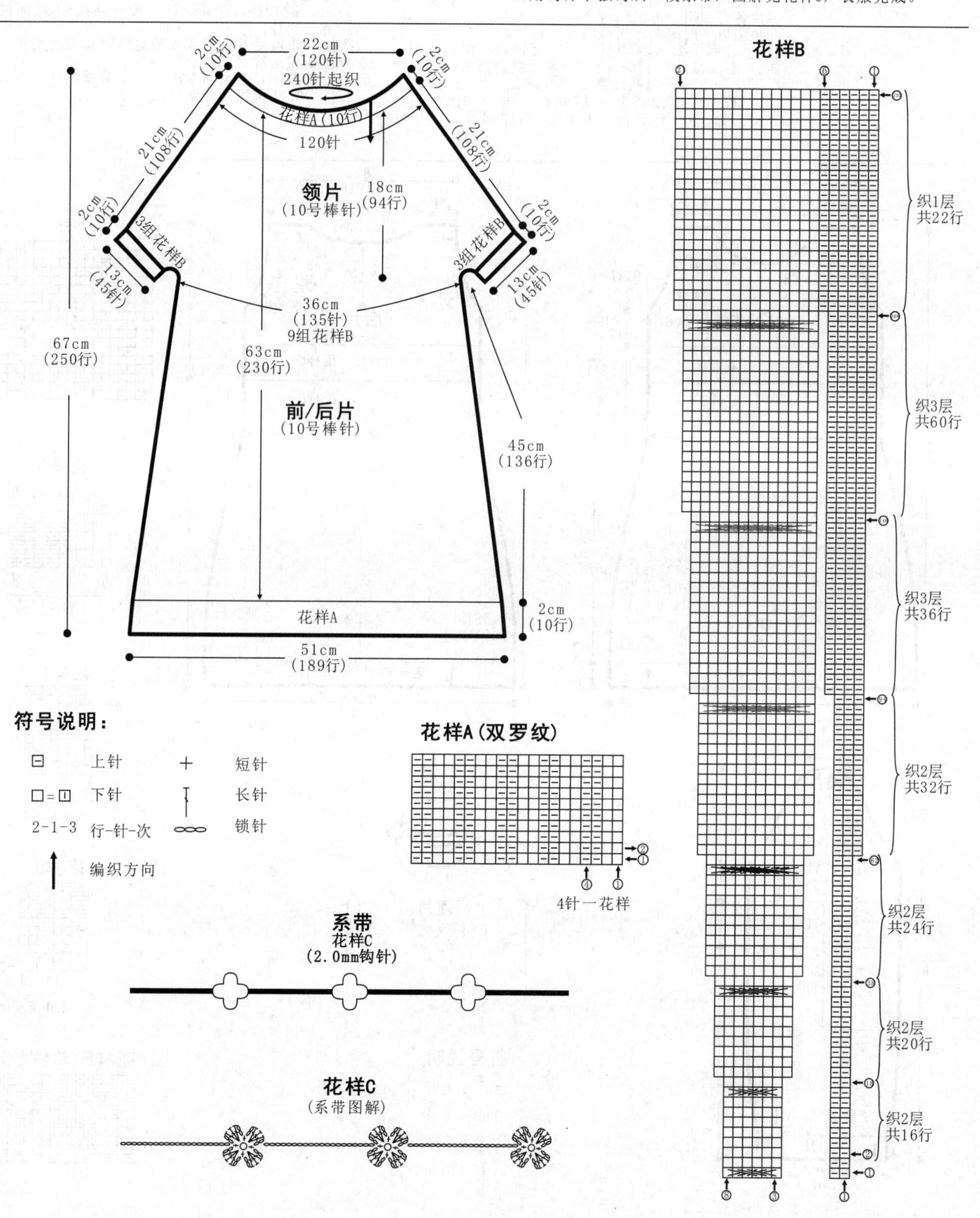

2

【成品规格】衣长122m, 胸宽34cm,肩宽28cm, 袖长53cm, 袖宽28cm

【工　　具】12号棒针

【编织密度】42针×46行=10cm²

【材　　料】黑灰色羊毛线1200g

编织要点:

1.棒针编织法，袖窿以下环织，袖窿以上分成前片和后片各自编织，再编织两个袖片和领片。

2.袖窿以下的编织，先编织前后片。

(1)下针起针法，起520针，首尾连接，环织。起织花样A，不加减针，编织18行后(对折缝合后9行高度)改织下针，下一行起两边侧缝同时减针，方法为12-2-29，减58针，余288针;不加减针，再织10行，织成358行后，下一行起改织花样B，不加减针，编织46行;下一行起，改织花样C，编织28行;下一行起，改织花样D，编织28行至袖窿；下一行起，分成前片和后片各自编织，各144针，以前片为例，袖窿两边同时减针，平收6针，方法为2-1-8，减14针，编织袖窿算起46行的高度时，下一行从中间平收32针后，两边同时减针，方法为2-1-18，10行平坦，减18针，两肩部各余下24针，收针断线。

(2)后片的编织在袖窿处编织84行后，下一行起从中间平收56针后，两边同时减针，方法为2-1-2，2-2-2，减6针，两肩部各余下24针，收针断线。

3.袖片的编织，从袖口起织，单罗纹起针法，起56针，起织花样E，不加减针，编织10行后，在最后一行里，分散加64针，加成120针，起织下针，编织70行后，改织花样B，编织46行后，改织花样C，，编织28行后，改织花样D，下一行起进行袖山减针，两边同时减针，平收6针，方法为2-1-36，减42针，余下36针，收针断线;用相同的方法去编织另一袖片。

4.拼接，将前后片的肩部对应缝合。将袖片的袖山边线与衣身的袖窿边线对应缝合。

5.领片的编织，从前片挑92针，后片挑58针，下针起织，织20行后收针断线，衣服完成。

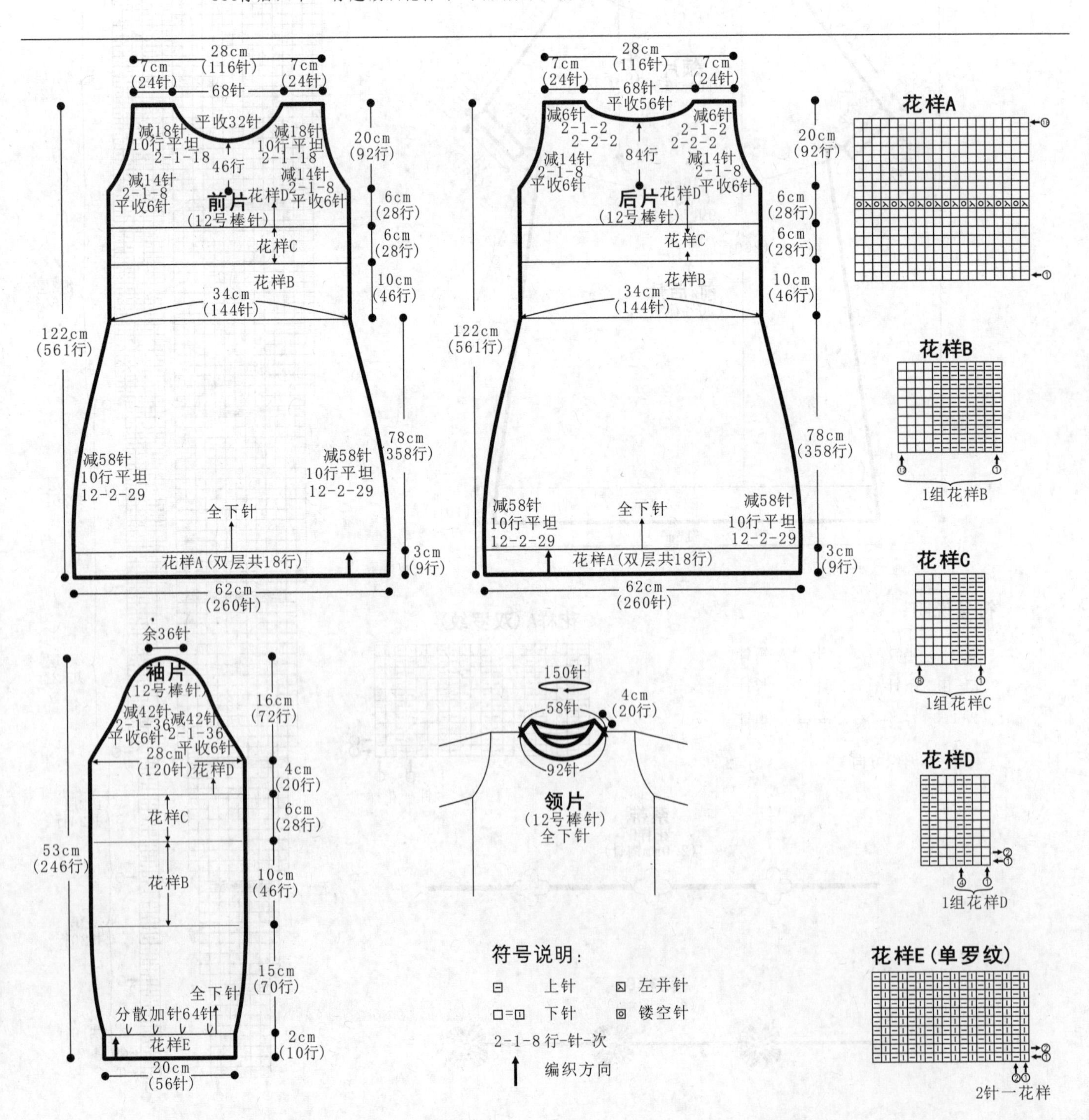

3

【成品规格】 衣长68.5m，胸宽50cm，袖长48cm，袖宽20cm

【工　　具】 11号棒针

【编织密度】 33.8针×47行=10cm²

【材　　料】 灰色羊毛线650g

编织要点：

1.棒针编织法，袖窿以下环织；袖窿以上分成前片和后片各自编织。
2.袖窿以下的编织，先编织前后片。
(1)下针起针法，起338针，首尾连接，环织。起织花样A，不加减针，编织8行，下一行起，改织18针下针，34针花样B，65针下针，34针花样B，18针下针;编织220行，下一行起，分片编织，前后片各169针，以前片为例，两边同时加针，平加60针，从内往外，分配成10针上针，20针下针，10针上针，20针下针，织成袖窿算起62行时，下一行起，从中间收1针分片，将织片分成两半各自编织。两边不加减针，继续编织32行，余144针，收针断线。
(2)后片的编织，在编织花样A8行后，下一行起，花样分配与前片相同，只是将花样B中的棒绞花样改成全织下针，在袖窿处编织76行后，下一行起，从中间平收1针分片，各自继续编织18行，余144针，收针断线。
3.拼接，将前后片肩部对应缝合。

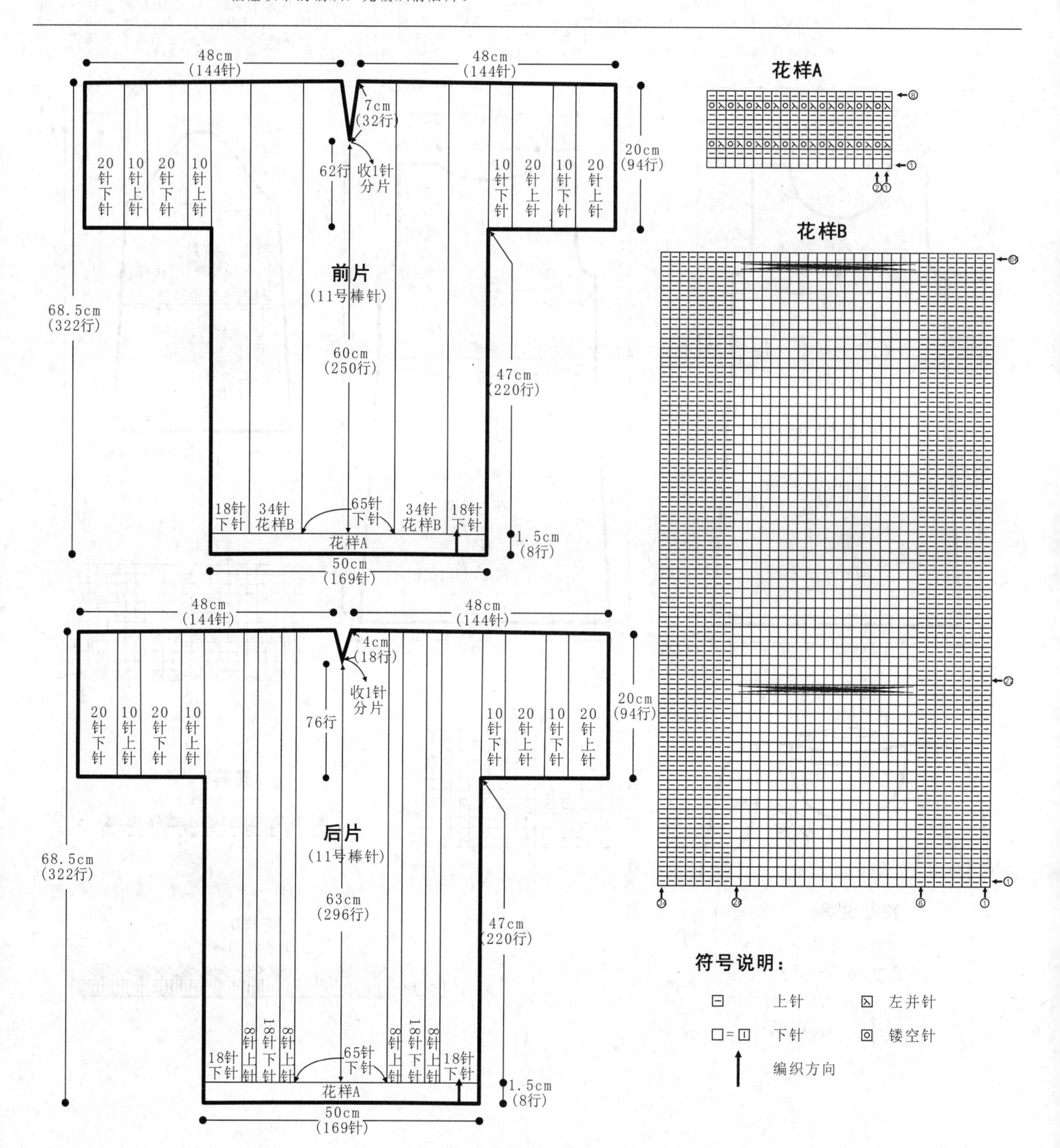

4

【成品规格】 裙长84cm，胸围74cm，袖长52cm

【工　　具】 9号棒针，1.5mm钩针

【编织密度】 29针×29行=10cm²

【材　　料】 玫红色丝光毛线1000g

编织要点:

1.这件衣服从下向上编织，由后片和前片及两个袖片组成。

2.前片起207针编织花样A，将花样A上针部分织12针，然后在上针部分减针，在上针的两侧1针上进行减针，每织20行减1次针，共减5次，织成100行，不加减针再织44行，下一行起，将上针再减少1针，余下108针继续编织花样B，不加减针，编织52行后至袖窿，下一行袖窿减针，两边平收4针，方法为2-1-4，4-1-1，织成袖窿算起28行的高度时，进行前衣领减针，下一行中间平收20针，两边减针，方法为2-3-2，2-2-2，2-1-5，不加减针，再织4行后，至肩部，余下20针，收针断线。

3.后片袖窿以下的编织与前片完全相同，然后织成袖窿算起48行的高度时，下一行进行后衣领减针，中间平收42针，两边相反方向减针，方法为2-2-2，至肩部余下20针，收针断线。

4.将前后片肩部相对进行缝合，侧缝处相对进行缝合。

5.袖子起138针编织花样A，将花样A上针部分织12针，然后在上针部分两侧1针上减针，方法为8-1-5，织成40行，不加减针再织8行，下一行起，将2针上针并为1针，编织花样B，不加减针，编织58行，至袖山，下一行起袖山减针，方法为平收4针，方法为2-1-20，余24针收针。用相同的方法去编织另一只袖片。将袖子侧缝处缝合，与衣身缝合。

6.在领圈挑针钩边，钩织花样C，做玫瑰花两朵缝合在领下左侧，图解见花样D，合双股线用钩针钩辫子180cm长穿入腰间花样的洞眼中作为腰带。最后分别沿着裙摆边、袖口边，挑针钩织花样C，完成后，收针断线，衣服完成。

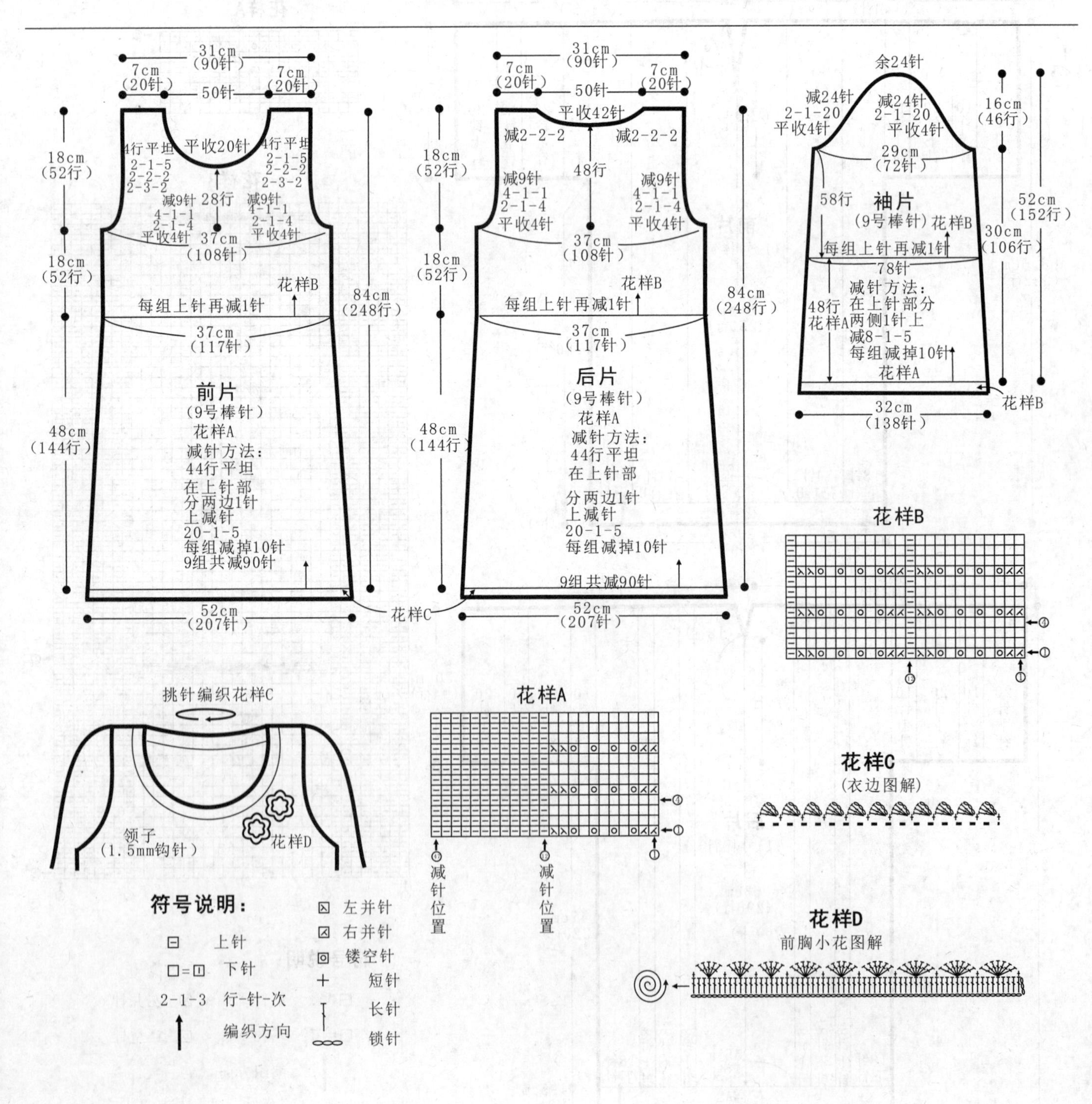

5

【成品规格】 衣长70cm，胸围80cm

【工　　具】 13号棒针

【编织密度】 42针×64行=10cm²

【材　　料】 段染亚麻线250g

编织要点：

1.分两片织，用13号棒针起223针织10行花样C，开始织引退针组合花样，排花样A13组花，每花17针，两侧各留1针用做缝合；引退针在花样B进行，按2-24-1，2-11-10，2-13-5，2-24-1的顺序引退，稍微收出腰部曲线，加减针在两边的24针那一部分进行，其他分段的针数不变。为使两边加减针数相同，每加减1针，请用记号针标记。

2.引退针为正面退引和反面引退，以最后结束的24针为轴心，上下引退针数对称，形成一个平面，领口为一字领，在结束的时候织10行花样C为边，缝合肩部针数，利用亚麻线的自然下垂特性，领口自然形成弧形。

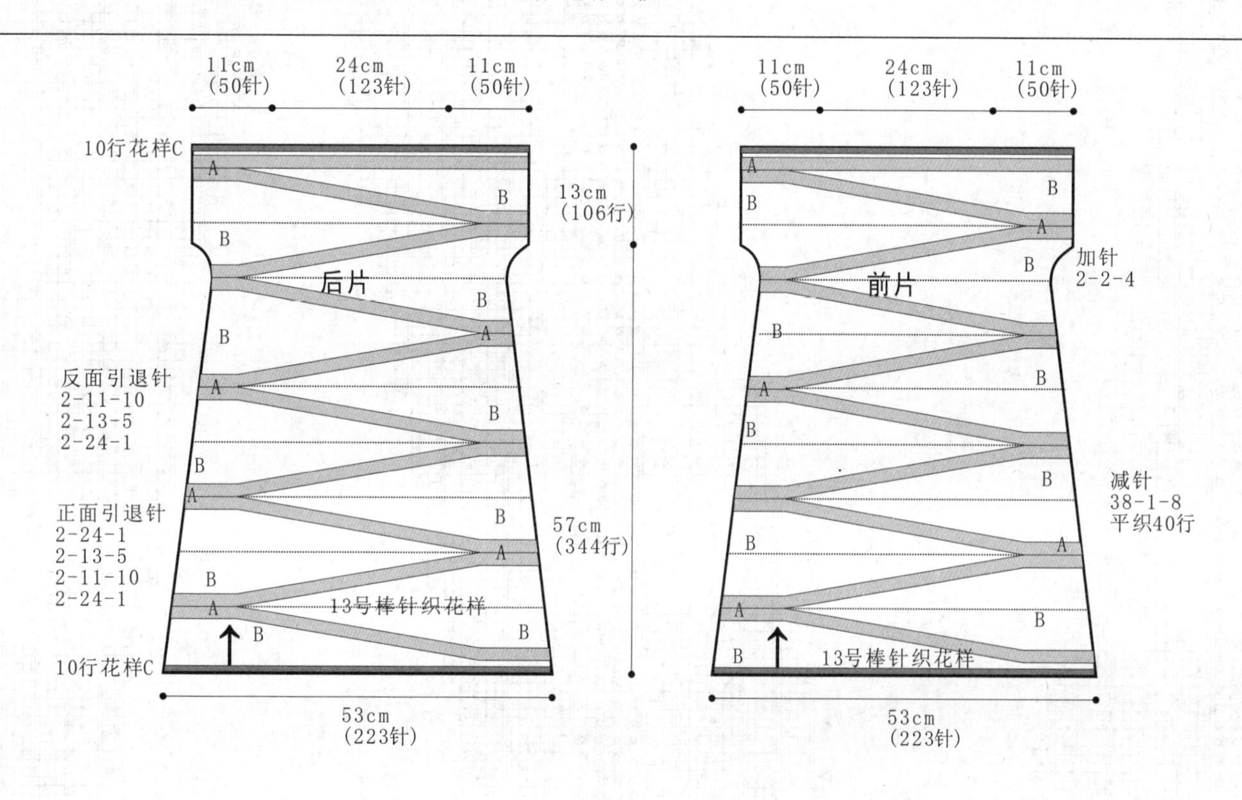

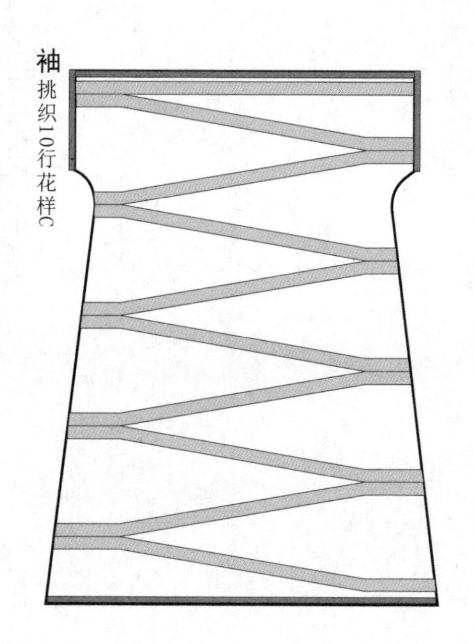

编织花样A

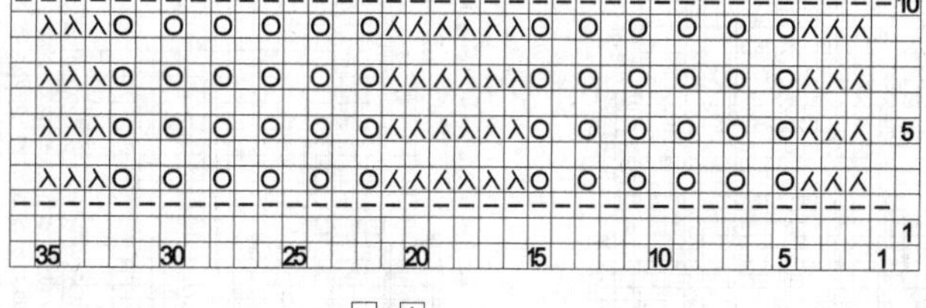

□=Ⅰ

⅄=左上2针并1针

○=加针

编织花样B

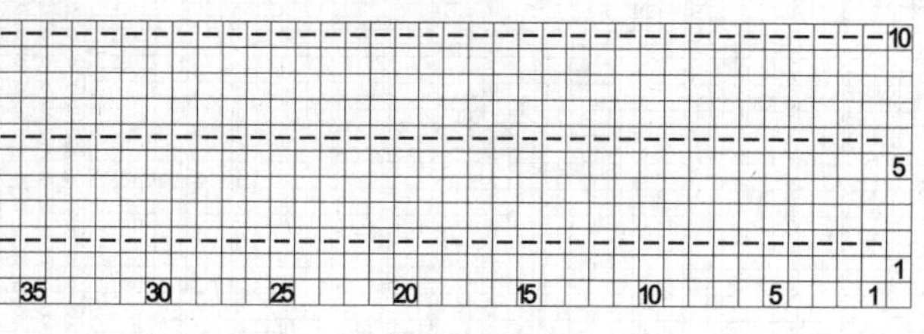

□=Ⅰ

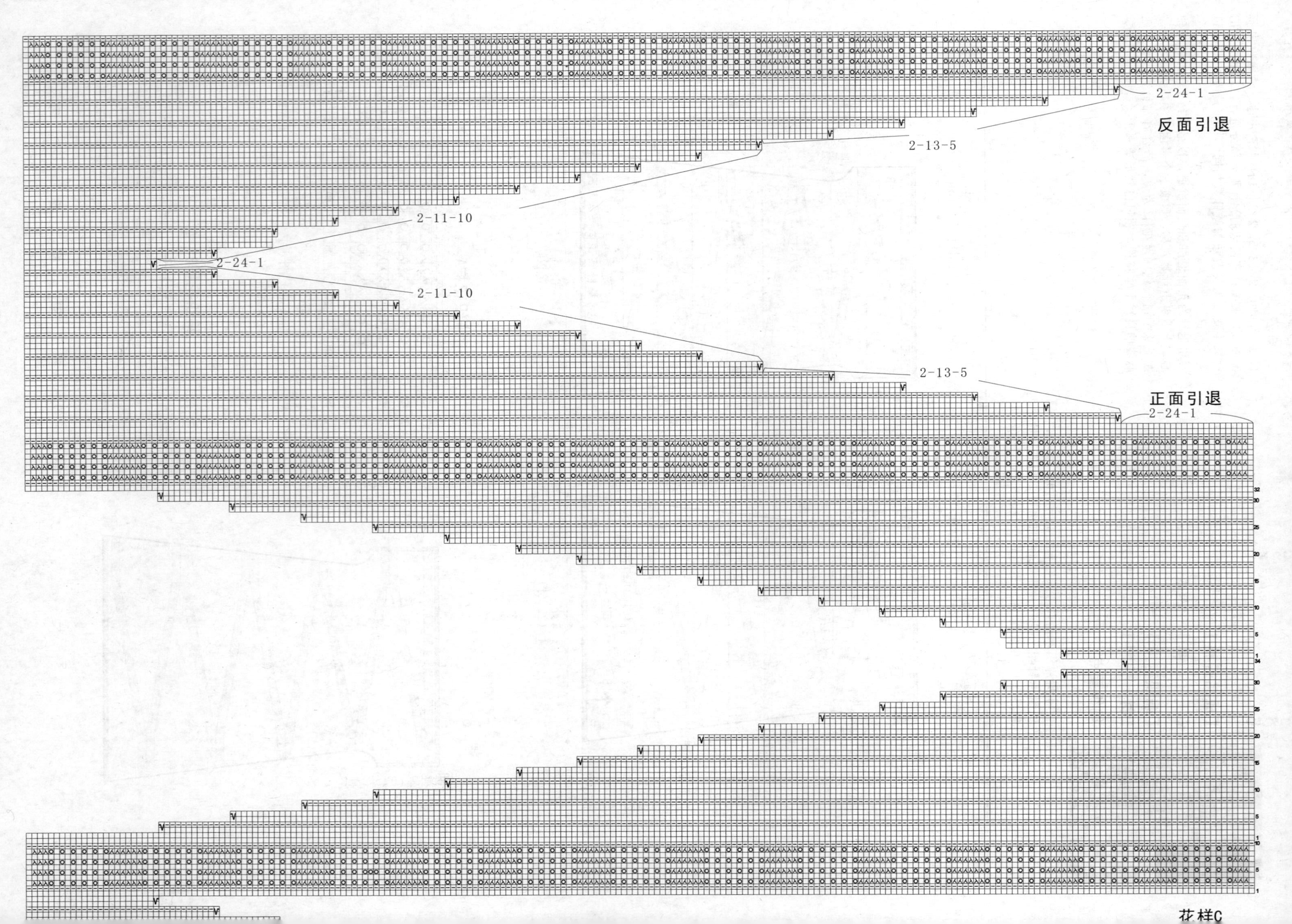
2-24-1
反面引退
2-13-5
2-11-10
2-24-1
2-11-10
2-13-5
正面引退
2-24-1
花样C

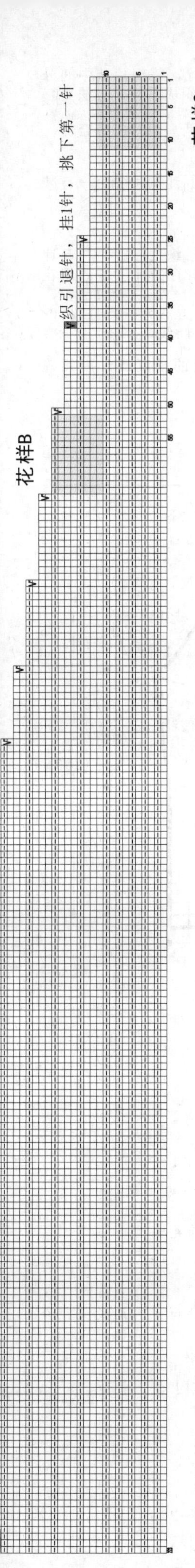

编织花样C

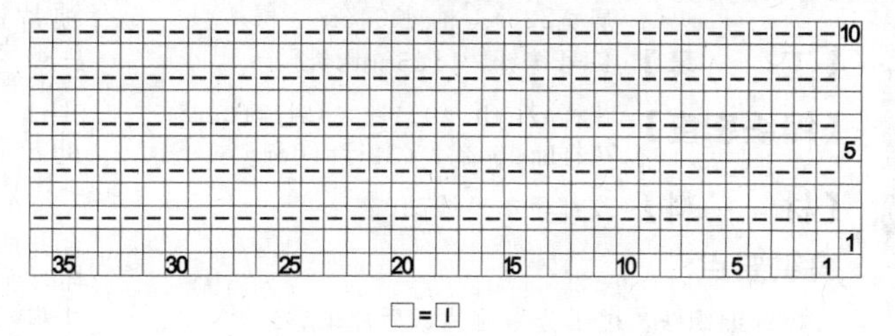

引退针的织法

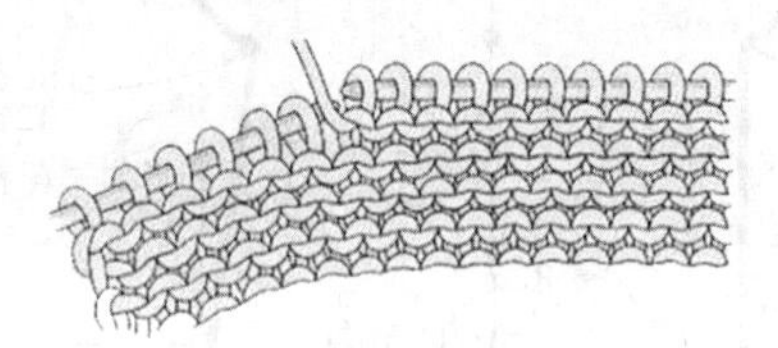

1.停留第一个6针。

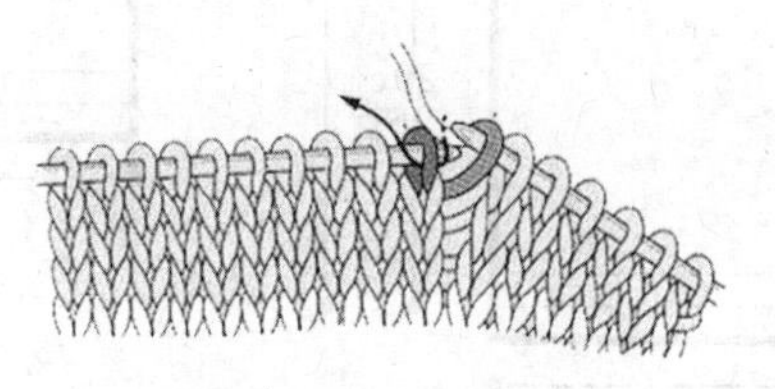

2.第2行挂针,开始处1针往右移作滑针。

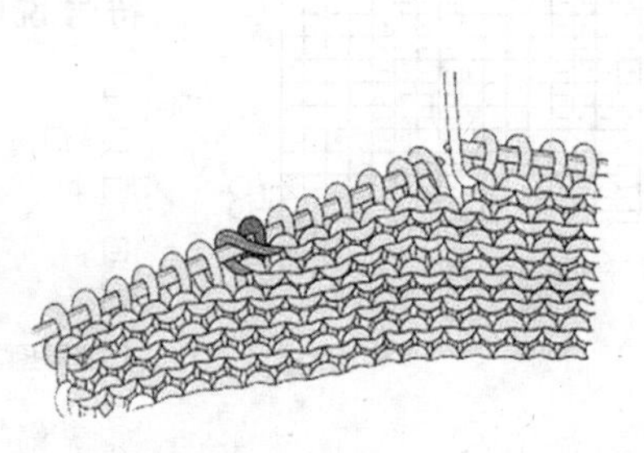

3.背面的效果。

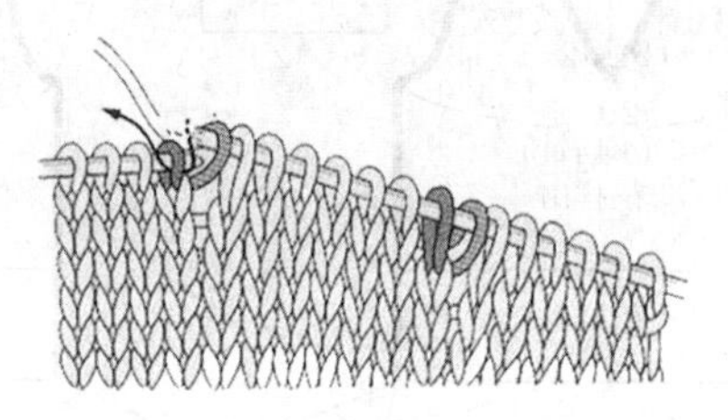

4.编织挂针和滑针。

5.右边和左边。

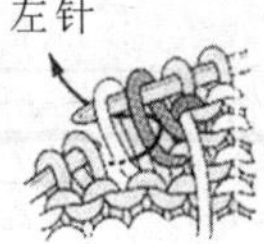

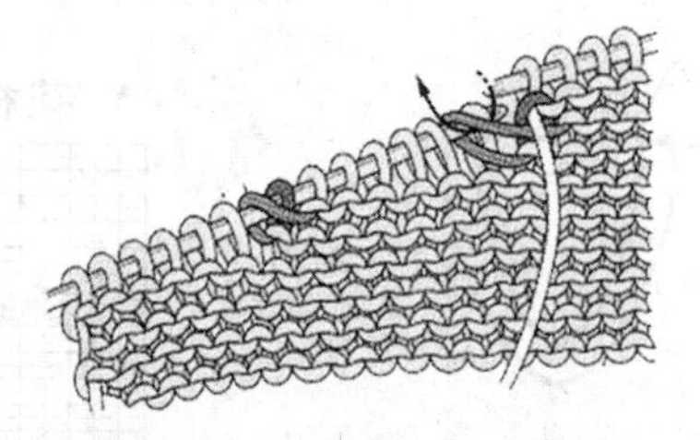

6.消行,滑针普通编织,挂针和接下来的1针合并。

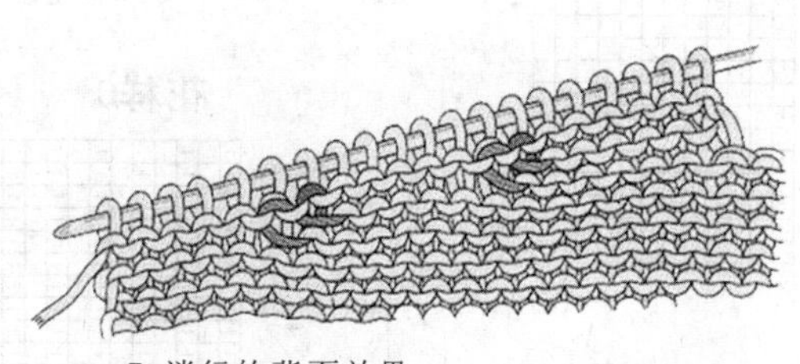

7.消行的背面效果。

6

【成品规格】 裙长69cm，半胸围29cm，肩宽22cm，袖 长54cm

【工　　具】 13号棒针，1.25mm钩针

【编织密度】 花样A/C/D:49.7针×40行=10cm²
花样B:26.2针×33行=10cm²

【材　　料】 玫红色羊毛线700g

编织要点:

1.棒针编织法，裙子分为前片、后片来编织。
2.起织后片，下针起针法，起144针织花样A，织12行后，与起针合并成双层衣摆，改织花样B，织至96行的高度，改织花样C，织至128行，改织花样D，织至188行，两侧开始袖窿减针，方法为1-4-1，2-1-12，织至253行的高度，中间平收52针，两侧减针，方法为2-1-2，织至256行，两侧肩部各余下28针，收针断线。
3.用同样的方法起织前片，织至188行，将织片从中间分开成左右两片，分别编织，中间减针织成前领，方法为2-1-28，织至256行，两侧肩部各余下28针，收针断线。
4.将前片与后片的两侧缝对应缝合，两肩部对应缝合。

领片制作说明

1.领片环形钩织完成。
2.沿领口钩织花样E，钩5行后，断线。注意领尖每一行减2针。

袖片制作说明

1.棒针编织法，编织两片袖片。从袖口起织。
2.单罗纹针起针法，起68针织花样A，织12行后，与起针合并成双层袖口，改织花样B，织至72行的高度，改织花样D，两侧一边织一边加针，方法为6-1-12，织至152行，开始减针编织袖山，两侧同时减针，方法为1-4-1，2-1-24，织至200行，织片余下36针，收针断线。
3.用同样的方法再编织另一袖片。
4.缝合方法:将袖山对应前片与后片的袖窿线，用线缝合，再将两袖侧缝对应缝合。

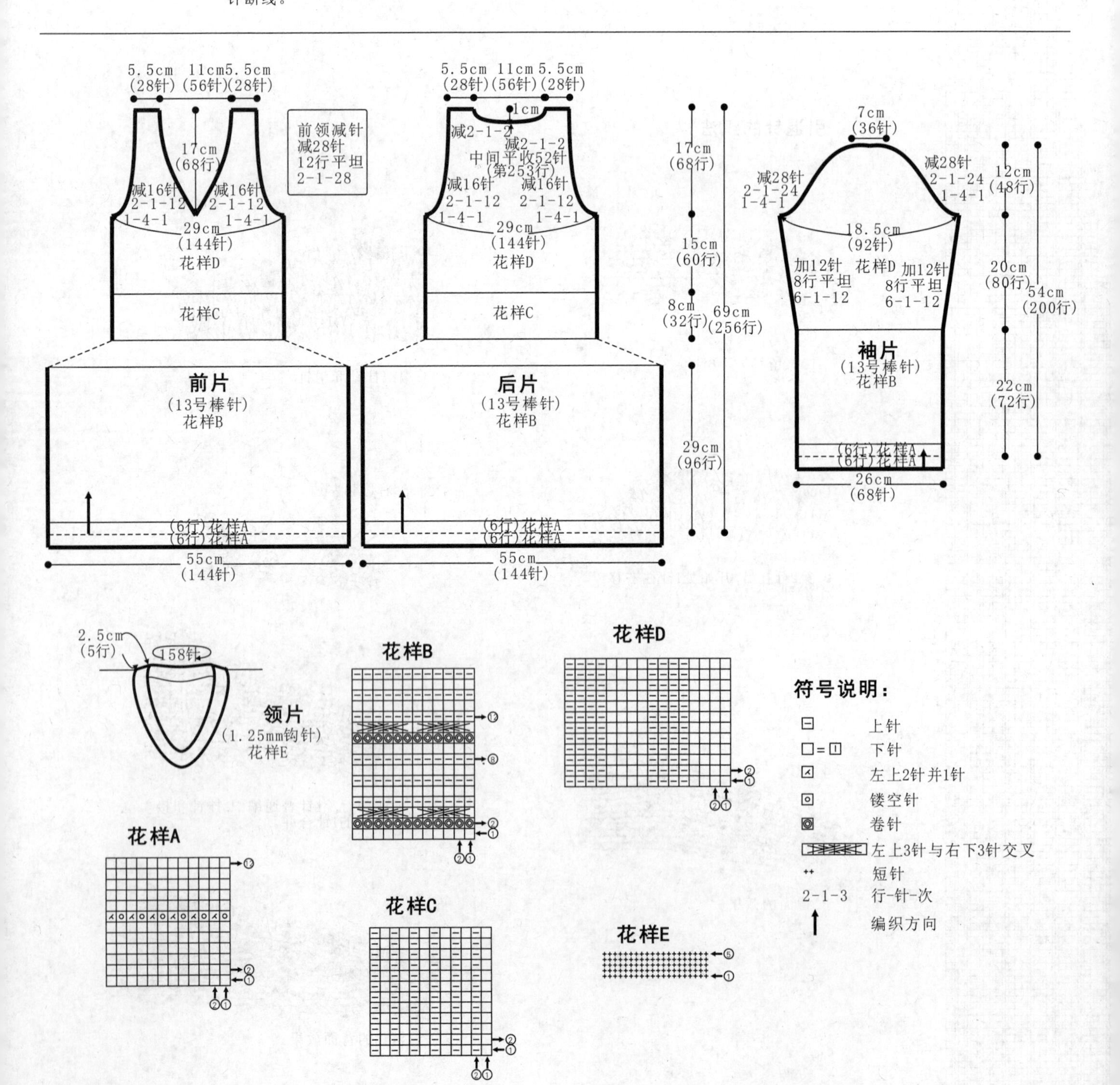

7

【成品规格】衣长75cm，胸围82cm，袖长68cm

【工　　具】12号棒针

【编织密度】23针×30行=10cm²

【材　　料】丝棉线650g

编织要点：

1.后片：起110针织22行双罗纹后开始织花样A、花样B各一组，然后织花样C，花样C交错织9组后平收；另起74针织花样D8行后，中心46针织花样E，两侧各14针织平针，腋下按图示收针，后领部平收；将两片缝合，前后对称各打皱褶3处。

2.前片：同后片。

3.袖：从下往上织，起50针织花样A1，然后织两组花样C，两侧收针成微喇袖口，不加不减针织8行花样D，开始加针织袖筒，袖山收针每4行收2针，为机织袖形。

4.补肩：起92针织花样E18行，织两块，连接前后片缝合。

5.沿领窝挑针织领，织平针8行，缝合成双层，完成。

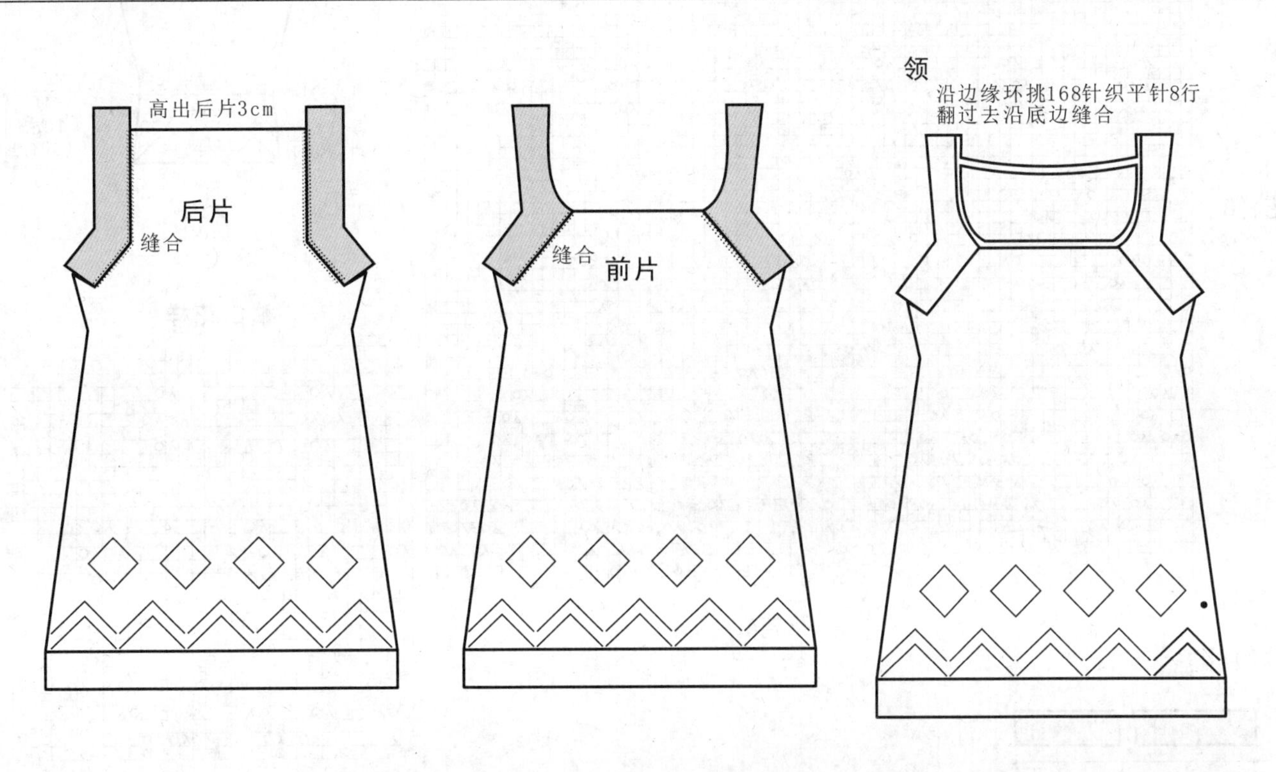

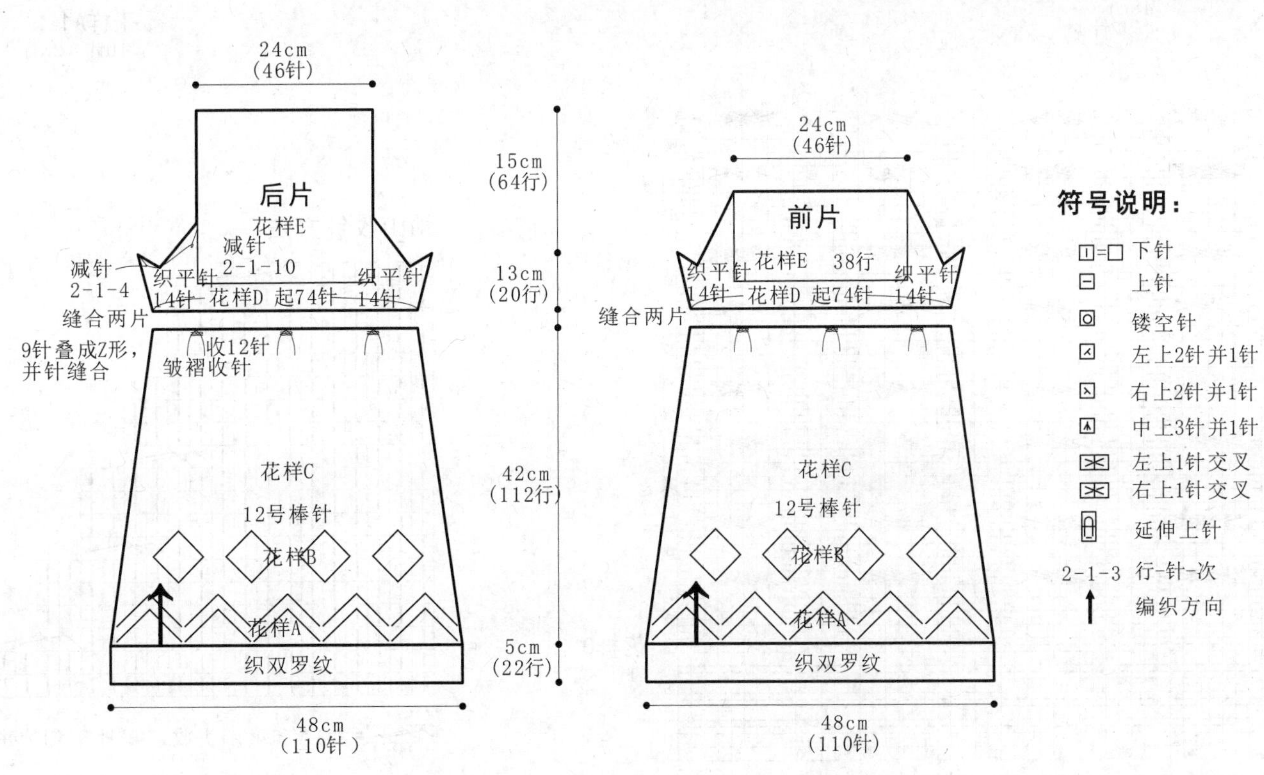

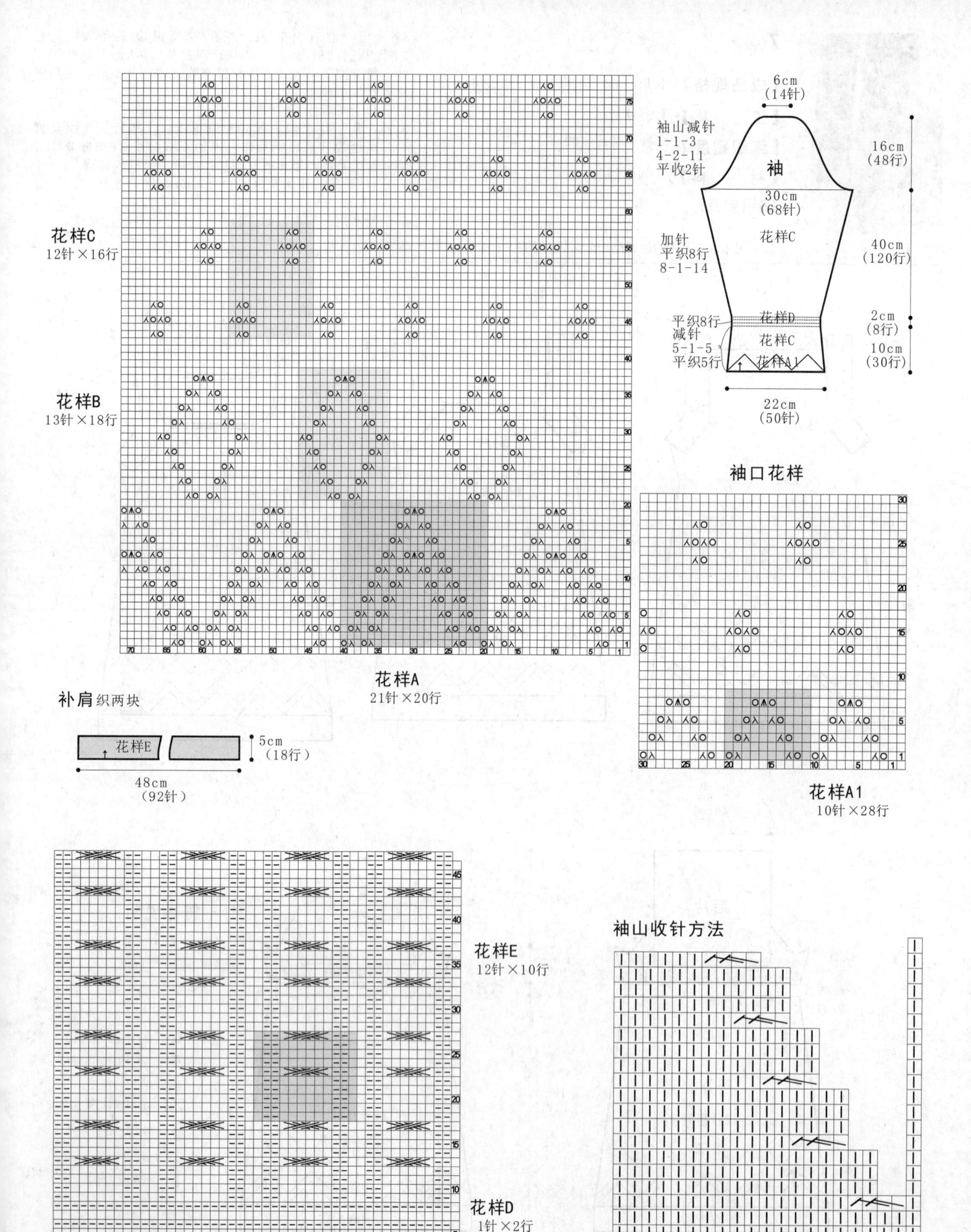
花样C
12针×16行
花样B
13针×18行
花样A
21针×20行
补肩 织两块
花样E
5cm
(18行)
48cm
(92针)
6cm
(14针)
袖山减针
1-1-3
4-2-11
平收2针
袖
16cm
(48行)
30cm
(68针)
花样C
加针
平织8行
8-1-14
40cm
(120行)
平织8行
花样D
2cm
(8行)
减针
5-1-5
花样C
10cm
(30行)
平织5行
花样A1
22cm
(50针)
袖口花样
花样A1
10针×28行
花样E
12针×10行
花样D
1针×2行
袖山收针方法
= 第4针和第2针并收，第3针和第1针并收

8

【成品规格】 裙长75cm，胸围80cm，袖长50cm

【工　　具】 9号棒针，1.5mm钩针

【编织密度】 23针×30行=10cm²

【材　　料】 丝光棉线1000g

编织要点：

1.这件衣服从下向上编织，由后片和前片及两个袖片组成。

2.后片起116针编织花样A3排，然后编织下针，同时在侧缝处减针，方法为12-1-10，20行平坦，织140行减为96针，在腰间织一排花样B，之后不加不减织30行开始收袖窿，收针方法为平收4针，2-1-4，4-1-1，织48行留后领窝，方法为平收40针，两边各减2-2-2，肩部留16针。

3.前片起116针编织花样A3排，然后编织下针，侧缝的减针方法与后片相同，织到140行减为96针，在腰间织一排花样B，然后不加不减针织30行开始收袖窿，方法与后片相同，织36行收前领窝，中间平收16针，两边减针方法为2-3-2，2-2-2，2-1-5，织到与后片相同的行数，两边肩部各留16针。

4.将前后片肩部相对进行缝合，侧缝处相对进行缝合。

5.袖子起70针编织花样A2排，然后编织下针，织66行编织花样B1排，再织30行开始收袖山，方法为平收4针，2-1-20，余22针收针。将袖子侧缝处缝合，与衣身缝合。

6.在下摆、袖边、领圈挑针钩边，做玫瑰花数朵缝合在领下一圈作为装饰。

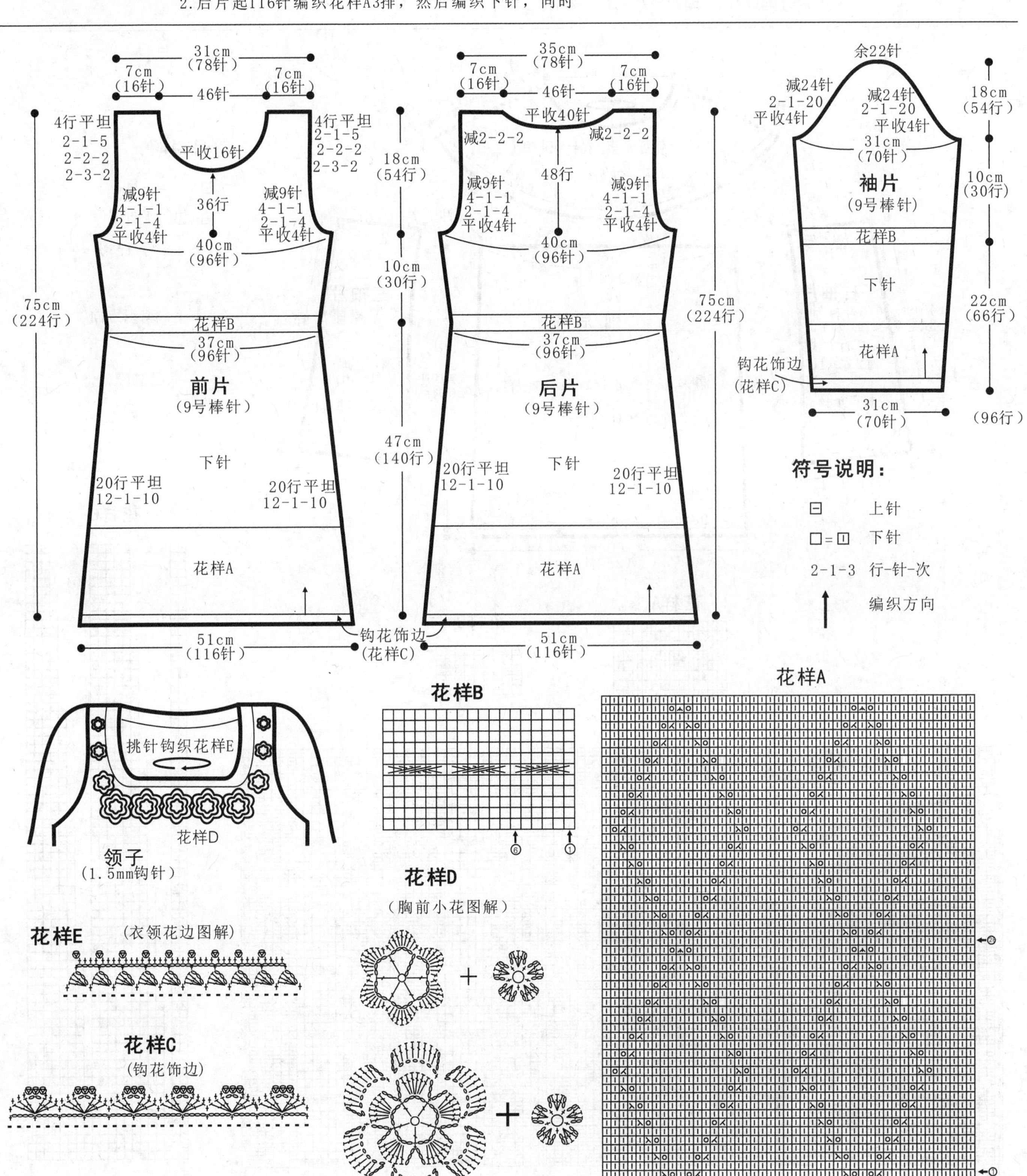

9

【成品规格】 裙长72cm，胸围100cm，袖长46cm

【工　　具】 13号棒针

【编织密度】 42针×52行=10cm²

【材　　料】 丝光毛线1000g

编织要点：

1.整件衣服从下向上编织，分为一个后片、两个前片和两个袖片，上部全部合起编织。

2.后片起254针，编织花样D5行一排，之后将针数分配为花样B98针，花样A58针，花样B98针编织，两侧侧缝减针方法为12-1-21，8行平坦，织到50cm260行针数减为212针，将针数穿在针上待用。

3.前片起254针，编织方法与后片相同，编织花样D5行一排，之后将针数分配为花样B98针，花样A58针，花样B98针编织，侧缝减针方法为12-1-21，8行平坦，织260行减为212针，留在针上待用。

4.袖片编织，袖口起72针×2，编织花样D5行一排，然后将针数分为花样A23针，花样B98针，花样A23针，侧缝减针方法为12-1-16，42行平坦，织到234行针数减为56针×2，留在针上待用，另一个袖片编织方法相同。

5.将后片、前片及两个袖子的侧缝缝合，然后把留在针上的针数合拢调整为486针，编织一排花样D之后编织花样C，收到280针再编织一排花样D5行收针。

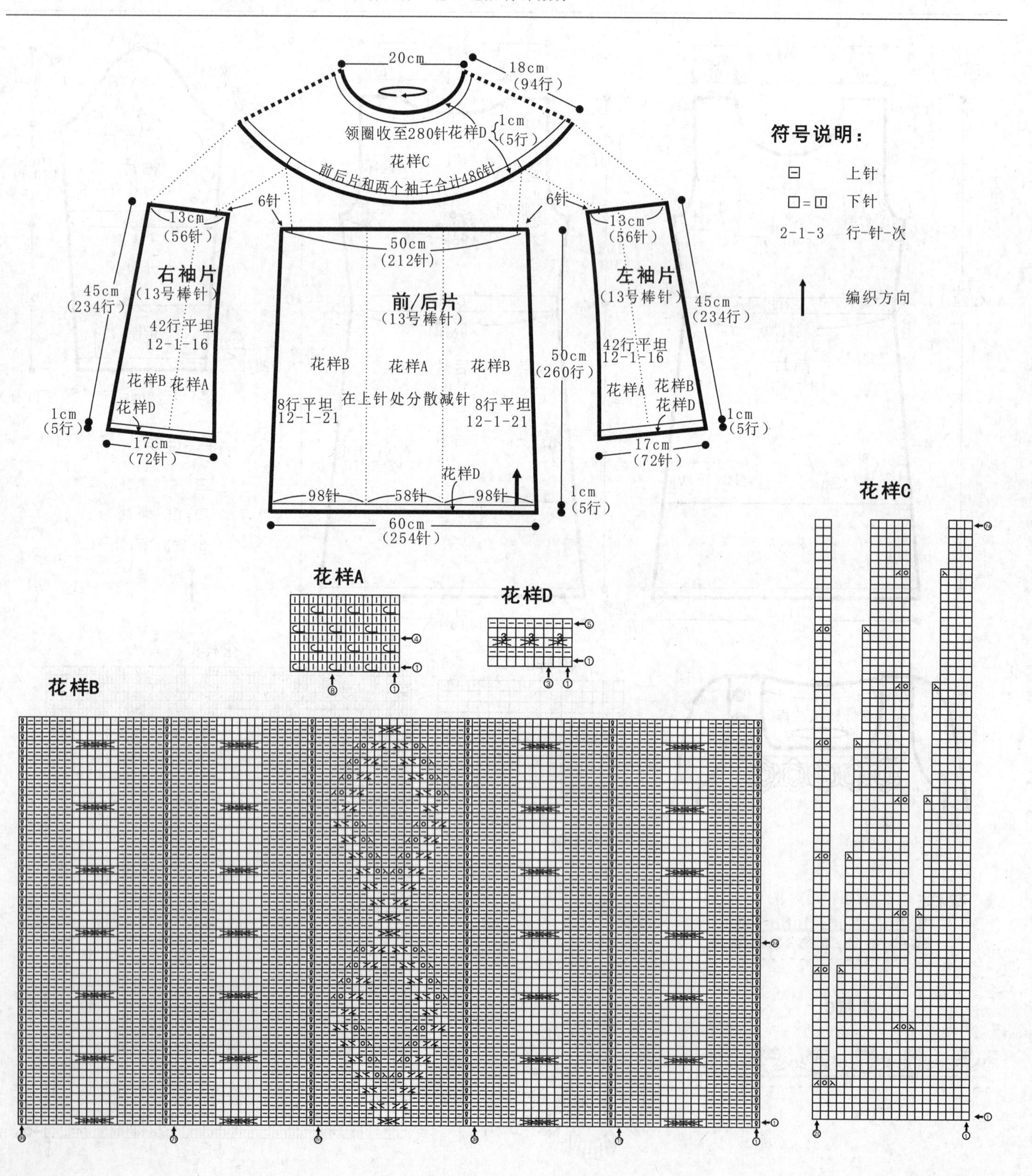

10

【成品规格】 裙长58cm，胸围100cm，袖长17cm

【工　　具】 12号棒针，1.25mm钩针

【编织密度】 35针×41行=10cm²

【材　　料】 玫红色丝光毛线800g

编织要点:

1.从领口起针向下编织。

2.领口起198针，编织花样A76行，将针数加至528针，再将针数分配为如图所示后片144针，袖子60针×2，前片144针，袖子60针×2，编织下针。

3.前后片的编织。将前片144针挑出编织，织完后，单起针法，起12针，再接上后片编织144针，再单起针12针，接上前片编织。一圈共312针，全织下针，不加减针，编织104行，收针断线。将袖片120针织完，再挑出前后片的腋下加的12针，接上袖片起织处，一圈共126针，起织下针，不加减针，编织24行，收针断线。

4.在前后片下摆收针处用钩针均匀挑针编织花样B，编织8层花a，最后一行编织花b。两个袖口各挑针编织花样B，编织5层花a，加1层花b。

5.在领口挑针钩编花样C花边。

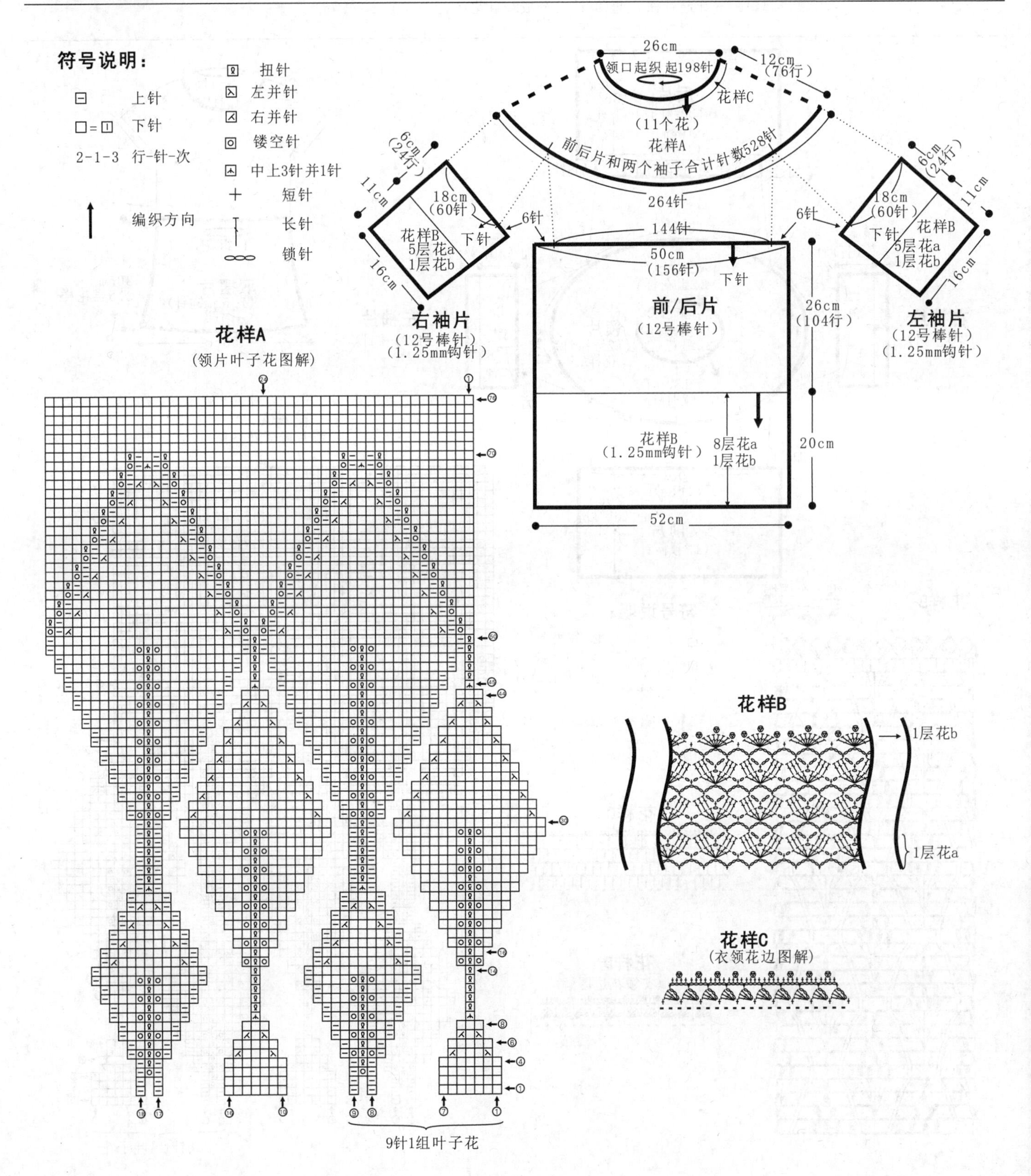

11

【成品规格】 裙长68cm，胸宽44cm，肩宽32cm

【工　　具】 12号棒针，1.5mm钩针

【编织密度】 38针×43行=10cm²

【材　　料】 红色丝光棉线400g

编织要点:

1.棒针编织法，从上往下织，领口起织。至衣身分片，分成前后片环织，袖片两片各自编织。

2.领口起织。下针起针法，起198针，分成22组花样起织叶子花样，依照花样A进行加针编织。织成78行的高度。

3.下一行分片，前片选取152针，后片选取152针，两侧袖口选取112针，将前后片圈成一片起织，先将后片加织高6cm共26行的高度，在下一行里，在两侧腋下部分加出16针，这样，前片168针，后片168针，进行环织，全织下针，不加减针，织86行的高度后，收针断线。

4.袖片的编织。将112针圈起来，在腋下加出16针，一圈共128针，起织下针，不加减针，织20行高度后，收针断线。用相同的方法去编织另一只袖片。最后用钩针，沿着袖口边钩织花样C花边。

5.下摆片的编织。用1.5mm钩针，沿着衣身下摆边缘，挑针起织花样B钩针花样，依照图解。钩成3.5层高的花样B，最后继续沿边钩织花边锁边。最后沿着领口边，挑针钩织花样D衣领花边。衣服完成。

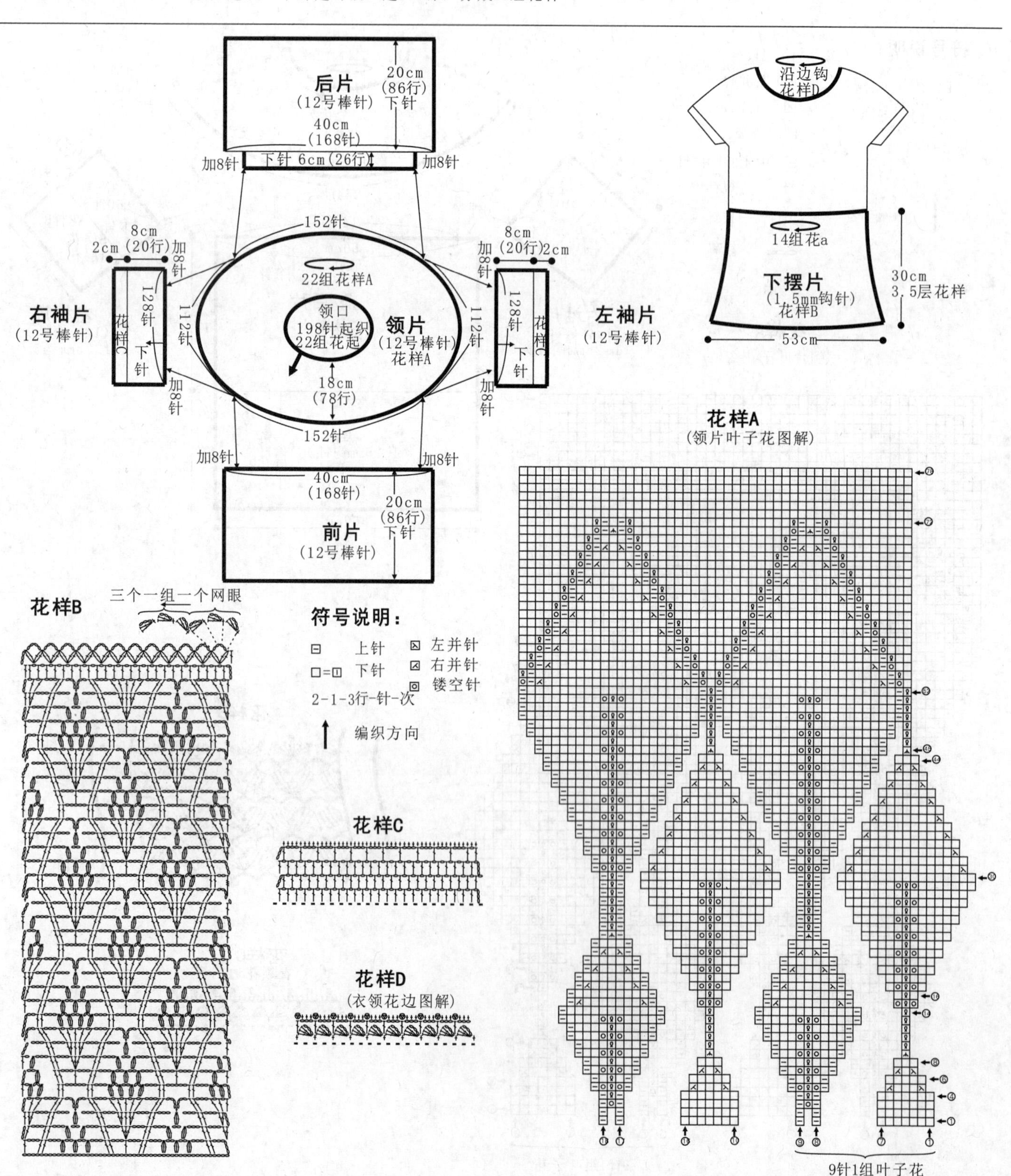

12

【成品规格】 裙长100cm，胸围86cm，下摆宽94cm，肩宽38cm

【工　　具】 10号棒针，4号可乐钩针

【编织密度】 27针×22行=10cm²

【材　　料】 羊毛棉线500g

编织要点：

1.裙子从下往上编织。起织至袖窿环织，袖窿以上分成前片和后片各自编织。

2.从下摆起织，下针起针法，起504针，分配成6个花样A，每个花84针，依照花样A图解编织，每织4行，每个花形收掉2针，一圈共减少12针，花样B用同样方法减针，花样C用同样方法减针，花样C减完成后，余下192针一圈，不加减针，织花样D，完成后，再织花样E，不加减针织成8行后，开始加针，每个花形上加2针，一圈加12针，继续织8行后进行第二次加针，一圈加12针，然后不加减针再织6行，完成5层花样E的编织。此时共织成168行，针数一圈共216针。下一步分配编织前后片。

3.分配针数。前片分配107针，后片分配109针，各自编织。先编织前片，在进行袖窿减针的同时，也同时进行领片分片编织。将107针分成两部分，最中间的1针收掉，两侧各53针，袖窿减针方法是：将前后片一起11针收掉，即依原来分配的针数，前片收5针，后片收掉6针，收针后，前片余下48针，开始减针编织，袖窿减针，方法为2-1-8，衣领减针，每织2行收1针，进行2次，减少2针，不加减针织2行后，再次重复2-1-2，2行平坦。如此织法重复9次，领边减少18针，不加减针再织2行后，至肩部，余下22针，收针断线。用相同的方法，相反的减针方法去编织另一边前片织片。后片的编织：后片袖窿收针后，余下81针，两侧同时减针，方法为2-1-8，继续织花样E，当织成花样E一个花30行后，下一行起，织后衣领，中间平收19针，两侧减针，方法为2-1-9，不加减针再织8行后至肩部，肩部余22针。最后将前后片的肩部对应缝合。

4.最后沿着前后衣领边和袖口边，用钩针沿边钩织一圈花样F花边。下摆边钩一圈逆短针。衣服完成。

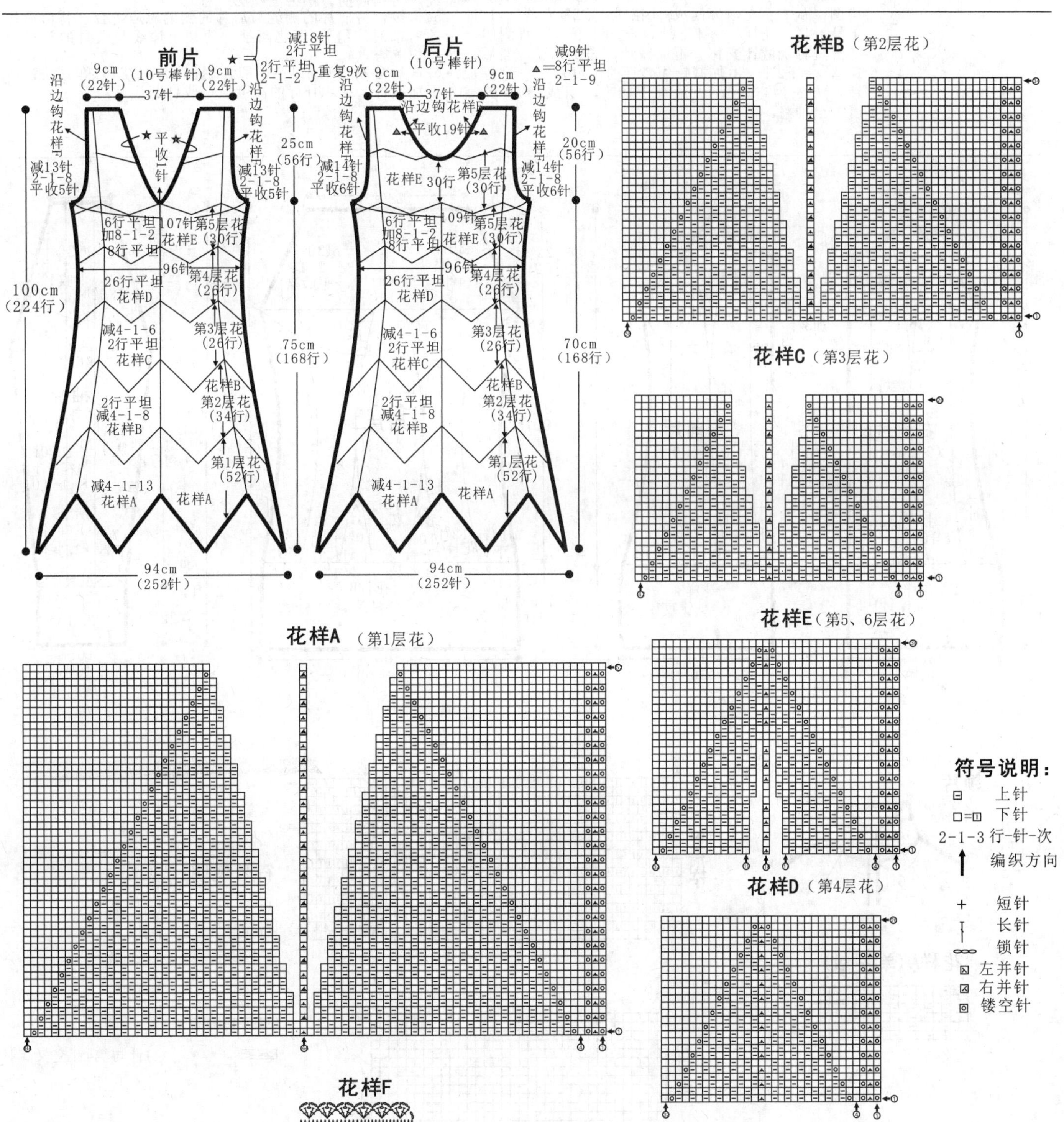

13

【成品规格】衣长82cm，胸围76cm，袖长69cm

【工　　具】9号棒针

【编织密度】24针×24行=10cm²

【材　　料】灰色毛线1000g，纽扣6枚

编织要点:

1.棒针编织法，由前片2片、后片1片和袖片2片组成。从下往上织起。

2.前片的编织。由右前片和左前片组成，以右前片为例。

(1)起针，单罗纹起针法，起50针，编织花样B，不加减针，织44行的高度。

(2)袖窿以下的编织。第45行起，分配花样，依照结构图，从右至左，分配成8针花样A，12针花样C，10针下针，12针花样C，8针下针，在10针下针的两侧的一针上进行加减针变化。不加减针，先织34行，然后2-1-4，余下2针，不加减针织42行的高度后，再进行加针，方法为2-1-3，织片余下48针，织成134行的高度，至袖窿。

(3)袖窿以上的编织。左侧减针，先收4针，然后每织4行减2针，共减13次，当织成28行时，进入前衣领减针，先收8针，然后减针，方法为4-2-6，余下1针，收针断线。

(4)用相同的方法，相反的方向去编织左前片。

3.后片的编织。单罗纹针起针法，起84针，编织花样B，不加减针，织44行的高度。然后第45行起，分配花样，从右至左，依次分配成14针下针，12针花样C，10针下针，12针花样C，10针下针，12针花样C，14针下针，分别在10针下针的两侧一针上进行加减针编织。减针方法与前片相同，织成90行至袖窿，然后袖窿起减针，方法与前片相同。当织成袖窿算起52行时，余下24针，收针断线。

4.袖片的编织。袖片从袖口起织，单罗纹起针法，起40针，起织花样A，不加减针，往上织22行的高度，在最后一行里，分散加6针，第23行起，中间12针编织花样C，两侧全织下针，并在两袖侧缝进行加针，方法为8-1-10，再织4行，至袖窿。并进行袖山减针，两边收4针，每织4行减2针，共减13次，织成52行，最后余下6针，收针断线。用相同的方法去编织另一袖片。

5.拼接，将前片的侧缝与后片的侧缝对应缝合，将前后片的肩部对应缝合;再将两袖片的袖山边线与衣身的袖窿边对应缝合。

6.最后分别沿着前后衣领边，挑针起织花样A单罗纹针，不加减针，编织46行的高度后，收针断线。

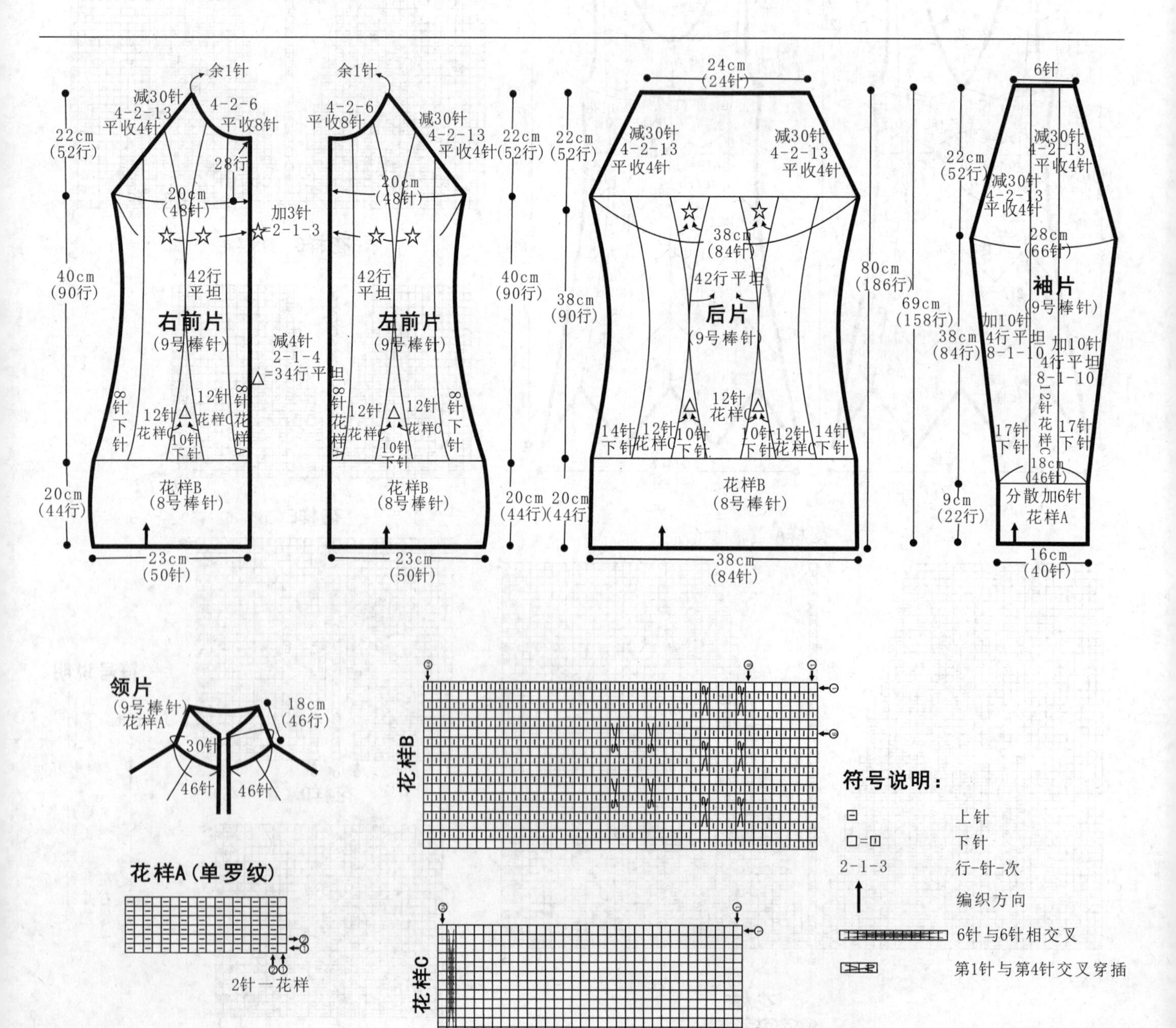

14

【成品规格】 衣长54cm，胸围90cm，袖长56cm

【工　　具】 8号棒针

【编织密度】 花样A:20针×18行=10cm²

【材　　料】 浅咖啡色毛线500g

编织要点：

1.后片：起72针织上针10行后，右侧44针，左侧12针，中间16针织花样C，花样的一侧加针，另一侧相应收针形成造型，织64行开挂，腋下平收4针，按图示减针，花样的顶端逐渐递减织上针，后领窝留1.5cm。

2.前片：整个前片织花样A；起48针分4个花样织64行后开挂肩，因为编织密度的不同，腋下收针不同后片；先平收6针，再按图示分别减针，领窝留6cm，中心平收12针，再依次减针至完成。

3.袖：从上往下织：起10针，按图示加针织出袖山，织30行开始在中心织花样D，花样完成后织上针12行平收。

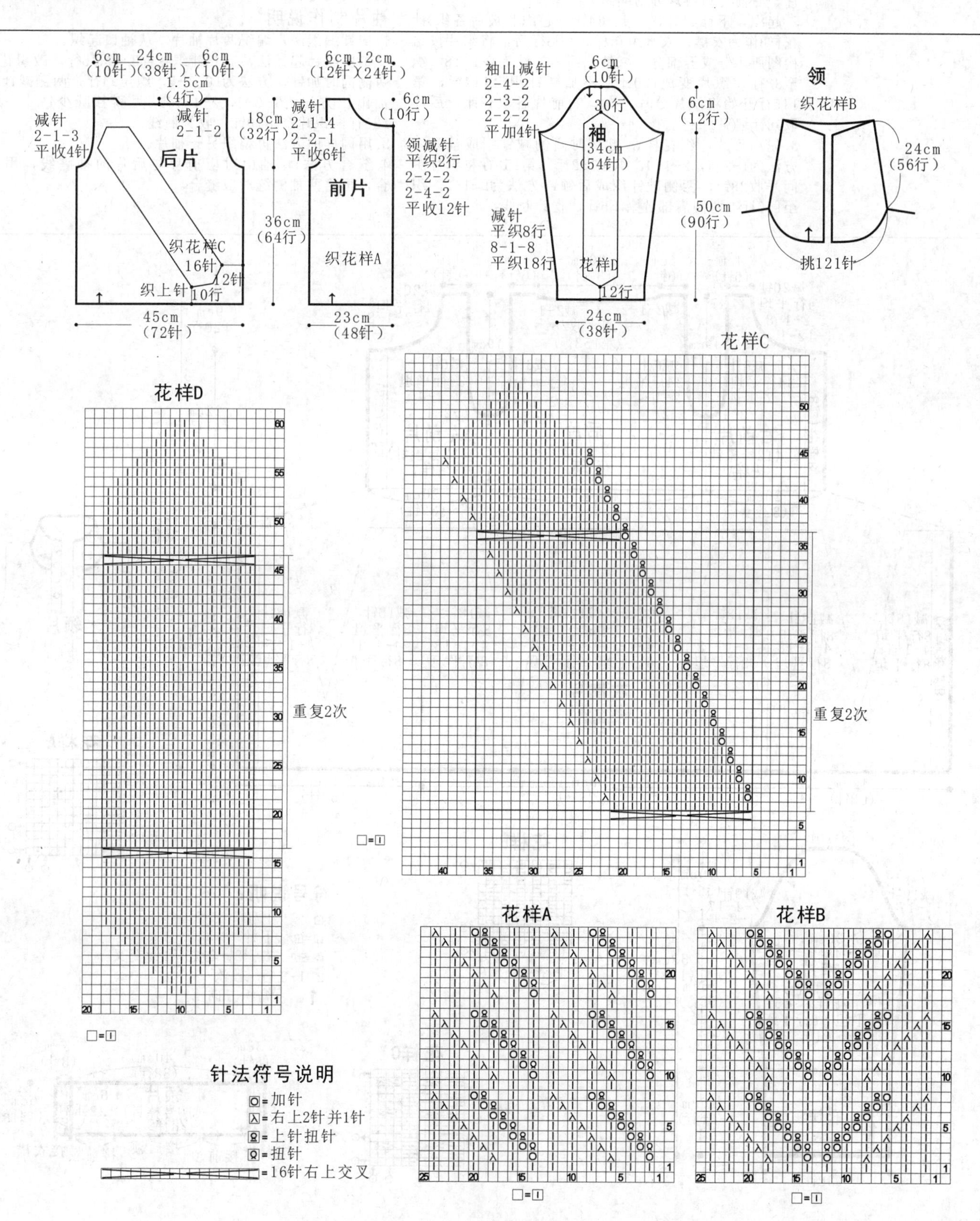

15

【成品规格】 衣长71cm，半胸围35cm，肩宽28cm，袖长58cm

【工　　具】 10号棒针，12号棒针

【编织密度】 16针×22行=10cm²

【材　　料】 灰色棉线600g,纽扣6枚

编织要点:

1.棒针编织法，袖窿以下一片编织，袖窿起分为左前片、右前片和后片分别编织。

2.起织，下针起针法，起264针，起织和最后各织8针花样B作为衣襟，衣身织花样A，织8行后，将织片按结构图所示分成五部分，减针编织，方法为4-1-18，织至88行，织片变成120针，不加减针织至114行，第115行开始将织片分片，左、右前片各取32针，后片取56针编织。

3.先织后片，织花样A，起织时两侧减针织成袖窿，方法为1-2-1，2-1-4，织至152行，第153行将织片中间平收28针，两侧减针织成后领，方法为2-1-2，织至156行，两侧肩部各余下6针，收针断线。

4.分配左前片32针到棒针上，织花样A，衣襟8针继续编织花样B，起织时左侧减针织成袖窿，方法为1-2-1，2-1-4，织至136行，第137行起右侧衣领减针，方法为1-12-1，2-1-8，共减17针，织至156行，肩部余下6针，收针断线。

5.用同样的方法相反方向编织右前片，完成后前片与后片的两肩部对应缝合。

领片制作说明

1.棒针编织法，先编织领片两侧衣襟，分配衣襟8针到棒针上，织花样B，织14行后，收针断线。

2.沿一侧衣襟侧挑起22针织花样C，织88行后，与另一侧衣襟侧边缝合。

袖片制作说明

1.棒针编织法，编织两片袖片。从袖口起织。

2.单罗纹针起针法，起38针织花样B，织36行，改织花样A，两侧同时加针，方法为10-1-5，织至94行，两侧减针编织袖山，方法为1-2-1，2-1-17，两侧各减少19针，织至128行，织片余下10针，收针断线。

3.用同样的方法再编织另一袖片。

4.缝合方法:将袖山对应前片与后片的袖窿线，用线缝合，再将两袖侧缝对应缝合。

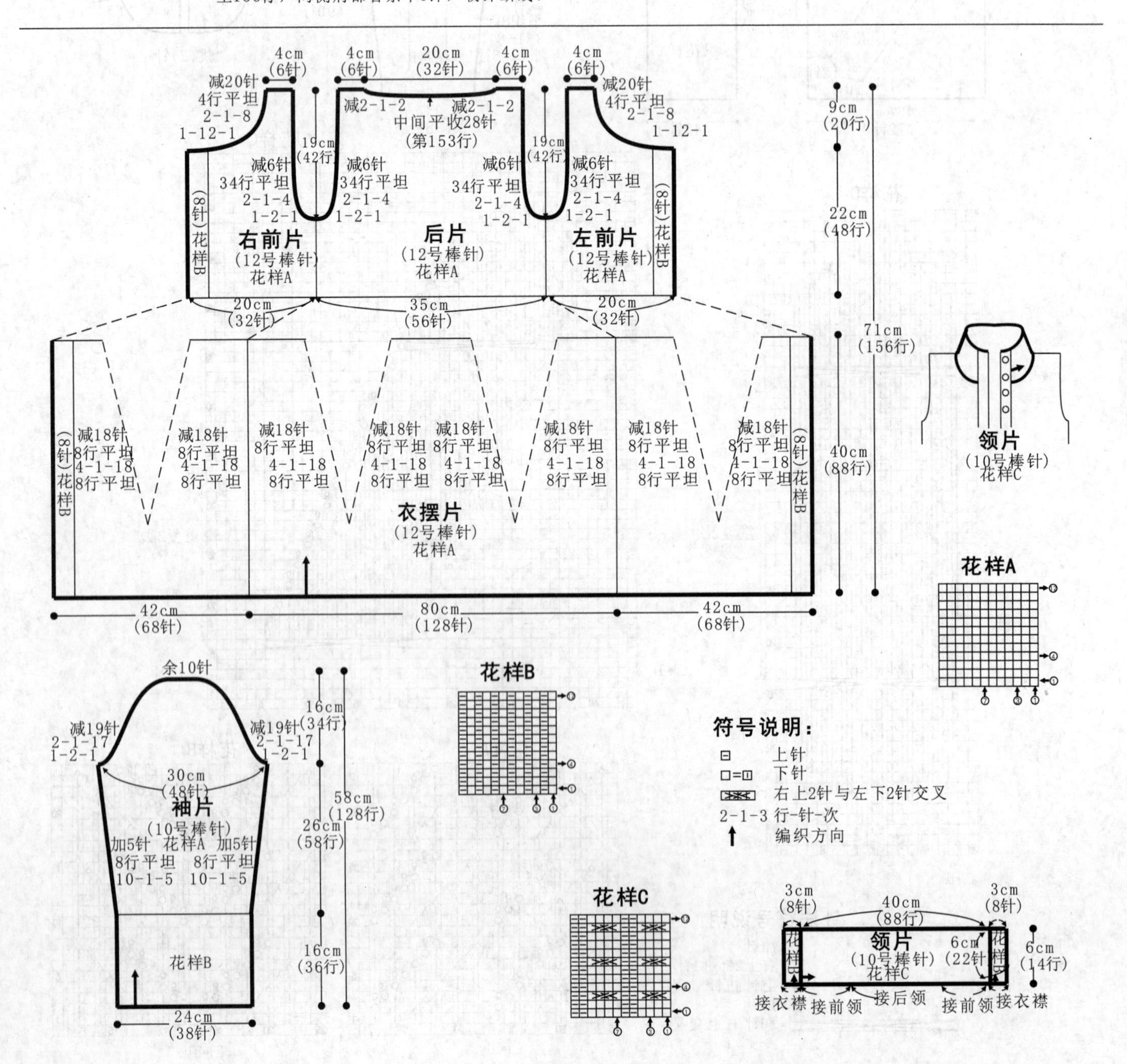

16

【成品规格】 衣长76cm，胸宽39cm，肩宽29cm

【工　　具】 10号棒针

【编织密度】 26针×37行=10cm²

【材　　料】 灰色羊毛线800g

编织要点：

1.棒针编织法，袖窿以下环织；袖窿以上分成前片和后片各自编织，再编织领片和两个袖口。

2.袖窿以下的编织，先编织前后片。下针起针法，起264针，首尾连接，环织。起织12组花样A，不加减针，编织24行后改织下针，下一行起两边侧缝同时减针，方法为6-1-19，减少19针，不加减针，再织4行，织成118行后，余188针；下一行起改织花样B，不加减针，编织10行；下一行起，改织下针，两边侧缝同时加针，方法为14-1-4，4行平坦，加4针，织60行后至袖窿；余204针，下一行起，分成前片和后片各自编织，各102针，以前片为例，袖窿两边同时减针，平收6针，方法为2-1-8，减12针，编织成袖窿算起30行时，下一行从中间平收12针，两边同时减针，方法为2-2-7，织成14行，不加减针，再织22行后，至肩部，余19针，收针断线。

3.后片的编织在袖窿处起织，袖窿减针与前片相同，当织成52行后，下一行起从中间平收28针后，两边同时减针，方法为2-2-2，2-1-2，6行平坦，减少6针，至肩部余下19针，收针断线。

4.领片的编织，从前片挑90针，后片挑72针，起织花样C单罗纹针，织10行后收针断线。

5.袖口的编织，从前后片共挑104针，起织花样C单罗纹针，织10行后收针断线，衣服完成。

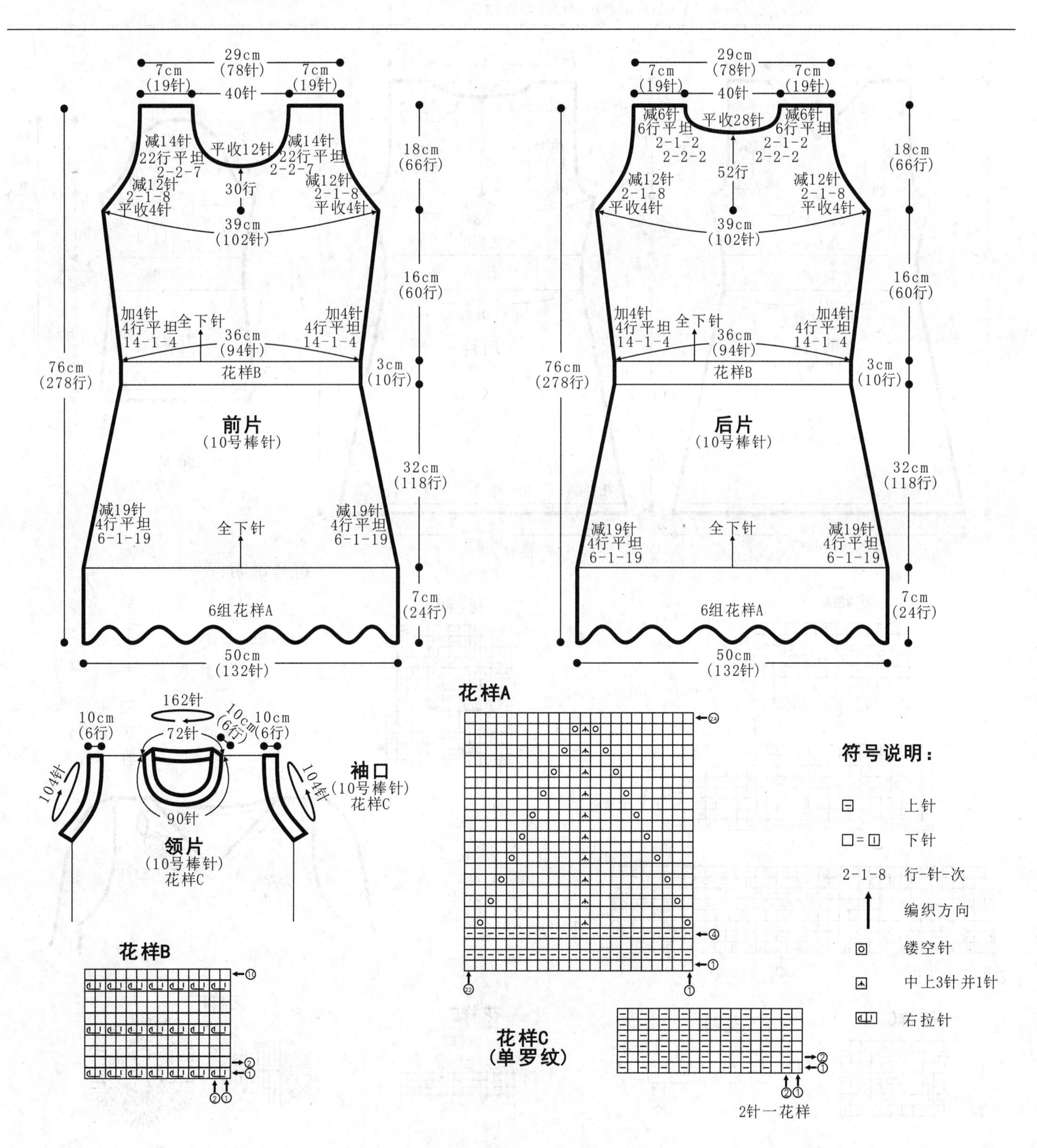

17

【成品规格】 裙长87cm，胸围76cm，袖长57cm

【工　　具】 11号棒针，3.0mm钩针

【编织密度】 28针×33行=10cm²

【材　　料】 羊毛线1000g

编织要点:

1.裙子从下向上编织，由后片和前片及两个袖片组成。

2.后片起204针编织花样C10行，然后按编织图编织花样B，逐层减针，a组编织6层，b组编织5层，c组编织5层，织146行至腰身收至108针，在腰间编织花样B40行，之后编织花样D不加减针织26行开始收袖窿，收针方法为平收4针，2-1-4，4-1-1，织62行留后领窝，方法为平收38针，两边各减2-2-2，肩部各留22针。

3.前片起204针编织花样C10行，然后按编织图编织花样B，逐层减针，a组编织6层，b组编织5层，c组编织5层，织146行至腰身收至108针，在腰间编织花样B40行，之后编织花样D不加减针织26行开始收袖窿，方法和后片相同，织36行收前领窝，针数分为两半减成V字领，方法为1-1-18，2-1-5，2行平坦，织到与后片相同的行数，两边肩部各留22针。

4.将前后片肩部相对进行缝合，侧缝处相对进行缝合。

5.袖子起56针编织花样C10行，然后分散加针至66针，编织花样A的b组花样62行，不加减针，之后编织花样B40行，编织花样D，同时在袖子的侧缝加针，方法为4-1-4，4行平坦，织20行加至74针，开始收袖山，方法为平收4针，2-2-3，2-1-4，2-2-2，2-3-1，余32针收针。将袖子侧缝处缝合，与衣身缝合。

6.在领圈挑针用花样E钩边，并钩花朵及树叶缝合在领左侧作为装饰。

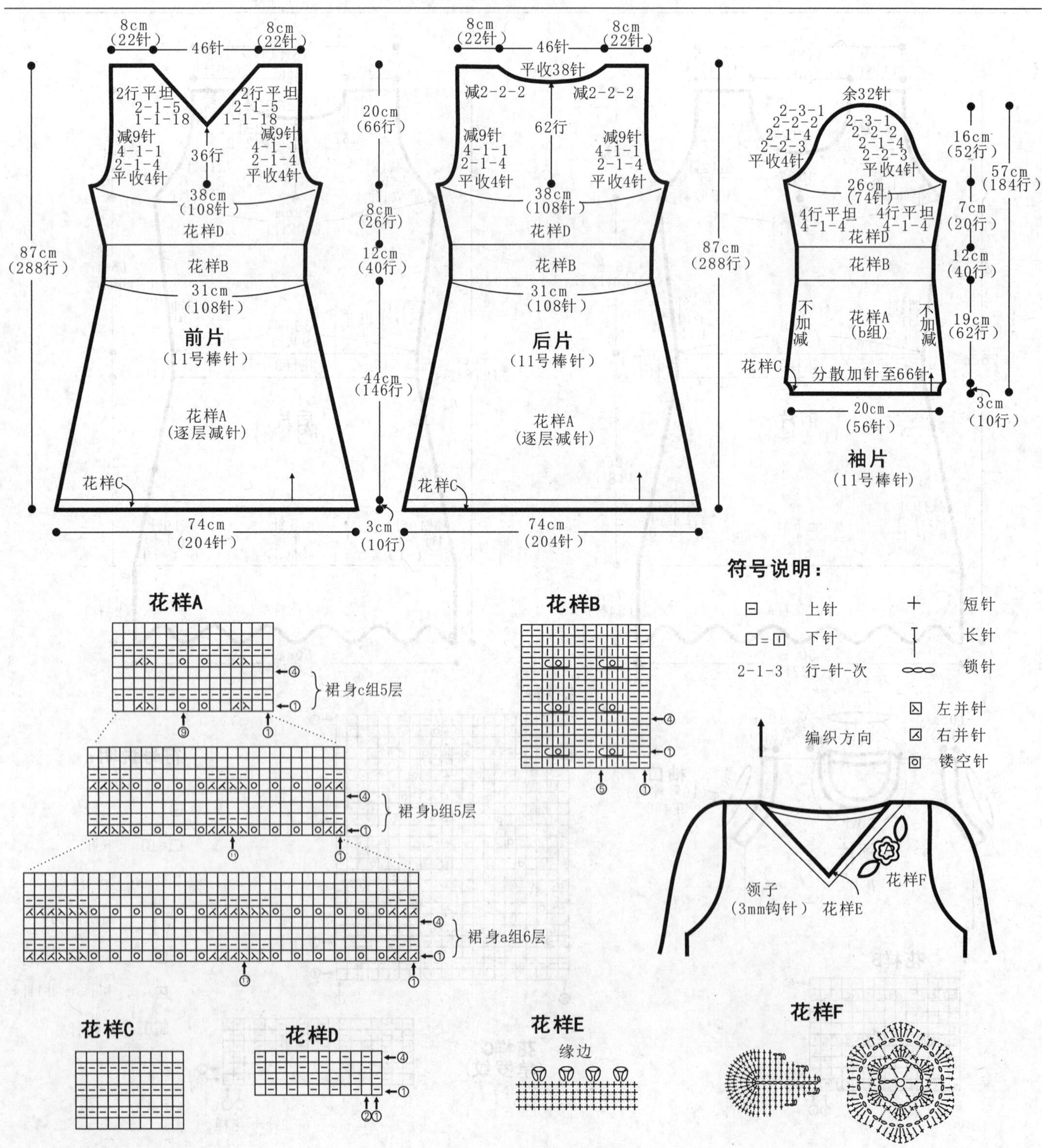

18

【成品规格】 裙长84cm，胸围92cm

【工　　具】 8号棒针，2.5mm钩针

【编织密度】 30针×38行=10cm²

【材　　料】 冰丝线600g

编织要点:

1.由前、后两片肩部起针往下织。
2.按结构图从上端开始起针，按花样针法图往下端编织。用同样方法编织好另一片，然后在肩线及两侧按图示合并好。在下缘、袖口钩织花边，安装好装饰花朵。

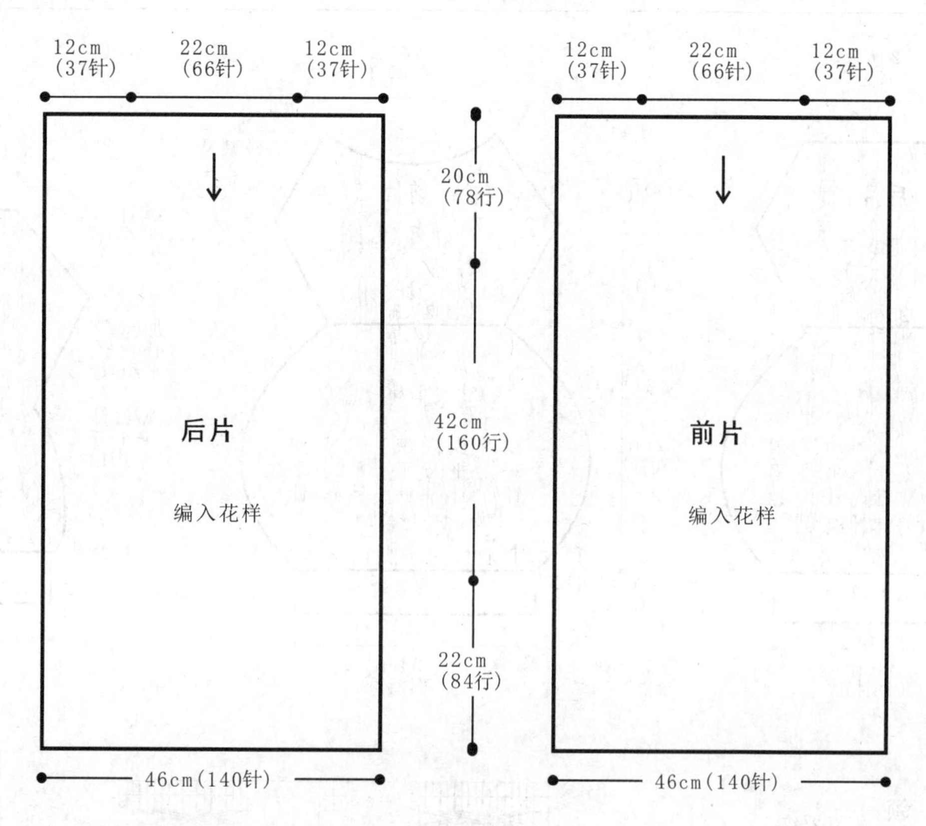

花样针法图

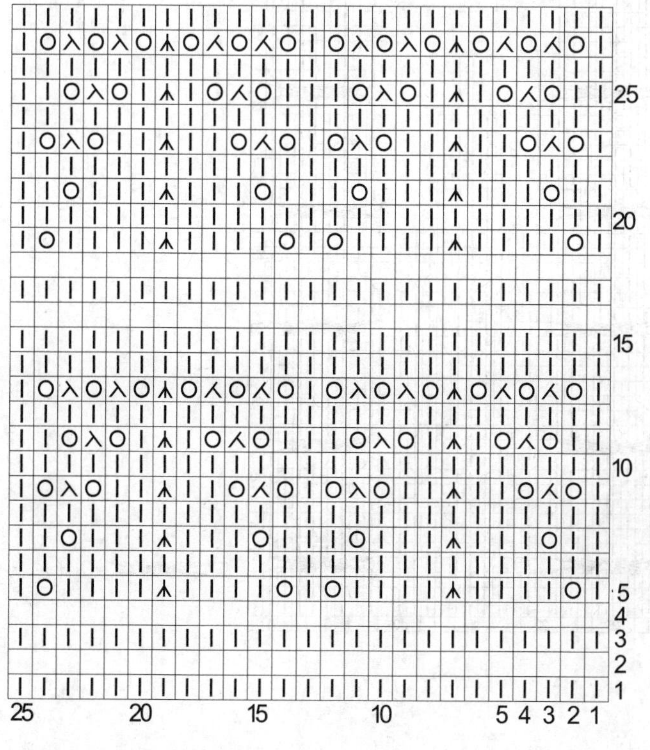

下摆、袖口、领围花边针法图：

单元花样针法图：

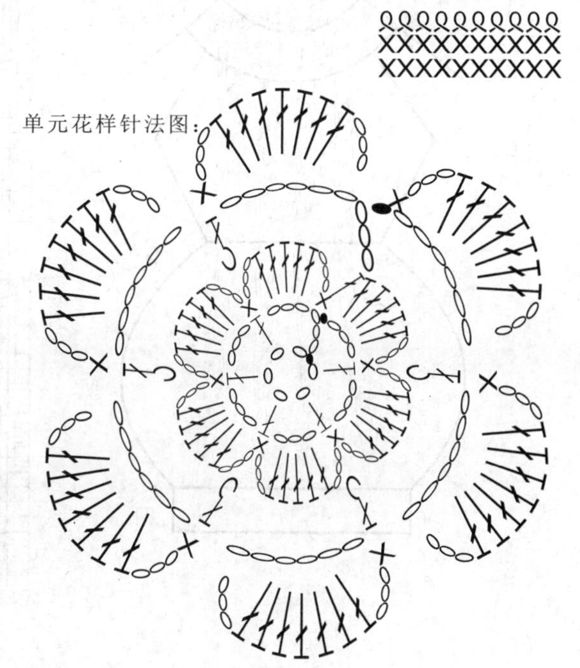

19

【成品规格】 衣长74cm，胸围82cm，袖长58cm

【工　　具】 6号、8号、10号棒针

【编织密度】 22针×17行=10cm²

【材　　料】 驼绒线1150g

编织要点:

1.后片：起48针织双罗纹14行，均加32针排花织花样，每麻花之间隔1针上针10针下针；织30行开始以麻花为中心在两边收针，每4行收1针直到把中间的平针收完；此时正好织到腰际，开始在两边加针，每4行加1针两边各加6针至胸围，上面织插肩袖，每2行收1针收6次，平织10行。

2.前片：同后片；开挂织14行后领中间平收32针，两边分开织，每2行收2针收4次，完成。

3.袖:从下往上织，同织身片织法相同织出灯笼袖，插肩袖收针同身片。

4.领:把领口的针数穿起织双罗纹，逐步换小两号的针，使领口收拢；完成。

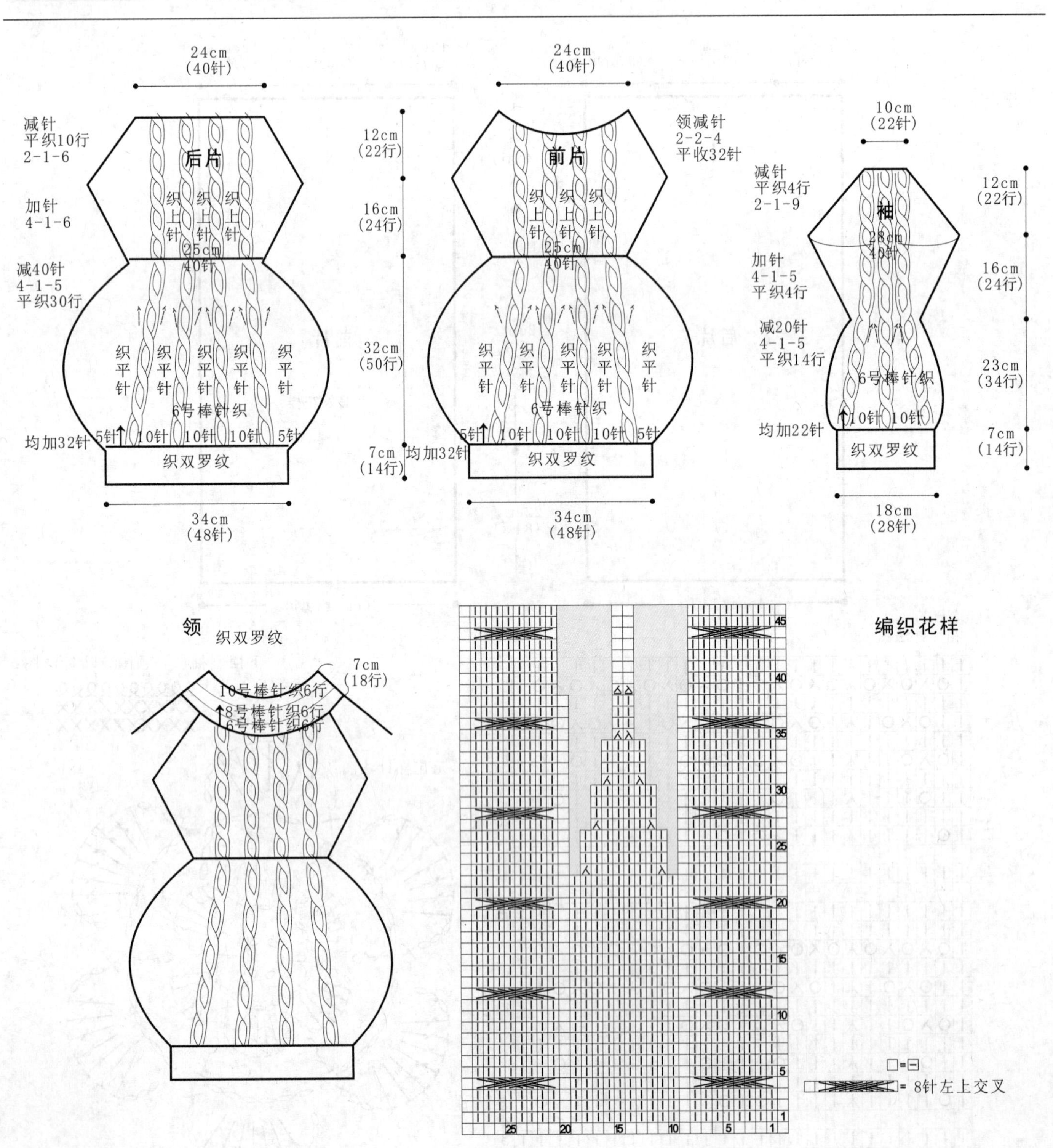

20

【成品规格】 裙长95cm，胸围80cm

【工　　具】 8号棒针，3.0mm钩针

【编织密度】 34针×42行=10cm²

【材　　料】 双色段染冰丝线 400g

编织要点：

1.由上下两部分组成。

2.按结构图先织好下部分的螺旋花，上部分往上织平针。每花为12针×6=72针，共19行。由外向内织，如果想不断线，线团要放在中间，线从花中心往外抽，收口后线在反面拉到下一朵花样要挑针的位置，再织下一个花样。

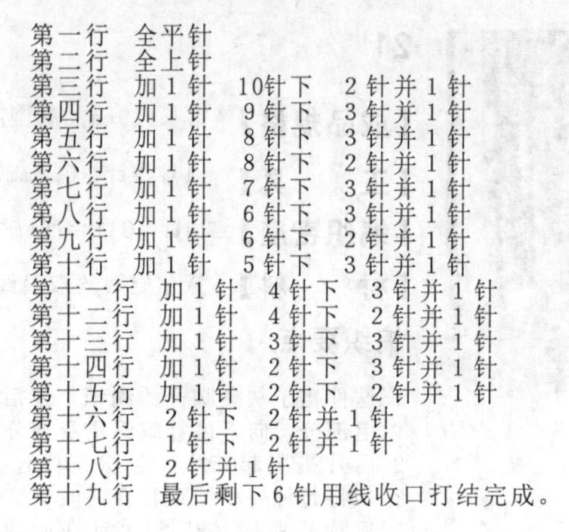

第一行　全平针
第二行　全上针
第三行　加1针　10针下　2针并1针
第四行　加1针　9针下　3针并1针
第五行　加1针　8针下　3针并1针
第六行　加1针　8针下　2针并1针
第七行　加1针　7针下　3针并1针
第八行　加1针　6针下　3针并1针
第九行　加1针　6针下　2针并1针
第十行　加1针　5针下　3针并1针
第十一行　加1针　4针下　3针并1针
第十二行　加1针　4针下　2针并1针
第十三行　加1针　3针下　3针并1针
第十四行　加1针　2针下　3针并1针
第十五行　加1针　2针下　2针并1针
第十六行　2针下　2针并1针
第十七行　1针下　2针并1针
第十八行　2针并1针
第十九行　最后剩下6针用线收口打结完成。

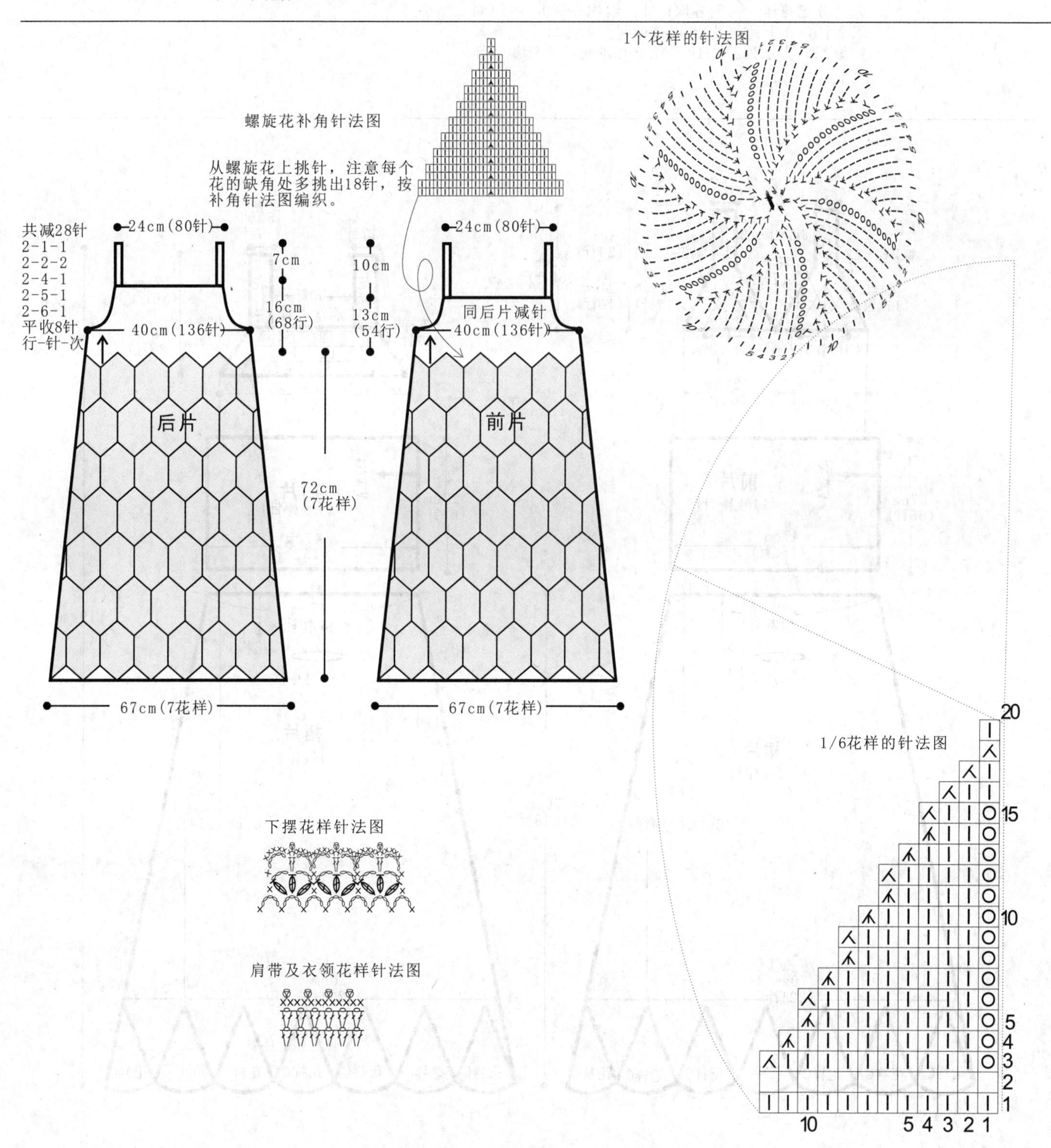

21

【成品规格】 裙长119cm，胸围72cm

【工　　具】 11号棒针，0.4mm钩针

【编织密度】 24针×31行=10cm²

【材　　料】 黛尔妃缎丝双股线800g

编织要点:

1.这件裙子从裹胸开始编织，然后向上挑针编织挂肩以上部分，向下挑针编织裙身部分，裙摆钩编装饰。

2.后片裹胸起65针，起织花样A，不加减针，织304行，将起针处和结束行合并收针。

3.后片从裹胸上沿挑102针在两边编织花样B的a组部分，分配花样，两侧各取17针，编织花样D，中间编织上针，在上针与花样D连接的那一针上针上进行减针编织，方法为2-1-19，另一侧亦同，上针织12行后，改织12行下针，再织12行上针，最后2针织下针，织成38行后，两侧的花样D留下继续编织。中间30针收针，两侧的花样D编织30行后，收针断线。前片的起挑针处与后片相隔10针的距离，挑出102针，分成两部分各自编织，每一部分61针，中间1针的两边进行减针编织。两侧的30针，取侧边的17针编织花样D，中间的针数织下针，照此花样分配，中间并针，方法为2-1-22，织成44行后，余下17针，织花样D，不加减针，织24行的高度后，收针断线。用相同的方法去编织另一半，将前后片的肩部对应缝合。

4.裙片的编织。沿着裹胸的下侧边缘挑出260针，分配成13组花样B编织。依照花样B将每一层叶子加针，将裙片织成214行的高度，最后只织叶尖的那一片，两侧并针，直至余下1针。裙片棒针编织部分共织成248行的高度。最后在两张叶子之间，用钩针钩织花样C，用单股线钩织。

5.最后分别沿着前后衣领边、袖口边，挑针钩织狗牙拉针锁针。

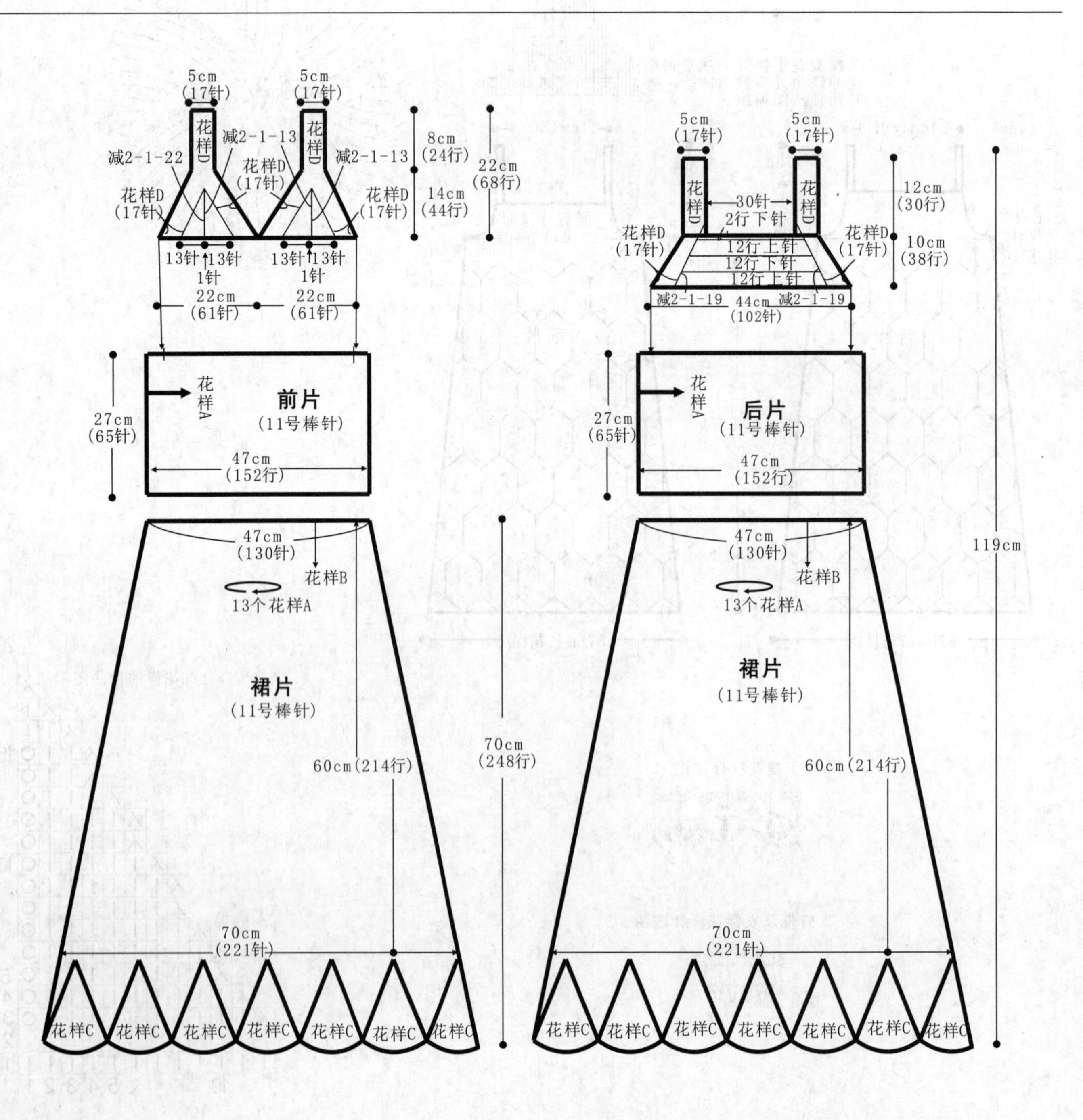

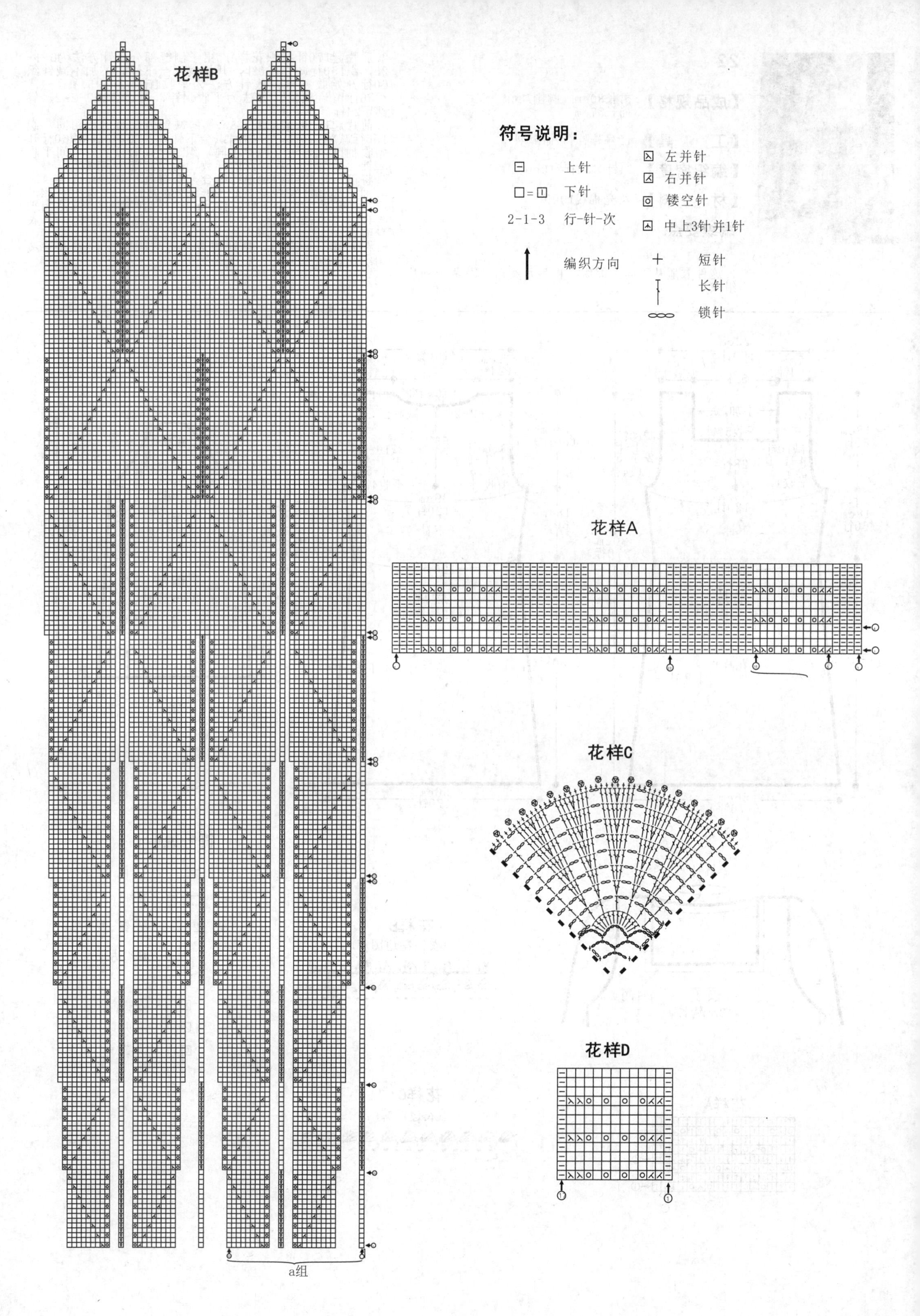
花样B
符号说明：
上针
下针
2-1-3 行-针-次
编织方向
左并针
右并针
镂空针
中上3针并1针
短针
长针
锁针
花样A
花样C
花样D
a组

22

【成品规格】 裙长80cm，胸围78cm，袖长57cm

【工　　具】 12号棒针，2mm钩针

【编织密度】 31针×34行=10cm²

【材　　料】 丝光棉线1000g

编织要点:

1.这件衣服从下向上编织，由后片和前片及两个袖片组成。

2.后片起170针编织花样A，裙子侧缝部分减针方法为6-1-25，织150行减为120针，开始编织全下针，不加不减针织60行开始收袖窿，收针方法为平收4针，2-1-5，4-1-1，织56行留后领窝，方法为平收44针，两边各减2-2-2，肩部留24针。

3.前片起170针编织花样A，侧缝减针方法与后片相同，织150行减为120针，开始编织全下针，不加不减针织60行开始收袖窿，方法与后片相同，织28行收前领窝，中间平收52针，织到与后片相同的行数，两边肩部各留24针。

4.将前后片肩部相对进行缝合，侧缝处相对进行缝合。

5.袖子起98针编织花样A，袖子侧缝减针方法为18-1-4，织78行开始编织全下针，织到60行开始收袖山，方法为平收4针，2-1-20，余42针收针。将袖子侧缝处缝合，与衣身缝合。

6.在下摆、袖口边，挑针钩边，钩织花样C，沿着衣领边钩织花样B花边。

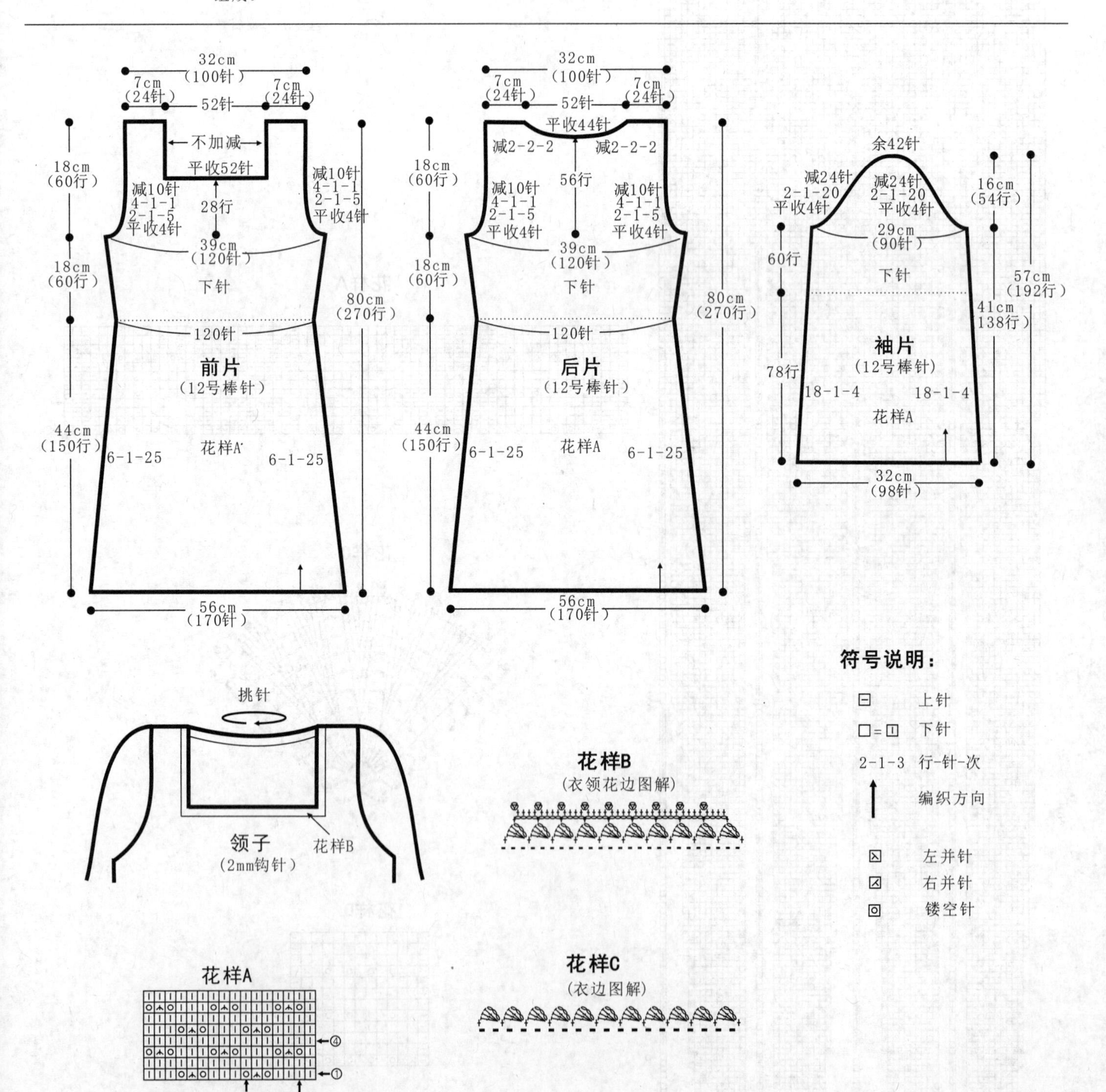

23

【成品规格】 披肩长240cm，宽70cm

【工　　具】 6mm可乐钩针

【材　　料】 织美绘彩貂绒线500g

编织要点:

1.参照结构图，按照披肩基本图解，编织披肩一条。参照花边图解，在披肩的三条边钩花边15行。

2.最后在披肩的外围，参照外围花边图解，钩1行花边。

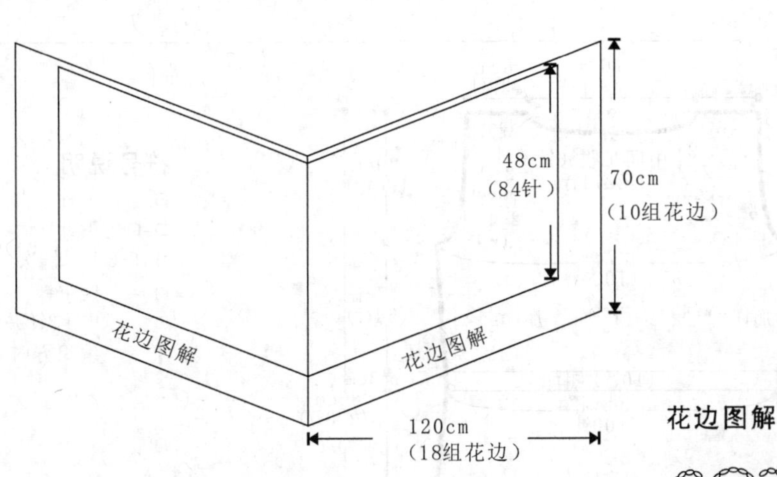

花边图解

15
10
5
0
1
12针1组花样

披肩基本图解

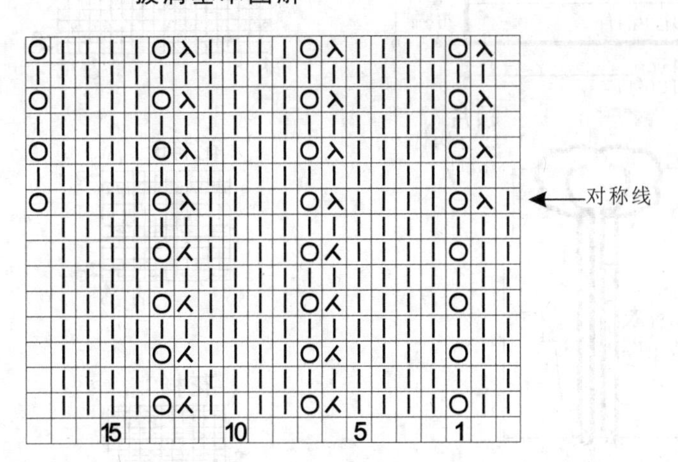

外围花边图解

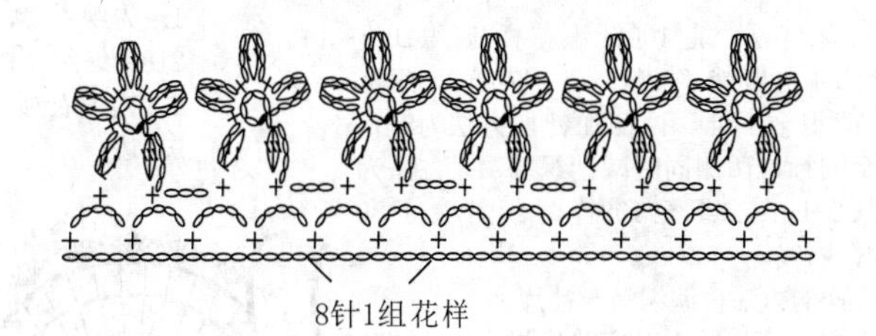

24

【成品规格】衣长86cm，半胸围37cm
肩宽32cm，袖长32cm

【工　　具】12号棒针，1.25mm钩针

【编织密度】29针×32行=10cm²

【材　　料】白色棉线600g

编织要点:

1. 棒针编织法，分为左前片、右前片和后片来编织。从下摆往上织。

2. 起织后片，下针起针法起120针织花样A，织20行后，改织全下针，两侧一边织一边减针，方法为12-1-10，织至148行，改织花样B，织至158行，改回编织全下针，两侧加针，方法为10-1-4，织至212行，两侧开始袖窿减针，方法为1-4-1，2-1-4，织至271行，中间平收36针，两侧减针，方法为2-2-2，2-1-2，织至278行，两侧肩部各余下22针，收针断线。

3. 起织右前片，下针起针法起60针织花样A，织20行后，改织全下针，左侧一边织一边减针，方法为12-1-10，织至148行，改织花样B，织至158行，改回编织全下针，左侧加针，方法为10-1-4，织至212行，左侧开始袖窿减针，方法为1-4-1，2-1-4，织至240行，右侧减针织前领，方法为1-10-1，2-2-4，2-1-6，织至278行，肩部余下22针，收针断线。

4. 用同样的方法相反方向编织左前片，完成后将左右前片与后片的两侧缝对应缝合，两肩部对应缝合。

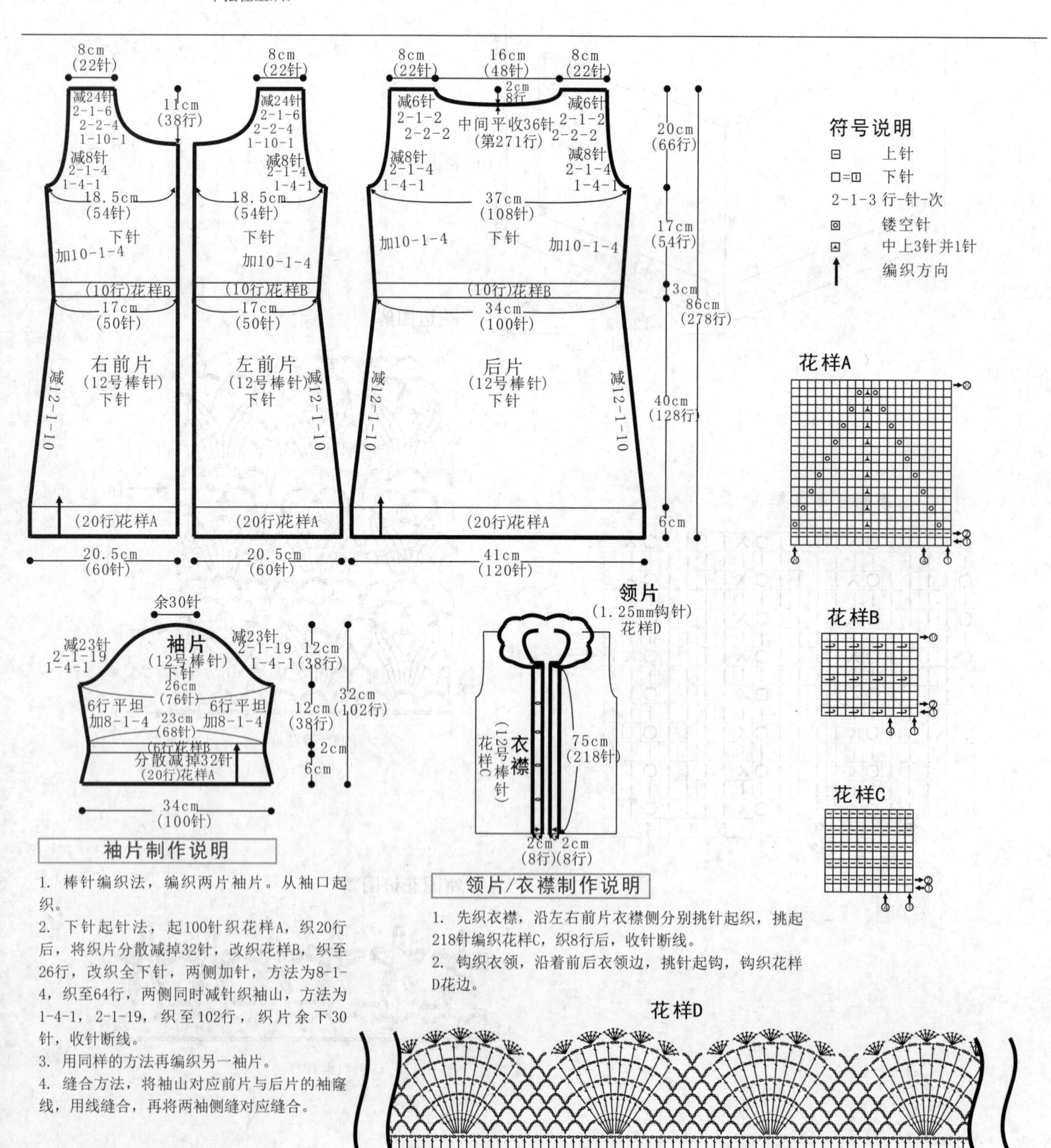

袖片制作说明

1. 棒针编织法，编织两片袖片。从袖口起织。

2. 下针起针法，起100针织花样A，织20行后，将织片分散减掉32针，改织花样B，织至26行，改织全下针，两侧加针，方法为8-1-4，织至64行，两侧同时减针织袖山，方法为1-4-1，2-1-19，织至102行，织片余下30针，收针断线。

3. 用同样的方法再编织另一袖片。

4. 缝合方法，将袖山对应前片与后片的袖窿线，用线缝合，再将两袖侧缝对应缝合。

领片/衣襟制作说明

1. 先织衣襟，沿左右前片衣襟侧分别挑针起织，挑起218针编织花样C，织8行后，收针断线。

2. 钩织衣领，沿着前后衣领边，挑针起钩，钩织花样D花边。

25

【成品规格】 衣长72cm，衣宽41cm，肩宽32cm，袖长18cm，袖宽20cm

【工　　具】 10号棒针

【编织密度】 花样C：32针×36行=10cm²

【材　　料】 豆沙红色丝光棉线500g，纽扣5枚

编织要点：

1. 棒针编织法，由前片2片、后片1片、袖片2片组成。从下往上织起。
2. 前片的编织。由右前片和左前片组成，以右前片为例。起针，下针起针法，起60针，编织花样A，不加减针，织44行的高度，袖窿以下的编织，第41行起，全织下针，并在侧缝上进行减针编织,方法为12-1-6，不加减针，再织16行后，余下54针，改织花样B，织14行，下一行起，改织花样C，织成14行时，开始进行前衣领边减针，方法为2-1-20，4-1-7，不加减针，再织26行至肩部，而侧缝进行加针编织，方法为18-1-3，织成54行的高度，至袖窿。袖窿以上的编织，左侧减针，先平收6针，然后每织2行减1针，共减8次，然后不加减针往上织，与衣领减针同步进行，当织成袖窿算起54行的高度时，至肩部，余下16针，收针断线。用相同的方法，相反的方向去编织左前片。
3. 后片的编织。下针起针法，起122针，编织花样A，不加减针，织44行的高度。然后第45行起，全织下针，并在侧缝上进行减针，方法为12-1-6，再织16行后，改织花样B，织14行，下一行再改织花样C，两边进行加针，方法为18-1-3，织成54行后，至袖窿，然后从袖窿起减针，方法与前片相同。当织成袖窿算起46行时，下一行中间将44针收针收掉，两边相反方向减针，方法为2-2-2，2-1-2，两肩部各余下16针，收针断线。
4. 袖片的编织。袖片从袖口起织，下针起针法，起66针，起织花样B，不加减针，往上织14行的高度，第15行起，分配成花样C编织，并进行袖山减针，先平收6针，每织2行减1针，共减25次，织成50行，最后余下4针，收针断线。用相同的方法去编织另一袖片。
5. 拼接，将前片的侧缝与后片的侧缝对应缝合，将前后片的肩部对应缝合，再将两袖片的袖山边线与衣身的袖窿边对应缝合。
6. 最后沿着前后衣领边和两侧衣襟边，挑针编织花样D，共6行，右边门襟留5个扣眼完成后，收针断线。

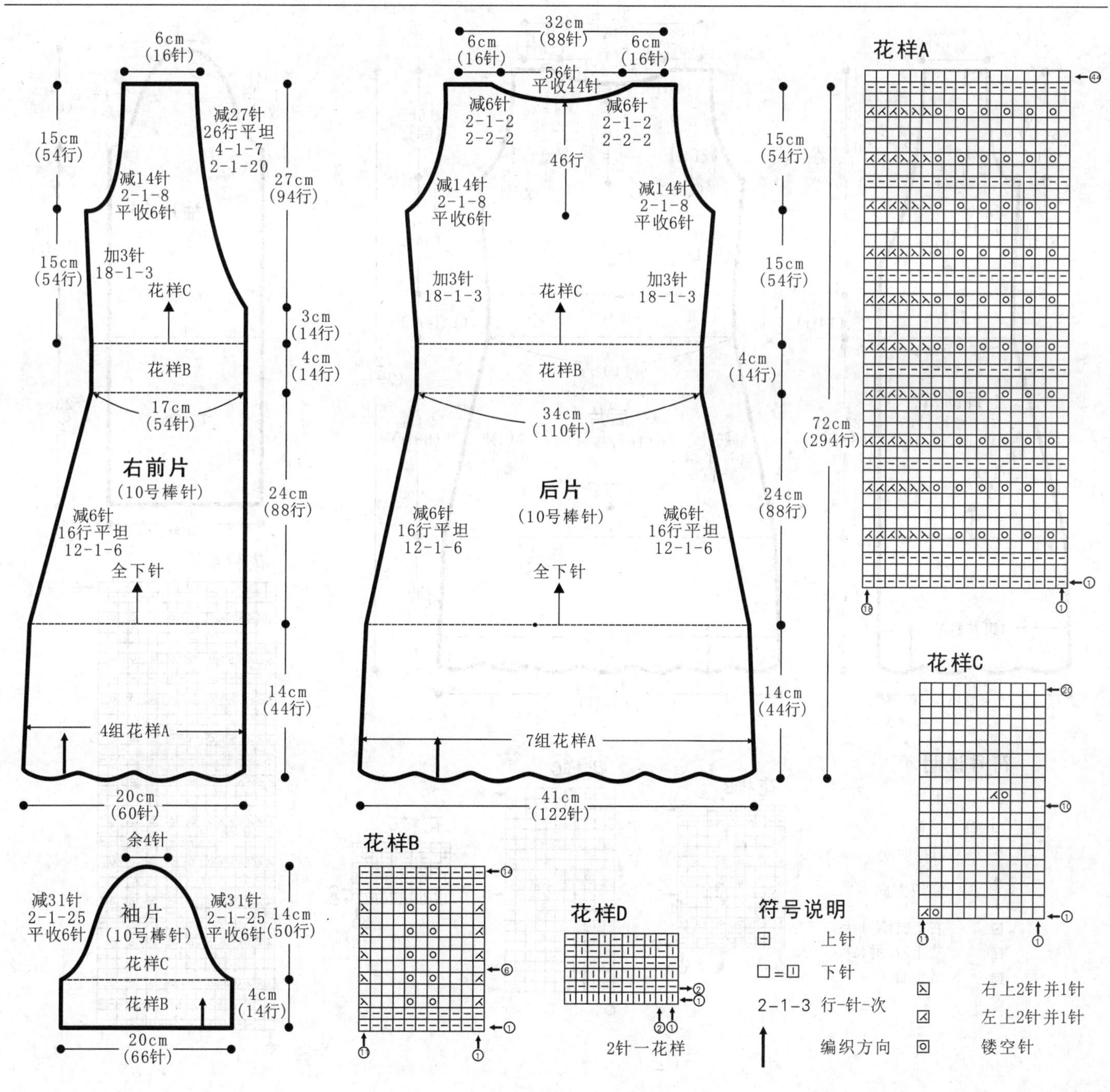

26

【成品规格】 衣长72cm，衣宽41cm，肩宽32cm，袖长59cm，袖宽20cm

【工　　具】 10号棒针

【编织密度】 32针×36行=10cm²

【材　　料】 蓝色丝光棉线500g，扣子5枚

编织要点：

1. 棒针编织法，由前片2片、后片1片、袖片2片组成。从下往上织起。

2. 前片的编织。由右前片和左前片组成，以右前片为例。起针，下针起针法，起60针，编织花样A，不加减针，织44行的高度。袖窿以下的编织，第45行起，全织下针，并在侧缝上进行减针编织，方法为12-1-6，不加减针，再织16行后，余下54针，改织花样B，织14行，下一行起，改织花样C，织成14行时，开始进行前衣领边减针，方法为2-1-20，4-1-7，不加减针，再织26行至肩部，而侧缝进行加针编织，方法为18-1-3，织成54行的高度，至袖窿。袖窿以上的编织。左侧减针，先平收6针，然后每织2行减1针，共减8次，然后不加减针往上织，与衣领减针同步进行，当织成袖窿算起54行的高度时，至肩部，余下16针，收针断线。用相同的方法，相反的方向去编织左前片。

3. 后片的编织。下针起针法，起122针，编织花样A，不加减针，织44行的高度。然后第45行起，全织下针，并在侧缝上进行减针，方法为12-1-6，再织16行后，改织花样B，织14行，下一行再改织花样C，两边进行加针，方法为18-1-3，织成54行后，至袖窿，然后袖窿起减针，方法与前片相同。当织成袖窿算起46行时，下一行中间将44针收针收掉，两边相反方向减针，方法为2-2-2，2-1-2，两肩部各余下16针，收针断线。

4. 袖片的编织。袖片从袖口起织，下针起针法，起66针，起织花样B，不加减针，往上织84行的高度，第85行起，分配成花样C编织，不加减针，编织80行的高度，至袖山，并进行袖山减针，每织2行减1针，共减25次，织成50行，最后余下4针，收针断线。用相同的方法去编织另一袖片。

5. 拼接，将前片的侧缝与后片的侧缝对应缝合，将前后片的肩部对应缝合；再将两袖片的袖山边线与衣身的袖窿边对应缝合。

6. 最后沿着前后衣领边和两侧衣襟边，挑针编织花样D，共6行，右边门襟留6个扣眼完成后，收针断线。

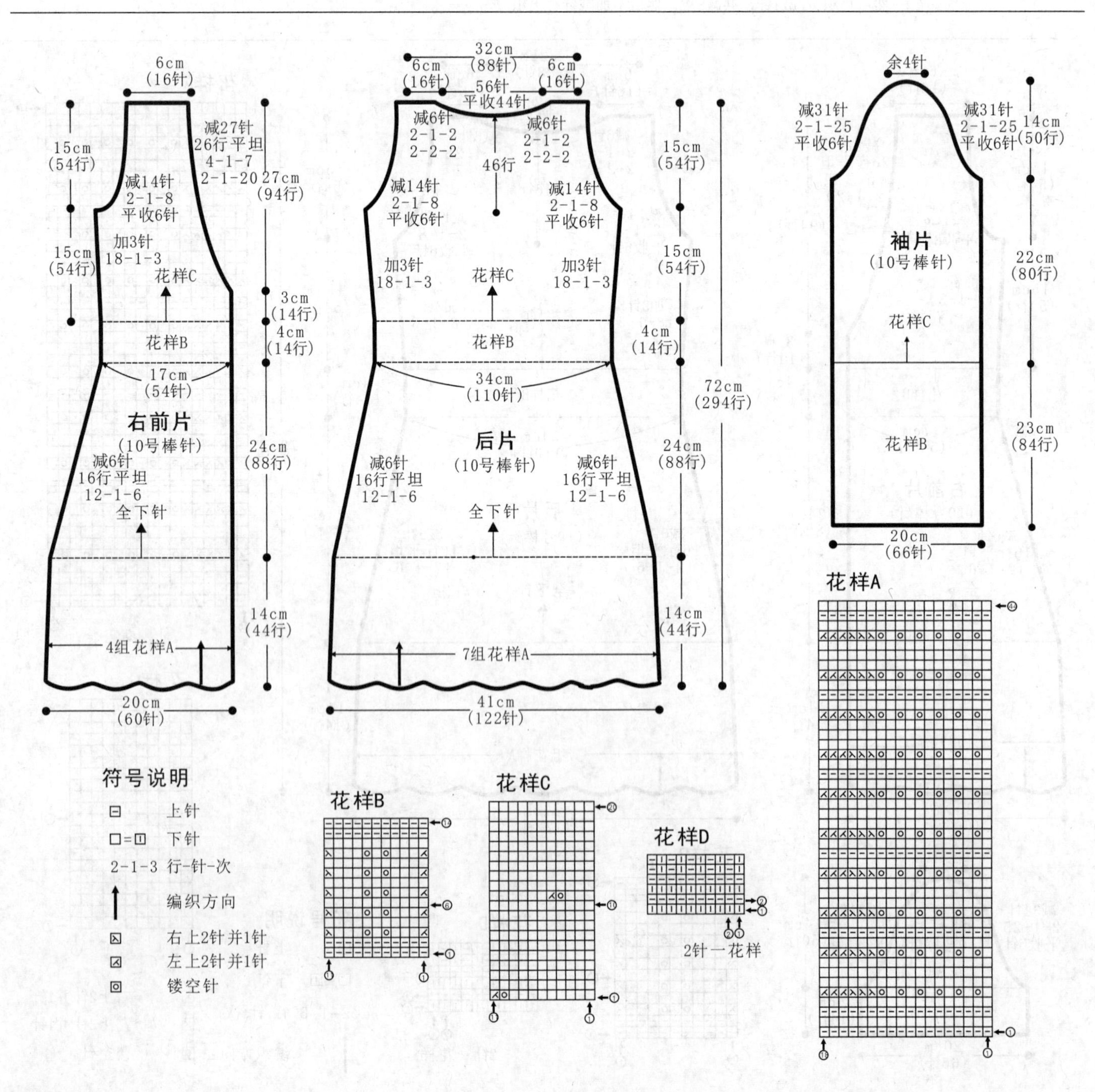

27

【成品规格】 衣长58cm，胸宽40cm，肩宽12cm

【工　　具】 10号棒针

【编织密度】 28针×33行=10cm²

【材　　料】 深紫色丝光棉线400g

编织要点:

1.棒针编织法，由前片1片、后片1片、袖片2片组成。前后片从下往上织起，袖片从领口织起。

2.前片的编织。

(1)起针，下针起针法，起112针，编织花样A，不加减针，织120行的高度，至袖窿。

(2)袖窿以上的编织。左侧减针，减39针，方法为平收4针，减针2-1-35。织54行后平收18针后，领口两侧减针，方法为2-1-8。收针断线。

3.后片的编织。起针，下针起针法，起112针，编织花样A，不加减针，织120行的高度，至袖窿。然后袖窿起减针，方法与前片相同。当织成袖窿算起70行时，收针断线。

4.袖片的编织。袖片从领口起织，下针起针法，起16针，起织花样A，两侧各加39针，方法为2-1-35，往上织70行的高度，至袖山。并进行袖山各减19针，方法为6-1-19，6行平坦，织120行，余56针，收针断线。用相同的方法去编织另一袖片。

5.拼接，将前片的侧缝与后片的侧缝对应缝合。选一侧边与后片的肩部对应缝合；再将两袖片的袖山边线与衣身的袖窿边对应缝合。在领口处前后片各挑56针织24行花样B，收针断线。衣服完成。

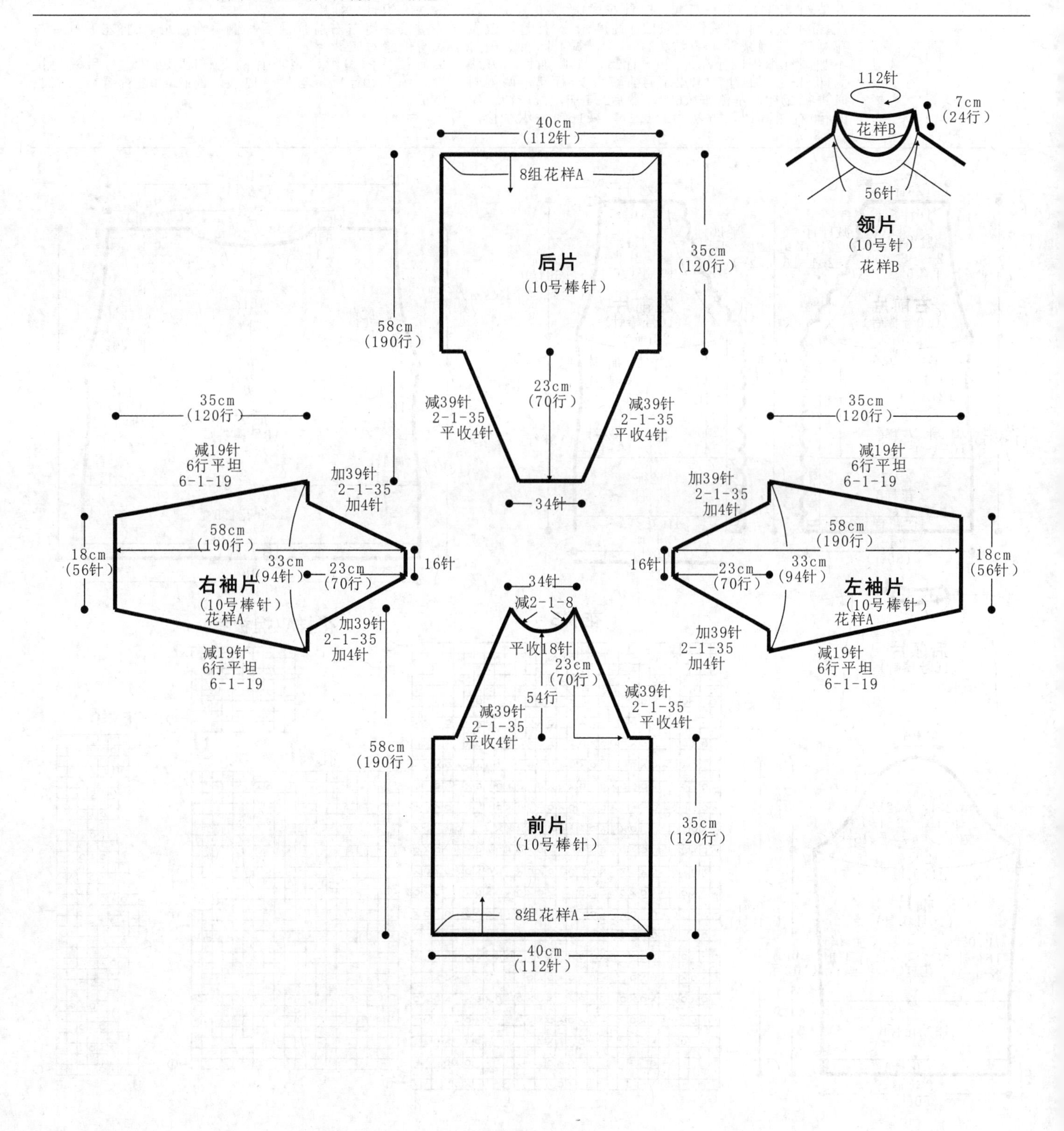

28

【成品规格】 衣长78cm，肩宽34cm，袖长50cm，袖宽26cm

【工　　具】 10号棒针

【编织密度】 25针×28行=10cm²

【材　　料】 灰色丝光棉线550g

编织要点:

1.棒针编织法，由前片2片、后片1片、袖片2片及领片组成，由下往上织成。

2.前片的编织，分为左前片和右前片分别编织，编织方法一样，但方向相反;以右前片为例，下针起针法，起60针，52针花样A加8针花样D排列编织，不加减针编织4行高度;下一行起，52针花样A改织花样B，8针花样D不变，不加减针编织42行高度;下一行起，改织花样C，左侧减针，方法为10-1-4，减4针，织40行;不加减针编织12行高度;下一行起，左侧加针，方法为10-1-4，加4针，织92行至袖窿;下一行起，两侧同时进行减针，左侧平收6针，然后2-1-6，减12针，织54行;右侧减针，方法为2-1-16，减16针，织32行，不加减针编织22行高度，余下24针，收针断线;用相同方法及相反方向编织左前片。

3.后片的编织，一片织成;下针起针法，起110针，花样A起织，不加减针编织4行高度;下一行起，改织花样B，不加减针编织42行高度;下一行起，改织花样C，两侧同时减针，方法为10-1-4，减4针，织40行，不加减针编织12行高度;下一行起，两侧同时加针，方法为10-1-4，加4针，织52行至袖窿;下一行起，两内侧同时减针，平收6针，然后2-1-6，减12针，织54行;其中自织成袖窿算起46行高度时，下一行进行衣领减针，从中间平收26针，两侧相反方向减针，方法为2-2-2，2-1-2，减6针，织8行，余下24针，收针断线。

4.袖片的编织，一片织成;下针起针法，起50针，花样A起织，不加减针编织4行高度;下一行起，改织花样B，不加减针编织42行高度;下一行起，改织花样C，两侧同时进行加针，方法为8-1-10，加10针，织80行，不加减针编织18行高度;下一行起，两侧同时进行减针，平收6针，然后2-1-19，减25针，织38行，余下20针，收针断线;用相同方法编织另一袖片。

5.拼接，将左右前片及后片侧缝对应缝合;将左右袖片与衣身侧缝对应缝合。

6.后领片的编织，将前片的花样D，边织边与后领边拼接，织成80行后，与另一边领边的花样D进行缝合，衣服完成。

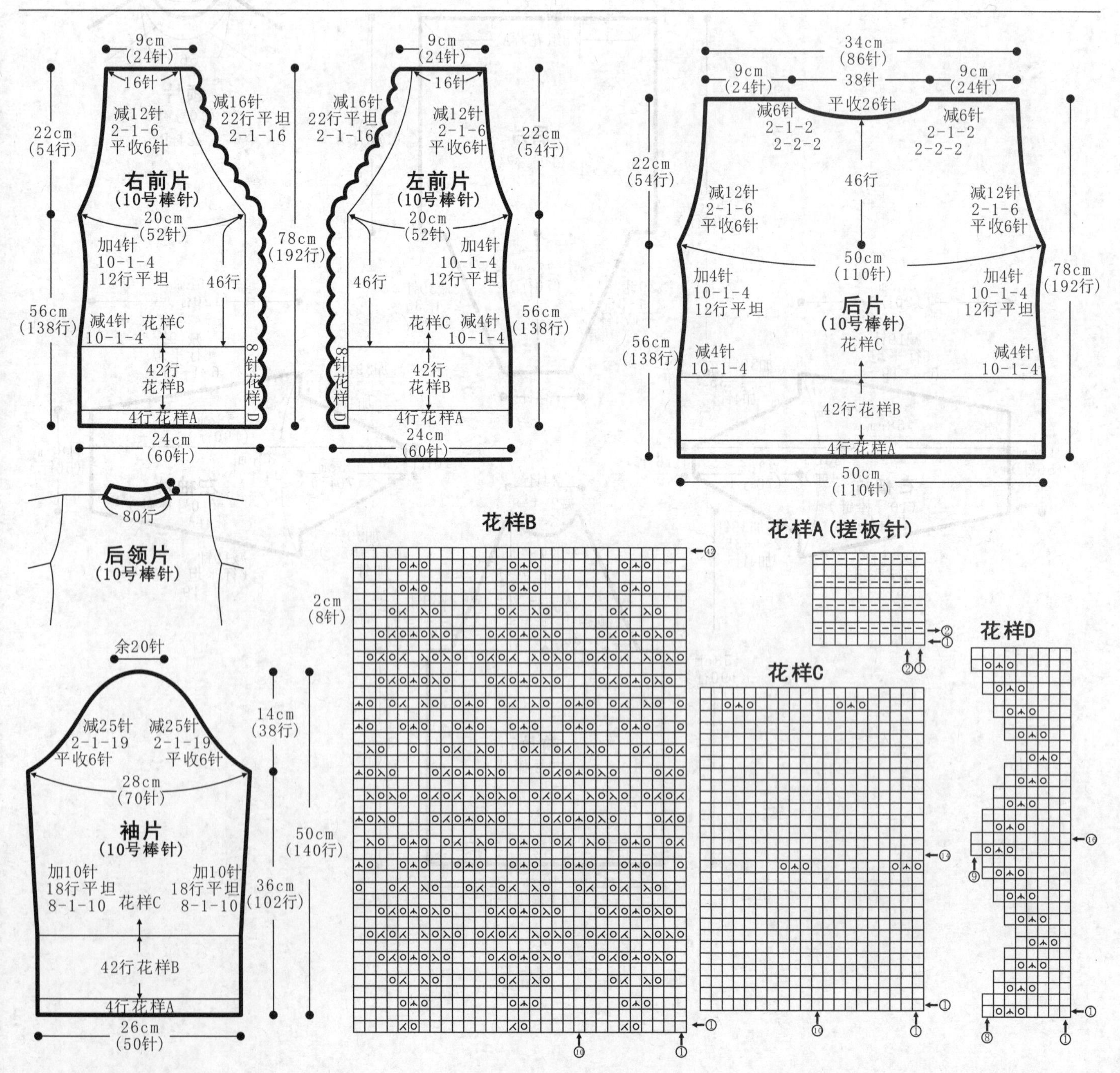

29

【成品规格】 衣长60cm，胸宽28cm，肩宽26cm

【工　　具】 10号棒针

【编织密度】 42针×103行=10cm²

【材　　料】 宝蓝色丝光棉线400g

编织要点:

1.棒针编织法，通过平展图的方法将前后片连片编织。从下往上织起。通过立体图的构造和缠绕缝合的方法，完成成衣的制作。

2.平展图的编织。一片织成。起针，平针起针法，起50针，起织花样A，不加减针，编织1850行至袖窿，左侧边继续编织，右侧边进行袖窿减针，方法为2-1-8，30行平坦，再加2-1-8，织出袖窿的弧度，继续编织224行，用同样的方法织出另一个袖窿的弧度，一个弧度共织64行，继续编织80行，开始进行左肩的减针，减8-1-6，192行平坦，再继续编织304行余下44针，收针断线。

3.拼接。按照立体图的构造进行边缠绕边缝合，缝合完毕，衣服完成。

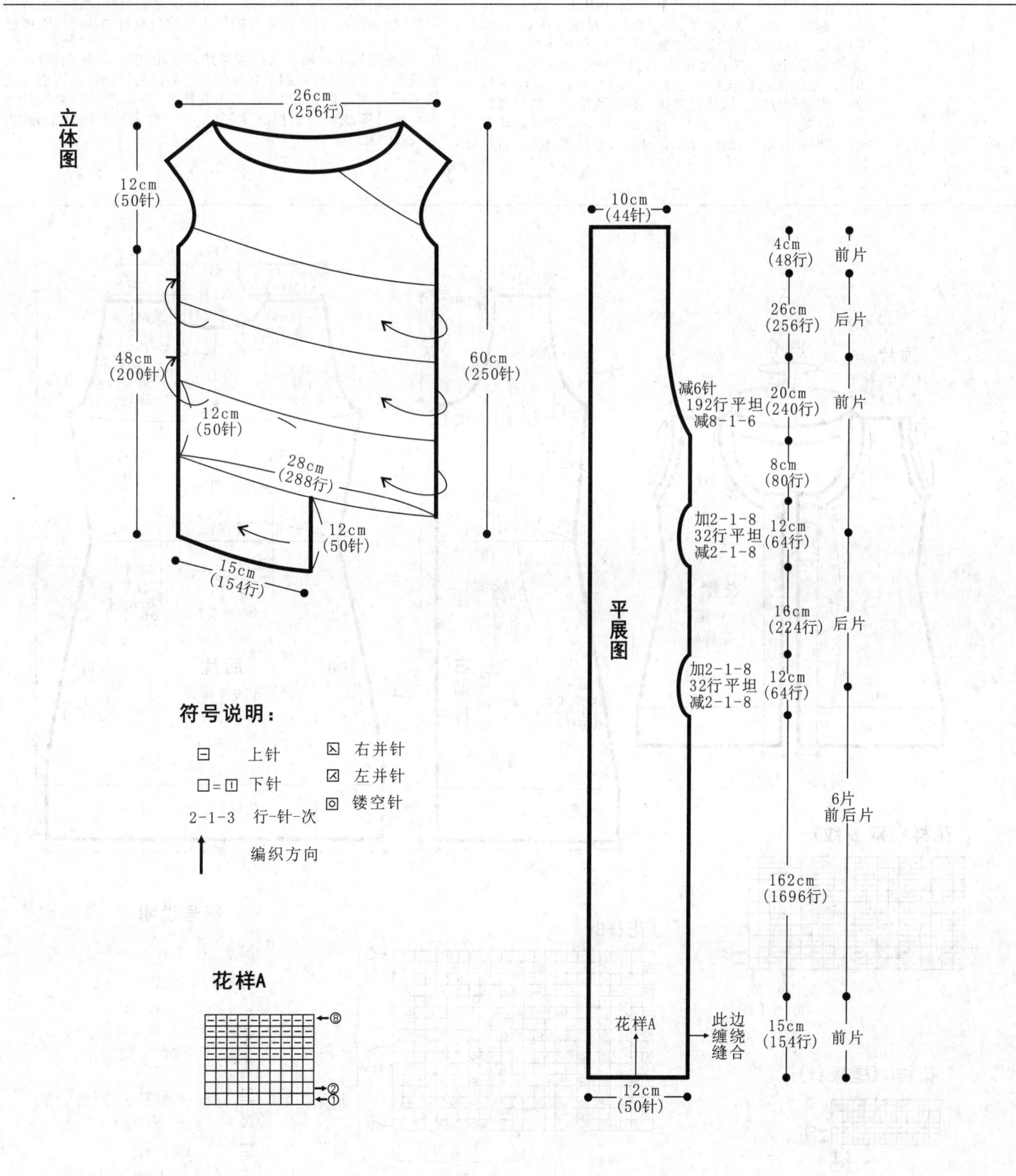

30

【成品规格】 衣长73cm，半胸围43cm

【工　　具】 10号棒针

【编织密度】 20针×23行=10cm²

【材　　料】 黄色棉线400g，纽子5枚

编织要点:

1. 棒针编织法，由前片2片、后片1片组成。从下往上织起。
2. 前片的编织。由右前片和左前片组成，以右前片为例。起针，双罗纹起针法，起50针，起织花样A，织24行的高度。袖窿以下的编织。第25行起，全织下针，并在左侧缝进行减针，方法为30-1-1，10-1-4，减掉5针，再织6行，至腰间起织花样B；另一个减针位置，从织下针开始，织成50行时，选从衣襟算起18针的位置上进行减针，第50行减1针，然后6-1-4，再织2行后，至腰间起织花样B，此时织片余下40针。改织花样B，并在侧缝上进行加针编织，方法为10-1-2，不加减针再织12行，至袖窿，织成42针。袖窿以上的编织。左侧减针，平收4针，然后2-1-6。右侧进行领边减针，从右往左，方法为2-2-4，2-1-11，织成30行，再织10行后至肩部，余下13针，收针断线。用相同的方法，相反的方向去编织左前片。
3. 后片的编织。双罗纹起针法，起98针，编织花样A，不加减针，织24行的高度。然后第25行起，全织下针，并在侧缝上进行减针编织，方法与前片侧缝减针相同，当织成50行下针时，也在中间选2个位置进行并针编织，方法为50-1-1，6-1-4，再织2行，至腰间，织成76行，下一行起，改织花样B，并在两侧侧缝上进行加针，方法为10-1-2，再织12行后，至袖窿，然后袖窿起减针，方法与前片相同。当织成袖窿算起32行时，下一行中间平收24针，两边减针，方法为2-2-2，2-1-2，至肩部，余下13针，收针断线。
4. 拼接，将前片的侧缝与后片的侧缝对应缝合，将前后片的肩部对应缝合，再将两袖片的袖山边线与衣身的袖窿边对应缝合。
5. 领片的编织。沿着前后衣领边，挑出128针，起织花样A双罗纹针，不加减针，编织10行的高度后，收针断线。再进行衣襟编织，两边各挑122针，起织花样A，不加减针，编织10行后，收针断线。右衣襟制作5个扣眼，对应另一侧钉上5枚扣子。衣服完成。

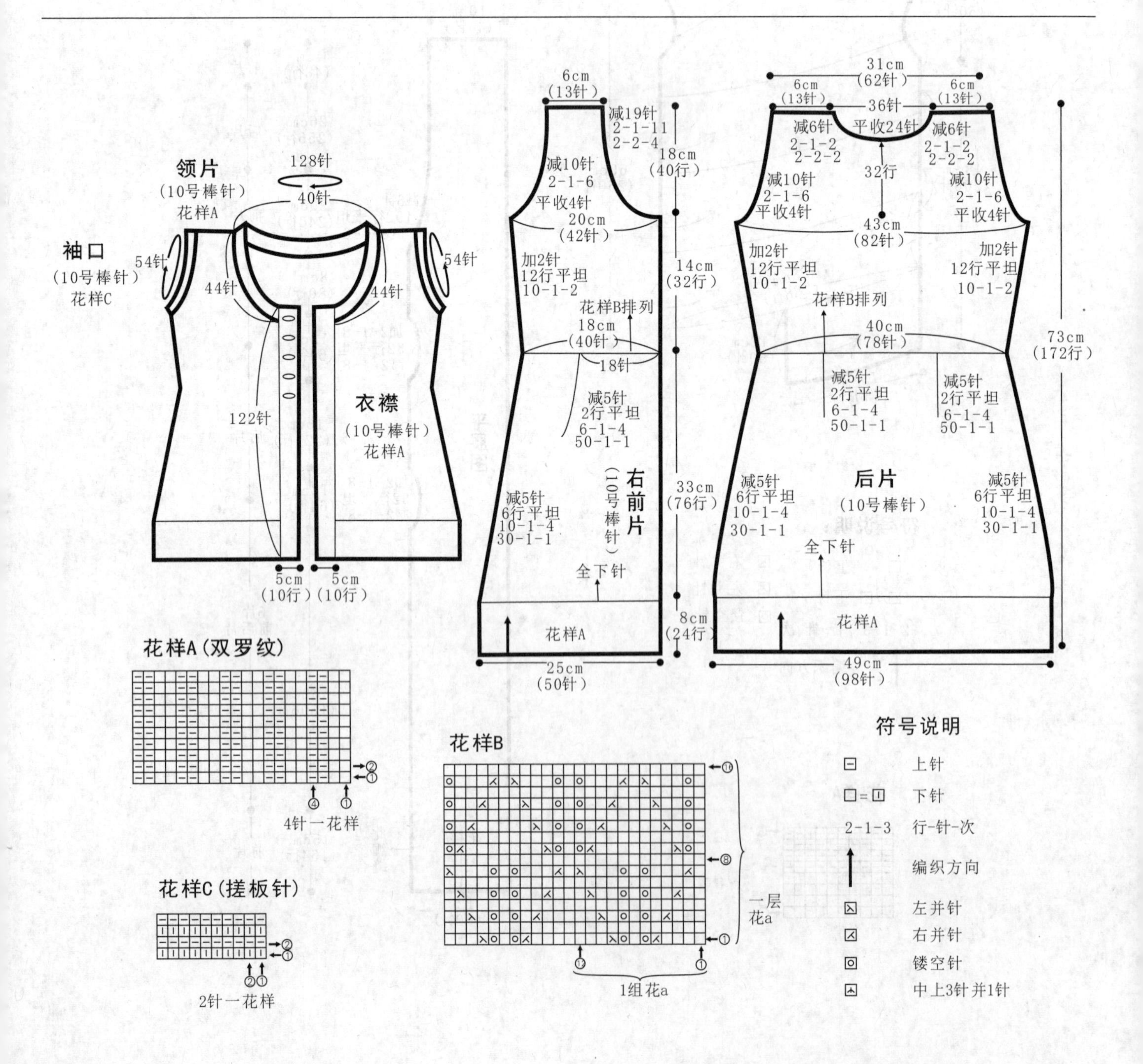

31

【成品规格】衣长108cm，胸围80cm，袖长63cm，肩宽33cm

【工　　具】7号棒针

【编织密度】22针×22行=10cm²

【材　　料】黄色羊毛线1000g

编织要点:

1. 先织裙子。从裙摆起往上织，起182针（82cm），不加减针圈织，织花样A，每14针16行一个花样，共织13个花样。

2. 第17行开始编织花样B1和B2，花样B1每3针76行一个花样，花样B2每3针116行一个花样，花样B1和B2交替编织，中间间隔11针的下针，编织完一个花样后，开始全下针编织，共织至57cm时，每2针并1针继续编织全下针，再编织8行,收针断线。

3. 编织腰部。腰部为横向编织，起29针，编织方法如花样C，每29针24行一个花样，编织11个花样，共264行，与起织处对应缝合。再将腰带与裙摆缝合。

4. 编织上身片。上身片分前片和后片，分别编织，先编织后片，起织88针，全下针往上编织，织17cm后，开始袖窿减针，方法顺序为1-3-1，2-2-2，2-1-2，后片的袖窿减少针数为9针。减针后，不加减针往上编织至20cm的高度后，开始后领口减针，衣领侧减针方法为1-13-1，2-2-2，2-1-1，最后两侧的针数余下17针，收针断线。

5. 前身片的编织方法与后身片相同，袖窿减针方法与后身片相同，织到17cm的高度后，开始前领口减针，衣领侧减针方法为2-4-1，2-2-4，2-1-6，最后两侧的针数余下17针，收针断线。

6. 前身片完成后，将前身片的侧缝与后身片的侧缝对应缝合，再将两肩部对应缝合。

7. 衣身缝合后，挑织衣领，挑出来的针数要比衣领原边的针数稍多些，编织双罗纹针，共编织22cm后，收针断线。

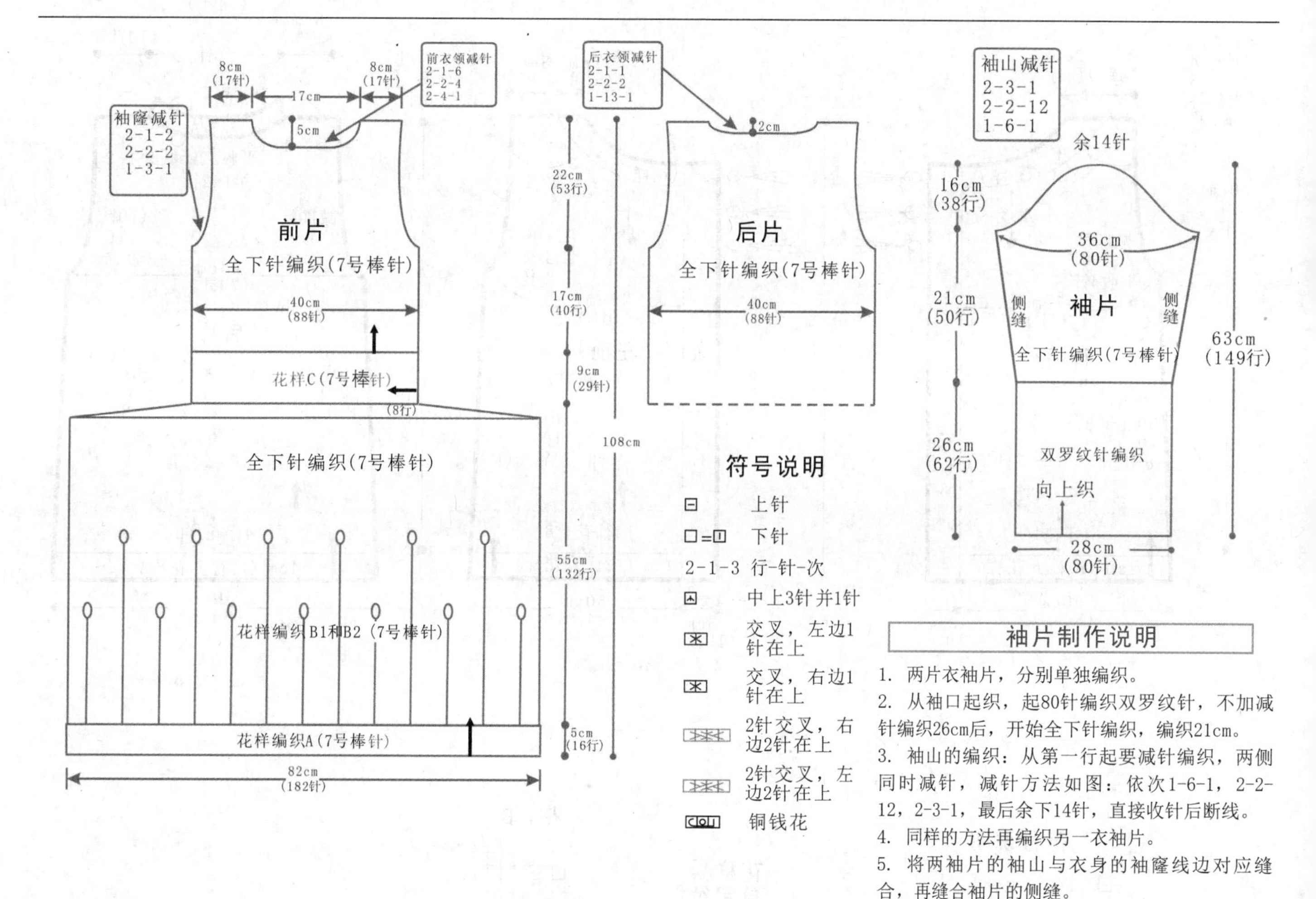

袖片制作说明

1. 两片衣袖片，分别单独编织。
2. 从袖口起织，起80针编织双罗纹针，不加减针编织26cm后，开始全下针编织，编织21cm。
3. 袖山的编织：从第一行起要减针编织，两侧同时减针，减针方法如图：依次1-6-1，2-2-12，2-3-1，最后余下14针，直接收针后断线。
4. 同样的方法再编织另一衣袖片。
5. 将两袖片的袖山与衣身的袖窿线边对应缝合，再缝合袖片的侧缝。

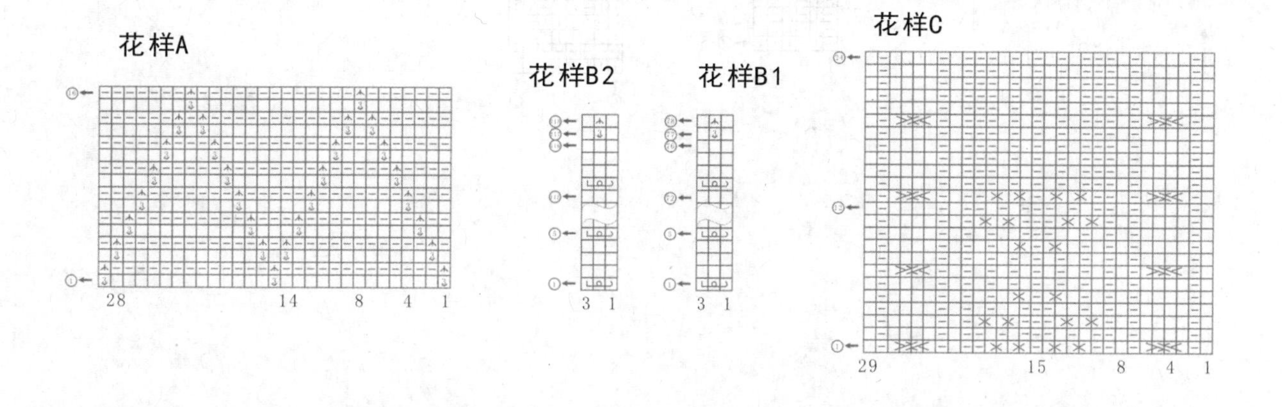

32

【成品规格】 衣长68cm，胸围138cm

【工　　具】 9号棒针

【编织密度】 16.8针×21行=10cm²

【材　　料】 羊毛线400g

编织要点:

1. 整件衣服由后片和左右两个前片组成，从下往上编织。
2. 后片起84针，编织花样A4cm12行，再编织花样B14行之后编织全下针，左右侧缝减针方法为8-1-1，10-1-4，30行平坦，各减5针，织92行后收袖窿，减针方法为平收4针，然后2-1-6，左右袖窿各减10针，织到第142行开始留后领窝，方法为中间平收22针，然后2-1-2，左右边减针方法相同，左右肩部各留14针。
3. 两个前片编织方法相同，结构对应方向相反，起84针，编织花样A12行，再编织花样B14行，开始全下针编织，侧缝减针方法跟后片相同，织92行后收袖窿，减针方法为平收4针，然后2-1-6，左右袖窿各减10针，织到第18行开始留领窝，方法为中间平收50针，然后2-1-5，14行平坦，左右边减针方法相同，左右肩部各留14针。
4. 将前后片肩部相对缝合，衣片侧缝缝合。
5. 挑织衣领，将前后片衣领挑起编织花样A6行后收针。在左右前片衣襟处各挑98针，编织花样A10行，收针断线。整件衣服编织结束。

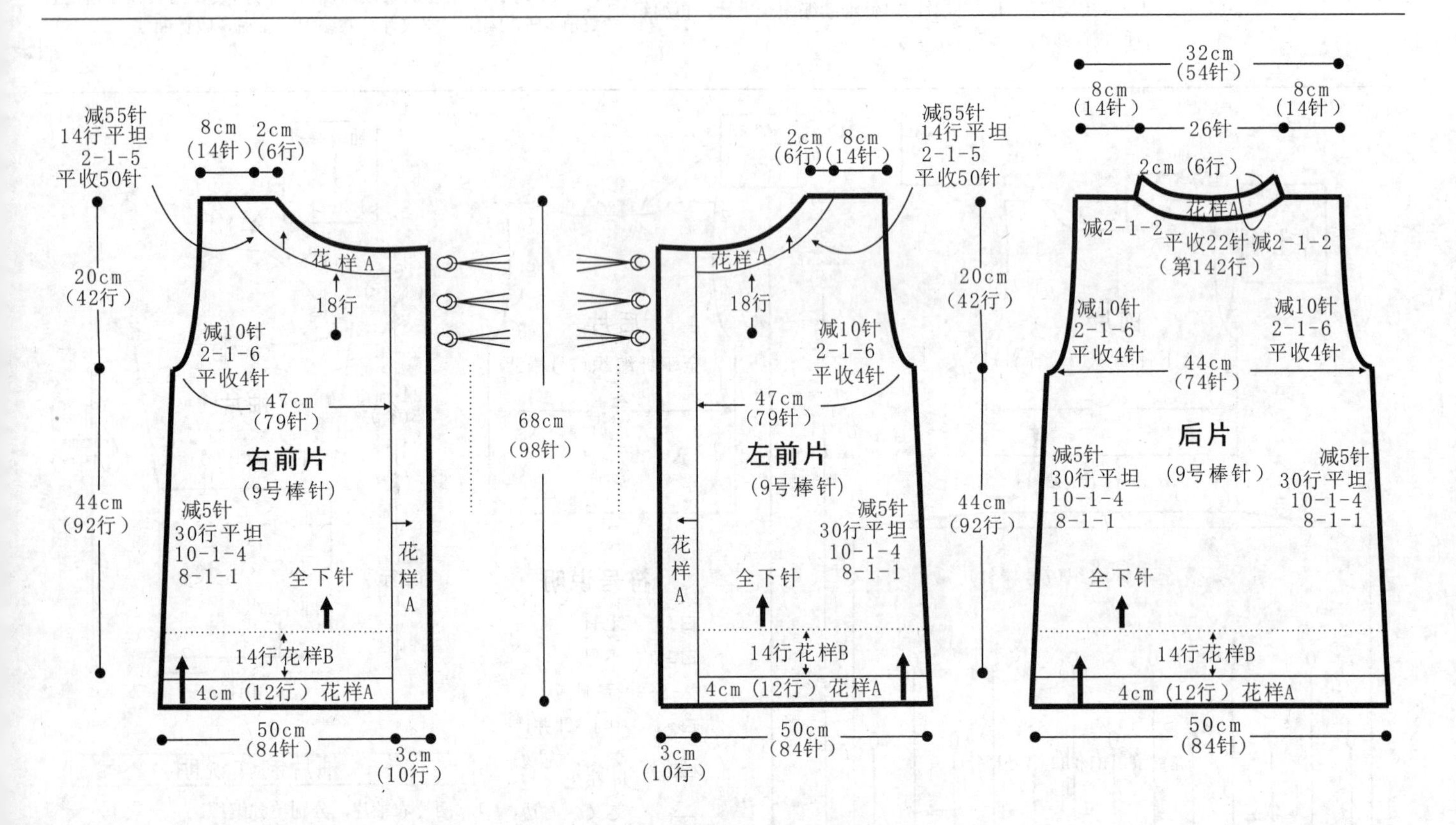

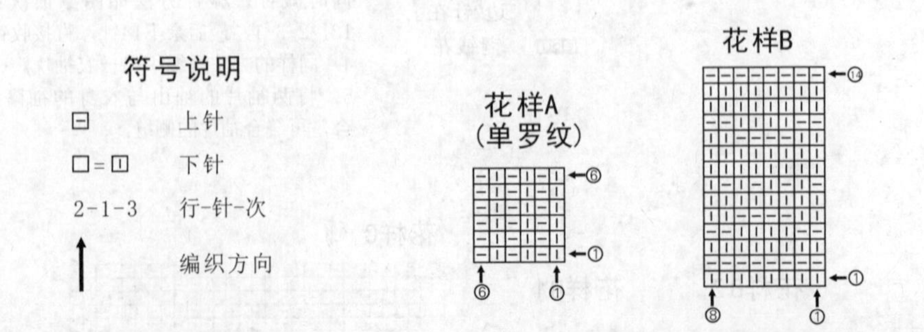

33

【成品规格】 裙长71cm，胸围86cm，腰围76cm，下摆宽70cm

【工　　具】 13号棒针，1.75mm可乐钩针

【编织密度】 45针×51行=10cm²

【材　　料】 织美绘牛奶丝线400g

编织要点：

1.衣服从腰间分成3部分编织。从腰间起往上分为前片和后片，下摆片一片钩织而成。袖片分为两片，钩针编织。

2.先编织上身前后片。先编织前片，下针起针法，起140针，起织花样A，侧缝上加针编织。方法为8-1-6，6-1-3，两侧各加9针，然后不加减针，再织8行至袖窿，袖窿起减针，一侧收6针，一侧收7针，然后两侧同时减针，方法为2-1-12，减针织成24行，再织2行至领部，下一行从中间选取73针平收，两侧各余下24针，不加减针，各自编织76行的高度，至肩部，收针断线。

3.后片的编织，袖窿以下的编织方法与前片相同，袖窿起减针与前片相同，当织成袖窿算起94行的高度后，下一行起进行后衣领减针，中间平收65针，两边减针，方法为2-1-4，织成8行时至肩部，余下24针，收针断线。

4.将前后片肩部相对进行缝合，侧缝处相对进行缝合。

5.沿着衣身起织处，往下挑针钩织，用1.75mm可乐钩针钩织，依照花样B图解环形钩织，共钩织6层花样，共40cm的长度，完成后，钩织一圈花样D锁边。

6.袖子起130针钩编花样C，依照图解，两侧进行减针钩织。钩织18行的高度，完成后收针断线，藏好线尾，用相同的方法再去编织另一只袖片。将袖片与袖窿边线对应缝合。

7.在领圈及袖边挑针均匀钩边花样D，作为缘边装饰。

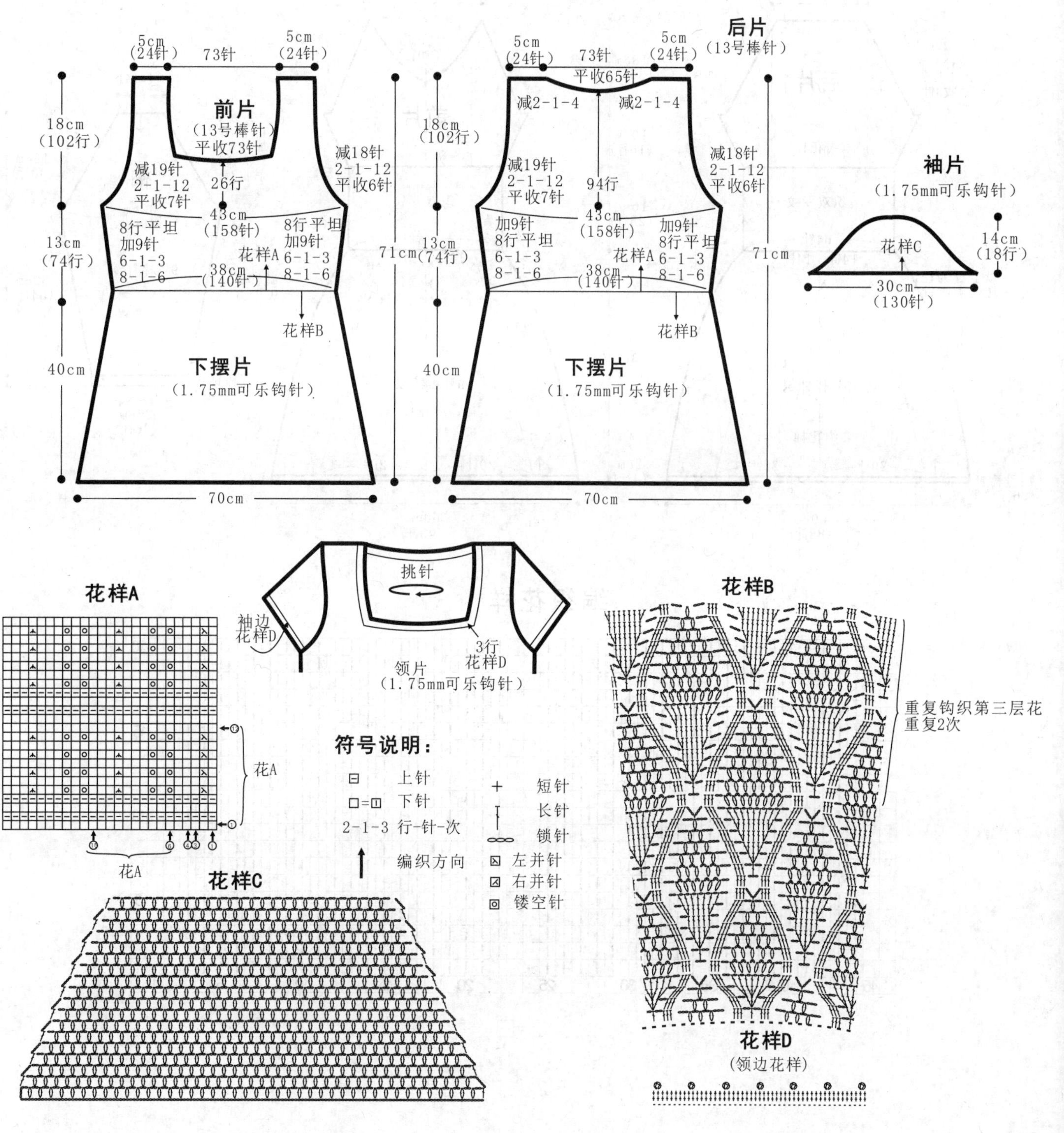

34

【成品规格】 衣长89cm，胸围82cm，袖长52cm

【工　　具】 9号、11号棒针

【编织密度】 14针×17行=10cm²

【材　　料】 Ab线750g

编织要点：

1.后片:用11号棒针起88针织4行单罗纹边，换9号棒针织花样，每隔20针上针织2针下针;平织50行后，以上针为径，在两边均匀收针，每8行每径收2针,共24针;收针完成后织双罗纹28行，然后继续织花样至完成。

2.前片：同后片，领织V形，开挂织10行后分成两片织领。

3.袖:从上往下织，用9号棒针起12针织上针为花样中心，两侧对称织2针下针，七分袖，袖口织4行单罗纹边。

4.缝合各部分，完成。

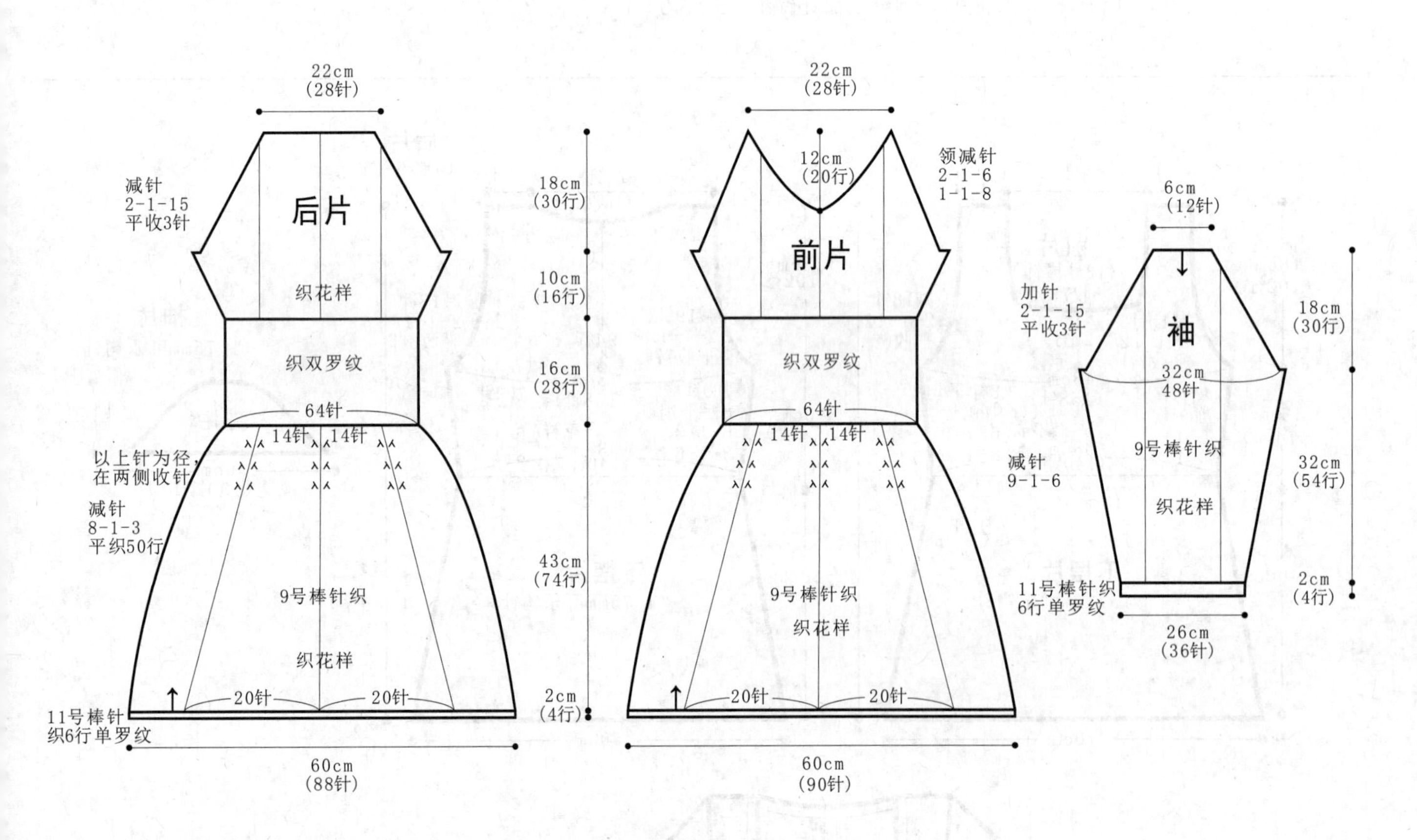

编织花样

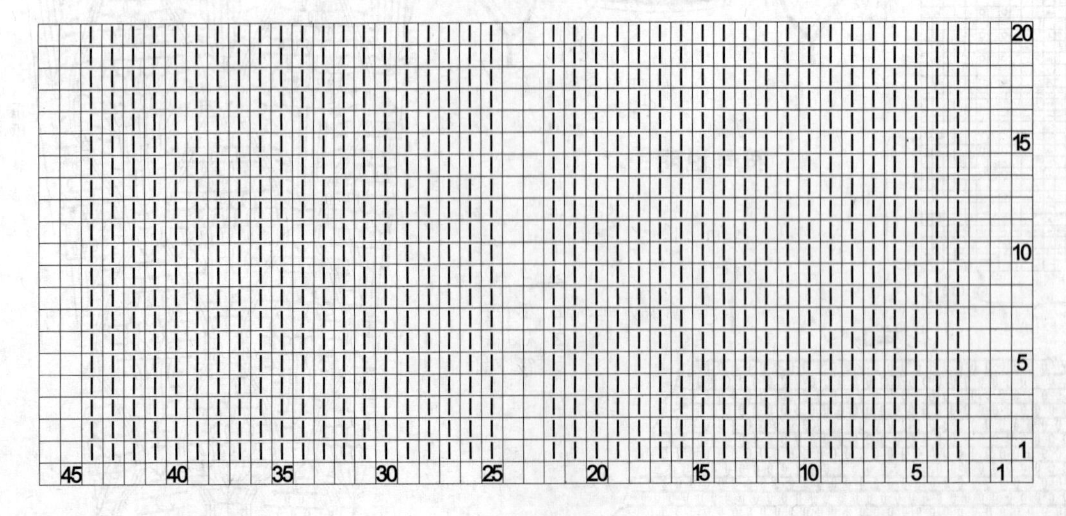

35

【成品规格】 衣长80cm，胸围82cm

【工　　具】 6号棒针，3.5mm钩针

【编织密度】 15针×15行=10cm²

【材　　料】 羊毛线650g

编织要点：

1.后片：起69针织双罗纹22行后，织组合花样，中心织菱形花，两侧对称布花，织16行两侧开始各收掉半个菱形花7针，再平织24行开挂，两侧各收7针，平织20行织引退针收肩，每2行收4针收3次，后领针平收。

2.前片：基本同后片，前片织至64行后开始织前胸，分3片织，中心15针，每2行各收2针收3次，每2行收1针收1次，平织2行;两侧每2行收1针收4次;减针的最高点平行;肩带按图解加出半朵花，形成一朵完整的花形，一直平织上去，然后与后片缝合。

3.用钩针钩花补齐胸部，领口和袖口钩一行短针，再钩一行逆短针边，完成。

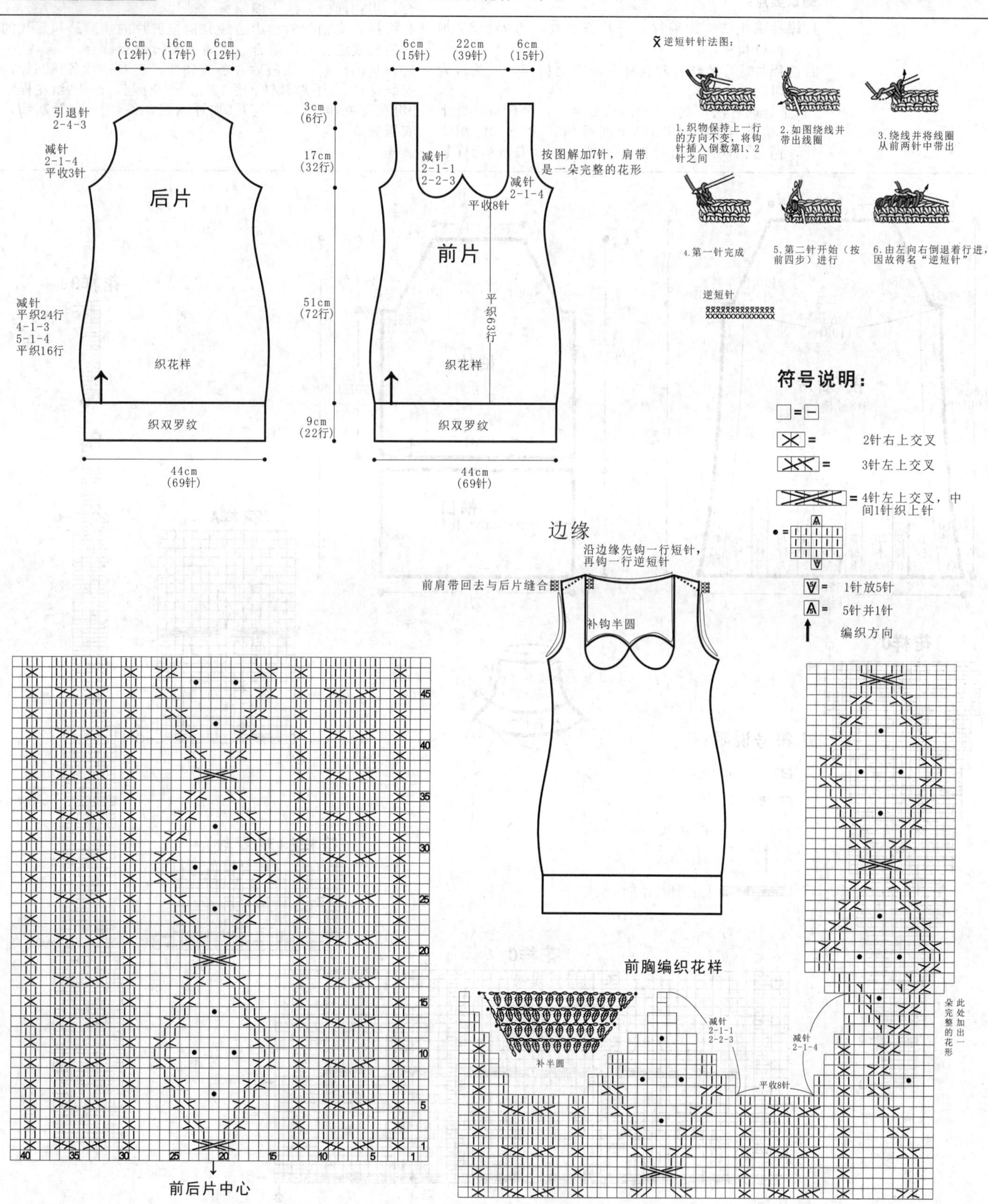

36

【成品规格】衣长66cm，胸宽36cm
肩宽24cm，袖长63cm

【工　　具】8号棒针

【编织密度】28.5针×28.8行=10cm²

【材　　料】灰色羊毛线1000g

编织要点：

1.棒针编织法，由前片、后片各一片，再编织2个袖片、袖口和领片。

2.前片与后片的结构和花样分配完全相同，以前片为例说明。

(1)下针起针法，起148针，从右至左，分配成10针上针，5组花样A与4组花样B相间编织，余下10针织上针，两边的10针上针针数不改变，以及花样A花样针数不改变，只在花样B上进行减针变化，依照花样B图解进行减针编织，编织146行后至袖窿，余下108针；下一行起，进行袖窿减针，袖窿两边同时减针，平收8针，然后2-1-22，减少30针，编织44行，余48针，收针断线。

(2)后片的编织与前片一样。

3.袖片的编织，分成袖口和袖身两片各自编织。从袖口边起织，下针起针法，起94针，起织下针，不加减针，编织76行，下一行起，两边同时减针，平收8针，减2-1-22，减30针，编织44行，余34针，收针断线。袖口的编织，横向编织。下针起针法，起60针，起织花样C，不加减针，织96行，收针断线。选一侧长边与袖身片的起织行进行缝合。用相同的方法去编织另一袖片。

4.拼接，将袖片的袖山边线分别与前片的插肩缝和后片的插肩缝线进行对应缝合。再将袖侧缝进行缝合。

5.领片的编织，从前后片各挑48针，左右袖片各挑21针，起织花样E，不加减针，织10行；下一行起，改织9组花样A，9组花样D相间排列，花样D加针编织，织48行；收针断线，衣服完成。

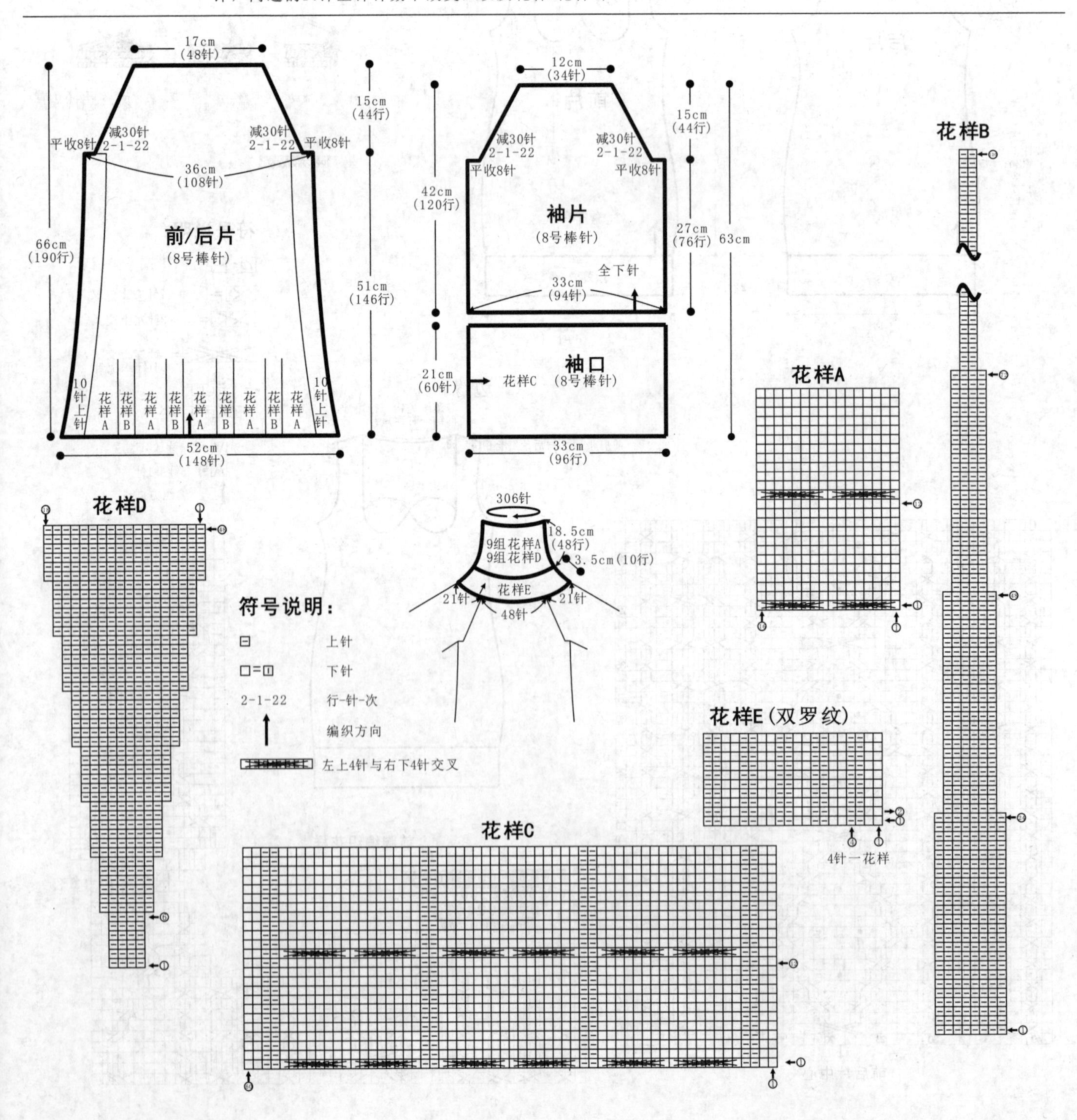

37

【成品规格】 衣长68cm，胸宽50cm，肩宽33cm

【工　　具】 10号棒针，10号环形针

【编织密度】 23针×26.8行=10cm²

【材　　料】 黑色毛线400g，白色毛线200g，拉链1条

编织要点：

1.棒针编织法，袖窿以下一片编织完成，袖窿起分为左前片、右前片、后片来编织。织片较大，可采用环形针编织。

2.袖窿以下的编织，下针起针法，起织花样A，不加减针，织124行;下一行起，分成左前片、右前片、后片来编织。

3.后片的编织，从中分配104针，按袖窿以下花样A排列起织，两边同时减针，平收4针，减2-1-8，减12针;袖窿算起编织54行的高度时，下一行起，从中平收36针，两边同时减针，方法为2-1-2，减2针;两肩部各余20针，收针断线。

4.左前片和右前片的编织，两者编织方法相同，但方向相反;以右前片为例，针数为56针，袖窿下花样A排列起织，左侧减针，平收4针，然后2-1-8，减12针;编织到衣长154行高度时，右侧减针，平收8针，然后2-2-4，2-1-8，4行平坦，减24针，余20针，收针断线;左前片与右前片的编织方法和减针顺序相同，方向相反。

5.拼接，将左前片、右前片与后片肩部对应缝合。

6.沿着前后衣领边，依照结构图所示，挑出164针，起织花样B单罗纹针，全用黑色线编织，不加减针，编织24行的高度，完成后收针断线。再沿着衣襟边，用黑色线挑针起织花样B单罗纹针，不加减针，编织8行的高度后，收针断线，折回衣襟内侧进行缝合，形成双层衣襟。用相同的方法编织另一边衣襟，再在里面缝上拉链。衣服完成。

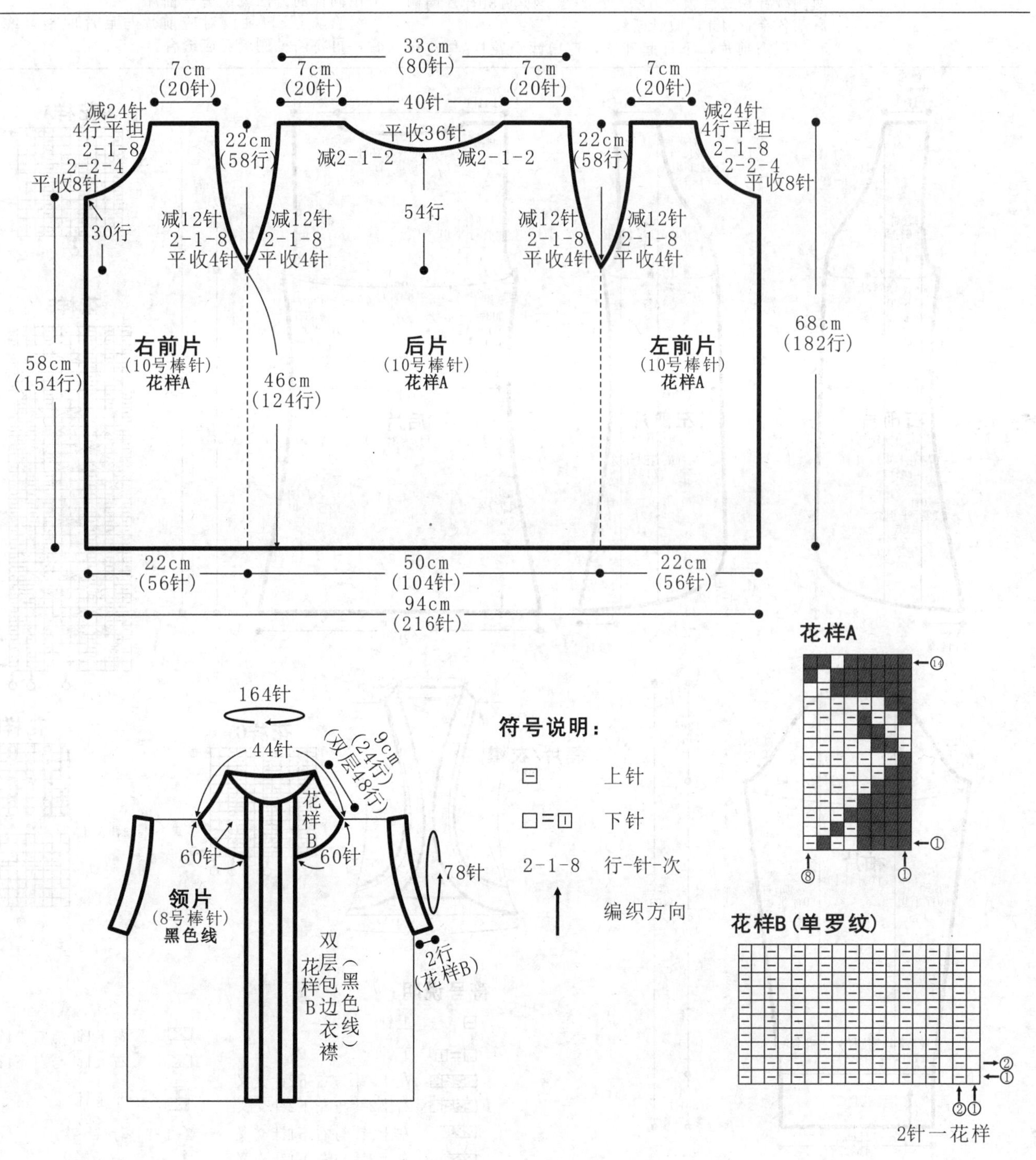

38

【成品规格】 衣长65cm，半胸围36cm，肩宽29cm，袖长59cm

【工　　具】 10号棒针

【编织密度】 23针×27.7行=10cm²

【材　　料】 灰色棉线600g

编织要点：

1.棒针编织法，衣身分为左前片、右前片和后片分别编织。

2.起织后片，下针起针法，起89针织花样A，一边织一边两侧减针，方法为14-1-6，平织12行后，然后两侧加针，方法为8-1-3，织至126行，两侧袖窿减针，方法为1-4-1，2-1-4，织至177行，中间平收35针，两侧减针织成后领，方法为2-1-2，织至180行，两侧肩部各余下14针，收针断线。

3.起织右前片，下针起针法，起11针织花样A与花样B组合编织，如结构图所示，右侧衣摆加针，方法为2-2-4，2-1-23，4-1-2，左侧减针，方法为14-1-6，平织12行后，然后左侧加针，方法为8-1-3，织至126行，左侧袖窿减针，方法为1-4-1，2-1-4，同时右侧前领减针，方法为2-1-19，织至180行，余下14针，收针断线。

4.用同样的方法相反方向编织左前片。完成后将左右前片与后片的两侧缝缝合，两肩部对应缝合。

领片/衣襟制作说明

沿领口及衣摆挑起768针织花样D，共织36行的长度，收针断线。

袖片制作说明

1.棒针编织法，编织两片袖片。从袖口起织。

2.双罗纹针起针法起48针，织花样C，织20行后，改为花样A与花样B组合编织，如结构图所示，一边织一边两侧加针，方法为14-1-7，织至128行，两侧减针编织袖山。方法为1-4-1，2-1-18，织至164行，织片余下18针，收针断线。

3.用同样的方法编织另一袖片。

4.缝合方法:将袖山对应前片与后片的袖窿线，用线缝合，再将两袖侧缝对应缝合。

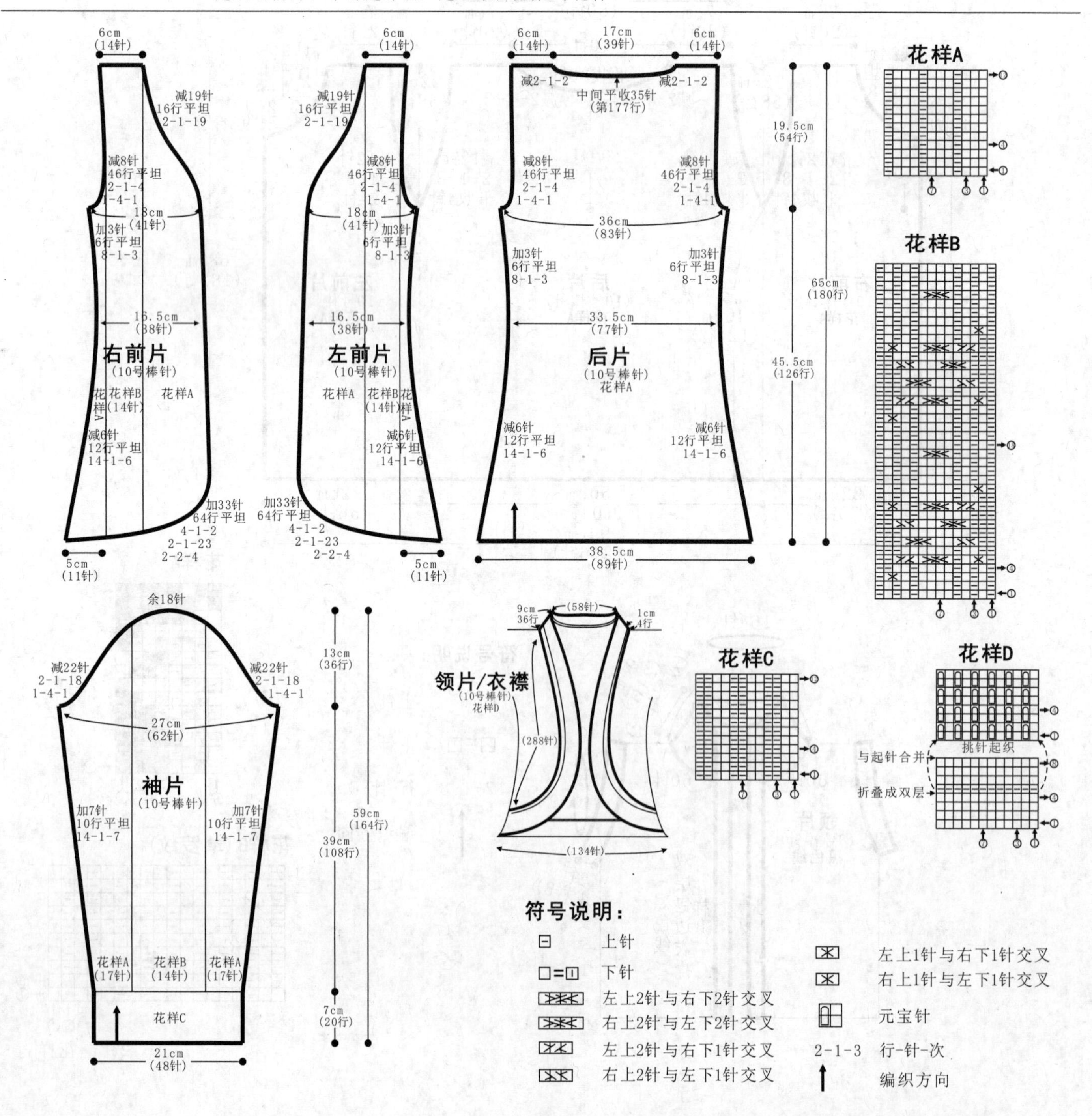

39

【成品规格】衣长67cm，胸围100cm

【工　　具】8号棒针，3.0mm钩针

【编织密度】20针×23行=10cm²

【材　　料】粉红丝光毛线1000g，牛角扣5枚

编织要点：

1.这件衣服从下向上编织，将左前片、后片、右前片合起来起针编织。

2.后片加两个前片及衣襟边共起212针，两边衣襟边各8针编织花样B，右前片衣襟均匀留出5个扣眼，衣身196针编织花样A，织110行后织2行上针，然后在前后片两侧各加出袖子针数20针，这时针数共有292针。

3.衣襟编织花样B，其他针数编织花样D，在花形编织中减少针数，织32行后针数减为120针，其中两个前片各30针，后片为60针，然后编织花样C12行，开始织帽子。

4.帽子编织花样D，边缘继续衣襟花样B的编织，织76行后将针数分为两份，对折收针。

5.将留出的袖边部分用钩针钩边装饰。

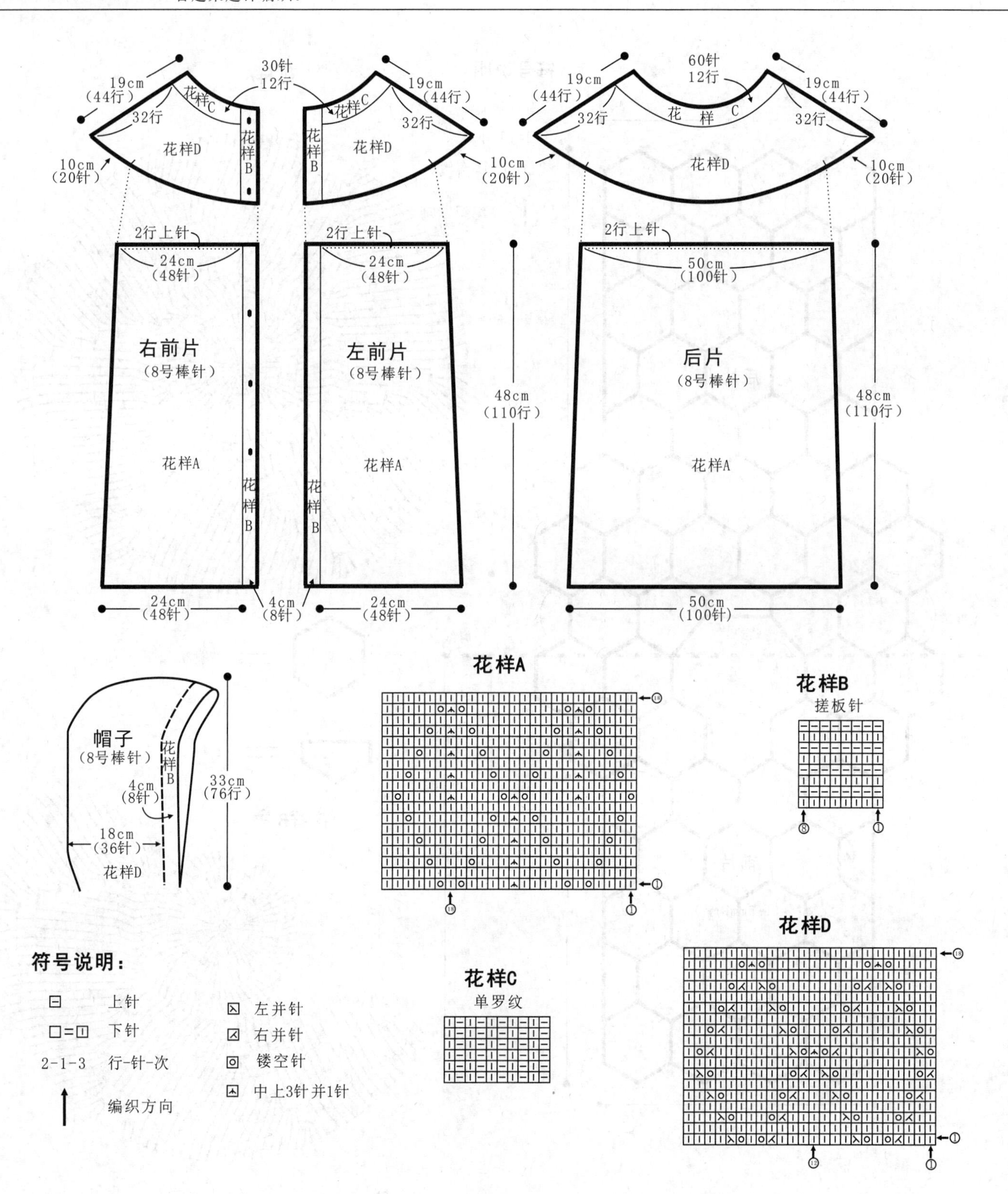

40

【成品规格】衣长74cm，衣宽42cm

【工　　具】1.5mm钩针

【材　　料】白色丝光棉线800g

编织要点：

1.钩针编织法。由多层多个单元花组成。

2.从下摆起排列，前后片一圈由8个单元花花样A拼接而成。依照图解一层一层往上拼接叠加。注意肩部的拼接方法。后领边有一个花样图解参照花样B。

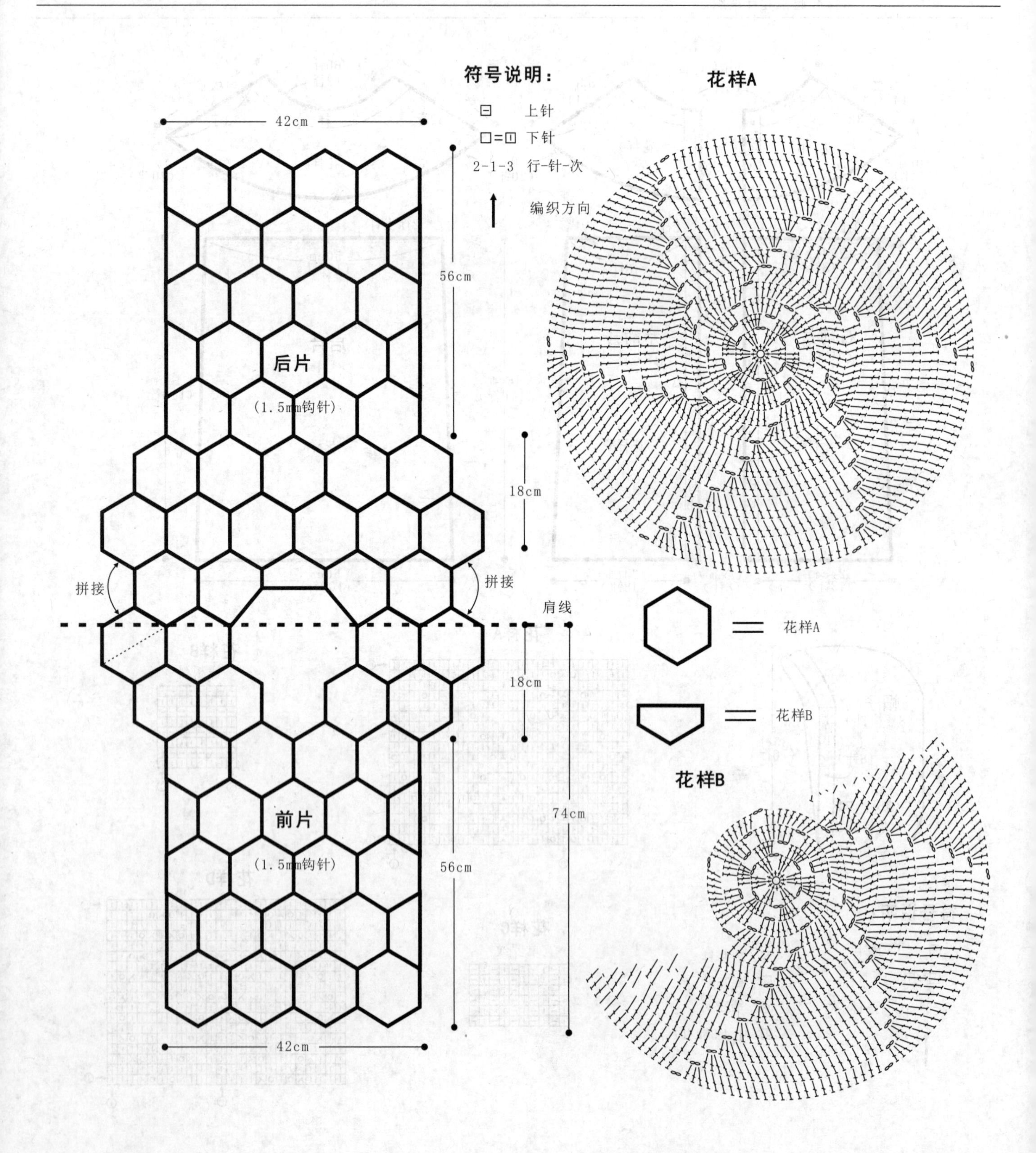

41

【成品规格】 衣长70cm，胸围80cm

【工　　具】 6号、8号棒针

【编织密度】 18针×17行=10cm²

【材　　料】 杏色粗羊毛线550g，深咖啡色粗羊毛线少许

编织要点：

1.后片：用8号棒针起66针织24行单罗纹，换6号棒针织桂花针，平织至68cm，挖后领窝，肩平收。

2.前片：用8号棒针起66针按图解先织24行后换6号棒针织花样，织70行均分两片织，织115行开始织领窝；肩平收。

3.帽：沿领窝挑针织帽；用咖啡色线沿花样绣线条装饰，完成。

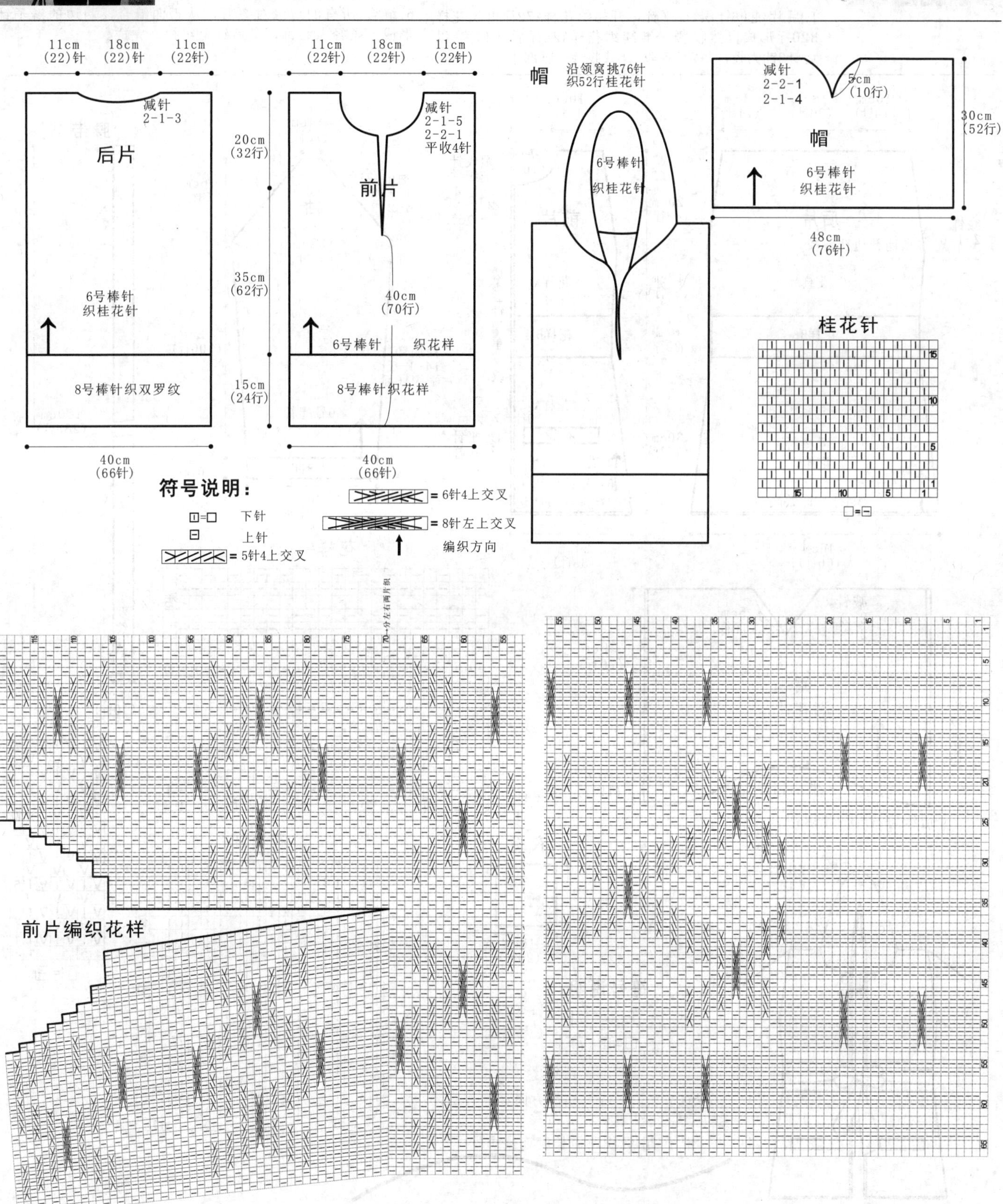

42

【成品规格】 衣长70cm，胸围84cm，袖长62cm

【工　　具】 6号棒针

【编织密度】 14针×24行=10cm²

【材　　料】 羊仔毛线850g，纽扣5枚

编织要点：

1.后片:起66针织4行平针，开始织花样A72行再织花样B20行形成自然收腰，继续织花样A28行后开挂肩:以边针2针为径，每2行各收1针共收6针;肩部平收。

2.前片：起33针门襟边留4针织单罗纹，织4行平针后开始织花样A，织30行后衣袋口20针织花样B6行平针4行后平收;另用针起20针织平针36行连接衣袋口两边继续织花样A至72行后织花样20行做腰线，上面织花样A至结束。

3.袖:从下往上织，起36针织花样B10行后，全部织花样A;平织16行每14行加1针共加6针开始织袖山，留2针做边针，每4行收2针共收9次，再每1行减1针减2次平收。

4.帽:织花样A，帽沿和衣边连起来织单罗纹;沿领窝中心挑44针，两边每2行各挑出2针挑5次，边缘同门襟一致织单罗纹4针;帽顶收针形成弧形更好看。

5.腰带:织单罗纹120cm。

6.缝合:所有的边缘对齐后，从正面缝合，两边的辫子针形成一条径做装饰，最后钉上纽扣，完成。

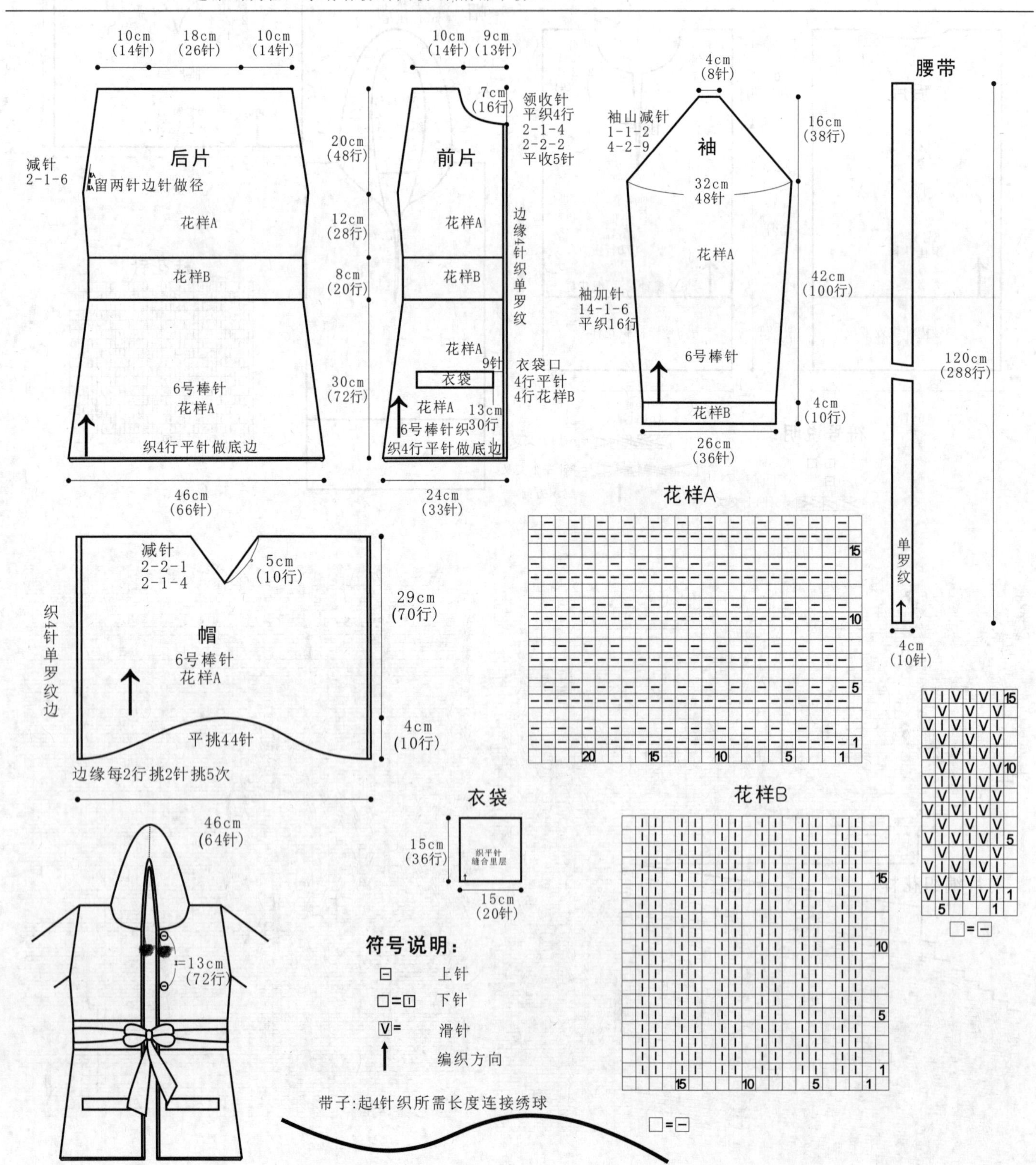

43

【成品规格】 衣长81cm，胸围84cm，袖长56cm

【工　　具】 6号、8号棒针，3mm钩针

【编织密度】 18针×16行=10cm²

【材　　料】 羊仔毛线1150g，包扣5枚

编织要点：

1. 后片：用8号棒针起62针织双罗纹20行后，换6号棒针织花样A4组，织40行后织花样B36行，继续织花样A16行开挂，两侧各平收2针后每2行减1针减4针后平织，完成尺寸后平收。

2. 前片：用8号棒针起36针织20行双罗纹后换6号棒针织花样A28行后衣袋口30针织双罗纹6行，另用针起30针织出衣袋的里层，然后连接起前片继续往上织，花样变化同后片，开挂两侧平收4针减针同后片，织20行后开领窝。

3. 袖：从上往下织，袖筒用6号棒针织花样A，袖口用8号棒针织双罗纹。

4. 帽：用6号棒针织花样A，帽沿和衣边连起来织双罗纹。

5. 衣扣：用钩针钩包扣缝合，完成。

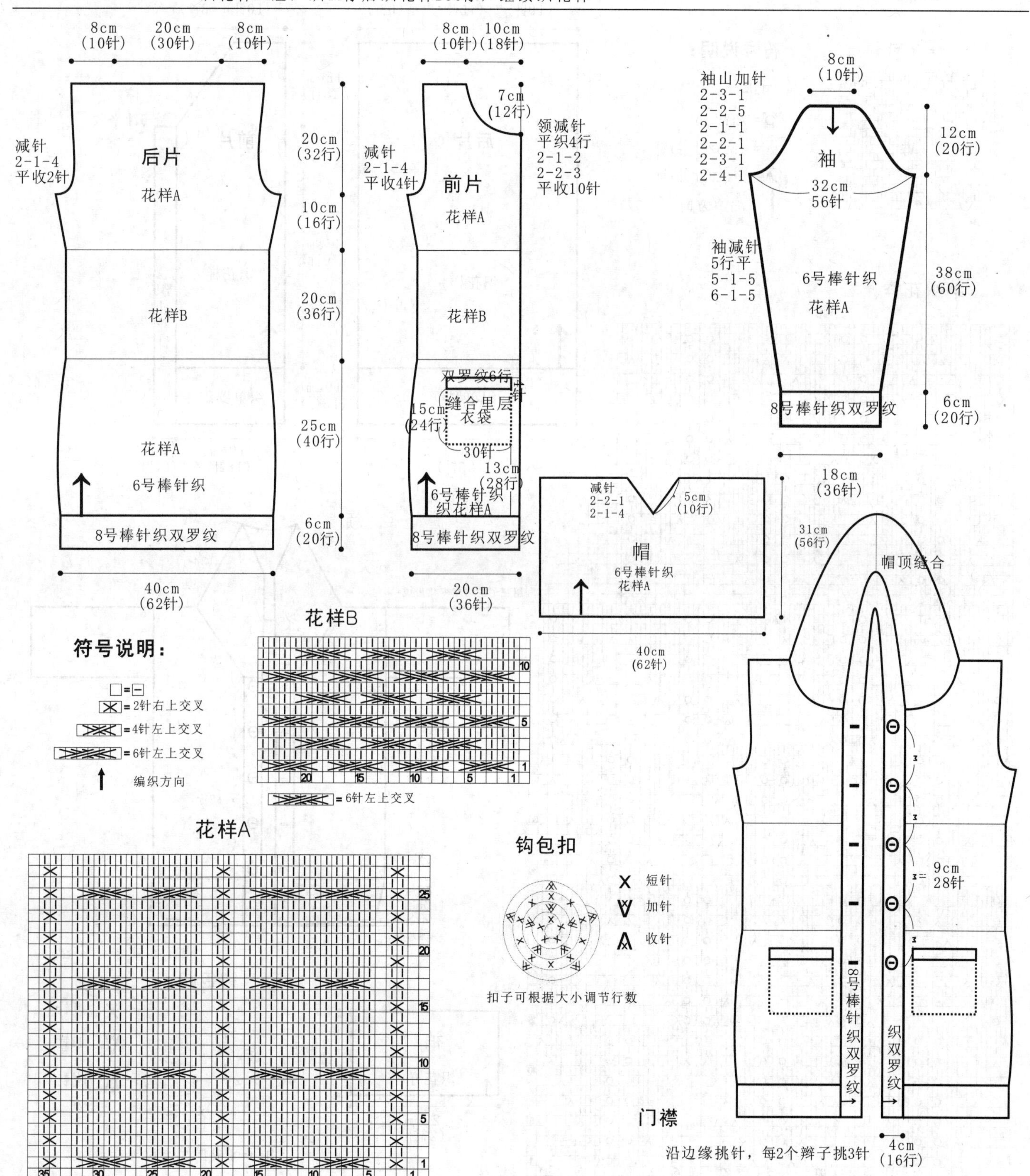

44

【成品规格】衣长68cm，胸围80cm，袖长27cm

【工　　具】6号棒针

【编织密度】9针×19行=10cm²

【材　　料】羊毛线850g，纽扣5枚

编织要点：

1. 后片：起35针织18行单罗纹，开始布花织花样，花样33针，两边各留1针边做缝合用；一直平直织至长度后，平收。
2. 前片：起24针，门襟边6针织桂花针，其余织单罗纹18行后开始织花样，同后片；前片织至开领时利用花样的加收针变化，形成领窝，肩平收。
3. 袖：起27针织花样28行，平收，织两片。
4. 领：织单罗纹18cm；另钩扣子5枚，缝合，完成。

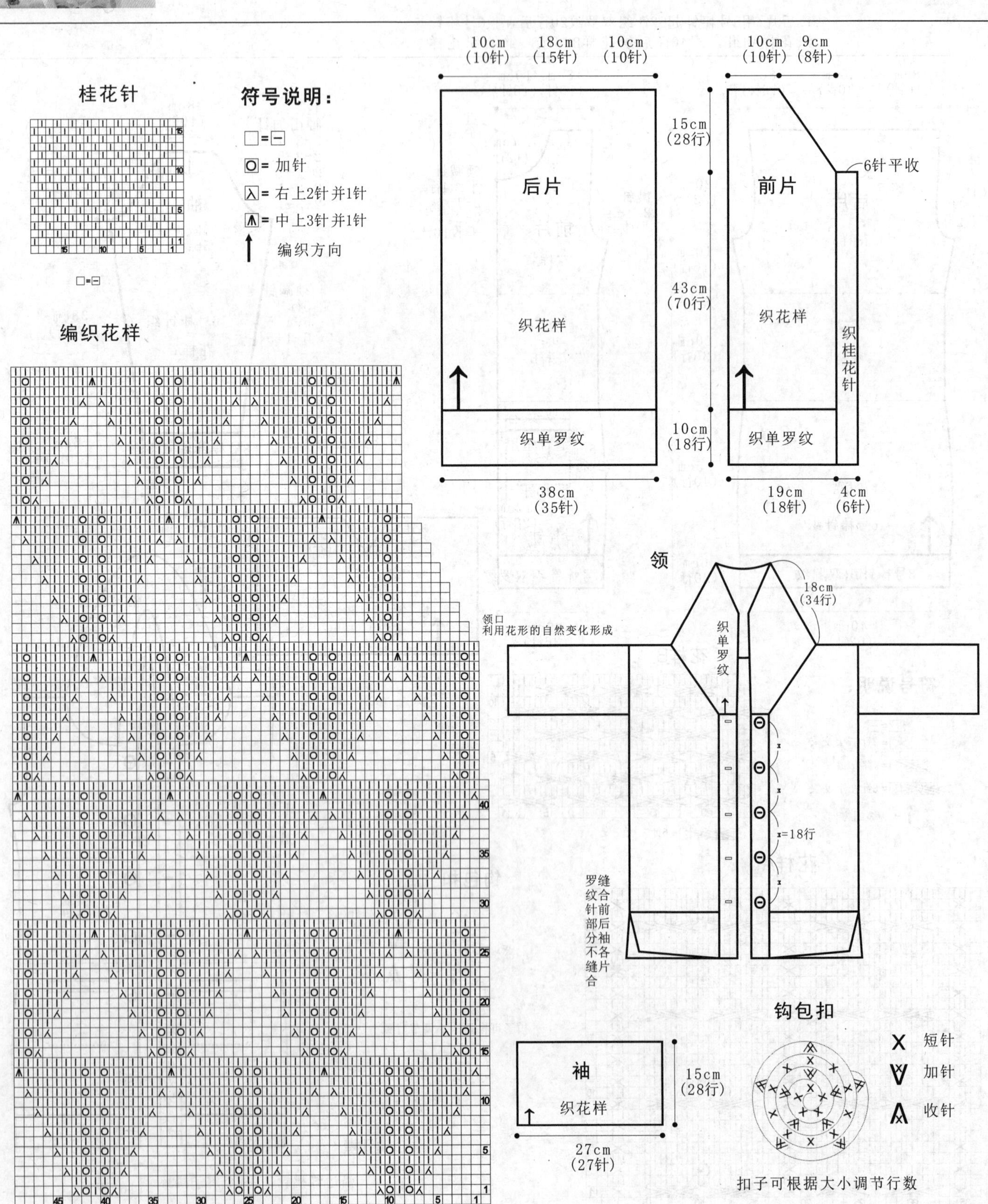

45

【成品规格】 衣长90cm，胸宽50cm，袖长38cm

【工　　具】 10号、8号棒针

【编织密度】 20针×28行=10cm²

【材　　料】 黛尔妃段染澳毛线1100g，纽扣8枚

编织要点：

1.棒针编织法，从上往下编织。织成肩片再分片编织前片与后片、袖片。

2.从领口起织，下针起针法，起88针，分四个地方做插肩缝加针，每处选2针，左右前片各选15针，肩片选10针，后片选35针，前片依照花样A编织，后片依照花样C编织，肩部的中间织棒绞花样，两侧编织花样B，各片插肩缝加针都加针编织花样B，前片和后片的插肩缝加针方法是2-1-29，织成58行，两袖肩片的加针方法为4-1-2，2-1-27，织成58行。进入下一步分片编织。前后片加起来的针数为188针，在腋下一次性加10针，衣身针数共200针，依照原来的花样分配继续编织，不加减针，织166行后，下一行，每织10针加1针，并改用10号棒针编织，起织花样D，针数共220针，不加减针，织花样D共24行，完成后收针断线。

3.袖片的编织。袖片挑出66针，在前后片的腋下加出的针上挑出10针，环织，仍照花样编织，选腋下最中心的2针进行减针，不加减针，织8行后开始减针，方法为8-1-10，织成88行的高度后，下一行起，编织花样D，织成16行后，收针断线。用相同的方法去编织另一侧袖片。

4.帽片的编织。沿着前后衣领边，每挑6针加1针，挑出102针，花样顺延衣身的花样，顺时针织正面。不加减针，织56行后，将中间菱形花两侧的针数收针，各38针，留下菱形花继续编织，再织56行后，收针断线，将两侧与收针的38针对应缝合。

5.衣襟的编织。左右衣襟边挑出180针，帽子前沿挑出108针，起织花样D鱼骨针花样。不加减针，织12行的高度。右衣襟制作8个扣眼。左衣襟对应钉上8个牛角扣。衣服完成。

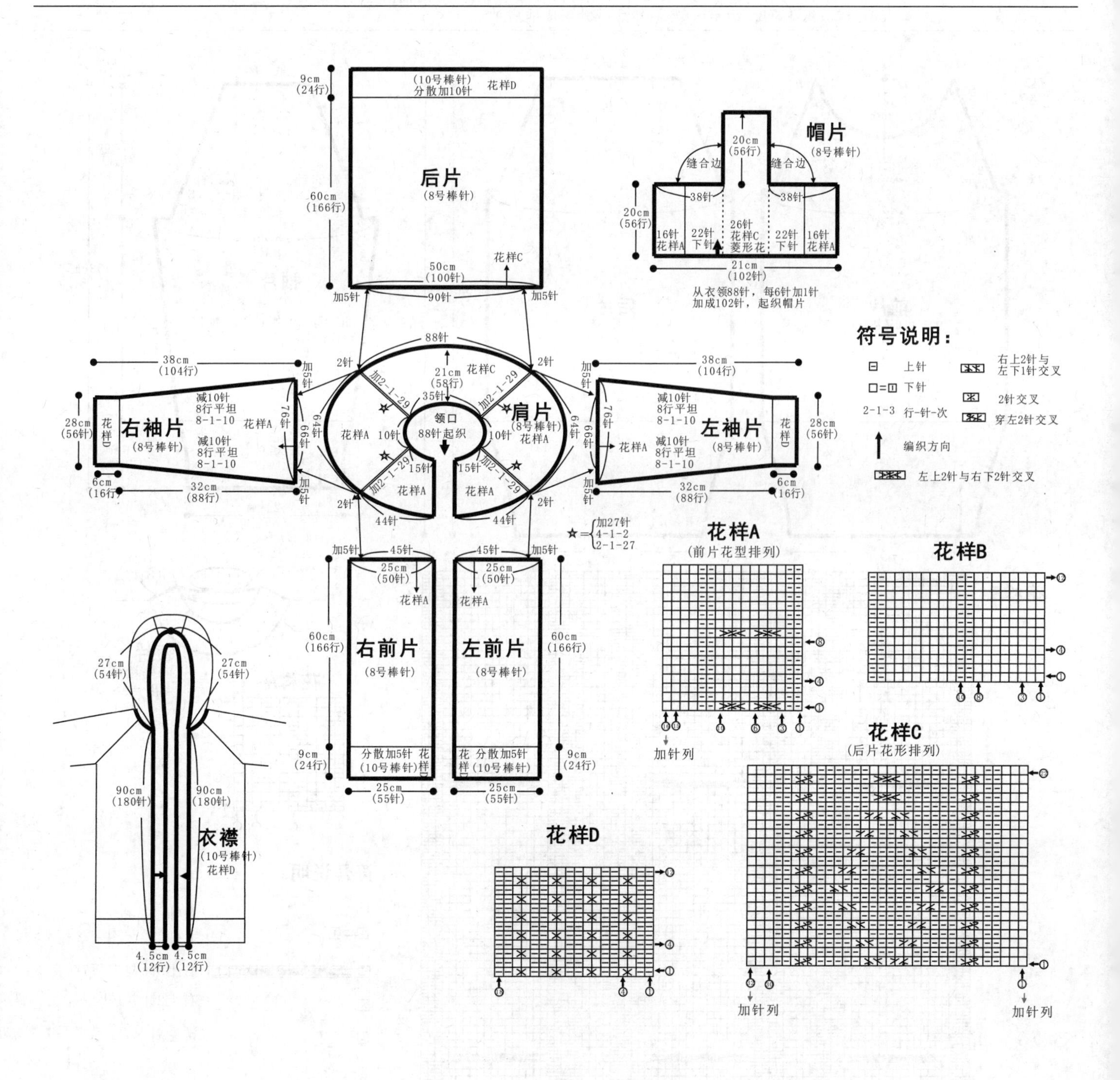

46

【成品规格】 衣长75cm，半胸围44cm，袖长58cm

【工　　具】 10号棒针

【编织密度】 17.7针×20.3行=10cm²

【材　　料】 浅灰色棉线600g

编织要点：

1.棒针编织法，衣身分为前片和后片，分别编织，完成后与袖片缝合而成。

2.起织后片，双罗纹针起针法起78针，织花样A，织38行，改织花样B，织至116行，然后减针织成插肩袖窿，方法为1-3-1，2-1-18，织至152行，织片余下36针，收针断线。

3.起织前片，双罗纹针起针法起78针，织花样A，织38行，改织花样B，织至116行，然后减针织成插肩袖窿，方法为1-3-1，2-1-18，织至133行，织片中间留取14针不织，两侧减针织成前领，方法为2-1-10，织至152行，两侧各余下1针，收针断线。

4.将前片与后片的侧缝缝合，前片及后片的插肩缝对应袖片的插肩缝缝合。

领片制作说明

1.棒针编织法环形编织。

2.沿领口挑起116针织花样A，共织8行，收针断线。

袖片制作说明

1.棒针编织法，编织两片袖片。从袖口起织。

2.双罗纹针起针法，起37针，织花样A，织20行后，改织花样B，一边织一边两侧加针，方法为5-1-11，织至82行，织片变成59针，两侧各平收3针，接着按2-1-18的方法减针编织插肩袖山。织至118行，织片余下17针，收针断线。

3.用同样的方法编织另一袖片。

4.将两袖侧缝对应缝合。

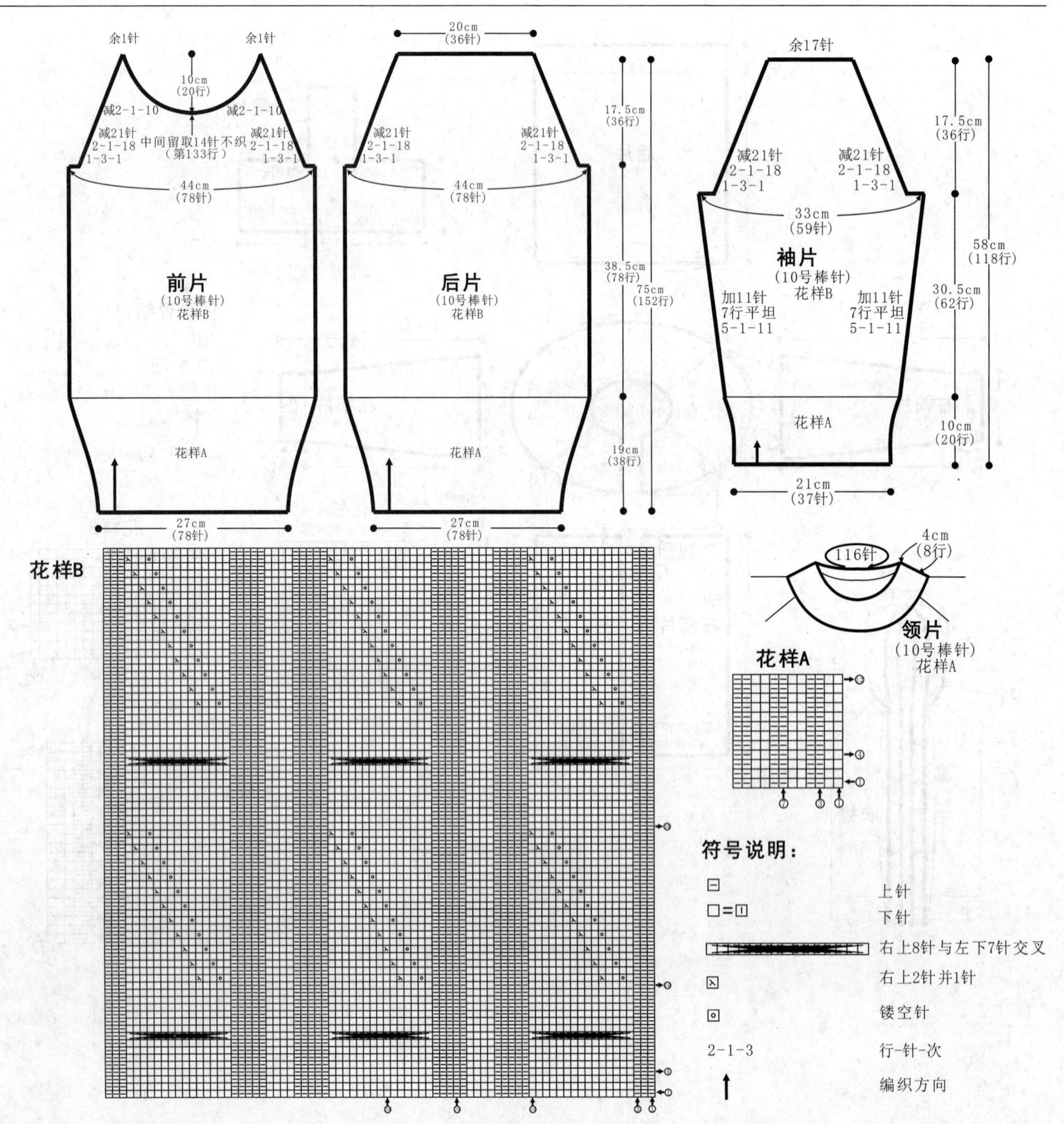

47

【成品规格】 衣长64cm，胸宽52cm，袖长 58cm，袖宽30cm

【工　　具】 8号棒针

【编织密度】 22.5针×25.9行=10cm²

【材　　料】 棕色羊毛线1200g

编织要点：

1.棒针编织法，由左前片、右前片、后片、袖片、领片分片编织，然后对应缝合。从下往上编织。

2.前片的编织，分为左前片、右前片，以右前片为例说明。下针起针法，起54针，起织花样A搓板针，不加减针，编织30行的高度，下一行起，右侧选取10针始终编织花样A至领边。余下的44针全织下针，不加减针，编织76行下针至袖窿。袖窿起减针，右前片左侧减针，方法为2-1-32，织成64行，减少32针，余下22针，收针断线。用相同的方法去编织另一边左前片。

3.后片的编织，下针起针法，起116针，起织花样A搓板针，不加减针，织30行的高度，下一行起全织下针，不加减针，织76行的高度，至袖窿，袖窿起减针，与前片相同，织成64行的高度后,余下52针，收针断线。

4.袖片的编织，下针起针法，起58针，起织花样A搓板针，织36行的高度，下一行起，全织下针，并在袖侧缝进行加针，方法为8-1-7，织成56行，下一行起，袖山减针，方法为2-1-32，两边减少32针，织成64行，余下8针，收针断线。用相同的方法去编织另一袖片。

5.拼接，将袖片的袖山边线分别与前后片的袖窿边线相对应缝合。再将前后片的侧缝、袖侧缝对应缝合。

6.领片的编织，沿着前后衣领边，挑针起织花样A搓板针，不加减针，织30行高度，收针断线。衣服完成。

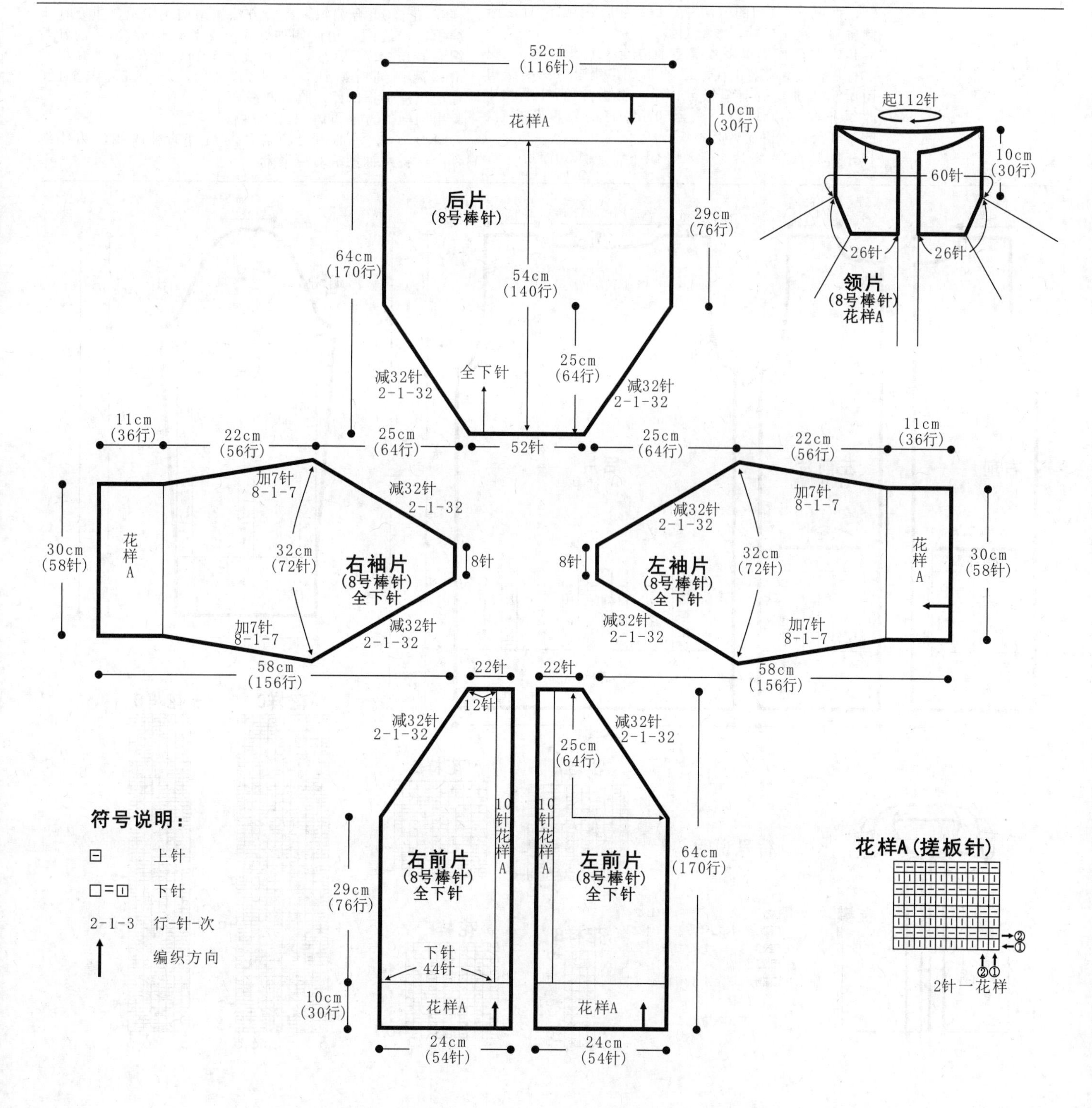

【成品规格】衣长73cm，半胸围44cm
肩宽34cm，袖长58cm

【工　　具】10号棒针

【编织密度】16.4针×20.8行=10cm²

【材　　料】粉色棉线650g，纽扣5枚

编织要点：

1.棒针编织法，衣身分为左前片、右前片和后片分别编织。

2.起织后片，单罗纹针起针法起72针织花样A，织20行后，改为花样B、C、D组合编织，组合方法如结构图所示，重复往上编织至106行，两侧袖窿减针，方法为1-2-1，2-1-6，织至151行，织片中间平收28针，两侧按2-1-1的方法减针织后领，织至152行，两侧肩部各余下13针，收针断线。

3.起织右前片，单罗纹针起针法起32针织花样A，织20行后，改为花样B、C、D组合编织，组合方法如结构图所示，重复往上编织至42行，将织片第7针至28针改织花样A作为袋口，织至50行，将两袋口花样A收针，其余针数留起暂时不织。

4.分别起织2片袋片，起22针织下针，织30行后，与之前织片对应袋口连起来编织，继续按衣身组合花样编织，织至30行，与左前片针数对应连起来继续编织花样组合，织至106行，左侧袖窿减针，方法为1-2-1，2-1-6，织至144行，织片右侧减针织前领，方法为1-3-1，2-2-4，织至152行，肩部余下13针，收针断线。

5.用同样的方法向相反方向编织左前片，完成后将两侧缝缝合，两肩部对应缝合。再将两袋片对应衣身缝合。

衣襟制作说明：

1.棒针编织法，左右衣襟片分别编织。

2.沿左前片衣襟侧挑起114针织花样A，织10行后，收针断线。

3.用同样的方法挑织右侧衣襟。

4.衣襟完成后挑织衣领，沿领口挑起102针织花样F，织40行后，单罗纹针收针法，收针断线。

袖片制作说明：

1.棒针编织法，编织两片袖片。从袖口起织。

2.单罗纹针起针法，起36针织花样A，织20行后，改为花样B、花样C组合编织，组合方法如结构图所示，重复往上编织，一边织一边两侧加针，方法为8-1-8，加起的针数织花样E，织至90行，织片变成52针，开始减针编织袖山，两侧同时减针，方法为1-2-1，2-1-15，织至120行，织片余下18针，收针断线。

3.用同样的方法再编织另一袖片。

4.缝合方法:将袖山对应前片与后片的袖窿线，用线缝合，再将两袖侧缝对应缝合。

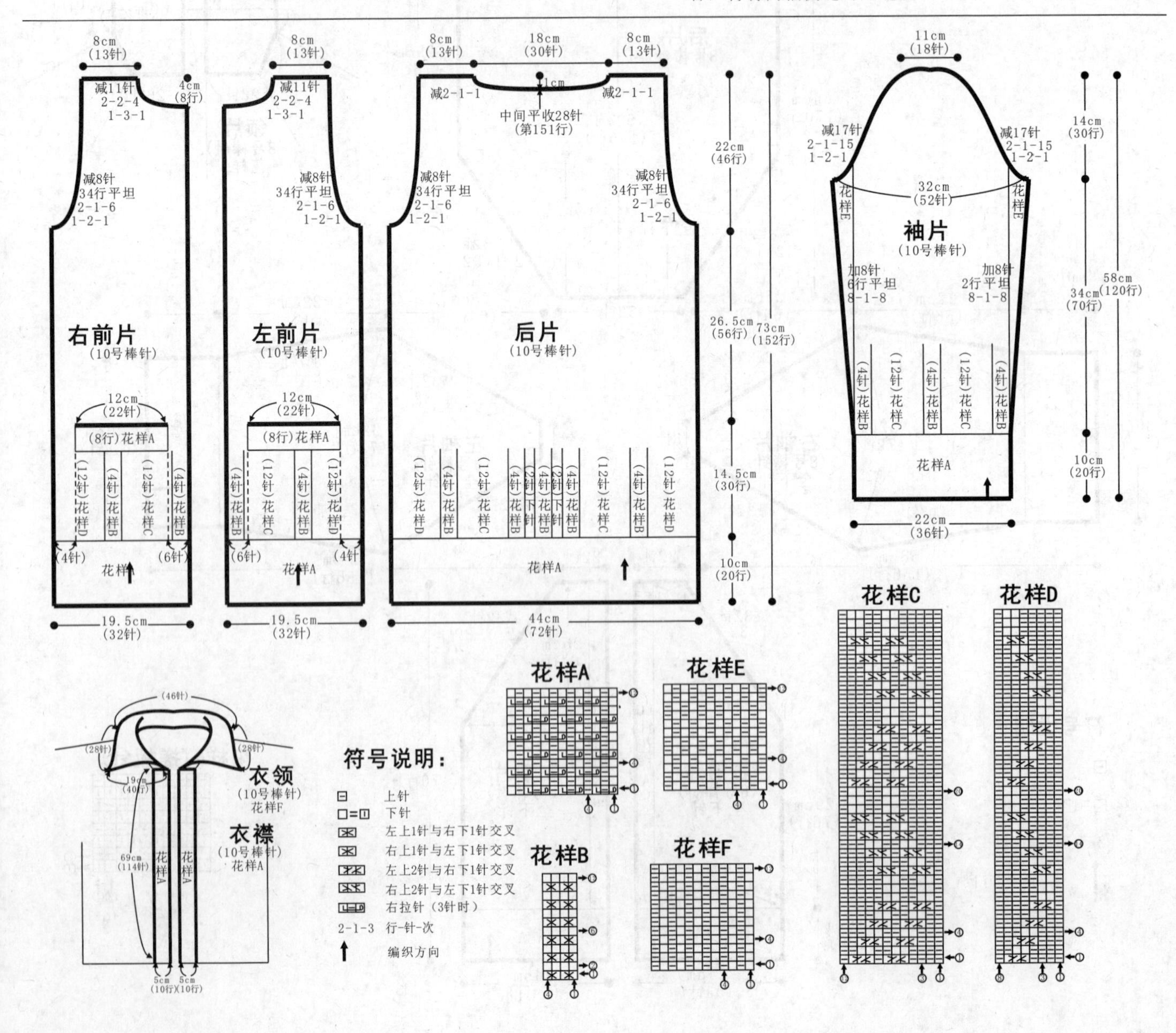

49

【成品规格】 衣长79cm，半胸围50cm 肩宽40cm，袖长52cm

【工　　具】 11号棒针

【编织密度】 16.3针×23.7行=10cm²

【材　　料】 咖啡色羊毛线650g，纽扣4枚

编织要点：

1.棒针编织法，衣身分为左前片、右前片和后片来编织。

2.起织后片，双罗纹针起针法，起96针编织花样A，织20行后，改织花样B，两侧一边织一边减针，方法为16-1-7，减针后不加减针织至136行，织片变成82针，两侧开始袖窿减针，方法为1-4-1，2-1-5，织至185行，中间平收28针，左右两侧减针织成后领，方法为2-1-2，织至188行，两侧肩部各余下16针，收针断线。

3.起织右前片，双罗纹针起针法，起44针织花样A，织20行后，改织花样B，左侧一边织一边减针，方法为16-1-7，减针后不加减针织至136行，织片变成37针，左侧开始袖窿减针，方法为1-4-1，2-1-5，织至177行，右侧减针织成前领，方法为1-6-1，2-1-6，织至188行，肩部余下16针，收针断线。

4.用同样的方法相反方向编织左前片，完成后将前后片两侧缝对应缝合，两肩部对应缝合。

5.编织口袋片，起22针织花样B，不加减针织28行后，改织花样A，织至40行，收针，将袋片缝合于左前片下摆，如结构图所示。用同样的方法编织右前片口袋片，缝合。

帽片/衣襟制作说明：

1.棒针编织法，一片往返编织完成。

2.沿前后领口挑起56针，织全下针，织4行后，织1行上针，再织4行下针，第10行与起针合并成双层机织领。沿机织领上针位置挑起56针织花样B，织至56行的高度，织片中间对称缝两侧减针，方法为2-1-8，织至72行，织片两侧各余下20针，收针，将帽顶缝合。

3.编织衣襟，沿左右前片衣襟侧及帽侧分别挑针起织，挑起142针编织花样A，织12行后，收针断线。

袖片制作说明：

1.棒针编织法，编织两片袖片。从袖口起织。

2.双罗纹针起针法，起38针织花样A，织20行后，改织花样B，两侧一边织一边加针，方法为8-1-9，织至98行，织片变成56针，开始减针编织袖山，两侧同时减针，方法为1-4-1，2-1-13，织至124行，织片余下22针，收针断线。

3.用同样的方法再编织另一袖片。

4.缝合方法:将袖山对应前片与后片的袖窿线，用线缝合，再将两袖侧缝对应缝合。

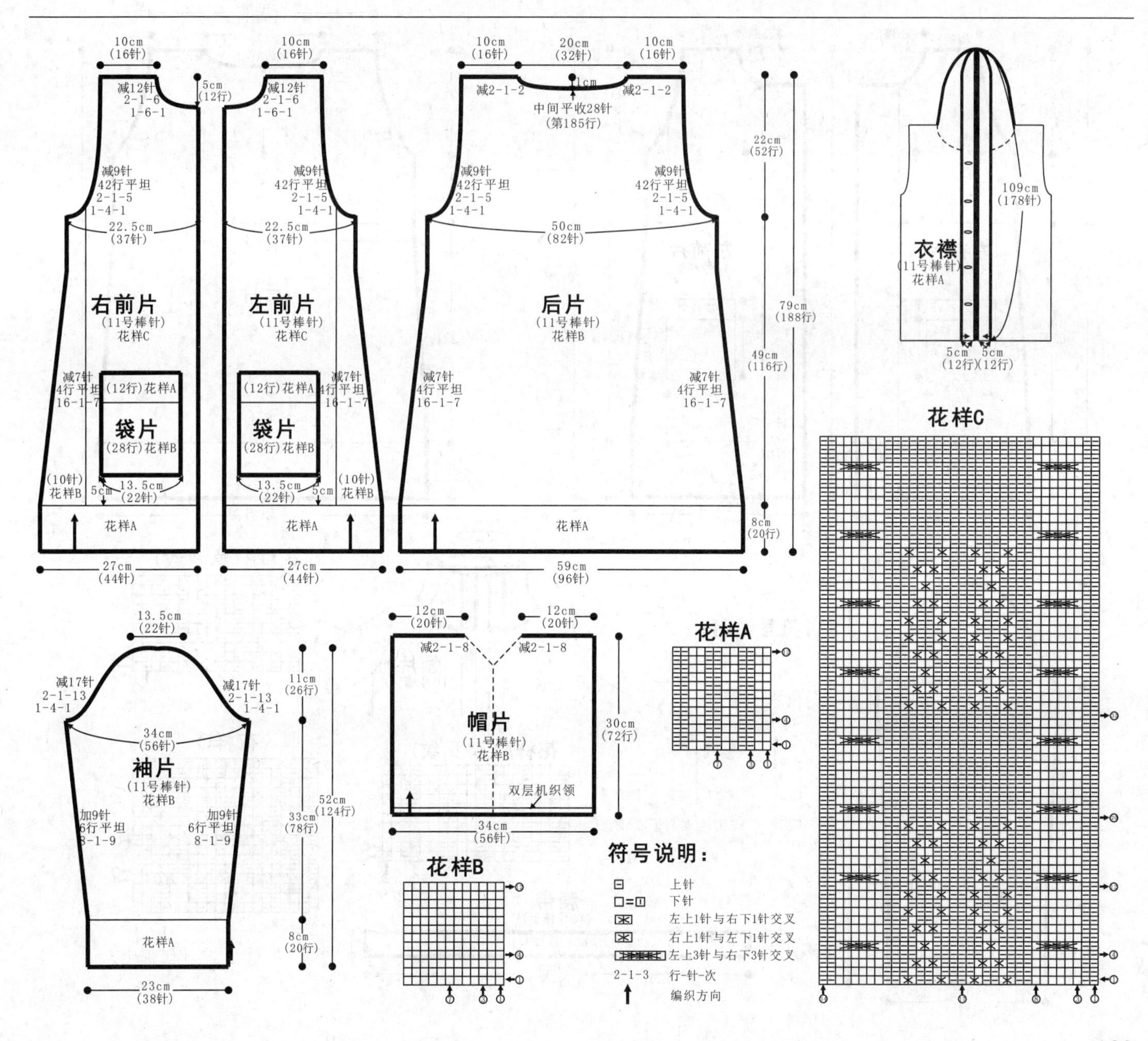

50

【成品规格】 衣长84cm，胸宽42cm，肩宽35cm，袖长53cm

【工　　具】 10号棒针

【编织密度】 25.6针×32行=10cm²

【材　　料】 紫色羊毛线1000g，纽扣6枚

编织要点：

1.棒针编织法，由前片2片、后片1片、袖片2片组成。从下往上织起。

2.前片的编织。由右前片和左前片组成，以右前片为例。

(1)起针，双罗纹起针法，起64针，右侧16针编织花样B单罗纹针，余下48针编织花样A，不加减针，织32行的高度。

(2)袖窿以下的编织。第33行起，48针双罗纹改织下针，右侧继续编织花样B单罗纹，不加减针，编织124行的高度时，下针部分改织花样C，不加减针，再织40行的高度，至袖窿。

(3)袖窿以上的编织。左侧减针，每织2行减1针，共减4次，然后不加减针往上织，当织成袖窿算起36行的高度时，进行前衣领减针，下一行从右往左，先平收20针，然后2-2-6，减少12针，不加减针，再织8行至肩部，余下28针，收针断线。

(4)用相同的方法，相反的方向去编织左前片。

3.后片的编织。双罗纹起针法，起112针，编织花样A，不加减针，织32行的高度。然后第33行起，全织下针，织成124行后，改织花样C，不加减针，再织40行至袖窿，然后袖窿起减针，方法与前片相同。当织成袖窿算起48行时，下一行中间将36针收针收掉，两边相反方向减针，方法为2-2-2，2-1-2，两肩部各余下28针，收针断线。

4.袖片的编织。袖片从袖口起织，双罗纹起针法，起48针，起织花样A，不加减针，往上织32行的高度，第33行起，全织下针，并在两袖侧缝上加针编织，方法为12-1-6，织成72行，不加减针，再织16行后，至袖山，下一行袖山减针，方法为4-2-11，织成44行，最后余下16针，收针断线。用相同的方法去编织另一袖片。

5.拼接，将前片的侧缝与后片的侧缝对应缝合，将前后片的肩部对应缝合；再将两袖片的袖山边线与衣身的袖窿边对应缝合。

6.最后沿着前后衣领边和衣襟侧边挑针，衣襟侧边继续编织花样B，余下的衣领边，编织花样A双罗纹针，不加减针，编织32行的高度后，收针断线。最后编织腰带，单罗纹起针法，起16针，不加减针，编织单罗纹384行的长度后，收针断线。衣服完成。

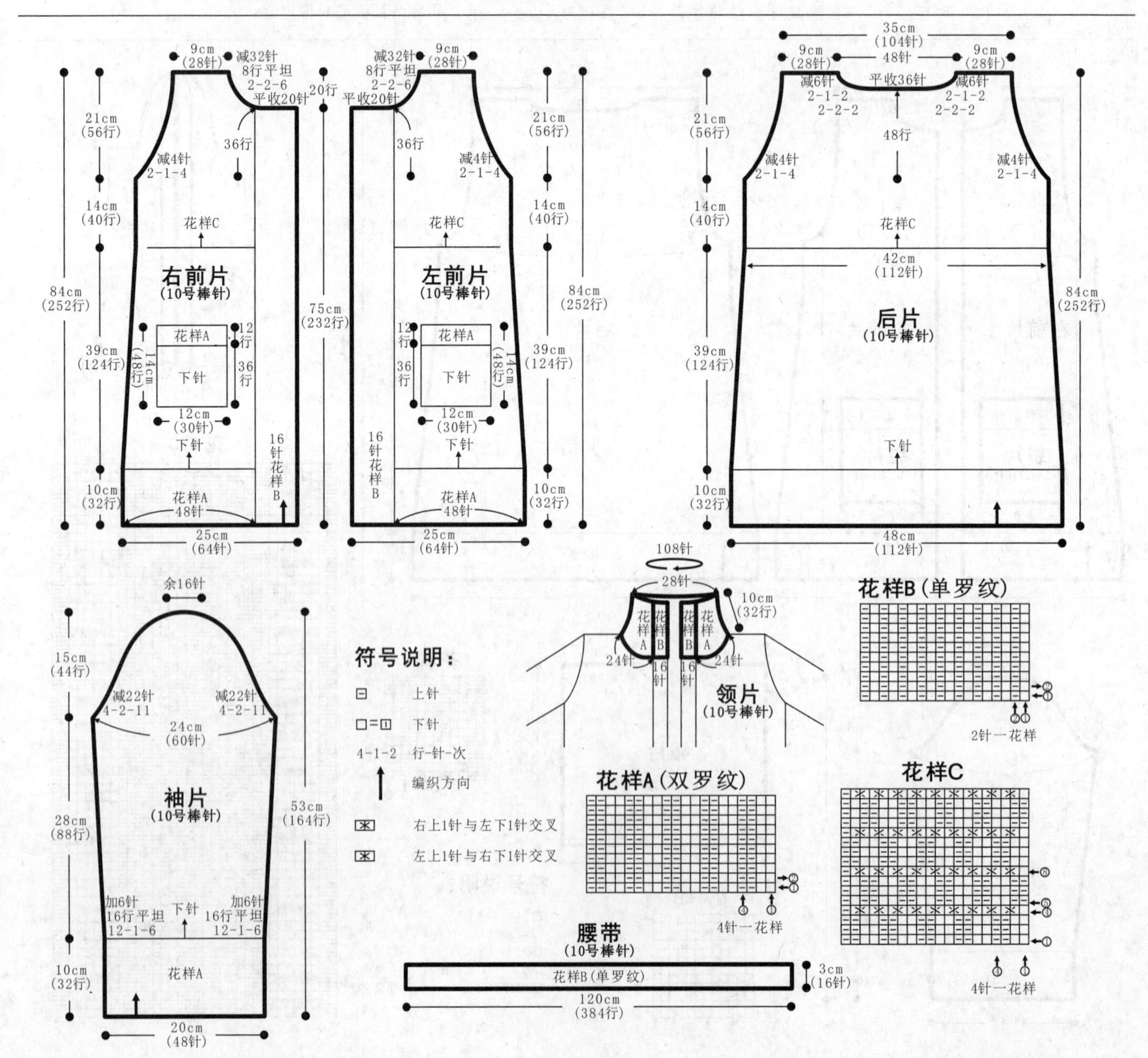

51

【成品规格】 衣长91cm，胸围84cm，袖长60cm

【工　　具】 8号、9号棒针，3.0mm钩针

【编织密度】 9号棒针：18针×20行=10cm²
8号棒针：15针×15行=10cm²

【材　　料】 羊仔毛线1350g，纽扣3枚

编织要点：

1.本款上半部和下半部用针不同，以分散减针为界，上面用9号棒针织，下面用8号棒针织。

2.后片：用8号棒针起86针织花样，以花样B作为间隔，中间织两组花样C，两侧各一组花样A；不加不减针织84行将花样B两边各收1针，分散减掉6针，换9号棒针继续往上织；开挂袖平收4针，每2行减1针减6次，肩平收。

3.前片：用8号棒针起47针按图示布花织花样，织法同后片。

4.袖：从下往上织，用9号棒针起36针织6行全平针后换8号棒针织花样，均加10针，平织48行花样B后分散收4针，换9号棒针织；至完成。

5.衣扣：用钩针钩包扣缝合，完成。

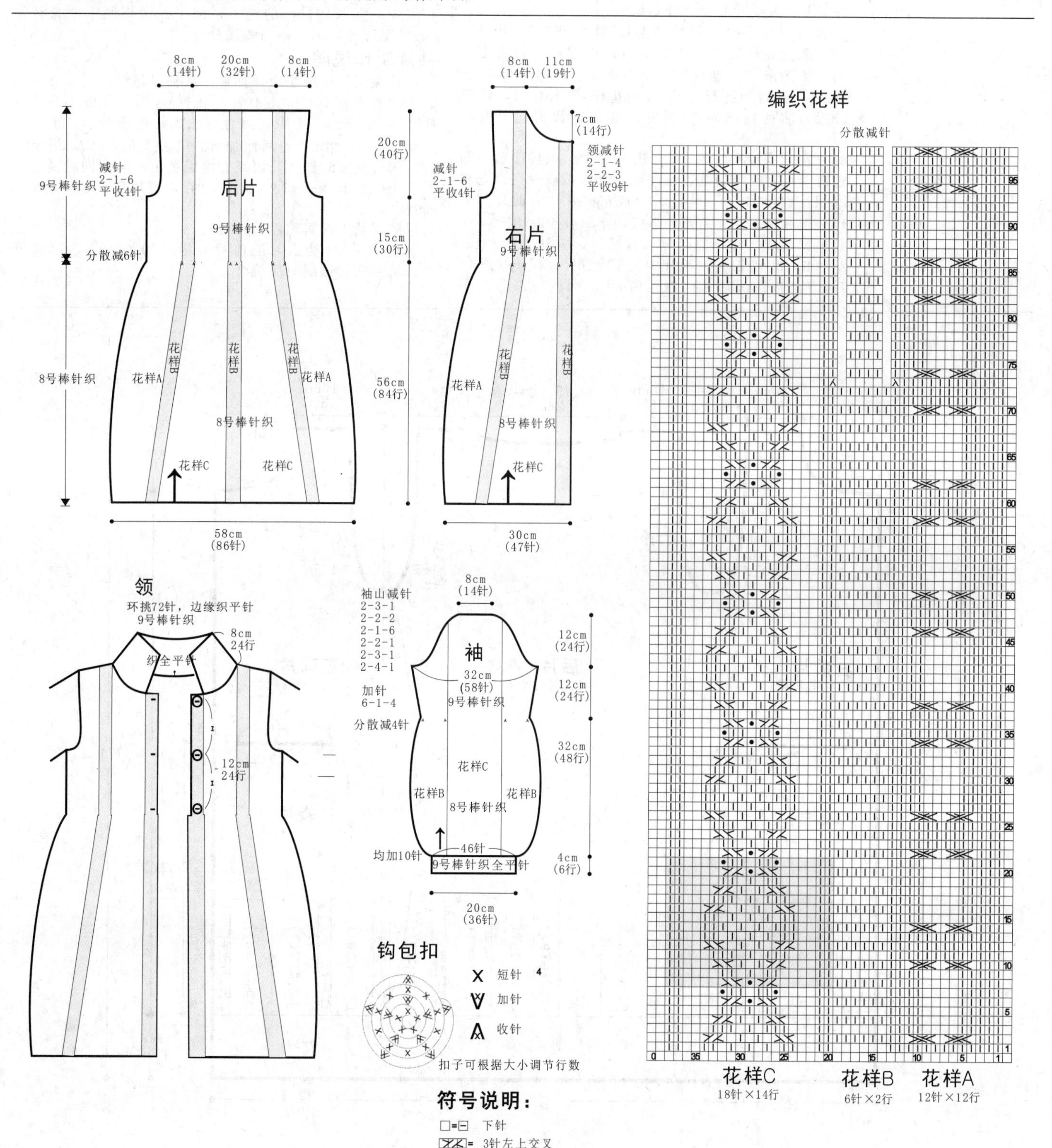

52

【成品规格】 衣长86cm，半胸围43cm，肩宽35.5cm，袖长59cm

【工　　具】 10号棒针

【编织密度】 18.1针×20.3行=10cm²

【材　　料】 粉柴色棉线700g

编织要点：

1.棒针编织法，衣身袖窿以下一片编织，袖窿起分为左前片、右前片和后片分别编织。

2.起织，双罗纹针起针法起158针织花样A，织16行后，改为花样B、C、D、E、F、G组合编织，组合方法如结构图所示，重复往上编织至80行，将织片第7针至28针及第131针至152针改织花样A作为袋口，织至88行，将两袋口花样A收针，其余针数留起暂时不织。

3.分别起织2片袋片，起22针织下针，织40行后，与之前织片对应袋口连起来编织，继续按衣身组合花样编织，织至126行，将织片分成左前片、右前片和后片分别编织，左、右前片各取40针，后片取78针。

4.先织后片，起织时两侧袖窿减针，方法为1-2-1，2-1-5，织至173行，织片中间平收26针，两侧按2-1-1的方法减针织后领，织至174行，两侧肩部各余下18针，收针断线。

5.编织左前片，起织时左侧袖窿减针，方法为1-2-1，2-1-5，织至158行，右侧按1-5-1，2-2-2，2-1-6的方法减针织前领，织至174行，肩部余下18针，收针断线。

6.用同样的方法相反方向编织右前片，完成后将两肩部对应缝合。再将两袋片对应衣身缝合。

帽片/衣襟制作说明

1.棒针编织法，一片往返编织完成。

2.沿前后领口挑起64针，编织花样G、H、E组合编织，如结构图所示，重复往上织至60行，收针，将帽顶对称缝合。

3.编织衣襟，沿左右前片衣襟侧及帽侧分别挑针起织，挑起192针编织花样A，织8行后，收针断线。

4.编织一条长约10cm的绳子，绳子一端绑制一个直径约6cm的毛绒球，另一端与帽顶缝合。

袖片制作说明

1.棒针编织法，编织两片袖片。从袖口起织。

2.双罗纹针起针法，起40针织花样A，织12行后，改为花样B、C、D、F组合编织，组合方法如结构图所示，重复往上编织，一边织一边两侧加针，方法为8-1-10，织至94行，织片变成60针，开始减针编织袖山，两侧同时减针，方法为1-2-1，2-1-13，织至120行，织片余下30针，收针断线。

3.用同样的方法再编织另一袖片。

4.缝合方法:将袖山对应前片与后片的袖窿线，用线缝合，再将两袖侧缝对应缝合。

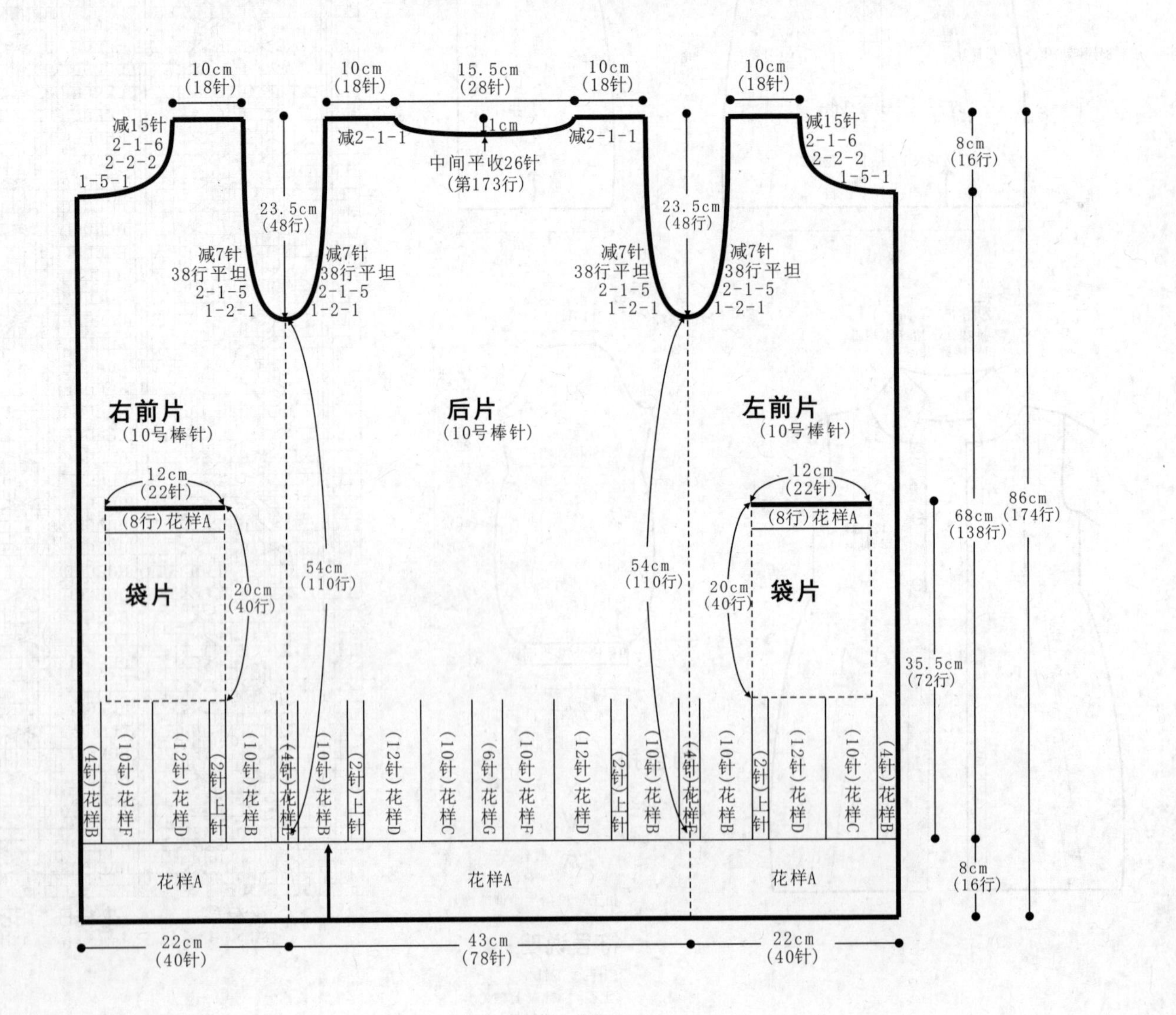

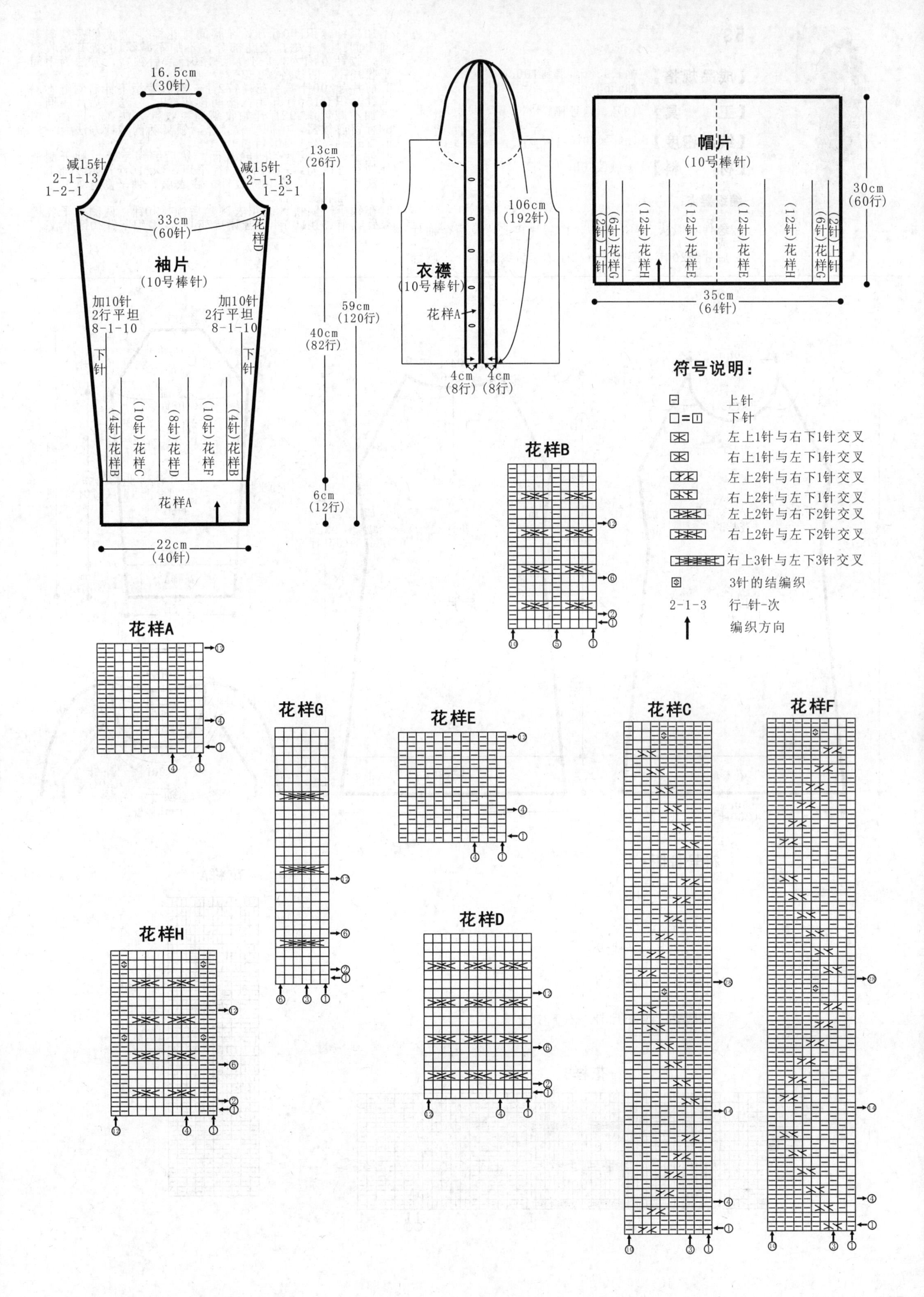

16.5cm
(30针)
减15针
2-1-13
1-2-1
减15针
2-1-13
1-2-1
33cm
(60针)
花样D
袖片
(10号棒针)
加10针
2行平坦
8-1-10
加10针
2行平坦
8-1-10
下针
下针
(4针)花样B
(10针)花样C
(8针)花样D
(10针)花样F
(4针)花样B
花样A
22cm
(40针)
13cm
(26行)
40cm
(82行)
6cm
(12行)
59cm
(120行)
106cm
(192针)
衣襟
(10号棒针)
花样A
4cm
(8行)
4cm
(8行)
帽片
(10号棒针)
(2针)上针
(6针)花样G
(12针)花样H
(12针)花样E
(12针)花样E
(12针)花样H
(6针)花样G
(2针)上针
30cm
(60行)
35cm
(64针)
符号说明:
上针
下针
左上1针与右下1针交叉
右上1针与左下1针交叉
左上2针与右下1针交叉
右上2针与左下1针交叉
左上2针与右下2针交叉
右上2针与左下2针交叉
右上3针与左下3针交叉
3针的结编织
2-1-3
行-针-次
编织方向
花样B
花样A
花样G
花样E
花样C
花样F
花样H
花样D

53

【成品规格】 袖长93cm，胸围100cm，袖长63cm

【工　　具】 13号、14号棒针

【编织密度】 40针×60行=10cm²

【材　　料】 羊绒线800g

编织要点：

1.这件衣服从下向上编织，由后片和前片及两个袖片组成。

2.后片起200针编织花样A72行，然后编织下针，侧缝不加减针，织150行开始在腰间排花样B，将两侧条纹斜着向中间排，正中排绞花部分，不加不减织192行开始收斜肩，收针方法为3-1-48，织140行留后领窝，方法为中间平收96针，两边各减2-2-2。

3.前片起200针编织花样A72行，然后编织下针，侧缝不加减针，织到150行开始在腰间排花样B，方法与后片相同，不加不减针织192行开始收斜肩，收针方法为3-1-48，织84行留前领窝，中间平收32针，领窝两侧减针方法为2-3-5，2-2-4，2-1-10，4-1-3。

4.袖子起80针编织花样A32行，然后编织下针，袖子侧缝处加针方法为14-1-14，14行平坦，织210行开始收袖山，方法为4-1-34，余38针收针。将衣服、袖子侧缝处缝合，将袖子与衣身缝合。

5.在领子一圈挑针编织衣领，后领挑90针，两侧袖子各挑32针，前领挑100针，合计挑254针，编织下针20行平收。

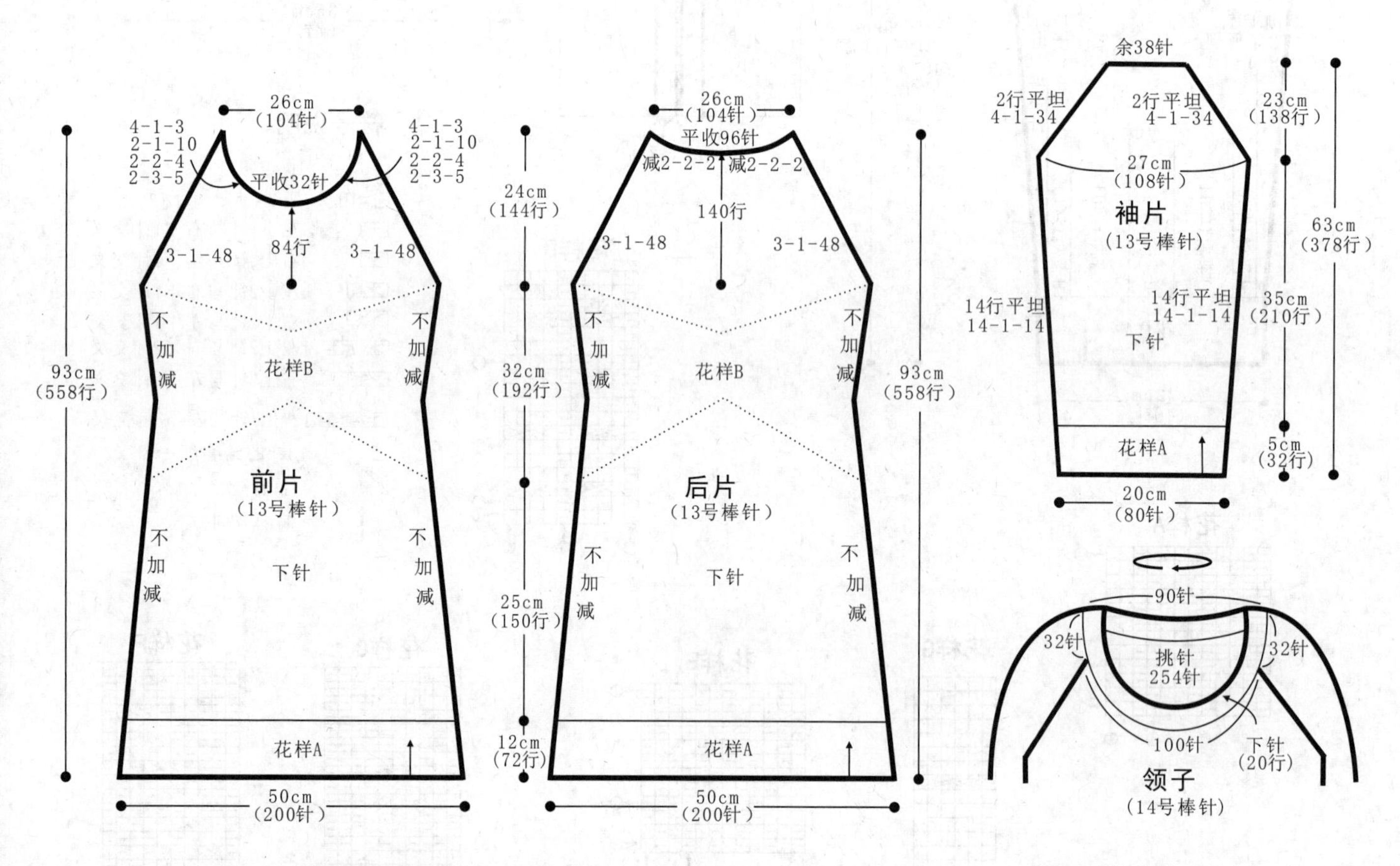

符号说明：

⊟ 上针

□=⊡ 下针

2-1-3 行-针-次

↑ 编织方向

左上3针与右下3针交叉

花样B

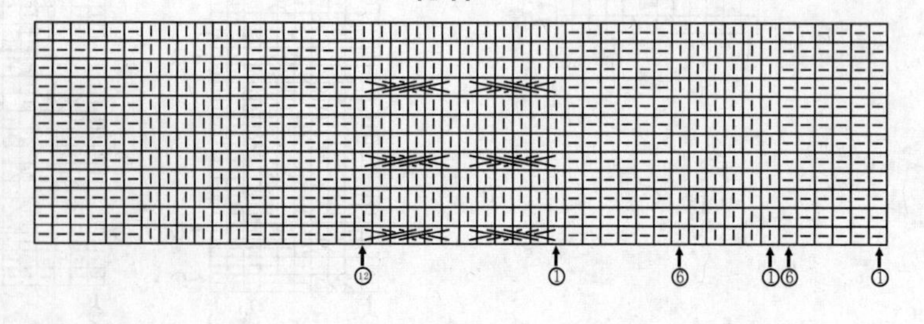

花样A

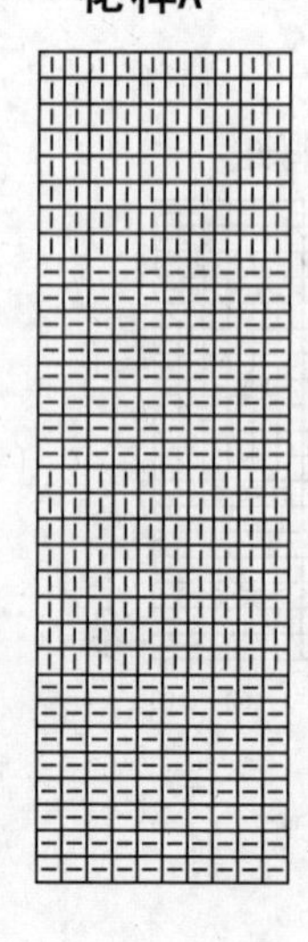

54

【成品规格】 衣长69cm，胸围76cm，肩宽31cm，袖长54cm

【工　　具】 10号棒针

【编织密度】 18针×19行=10cm²

【材　　料】 灰色棉线700g

编织要点：

1.棒针编织法，衣身分为左前片、右前片和后片分别编织。

2.起织后片，双罗纹针起针法，起72针织花样A，织12行后，改织花样B，一边织一边两侧减针，方法为10-1-5，织至76行，两侧加针，方法为4-1-3，织至94行，两侧减针织成袖窿，方法为1-2-1，2-1-4，织至129行，织片中间留24针不织，两侧减针编织后领，方法为2-1-2，织至132行，两侧肩部各余下14针，收针断线。

3.起织右前片，双罗纹针起针法，起34针织花样A，织12行后，改织花样C，一边织一边左侧减针，方法为10-1-5，织至76行，两侧加针，方法为4-1-3，织至94行，左侧袖隆减针，方法为1-2-1，2-1-4，织至114行，右侧减针织成前领，方法为1-4-1，2-1-8，织至132行，肩部余下14针，收针断线。

4.用同样的方法，相反的方向编织左前片，完成后将左右前片与后片侧缝缝合，两肩部相应对应缝合。

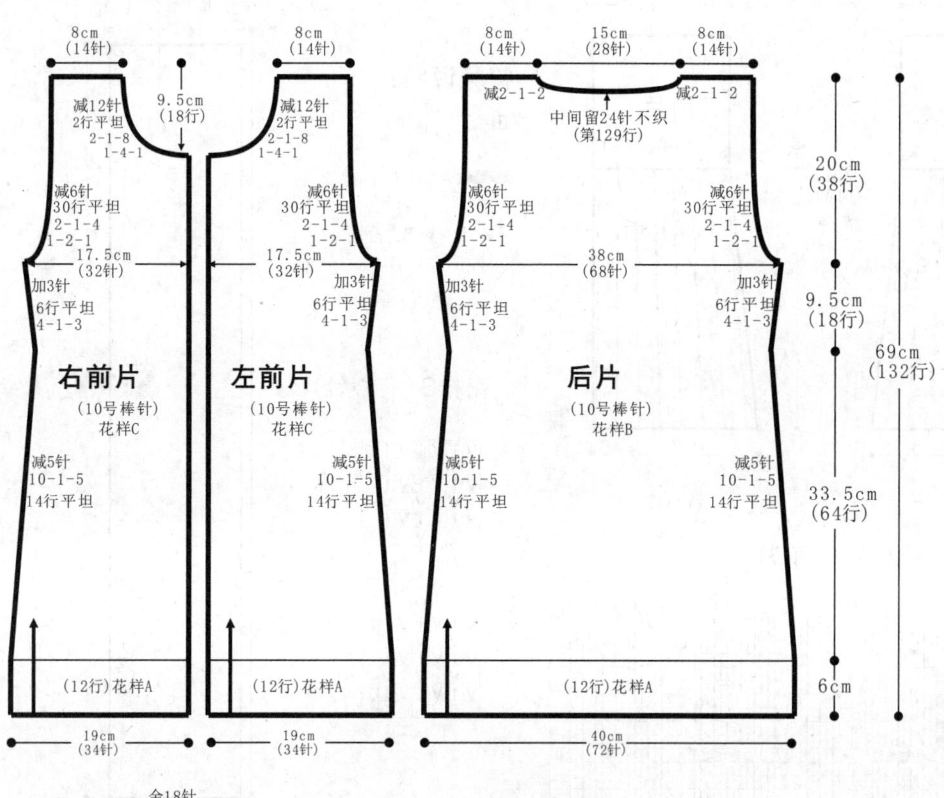

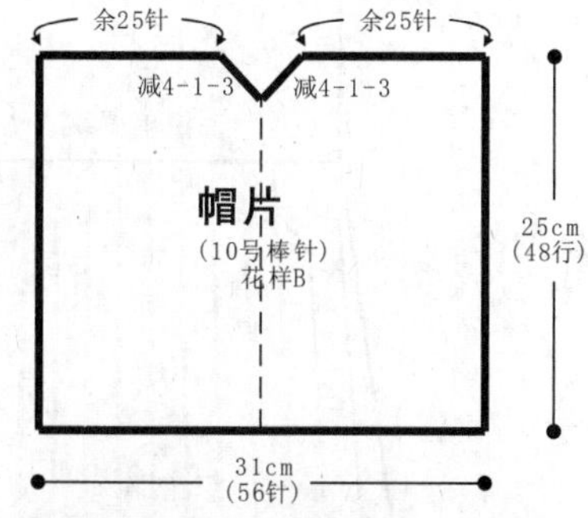

帽片制作说明

1.棒针编织法，沿领口编织。

2.沿前后领口挑起56针，织花样B，织至36行，将织片从中间分成左右两片分别编织，对称轴两侧减针，方法为4-1-3，织至48行，两侧各余下25针，收针，将帽顶缝合。

符号说明：

⊟	上针
□=⊡	下针
(交叉符号)	左上3针与右下3针交叉
(交叉符号)	右上针与左下3针交叉
2-1-3	行-针-次

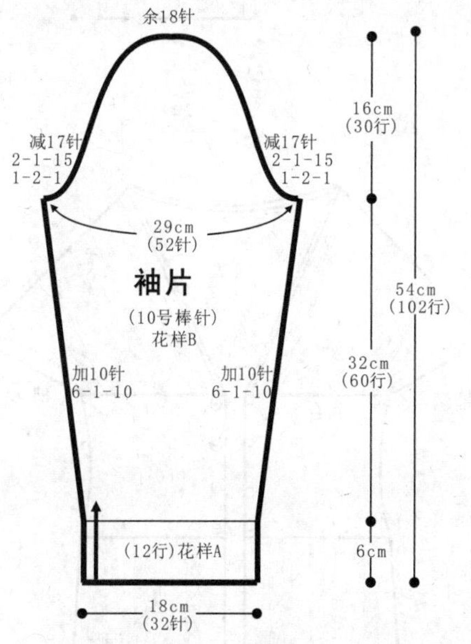

袖片制作说明

1.棒针编织法，编织两片袖片。从袖口起织。

2.双罗纹针起针法起32针，织花样A，织12行后，改织花样B，两侧一边织一边加针，方法为6-1-10，织至72行，两侧减针编织袖山，方法为1-2-1，2-1-15，织至102行，织片余下18针，收针断线。

3.用同样的方法编织另一袖片。

4.缝合方法。将袖山对应前片与后片的袖窿线，用线缝合，再将两袖侧缝对应缝合。

花样A　花样B

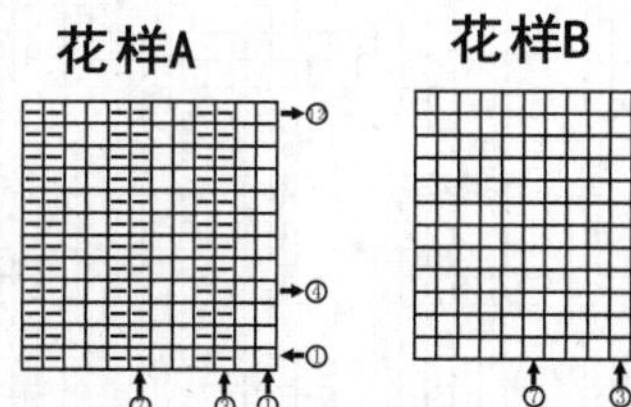

衣襟

(10号棒针) 花样A

94cm (180针)

4cm (8行)　4cm (8行)

衣襟制作说明

棒针编织法，沿左右前片衣襟侧及帽侧共挑起360针织花样A，织8行后，双罗纹针收针法，收针断线。

花样C

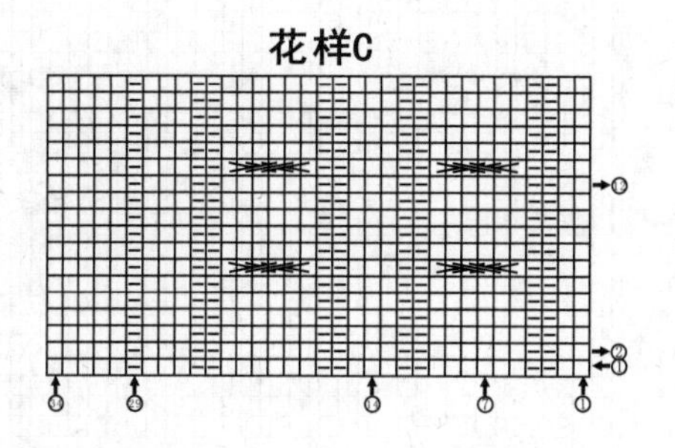

55

【成品规格】衣长56cm，胸围80cm

【工　　具】10号棒针

【编织密度】20针×28行=10cm²

【材　　料】羊毛线450g，纽扣4枚

编织要点：

1.织一条长方形;起74针，66针织花样A，边缘织8针空心针;一直织到108cm平收。

2.后片:起103针织花样A，织96行后，两花间隔的2针并成1针后织10行，开始织单罗纹;织52行平收。

3.前片:起57针织花样A，收针同后片，单罗纹织完后平收。

4.缝合:将有空心针的一边做领边缘，两条短边分别与前片缝合，底边从中心与后片缝合后，自然留出袖洞;缝合纽扣，完成。

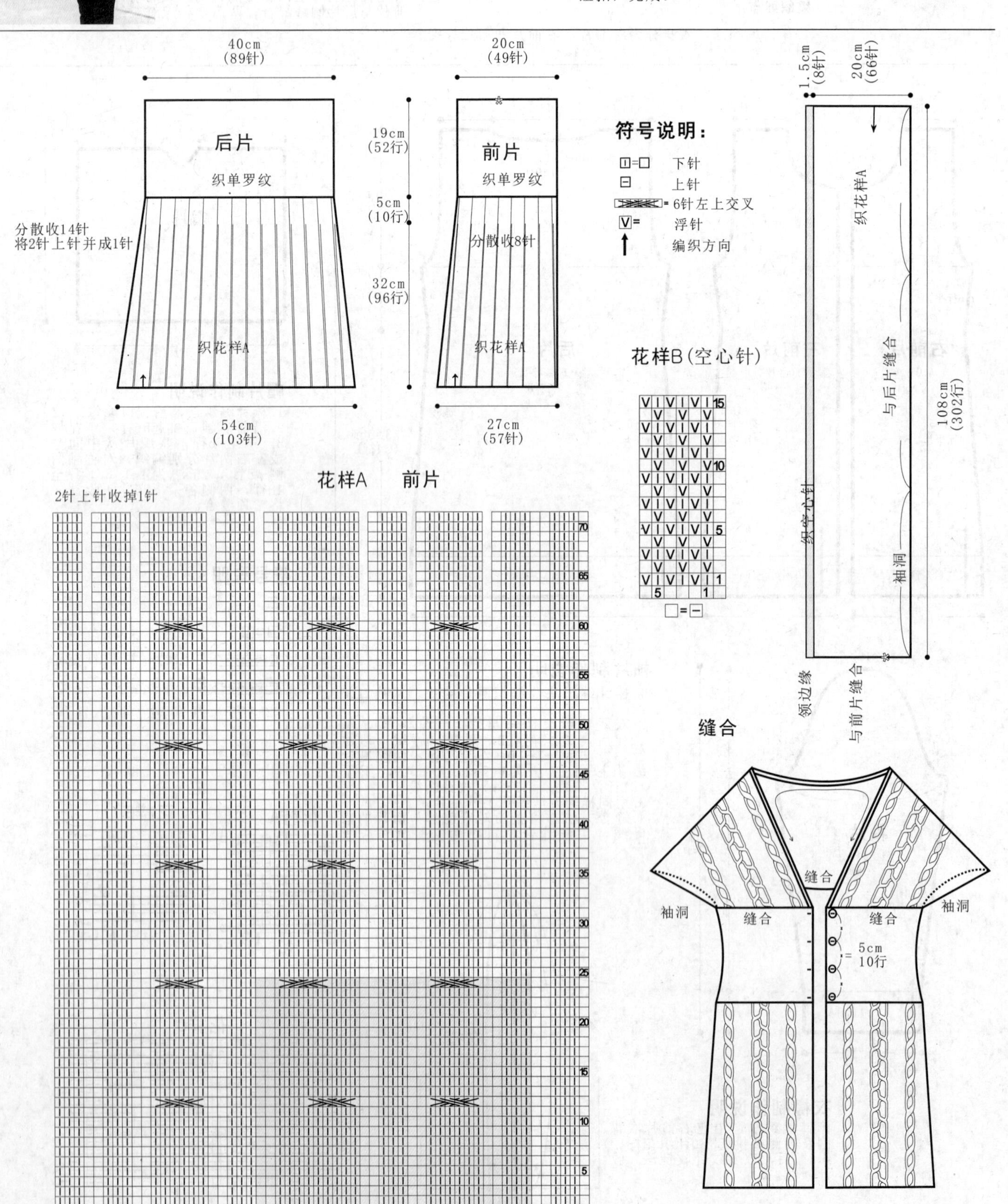

56

【成品规格】 裙长74cm，胸宽50cm，肩宽46cm

【工　　具】 3号棒针，8.0mm钩针

【编织密度】 14针×18行=10cm²

【材　　料】 段染色粗棉线400g

编织要点：

1.棒针编织法，中心起织法，5根针编织或环形针编织。分前片、后片、下摆片三块织片。

2.先编织前片。将线绕手指一圈，从圈内织出8针，先用5根针编织，8针的每一针两边加针，作叶子那一针，或加层8次；作茎那针，始终在中心一针两边加针，照花样B、花样C加针编织成48行后，将其中四分之一叶子花样，共64针，单独编织，依照花样A图解，编织成前片的衣领部分，织成8行搓板针花样后，下一行中间收针32针，两侧减针，方法为2-1-6，再织2行至肩部，两侧肩部各余下10针，收针断线。织高后，两侧作袖口，两侧各选32针收针，余下的针继续编织，来回编织，依照花样C加针编织，织成56行，将两侧缝的40针收针断线；下摆边的72针继续编织，再织8行后，收针断线。

3.后片的编织。织法与前片相同，只是后衣领减针不同，完成叶子花编织后，再织搓板针18行至后衣领减针，下一行中平收40针，两侧减2-1-2，至肩部余下10针，收针断线。将前后片的肩部对应缝合，再将前后片加长编织的侧缝对应缝合。

4.下摆片的编织。下摆用钩织钩织花样D网眼花样，针数随意，每个网眼由5针锁针与1针短针组成。钩织6层的高度。最后同样沿着前后衣领边，挑针钩织花样D网眼花样。钩织6行后收针断线。最后沿着两袖口边钩织一圈逆短针锁边。

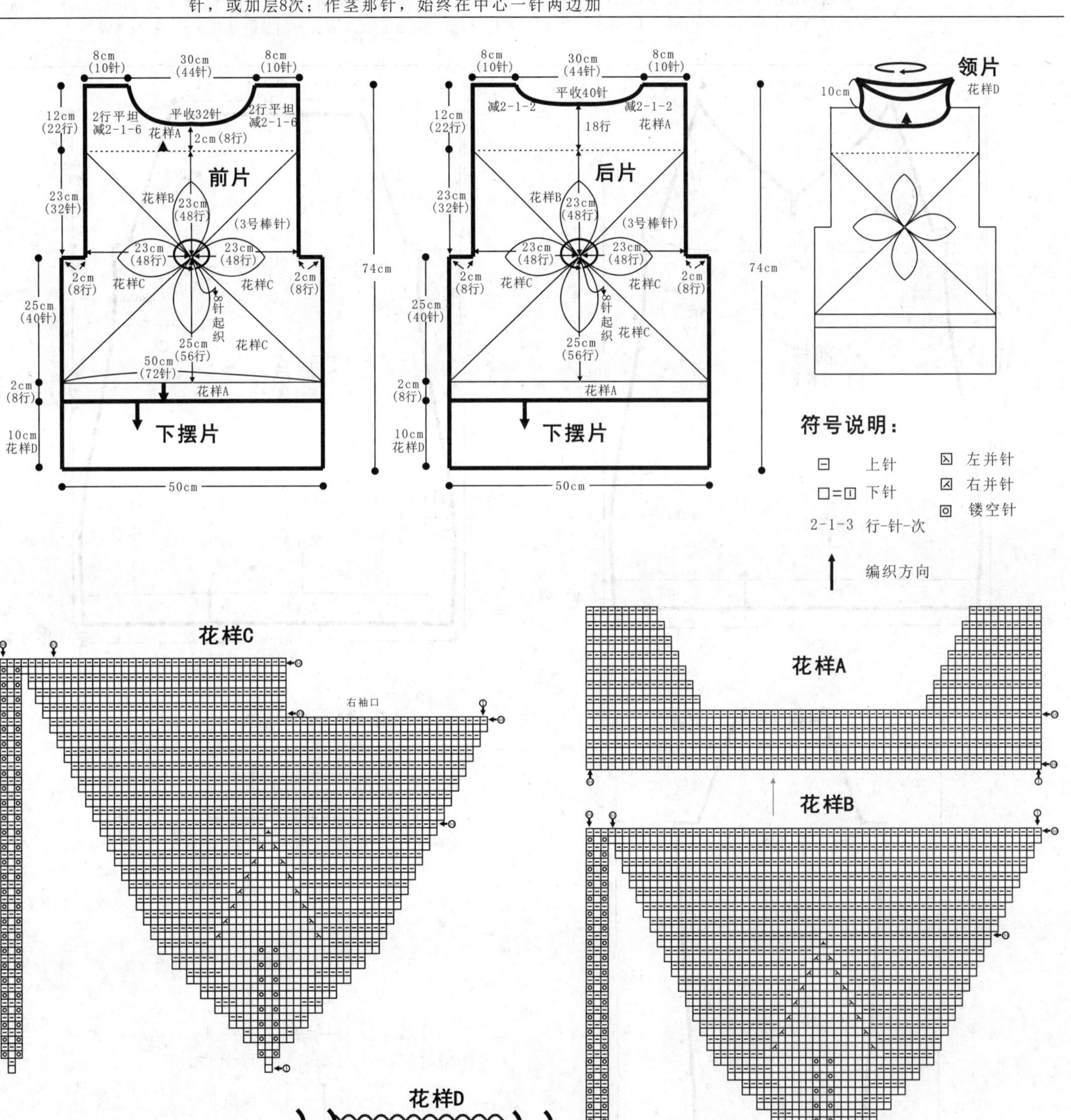

57

【成品规格】 衣长59cm，半胸围40cm，袖长60cm

【工　　具】 8号棒针

【编织密度】 19.5针×25行=10cm²

【材　　料】 白灰色段染棉线500g，大扣子1枚

编织要点：

1. 棒针编织法，由前片1片、后片1片、袖片2片组成。从下往上织起。

2. 前片的编织，一片织成。起针，单罗纹起针法，起86针，起织花样A，织10行。下一行起，全织下针，并在侧缝进行加减针编织，先是减针，方法为32-1-1，12-1-3，然后加针，方法为12-1-2，不加减针，再织8行，至袖窿。下一行起，将织片一分为二，各自编织，袖窿减针，袖窿减针方法是先平收4针，然后减4-2-10，当织成10行时，进行衣领减针，衣领减针的方法是2-1-17，直至余下1针，收针断线。

3. 后片的编织。袖窿以下的织法与前片完全相同，袖窿起减针，方法与前片相同。当袖窿以上织成44行时，余下34针，将所有的针数收针。

4. 袖片的编织。袖片从袖口起织，单罗纹起针法，起40针，起织花样A，织8行，下一行起，全织下针，并在两袖侧缝上进行加针编织，方法为8-1-12，织成96行，不加减针，再织8行后至袖窿。下一行起进行袖山减针，两边同时收针，收掉4针，然后每织4行减2针，共减10次，织成44行，最后余下16针，收针断线。用相同的方法去编织另一袖片。

5. 拼接，将前片的侧缝与后片的侧缝对应缝合，再将两袖片的袖山边线与衣身的袖窿边对应缝合。衣服完成。

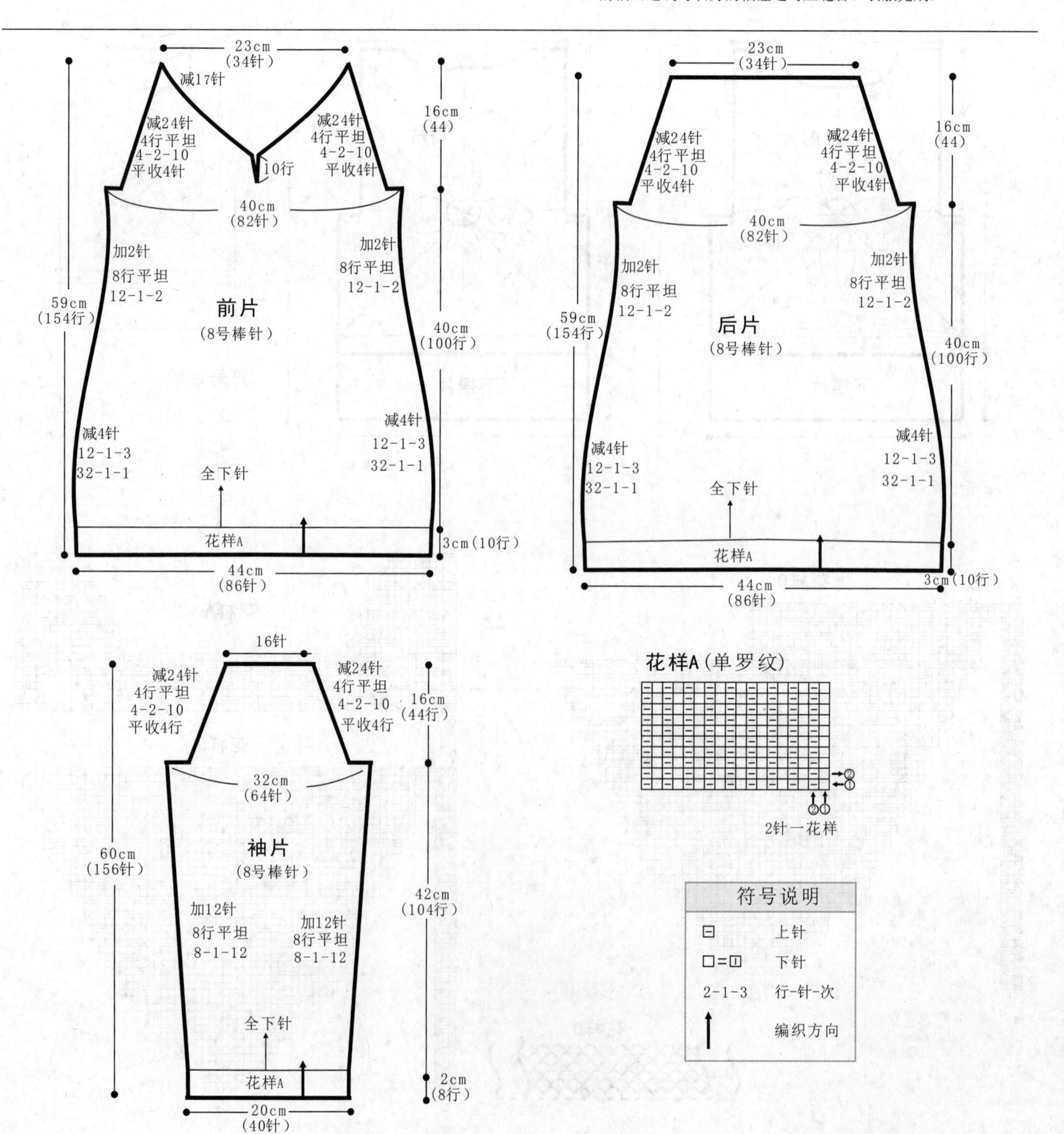

58

【成品规格】 衣长77cm，半胸围42cm，袖长54cm

【工　　具】 10号棒针

【编织密度】 22.5针×30.5行=10cm^2

【材　　料】 米色羊毛线300g

编织要点：

1. 棒针编织法，由前片2片、后片1片和袖片2片组成。从下往上织起。

2. 前片的编织。由右前片和左前片组成，以右前片为例。起针，下针起针法，起54针，起织花样A，织20行的高度。第21行起，全织下针，并在左侧缝进行减针，方法为22-1-1，14-1-4，减掉5针，再织14行，至腰间起织花样B；此时织片余下49针，编织3组花样B，不加减针，织32行。下一行分配花样，从右至左，17针编织花样D，余下的编织花样C，不加减针，编织30行的高度，至袖窿。袖窿以上的编织。左侧减针，平收4针，然后减针，减2-1-8。右侧织成36行的高度时，下一行进行领边减针，从右往左，平收8针，然后减针，减2-1-15，织成30行，至肩部，余下14针，收针断线。用相同的方法，相反的方向去编织左前片。

3. 后片的编织。下针起针法，起108针，编织花样A，不加减针，织20行的高度。然后第21行起，全织下针，并在侧缝上进行减针编织，方法与前片侧缝减针相同，织成92行后，改织花样B，不加减针，织32行，然后改织花样C，再织30行至袖窿，然后袖窿起减针，方法与前片相同。当织成袖窿算起62行时，下一行中间平收42针，两边减针，减2-1-2，至肩部，余下14针，收针断线。

4. 袖片的编织。下针起针法，从袖口起织，起72针，起织花样A，不加减针，织20行的高度，下一行织4行花样E，下一行起，改织花样C，并在两袖侧缝上进行加减针编织，先是减针，减8-1-4，不加减针再织44行后，进入加针编织，加8-1-4，织成72针，下一行起进行袖山减针，两边平收4针，然后减2-1-18，两边各减少22针。织成36行，余下28针，收针断线。用相同的方法去编织另一只袖片。

5. 拼接，将前片的侧缝与后片的侧缝对应缝合，将前后片的肩部对应缝合，再将两袖片的袖山边与衣身的袖窿边对应缝合。最后沿着前后领边、衣襟边，挑针编织2行单罗纹针锁边。衣服完成。

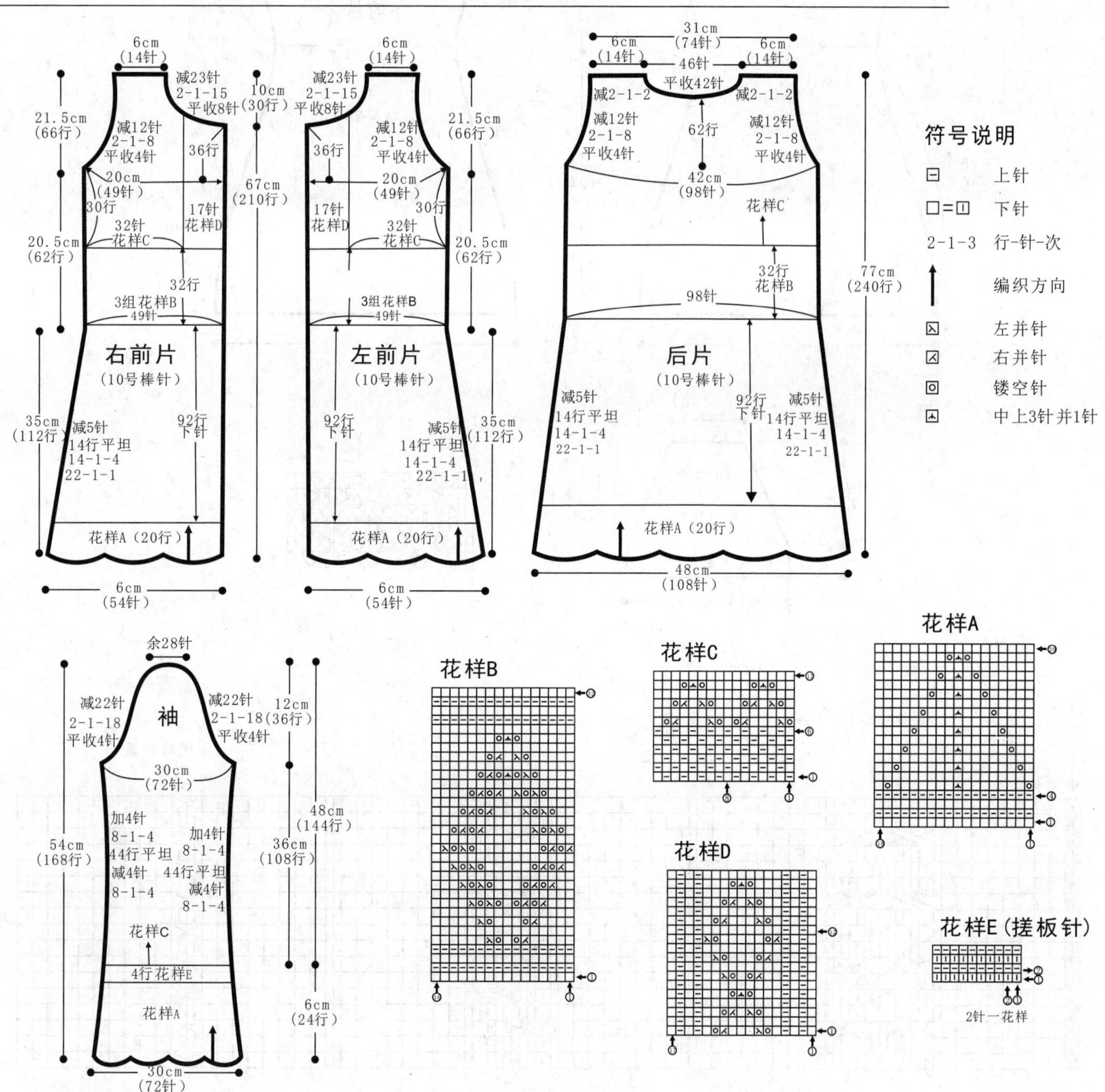

59

【成品规格】胸围90cm，衣长61cm，肩袖长18cm

【工　　具】3mm棒针

【编织密度】23针×34行=10cm²

【材　　料】浅灰色丝光线640g

编织要点：

1.棒针编织法，袖窿以下环织，袖窿以上分成前片和后片各自编织，再编织2个袖片和领片。

2.袖窿以下的衣服从下摆起针按结构图往上编织。前片按花样A编织，在花样的间隔针中分散减针。后片织平针在两侧减针或加针。袖子从袖口起针往上编织。衣领按花样B针法图编织3cm。

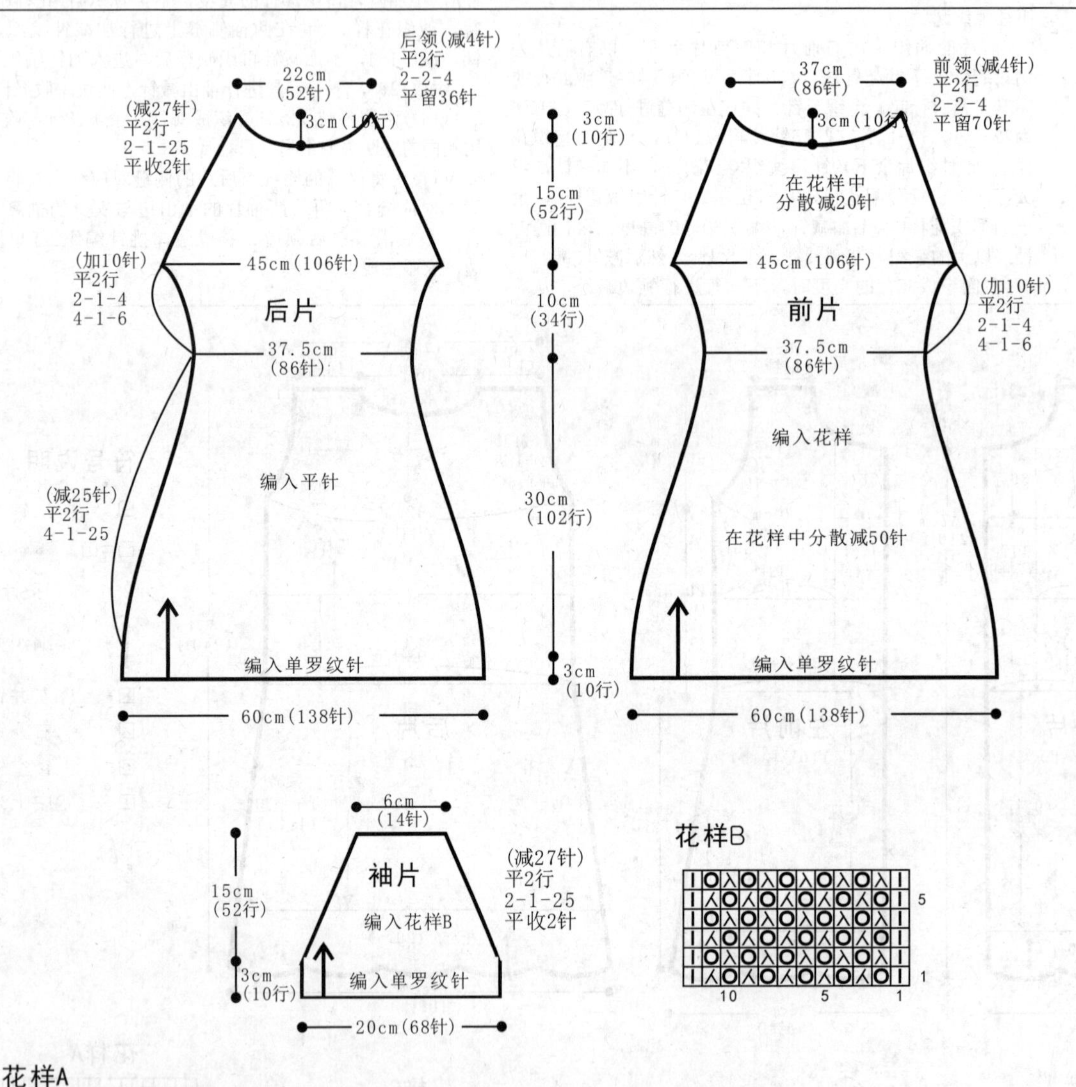

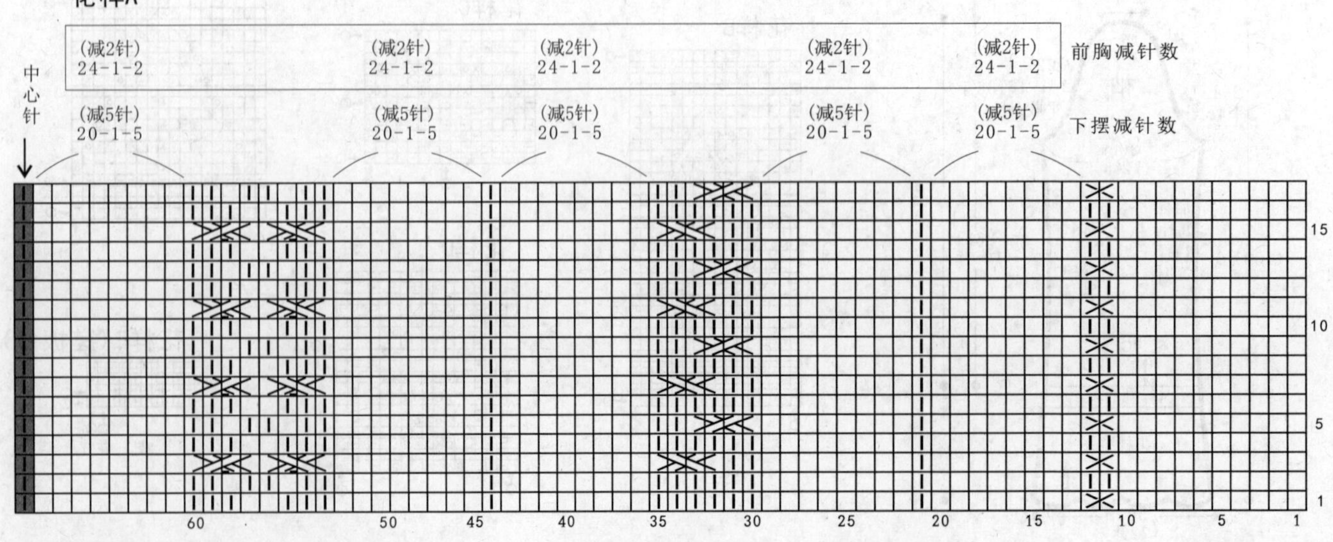

60

【成品规格】 衣长72cm，半胸围41cm

【工　　具】 10号棒针

【编织密度】 23针×26.7行=10cm²

【材　　料】 蓝色棉线400g

编织要点：

1. 棒针编织法，从下往上编织。
2. 起织，衣身下摆分成左前片、右前片和后片各自编织。前片以右前片为例。下针起针法，起60针，起织花样A，并在侧缝进行减针编织，减20-1-8，织成160行，收针断线。用相同的方法去编织左前片。后片的编织，起112针，起织花样A，两侧缝进行减针，减20-1-8，织成160行，收针断线。
3. 领片的编织。从领口起织，起102针，来回编织，起织花样C，共10行。下一行起，两端各取6针，始终编织花样C，中间分配成花样B编织，并进行加针编织，每23针为1组，每次每组加1针，每6行加1次。织成50行，收针断线。
4. 缝合。左前片和右前片各取46针与领边缝合。后片取84针与领边缝合。领片两边各留62针的宽度作袖口，并在袖口上钩织花样D花边。

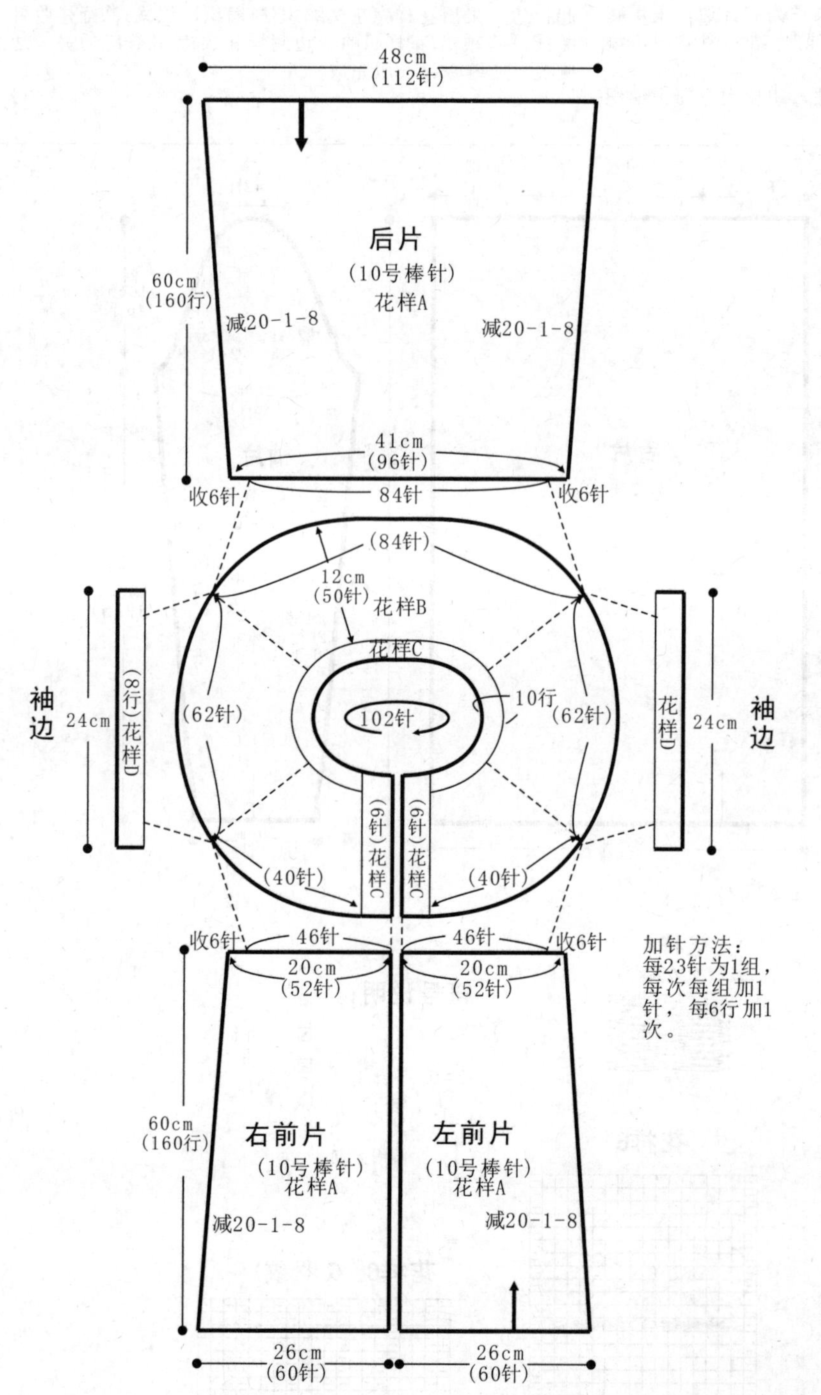

符号说明

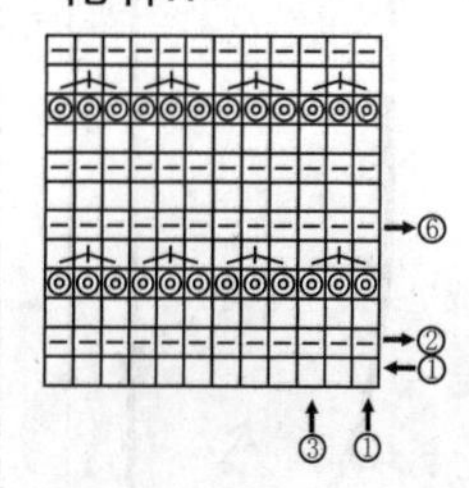

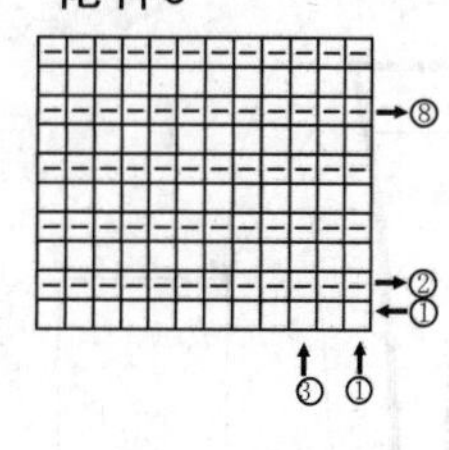

花样A

花样C

花样D

花样B

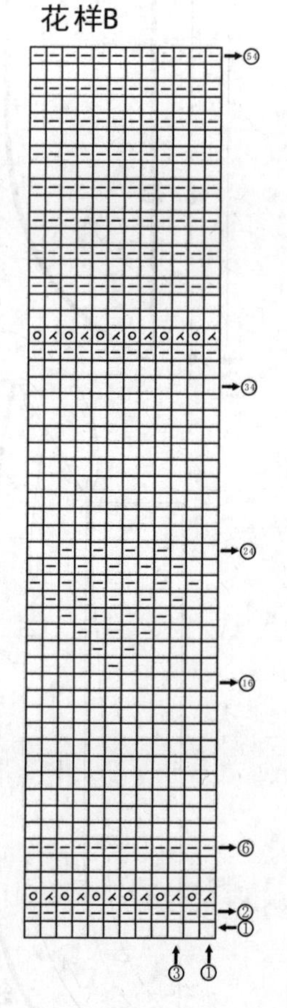

61

【成品规格】 衣长60cm，胸宽38cm，肩宽22cm

【工　　具】 8号棒针

【编织密度】 衣服:20针×28行=10cm²
袖片:28针×28行=10cm²

【材　　料】 深紫罗兰色丝光棉线400g

编织要点：

1.棒针编织法，由前片2片、后片1片、袖片2片、领襟2片组成。从下往上织起。

2.前片的编织。由左前片和右前片组成，以右前片为例。

(1)一片织成。起8cm长度的边长作为起针边，采用花样A(花叉编织法)编织，根据右前片结构图编织，编织52行后，至肩部，收针断线。

(2)左前片的编织:用同样的方法，相反的方向去编织左前片。

3.后片的编织。一片织成。平针起针法，起76针，全织下针，不加减针，织成168行，收针断线。

4.袖片的编织。一片织成。双罗纹起针法，起56针，起织花样C，两边侧缝加针，加6-1-16，26行平坦，织122行至袖窿,并进行袖山减针，两边各平收4针，然后减2-1-23，织成46行，余下42针，收针断线。用相同的方法去编织另一袖片。

5.拼接，将左、右前片的侧缝与后片的侧缝和肩部对应缝合。将两个袖片的侧缝各对应缝合，再将两袖片的袖山边线与衣身的袖窿边对应缝合。

6.领襟(花样B)的编织，一片织成。平针起针法，起18针，编织花样B，不加减针，织成532行，收针断线。将领襟一边侧缝和左、右前片的另一边侧缝、后片的领口处、下摆处对应缝合

7.领襟(花样A)的编织，一片织成。起8cm长度的边长作为起针边，采用花样A(花叉编织法)编织，织成532行，收针断线。将领襟(花样A)的一边侧缝和领襟(花样B)的另一边侧缝对应缝合。衣服完成。

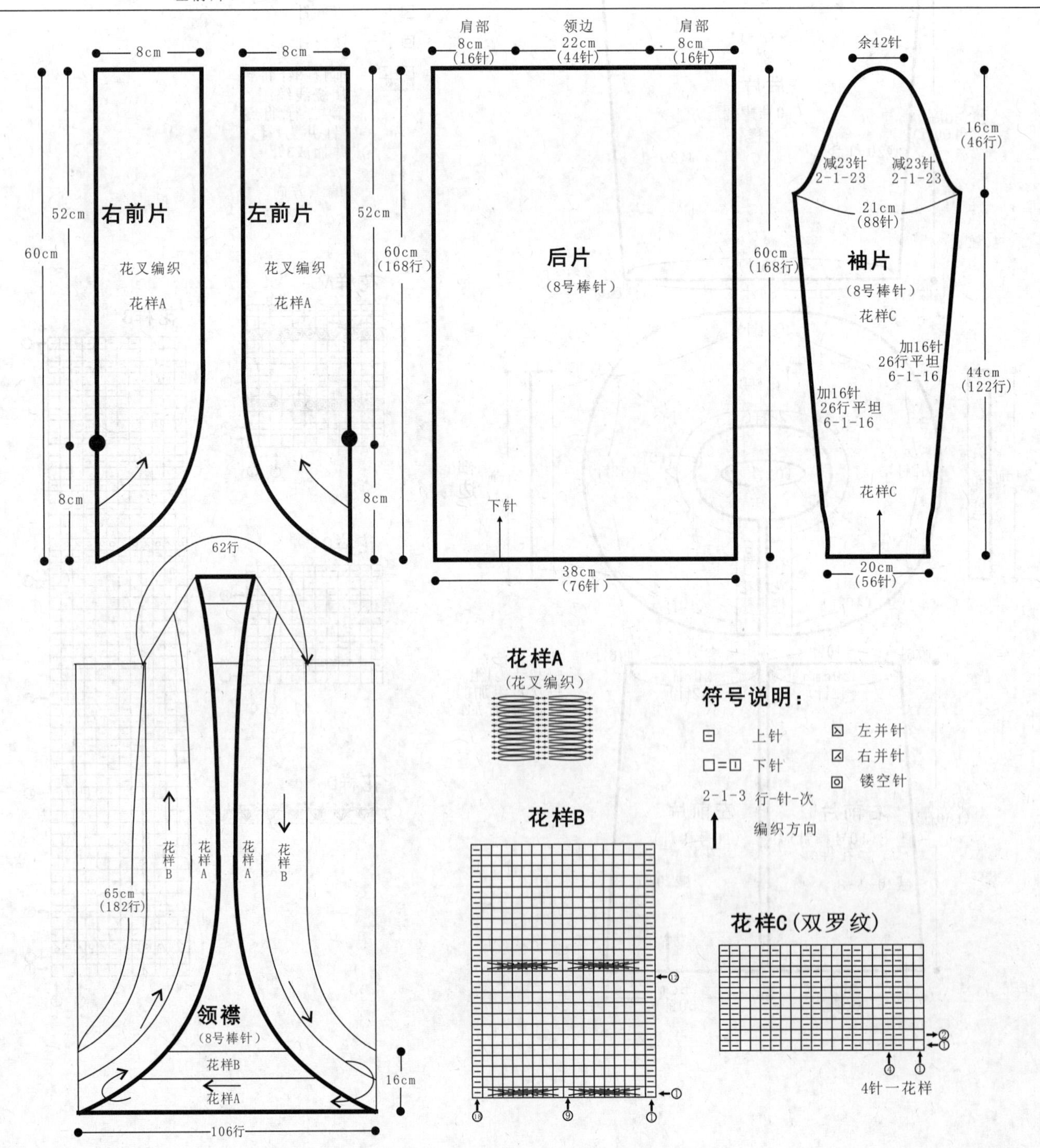

62

【成品规格】 衣长52cm，胸宽36cm，肩宽31cm，袖长66cm

【工　　具】 11号棒针

【编织密度】 41针×48行=10cm²

【材　　料】 铁锈红色6股三七毛线400g

编织要点：

1.棒针编织法，分为6片编织，前片2片、后片1片、袖片2片、领片1片。此款衣服利用折回编织法。

2.后片的编织。先编织后片，双罗纹起针法，起150针，编织双罗纹针，不加减针编织175行的高度时，两袖窿开始减针，两边先平收4针，再织4行减2针，减4次，袖窿两边各减少12针，织片余下126针继续编织，无加减针织58行的高度后，不收针，不断线，用防解别针扣住。进入下一步前片的编织。

3.前片的编织。以右前片为例。双罗纹起针法，起110针，无加减针编织双罗纹针114行，从第115行起，进行折回编织，从左至右计算针数，现一根棒针上有110针，从左织起，织10针，余下的100针，不织，返回织10针的第二行，即第116行，然后织下一行，这次织完10行后，接着织余下的100针的前2针，这样，这次织成的针数为12针。同样，余下的98针不织，还是留在针上，返回织12针的第二行，即118行，下一行时，同样的方法，编织的针数从左边留在棒针的针数挑出2针编织，如此重复，一直增加的针数达到54针时完成一个折回编织，行数完成160行，下一行起，将全部的110针全织，不加减针织14行，然后进行第二次折回编织，织法与第一次相同，然后再不加减针织14行，之后每一次折回编织方法都相同，不加减针编织的行数，参照结构图所标注去编织。而右前片的左边，织法与后片相同，不加减针织175行的高度后，进行袖窿减针，先平收4针，再减4-2-4，然后织58行无加减针行。完成右前片，肩部留30针(从左至右)，与后片的肩部(亦选30针)缝合，余下68针。右前片完成，用同样的方法编织左前片。

4.拼接。将前片和后片的侧缝对应缝合。

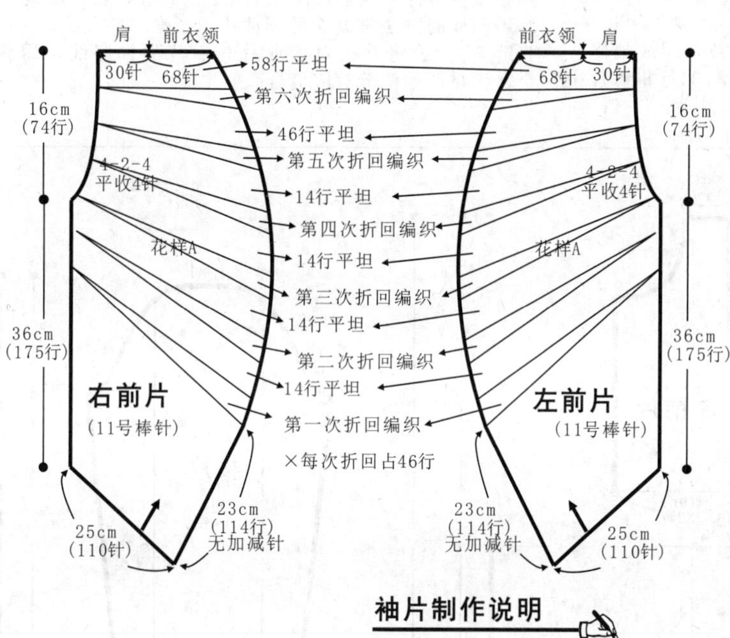

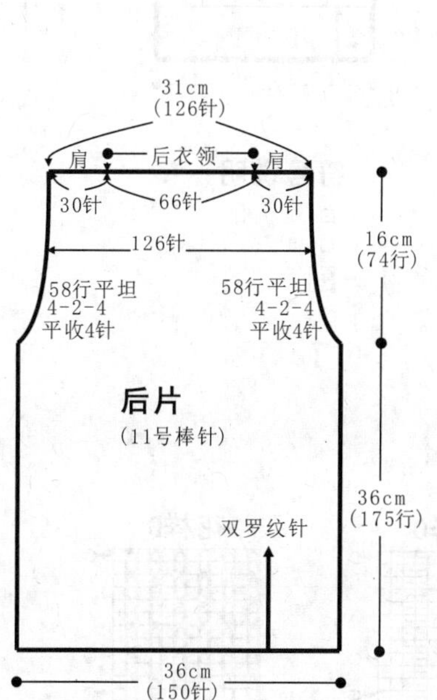

袖片制作说明

1.棒针编织法，每片袖分成两部分编织，袖口横织，再沿短边挑针往上织袖身。

2.袖口的编织。横向编织，起36针，编织双罗纹花样，不加减针织10行后，开始折回编织，织法与前片相同，针数不同，先织6针折回，然后依次是8针折回，10针折回，每次增加2针，最后一次折回的针数为30针，共26行一次折回，然后就是不加减针织20行，再进行下一次的折回编织，参照结构图所示的方法去编织，但最后一次折回后不加减针织10行，与起针的第一行缝合。形成一个喇叭状袖口，沿短的一边挑针，挑86针环织，进入下一步袖身的编织。

3.袖身的编织。挑86针后，编织双罗纹针，无加减针织55行的高度后，将织片对折，选一端作腋下加针边，两面各选1针作加针所在列，织10行加1针，加12次，每次每行加针的针数为2针，织成120行后，不加减针织57行，完成袖身的编织。

4.袖山的编织。环织改为片织，两端各平收4针，然后进入减针编织，减针方法为2-2-9，4-2-9，袖山两边各减掉40针，余下30针，再织4行，然后收针断线。以相同的方法，再编织另一只袖片。

6.缝合。将袖片的袖山边与衣身的袖窿边对应缝合。

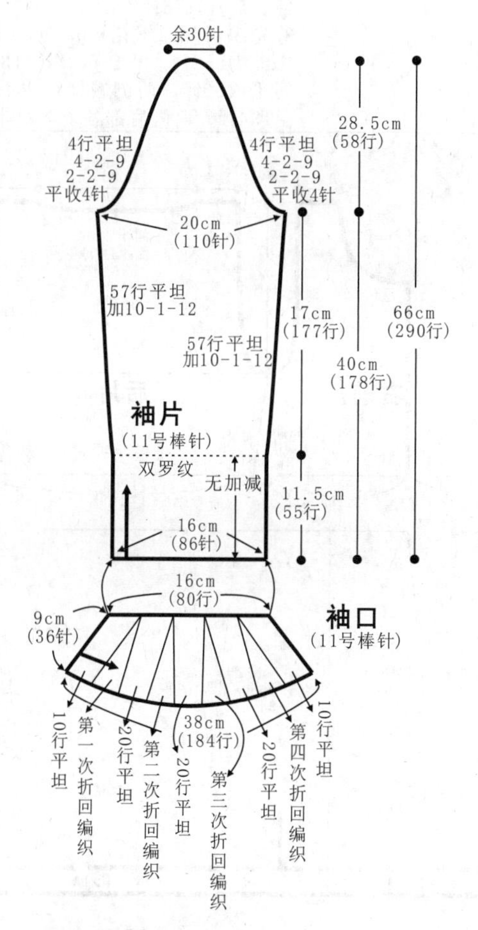

领片制作说明

1.棒针编织法。

2.将后片领边余下的66针，移到棒针，在两边各加出24针的宽度，往上继续编织双罗纹针，无加减针编织6行的高度后，在两边算起，至32针的位置，选取2针下针作加针所在列，向两边加针，加2-1-4，一行加成4针，织成8行高度，然后无加减针织10行的高度，此时针数为130针，在中间选2针下针作加针中轴，加针方法与前相同，加成8行后，无加减针织34行的高度后，收针断线。

3.缝合。完成的衣领下边，两边各有24针的宽度，将这两端在肩部线的内侧缝合，即前后肩部缝合后，将之缝在衣服里面。

63

【成品规格】 衣长74cm，半胸围42cm，肩宽36cm，袖长52cm

【工　　具】 10号棒针

【编织密度】 17针×18行=10cm²

【材　　料】 蓝色棉线500g，纽扣5枚

编织要点：

1.棒针编织法，袖窿以下一片编织，袖窿起分为左前片、右前片和后片分别编织。

2.起织，下针起针法，起176针织花样A，将织片按结构图所示分成5部分，减针编织，方法为34-1-1，10-1-4，织至74行，织片变成136针，将织片分成左、右前片和后片3部分，左、右前片各取32针，后片取72针，两袖底侧缝两侧加针，方法为8-1-3，织至100行，织片变成148针，第101行开始将织片分成左前片、右前片和后片分别编织，左、右前片各取35针，后片取78针编织。

3.先织后片，织花样B，起织时两侧减针织成袖窿，方法为1-2-1，2-1-6，织至130行，第131行将织片中间平收30针，两侧减针织成后领，方法为2-1-2，织至134行，两侧肩部各余下14针，收针断线。

4.分配左前片35针到棒针上，织花样A，起织时左侧减针织成袖窿，方法为1-2-1，2-1-6，织至118行，第119行起右侧衣领减针，方法为1-6-1，2-1-7，共减13针，织至134行，肩部余下14针，收针断线。

5.用同样的方法相反方向编织右前片，完成后前片与后片的两肩部对应缝合。

衣襟制作说明

1.棒针编织法，左右衣襟片分别编织。

2.沿左前片衣襟侧挑起110针织花样D，织12行后，收针断线。

3.用同样的方法挑织右侧衣襟。

4.衣襟完成后挑织衣领，沿领口挑起78针织花样D，织20行后，收针断线。

袖片制作说明

1.棒针编织法，编织两片袖片。从袖口起织。

2.下针起针法，起40针织花样A，织10行，第11行起，织片中间改织20针花样C，两侧余下针数织花样A，重复往上编织，两侧同时加针，方法为8-1-6，织至64行，织片变成52针，两侧减针编织袖山，方法为1-2-1，2-1-15，两侧各减少17针，织至94行，织片余下18针，收针断线。

3.用同样的方法再编织另一袖片。

4.缝合方法:将袖山对应前片与后片的袖窿线，用线缝合，再将两袖侧缝对应缝合。

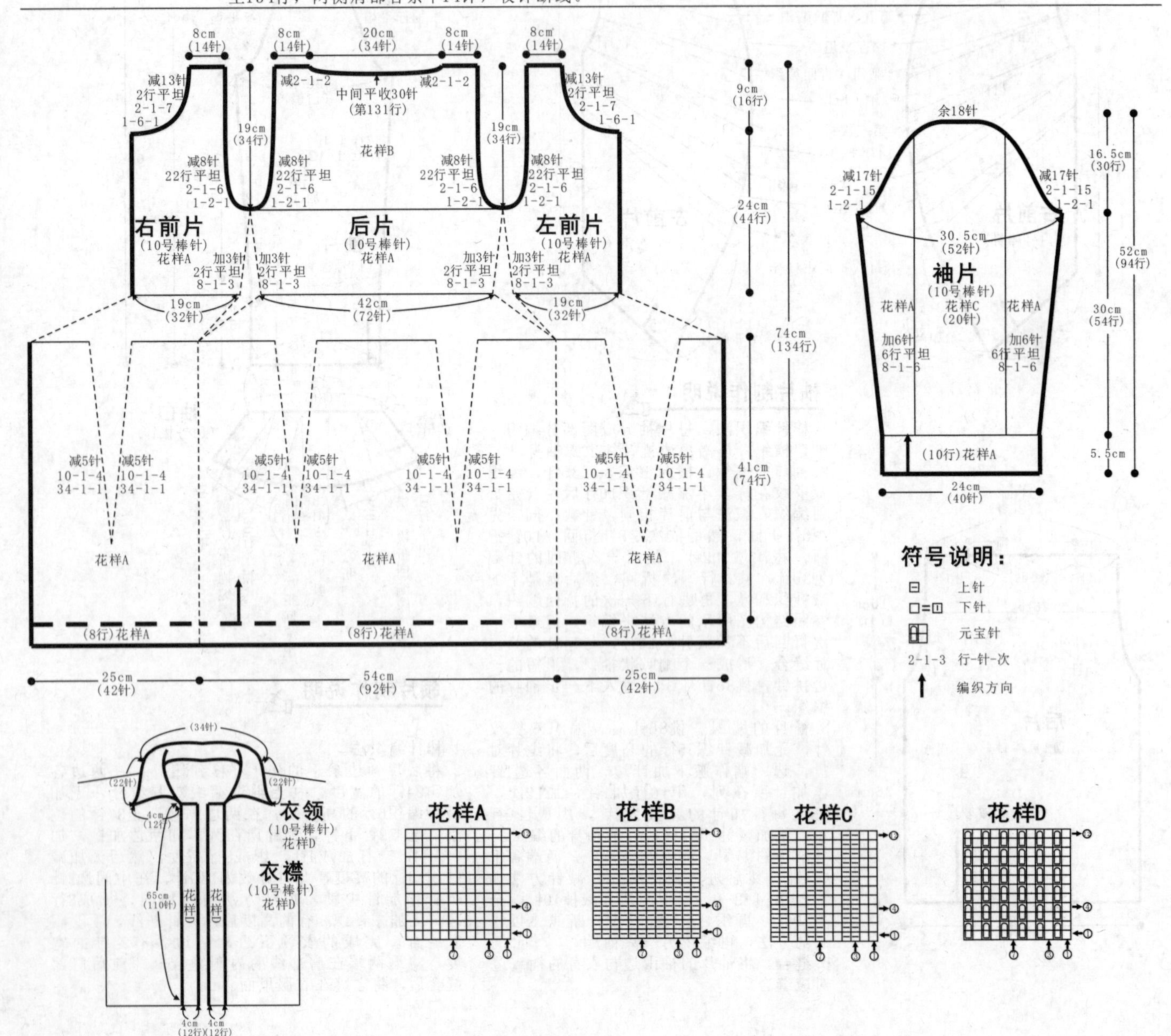

64

【成品规格】 衣长80cm，胸宽60cm，袖长62cm，袖宽28cm

【工　　具】 8号棒针，5.5mm可乐钩针

【编织密度】 23针×25行=10cm²

【材　　料】 黛尔妃段染毛线1200g，纽扣7枚

编织要点：

1.棒针编织法，由衣摆片起织，再挑针织左、右前片和后片，再单独织两只袖片缝合。

2. 衣摆片的编织。起105针，排成6个花样A。近下摆边这侧留2针下针做边，近胸部这侧留1针做边，起织花样A，不加减针，共织28层花样A。完成后收针断线。最后一针回到胸部这侧。沿着衣摆片长边挑针，稍微收缩挑针。挑出214针，起织花样B。不加减针，织4行。下一行起，分片编织。从衣襟算起织47针，起织花样A，第48针起，收13针，再织94针，再收13针，余下的47针编织完。返回起织右前片。袖窿这边减针，减2-1-8，衣襟侧不加减针，织成36行后，减针织前衣领边，方法是平收6针，再减1-1-4，2-1-6，不加减针再织2行至肩部，肩留23针，收针断线。

3.将后片94针挑出，两侧减针，减2-1-8，织成48行后，下一行起织后衣领边，中间平收26针，两侧减针，减2-1-3，肩留23针，收针断线。最后是左前片的编织。织法与右前片相同，减针方向相反。将前后片的肩部对应缝合。

4.袖片的编织。起54针，排成3个花样A，起织后两袖侧缝加针编织，加12-1-10，织成120行后，进入袖山减针编织。两侧平收7针，然后减2-1-8，4-1-4，2-2-5，织成36行，袖山肩部余下16针，收针断线。

5.领片的编织，沿着前后衣领边，挑出102针，排成9组花样D，每个花11针，依照花样D加针，第2层花样上进行加针，将11针一个花加成17针一个花，第三层花样不加减针。织成36行的衣领。完成后，收针断线。

6.领襟的编织，从左右前片各挑160针，花样B起织，织12行，收针断线，左衣襟依照图解制作7个扣眼，在织第5行起起织扣眼。用钩针沿衣领边、左右衣襟边和衣身下摆边，钩1组花样C，收针断线，衣服完成。

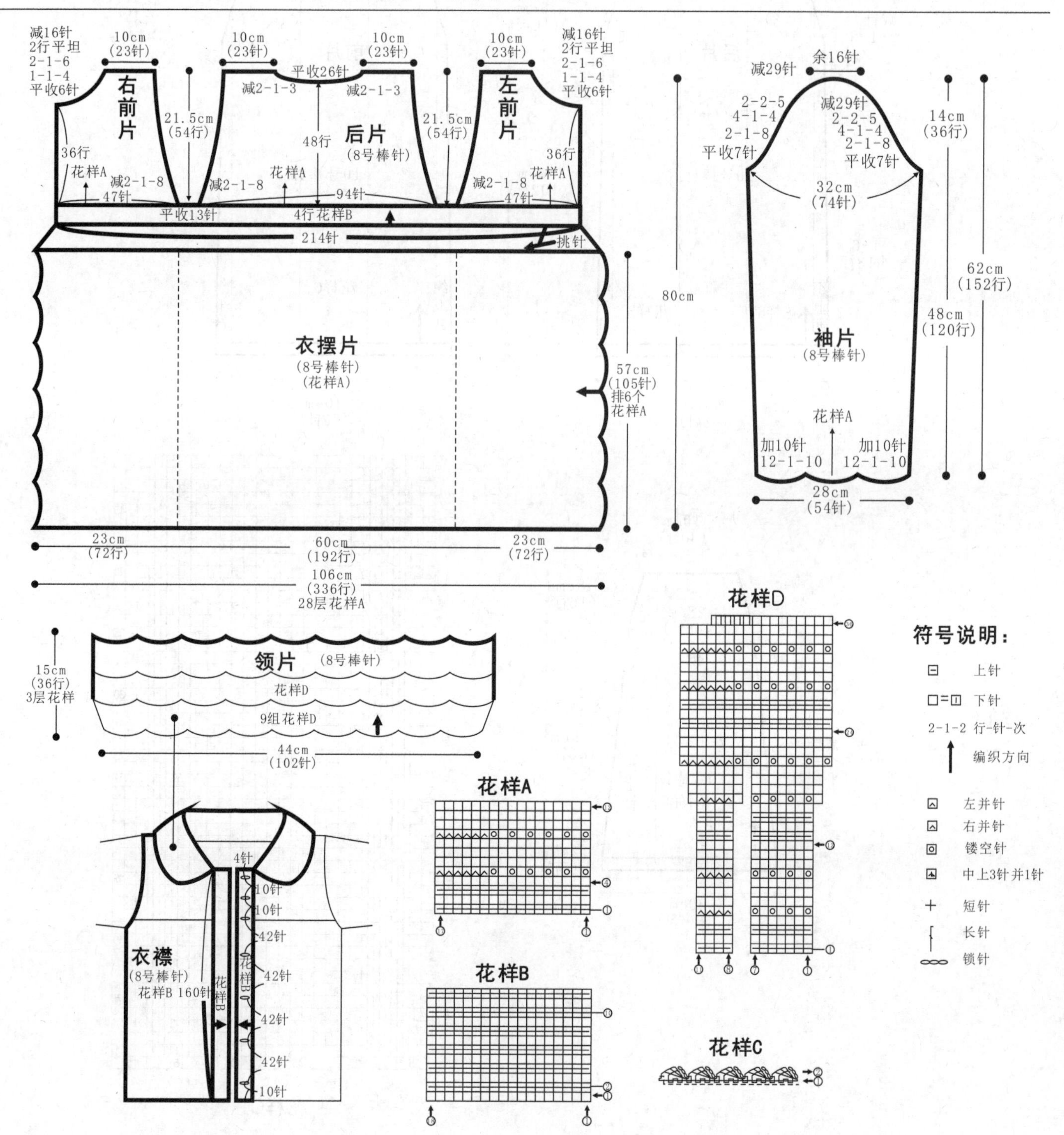

【成品规格】 衣长60cm，胸围80cm，袖长49cm

【工　　具】 10号棒针

【编织密度】 21针×23行=10cm²

【材　　料】 羊毛线650g

编织要点：

1.后片：起84针织6行单罗纹，开始织组合花样，中心织花样A，两侧各织一组花样B，边缘各织10针反针作为腰线收针用；平织18行后开始每14行收1针共收6针，开始织挂肩，每2行各收1针收8针后平收。

2.前片：起78针织6行单罗纹，开始织花样C3组，两侧各10针上针收腰线用；织法同后片。

3.另织一条长方形，起20针织花样B12组，作为连接前后片及袖部分之用。

4.袖：从下往上织，袖中心织花样B。

5.领：织全平针，起48针织引退针成盆领，缝合在领口，完成前后片翻转可任意穿着，风格各有不同。

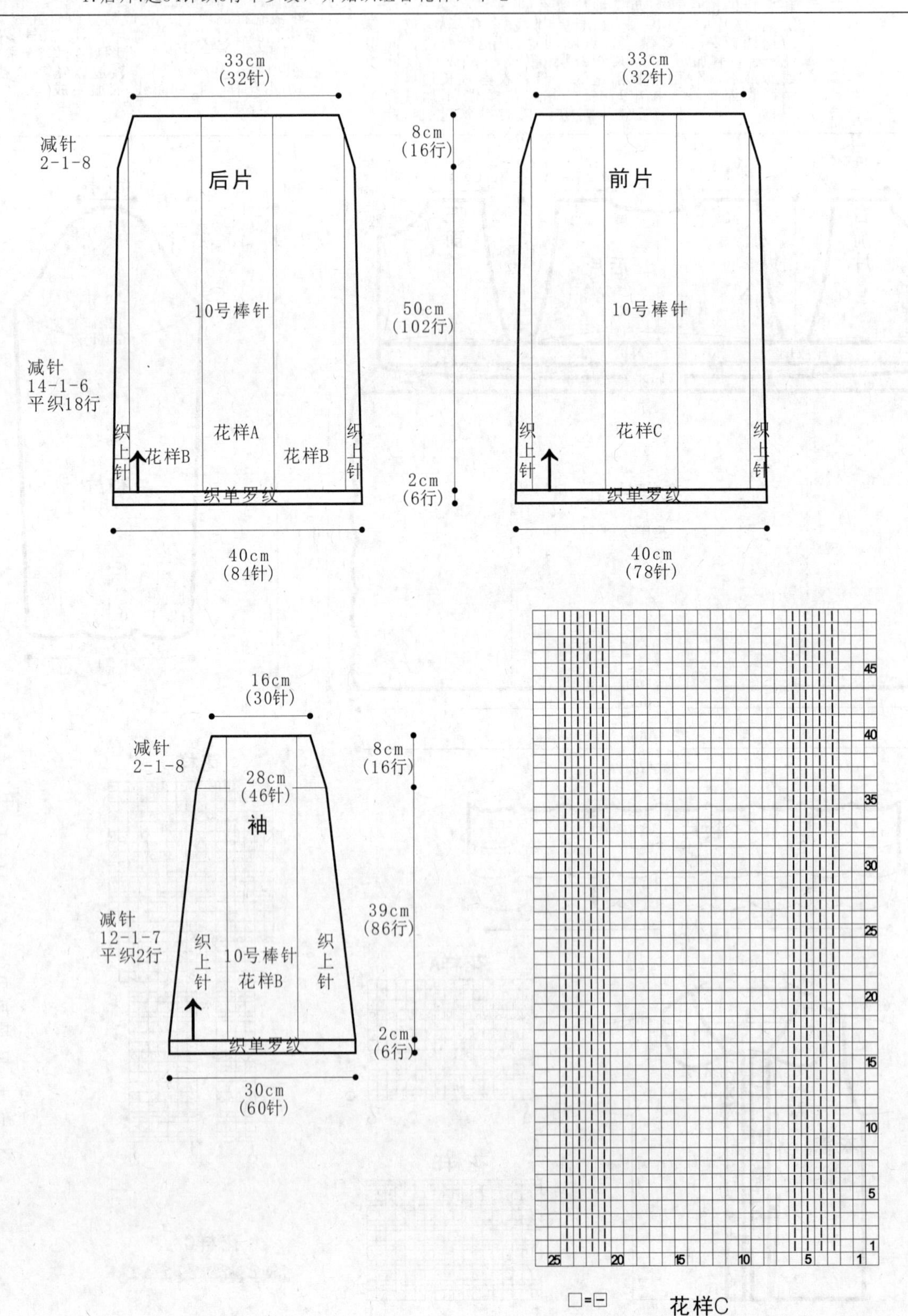

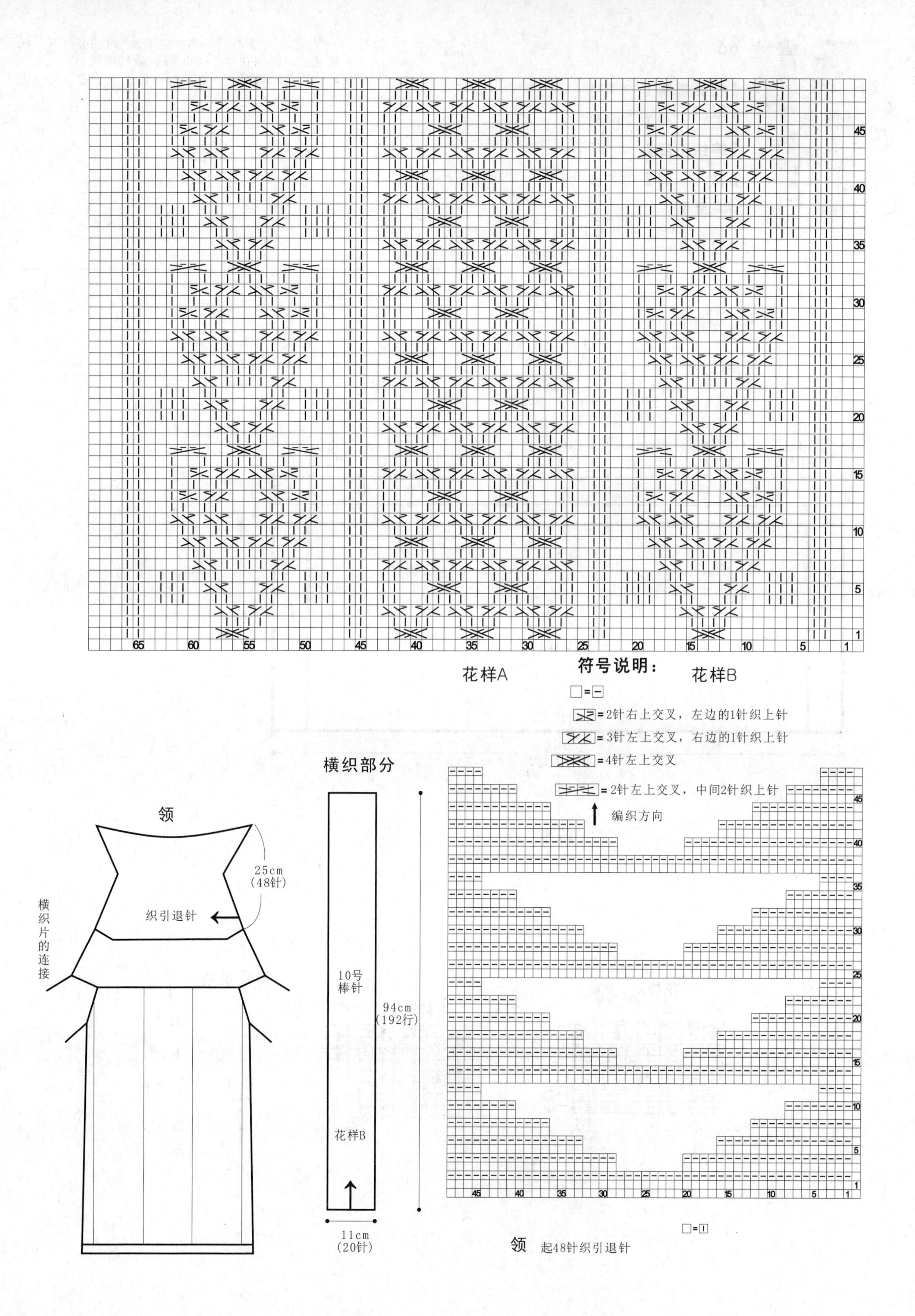

花样A
符号说明：
花样B
□=□
=2针右上交叉，左边的1针织上针
=3针左上交叉，右边的1针织上针
=4针左上交叉
=2针左上交叉，中间2针织上针
编织方向
横织部分
领
25cm
(48针)
织引退针
横织片的连接
10号
棒针
94cm
(192行)
花样B
11cm
(20针)
□=□
领 起48针织引退针

66

【成品规格】 衣宽56cm，衣长64cm

【工　　具】 10号棒针

【编织密度】 20.4针×22.7行=10cm²

【材　　料】 淡紫色含金线羊毛线600g

编织要点：

1.棒针编织法，一片编织完成，然后对应缝合。

2.下针起针法，起114针，起织花样A，不加减针，织30行；下一行起，不加减针，改织花样B，织420行；下一行起，不加减针，改织花样A，织30行，收针断线。

3.拼接，AB边与GH边缝合，BC边与FG边连成一边，与DE边进行缝合。CD边与EF边作袖口。

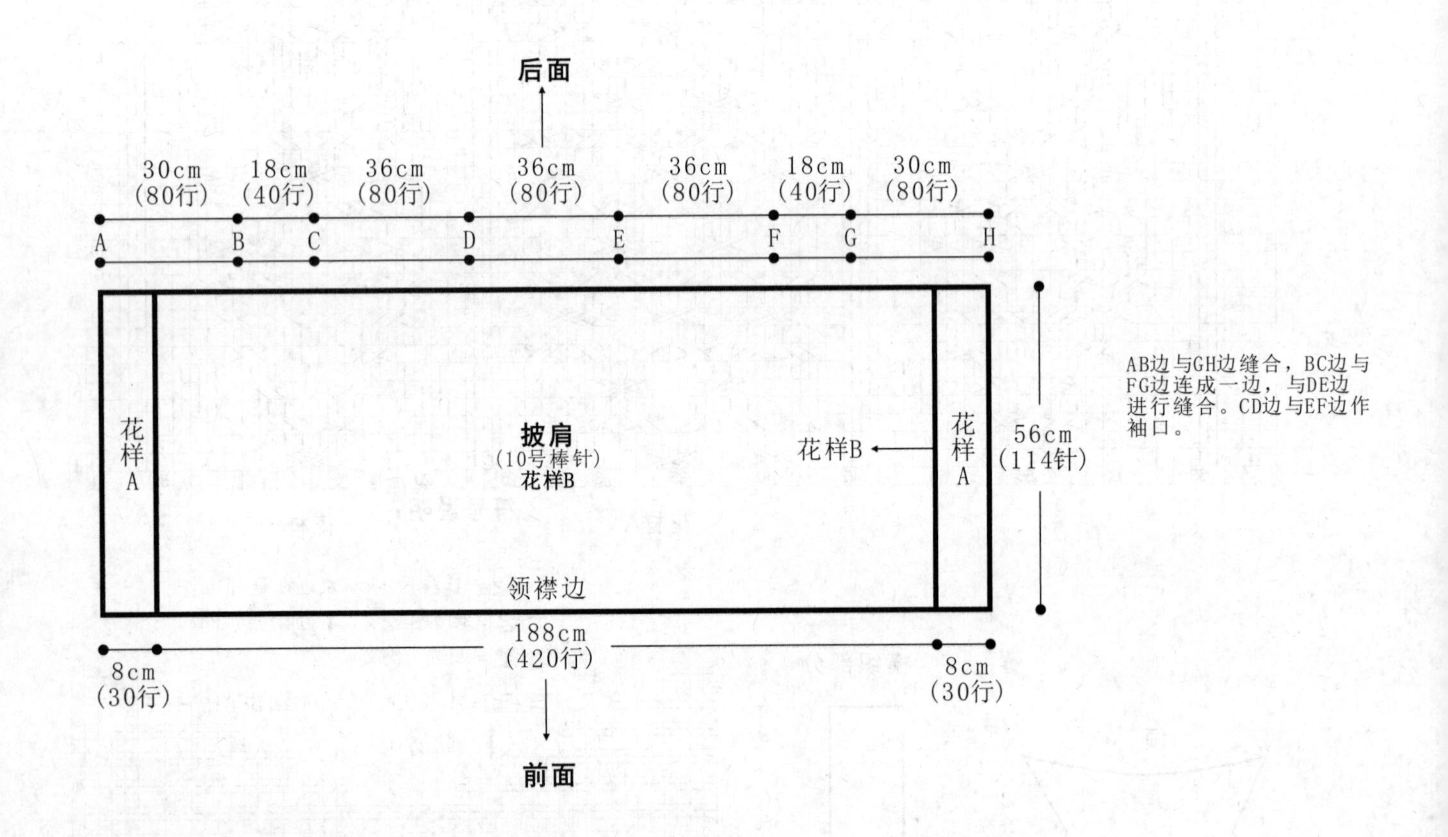

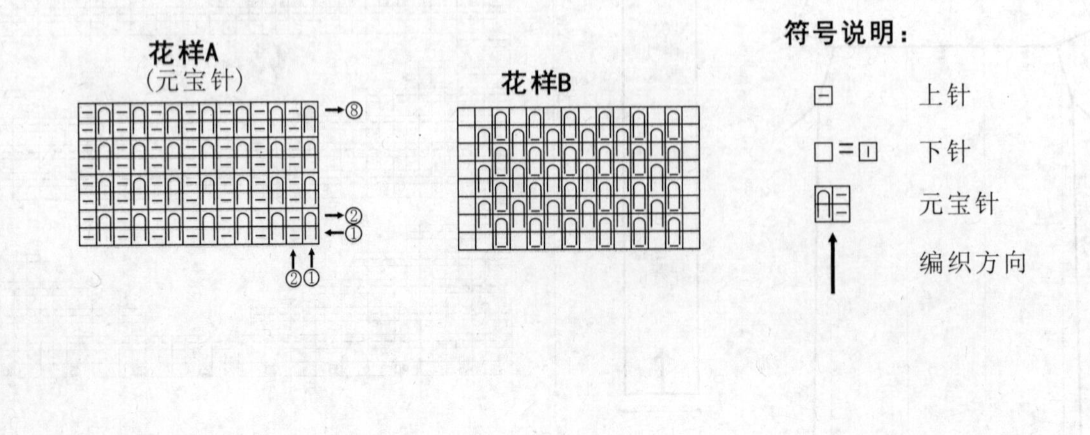

67

【成品规格】 衣长81cm，胸宽35cm，腰宽28cm，袖长25cm，下摆宽28cm

【工　　具】 10号、11号棒针

【编织密度】 38针×45行=10cm²

【材　　料】 纯毛羊绒型细毛线700g

编织要点：

1.棒针编织法，从上往下织，从衣领边起织，先织衣身，再织两袖片，最后织衣领。

2.起针，单起针法，起152针下针，首尾连接，环形织，用10号棒针编织。

3.袖窿以上的编织。从衣领起，先分配各片的针数，前片与后片各48针，两边各取2针作插肩缝，两袖片取28针，两边各取2针作插肩缝，前后片不挖领，直接和衣领一起往下编织，在作插肩缝的4针两边，同时加针编织，每织2行各加1针，一圈衣领共加成8针，后片起织花样A单桂花针，前片全织下针，但每10行，添加编织小球花样，从一行10个起，每10行小球的个数递减，10-9-8-7-6-5，最后剩5个，小球图解见花样B，余下全织下针。两袖片全织花样A单桂花针。插肩缝的4针，全织下针。插肩缝两边各加36针，衣身织成72行高，完成上身部分的编织。前后片针数为120针，袖片的针数为106针。

4.袖窿加针编织，先编织衣身部分。先编织前片120针，至最左边时，起针6针，接上后片编织，后片仍织桂花针，织至最后一针时，再起6针，接上前片，一圈的针数共为252针。无加减针往下织，前片仍织下针，后片仍织单桂花针。织成20行时，改织花样C棒绞花样，共32行，3个棒绞，一圈共42组。织完花样C，余下的全织花样D，织210行后，收针断线。衣身完成。

5.袖片的编织，袖片共106针，织至腋下时，挑衣身加针的6针挑起编织，将针数变为112针，编织花样E双罗纹针，无加减针，共织40行的高度后，收针断线。另一边袖片织法相同。

领片制作说明

1.棒针编织法，用11号棒针进行环织。

2.起针，沿着衣身的前后衣领边，挑下针编织，共挑152针，首尾连接。

3.机织领。起织机织领，先织8行下针，将第8行与第1行拼接，但不收针，改织花样E双罗纹针，一圈共38组，无加减针，往上编织，共织54行后，收针断线。

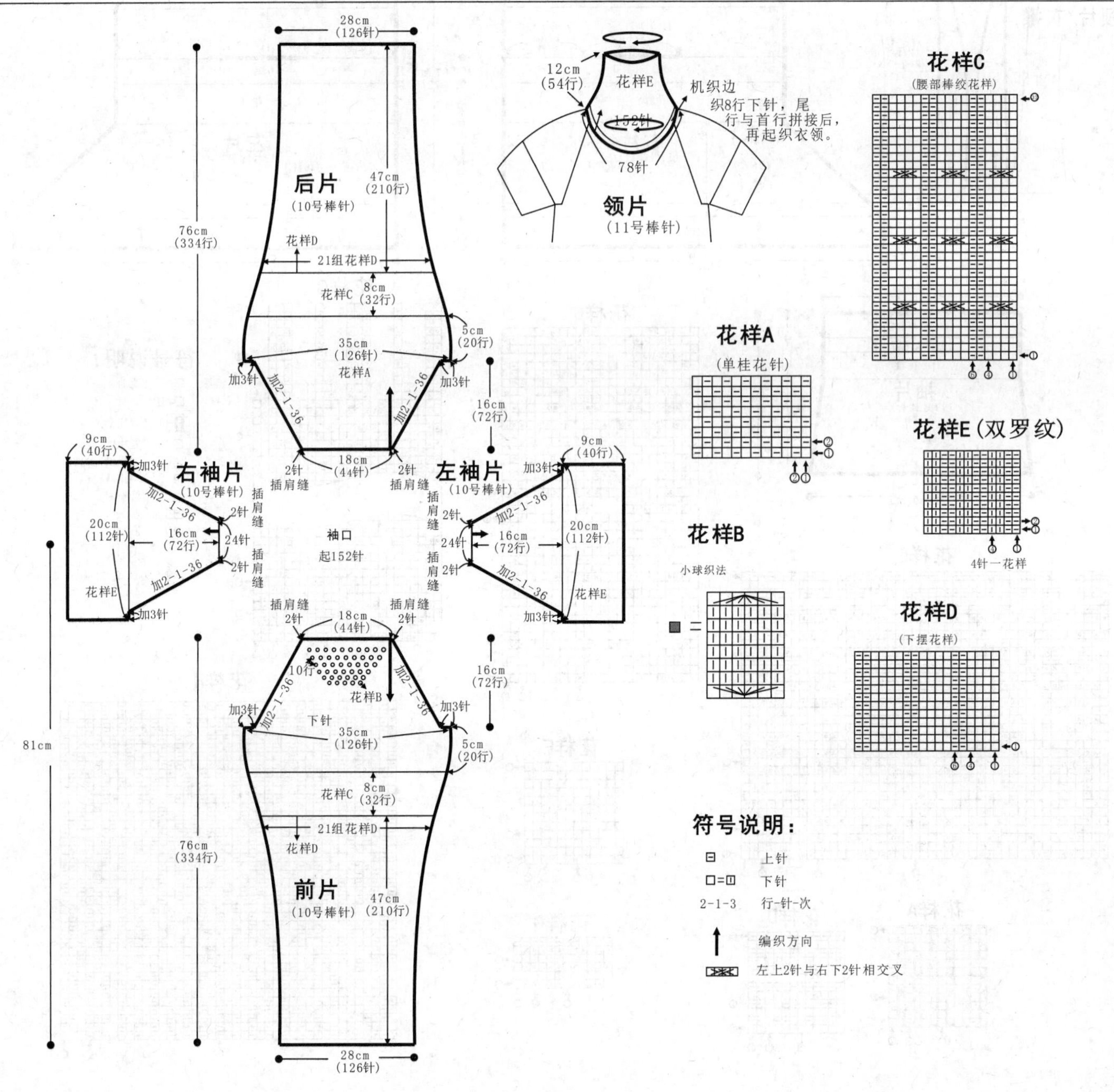

68

【成品规格】衣长65cm，半胸围36cm
肩宽32cm，袖长27cm

【工　　具】11号棒针

【编织密度】18.7针×25.7行=10cm²

【材　　料】墨蓝色棉线600g

编织要点：

1.棒针编织法，衣身分为左片和右片分别编织。

2.起织右片，双罗纹针起针法，起148针织花样A，织16行后，改为花样B与花样C组合编织，右侧76针织花样B，左侧72针织花样C，织至64行，织片变成106针，改织花样A，织至84行，改织花样D，织至94行，第95行将织片第32针至75针留起不织，作为袖窿，在同一个位置加起44针，织至128行，第129行起，在第31针的两侧减针，方法为2-1-22，同时左侧也按2-1-22的方法减针，织至156行，织片右侧减针织成前领，方法为2-1-8，织至172行，织片余下40针，收针断线。

3.用同样的方法相反方向编织左片。完成后将左右片后背缝合。

领片/衣襟制作说明

1.棒针编织法，编织两片衣襟。

2.起织左衣襟片，起24针织花样A，一边织一边左侧减针，方法为8-1-16，织至140行，第141行起左侧加针，方法为2-1-4，加针后不加减针织至200行，收针断线。

3.用同样的方法相反方向编织右衣襟片，完成后将左右衣襟片分别与衣身缝合，再将后领缝合。

袖片制作说明

1.棒针编织法，环形编织两片袖筒。从衣身袖窿挑织。

2.挑起88针，织花样D，织10行后，改织花样G，织至18行，改织花样D，织至28行，改织花样H，织至68行，织片变成100针，收针断线。

3.用同样的方法编织另一袖片。

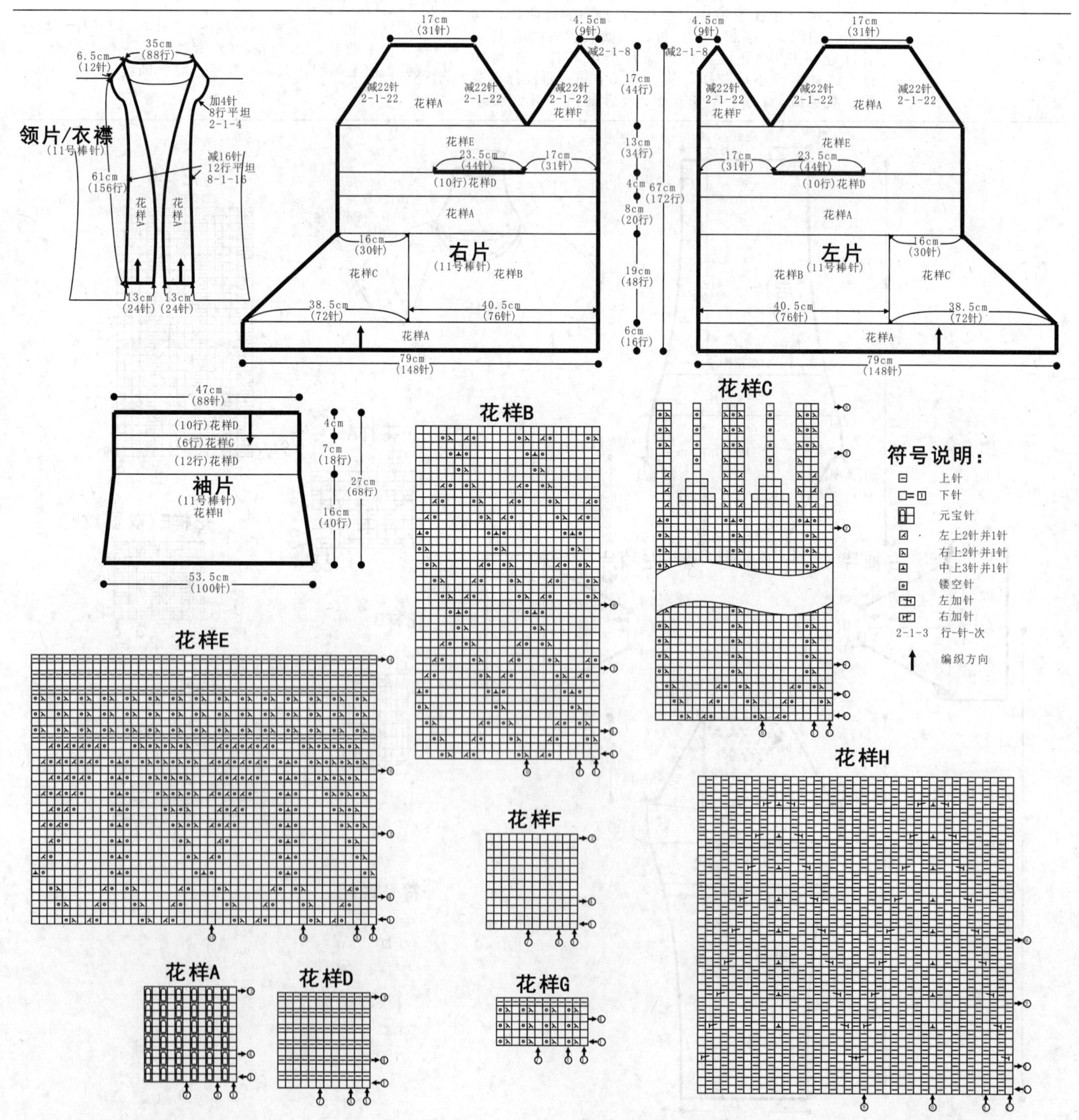

69

【成品规格】 衣长58cm，半胸围60cm，袖长36cm

【工　　具】 10号棒针，1.5mm钩针

【编织密度】 16针×22.7行=10cm²

【材　　料】 红黄杂色段染线550g

编织要点：

1.棒针编织法，从衣领往下编织至衣摆，往返编织。

2.起织衣领，单罗纹针起针法，起38针，织花样A，一边织一边两侧加针，方法为2-1-5，织至12行，织片变成48针，开始编织衣身。

3.衣身编织花样B，每4针一组花样，共12组花样，织34行，织片变成288针，第35行起将织片分片分成左前片、右前片、左右袖片和后片，左右前片和左右袖片各取48针，后片取96针编织，如结构图所示。

4.先织衣身前后片，分配左右前片各48针和后片96针共192针到棒针上，织花样C，不加减针织86行后，下针收针法收针断线。

5.编织袖片。两者编织方法相同，以左袖为例，分配左袖片共48针到棒针上，环织花样C，织82行后，下针收针法收针断线。

领片/衣襟制作说明

1.棒针编织，衣领及衣襟分左右两片单独编织，起8针织花样D，织320行后，收针断线。将织片一侧与左右衣襟及衣领对应缝合。

2.沿衣摆及衣袖边沿分别钩织1行花边E。

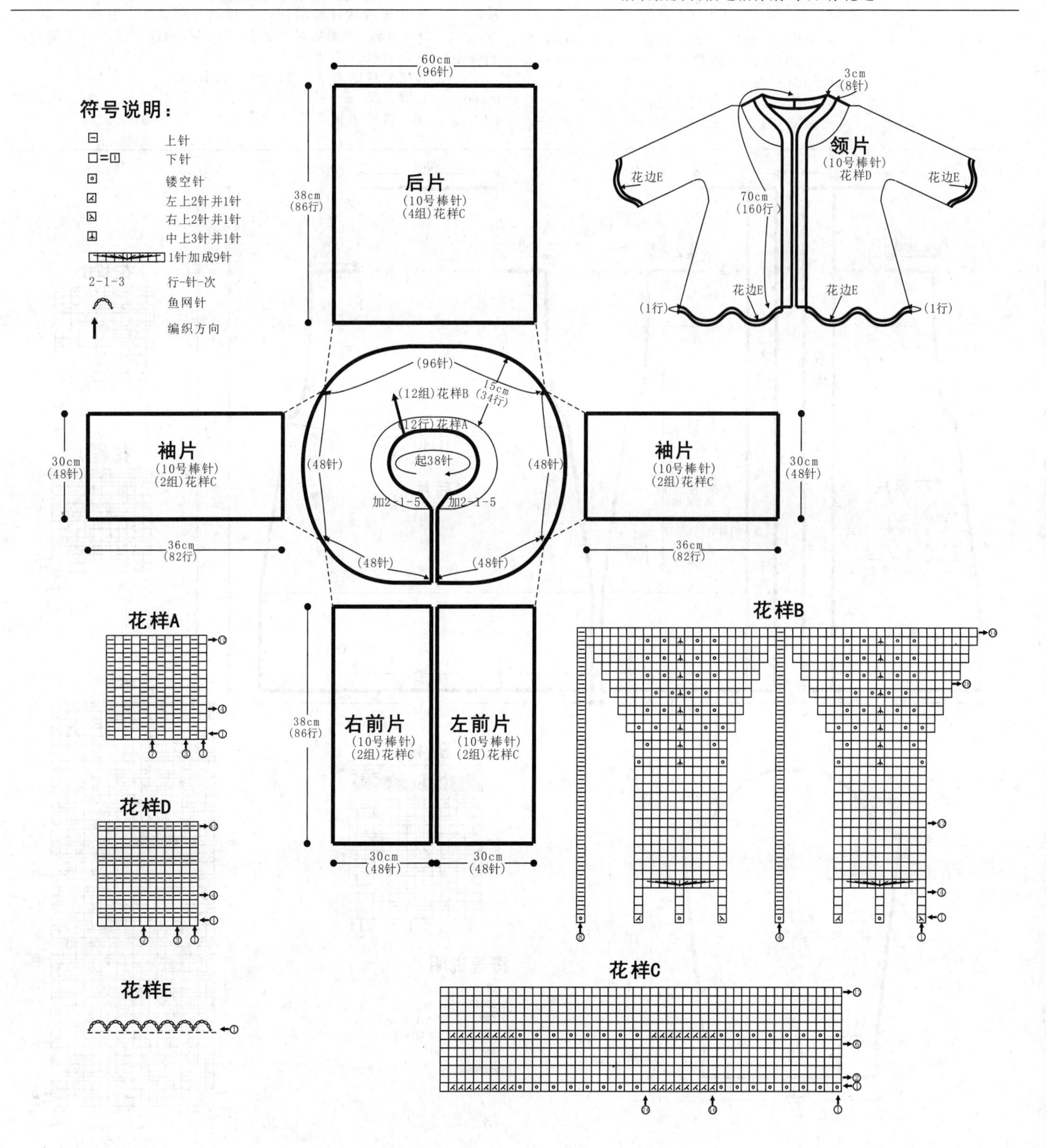

【成品规格】 衣长60cm，半胸围41cm，肩宽34cm，袖长44cm

【工　　具】 12号棒针

【编织密度】 花样A：27.8针×30行=10cm²
花样B：27.8针×36行=10cm²

【材　　料】 灰色棉线600g

编织要点：

1.棒针编织法，衣身分为左前片、右前片、后片分别编织。

2.起织后片，下针起针法，起136针织花样B，织6行后，改织花样A，织至42行，改织花样B，两侧一边织一边减针，方法为8-1-11，织至132行，织片变成114针，两侧开始袖窿减针，方法为1-4-1，2-1-6，织至208行，两侧肩部各平收20针，中间余下54针留待编织衣领。

3.起织右前片，下针起针法，起72针，衣身织花样B，右侧衣襟织8针花样C，织6行后，衣身改织花样A，织至42行，衣身改织花样B，左侧一边织一边减针，方法为8-1-11，织至64行，衣身中间织20针花样D，组合方法如结构图所示，重复往上织至132行，织片变成61针，左侧开始袖窿减针，方法为1-4-1，2-1-6，织至208行，左侧肩部平收20针，右侧余下31针留待编织衣领。

4.用同样的方法相反方向编织左前片。将左右前片与后片的两侧缝缝合，两肩部对应缝合。

5.沿前后领口挑起116针织花样B，两侧各织8针花样C作为领襟，不加减针织44行后，收针断线。

6.沿前后领口挑起45针织花样A，不加减针织18行后，收针断线。

袖片制作说明

1.棒针编织法，编织两片袖片。从袖口起织。

2.起72针，织18行花样A，改织花样B，两侧一边织一边加针，方法为8-1-13，两侧的针数各增加13针，织至122行。接着减针编织袖山，两侧同时减针，方法为1-4-1，2-1-16，两侧各减少20针，织至154行，织片余下58针，收针断线。

3.用同样的方法再编织另一袖片。

4.缝合方法:将袖山对应前片与后片的袖窿线，用线缝合，再将两袖侧缝对应缝合。

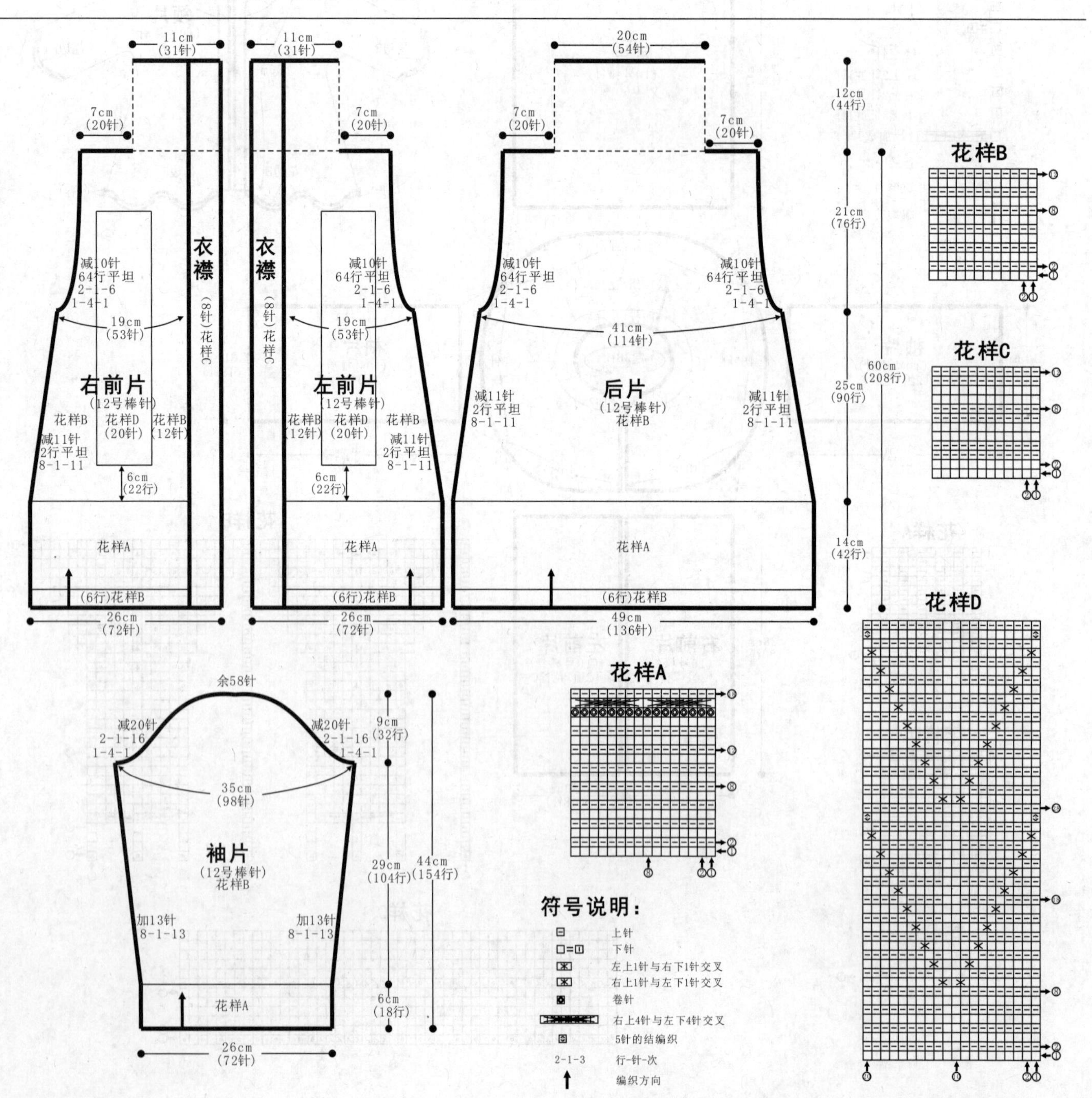

71

【成品规格】 衣长55cm，半胸围41cm，肩宽31cm，袖长52cm

【工　　具】 11号棒针

【编织密度】 24针×36.8行=10cm²

【材　　料】 杏色棉线600g，纽扣5枚

编织要点：

1.棒针编织法，衣身分为左前片、右前片、后片分别编织。

2.起织后片，下针起针法，起190针织2组花样A，两侧按2-1-46的方式减针，织92行后，织片变成98针，全部改织花样B，织至140行，两侧开始袖窿减针，方法为1-4-1，2-1-7，织至202行，织片两侧各平收16针，中间44针暂时不织，留待编织帽子。

3.起织右前片，下针起针法，起95针织1组花样A，左侧按2-1-46的方式减针，织92行后，织片变成49针，全部改织花样B，织至140行，左侧开始袖窿减针，方法为1-4-1，2-1-7，织至188行，右侧前领减针，方法为1-8-1，2-2-7，织至202行，织片余下16针，收针断线。

4.用同样的方法相反方向编织左前片。将左右前片与后片的两侧缝缝合，两肩部对应缝合。

5.编织帽子。左前片前领挑起8针，织花样C，一边织一边左侧挑加针，方法为2-2-7，加起的针眼织花样B，用同样的方法挑织右前片前领，织至14行，与后片44针连起来编织，中间织32针花样C，其余针眼织花样B，不加减针织72行，两侧各平收28针，中间32针继续编织42行，收针，将两侧对应将帽顶缝合。

袖片制作说明

1.棒针编织法，编织两片袖片。从袖口起织。

2.起76针，织8行花样D，改织花样B，不加减针织至80行，两侧一边织一边加针，方法为10-1-6，两侧的针数各增加6针，织至152行。接着减针编织袖山，两侧同时减针，方法为1-4-1，2-1-20，两侧各减少24针，织至192行，织片余下40针，收针断线。

3.用同样的方法再编织另一袖片。

4.缝合方法:将袖山对应前片与后片的袖窿线，用线缝合，再将两袖侧缝对应缝合。

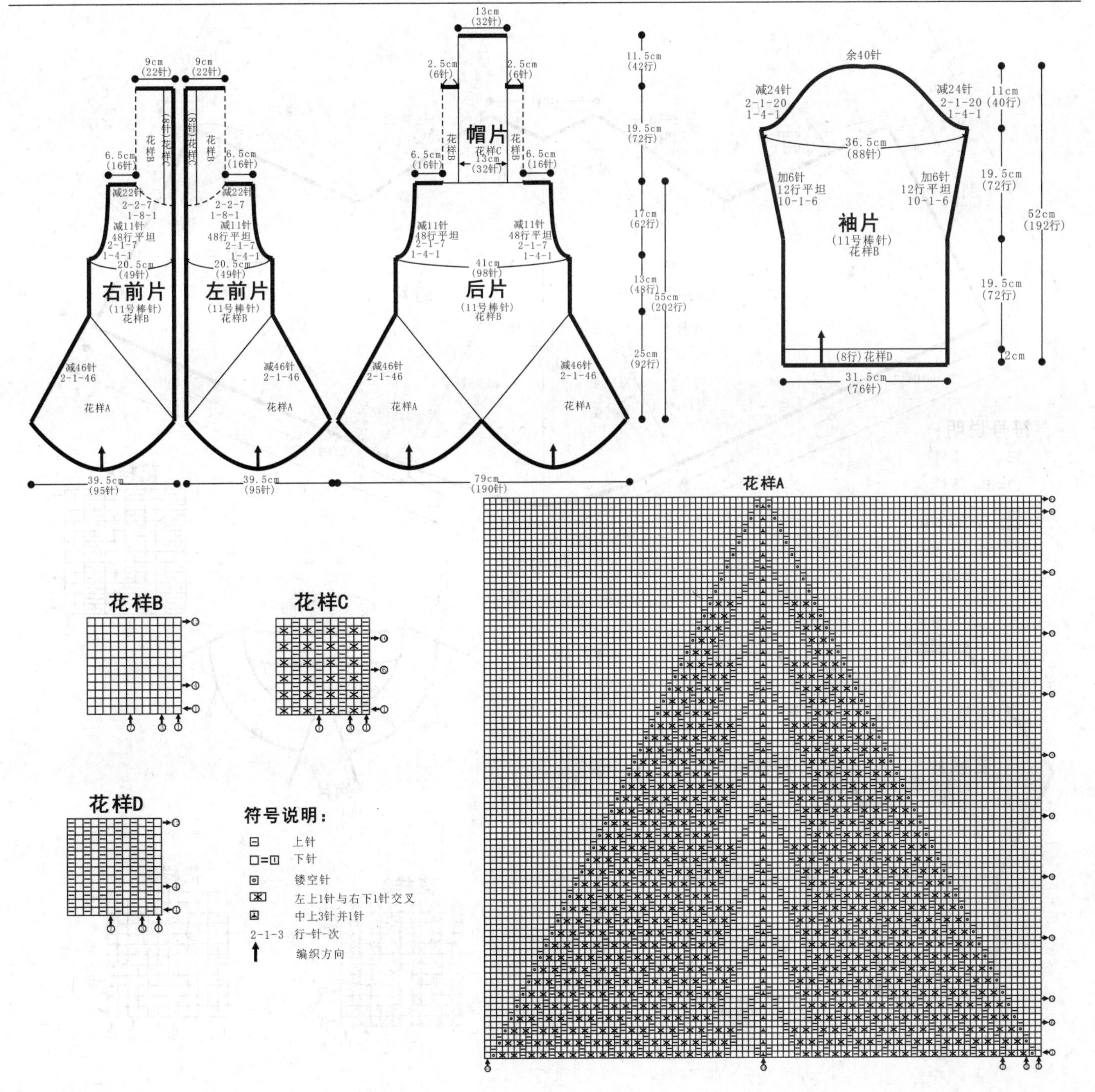

72

【成品规格】 衣长46cm，半胸围50cm

【工　　具】 11号棒针

【编织密度】 32针×30行=10cm²

【材　　料】 咖啡色羊毛线600g

编织要点：

1.棒针编织法，衣身一片编织完成。

2.起织后片，起418针，两侧各织150针花样A，中间118针织花样B，一边织一边在花样B的两侧减针，左侧方法为4-2-29，2-1-1，右侧方法为4-2-29，织至86行，左右各平收80针，然后按2-1-26的方法减针，织至118行，花样B余下1针，然后在中间1针的两侧按2-1-10的方法减针，织至138行，织片余下69针，收针断线。

领片/衣襟制作说明

1.棒针编织法，一片编织完成。

2.沿后领及左右衣襟挑起387针织花样A，织42行后，单罗纹针收针法，收针断线。

左袖片/右袖片制作说明

1.棒针编织法，两袖片编织方法相同，方向相反。从袖口起织，以右袖片为例。

2.起56针，织花样B，织52行后改织花样C，两侧一边织一边加针，方法为8-1-5，织至96行，织片变成66针，接着减针编织插肩袖山，左侧减针方法为2-1-26，右侧减针方法为4-1-13，织至148行，织片余下27针，收针断线。

3.用同样的方法相反方向编织左袖片。

4.缝合方法:如结构图所示，将袖山一侧对应后片的袖窿线，用线缝合，再将袖底侧缝对应缝合。

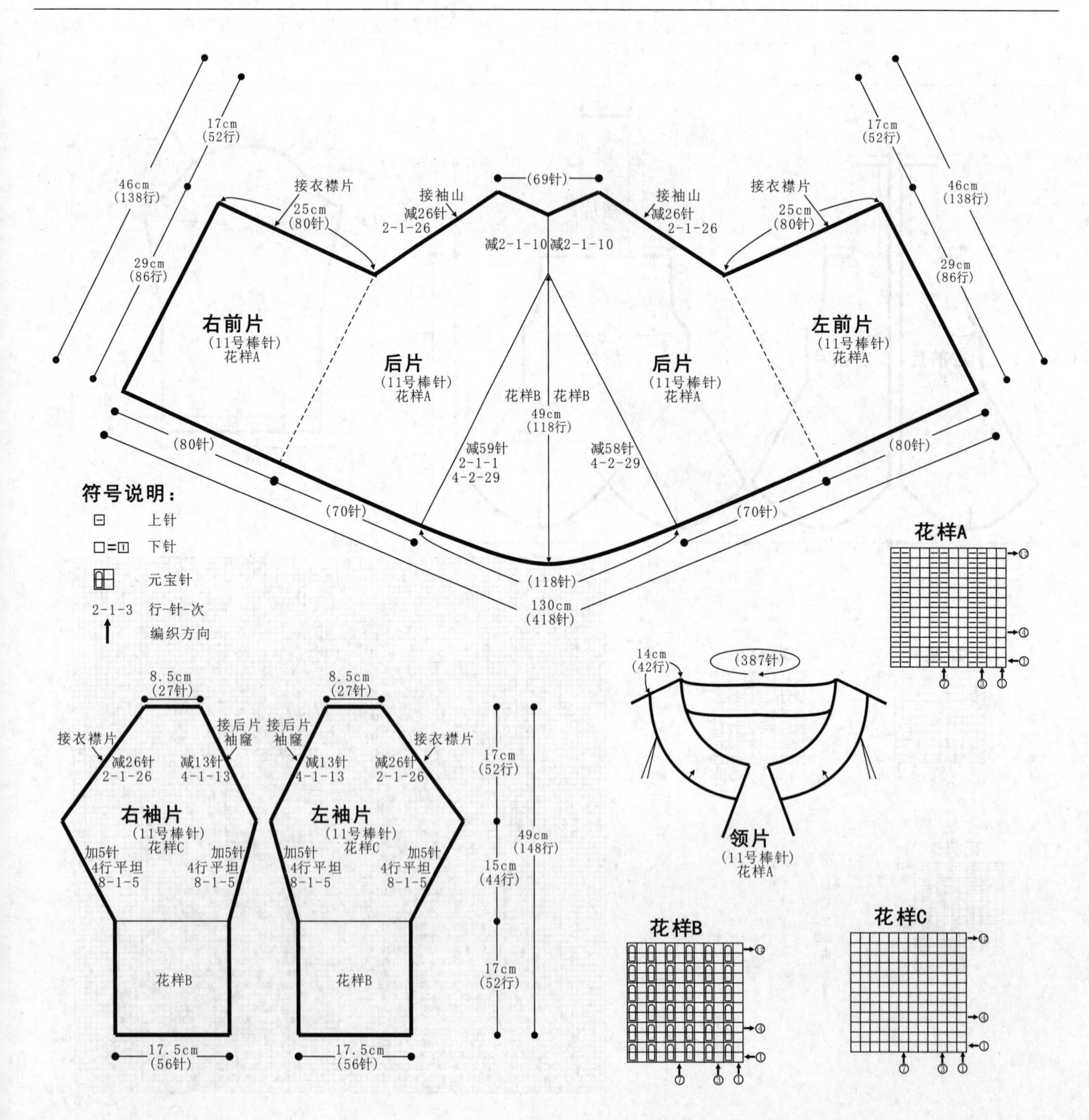

73

【成品规格】 衣长45cm，胸宽42cm，肩宽28cm

【工　　具】 12号棒针

【编织密度】 37针×53行=10cm²

【材　　料】 绿色丝光棉线400g

编织要点：

1.棒针编织法，由前片2片、后片1片、袖片2片、领片1片组成。从下往上织起。
2.前片的编织。由右前片和左前片组成，以右前片为例。
(1)一片织成。单罗纹起针法，起82针，右侧16针为衣襟边，一直编织花样A，左侧66针编织16行下针，编织花样A，编织16行后，编织花样B，不加减针，织成94行，编织花样C，织成48行至袖窿。袖窿起减针，平收4针，然后减2-1-32，当织成袖窿算起64行时，余46针，收针断线。
(2)用相同的方法，相反的方向去编织左前片。
3.后片的编织。一片织成。单罗纹起针法，起144针，编织16行下针，编织花样A，编织16行后，编织花样B，不加减针，织成94行，编织花样C，织成48行至袖窿。两侧袖窿起减针，平收4针，然后减2-1-32，当织成袖窿算起64行时，余72针，收针断线。
4.袖片的编织。袖片从袖口起织，一片织成。单罗纹起针法，起112针，编织16行下针，编织花样A，编织16行后，编织花样B，不加减针，织成60行，编织花样C，织成32行至袖窿。两侧袖窿起减针，平收4针，然后减2-1-32，当织成袖窿算起64行时，余40针，收针断线。用相同的方法去编织另一袖片。
5.拼接，将前片的侧缝与后片的侧缝和肩部对应缝合。再将两袖片的袖山边线与衣身的袖窿边对应缝合。
6.领片的编织，沿着前领边各挑66针，后领边挑112针，编织16行花样A，再编织16行下针，收针断线。衣服完成。

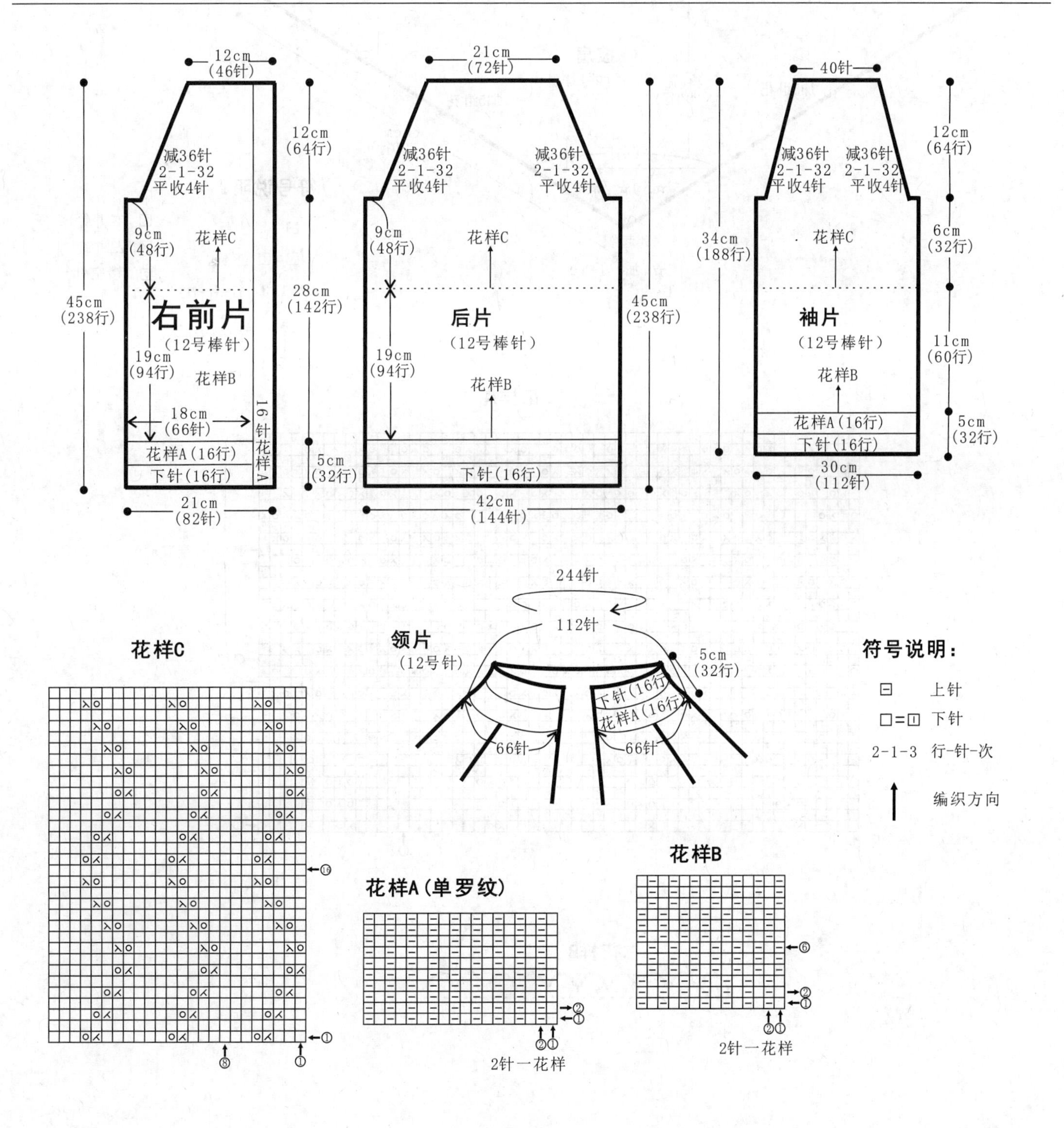

74

【成品规格】 披肩长106cm，宽46cm

【工　　具】 9号棒针，1.75mm钩针

【编织密度】 18.8针×29行=10cm²

【材　　料】 绿色段染腈纶毛线500g

编织要点：

1.棒针编织法。三角披肩，从尖角起织。

2.4针起织，分成4处加针，加空针，每2行加6针，织成20行，加成60针，将60针取中间的56针编织花样A，两边留2针作边。两边加针。同样每2行加1次针，加织花a，两边各加出5组花a的宽度，织成100行，加成200针。最后沿着长边钩织花样B锁边。

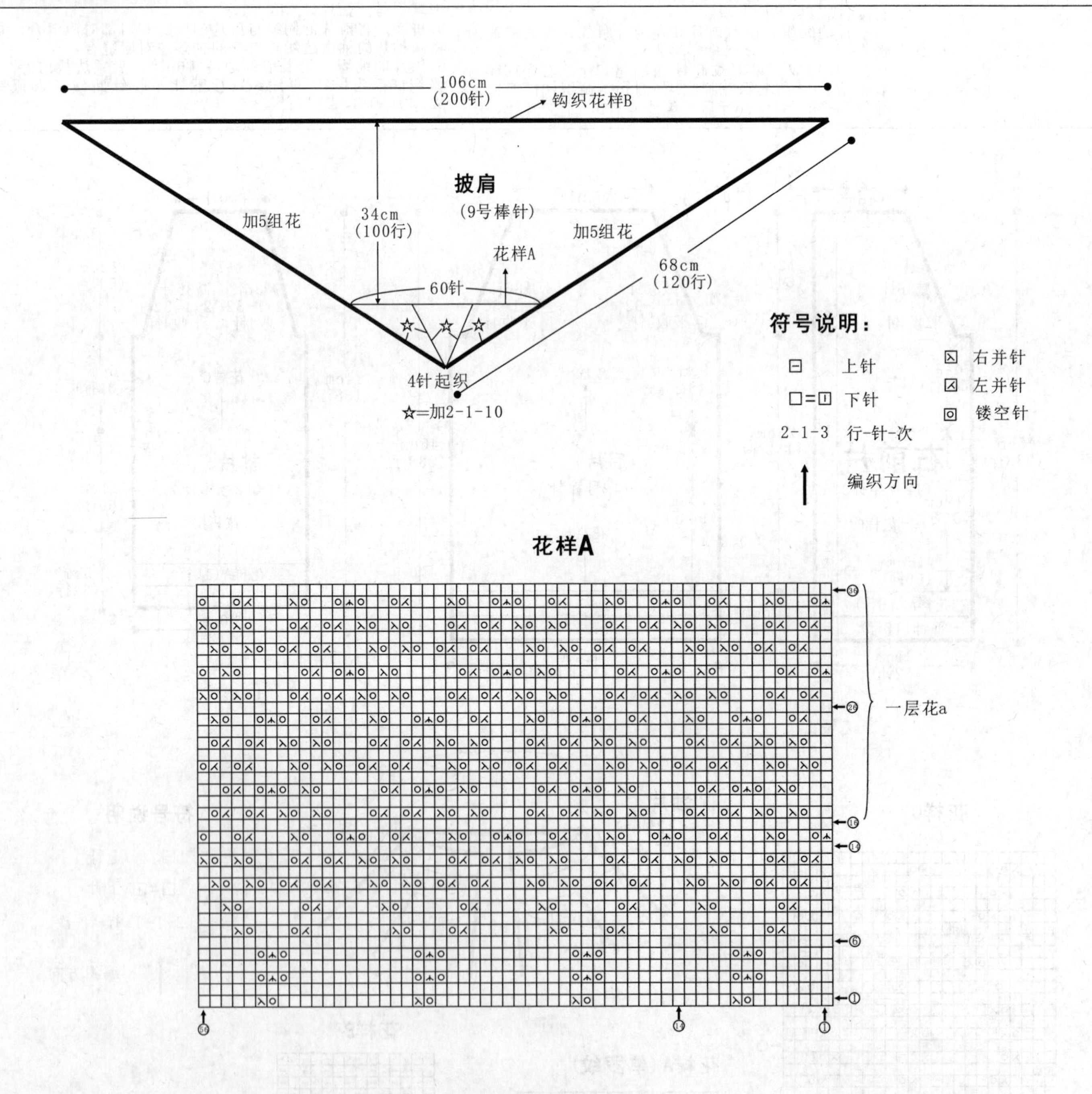

75

【成品规格】 衣长52cm，胸宽56cm，肩宽18cm

【工　　具】 10号棒针

【编织密度】 27.7针×47.2行=10cm²

【材　　料】 深灰色丝光棉线400g，纽扣1枚

编织要点：

1.棒针编织法，由前片2片、后片1片组成。从下往上织起。

2.前片的编织。由右前片和左前片组成，以右前片为例。

(1)起针，单罗纹起针法，起72针，编织花样A，不加减针，织20行的高度，下一行起，右侧留12针作为门襟继续编织花样A，左侧60针编织下针，不加减针编织94行，左侧边减10-1-2，平收2针，方法为2-2-1，2-1-1,共织24行至袖窿。分散收5针，留有48针。同时左侧加24针为袖口，开始编织花样B，不加减针，编织22行时，分散收20针，留52针，不加减针继续编织18行后，分散收12针，编织12行至领边，分散收16针，留24针与右侧边的门襟边12针共有36针一起编织花样A，不加减针，编织20行领边(编织10行时靠近右侧边门襟边留一个扣眼)，收针断线。

(2)用相同的方法，相反的方向去编织左前片。不同之处是不留扣眼。

3.后片的编织。起针，单罗纹起针法，起150针，编织花样A，不加减针，织20行的高度后，全部编织下针，不加减针编织114行，两侧边平收2针，方法为2-2-1，2-1-1，共织4行至袖窿。分散收36针，留有104针。左右两侧同时加24针为袖口，开始编织花样B，不加减针，编织22行时，分散收36针，留116针，不加减针继续编织18行后，分散收30针，留有86针编织12行至领边，分散收20针，留66针编织花样A，不加减针，编织20行领边，收针断线。

4.拼接。将前后片的侧缝对应缝合，将前后片的肩部对应缝合。

5.在左前边门襟上方缝上扣子，衣服完成。

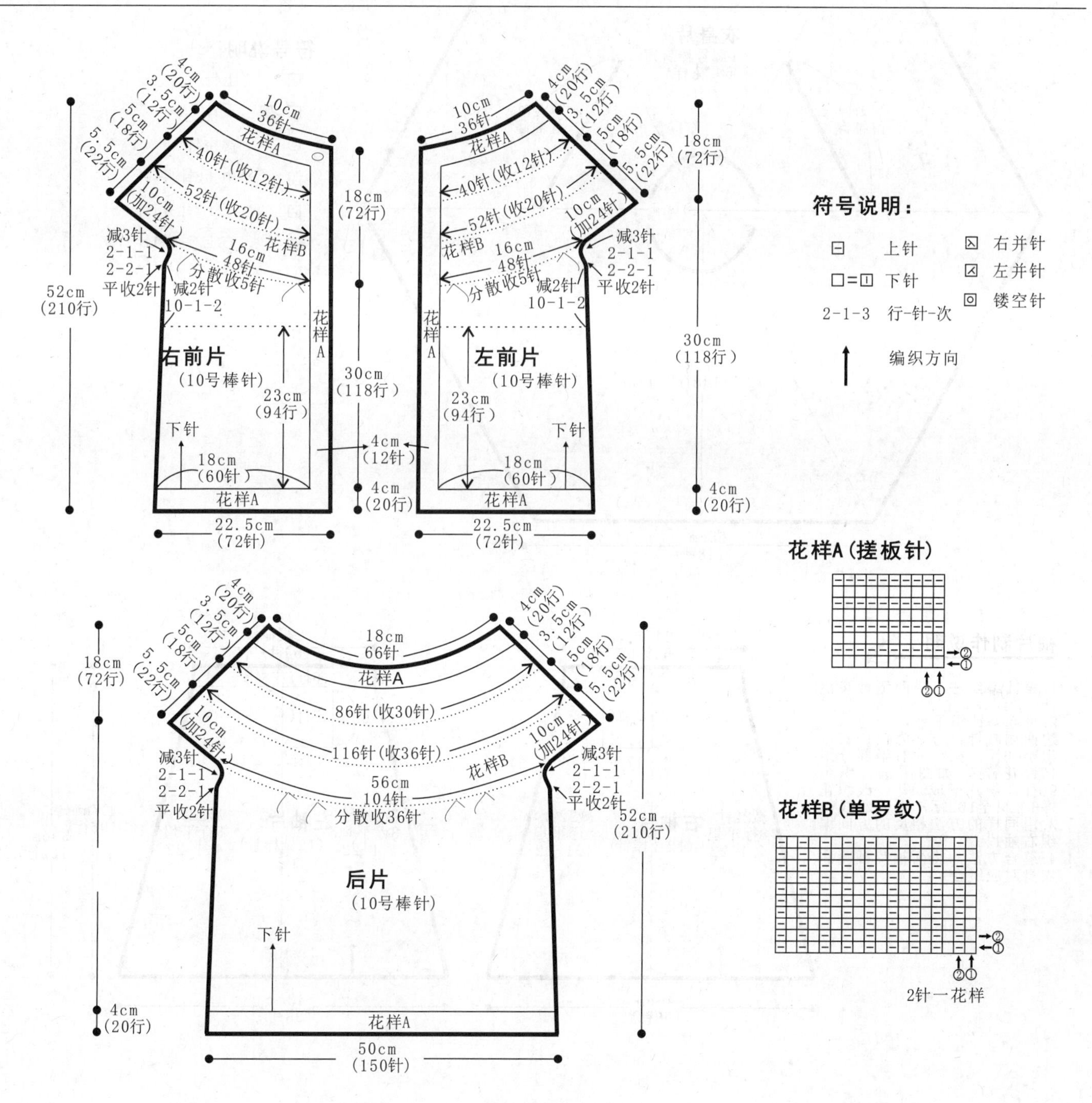

76

【成品规格】 衣宽114cm,袖长39cm

【工　　具】 12号棒针

【编织密度】 23针×26行=10cm²

【材　　料】 白色锦线600g

编织要点：

1.棒针编织法,从中心往外环形编织。
2.起织6针，织花样A，共6组花样A，单元花样编织方法详见花样图解，织至82行,将第1组和第3组花样各49针收针，第83行在相应的位置加起49针，形成袖窿，继续编织至148行，收针断线。

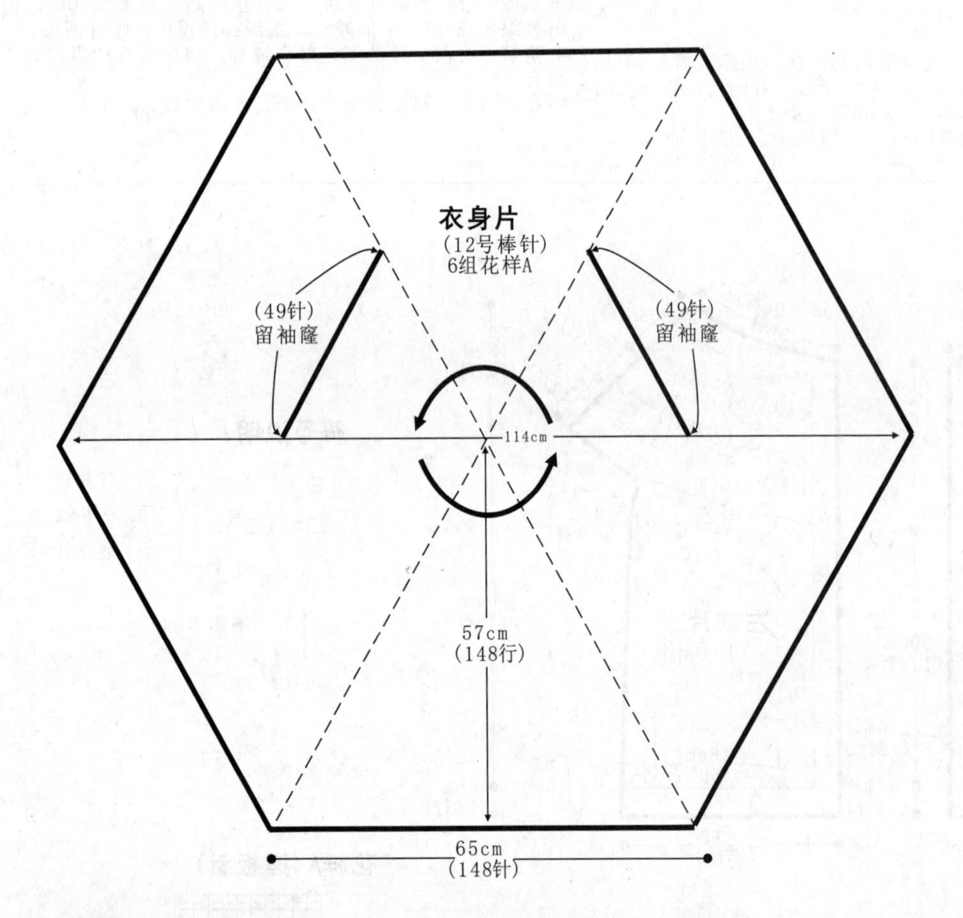

符号说明：

- ⊟ 上针
- □=⊡ 下针
- ⊙ 镂空针
- 中上3针并1针
- 左上2针并1针
- 右上2针并1针
- 2-1-3 行-针-次

袖片制作说明

1.棒针编织法，沿两侧袖窿挑针起织，先织左袖片。
2.挑起98针织下针，一边织一边两侧减针，方法为4-1-22，织至66行，在织片右半部分织17针花样C，如图所示，织至96行，织片变成54针，改织花样B，织至102行，收针断线。
3.用同样的方法相反的方向编织右袖片。
4.缝合方法。将两袖片袖窿和衣身对应缝合。

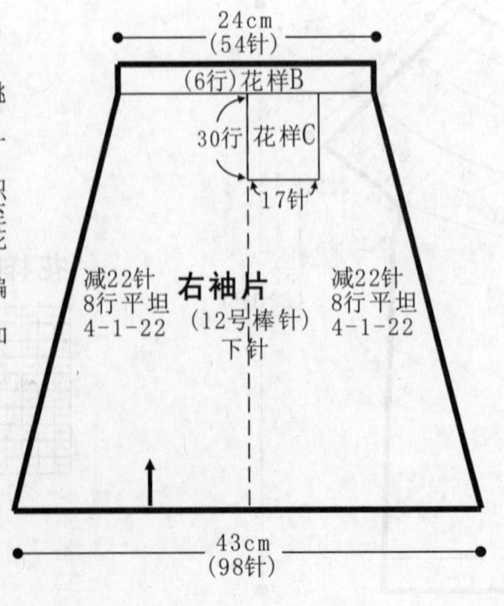

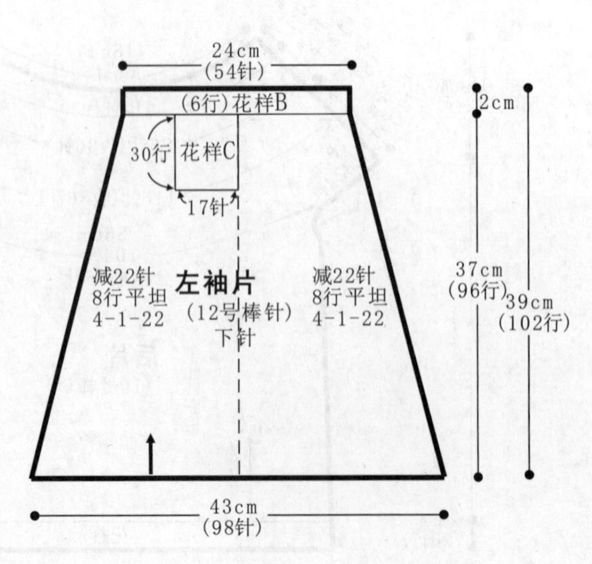

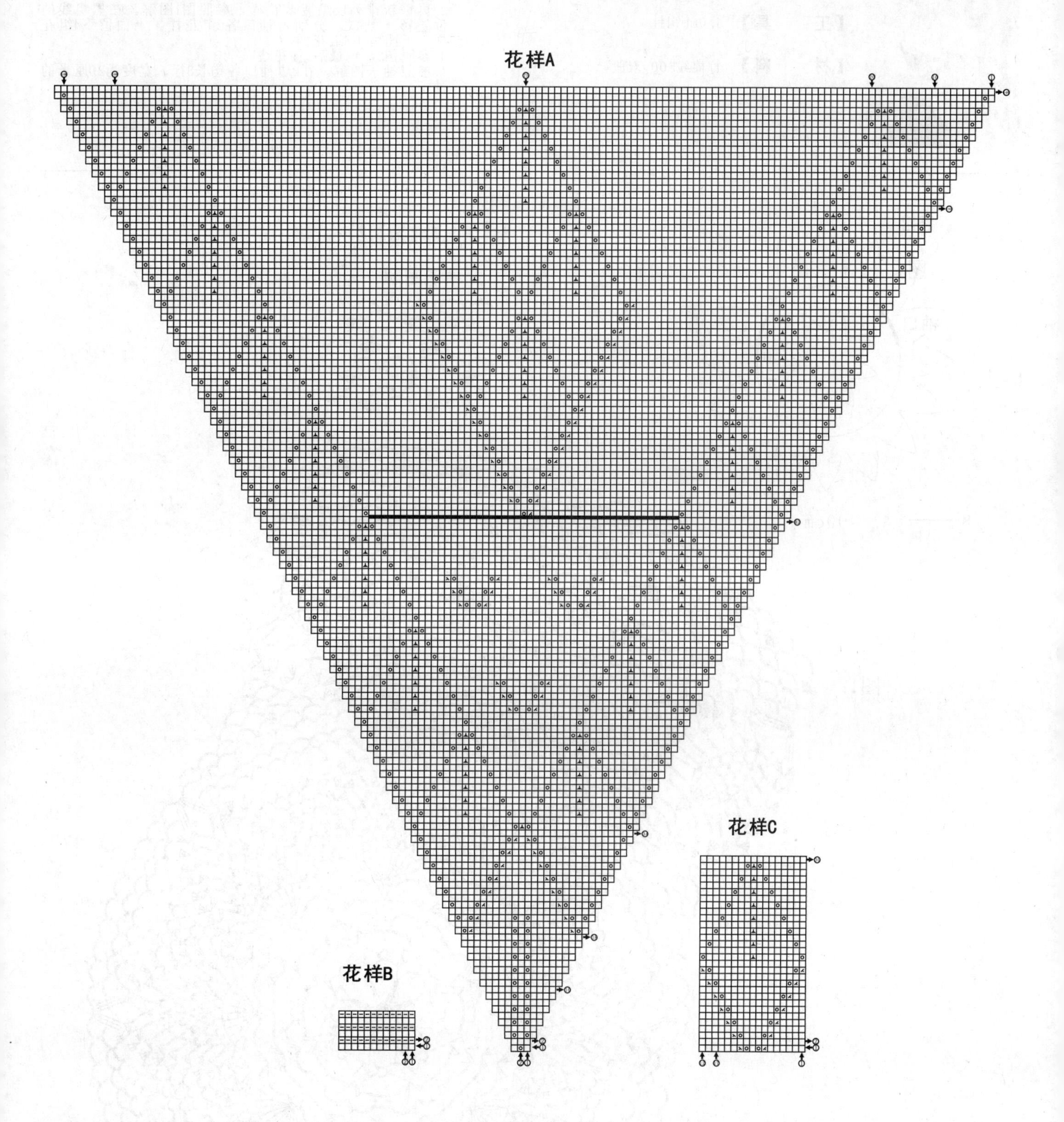
花样A
花样B
花样C

77

【成品规格】 衣长90cm，胸围90cm

【工　　具】 3.0mm钩针

【材　　料】 竹棉线500g双股

编织要点：

1.参照结构图1，从后背中央起8针，圈状钩编，先排列8组菠萝花样。
2.再重新排列16组菠萝花样，参照图1图解。在黑粗线的位置留下袖口，分别是袖口各2组花样，上面留下4组花样，下面留下8组花样。
3.参照图2，钩最后1行花边。
4.参照袖子图解，在2边袖口各钩长8行、宽度为20厘米的袖子。

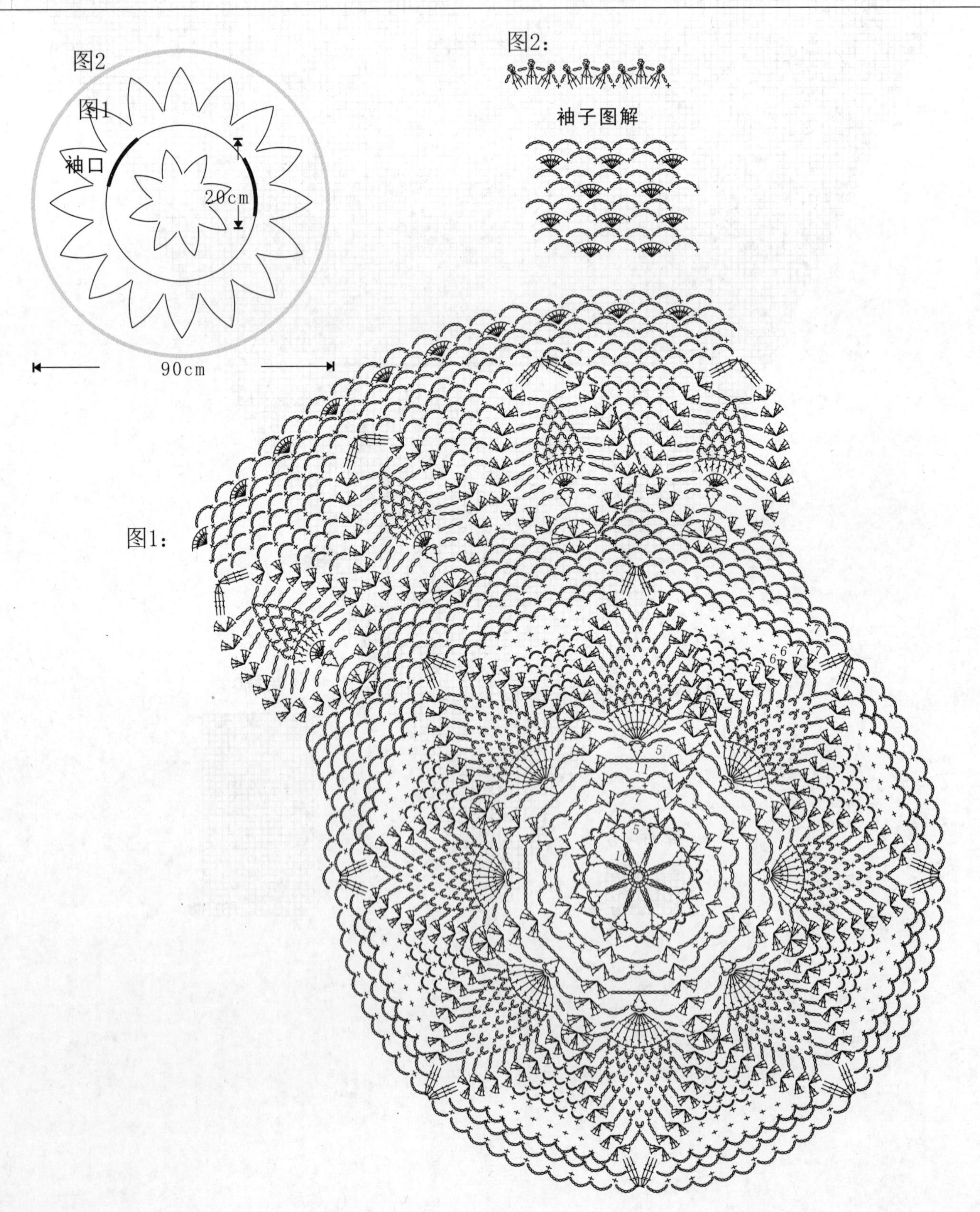

78

【成品规格】 披肩下摆全长180cm，起织边80cm，宽度42cm

【工　　具】 1.7mm钩针

【材　　料】 黑色丝光棉线250g

编织要点：

1.钩针编织法，一片钩织完成。
2.起锁针，大约80cm长，起织花样A，第一行起钩40组花样A，第二层起，依照花样A图解中两侧的加针法将披肩两侧加针加宽，共钩织成12行的高度，然后依图解钩织扇形花样，共钩织三层，扇形花样两侧仍有加针编织。完成后，钩织花边，两侧不再加针，依图解完成8行花边。完成后，收针断线。藏好线尾。

符号说明：

- ⊟ 上针
- □=⊡ 下针
- 2-1-3 行-针-次
- ↑ 编织方向
- + 短针
- 长针
- 锁针

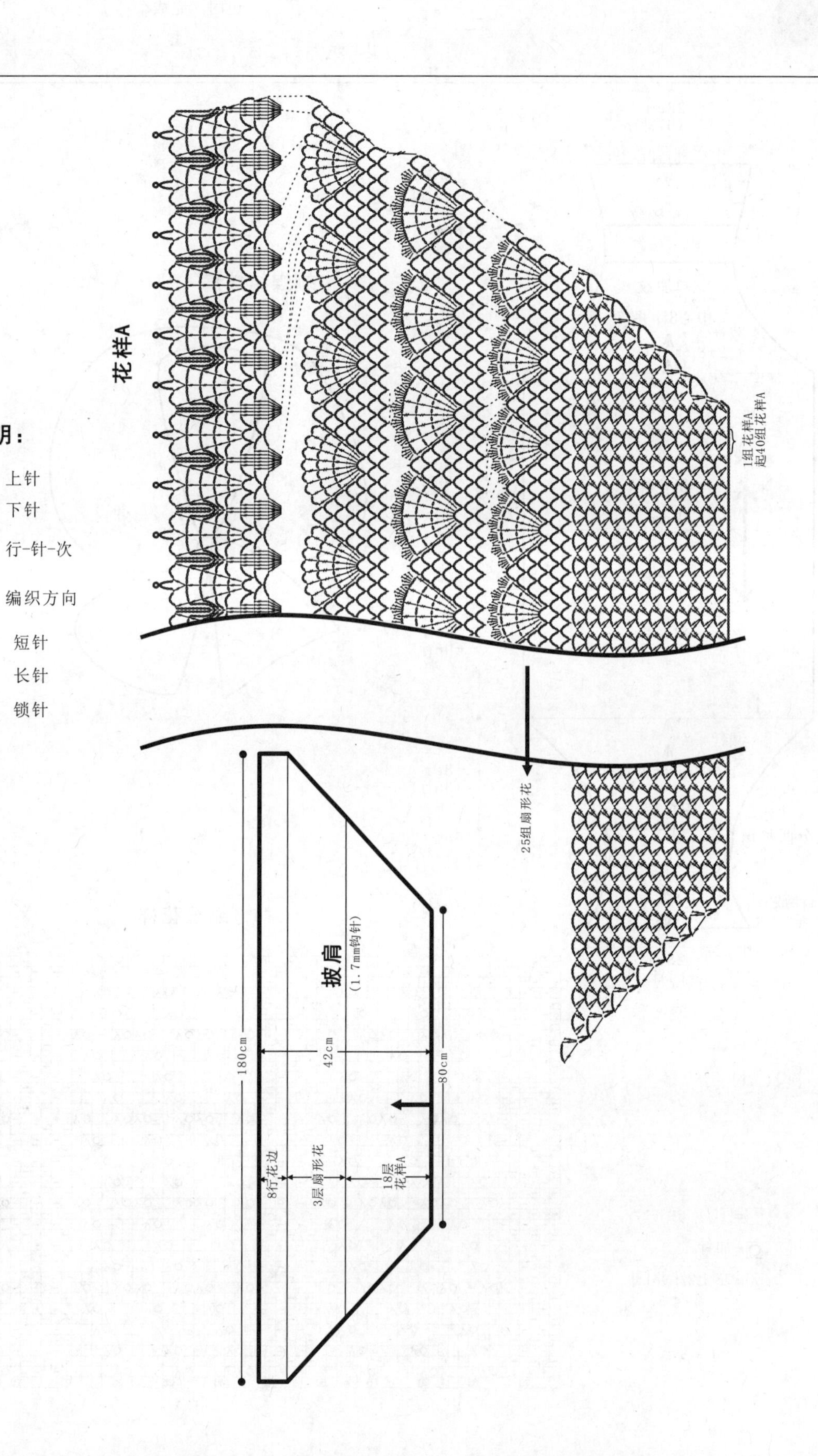

79

【成品规格】 见图

【工　　具】 10号棒针

【编织密度】 15针×34行=10cm²

【材　　料】 黑色棉绒线或丝光棉线250g

编织要点：

用别色线起73针织花样，织96行后开始织蝴蝶结：织单罗纹，中心针每4行3针并1针织8次；再织14行空心针，双层针织完又织单罗纹24行，中心针每4行1针放3针织5次，一侧完成。

拆掉别色线同另一方对称织；蝴蝶结的织法稍有不同：在织双层针的位置，将单罗纹的上针和下针分别穿在两根针上，各织14行；然后再回到一根针上，织单罗纹，与另一边同，完成。

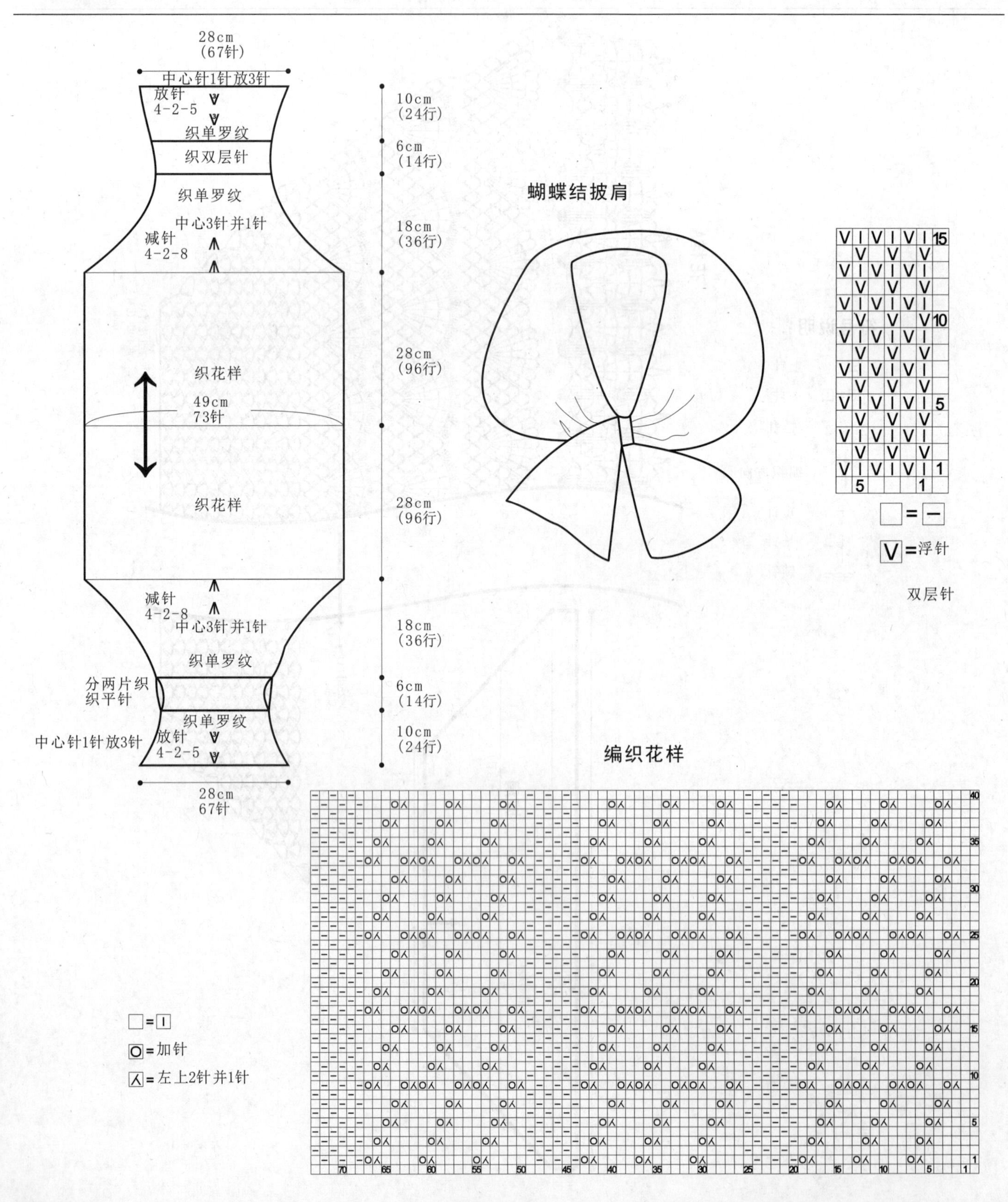

80

【成品规格】 披肩长65cm，宽39cm

【工　　具】 2.5mm钩针

【编织密度】 每个单元花=13cm²

【材　　料】 羊毛线600g

编织要点：

由前、后片两片组成。拼接方式详见相关示意图。最后在衣领、下摆处按花边针法图钩制好花边。

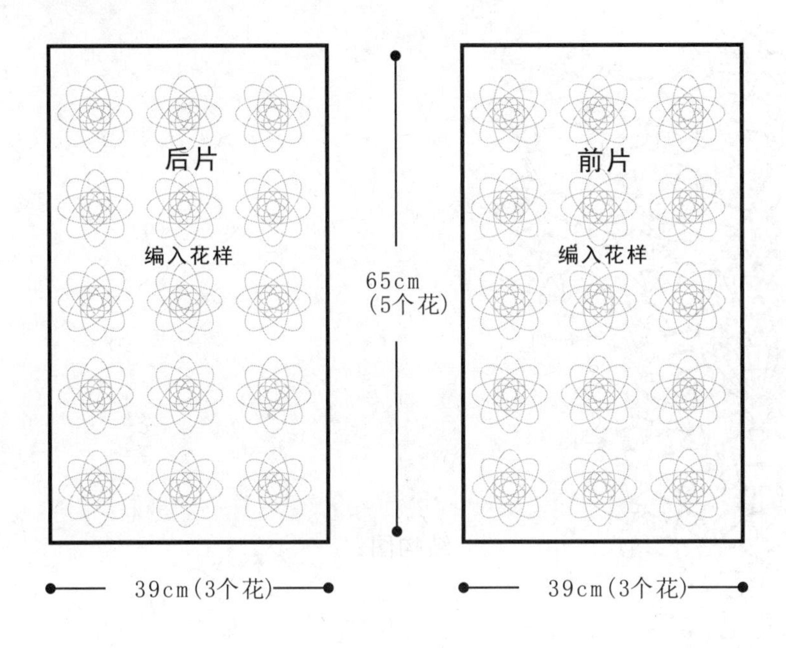

衣领、下摆花边针法图

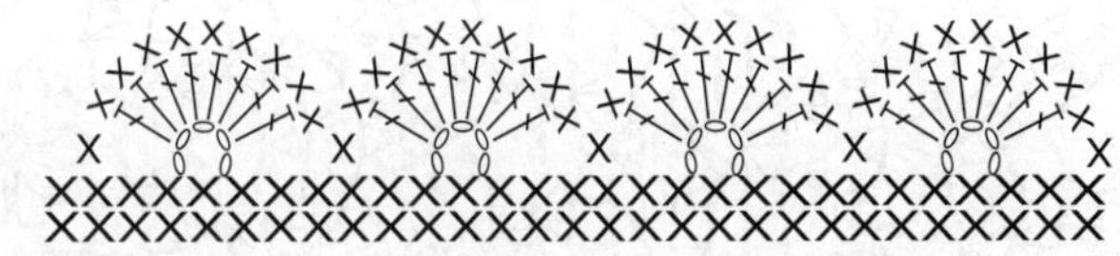

花样针法图

单元花样连接方式

通过短针连接两端

81

【成品规格】 披肩长50cm，胸围90cm

【工　　具】 1.75mm钩针

【材　　料】 黑色毛线500g

编织要点：

1.披肩从结构图中点起针。先从中点排列7组菠萝花样。再依据菠萝花样延伸大的6组菠萝花样，起点和终点各1组小的菠萝花样。
2.披肩花边一直钩编到第46行，延伸18组小的菠萝花样。

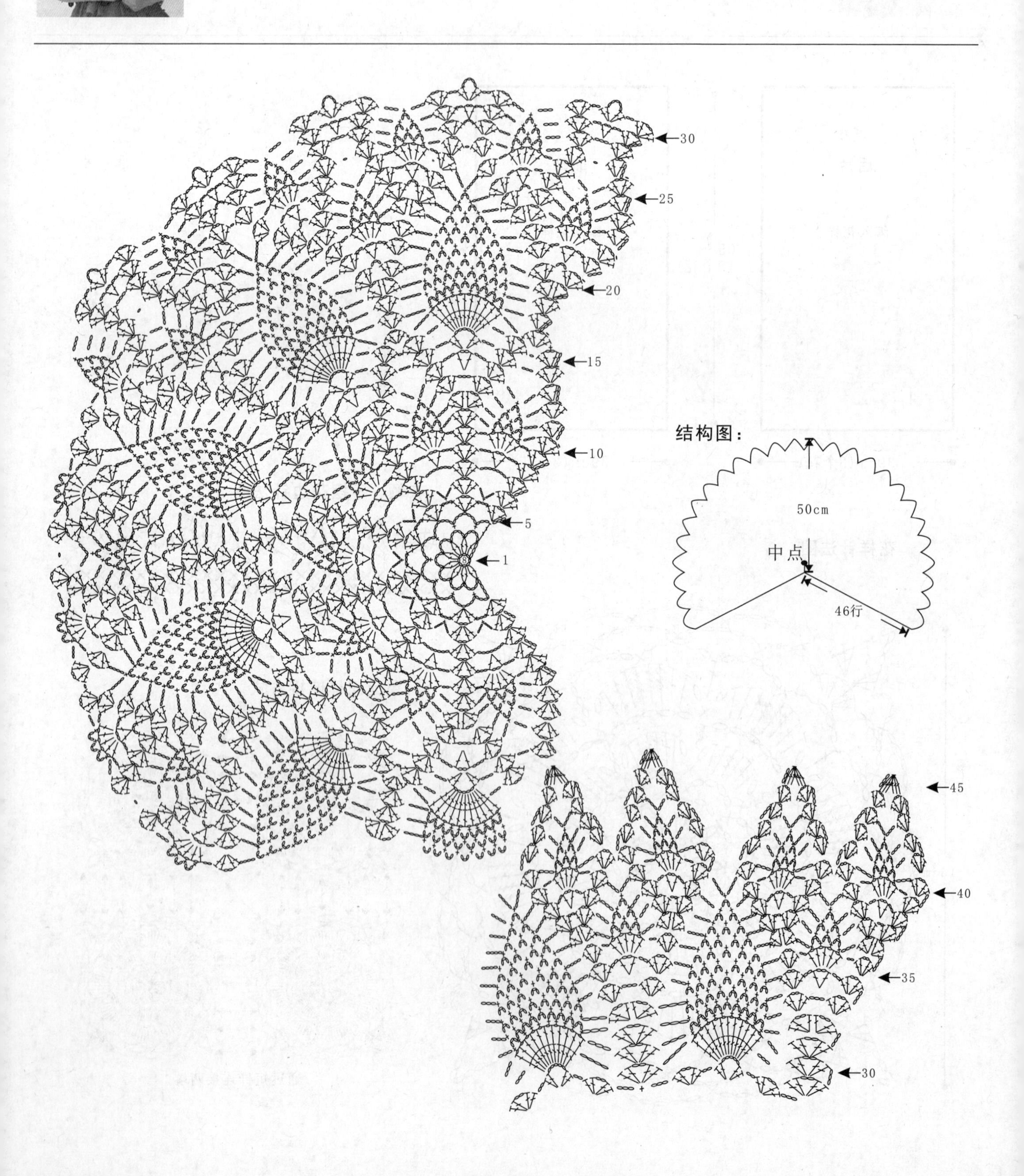

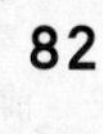

82

【成品规格】 披肩长48cm，胸围90cm

【工　　具】 1.75mm钩针

【编织密度】 25针×30行=10cm²

【材　　料】 米色毛线500g

编织要点：

1.披肩由衣身图解和花边1组成。
2.参照衣身图解从下摆起针1组花样，钩编23行增加到25组花样。然后减针24行直到领口为14组花样。
3.参照花边1，在领口圈钩1行，共26组花样。
4.参照花边2，在下摆环状钩花边1圈，共22组花样。

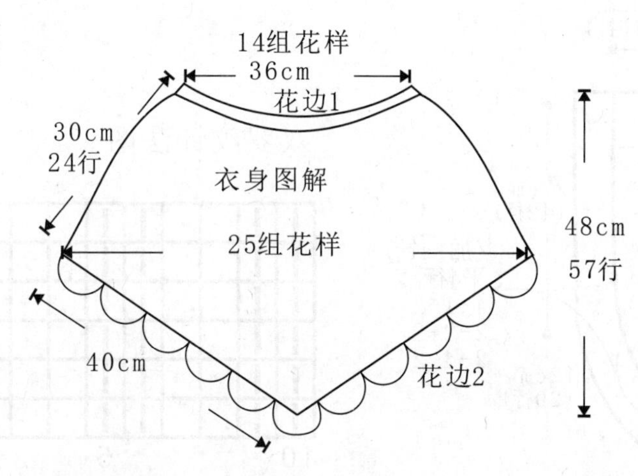

衣身图解

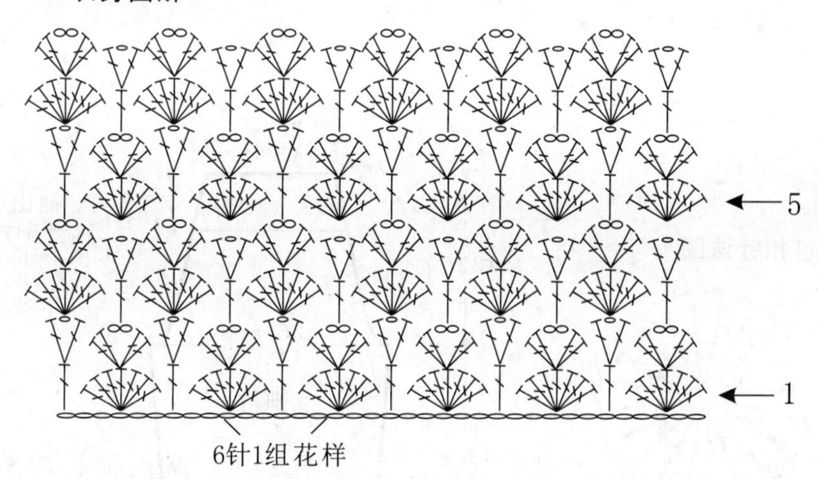

花边1图解： 领口圈钩26组花样

花边2图解：

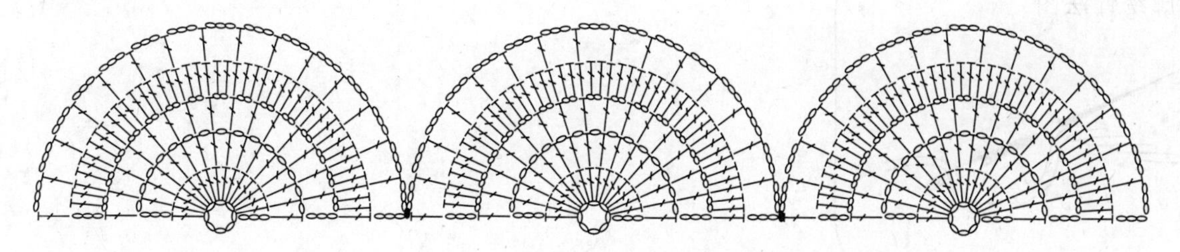

83

【成品规格】胸围84cm，衣长44cm，肩袖长68cm

【工　　具】7.5mm棒针

【编织密度】12针×16行=10cm²

【材　　料】黑色极粗毛线600g，红色木珠适量

编织要点：

1.由前、后片及左右袖片组成。前片、后片、袖片均是按结构图从下往上编织的。

2.前片要注意下摆底边圆弧形的编织部分按图示加针。下摆及门襟在编织完成后的前、后衣片的周围编织5cm双罗纹针。最后在前片适当位置上按相关针法图绣制花样并缝上红色木珠点缀。

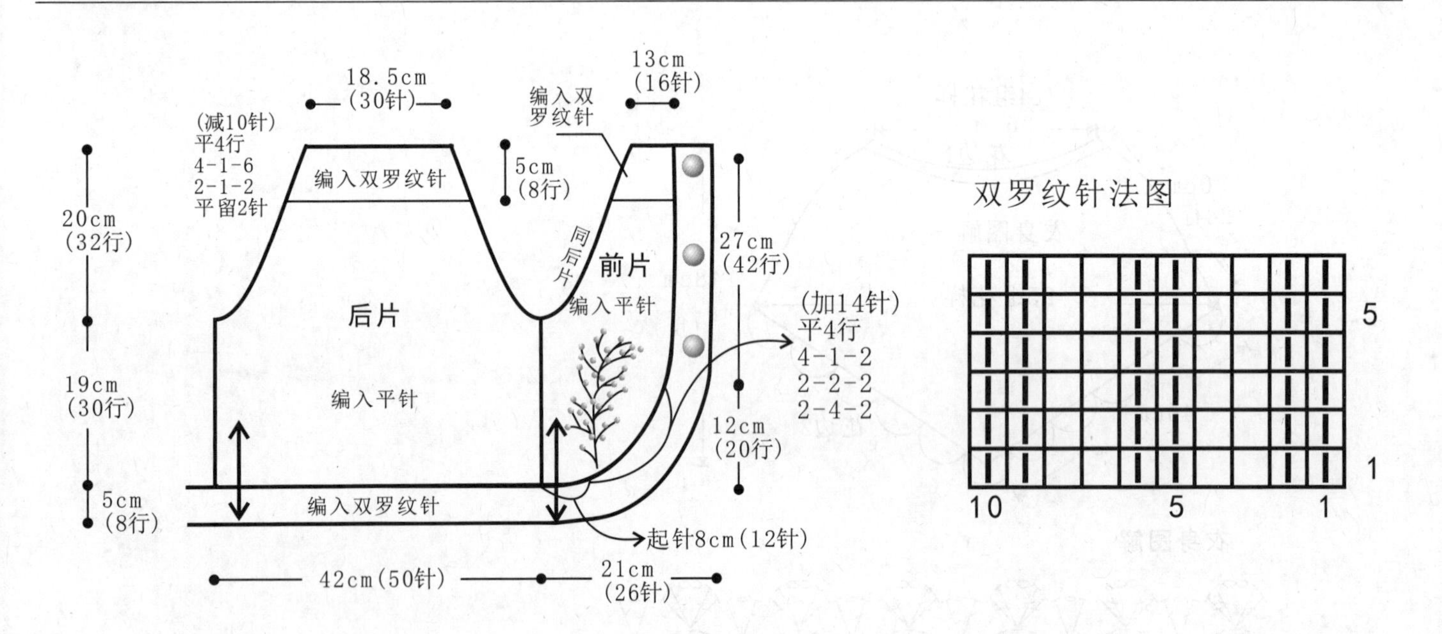

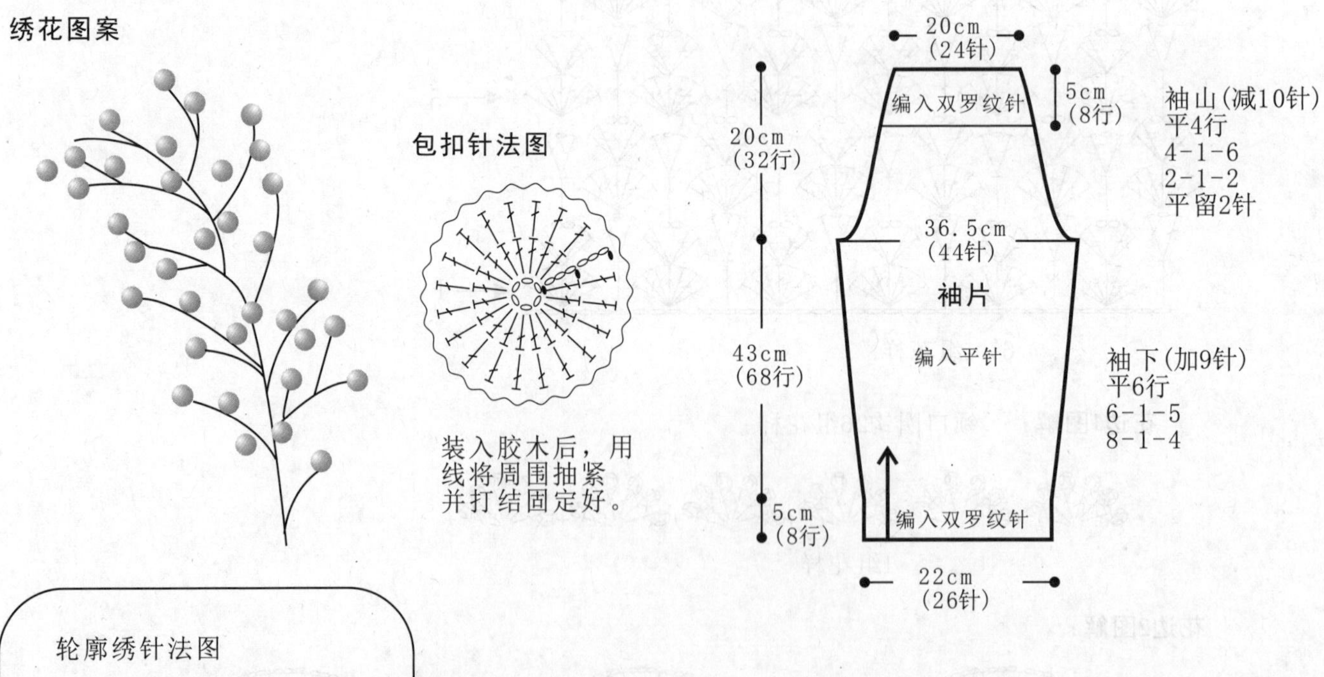

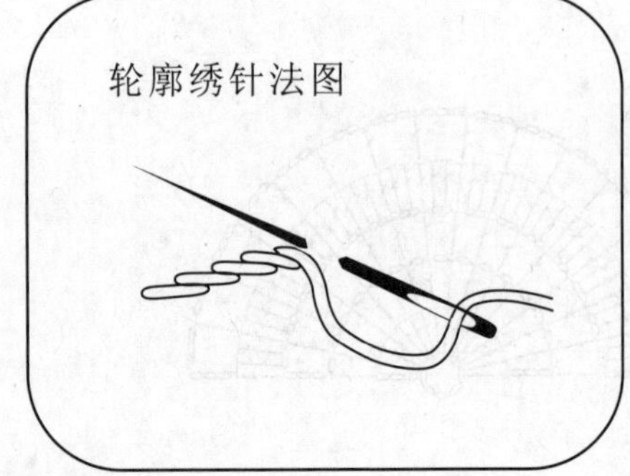

84

【成品规格】披肩胸宽45cm，肩宽30cm

【工　　具】10号棒针

【编织密度】20针×12行=10cm²

【材　　料】灰色丝光棉线400g

编织要点：

1.棒针编织法，从下往上织起。
2.以右前襟为例。下针起针法，起18针，编织花样A3针+12针下针+花样A3针，从中间减针，左右各减1-1-3。织12行后每针加1针，同时织原来的针和加出来的针(加的针用另一根线)织12行，再将加的12针与原来的针合并，合并后余12针。
3.从中间加针，左右各1-1-11，1-2-2，织14行后织花样A5针+3组菠萝花(11针)+花样A5针+3组菠萝花(11针)+花样A5针+3组菠萝花(11针)。织45行。
4.用相同的方法，相反的方向去编织左前襟，注意减针1-1-11后不用加针。
5.钩花样C。缝好后完工。

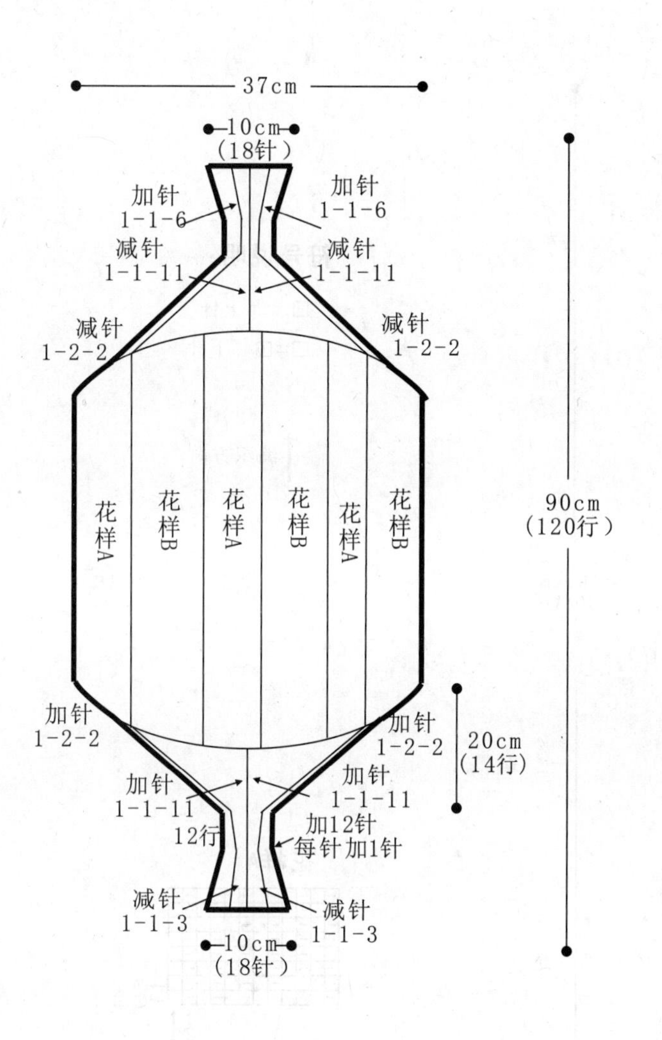

符号说明：

⊟ 上针
□=⊡ 下针
2-1-3 行-针-次
编织方向 (↑)
1针加3针
3针并1针
＋ 短针
长针
锁针

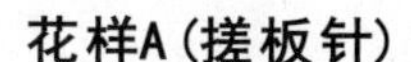

花样A（搓板针）

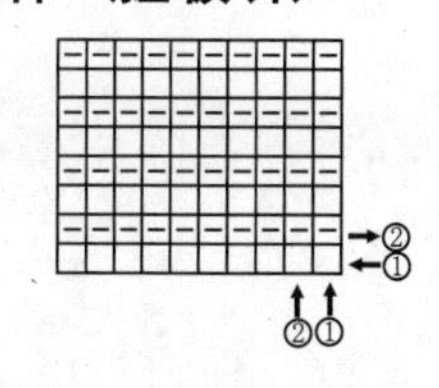

花样B（菠萝花针）

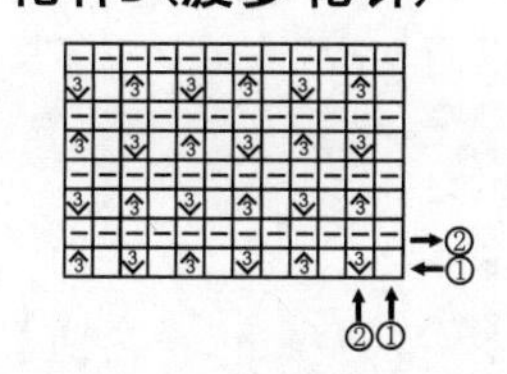

花样C

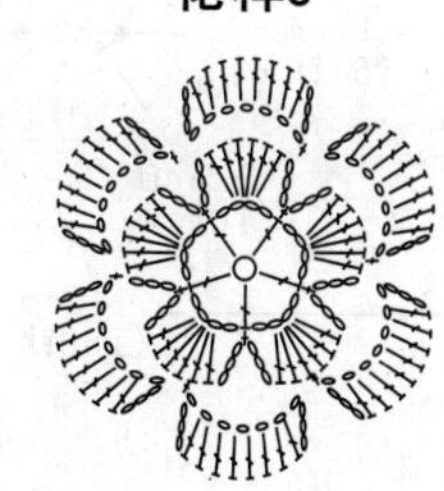

【成品规格】 披肩长100cm，宽46cm

【工　　具】 12号棒针

【编织密度】 37针×33行=10cm²

【材　　料】 灰色丝光棉线150g

编织要点：

1.棒针编织法，从下往上织起。

2.单罗纹起针法，起150针，编织51针下针+10针花样A+4针下针+10针花样A+75针下针，不加减针织47行的高度织袖窿，从75针平收4针，分成两片织，各织50行后在75针处加4针并将两片合为一片织，织110行后用同样方法织袖窿。袖窿织好后织47行，收针断线。披肩完成。

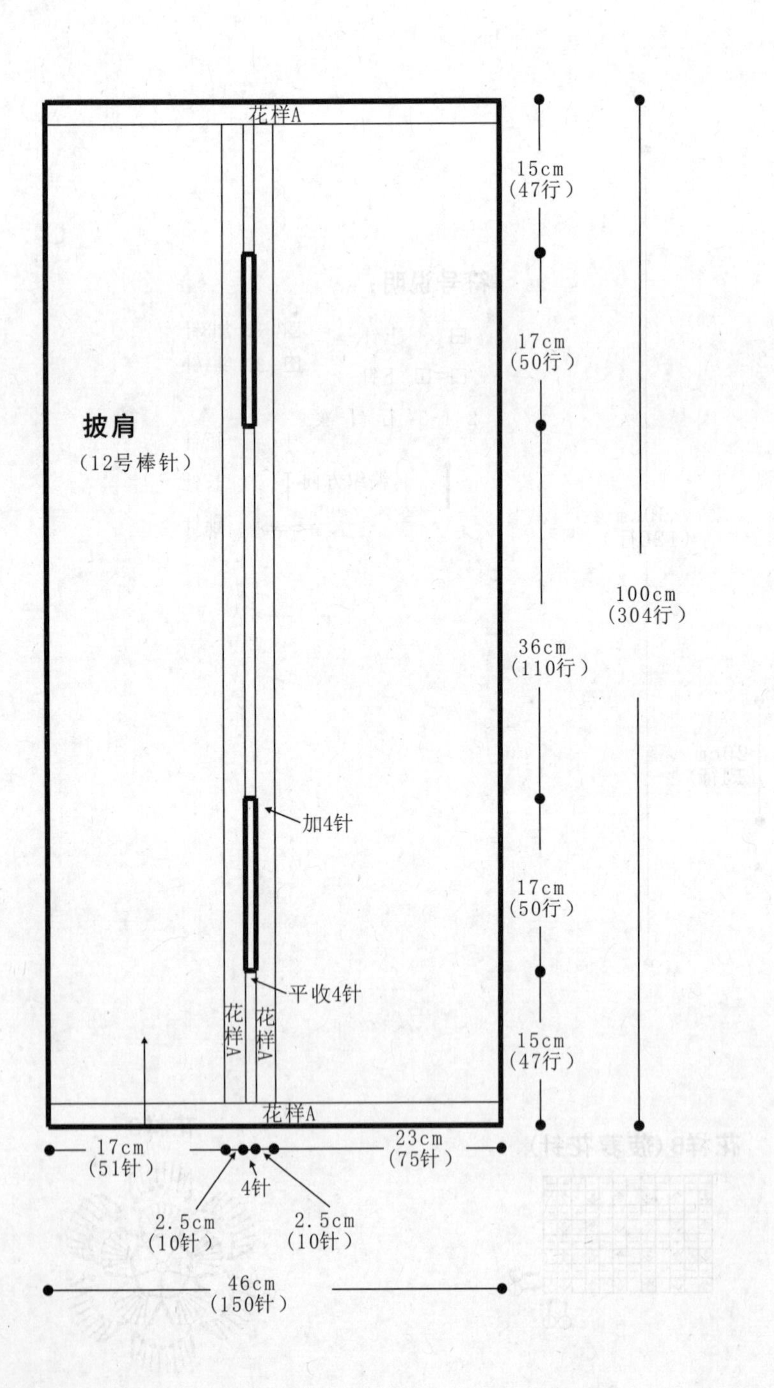

符号说明：

⊟　上针

□=⊡　下针

↑ 编织方向

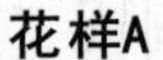

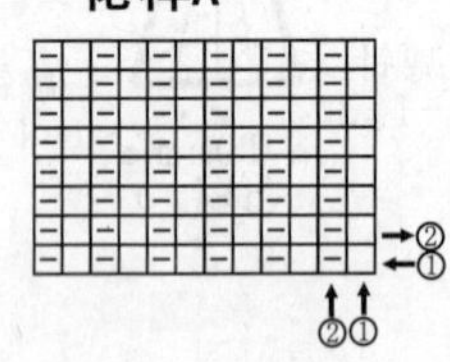

86

【成品规格】衣长47cm，肩宽30cm

【工　　具】8号棒针

【编织密度】26针×29行=10cm²

【材　　料】灰色粗圆棉线400g

编织要点：

1.棒针编织法，由左右前片各1片、后片1片组成，由下往上编织。

2.前片的编织，分为左、右前片分别编织，编织方法一样，但方向相反；以右前片为例，下针起针法，起33针，15针花样C+18针花样A分片编织，不加减针编织40行高度；下一行起，15针花样C+18针花样A相接编织，相接处中间两针改织花样B，不加减针，织78行至领口；下一行起，右侧衣领减针，平收4针，然后减2-2-7，减18针;其中，自织成领口算起编织130行高度至袖窿，下一行进行袖窿收针，平收7针，然后减2-2-4，减15针，织44行，余下2针，收针断线；沿右前片右侧位置挑78针，花样F起织，不加减针织8行高度，收针断线；沿领口及袖窿位置钩花样E；用相同方法及相反方向编织左前片。

3.后片的编织，一片织成；下针起针法，起72针，15针+42针+15针分片编织，左右两侧15针花样C起织，中间42针按14针花样E+18针花样A+14针花样E排列起织，织40行后，下一行起三片连接成一片编织，花样不变，不加减针至领口；下一行进行衣领减针，从中间平收12针，两侧相反方向减针，减2-2-5，2-1-5，减15针，织20行，不加减针编织34行高度，下一行两侧同时进行袖窿减针，平收7针，然后减2-2-4，减15针，织44行，余下2针，收针断线；沿两侧袖窿及领口钩花样E，收针断线。

4.拼接，将左右前片侧缝与后片侧缝对应缝合，衣服完成。

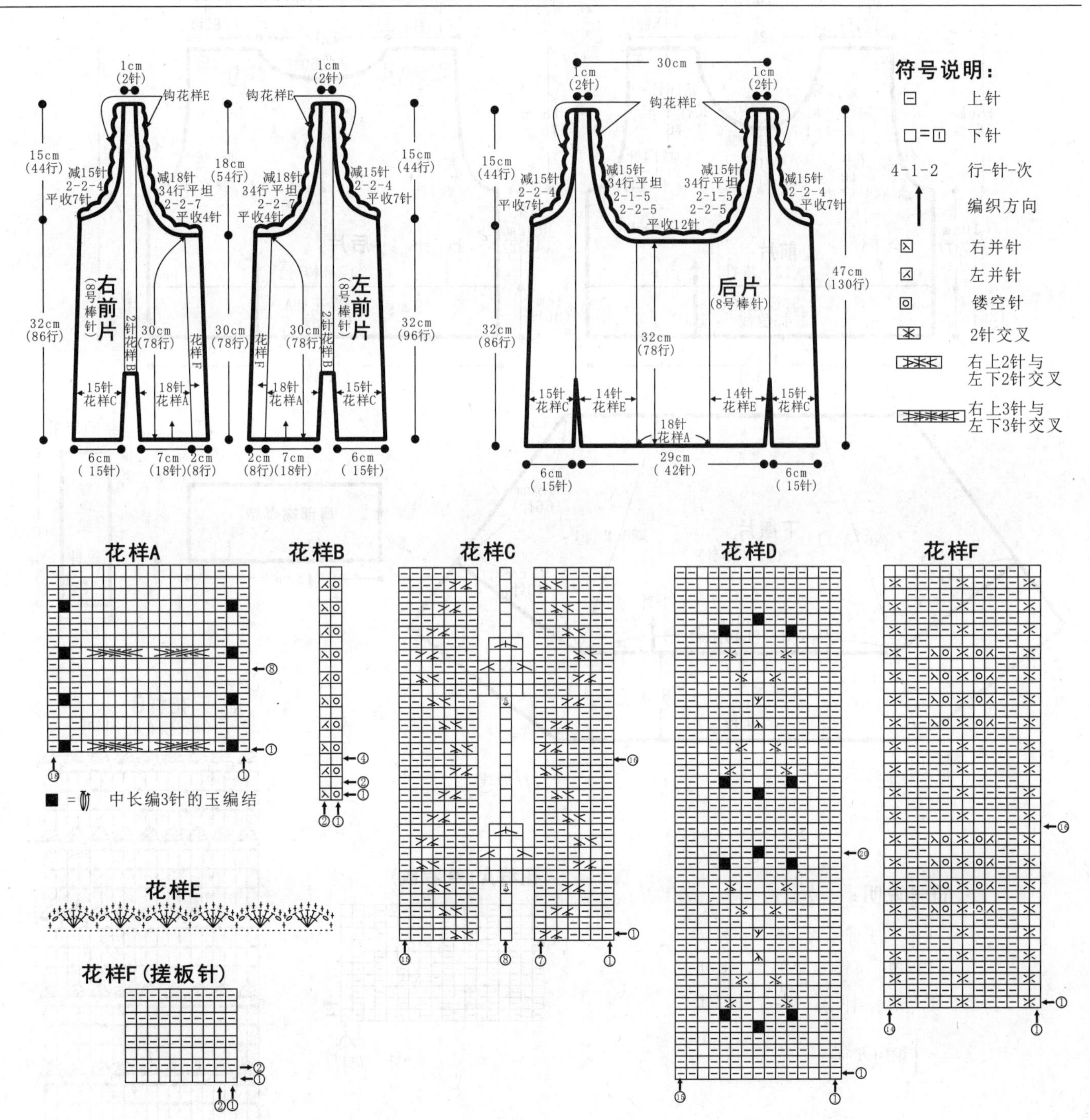

87

【成品规格】 衣长55cm，衣宽40cm

【工　　具】 12号棒针，1.75mm钩针

【编织密度】 34针×42行=10cm²

【材　　料】 灰白色段染腈纶毛线600g，棕色线100g

编织要点：

1.棒针编织法与钩针编织法结合。

2.下摆起织，环织，一圈起360针，平均在4个位置上减针，每6行减一次，每处位置，将3针并掉2针，如此重复，织成66行后，余下272针，改用棕色线编织花样A，不加减针，织成36行后，再用花线编织下针，不加减针，再织42行后，至袖窿减针。

3.袖窿起减针，将织片分成两半，每一半为136针，先织前片，两边减针，平收4针，减2-1-10，各减14针，当织成袖窿算起20行的高度时，下一行中间平收40针，两边衣领减针，方法为2-1-16，不加减针再织24行后，至肩部，余下18针，收针断线。再织后片。袖窿起减针与前片相同，当织成袖窿算起68行的高度后，下一行后衣领减针，方法为2-2-2，2-1-2，各减少6针，至肩部余下18针，收针断线。将前后片的肩部对应缝合。再根据蝴蝶结结构图，制作两个，缝于肩部。

4.最后沿着下摆边缘，用白色线钩织花样B花边。完成后藏好线尾。衣服完成。

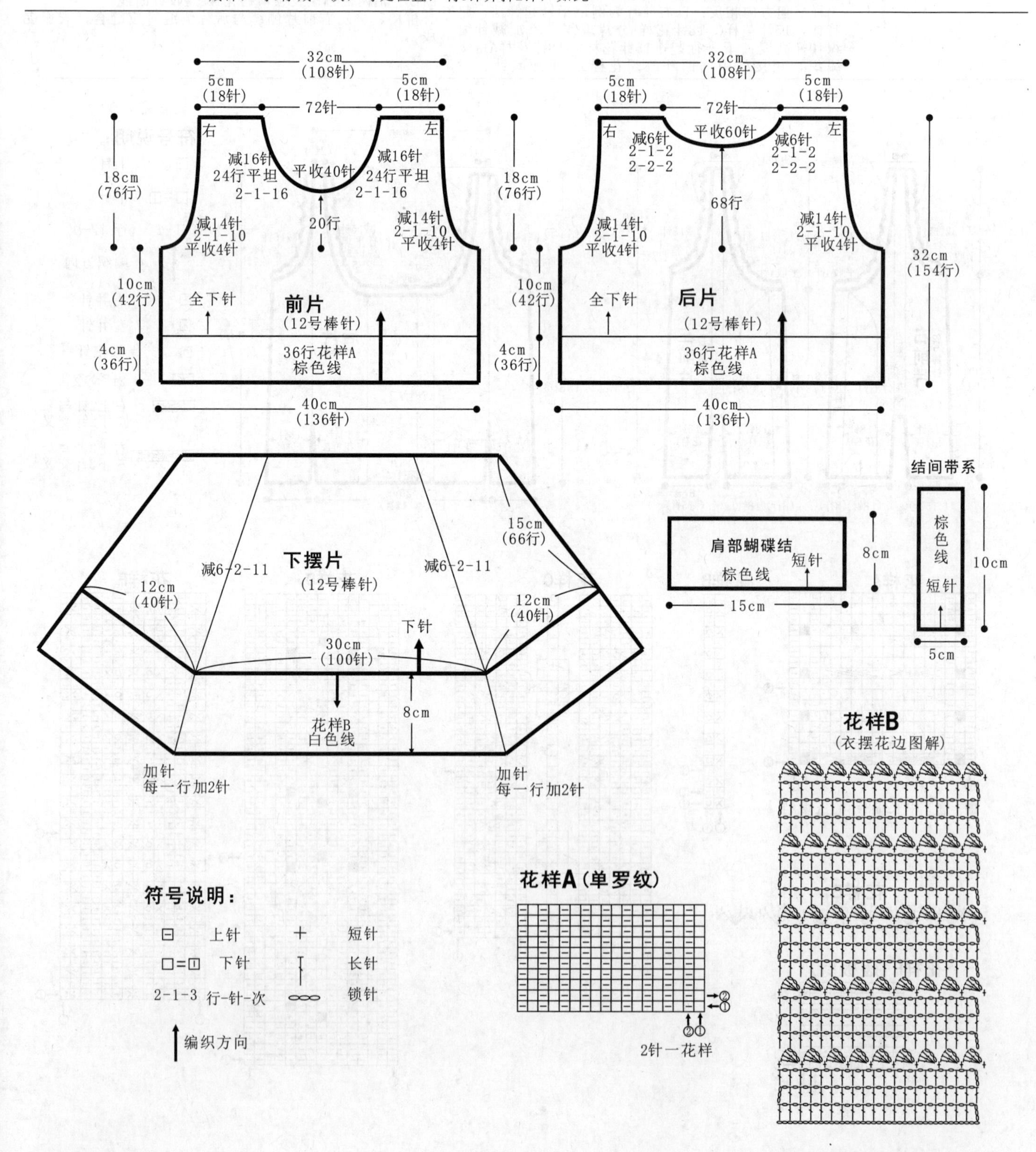

88

【成品规格】 衣长50cm，肩宽30cm

【工　　具】 12号棒针，1.25mm钩针

【编织密度】 34针×35行=10cm²

【材　　料】 粉绿色段染丝光棉线350g

编织要点：

1.棒针编织法，由前片1片、后片1片组成，由下往上编织。

2.前片的编织。下针起针法，起144针，花样A起织，不加减针，织90行；下一行起，中间32针花样A改织花样B，不加减针编织10行至袖窿；下一行起，两侧同时减针，方法为2-1-34，减34针，织68行，不加减针编织6行高度；其中自织成袖窿算起10行高度，下一行进行衣领减针，从中间两侧向相反方向减针，方法为2-1-16，4-1-6，减22针，织56行，不加减针编织8行高度，余下16针，收针断线。

3.后片的编织。自织成袖窿算起66行高度，下一行进行衣领减针，从中间平收32针，两侧相反方向减针，方法为2-2-2，2-1-2，减6针，织8行，余下16针，收针断线，其他与前片一样。

4.拼接。将前后片侧缝对应缝合，用钩针沿衣领边钩一组花样B，衣服完成。

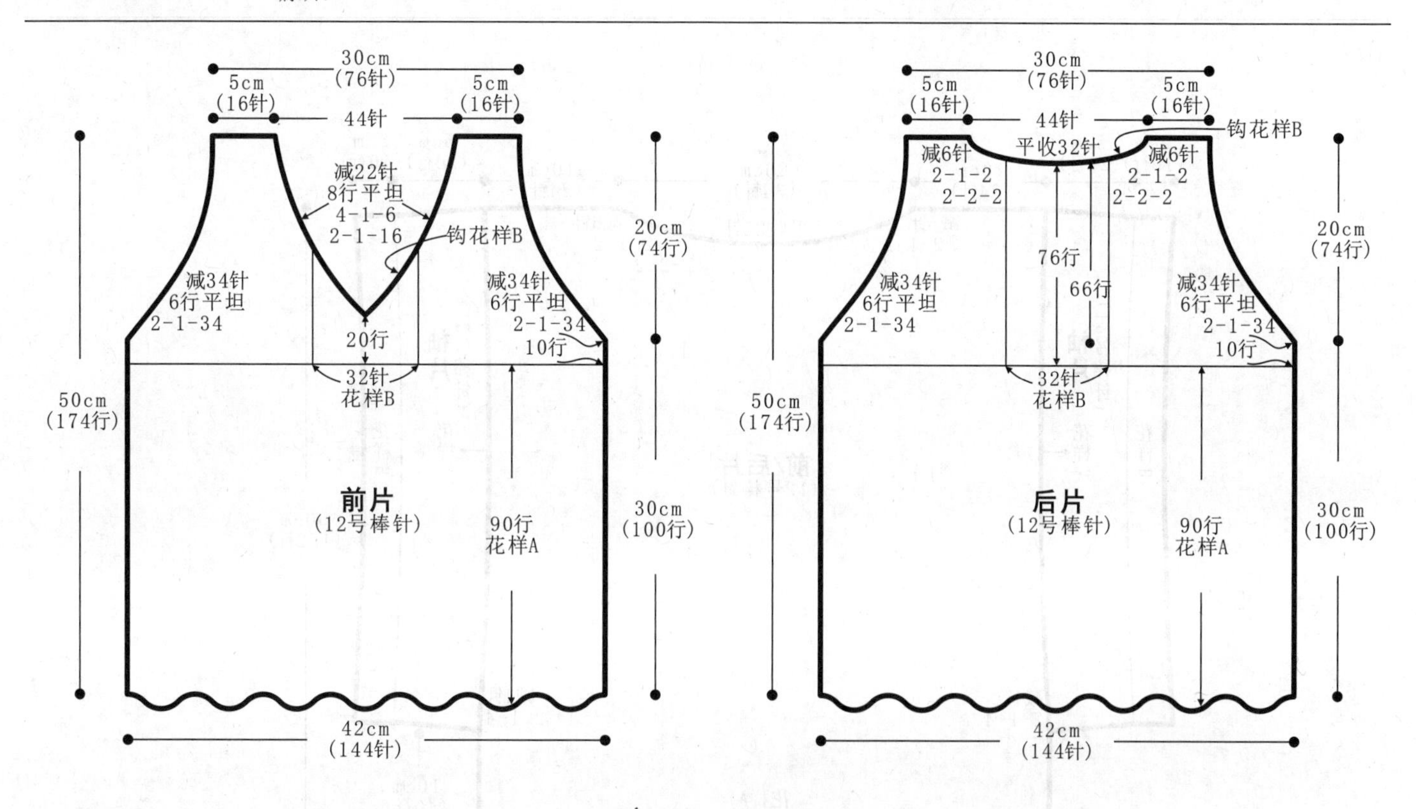

符号说明：

⊟ 上针

□=⊡ 下针

4-1-2 行-针-次

↑ 编织方向

⧅ 右并针

⧄ 左并针

⊙ 镂空针

＋ 短针

长针

锁针

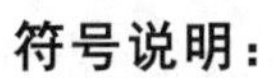 右上2针与左下2针交叉

花样B

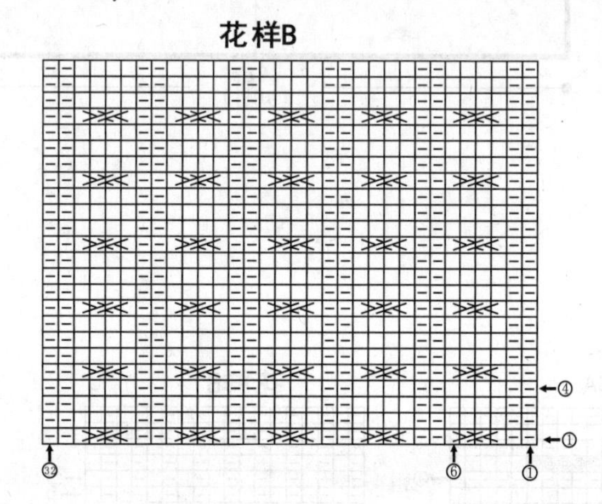

花样A

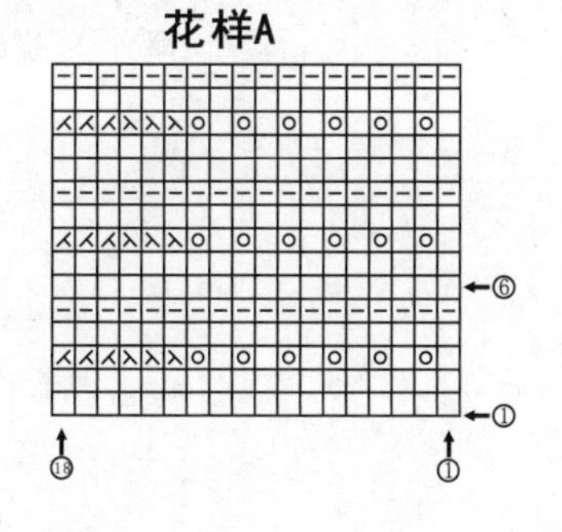

花样C

89

【成品规格】 衣长50cm，肩宽46cm，袖长7cm，袖宽40cm

【工　　具】 12号棒针

【编织密度】 19针×30行=10cm²

【材　　料】 浅绿色花线380g

编织要点：

1.棒针编织法，由前片及袖片1片、后片及袖片1片组成，由下往上编织。

2.前后片及袖片的编织，前片及袖片与后片及袖片的编织方向一样；以前片及袖片为例。下针起针法，起90针，花样A起织，不加减针编织40行高度至袖窿；下一行起，两侧同时减针，方法为2-1-4，减4针，织112行；其中自织成袖窿算起104行高度，下一行进行衣领减针，从中间平收22针，两侧相反方向减针，方法为2-2-2，2-1-2，减6针，织8行，余下24针，收针断线；在前片左右袖窿处分别挑针，花样A起织，不加减针织24行高度；下一行起，改织花样B，不加减针编织10行高度，收针断线；用相同方法编织后片及袖片。

3.拼接。将前片及袖片与后片及袖片侧缝处对应缝合，衣服完成。

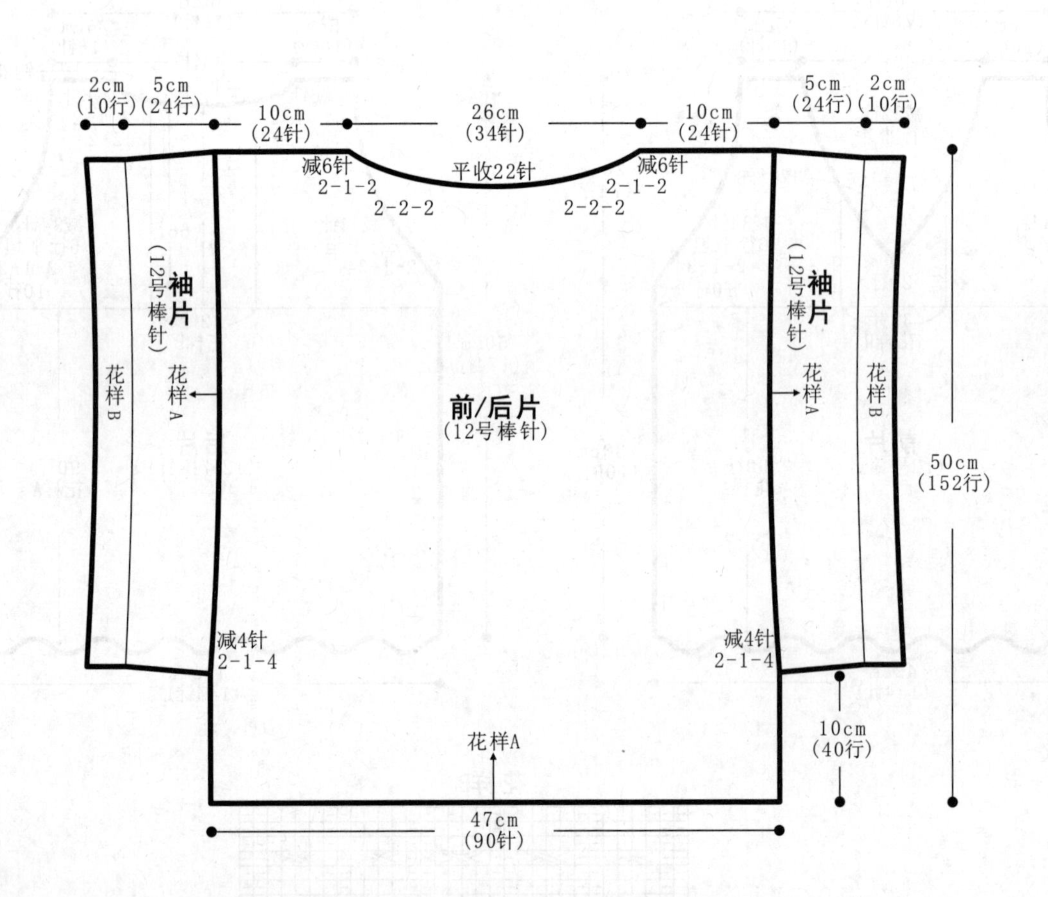

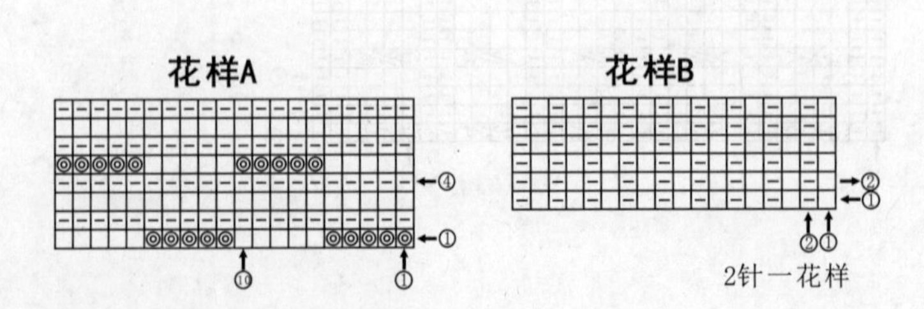

符号说明：

- ⊟ 上针
- □=⊡ 下针
- 4-1-2 行-针-次
- ↑ 编织方向
- ◙ 绕线2圈再织针

90

【成品规格】 衣长48cm，胸围84cm，袖长50cm

【工　　具】 9号、10号棒针

【编织密度】 19针×24行=10cm²

【材　　料】 棒针线550g，纽扣5枚

编织要点：

1.后片：用10号棒针起84针织6行单罗纹，上面织菠萝花，开挂后平收6针，然后每两行两侧各收1针织插肩袖。

2.前片：用10号棒针起56针织6行单罗纹后，织组合花样，中心织花样B，两侧织菠萝花，门襟边针织双边（双边的织法：起始针挑过不织，绕一针，在下一行并收）；其他同后片。

3.袖：从下往上织，袖中心织花样B，两侧织菠萝花。

4.领：挑出前片领口的针数，连同后片及袖的针数织领，用10号棒针织6行单罗纹即可；缝上纽扣，完成。

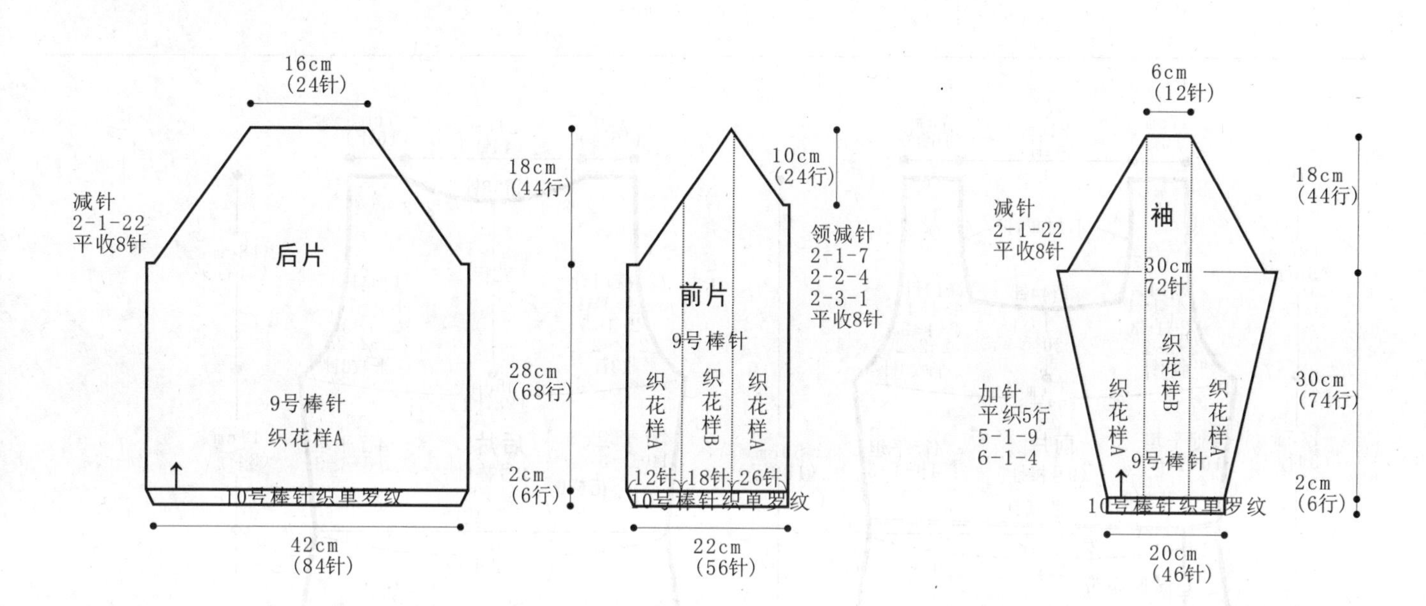

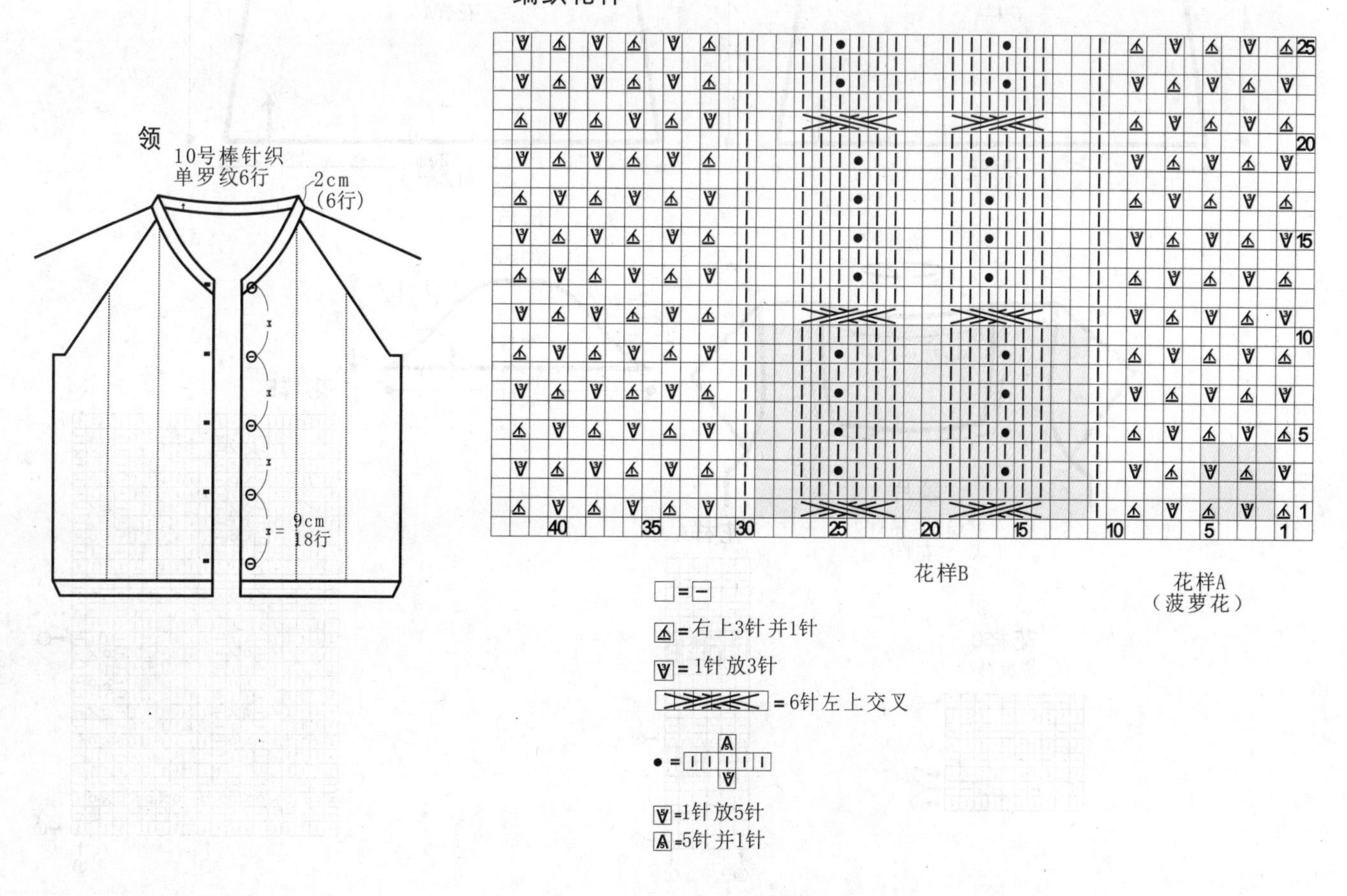

91

【成品规格】衣长59cm，胸围70cm，袖长11cm

【工　　具】9号、10号棒针

【编织密度】23针×31行=10cm²

【材　　料】丝光毛线500g

编织要点：

1. 这件衣服从下向上编织，由后片和前片及2个袖片组成。
2. 后片起122针编织花样A92行，然后在腰间分散减针至40cm92针，织花样B，并在侧缝两边加针，方法为10-1-3，4行平坦，织34行开始收袖窿，减针方法为平收3针，2-2-2，2-1-3，4-1-1，两侧减针方法相同，织52行留后领窝，中间留38针，两边减针方法为2-3-1，两边肩部各留16针。
3. 前片起122针编织花样A92行，然后在腰间分散减针至40cm92针，织花样B，跟后片相同在侧缝加针，34行开始收袖窿，方法和后片相同，织20行开始收前领窝，留44针，然后不加不减针织到与后片相同的行数，两边肩部各留16针。
4. 将前后片肩部相对进行缝合，侧缝处相对进行缝合。
5. 袖子起42针，编织花样A，袖山的减针方法为2-2-3，2-1-3，2-2-2，余16针收针。并与衣身缝合。
6. 挑织衣领，将领子一圈每个针眼挑1针编织花样C4行收针。

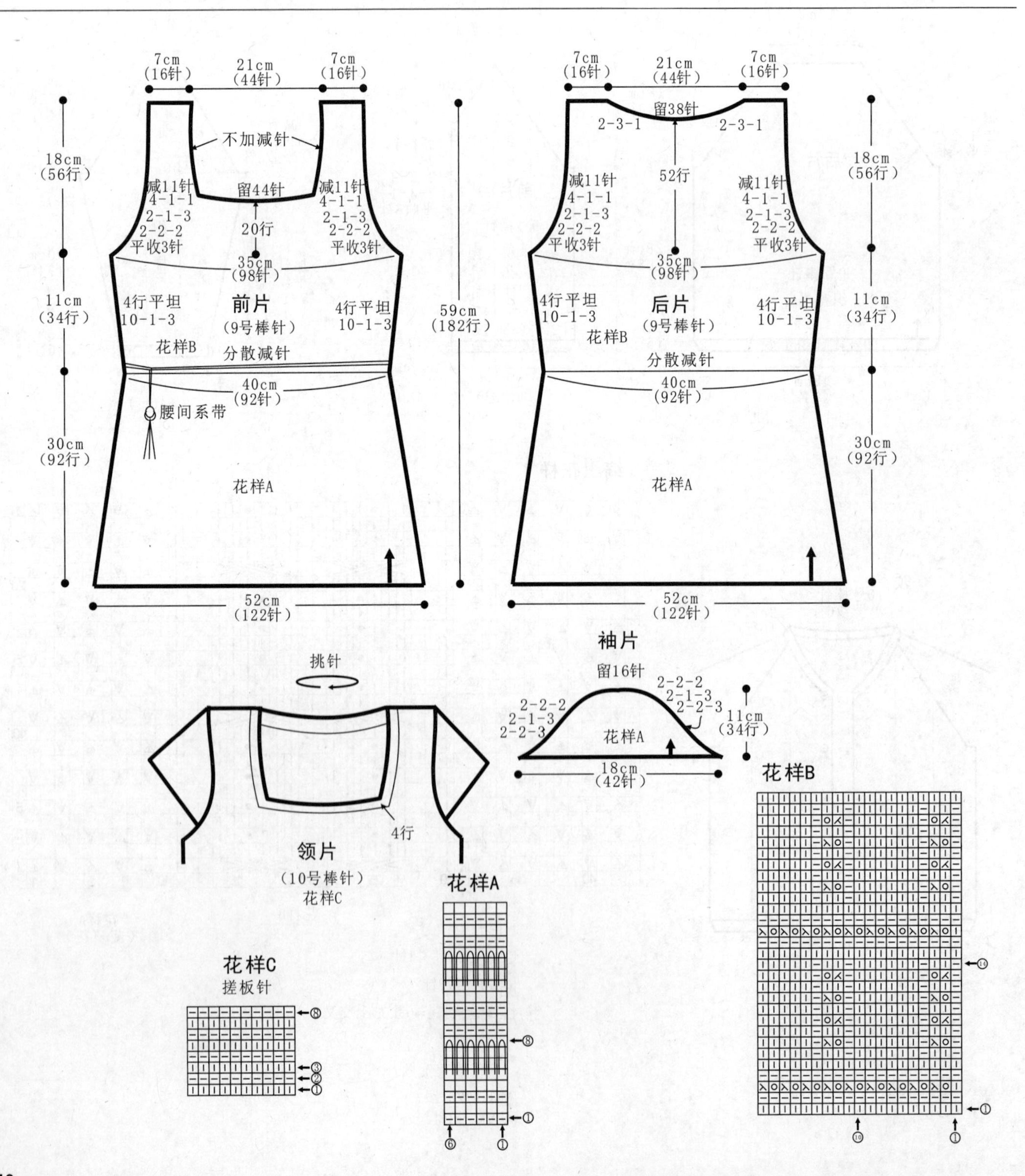

92

【成品规格】 衣长55cm，胸围72cm

【工　　具】 12号棒针

【编织密度】 32针×40行=10cm²

【材　　料】 含丝羊毛线200g

编织要点：

1. 这件衣服从下向上编织，由后片和前片组成。
2. 后片起156针编织花样A，每4行换一个颜色，蓝白相间，织84行分散减针至116针，用蓝色线编织全下针，先织20行穿松紧带，再织56行开始收袖窿，减针方法为平收5针，2-1-6，4-1-1，两侧各减12针，织54行留后领窝，中间留54针，两边减针方法为2-1-3，4行平坦，两边肩部各留16针。
3. 前片起156针编织花样A，跟后片相同的方法编织，织84行分散减针至116针，用蓝色线编织全下针袖窿起20行开始留前领窝，减针方法为中间平收40针，1-1-6，2-1-4，织到与后片相同的行数，两边肩部各留16针。将前后片肩部相对进行收针缝合，侧缝处相对进行缝合。
4. 挑织衣领，从后领窝开始挑针，每个针眼挑1针编织搓板针6行收针。

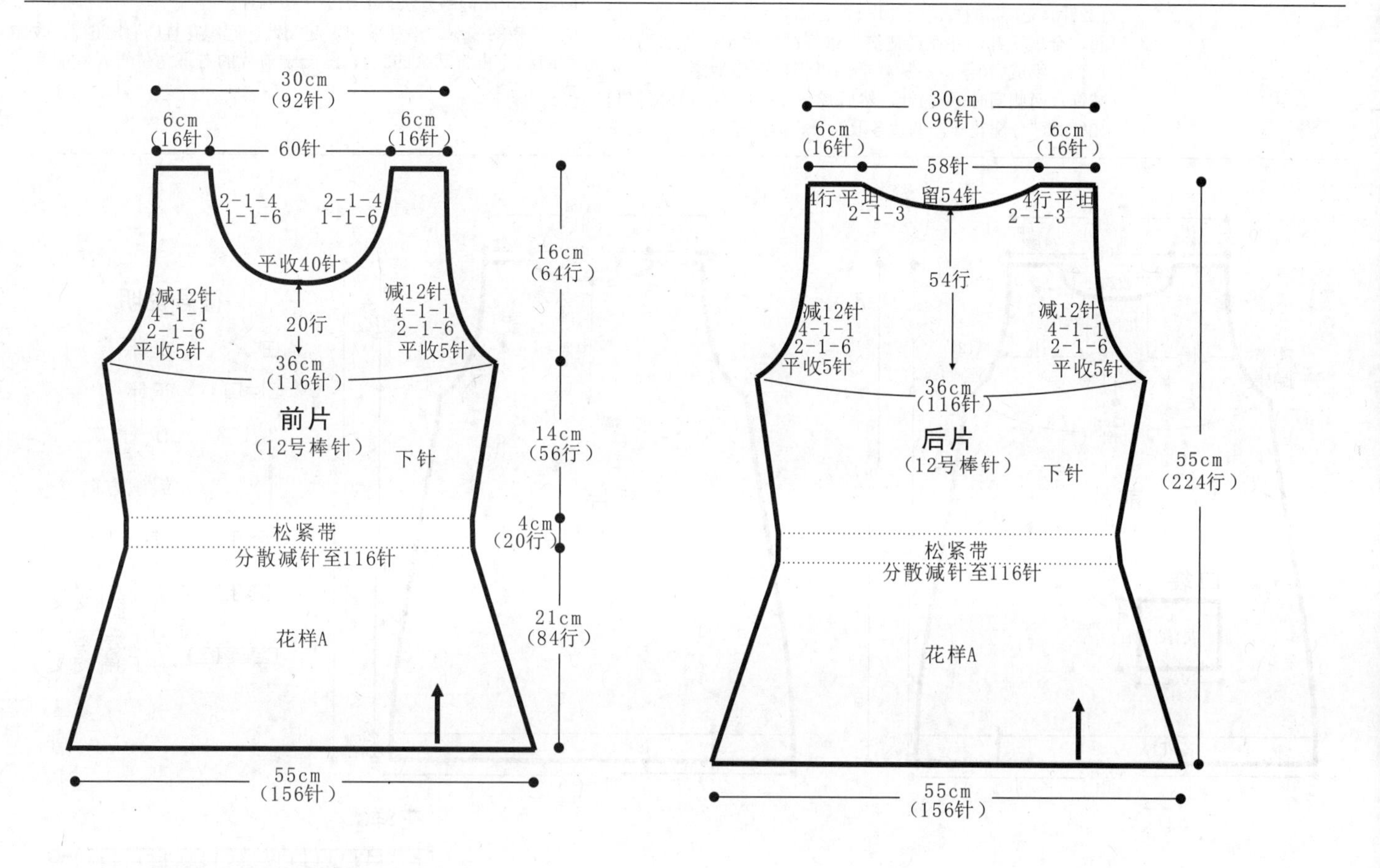

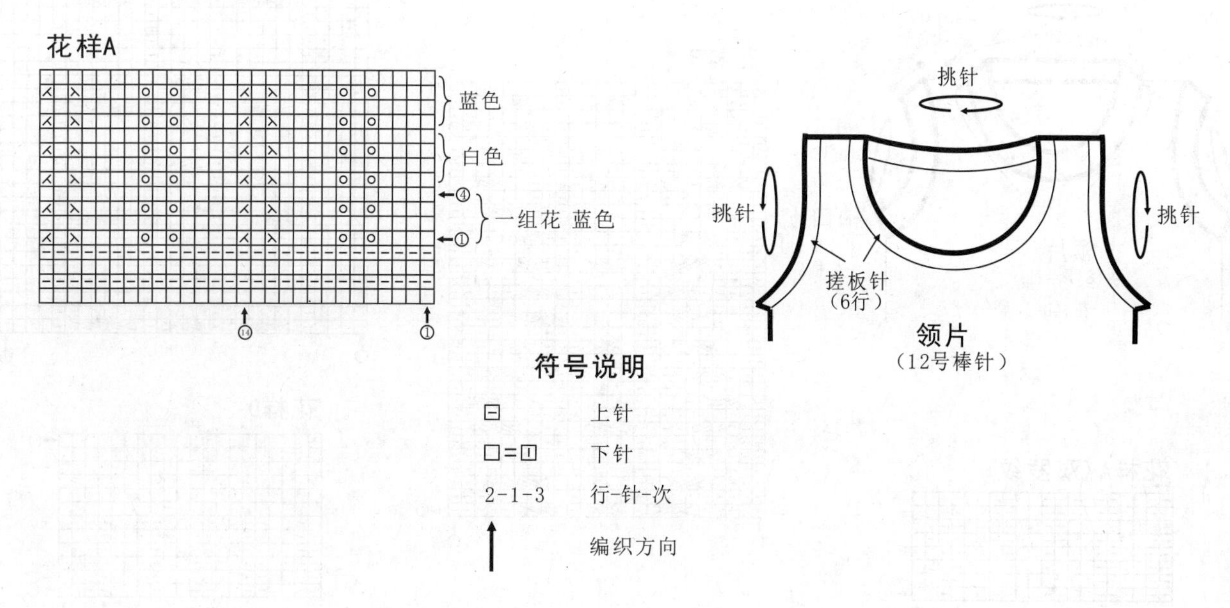

93

【成品规格】 衣长60cm，半胸围42cm，袖长2cm

【工　　具】 8号棒针

【编织密度】 24.4针×35行=10cm²

【材　　料】 蓝色棉线400g

编织要点：

1. 棒针编织法，由前片1片、后片1片、袖片2片组成。从下往上织起。

2. 前片的编织。一片织成。起针，双罗纹起针法，起122针，起织花样A，不加减针，编织8行高度。下一行起，全织下针，并在两侧缝上进行减针编织，方法为10-1-13，织成130行，不加减针，再织10行至袖窿。袖窿起减针，两侧同时平收4针，然后减2-1-8，当织成袖窿算起12行时，分配花样，两边各取24针，编织下针，中间余下的24针，编织花样B，织成32行后，进行领边减针，中间平收24针，两边相反方向减针，方法为2-1-8，织成16行，再织4行，至肩部余下16针，收针断线。

3. 后片的编织。袖窿以下的织法与前片完全相同，袖窿起减针，方法与前片相同。当袖窿以上织成60行时，进行后领边减针，中间平收36针，两边相反方向减针，方法为2-1-2，至两肩部各余下16针，收针断线。

4. 拼接，将前片的侧缝与后片的侧缝对应缝合，将前后片的肩部对应缝合。再将两袖片的袖山边线与衣身的袖窿边对应缝合。

5. 领口的编织。沿着前后衣领边，挑出184针，起织花样D，不加减针，编织16行的高度后，收针断线。袖口的编织，沿边挑出120针，起织花样A，不加减针，编织6行的高度后，收针断线。用相同的方法去编织另一边袖片。

6. 口袋的编织。单独编织，起28针，起织花样C，织26行，收针断线。再将其余的3边，缝合于前片的右下角位置。衣服完成。

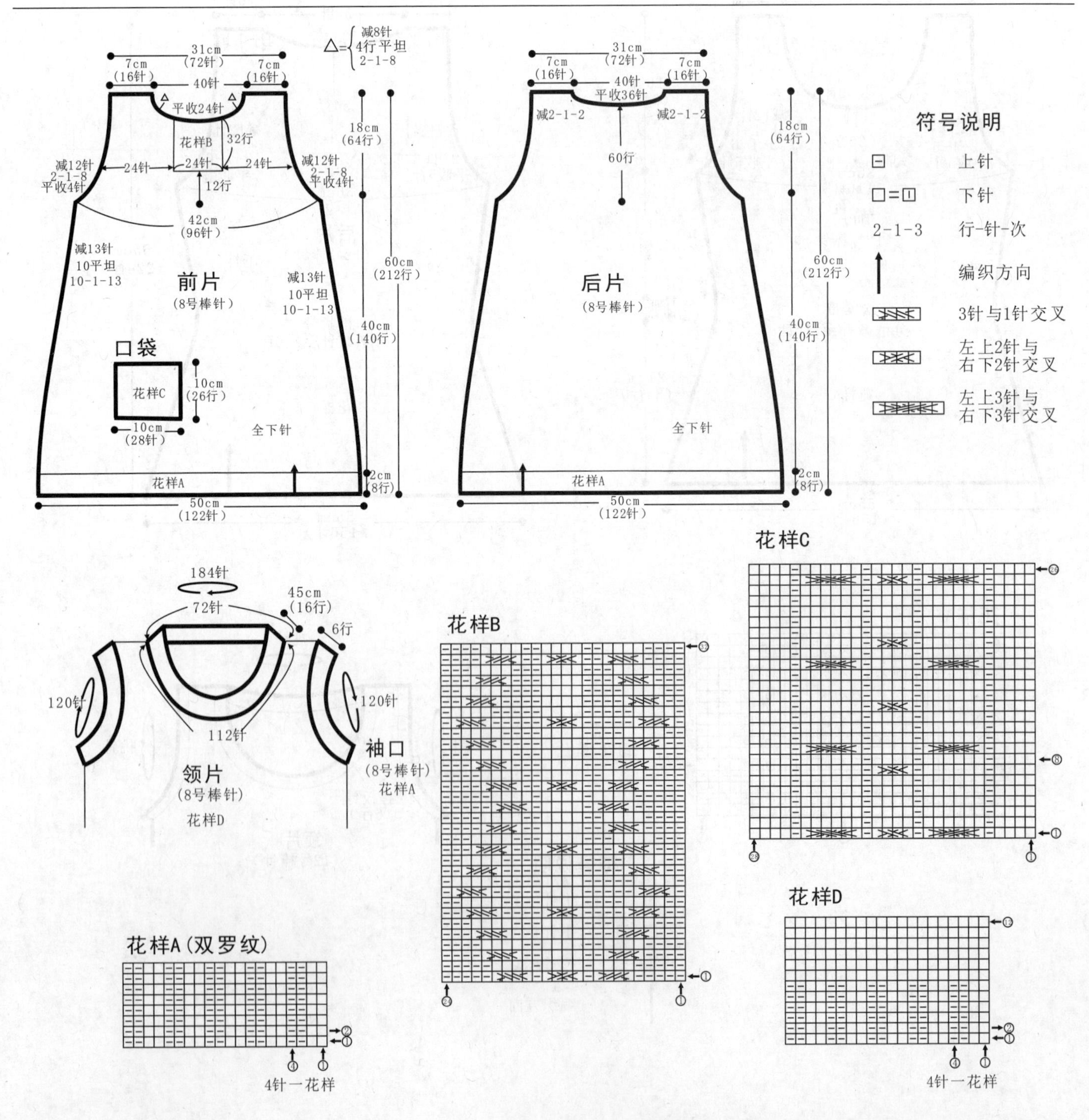

94

【成品规格】 衣长51cm，胸围144cm，袖长11cm

【工　　具】 7号棒针，缝衣针

【编织密度】 21针×25.5行=10cm²

【材　　料】 红色羊绒线600g，红色大扣子3枚

编织要点：

前片制作说明

1. 前片分为两片编织，左片和右片各一片全下针编织，分别在两片相反方向收针减出袖窿。
2. 起织与后片相同，前片起84针后，来回编织下针形成上下针衣边，共来回编织30行后，往上编织衣身，全部下针编织。门襟处留出12针来回织下针作为门襟边。
3. 编织到分袖窿行数时左右片在中心处留出20针，每10针为一组，分为两组，其中一组的5针用防解别针锁住，5针留在原编织针上，然后将防解别针上的5针与原编织针上的5针对应合并针编织成活褶，详见活褶分解图。用同样方法编织完成另一前片的活褶。
4. 袖窿处按4-2-7减针后，不要收针，可用防解别针锁住，左右片相同。
5. 最后在一侧前片领口处钉上扣子。不钉扣子的一侧，要制作相应数目的扣眼，扣眼的编织方法为，在当行收起数针，在下一行重起这些针数，这些针数两侧正常编织。

后片制作说明

1. 后片为整片编织，从下摆起154针后，来回编织下针形成衣边，往上全部下针编织至袖窿处。
2. 编织到分袖窿行数时后片在中心处留出32针，每16针为一组，分为二组，其中一组的8针用防解别针锁住，8针留在原编织针上，然后将防解别针上的8针与原编织针上的8针对应合并针编织成活褶，详见活褶分解图。用同样方法编织完成另一组活褶。
3. 袖隆处减5针后按4-2-7减针，完成后不要收针，可用防解别针锁住。
4. 整体完成后两侧在衣片的反面沿侧缝缝合。

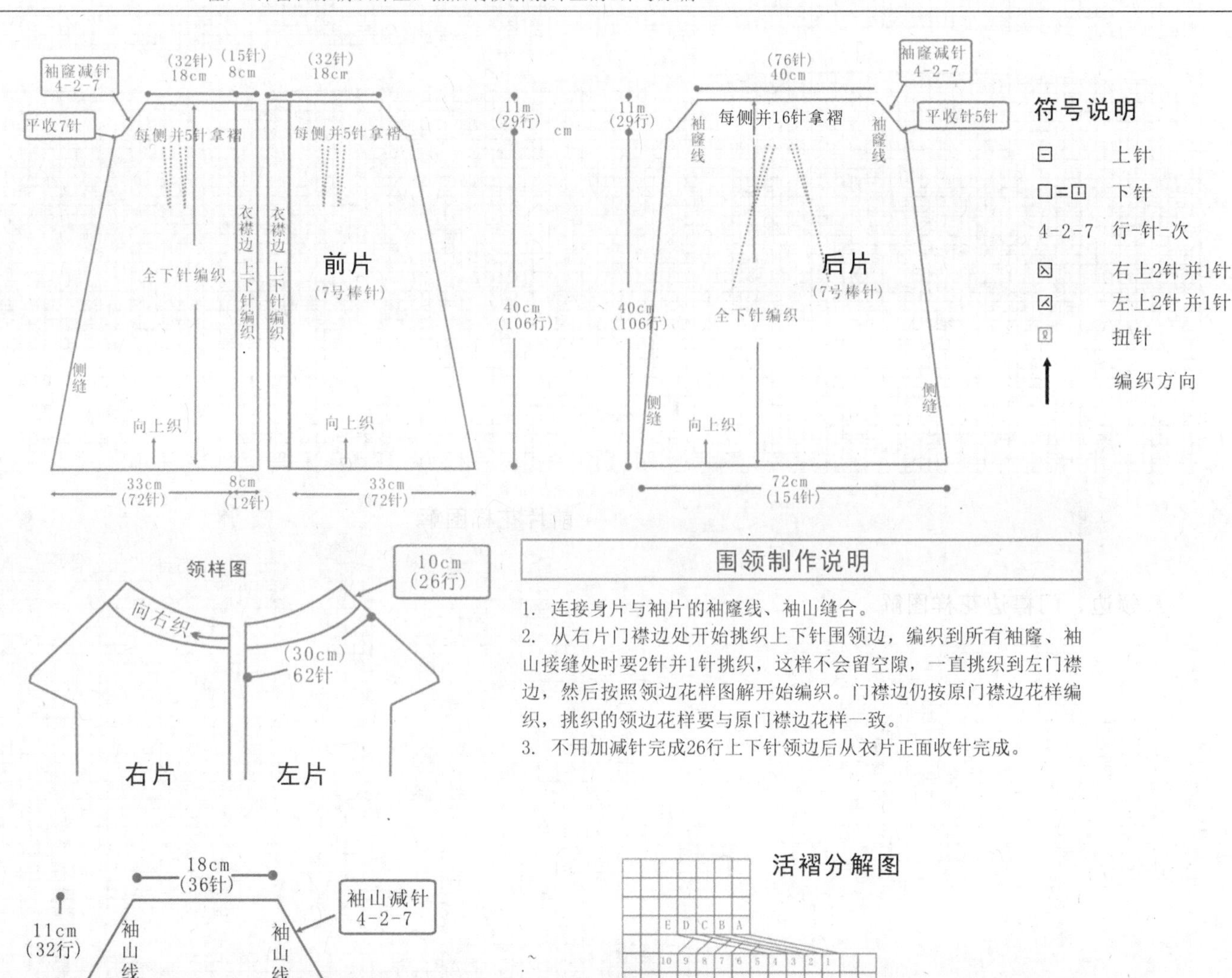

围领制作说明

1. 连接身片与袖片的袖窿线、袖山缝合。
2. 从右片门襟边处开始挑织上下针围领边，编织到所有袖窿、袖山接缝处时要2针并1针挑织，这样不会留空隙，一直挑织到左门襟边，然后按照领边花样图解开始编织。门襟边仍按原门襟边花样编织，挑织的领边花样要与原门襟边花样一致。
3. 不用加减针完成26行上下针领边后从衣片正面收针完成。

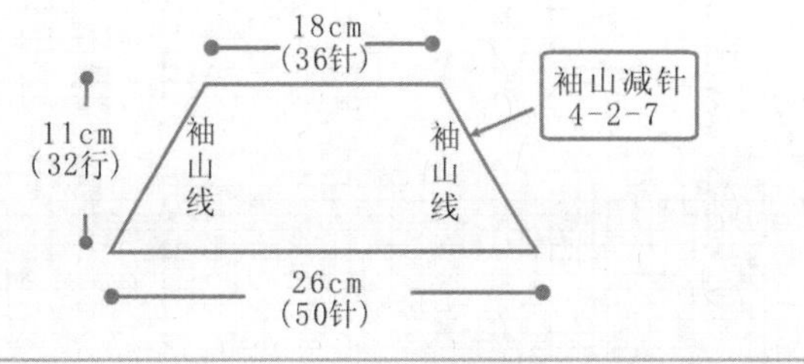

袖片制作说明

活褶分解图

	E	D	C	B	A								
10	9	8	7	6	5	4	3	2	1				

活褶制作说明

1. 以10针为一组。
2. 将1~5号留在原编织针上，6 10号用防解别针锁住，然后将防解别针上的6对应原针上的1合并针编织成A；防解别针上的7对应原针上的2合并针编织成B，以此类推，完成其他合并针。
3. 全部合并完成后继续编织下针，自然形成一个活褶。

后片花样图解

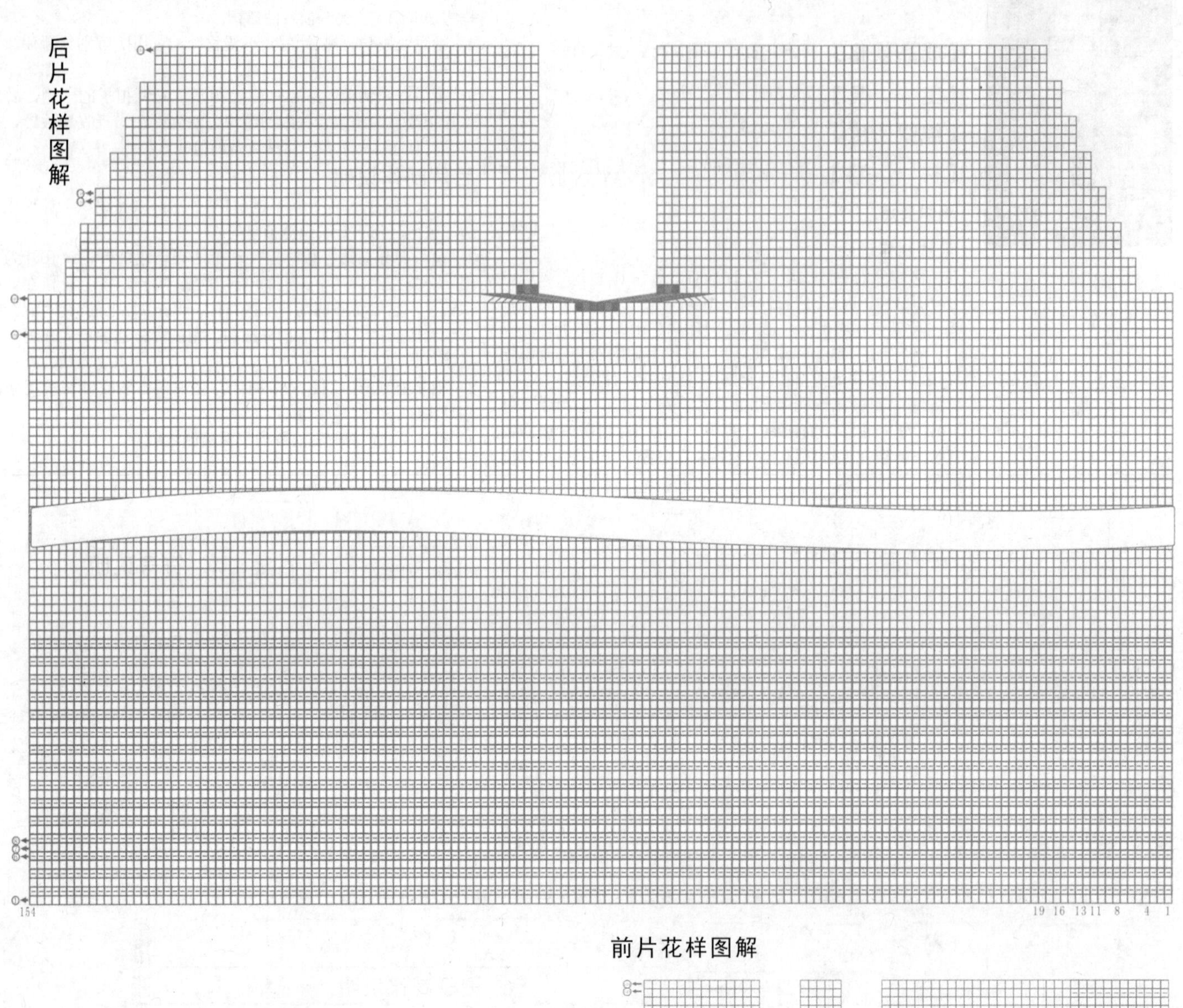

前片花样图解

领边、门襟边花样图解

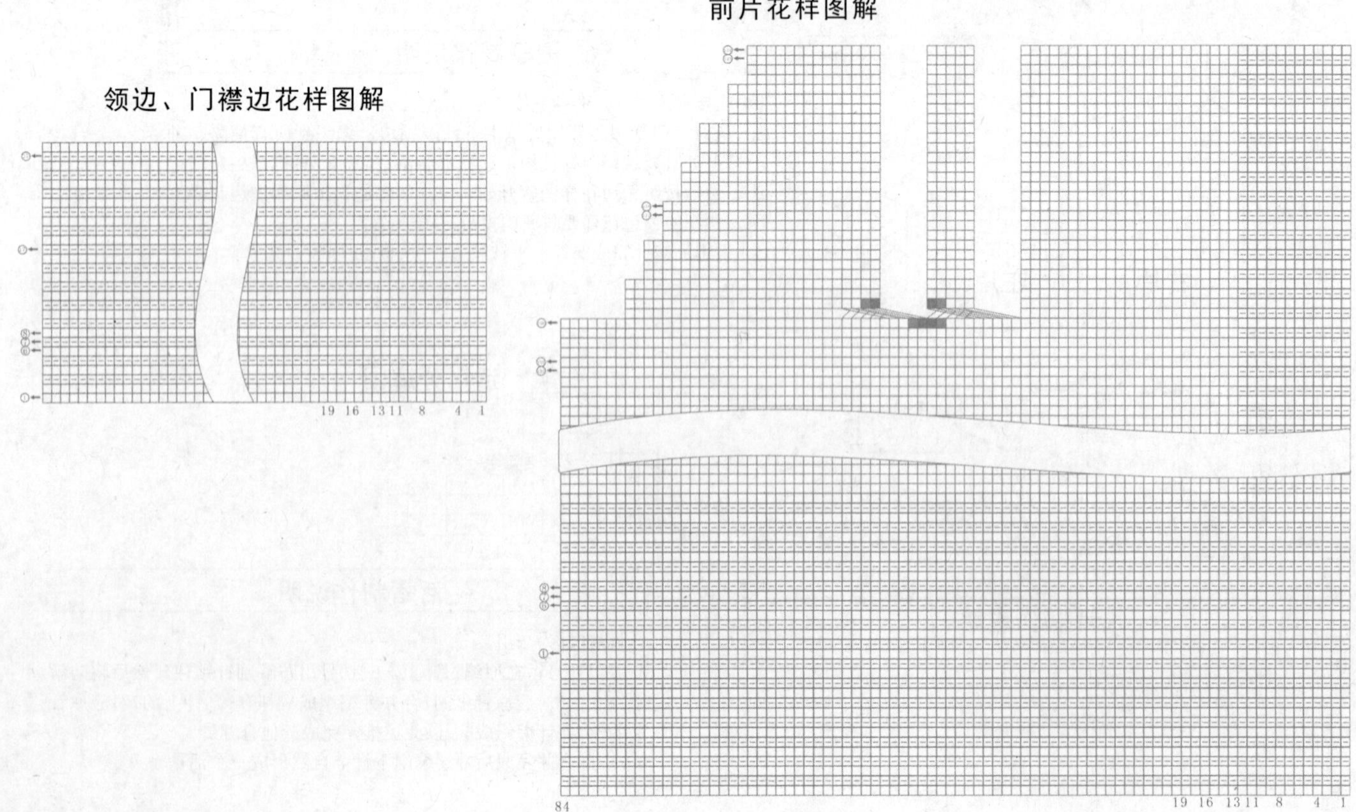

95

【成品规格】 衣长64cm，半胸围40cm，肩宽30cm

【工　　具】 10号棒针

【编织密度】 21针×17.2行=10cm²

【材　　料】 黑色丝光棉线400g

编织要点：

1. 棒针编织法，由前片1片、后片1片、袖片2片组成。从下往上织起。

2. 前片的编织。一片织成。下针起针法，起99针，起织花样A，并在两侧缝上进行减针编织，减10-1-8，织成80行，至袖窿。袖窿起减针，两侧同时平收4针，然后减2-2-4，当织成袖窿算起10行时，中间平收15针，两边进行领边减针，减2-2-5，再织10行后，至肩部，余下12针，收针断线。

3. 后片的编织。袖窿以下的织法与前片完全相同，袖窿起减针，方法与前片相同。当袖窿以上织成26行时，下一行中间平收31针，两边减针，方法为2-1-2，至肩部余下12针，收针断线。

4. 拼接，将前片的侧缝与后片的侧缝和肩部对应缝合。

5. 领片的编织，沿着前后领边，挑针编织单罗纹针，织4行，完成后，收针断线。衣服完成。

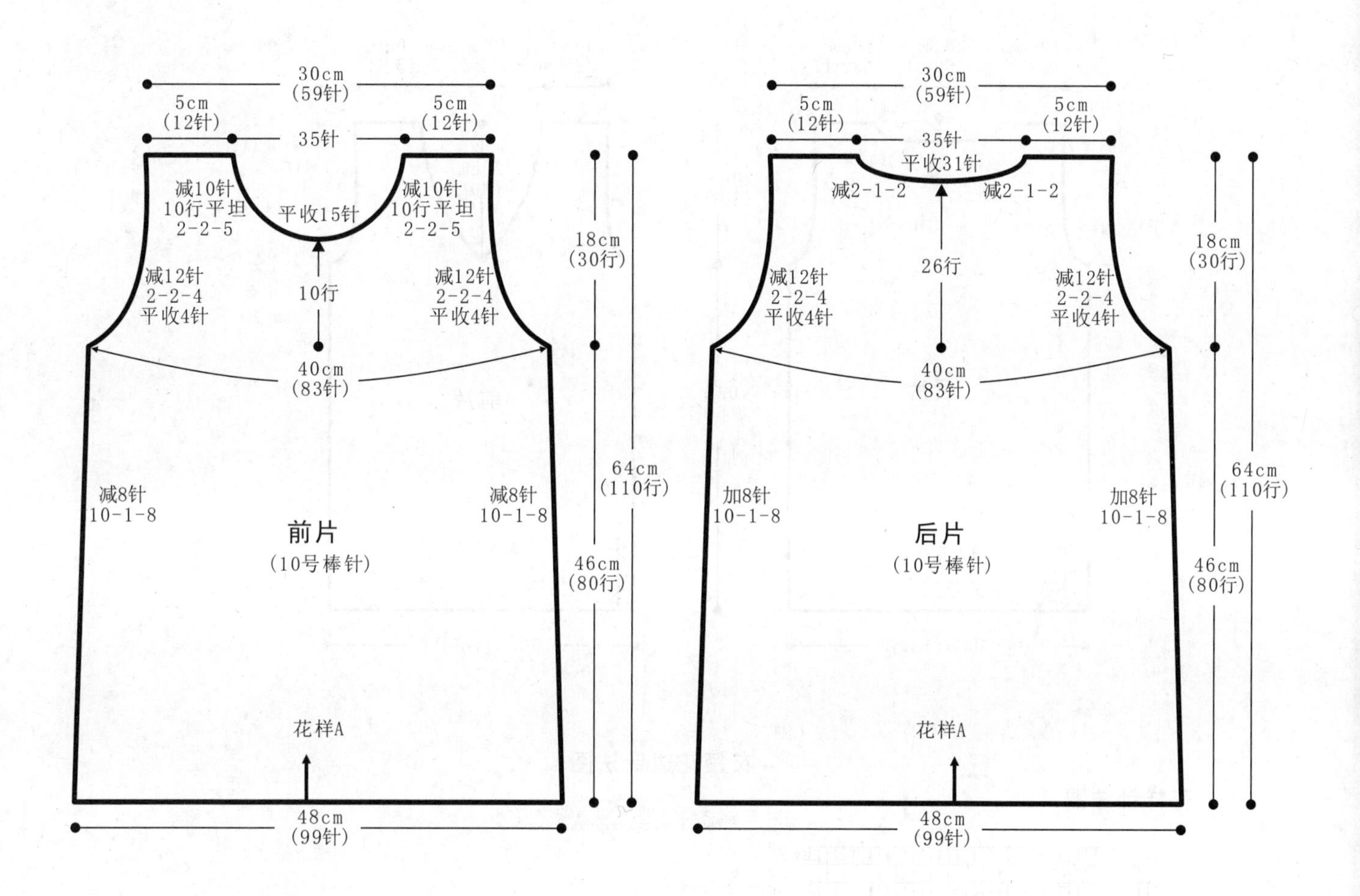

花样(单罗纹)

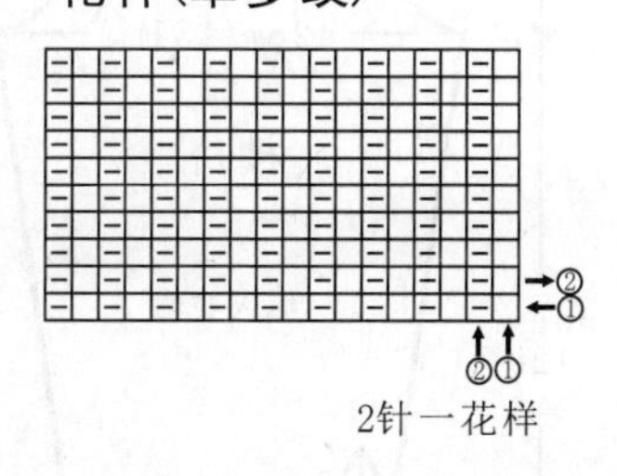

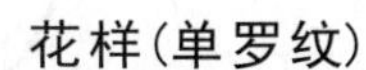

符号说明

符号	说明
⊟	上针
□=�	下针
2-1-3	行-针-次
↑	编织方向
⧅	左并针
⧄	右并针
⊡	镂空针
⧋	中上3针并1针

96

【成品规格】衣长60cm，胸围100cm，袖长62cm，肩宽40cm

【工　　具】2.75mm棒针

【编织密度】32针×40行=10cm²

【材　　料】米色毛线600g

编织要点：

1.由前、后片及袖片组成。前、后片和袖片均是按结构图从下往上编织的。

2.前、后片都要注意下摆底边及花样的变换位置。最后在及领处钩织一行短针和一行小花边，使作品更显得精致。

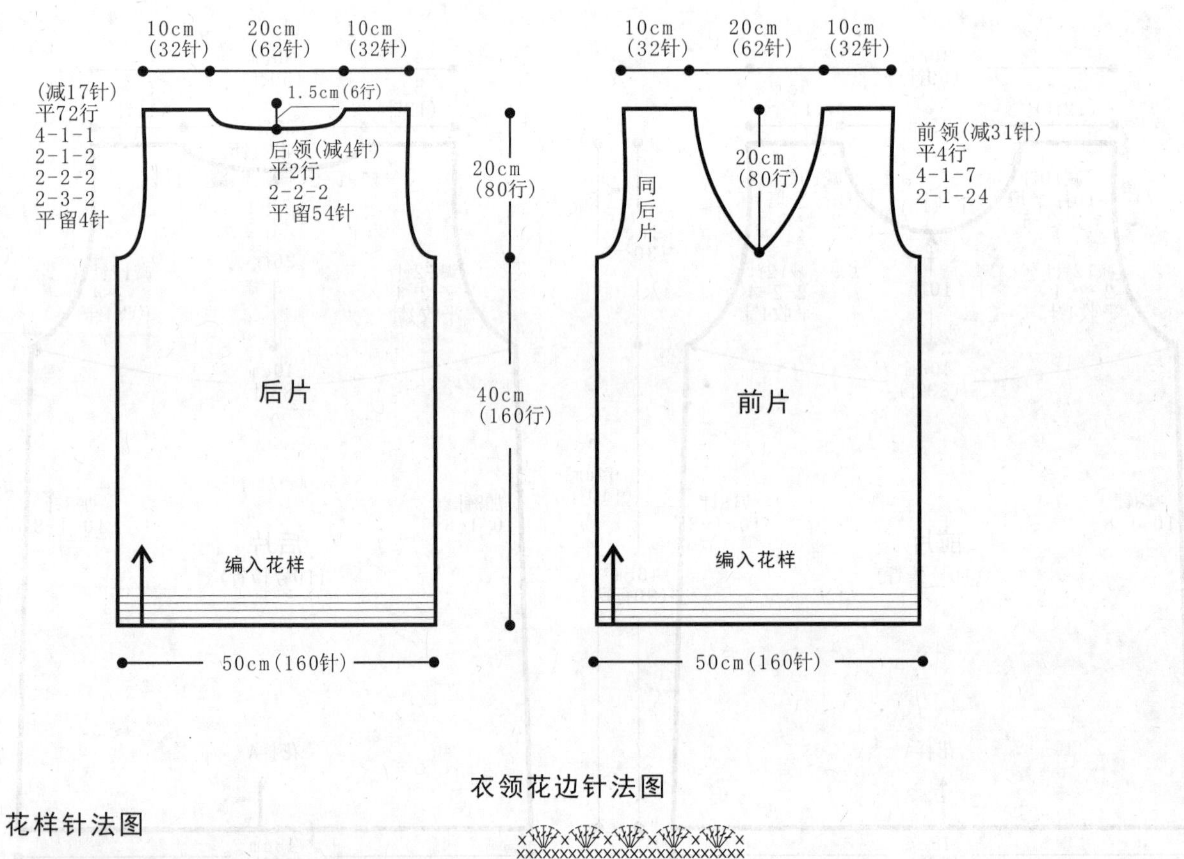

衣领花边针法图

花样针法图

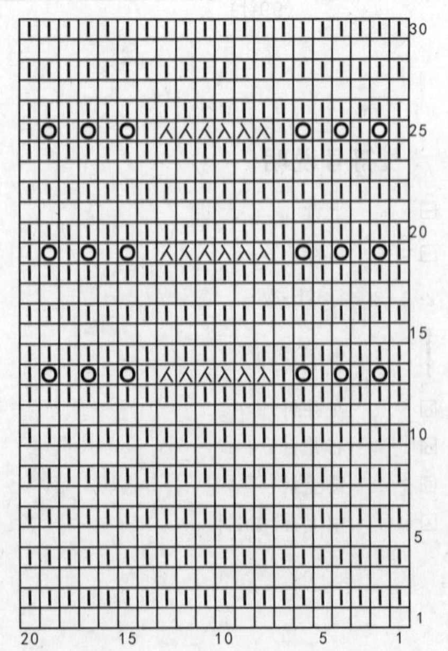

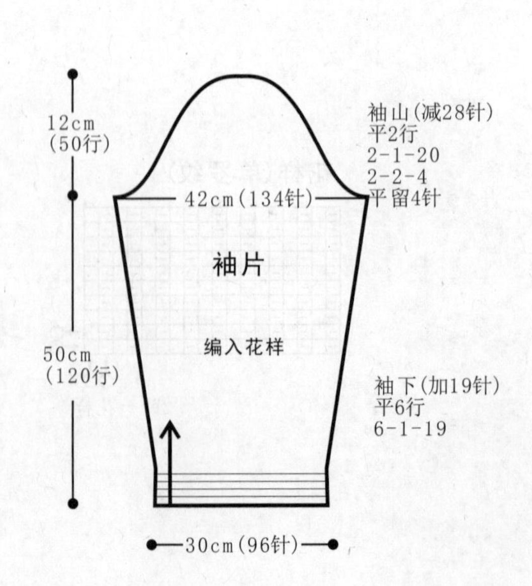

97

【成品规格】 胸围84cm，衣长50cm，肩袖长32cm

【工　　具】 14号棒针

【编织密度】 12针×18行=10cm²

【材　　料】 极粗毛线580g

编织要点：

由抵肩及前后片、左右袖片组成。前片、后片和袖片均是按结构图从下往上编织的。抵肩从衣领处起90针往下编织，最后分别和前后片及左右袖片采取无缝拼接的方式来完成。

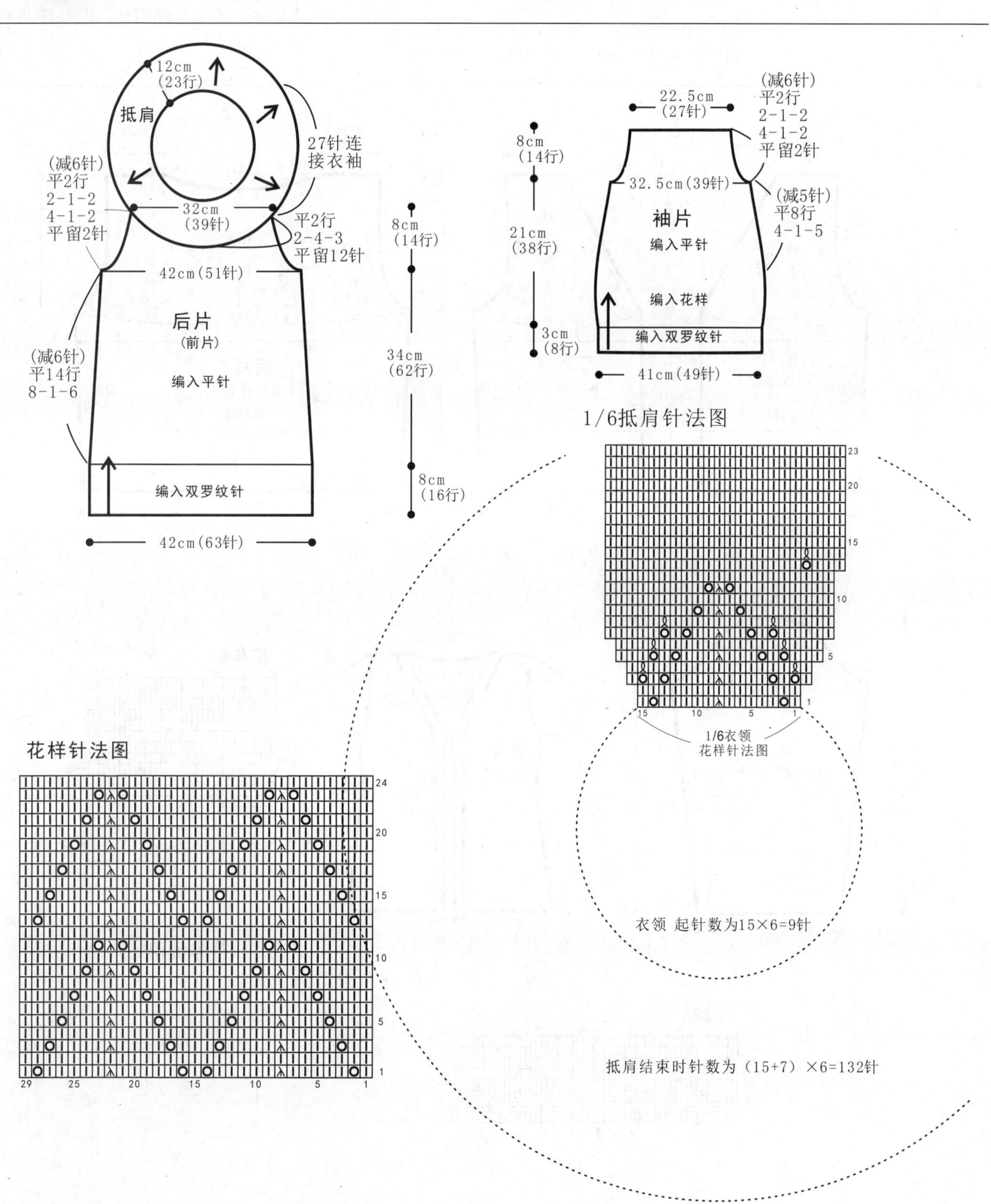

98

【成品规格】 衣长41cm，胸围80cm，袖长56cm

【工　　具】 12号棒针

【编织密度】 30针×41.8行=10cm²

【材　　料】 含丝羊毛线500g，纽扣6枚

编织要点：

1. 这件衣服从下向上编织，由后片、前片及2个袖片组成。

2. 后片起108针编织花样A38行，再编织花样B，之后编织全下针，同时在两边侧缝处加针，方法为10-1-6，另一侧相同，织110行开始收袖窿，减针方法为平收5针，2-1-6，4-1-1，织到58行中间留后领44针，领子两边减针方法为，2-2-2，肩部各余22针。

3. 前片织2片，方法相同，方向相反，起54针编织花样A38行，然后跟后片侧缝的加针相同，袖窿收针也和后片相同，同时在门襟这边收领子，减针方法为2-1-24，4-1-2，肩部留22针。前、后片肩部相对收针。

4. 袖子起52针，编织花样A38行后织花样B，侧缝加针方法为14-1-10，6行平坦，织146行收袖山，收针方法为平收5针，2-2-3，2-1-6，2-2-2，余30针收针。与衣身缝合。

5. 挑织衣领，从后领窝挑55针，领侧挑50针，前门襟直边挑106针，另一侧相同编织搓板针6行收针。右侧门襟留6个扣眼。

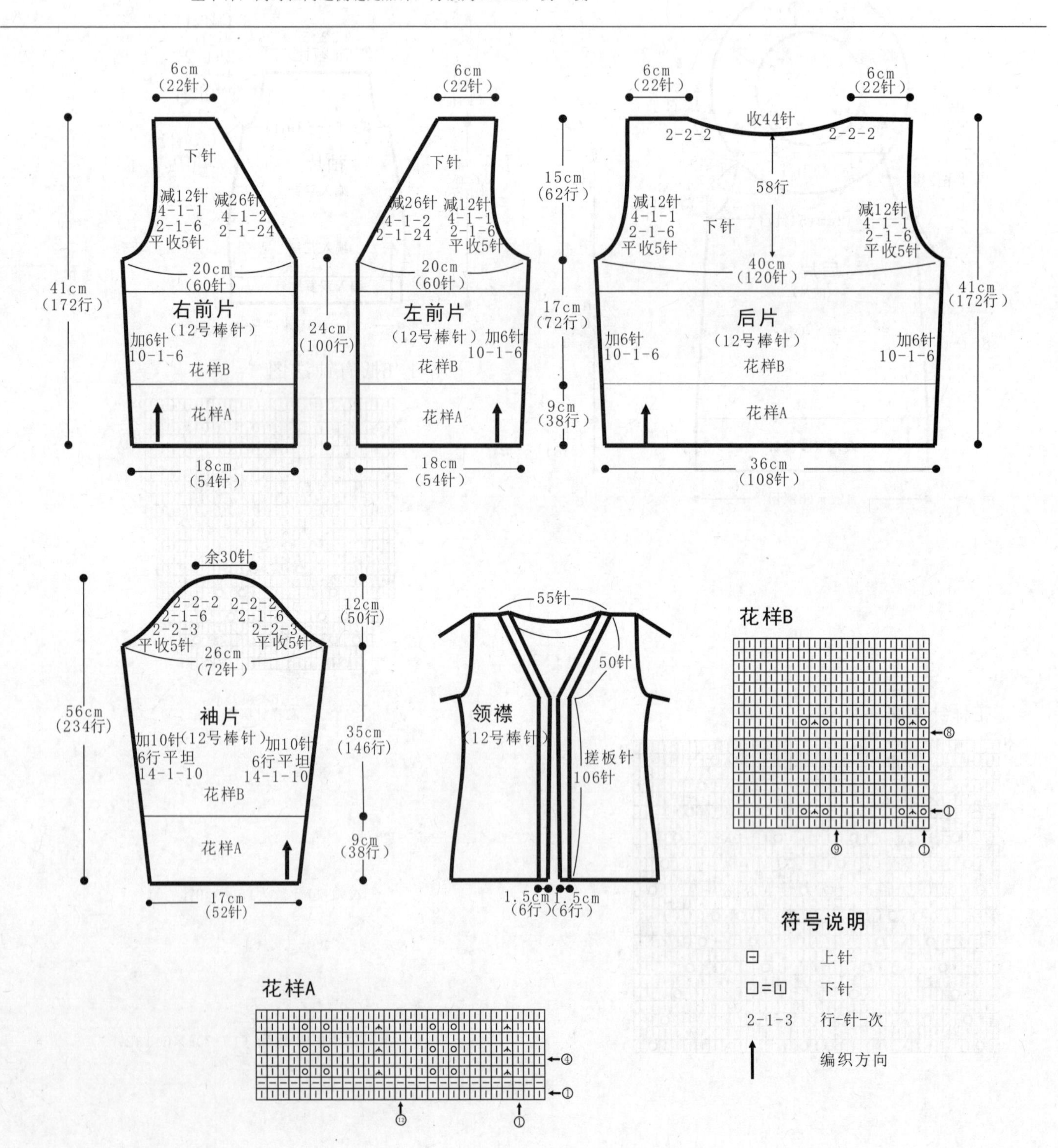

99

【成品规格】 衣长48cm，胸围80cm，袖长30cm

【工　　具】 11号棒针

【编织密度】 26针×35行=10cm²

【材　　料】 橘色羊毛线450g，纽扣5枚

编织要点：

1.后片：起104针织24行全平针后按图示布花织组合花样，织108行开挂，平收4针,每2行各收1针收6次；后领窝平收中间的52针,再每2行收1针收2次后平织6行。

2.前片：不对称织两片。左片：起82针织全平针24行后开始布花，门襟的10针织全平针随前片同织，开挂同后片，领平收50针后，再2行收3针1次，2针2次，1针1次，再平织16行，完成；右片：起34针，织法同左片。

3.袖：织平袖，横向织，起65针按图示分布花样，中间以上针间隔，织20cm平收；从袖口的一端挑出66针织全平针40行后平收。

4.领：沿领窝挑出所有的针数织领，织全平针24行；缝上纽扣，完成。

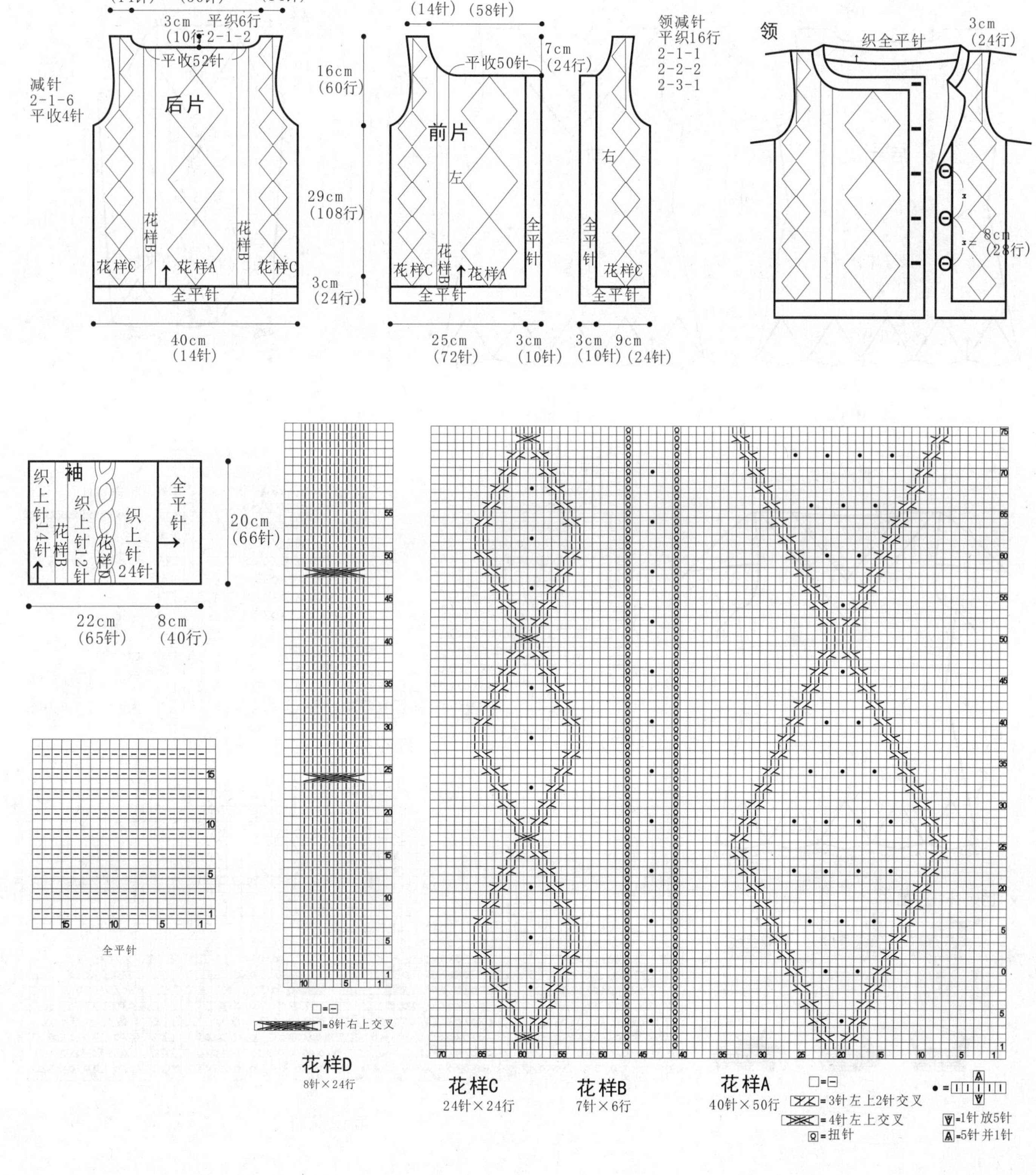

100

【成品规格】衣长58cm，胸围80cm，袖长52cm

【工　　具】12号棒针，2.0mm钩针

【编织密度】22针×34行=10cm²

【材　　料】白色竹棉600g合双股织

编织要点：

1.圈织。起220针排10个花样，分别在两侧加减针织出腰线。后片肩平收;前片织132行时开始在中心线织花样。

2.袖起66针，排3个花样往上织，两侧按图示加针，织120行开始织花样，织132行时开始收袖山;织好后缝合。

3.分别在衣服的领口、袖口及下摆钩一圈逆短针。完成。

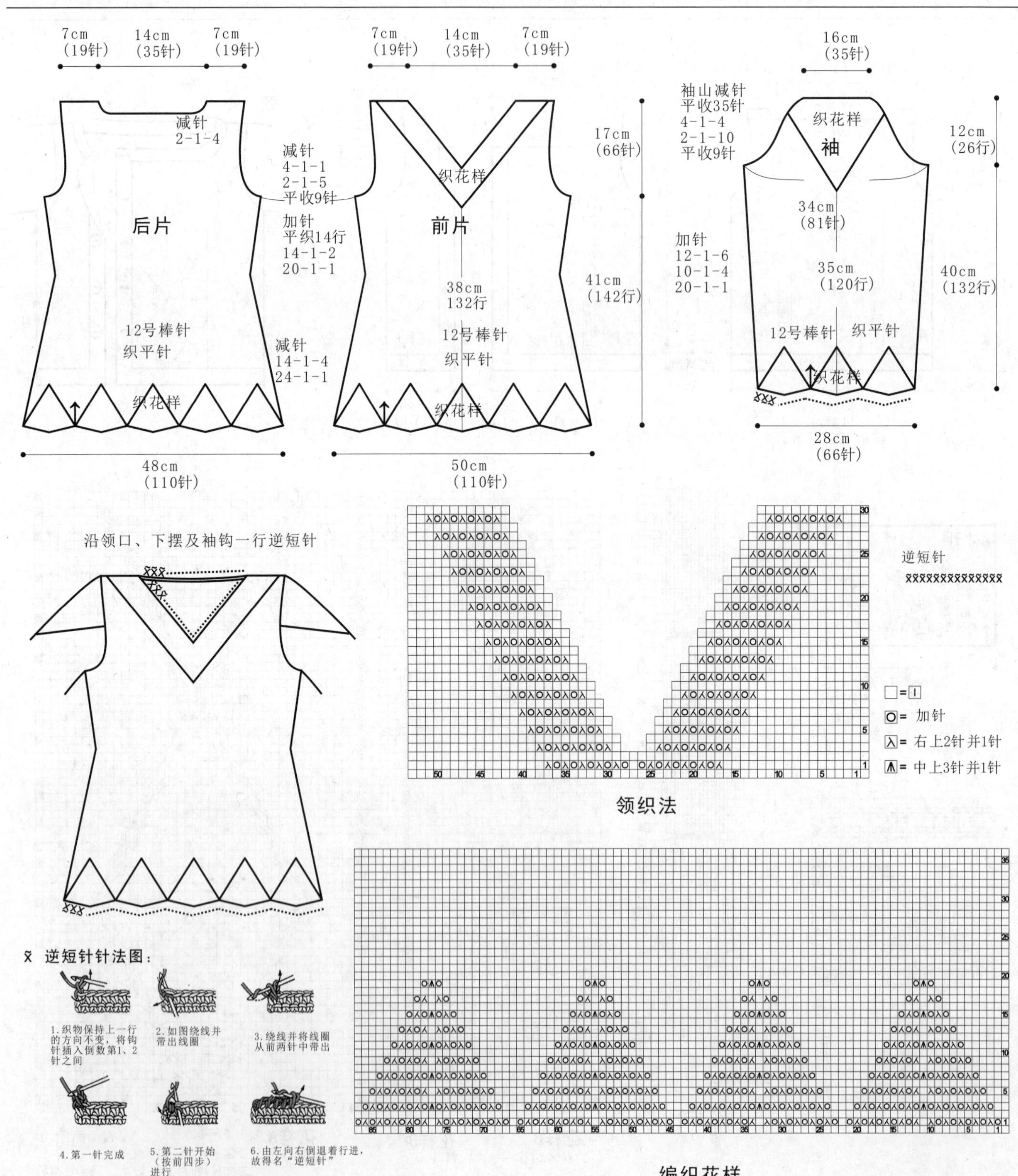

101

【成品规格】 衣长50cm，胸宽42cm，袖长54cm

【工　　具】 6号棒针

【编织密度】 19针×20行=10cm²

【材　　料】 灰色花线800g，扣子1个

编织要点：

1.棒针编织法，由前片2片、后片1片组成，再编织袖片、领片及衣襟，最后缝合完成。

2. 前片的编织。分成左前片和右前片，以右前片为例。编织顺序和加减针方法相同，但方向相反。下针起针法，起41针，起织花样A，不加减针，织12行；下一行起，改织花样B，左侧减针，方法为4-1-7，12行平坦，减7针，织40行，余34针；下一行起，改织花样C，左侧加针，方法为4-1-4，4行平坦，加4针，织20行，余38针，至袖窿。下一行起，左侧袖窿减针，方法为2-2-16，减32针，织32行，其中织到20行时，下一行起，右侧同时减针，方法为2-1-6，织12行，余1针，收针断线；用相同方法及相反方向编织左前片。

3.后片的编织，下针起针法，起83针，花样A起织，不加减针，织12行；下一行起，改织花样B，两边同时减针，方法为4-1-7，12行平坦，减7针，织40行，余71针；下一行起，改织花样C，两边同时加针，方法为4-1-4，加4针，织20行，织成79针；下一行起，两边袖窿同时减针，方法为2-2-16，减32针，织32行，余15针，收针断线。

4.袖片的编织，单罗纹起针法，起32针，花样C起织，织4行;下一行起，改织花样B，在第1行分散加28针，加成60针，两边同时减针，方法为2-1-10，16行平坦，减10针，织36行，余40针；下一行起，改织花样C，两边同时加针，6-1-6，加6针，织36行，织成52针；下一行起，袖山两边同时减针，方法为2-1-20，减20针，织32行，余12针，收针断线，用相同方法编织另一袖片。

5.衣襟的编织，单罗纹起针法，起84针，花样A起织，不加减针，织12行，右侧平收48针，下一行起，右侧减针，方法为2-1-8，减8针，织16行，余28针，收针断线。

6.拼接，将前后片与袖片对应缝合，将前片与衣襟对应缝合。

7.领片的编织，从左右前片各挑24针，后片挑27针，共75针，花样C起织，不加减针，织20行，收针断线，衣服完成。

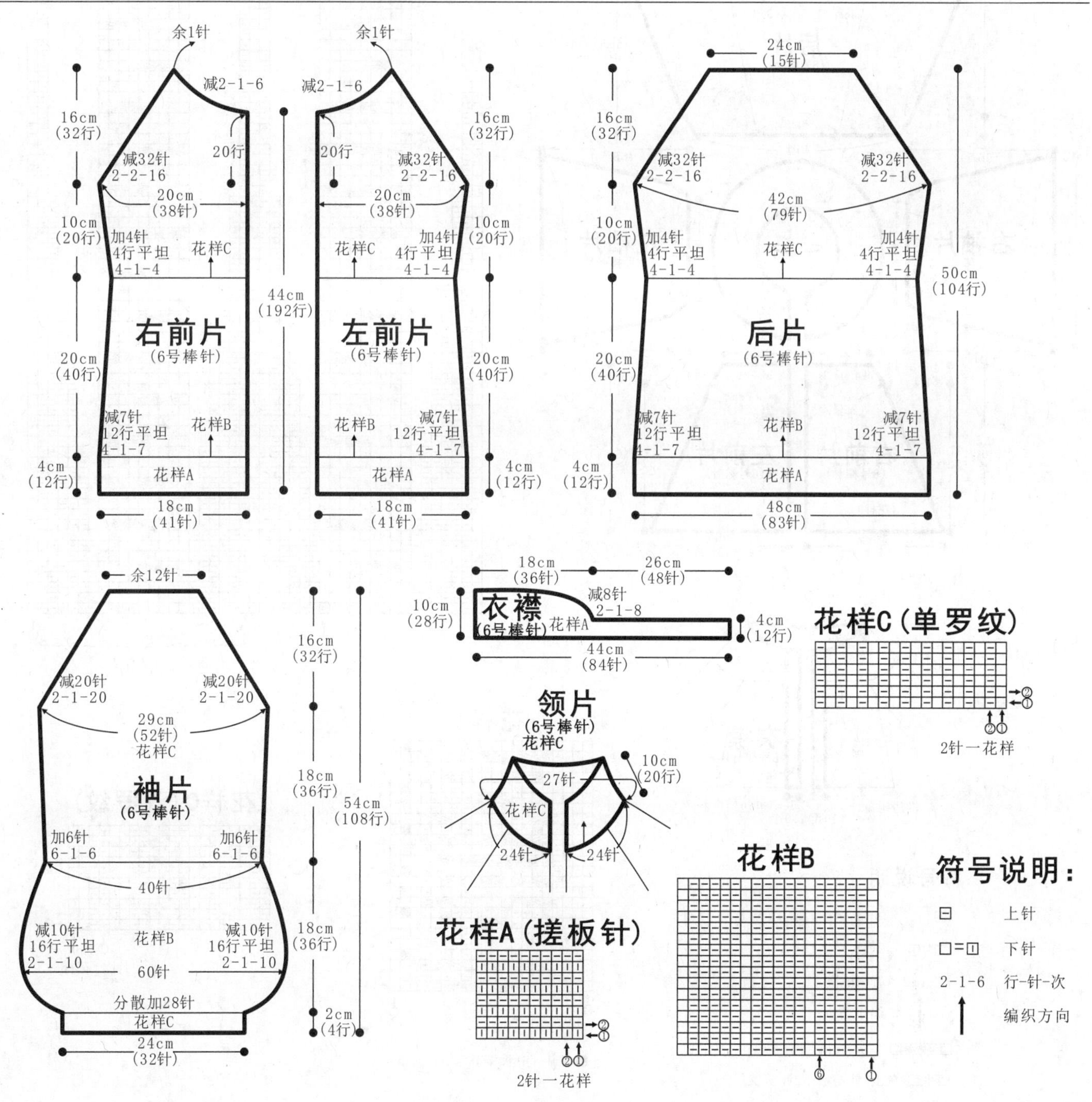

102

【成品规格】衣长48cm，肩宽34cm
袖长32cm，袖宽20cm

【工　　具】8号棒针

【编织密度】10cm²=15针×17行

【材　　料】米色粗毛线600g，纽扣4枚

编织要点：

1.棒针编织法，由肩片1片、左右前片各1片、后片1片及袖片2片组成，再编织领襟，由下往上编织。

2.肩片的编织，一片织成，下针起针法，起20针，花样A起织，不加减针，织132行，收针断线。

3.前片的编织，分为左前片和右前片分别编织，编织方法一样，但方向相反，以右前片为例:下针起针法，起45针，花样B起织，花样减针，织52行；下一行起，左侧减针，方法为4-1-2，减2针，织8行，余下23针，收针断线;用相同方法及相反方向编织左前片。

4.后片的编织，一片织成；下针起针法，起114针，44针花样A+26针上针+44针花样A排列起织，两侧花样A花样减针，织52行；下一行起，花样A两侧同时减针，方法为4-1-2，减2针，织8行；中间26针上针起织时两侧同时减针，方法为18-1-3，减3针，织60行，最后一行收褶20针，余下46针，收针断线。

5.袖片的编织，一片织成；下针起针法，起66针，33组花a起织，花样减针，织48行；下一行起，两侧同时进行减针，方法为4-1-2，减2针，织8行，余下34针，收针断线；用相同方法编织另一袖片。

6.拼接，将肩片与左右前片及袖片侧缝对应缝合。

7.领襟的编织，从左右前片侧边挑62针，花样C起织，右前片收4个扣眼，不加减针编织10行高度，收针断线；沿左右前片底侧钩短针；沿衣领位置钩短针，衣服完成。

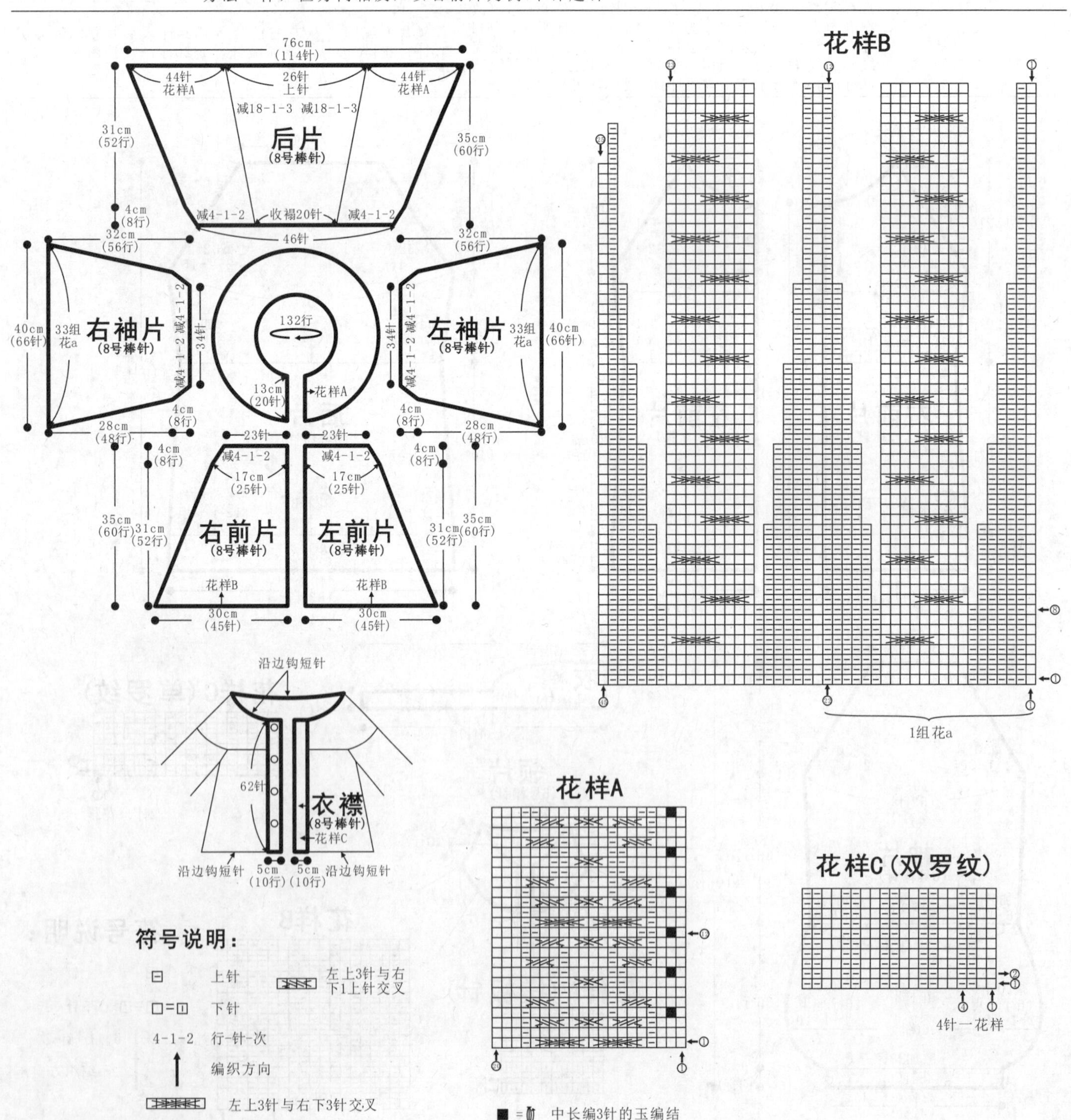

103

【成品规格】见图

【工　　具】10号棒针

【编织密度】24针×26行=10cm²

【材　　料】紫色羊毛线350g

编织要点：

1.起121针，织往返针，第一组和第二组都是4针，其他全部为第三组；每2行一往返；第一个2行全织，第二个2行第一组不织，第三个2行织第三组。依此类推。

2.织44行后开始织袖洞，将下面的60针用别线穿起；袖口边缘平加8针织全平针；织88行；收掉加的8针，把下面的60针连起来继续织后片；织112行后开另一个袖口，方法同上，至完成。

3.沿领口挑122针织10行单罗纹；另起52针织全平针244行，与单罗纹缝合；从边缘挑144针织双罗纹20行，侧边与底边缝合，完成。

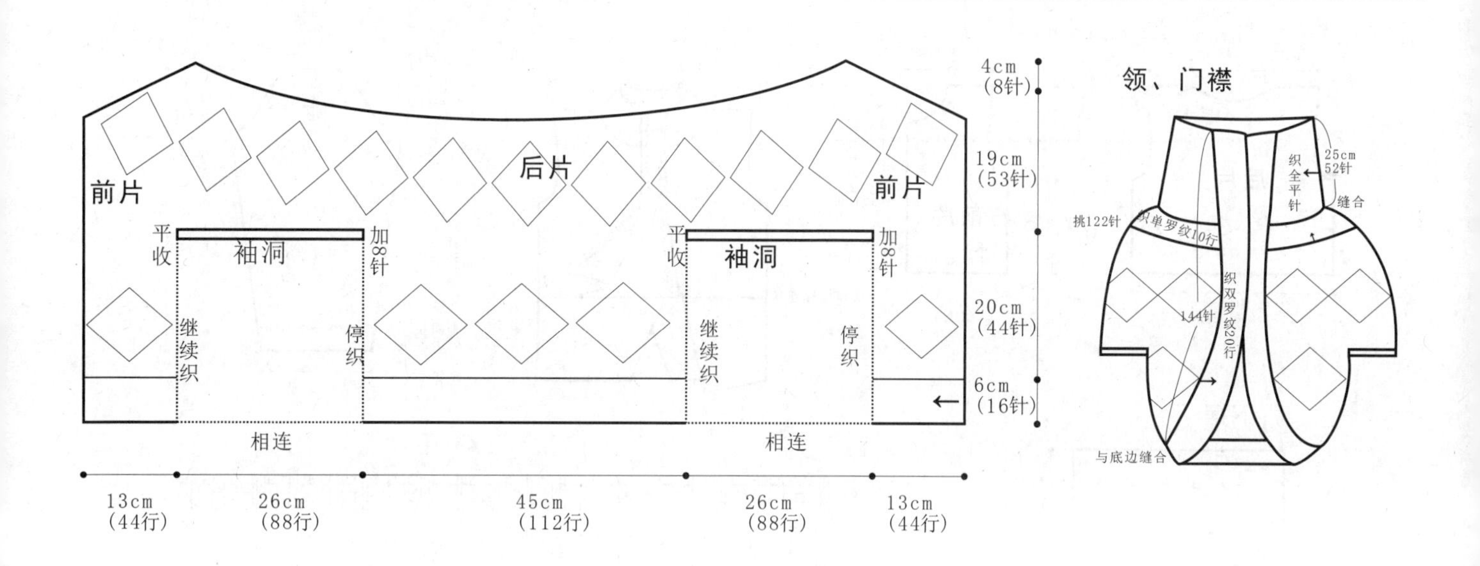

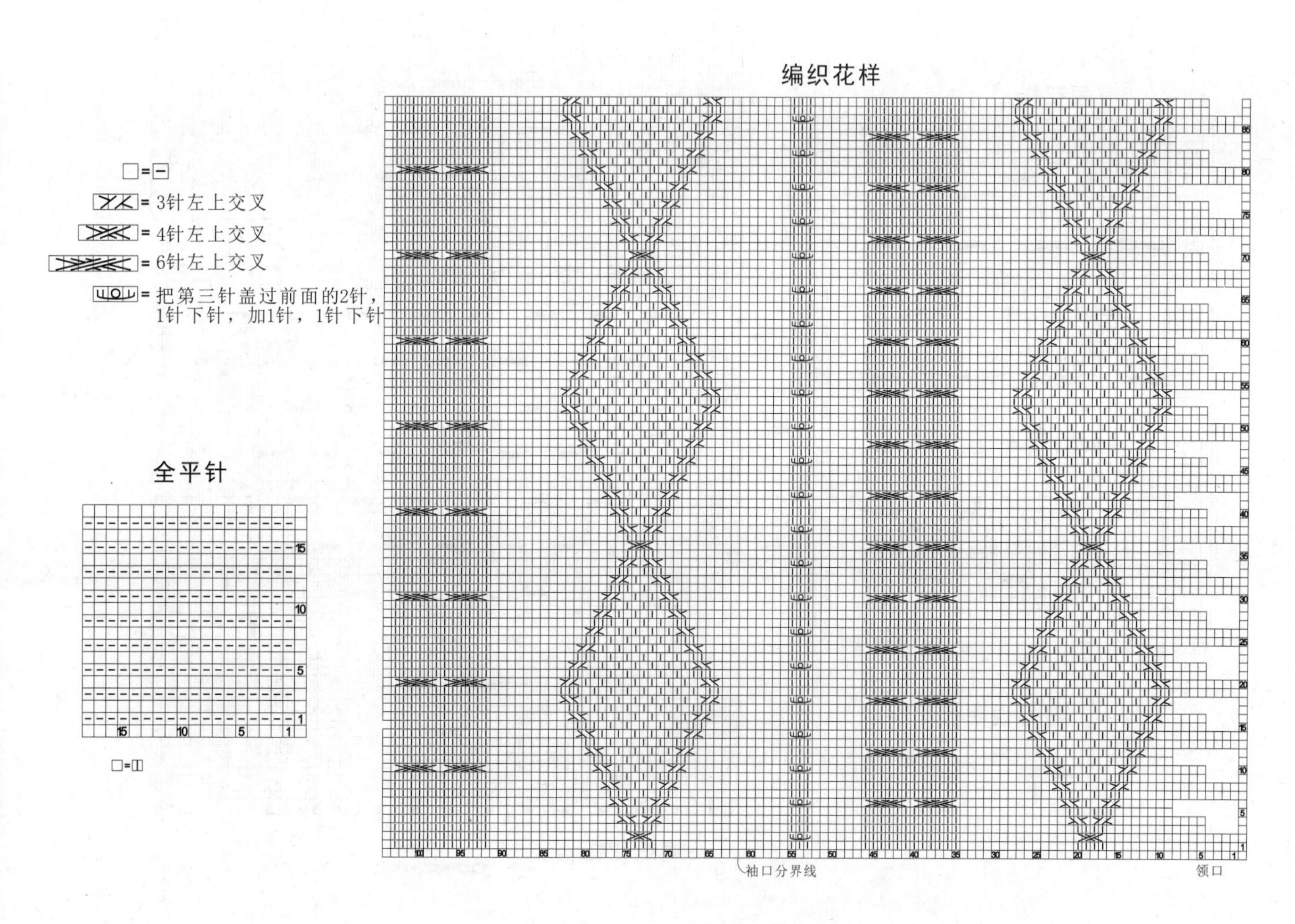

104

【成品规格】 衣长36cm，胸围80cm，袖长58cm

【工　　具】 12号棒针

【编织密度】 40针×40行=10cm²

【材　　料】 细毛线550g，蕾丝若干，纽扣1枚

编织要点：

1.后片:起160针织双罗纹，织72行开挂，先平收5针，再2行收2针收2次，2行收1针收7次;后领窝2行减1针减2次，肩平收。

2.前片:起80针织双罗纹，织法同后片，在右片下角开一个扣眼;领平收10针，2行减3针2次，2行减2针5次，2行减1针6次，最后平织4行。

3.袖:起32针，逐渐加出袖山，袖口边缝上蕾丝，向上翻卷4cm。

4.下摆:织两块长方形;起78针，按图示织花样，交叉部分为97行，织122行时开始织花样，两边对称。

5.领:起38针织领花样，织够领的一周。

6.缝合:将两片下摆在后片中心重叠6cm缝合;分别缝上蕾丝和纽扣;完成。

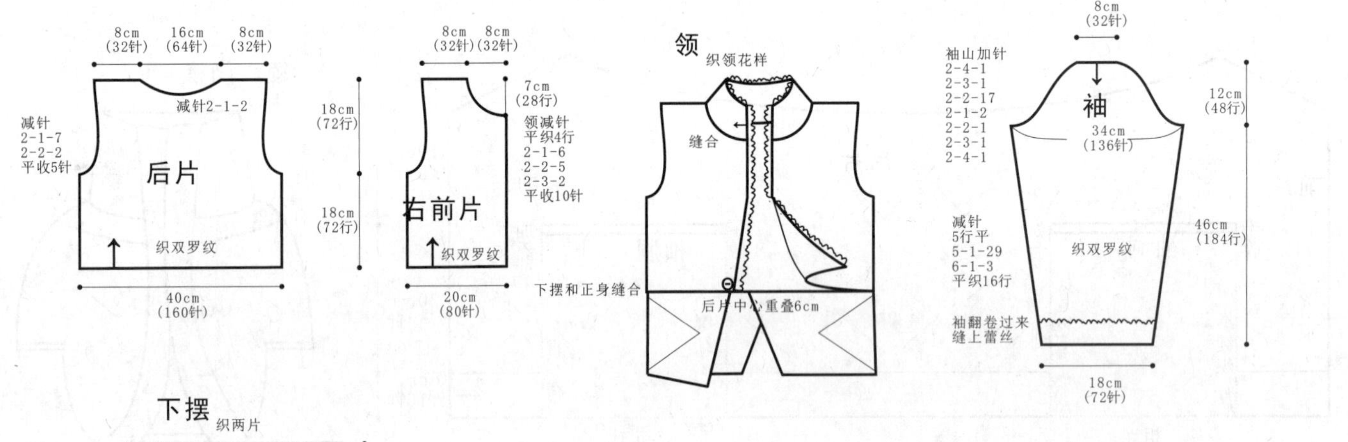

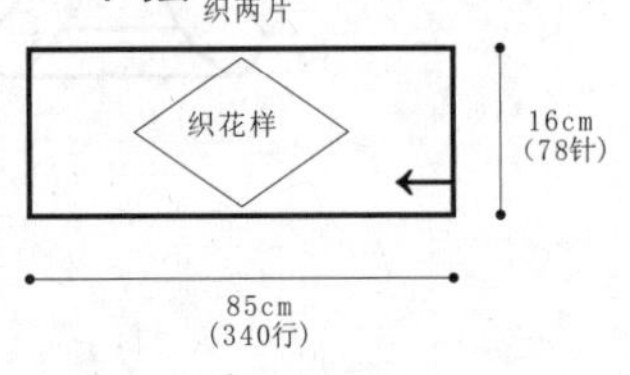

领花样

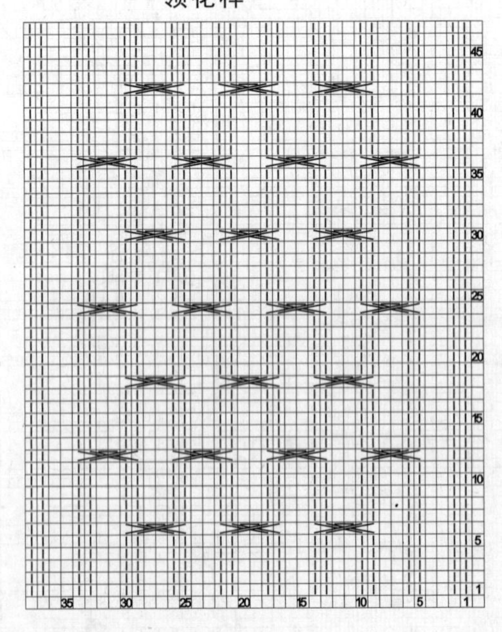

符号说明：

□=⊟

=6针交叉，中间2针织上针

编织方向

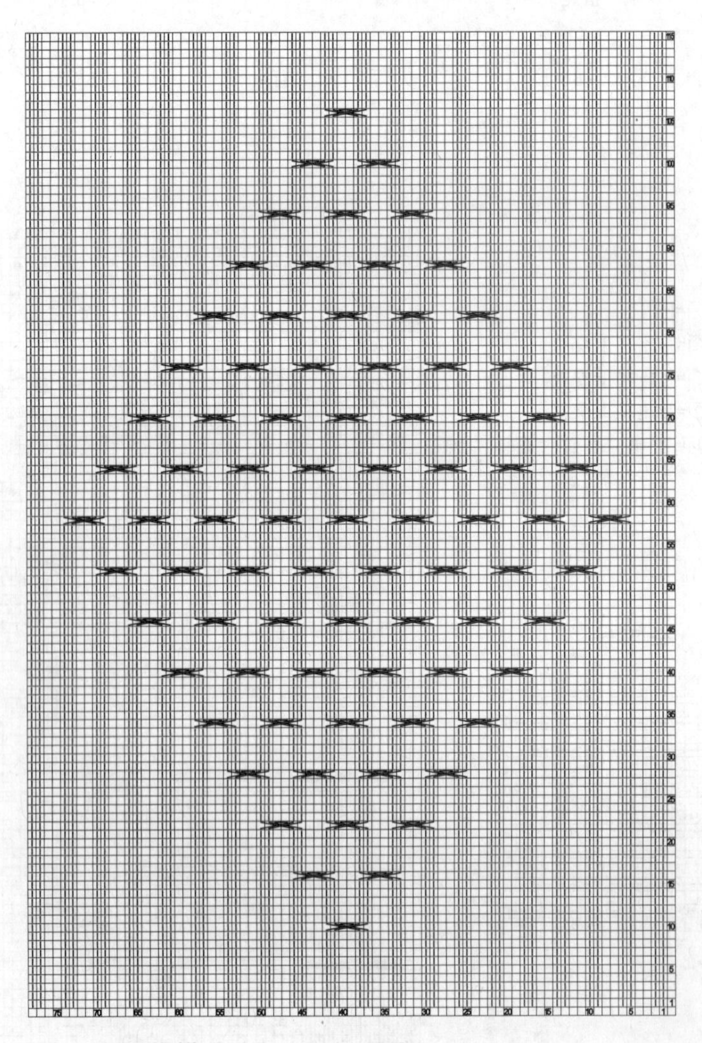

编织花样

□=⊟

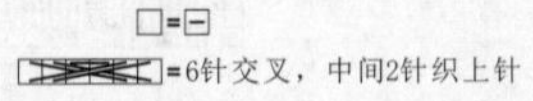

105

【成品规格】 胸围84cm，衣长50cm，肩袖长21cm

【工　　具】 12号棒针

【编织密度】 16针×28行=10cm²

【材　　料】 淡蓝色丝光棉线580g

编织要点：

衣服从下摆起针按结构图往上编织。前后片均按花样针法图编织，袖子从袖口起针往上编织。衣领将各单元片剩下的针编织单罗纹5cm。

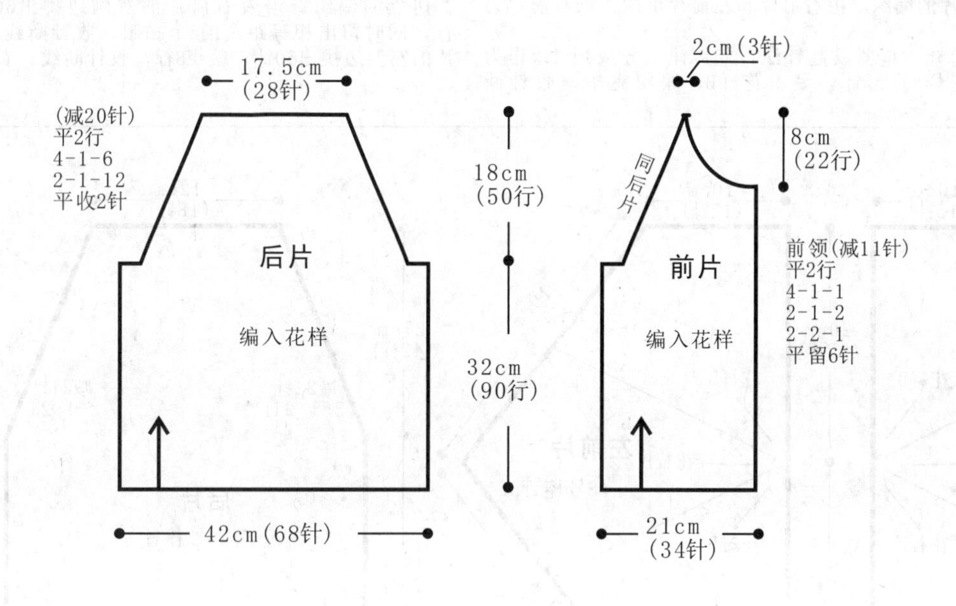

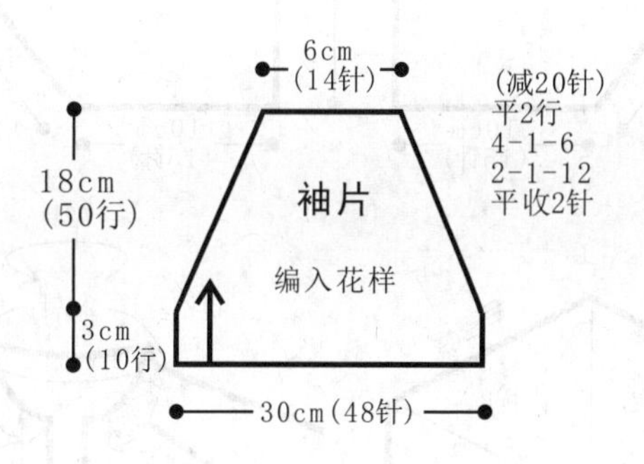

花样针法图

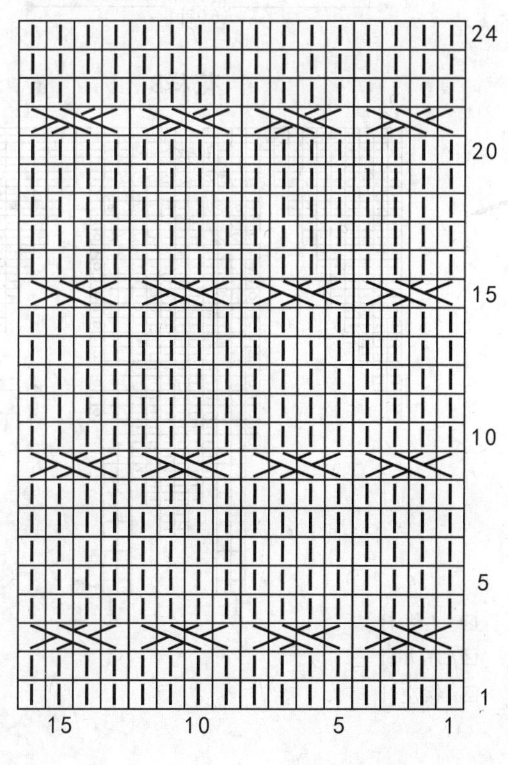

单罗纹针法图

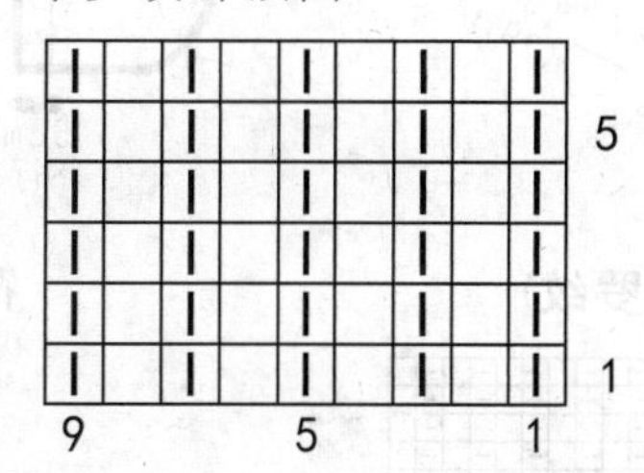

106

【成品规格】 衣长43cm，胸宽40cm，肩宽12cm

【工　　具】 8号棒针

【编织密度】 15针×16行=10cm²

【材　　料】 米白色丝光棉线400g，纽扣5枚

编织要点：

1.棒针编织法，由前片2片、后片1片、袖片2片组成。从下往上织起。

2.前片的编织。由右前片和左前片组成，以右前片为例。

(1)起针，单罗纹起针法，起12针，分成3个4针作为3个花样B的起针，编织花样B，编织完毕，收针断线。

(2)用相同的方法，相反的方向去编织左前片。

3.后片的编织。单罗纹起针法，起60针，全部编织上针。不加减针，编织26行至袖窿。袖窿两侧起减针，方法为2-1-21。当织成袖窿算起42行时，肩部余下18针，收针断线。

4.袖片的编织。单罗纹起针法，起24针，分成6个4针作为6个花样B的起针，编织花样B，编织完毕，收针断线。用相同的方法去编织另一袖片。

5.拼接。按图示将前片的侧缝与后片的侧缝对应缝合，将前后片的肩部对应缝合；再将两袖片的袖山边线与衣身的袖窿边对应缝合。

6.领片的编织。沿着左前片和右前片的衣领边各挑出24针，后片衣领处挑出24针，共72针，编织花样A，不加减针织6行。收针断线。

7.门襟的编织。沿着右前片的右侧边挑出60针，编织8行，同时留出相等距离的5个扣眼，收针断线。沿着左前片的左侧边挑出60针，编织8行，收针断线。衣服完成。

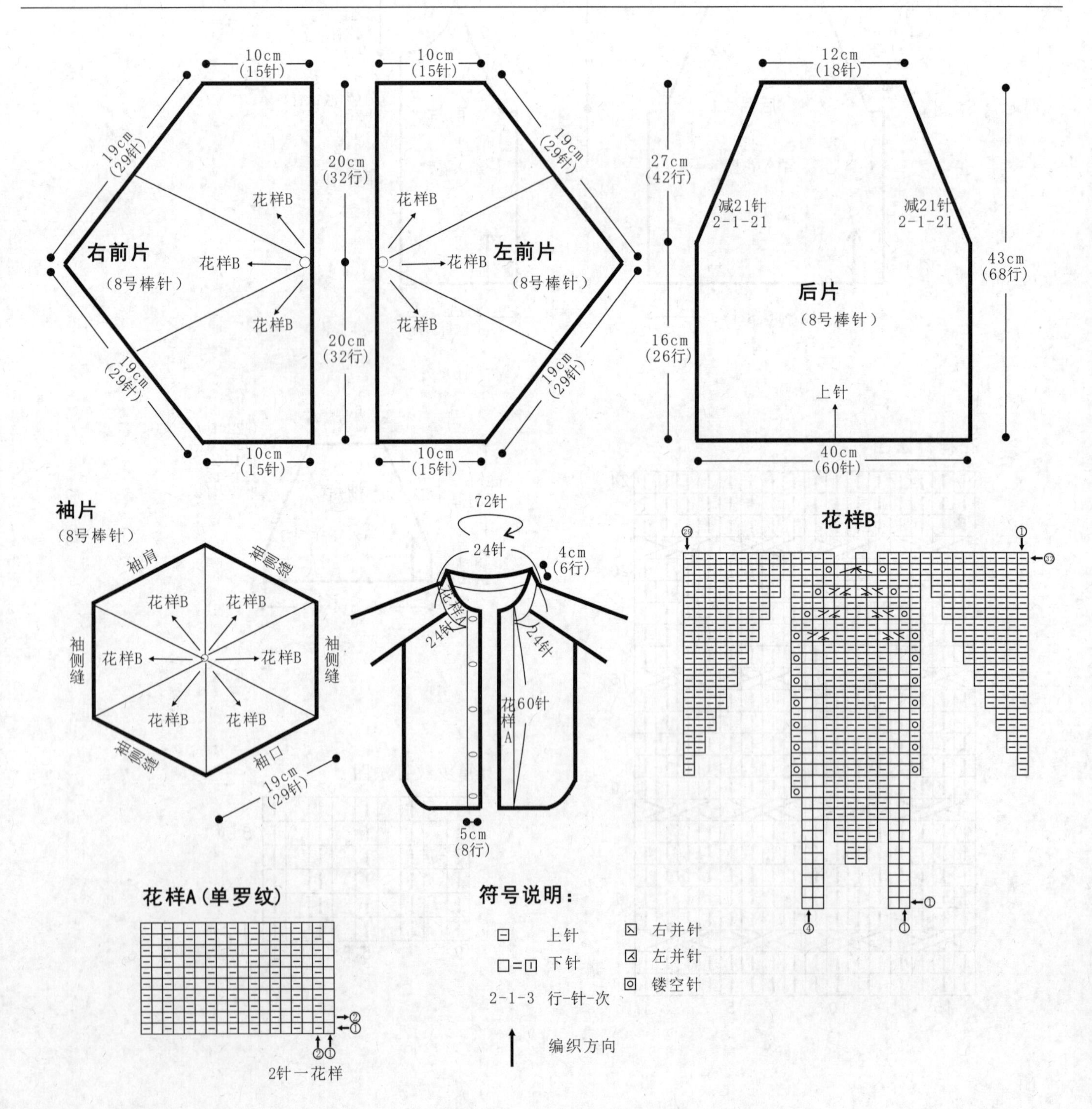

107

【成品规格】 衣长53cm，肩宽35cm，袖长39cm，袖宽36cm

【工　　具】 10号棒针，1.75mm钩针

【编织密度】 24针×34行=10cm²

【材　　料】 白色丝光棉线600g

编织要点：

1.棒针编织法，由前片1片、后片1片及袖片2片组成，再编织领片，由下往上编织。

2.前片的编织。一片织成。下针起针法，起102针，花样A起织，不加减针编织4行高度；下一行起，改织花样B，不加减针编织84行高度；下一行起，改织花样C，不加减针编织8行高度；下一行起，改织花样D，不加减针，织10行至袖窿；下一行起，两侧同时进行袖窿减针，平收6针，2-1-6，减12针，织74行；其中自织成袖窿算起44行高度，下一行进行衣领减针，从中间平收20针，两侧相反方向减针，2-1-15，减15针，织30行，余下14针，收针断线；用钩针钩3朵花样E于衣领左侧缝合。

3.后片的编织。一片织成。自织成袖窿算起60行高度，下一行进行衣领减针，从中间平收36针，两侧相反方向减针，2-1-7，减7针，织14行，余下14针，收针断线；其他与前片一样，但无3朵花样E。

4.袖片的编织。一片织成。下针起针法，起96针，花样A起织，不加减针编织4行高度；下一行起，改织花样B，不加减针编织60行高度；下一行起，改织花样C，不加减针编织8行高度；下一行起，改织花样D，不加减针，织10行；下一行起，两侧同时进行减针，平收6针，然后2-2-19，减44针，织38行，余下8针，收针断线；用相同方法编织另一袖片。

5.拼接。将前片与后片及袖片对应缝合。

6.领片的编织。从前片挑60针，后片挑50针，共110针，花样A起织，不加减针,织6行，收针断线，衣服完成。

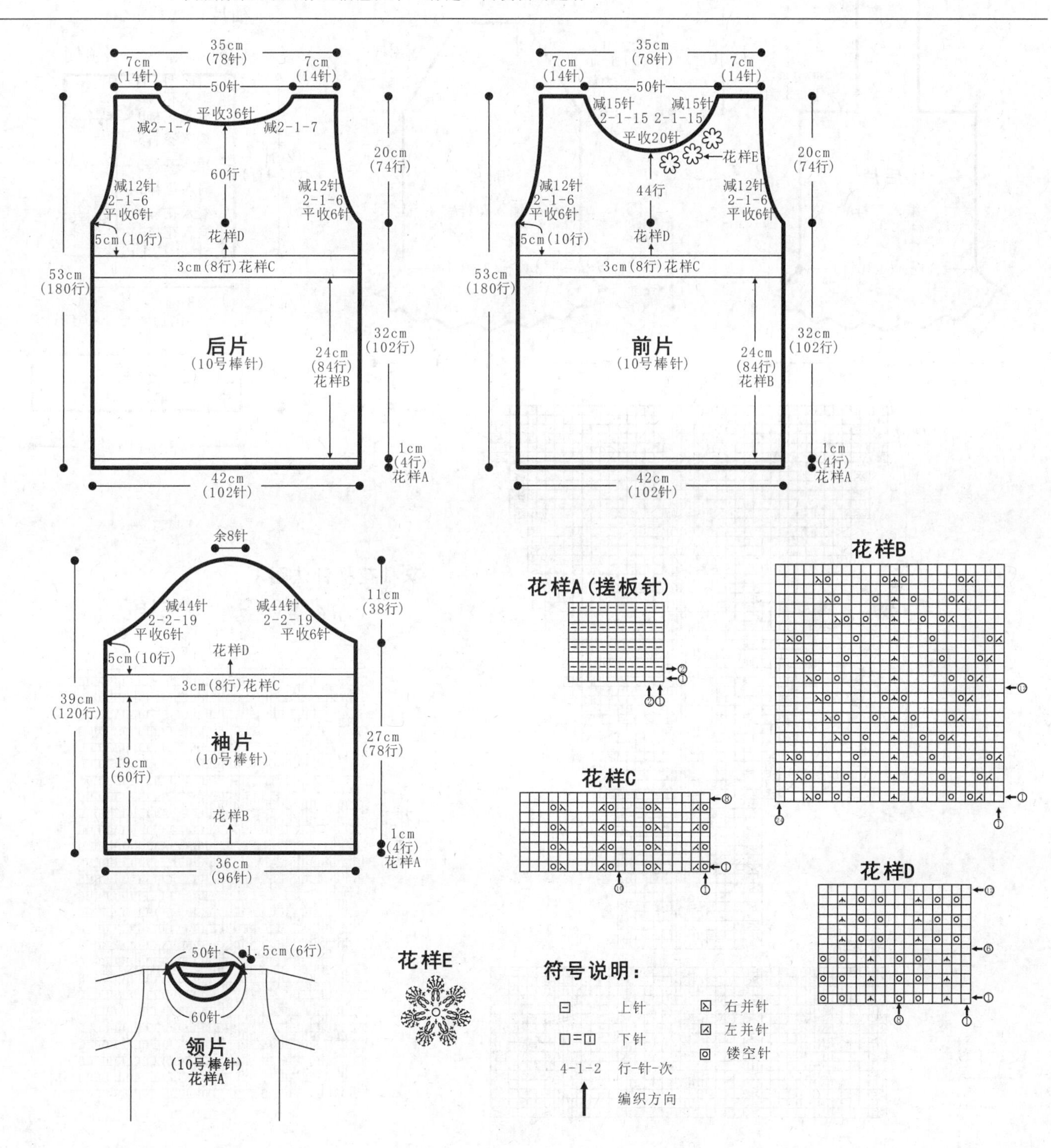

108

【成品规格】 衣长64cm，胸围68cm，肩袖长31cm

【工　　具】 12号棒针

【编织密度】 38针×48行=10cm²

【材　　料】 白色羊毛线580g

编织要点：

1.由前后片及左右袖组成。前后片按结构图从上端领部起针分别往下编织。

2.开始起针就按花样针法图往下端编织前后片时，要注意加针位置。衣袖为横向编织，然后在两侧肩线部位按图示打褶并和前、后片对位合并好，最后将衣领沿对折线合并成双层并和衣服缝合好。

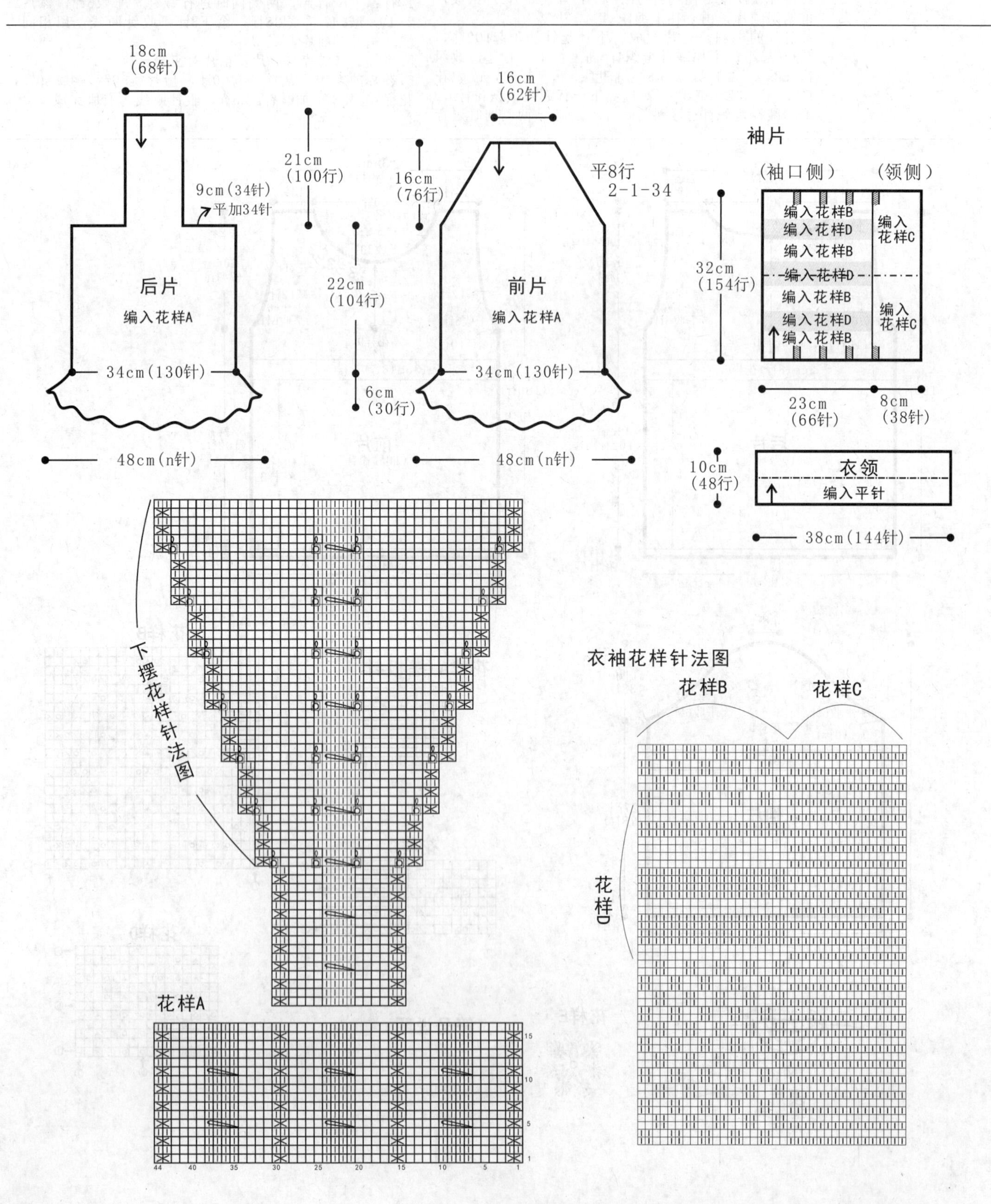

109

【成品规格】 衣长58cm，胸宽48cm，肩宽36cm

【工　　具】 10号棒针，1.75mm钩针

【编织密度】 29针×37行=10cm²

【材　　料】 藕荷色段染羊毛线300g

编织要点：

1.毛衣用棒针和钩针结合编织，由1片前片、1片后片组成，从下往上编织。

2.先编织前片。

(1)先用下针起针法，起140针，即排7组花样A，编织118行花样A后，改织下针，侧缝不用加减针，继续编织14行至袖窿。

(2)袖窿以上的编织。两侧袖窿平收8针，然后每织2行减1针，共减10次。

(3)在距离袖窿22行处开领窝，平收24针，然后每2行减2针，共减4次，再每2行减1针，减20次，然后编织10行平坦，织至肩部余12针。

3.编织后片。用同样方法编织后片。

4.缝合。将前片的侧缝肩部与后片的侧缝肩部对应缝合。

5.领子和两边袖口的编织。领圈边和两边袖口沿边钩花样。

6.下摆沿边钩花样B。完成。

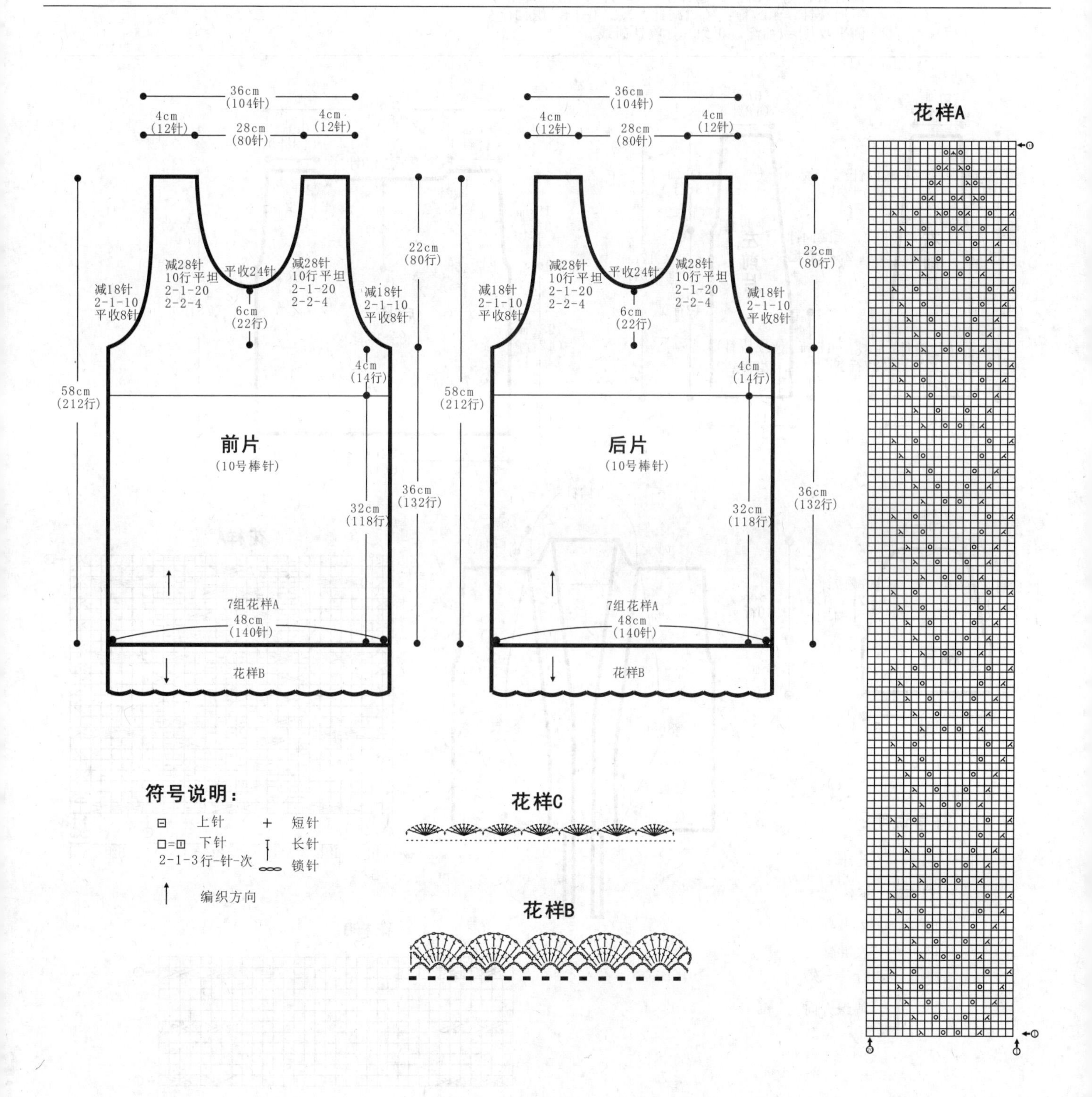

110

【成品规格】 衣长47cm，胸宽32cm，袖长22cm

【工　　具】 8号棒针，2.5mm钩针

【编织密度】 21针×18行=10cm²

【材　　料】 白色棉线400g

编织要点：

1.棒针编织法，分成左前片、右前片、后片分别编织，再编织两个袖片进行缝合，最后编织领片。

2.前片的织法。

(1)左前片和右前片的编织方法相同，但方向相反，以右前片为例，下针起针法，起31针，花样A起织，不加减针，织27行；领口减针，减2-1-14。织42行左侧平收4针织袖窿。再织36行收针断线。

(2)用相同方法及相反方向编织左前片。

3.后片的编织，下针起针法，起66针，花样A起织，织下一组花样时不用织花样A里的a组和b组。不加减针，织42行后两侧平收4针织袖窿，再织33行织21针后平收28针织领口，领口两边同时减针，减2-1-2，收针断线。

4.袖片的编织，下针起针法，起40针，织2组花样A，注意织第二组花样A时不用织a组和b组，不加减针，织6行；下一行起，织袖山，两边同时减针，减1-4-1，2-1-13，减17针，织30行，余下10针，收针断线，用相同的方法去编织另一袖片。

5.拼接，将袖片的袖山边线分别与前片的袖窿边线和后片的袖窿边线进行对应缝合；将口袋于前片适当位置缝合。

6.领片的编织，左右衣襟各挑86针，后片挑44针，共216针；花样B起织，织12行，收针断线。用钩针在左右衣襟下角各钩辫子针40针做带子。收针断线。衣服完成。

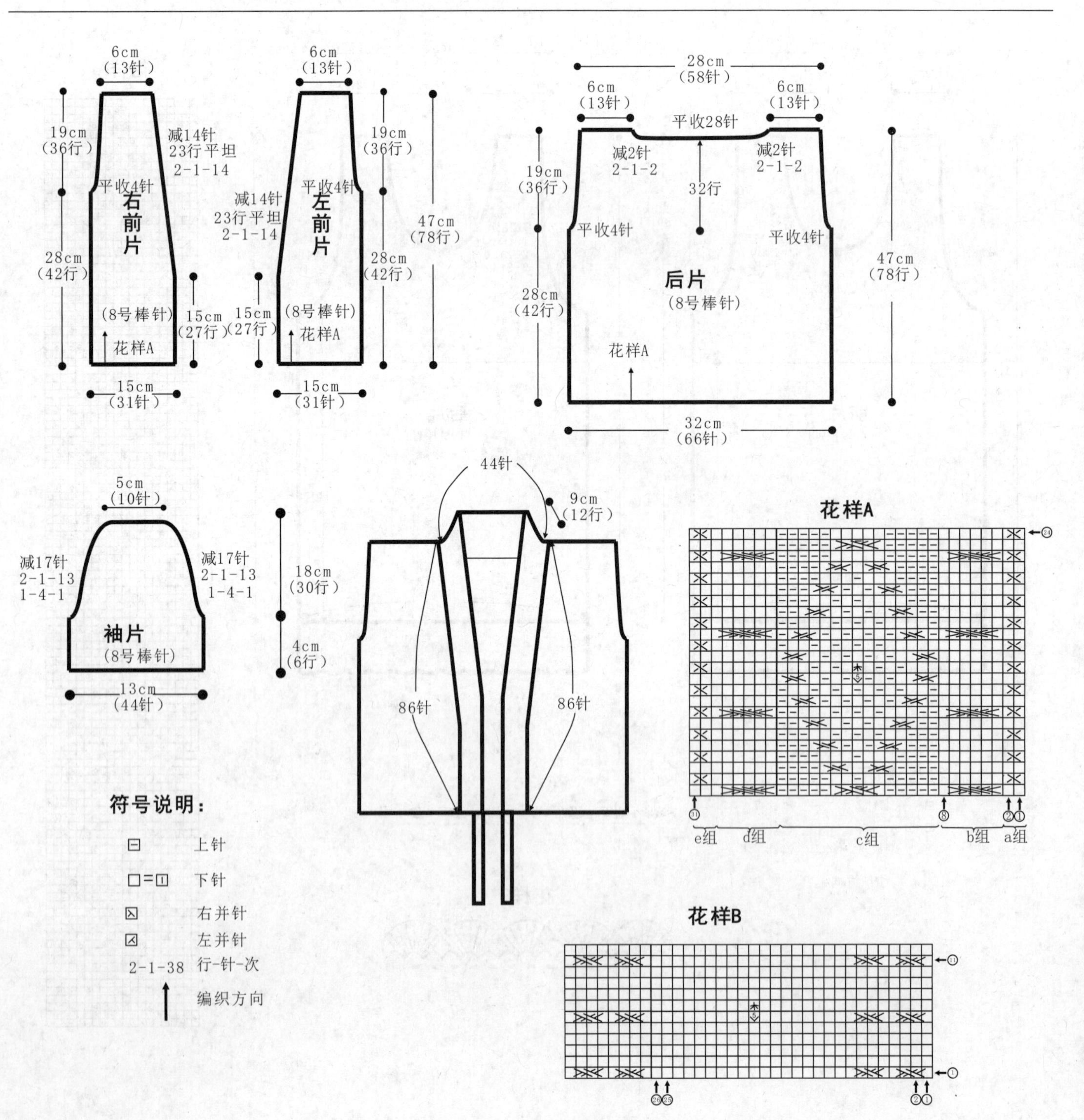

111

【成品规格】 衣长43cm，胸宽42cm，袖长38cm

【工　　具】 8号棒针

【编织密度】 20针×8行=10cm²

【材　　料】 紫色线500g，纽扣4枚

编织要点：

1.棒针编织法，由左前片、右前片各1片，后片1片，袖片2片组成。
2.右前片的编织。
(1)下针起针法，起45针，编织6针下针+花样A，不加减针，织18行的高度，至袖窿。
(2)袖窿以上的编织。前两针织花样A的a组花样，减21针，2-1-21。织48行后平收6针后，领口两侧减16针，2-4-1，2-6-2，余2针，收针断线。
3.用相同方法相反方向织左前片。
4.后片的编织。下针起针法，起84针，编织花样A，不加减针，织18行的高度，至袖窿。然后袖窿起减针，方法与前片相同。当织成袖窿算起54行时，收针断线。
5.袖片的编织。袖片下针起针法，起59针，起织花样B，织19行后至袖山，减21针，方法为2-1-21，再往上织56行的高度，余17针，收针断线。用相同的方法去编织另一袖片。
6.领带的编织。下针起针法起10针，织花样C，织1.5米。
7.拼接，将前片的侧缝与后片的侧缝对应缝合，选一侧边与后片的肩部对应缝合；再将两袖片的袖山边线与衣身的袖窿边对应缝合。在领口处将领带与衣领缝合，衣服完成。

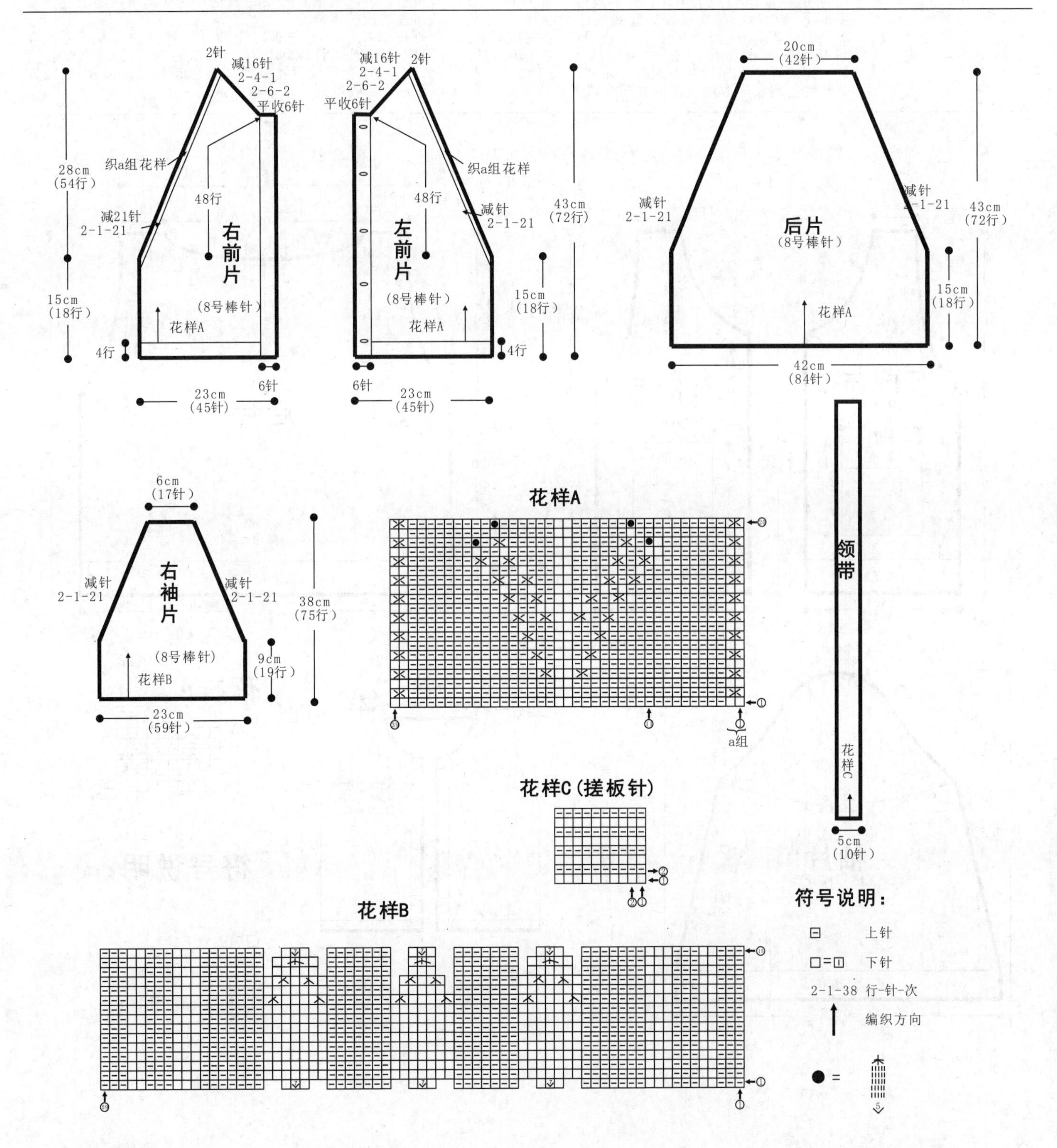

112

【成品规格】 衣长40cm，肩宽35cm
袖长43cm，袖宽20cm

【工　　具】 12号棒针

【编织密度】 24针×45行=10cm²

【材　　料】 细羊毛线白色400g，黑色100g，纽扣1枚

编织要点：

1.棒针编织法。由左右前片各1片、后片1片及袖片2片组成，再编织领片，由下往上编织。

2.前片的编织。分为左、右前片分别编织，编织方法一样，但方向相反；以右前片为例，下针起针法，起44针，黑色花样A起织，不加减针编织14行高度；下一行起，改织白色花样A，不加减针，织86行至袖窿；下一行起，左侧进行袖窿减针，平收3针，然后2-1-10，减13针，织80行；其中自织成袖窿算起24行高度，右侧进行衣领减针，减2-2-5，2-1-9，减9针，织28行，不加减针编织28行高度，余下12针，收针断线；用相同方法及相反方向编织左前片。

3.后片的编织。一片织成。下针起针法，起110针，黑色花样A起织，不加减针编织14行高度；下一行起，改织白色花样A，不加减针，织86行至袖窿；下一行起，两侧同时进行袖窿减针，平收3针，然后2-1-10，减13针，织80行；其中自织成袖窿算起72行高度；下一行进行衣领减针，从中间平收48针，两侧相反方向减针，方法为2-2-2，2-1-2，减6针，织8行，余下12针，收针断线。

4.袖片的编织。一片织成。下针起针法，起96针，黑色花样A起织，不加减针编织14行,下一行起，改织白色花样A,两侧同时进行减针，8-1-14，减14针，织112行，余下68针；下一行起，两侧同时进行减针，平收3针，然后2-1-10，减13针，织20行，不加减针编织48行高度，余下42针，收针断线；用相同方法编织另一袖片。

5.衣兜的编织。一片织成。下针起针法，起20针，白色花样A起织，不加减针编织32行；下一行起，改织黑色花样A，不加减针编织8行，收针断线；用相同方法编织另一衣兜。

5.拼接。将左右前片与后片及袖片对应缝合；将衣兜于左右前片对应位置缝合。

6.领片的编织。于左右前片侧边位置挑68针，黑色花样A起织，不加减针编织14行；于左右前片衣领位置各挑50针，后片衣领位置挑60针，黑色花样A起织，不加减针编织14行，收针断线，衣服完成。

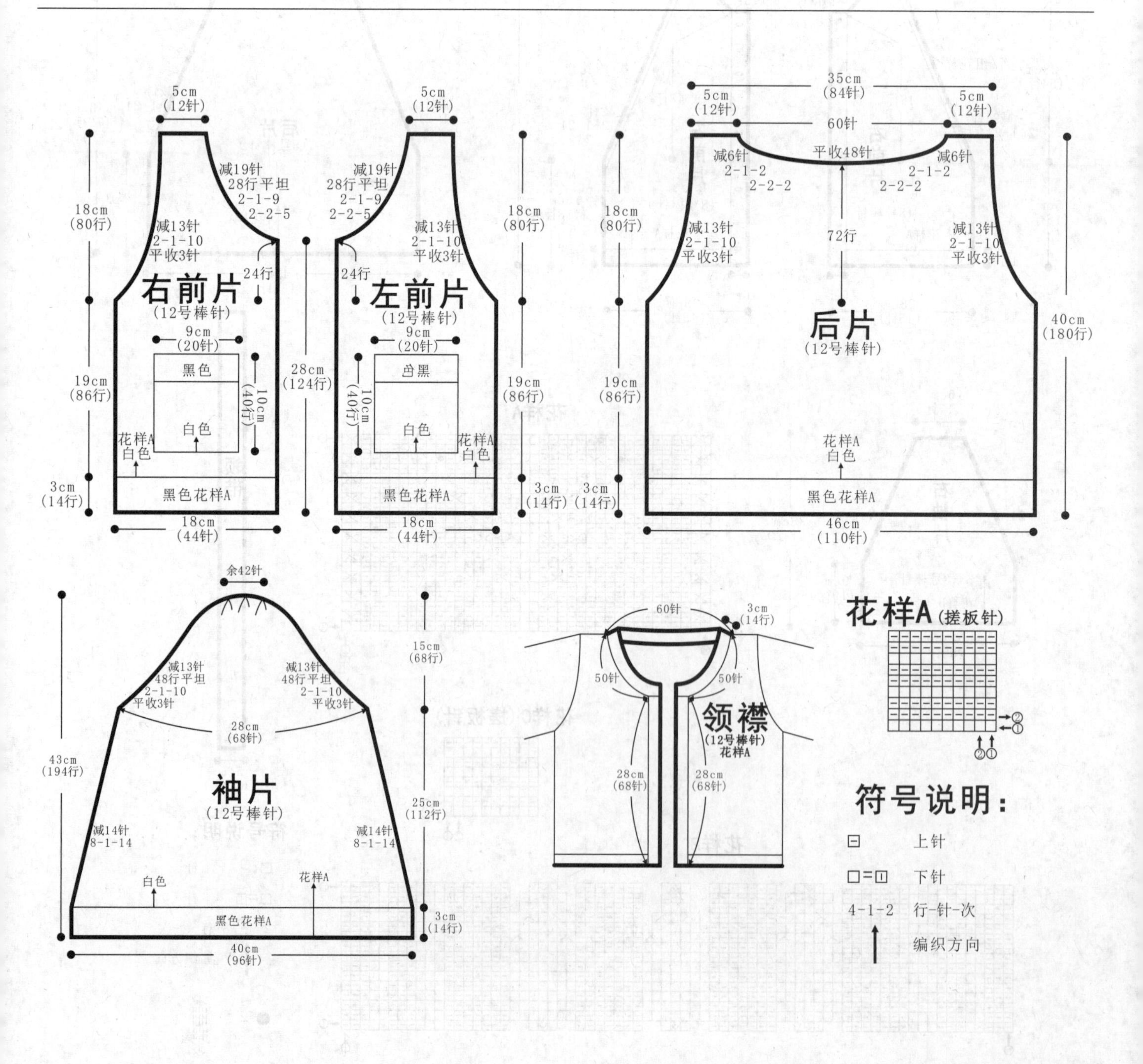

113

【成品规格】 衣长53cm，半胸围32cm，袖长54cm

【工　　具】 10号棒针

【编织密度】 18.5针×24行=10cm²

【材　　料】 红色毛线800g

编织要点：

1.棒针编织法，由前片2片、后片1片和袖片2片组成。从下往上织起。

2.前片的编织。由右前片和左前片组成，以右前片为例。

(1)起针，下针起针法，起48针，编织花样A，不加减针，织22行的高度，改织花样B，织16行，再改织上针10行，再织花样C8行，余下的编织下针，不加减针，织12行的高度时，在最后一行里，分散收褶收掉8针，余下40针，不加减针，再织12行下针后，至袖窿。

(2)袖窿以上的编织。左侧减针，每织4行减2针，共减9次，织成36行，余下22针，收针断线。

(3)用相同的方法，相反的方向去编织左前片。

3.后片的编织。下针起针法，起84针，袖窿以下的花样编织及收褶方法，与前片相同，收褶时收掉24针，然后再织12行下针后，至袖窿，下一行袖窿起减针，方法与前片相同。当织成袖窿算起36行时，织片余下24针，收针断线。

4.袖片的编织。袖片从袖口起织，下针起针法，起44针，起织花样E，不加减针，往上织12行的高度，第13行起，分配成花样B编织，在两袖侧缝进行加针，方法为12-1-4，再织20行，至袖窿。并进行袖山减针，方法为4-2-9，织成36行，最后余下16针，收针断线。用相同的方法去编织另一袖片。

5.拼接，将前片的侧缝与后片的侧缝对应缝合，再将两袖片的袖山边线与衣身的袖窿边对应缝合。

6.最后分别沿着前后衣领边，如结构图所示挑出针数，共100针，起织花样E搓板针，不加减针，编织26行的高度后，收针断线。衣服完成。

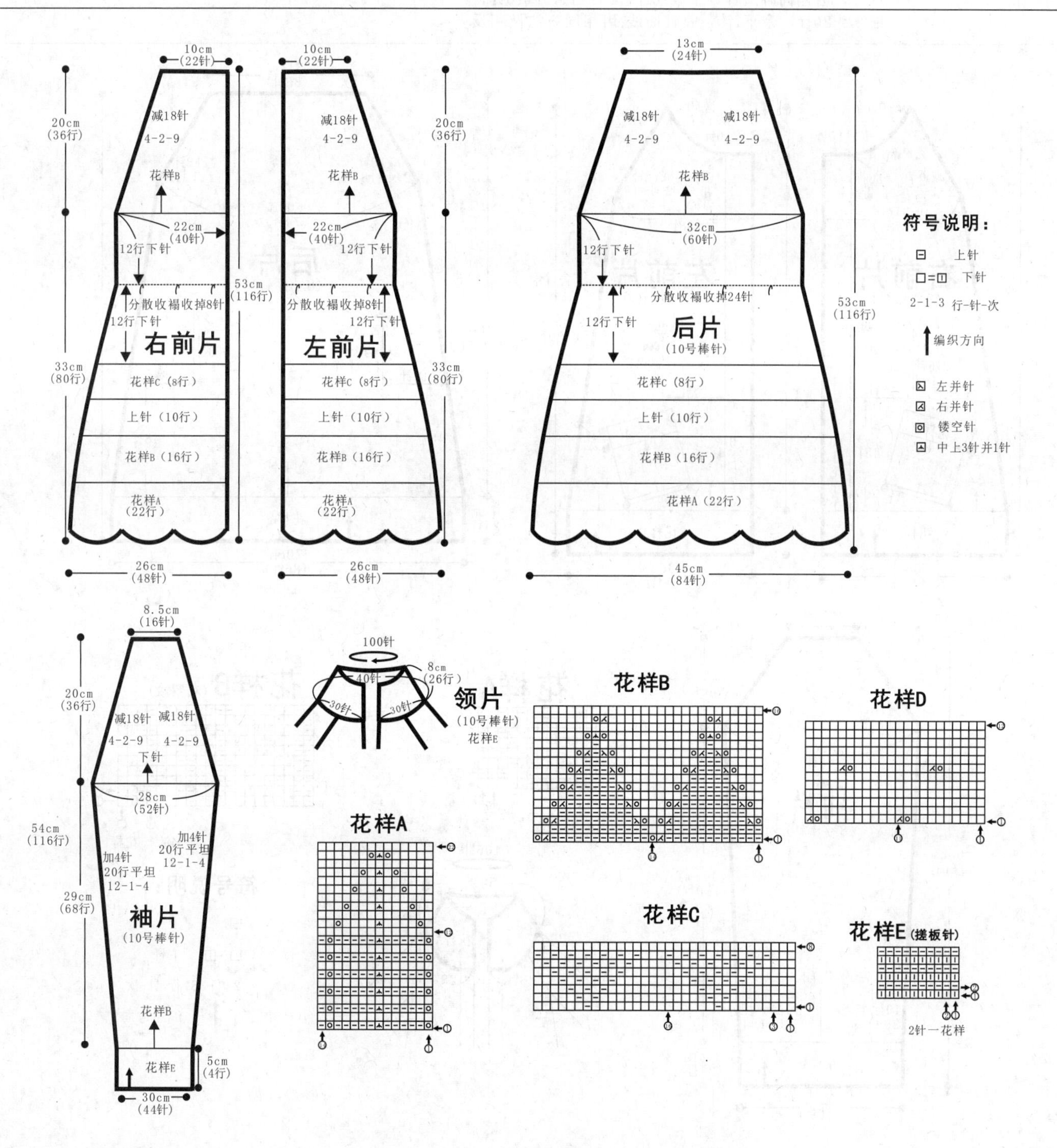

114

【成品规格】 衣长65cm，胸宽60cm，肩宽31cm，袖长65cm，袖宽32cm

【工　　具】 8号棒针

【编织密度】 42针×44行=10cm²

【材　　料】 黑色花线1000g

编织要点：

1.棒针编织法，分成左前片、右前片、后片分别编织，再编织两个袖片进行缝合，最后编织领片。

2. 左前片和右前片的编织方法相同，但方向相反。以右前片为例，下针起针法，起44针，花样A起织，不加减针，织24行;下一行起，改织34针下针+10针花样A，不加减针，织48行;下一行起，右侧数起，第29针位置减针，12-1-6，减6针，继续编织72行，余38针;下一行起，左侧减针，2-1-18，减18针，织成16行，右侧同时减针，平收10针，2-1-10，减10针，继续织20行，余下1针，收针断线;用相同方法及相反方向编织左前片。

3.后片的编织，下针起针法，起86针，花样A起织，不加减针，织24行;下一行起，改织下针，不加减针，织48行;下一行起，两侧数第19针起减针，12-1-6，减6针，继续织72行，余下74针;下一行起，两边同时减针，2-1-18，减18针，织36行，余38针，收针断线。

4.前片口袋的编织，下针起针法，起22针，下针起织，不加减针，织18行;下一行起，改织花样A，不加减针，织12行，收针断线，用相同方法编织另一口袋。

5.袖片的编织，下针起针法，起40针，花样A起织，不加减针，织24行;下一行起，改织花样B，两边同时加针，20-1-4，40行平坦，加4针，织120行，织成48针;下一行起，两边同时减针，2-1-18，减18针，织36行，余下12针，收针断线，用相同的方法去编织另一袖片。

6.拼接，将袖片的袖山边线分别与前片的袖窿边线和后片的袖窿边线进行对应缝合;将口袋于前片适当位置缝合。

7.领片的编织，从左右前片及袖片各挑28针，后片挑50针，共106针;花样A起织，织32行，收针断线，衣服完成。

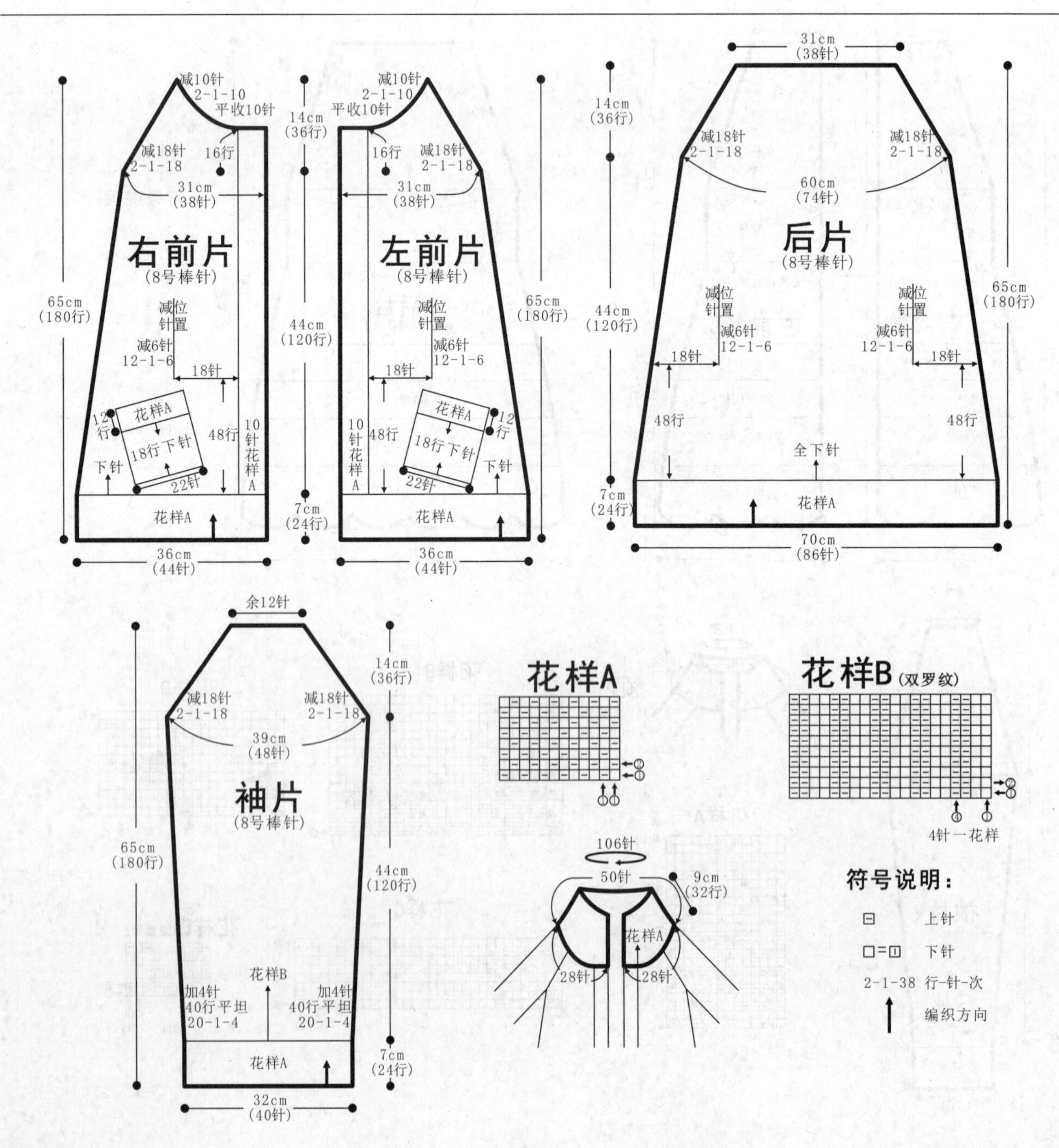

【成品规格】 衣长74cm，胸围82cm，袖长60cm

【工　　具】 10号棒针

【编织密度】 12针×16行=10cm²

【材　　料】 驼绒线1150g，纽扣5枚

编织要点：

后片：起90针，中心织花样，花样两边织桂花针，每行第一针织滑针，袖织插肩袖，按图解收针。

前片：起46针，织桂花针，同后片，领不收针平直织上去。

右袖： 袖口用短的环形针起14针。

第一行：上针5，下针2，上针2，下针4，转过来。

第二行：上4下2上3下5，翻转重复上述步骤，织到36cm收针，留40cm的线用作缝合袖口的短边重叠2.5cm，来回针缝合，收针的一边朝上。袖带的尺寸是33cm。上针的部分保持自然卷曲，不要拉伸。

正面朝上，从缝合处开始挑39针（4下针的一边），从织片的前面挑出来，棒针从第2针的后方穿入，形成圈织。（1下1上）织4次，下针（共9针）。放一个记号，继续桂花针的图样，1上1下。从记号处开始圈织。

特小号：重复桂花针图样，直到袖子织到46cm（含袖口长度）除特小号外的其他尺寸：织到39cm长，到记号前1针，左放1针，根据桂花针的图样决定上针或下针，同样的右放1针。重复每（10、10、8、6）行放（1、2、3、4次），放到39针。

所有尺寸：袖子织到46cm为止，织到剩最后4针，然后平收7针，再织剩下的部分。还有32针翻转，平织袖山。

反面：滑1针，桂花针织到尾，翻转重复4行。

减针行（正面），滑1针，左下2并1针，织到剩3针的时候，右下2并1针，下1，翻转下一行（反面）：朝上滑1针，下针，继续桂花针图样至最后2针时织2下针，翻转每4行按上述减针方法，减2次，再每2行减8次，余10针。剩余的针用别针或别线穿好。

左袖：与右袖相同，缝合时注意起针行的边在上面正面缝合处开始挑39针，从第2针的后方穿入棒针，挑出。围成圈织。（下1，上1）14次，下1，共29针。放置记号，继续桂花针图样：即上1下1，从记号处开始圈织。按照左袖的办法，继续完成右袖。按156行的办法减针。减到26针的时候，用别针或别线穿过。

袖窿减针：下一行（正面）：收5针，织余下的针平织3行，然后减针：滑一针，左下2并1，余下行织桂花针。下一行（反面）织到剩最后2针位置，2下针每4行减2次，再每2行减一次，减到19针为止。

领窝：短行第1行（正面）：滑1针，左下2并1，织到余最后6针，引返第2、4、6、8、10行，织到余最后2针，2下第3行：滑1针，左下2并1，织8针，引返第5行：滑1针，左下2并1，织6针，引返第7行：滑1针，左下两并针桂花针4针，引返第9行：滑1针，左下两并针，桂花针2针，引返第11行：滑1针，左下2并1，桂花针5针，上1，下2，上3余下13针穿到别针上。

右前片：

注意按下述的方法开纽扣洞织39cm，下一行下面织上3，下1，右下2并1，空针，余下行织桂花针。反面把空针正常织起来每隔14cm开一个纽扣洞，重复3次用短的环形针起针42（46、49、52、56）。

起花行（反面）：织到剩6针，然后下1上2下3。

第一行（正面）：上3，下2，上1，余下织桂花针。

第2行（反面）： 织到剩6针， 下1 ，上2 ，下3，12行重复4次。

边缘减针：

11行（反面）：上3，下2， 上1 ，然后桂花针织到剩3针，右下2并1，下1每10行按11行方法重复5次，再每8行重复7次，再每6行重复3次。余29针平织127行。

斜肩减针：

下一行（反面）：收5针，织完余下行。平织2行，然后减针。织到最后3针，右上2并1，下1。下一行反面：滑1，下1，余下织桂花针图样每4行减1次，重复2次。然后每2行减一次，直到余19针为止，在反面行结束领窝，短行第1行（反面）织到最后6针，引返第2、4、6、8、10行（正面）织到最后3针，右下2并1，下1第3行（反面）滑1，下1，织9针，引返第5行，滑1，下1，织7针，引返第7行，滑1，下1，织5针，引返第9行，滑1，下1，织3针，引返第11行，滑1，下2，引返第12行，右下2并1，下1第13行，滑1，下1，织7针，上1，下3，余下13针穿到别针上。

结束：反面叠在一起缝合，正面可以看到缝边。

帽子：从别针上挑出72针，按第8页的图解织1-58行分到2根针上，每针36针。反面对准在一起，用3根针收针缝纽扣。左前片4颗，袖圈各1颗清洗，熨烫大衣花瓣。

A：大花（背部的下部分）

在图纸P的位置上挑2针，按照大花瓣的图解织下去。每朵花织5片花瓣。展开花瓣，用往返针缝合在衣服上。注意不要太松或太紧。

B：小花（肩部和帽子上）

在P的位置上挑2针，按照小花瓣的图解织下去。每朵花5片花瓣。微微展开花瓣，用往返针缝合在衣服上。注意不要太松或太紧。

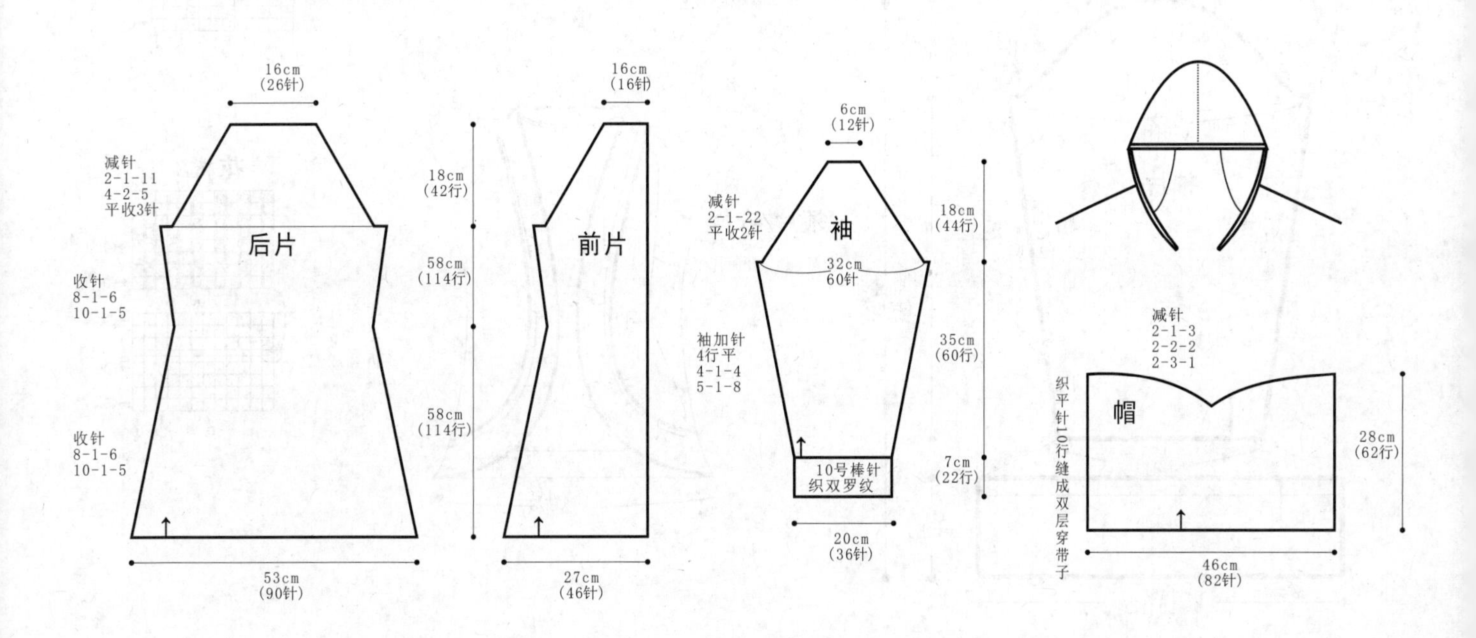

116

【成品规格】 衣长61cm，半胸围36cm，肩宽28cm，袖长59cm

【工　　具】 10号棒针

【编织密度】 24.6针×28行=10cm²

【材　　料】 黑白色段染线600g

编织要点：

1.棒针编织法，衣身分为左前片、右前片和后片分别编织。

2.起织后片，下针起针法，起92针织花样A，一边织一边两侧减针，方法为14-1-5，平织16行后，然后两侧加针，方法为8-1-3，织至116行，两侧袖窿减针，方法为1-4-1，2-1-5，织至167行，中间平收36针，两侧减针织成后领，方法为2-1-2，织至170行，两侧肩部各余下15针，收针断线。

3.起织右前片，下针起针法，起12针织花样A，右侧衣摆加针，方法为2-2-3，2-1-14，4-1-2，左侧减针，方法为14-1-5，减针后平织16行，然后左侧加针，方法为8-1-3，织至116行，左侧袖窿减针，方法为1-4-1，2-1-5，同时右侧前领减针，方法为4-1-8，织至170行，余下15针，收针断线。

4.用同样的方法相反方向编织左前片。完成后将左、右前片与后片的两侧缝缝合，两肩部对应缝合。

领片/衣襟制作说明

沿领口及衣摆挑起944针织花样B，共织36行的长度，收针断线。

袖片制作说明

1.棒针编织法，编织两片袖片。从袖口起织。

2.下针起针法起52针，织花样A，一边织一边两侧加针，方法为8-1-12，织至104行，两侧减针编织袖山。方法为1-4-1，2-2-15，织至134行，织片余下8针，收针断线。

3.沿袖口挑起104针，编织花样B，共织32行的长度，单罗纹针收针法收针断线。

4.用同样的方法编织另一袖片。

5.缝合方法:将袖山对应前片与后片的袖窿线，用线缝合，再将两袖侧缝对应缝合。

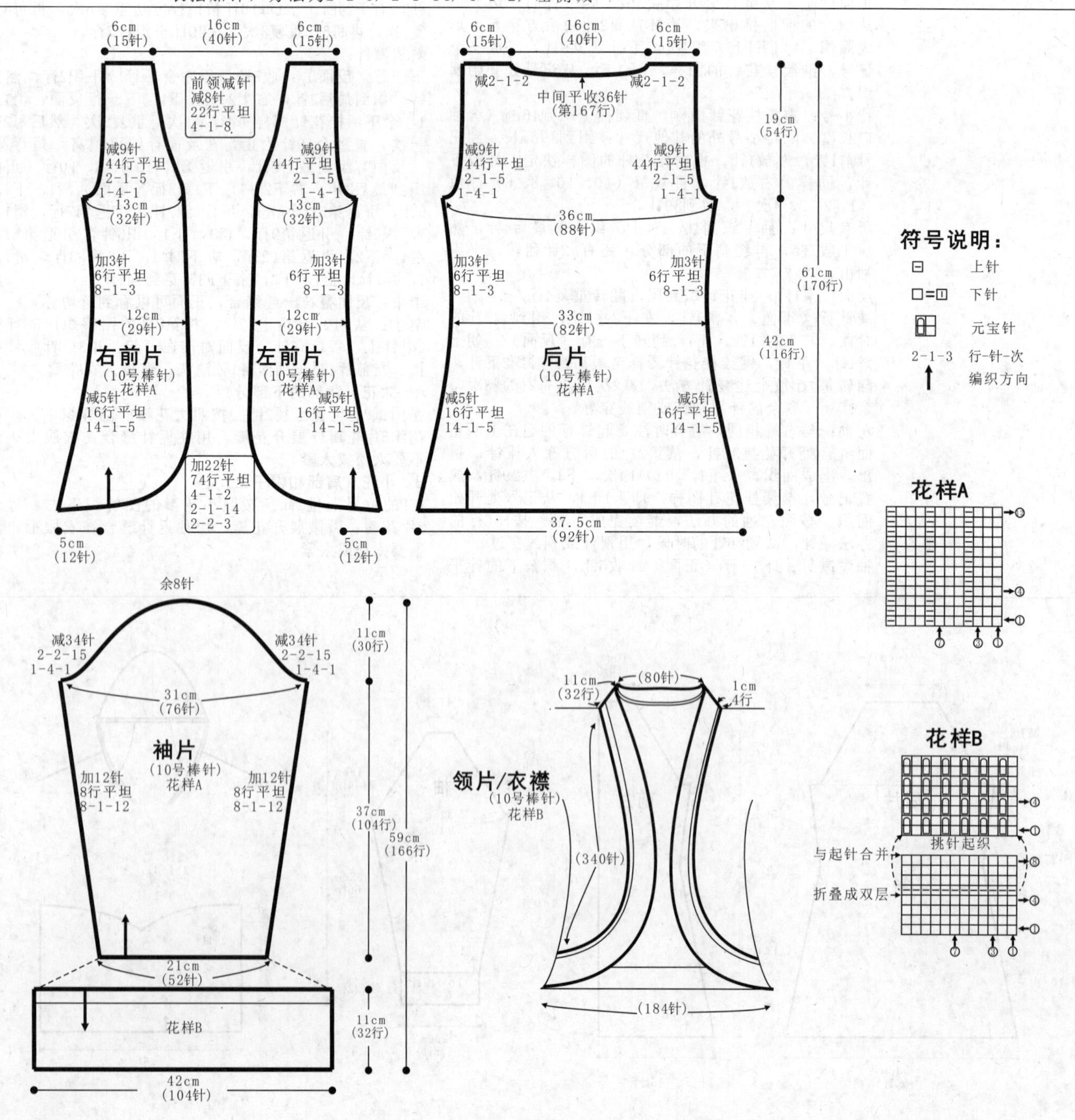

117

【成品规格】 衣长42cm，胸宽36cm
袖长14cm，袖宽14cm

【工　　具】 8号棒针

【编织密度】 14针×15行=10cm²

【材　　料】 白色粗毛线450g

编织要点：

1.棒针编织法，由左右前片各1片、后片1片及袖片2片组成，再编织领片，由下往上编织。

2.前片的编织，分为左右前片分别编织，编织方法一样，但方向相反；以右前片为例，单罗纹起针法，起24针，花样A起织，不加减针编织18行高度；下一行起，改织花样B，不加减针，编织30行至袖窿；下一行起，左侧进行袖窿减针，2-1-10，减10针，织20行，余下14针，收针断线；用相同方法及相反方向编织左前片。

3.后片的编织，一片织成；单罗纹起针法，起50针，花样A起织，不加减针编织18行；下一行起，改织5针下针+40针花样B+5针下针；不加减针编织18行高度；下一行起，改织全下针，不加减针，编织12行至袖窿；下一行起，两侧同时进行减针，2-1-10，减10针，织20行，最后一行分散减10针，余下20针，收针断线。

4.袖片的编织，一片织成，单罗纹起针法，起32针，花样A起织，不加减针编织4行；下一行起，改织下针，两侧同时进行减针，2-1-10，减10针，织20行，余下12针，收针断线；用相同方法编织另一袖片。

5.拼接，将左右前片与后片及袖片对应缝合。

6.领片的编织，从左右前片位置各挑22针，后片位置挑32针，共76针，花样A起织，不加减针，织8行，收针断线，衣服完成。

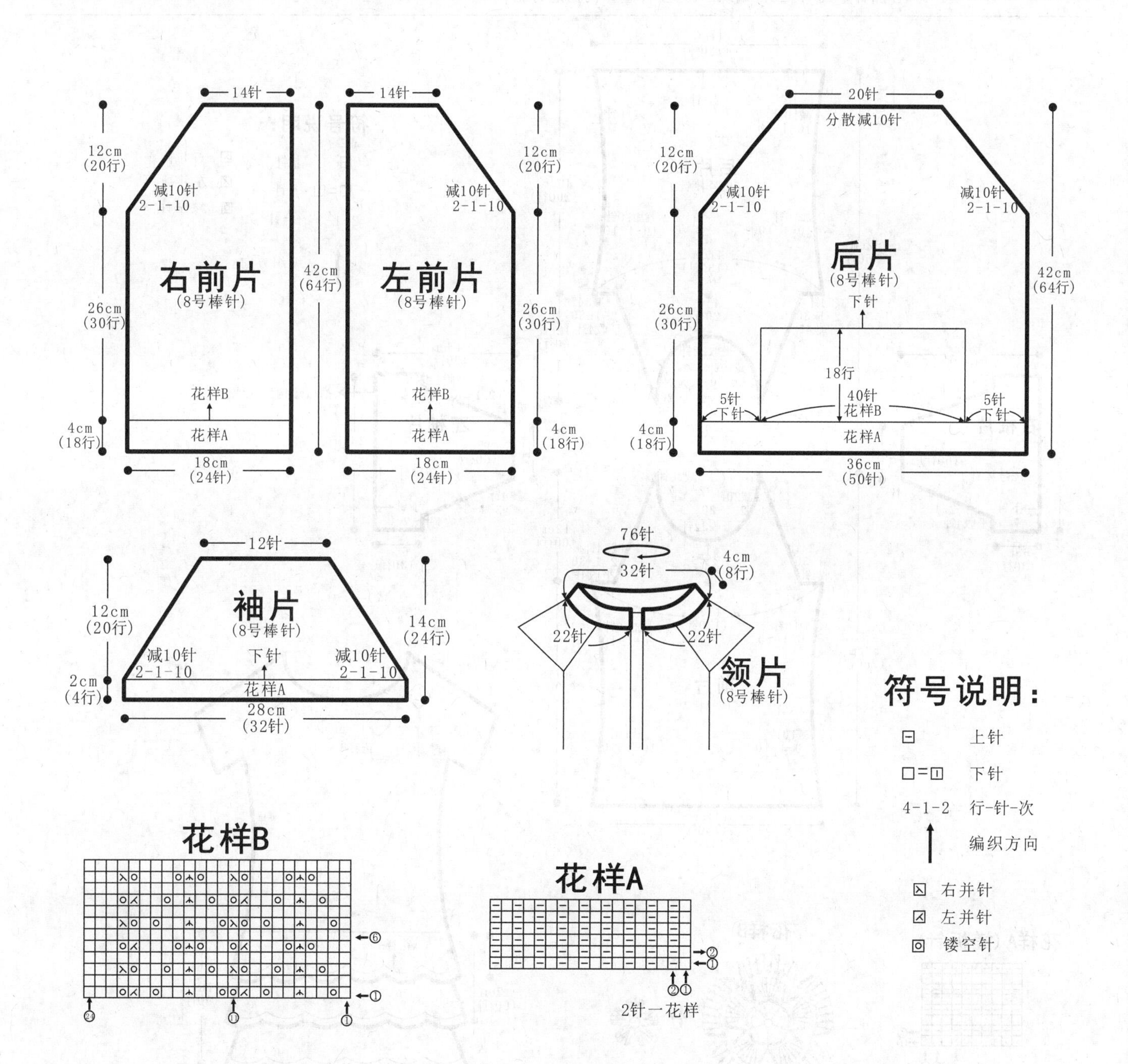

118

【成品规格】 衣长52cm，胸宽41cm，肩宽32cm

【工　　具】 12号棒针

【编织密度】 31.5针×50行=10cm²

【材　　料】 橘红色丝光棉线400g

编织要点：

1.棒针编织法，由前片1片、后片1片、袖片2片、下摆片3片组成。从下往上织起。

2.前片的编织。由前片的衣身片和下摆片组成。

(1)前片衣身片编织。平针起针法，起130针，编织下针，左右两侧边各减针，10-1-10，编织100行后，又各加针，10-1-10，编织100行至袖窿，两侧进行袖窿减针，平收4针，2-1-30。同时至袖窿20行时进行领圈收针，中间平收22针，衣领两侧减针，2-1-20，共收40针，此时全部收针完毕，断线。

(2)前片下摆片编织。平针起针法，起200针，编织花样A，编织8行后，编织下针，不加减针，织成30行，收针断线，完成一个下摆片;用同样的方法编织60行完成第二个下摆片;用同样的方法编织90行完成第三个下摆片，将这3个下摆片错层相叠和前片的衣身片下摆侧边拼接。

3.后片的编织。与前片相同的方法编织后片。

4.袖片的编织。平针起针法，起88针，编织下针，不加减针，织成30行至袖山，两侧进行袖山减针，平收4针，2-1-30。编织60行，余20针，收针断线。袖口边挑88针钩织2行短针。用同样的方法，相反的方向去编织另一袖片。

5.拼接，将前片和后片、袖片的侧缝对应缝合，将袖片的袖山和前后片的袖窿对应缝合。

6.用钩针按照花样B钩织数朵花朵，依样缝制在前片胸口处，衣服完成。

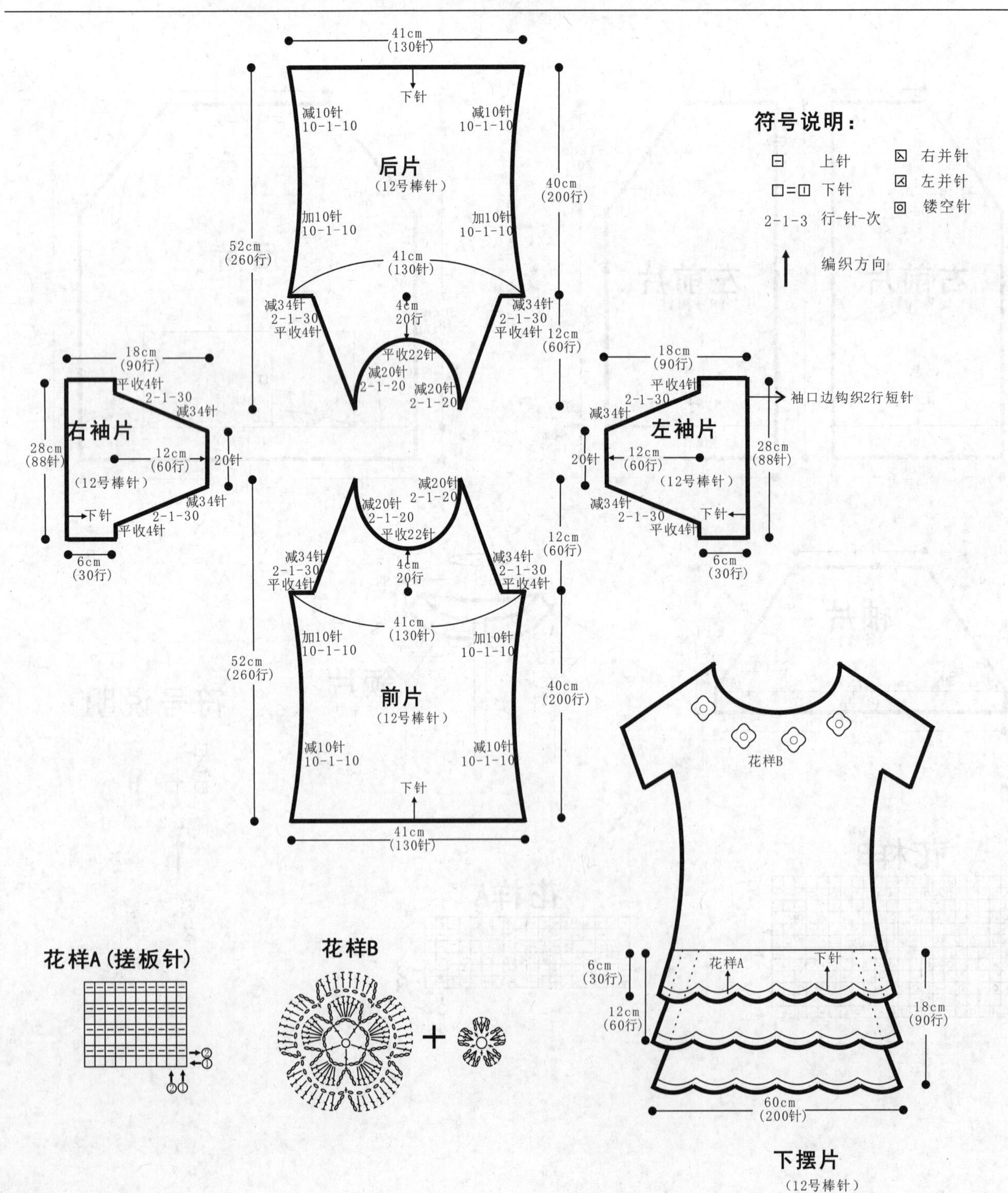

119

【成品规格】 裙长68cm，胸围74cm，肩宽37cm，袖长3cm

【工　　具】 13号棒针

【编织密度】 30针×40行=10cm²

【材　　料】 蓝色棉线450g

编织要点：

1.棒针编织法，裙身分为前片和后片分别编织，从右往左织。裙摆从裙身挑织，从上往下环形编织而成。

2.起织前片，从右袖片开始编织。起56针织花样A，织12行后，第13行在左侧加起39针，共95针编织花样B，右侧肩部位置织5针花样C作为衣领，不加减针一直织至左肩部，织片不加减针织至24行，花样B右侧减针编织，方法为2-2-13，织至50行，不再加减针，织至78行，衣身花样B的针眼改织花样D，织至94行，衣身改回花样B编织，织至122行，花样B的右侧加针，方法为2-2-13，织至148行，不再加减针，织至160行，左侧平收39针，余下56针继续编织左袖片，织花样A，织至172行，收针断线。

3.起织后片，从左袖片开始编织。起56针织花样A，织12行后，第13行在右侧加起39针，共95针编织花样B，左侧肩部位置织5针花样C作为衣领，不加减针一直织至右肩部，织片不加减针织至24行，花样B左侧减针编织，方法为2-2-31，织至86行，第87行起花样B左侧加针，方法为2-2-31，织至148行，不再加减针，织至160行，右侧平收39针，余下56针继续编织右袖片，织花样A，织至172行，收针断线。

4.将衣身前片和后片两侧缝缝合，两肩部缝合。

5.起织裙摆片，从衣身腰部挑针起织，挑起192针织花样C，环形编织，织14行后，织片分散加针，每2针加1针，织片变成288针，织花样B，织至134行，改织花样A，织至146行，收针断线。

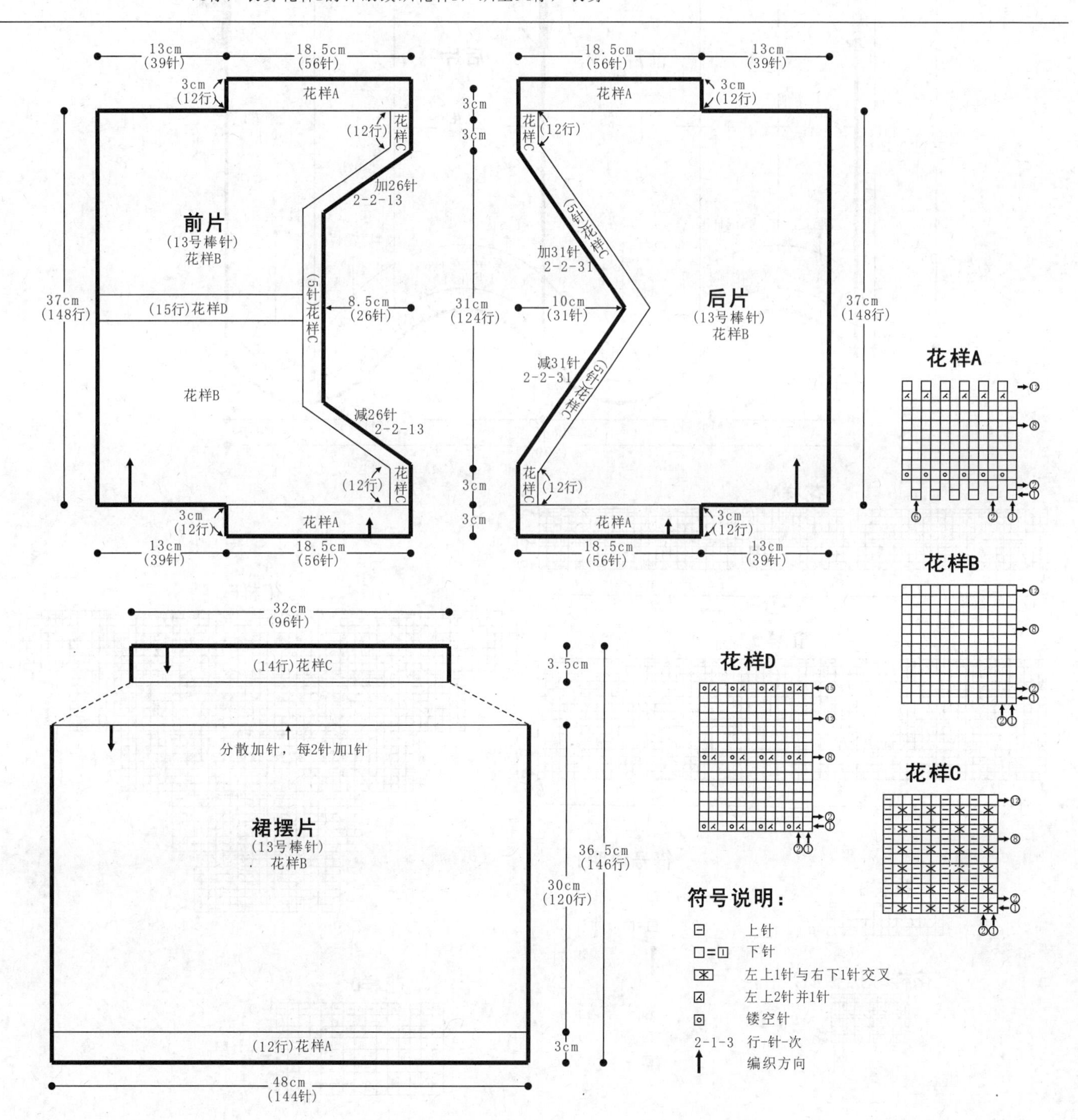

120

【成品规格】衣长48cm，胸宽46cm

【工　　具】12号棒针

【编织密度】32针×40行=10cm²

【材　　料】淡粉色棉线500g

编织要点：

1.棒针编织法，前、后片一片织成，再进行拼接。

2.前后片的编织，下针起针法，起290针，花样E起织，不加减针，织10行；下一行起，依照结构图分配花样编织，由三组花样A并间隔花样B组成，花样B40针，织成9层花样B的高度后，将花a改织花b，花样B改织花样D，不加减针，织成114行的高度时，将织片分成前片和后片两片各自编织。继续花样编织，织成58行的高度后，改织花样E，织10行后收针断线。用相同的方法去编织后片，另外单独编织花样F，织成后再织10行花样E收边。织两片，依照结构图的位置进行缝合。再将两侧斜边线进行缝合，作肩部。衣服完成。

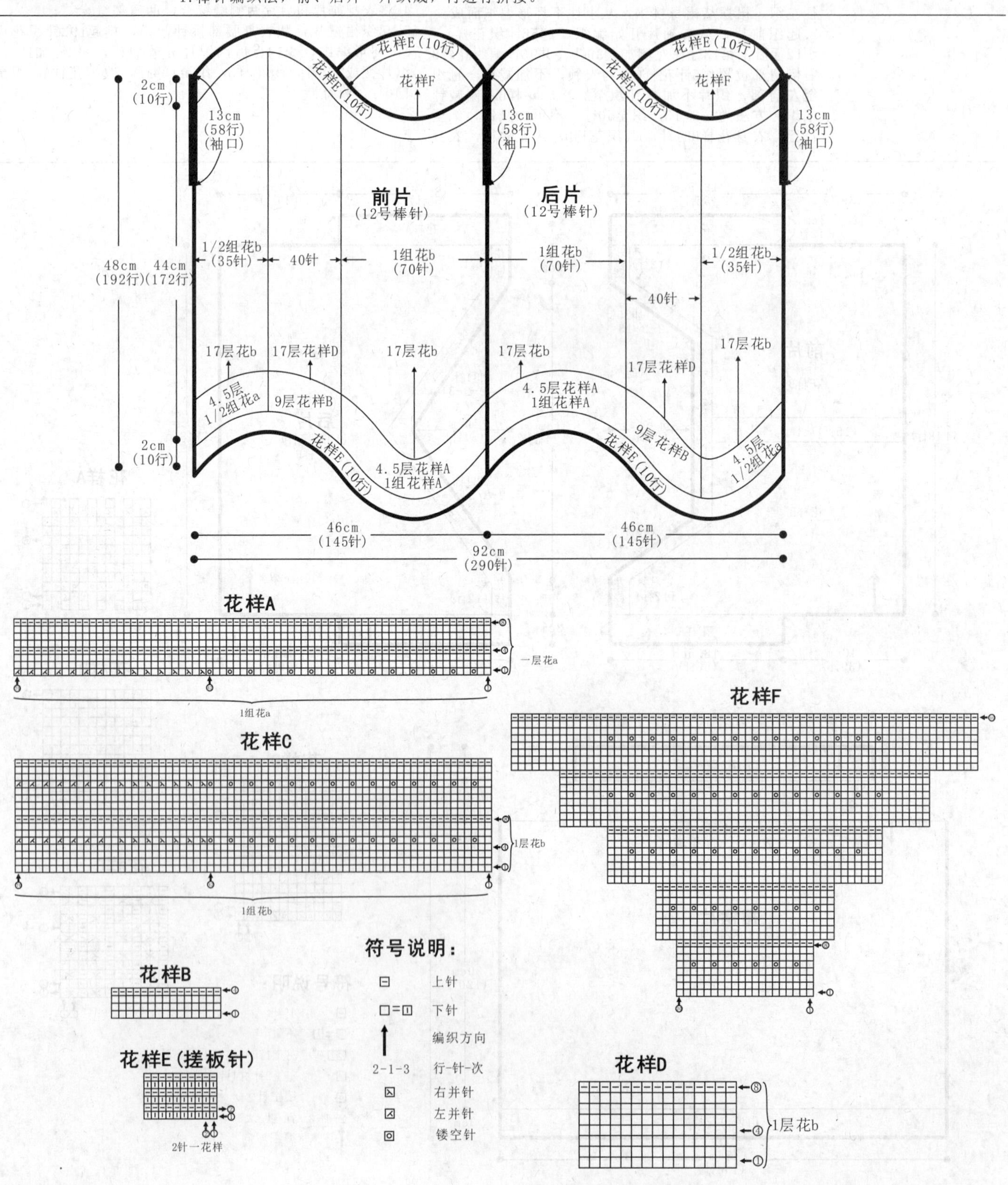

121

【成品规格】 衣长75cm，胸围76cm

【工　　具】 13号棒针

【编织密度】 29.8针×36.8行=10cm²

【材　　料】 蓝色棉线450g

编织要点：

1.棒针编织法，从衣领往下环形编织至衣摆。

2.起织，下针起针法，起168针，织花样A，织72行后，将织片分成前片、后片和左右袖片4部分，前、后片各取106针，左右袖片各取90针编织。

3.先织衣身前后片，分配前片和后片共212针到棒针上，织花样B，先织前片106针，然后加起8针，再织后片106针，加起8针，共228针环形编织，以袖底2针作为侧缝，两侧减针，方法为6-1-4，织48行后，侧缝两侧加针，方法为12-1-11，织至252行，改织花样C，织至266行，改织花样D，织至278行，收针断线。

4.编织袖片。两者编织方法相同，以左袖为例，分配左袖片共90针到棒针上，同时挑织衣身加起的8针，共98针织花样D，织12行后，收针断线。

5.编织领片。沿领口挑起168针环织下针，织4行后，织1行上针，再织4行下针，第10行与起针合并成双层机织领。沿机织领上针位置挑起168针织花样D，织12行后，收针断线。

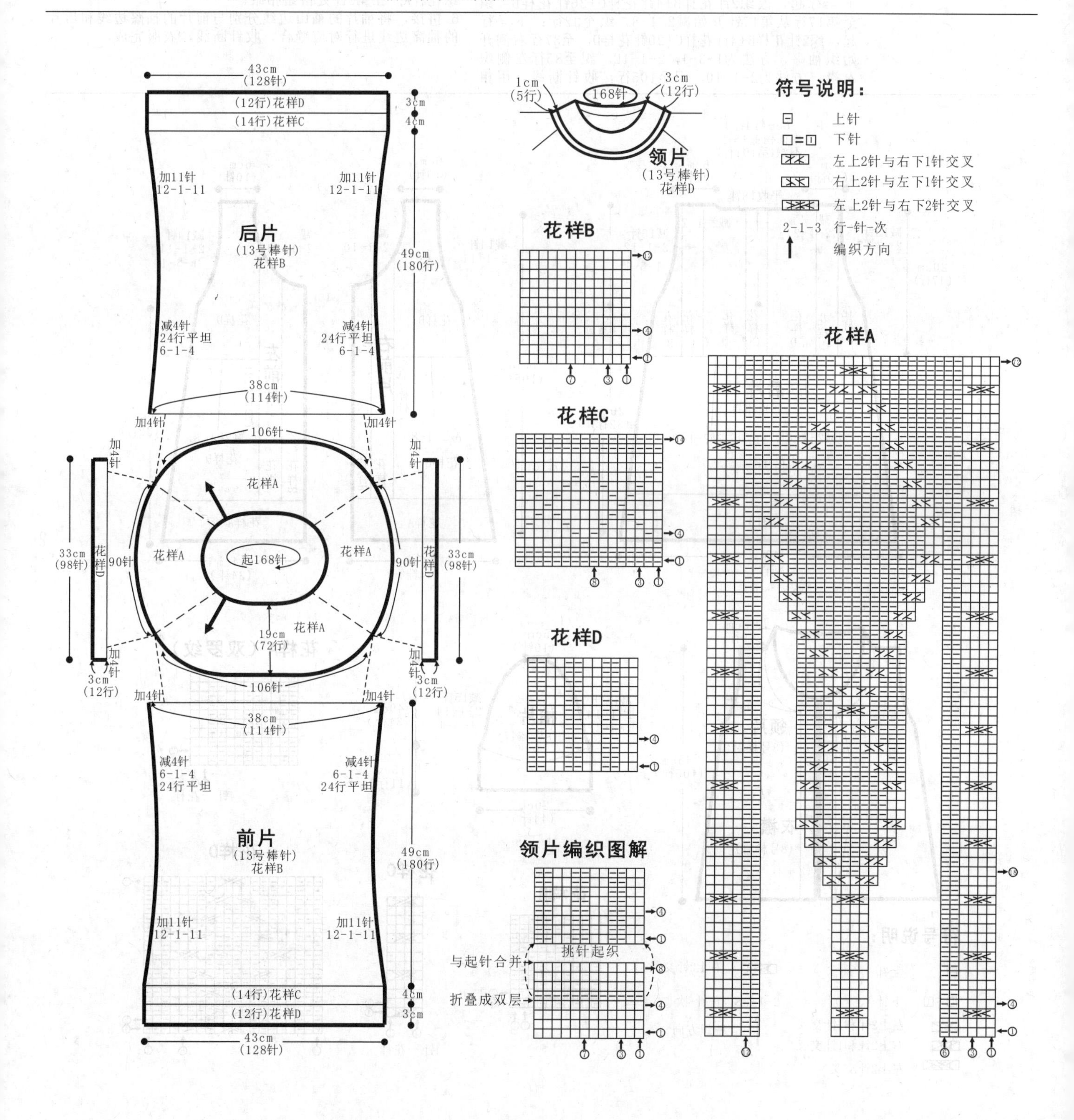

122

【成品规格】 衣长45cm，胸宽30cm，袖长53cm

【工　　具】 8号棒针

【编织密度】 17针×25行=10cm²

【材　　料】 米白色线400g，纽扣3枚

编织要点：

1.棒针编织法，分成左前片、右前片、后片分别编织，再编织两个袖片进行缝合，最后编织领片。

2.左前片和右前片的编织方法相同，但方向相反，以右前片为例，下针起针法，起34针，花样A起织6行；下一行起，改织2针花样B+4针花样C+26针花样B，织至第17行从第17针开始减2-1-8，织至32行；下一行起，织2针花样B+4针花样C+20针花样D，至37行右侧开始织袖窿，方法为1-3-1，2-1-12。织至85行左侧织衣襟，方法为2-1-10，织至105行，收针断线。用相同方法及相反方向编织左前片。

3.后片的编织，下针起针法，起84针，花样A起织，织6行；下一行起，改织花样B，织至第17行从第15针及第49针各减2-1-8，织至32行；两侧开始织袖窿，方法为1-3-1，2-1-12，下一行织8针花样B+4针花样C+20针花样D+4针花样C +20针花样D +4针花样C+8针花样B，至101行，留18针不织，两侧减针方法为2-1-2，至105行。收针断线。

4.袖片的编织，下针起针法，起44针，织8针花样B+4针花样C+20针花样D+4针花样C+8针花样B，织11行。两侧减针织袖山，方法为1-3-1，2-1-14，织31行余下10针，收针断线，用相同的方法去编织另一袖片。

5.衣领及衣襟的编织，棒针沿右前片衣襟挑针起织，挑起70针，织花样A9行。沿左前片衣襟挑针起织，挑70针，织花样A 织至第2行在50针、59针处留纽扣眼。继续织至10行，收针断线。棒针沿衣襟顶和领片挑针起织，挑100针织花样A，在第3针处留纽扣眼。

6.拼接，将袖片的袖山边线分别与前片的袖窿边线和后片的袖窿边线进行对应缝合，收针断线，衣服完成。

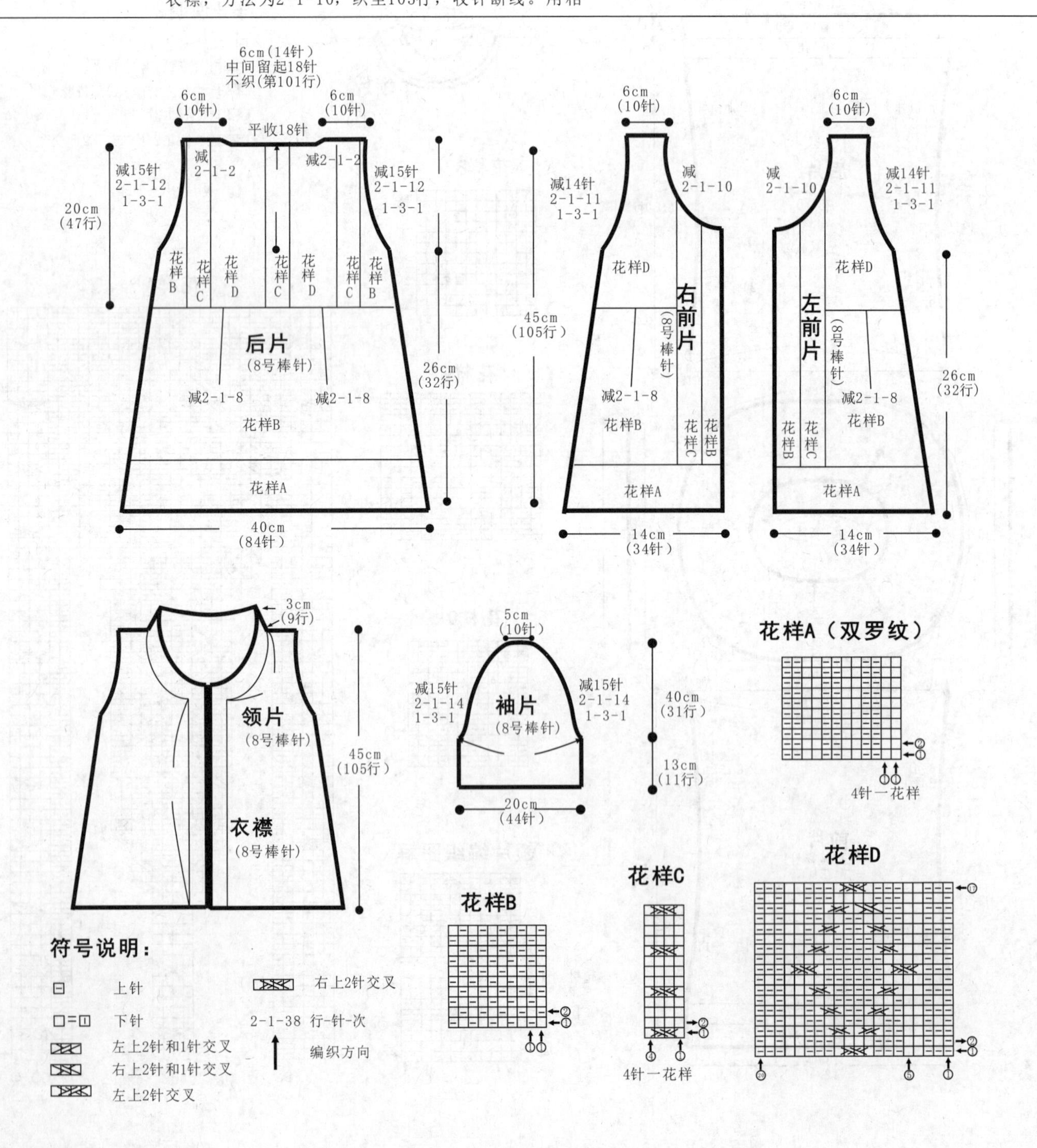

123

【成品规格】 衣长80cm，袖长23cm，袖宽12cm

【工　　具】 9号棒针

【编织密度】 31针×26.8行=10cm²

【材　　料】 红色丝光棉线1000g

编织要点：

1.棒针编织法，圈织。
2.裙身的编织。
起针，下针起针法，起220针，编织花样A；第一次织5行扭一次麻花，在下针加1针；第二次7行扭一次麻花，在下针加1针，第三次9行扭一次，在下针加1针。依此类推，每扭一次，行数增加2行，至麻花有13行后不用增加行数，继续在下针中加针。按此方法织45行后留袖口，两边各留4组麻花4组下针(66针)，用线穿起待用。后片织9行后，前后片左右侧各加10针，圈织，按原来的方法每13行扭一次麻花，加一次下针圈织。分袖后织169行后，收针断线。
3.袖子的编织。
穿好原来预留的针，在后片的落差侧边挑25针，在前后片左右侧各加10针的地方各挑10针，减针2-1-10，按照4针上针6针麻花织27行后收针断线。
4.按花样B钩花边，收针断线。

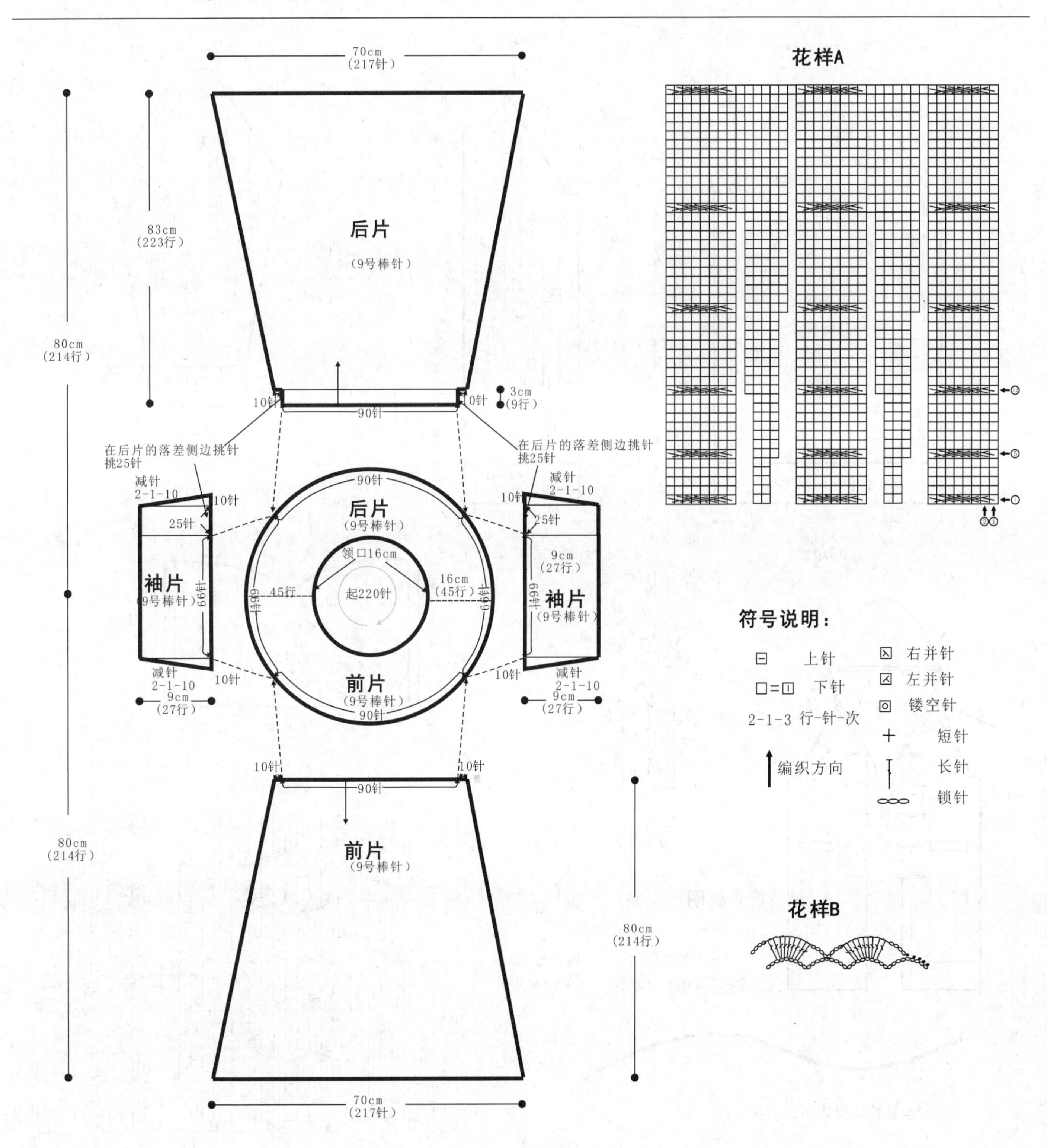

124

【成品规格】 衣长73cm，胸围84cm，袖长60cm

【工　　具】 9号、10号棒针

【编织密度】 18针×17行=10cm²

【材　　料】 粗毛线1500g

编织要点：

1.后片：用10号棒针起76针织双罗纹22行后，换9号棒针织组合花样，每个花样之间两针上针间隔；织100行后开始织挂肩，两侧各平收2针，以1针为径收针，每2行各收1针，至28针后平收。

2.前片：用10号棒针起40针，门襟的一侧留8针织单罗纹，边22行完成后换9号棒针织组合花样，门襟8针不变；织至54行后织口袋边，中间的40针织8行花样A平收；另起40针织袋底片14cm后，连接前片继续织，至完成。

3.袖：从下往上织，用10号棒针起36针织22行双罗纹后换9号棒针织组合花样，逐渐加针织出袖筒，插肩同后片。

4.帽：沿着衣服的花形向上织帽，帽沿织双层边，穿上带子，另做两只球球点缀。

5.衣扣：织几根带子打成盘扣，缝上，完成。

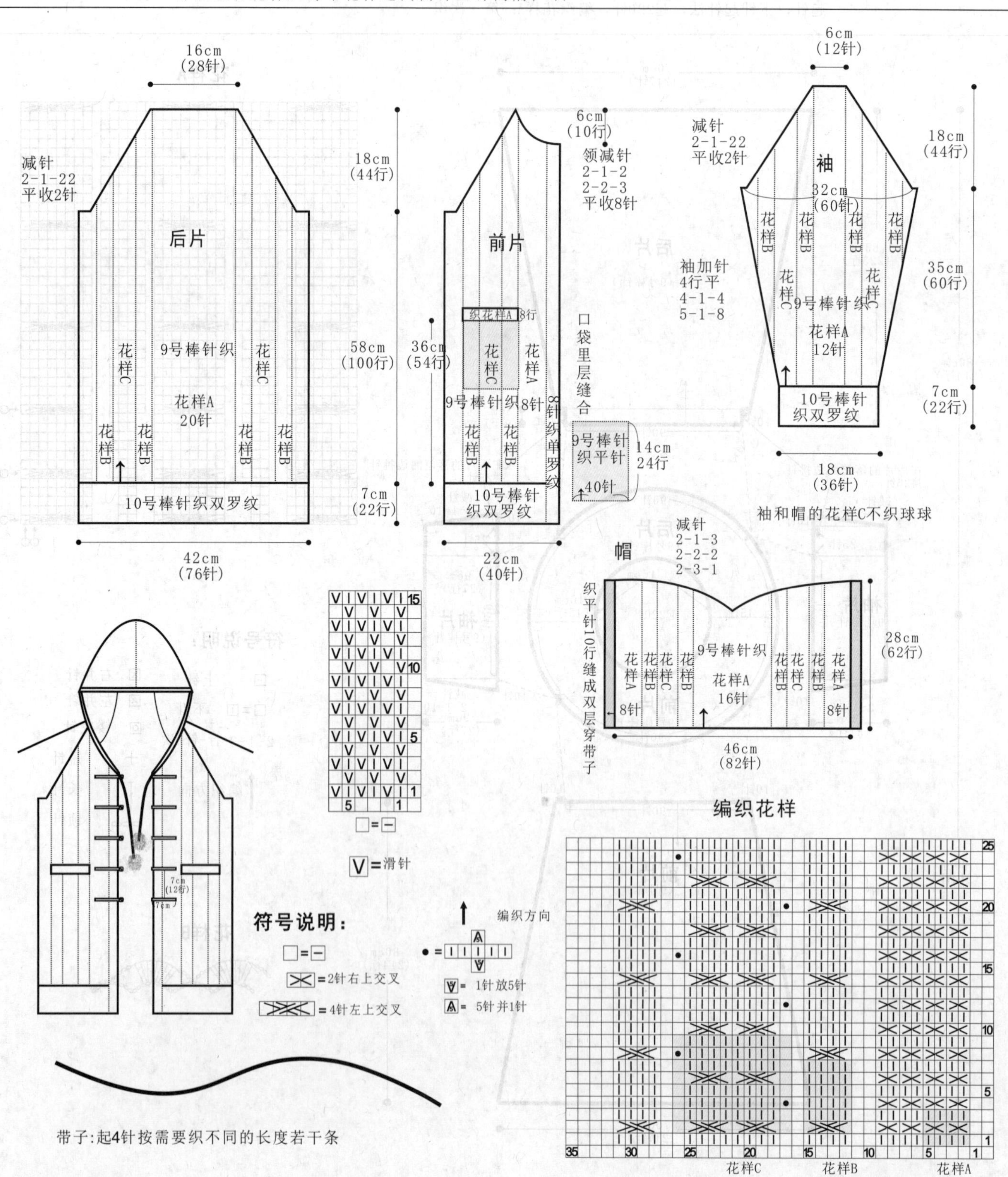

125

【成品规格】 裙长77cm，胸围89cm，肩宽37cm，袖长58cm

【工　　具】 10号、11号棒针

【编织密度】 27针×33.3行=10cm²

【材　　料】 黑色棉线650g

编织要点：

1.棒针编织法，裙子分为前片、后片来编织。

2.起织后片，单罗纹针起针法，起146针织花样A，织2行后，改织花样B，织至78行，两侧减针，方法为6-1-13，织至156行，织片变成120针，改织花样C，不加减针织20行后，两侧开始袖窿减针，方法为1-4-1，2-1-6，织至253行，中间平收56针，两侧减针，方法为2-1-2，织至256行，两侧肩部各余下20针，收针断线。

3.用同样的方法起织前片，织至180行，将织片从中间分开成左右两片，分别编织，中间减针织成前领，方法为2-1-30，织至256行，两侧肩部各余下20针，收针断线。

4.将前片与后片的两侧缝对应缝合，两肩部对应缝合。

领片制作说明

1.棒针编织法，环形编织完成。

2.挑织衣领，沿前后领口挑起184针，后领60针，前领124针，编织花样A，织8行后，收针断线。

袖片制作说明

1.棒针编织法，编织两片袖片。从袖口起织。

2.单罗纹针起针法，起70针织花样A，织6行后，改织花样B，织至86行，改织花样A，织至100行，改回编织花样B，两侧一边织一边加针，方法为4-1-8，织至134行，开始减针编织袖山，两侧同时减针，方法为1-4-1，2-1-30，织至194行，织片余下18针，收针断线。

3.用同样的方法再编织另一袖片。

4.缝合方法:将袖山对应前片与后片的袖窿线，用线缝合，再将两袖侧缝对应缝合。

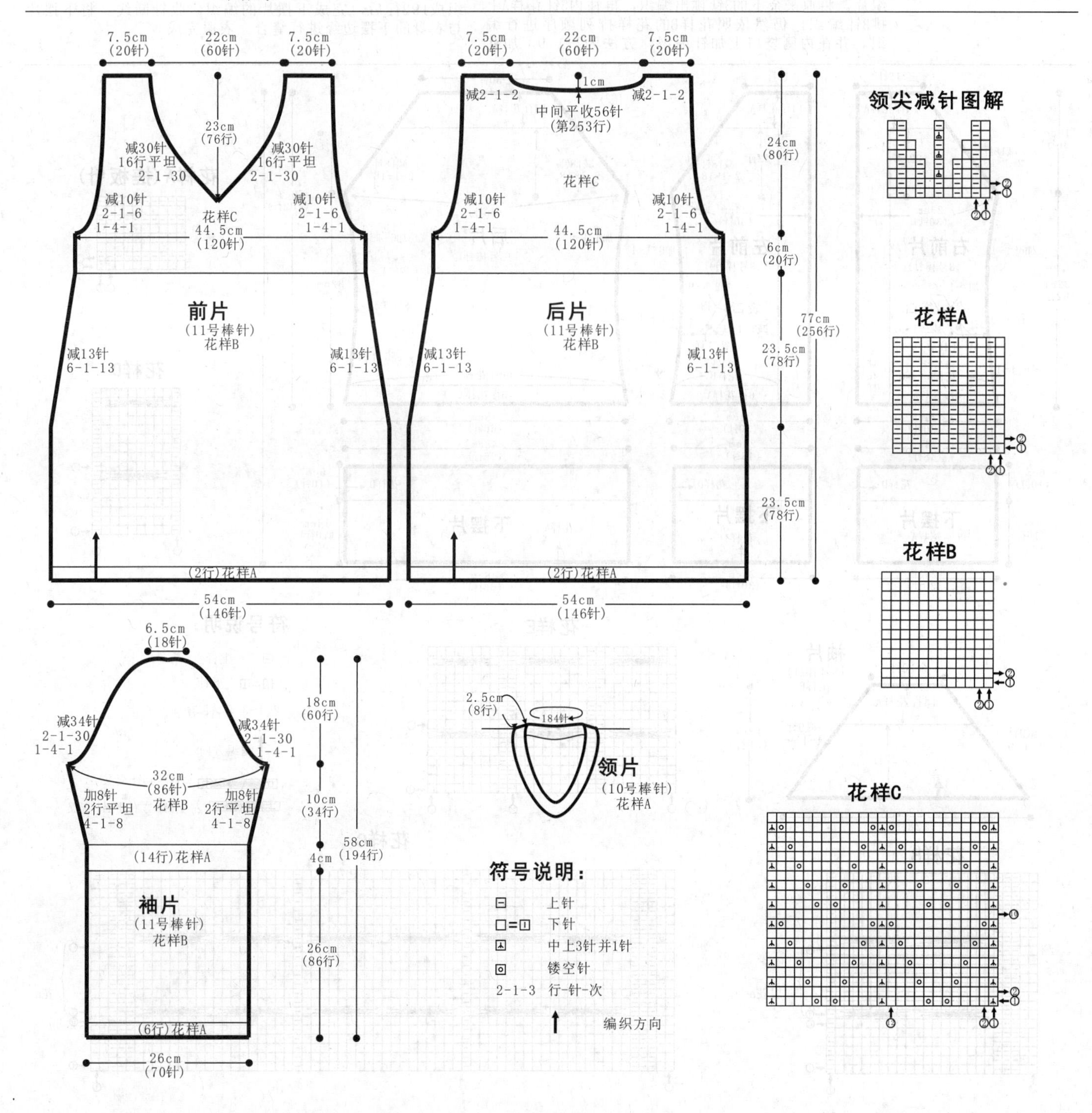

126

【成品规格】 衣长50cm，衣宽48cm，袖长18cm

【工　　具】 8号棒针

【编织密度】 14针×20行=10cm²

【材　　料】 灰色粗腈纶毛线600g，纽扣1枚

编织要点：

1.棒针编织法。由左右前片、后片、袖片和下摆片组成。

2.前片的编织。以右前片为例。下针起针法，起30针，起织花样A搓板针，织6行。下一行右侧分配6针编织花样A搓板针，左侧24针依照花样B分配。当织成14行的高度时，制作袋口。右侧织成6针后，再织18针花样B，接下来的3针编织花样A，余下的左侧3针不织，暂停留针。在第18针的位置上减针，方法为2-1-9，花样照排列编织，织成18行后。暂停编织右侧织片。将原来余下的3针挑出编织，再往内3针花样A上挑3针编织，仍然依照花样B的花样排列顺序进行编织。并在内侧袋口上加针编织，方法为2-1-9，加针织成18行后，将两片的3针花样A并为1片，将织片连成一片继续编织。在编织右前片的过程中，起织花样B时，左侧侧缝上需进行加减针编织，先是减针，6-1-4，织成24行后，不加减针织8行后，进行加针，6-1-4，织成24行后至袖窿。下一行袖窿起减针，左侧袖窿减针，2-1-18，织成22行花样B后，余下的针数全织花样A，共织14行。余下12针，收针断线。用相同的方法去编织左前片。

3.后片的编织。下针起针法，起66针，起织6针花样A，下一行起，依照花样C分配编织，并在侧缝上进行加减针编织，先减针，6-1-4，织成24行后，不加减针再织8行，然后加针，6-1-4，织成24行后，至袖窿。下一行起袖窿减针，2-1-18，织成22行花样C后，余下的花样全织花样A，再织14行后，余下30针，收针断线。将前后片的侧缝进行缝合。

4.袖片的编织。袖口起织，下针起针法，起28针，起织花样E，并在袖山上两侧往内算起第3针的位置上进行减针，4-1-9，织成22行花样E后，余下全织花样A，减针并行，再织14行后，余下10针，收针断线。用相同的方法去编织另一袖片。再将袖山边线与衣身的袖窿边线进行缝合。

5.下摆片的编织。下针起针法，起126针，起织花样A搓板针，不加减针，织成16行后，在一侧上起10针，起织花样D，再与花样A拼接这侧。边织花样D边与花样A拼接编织。织成192行后，完成下摆片的编织。收针断线。将下摆片与衣身的下摆边缘进行缝合。衣服完成。

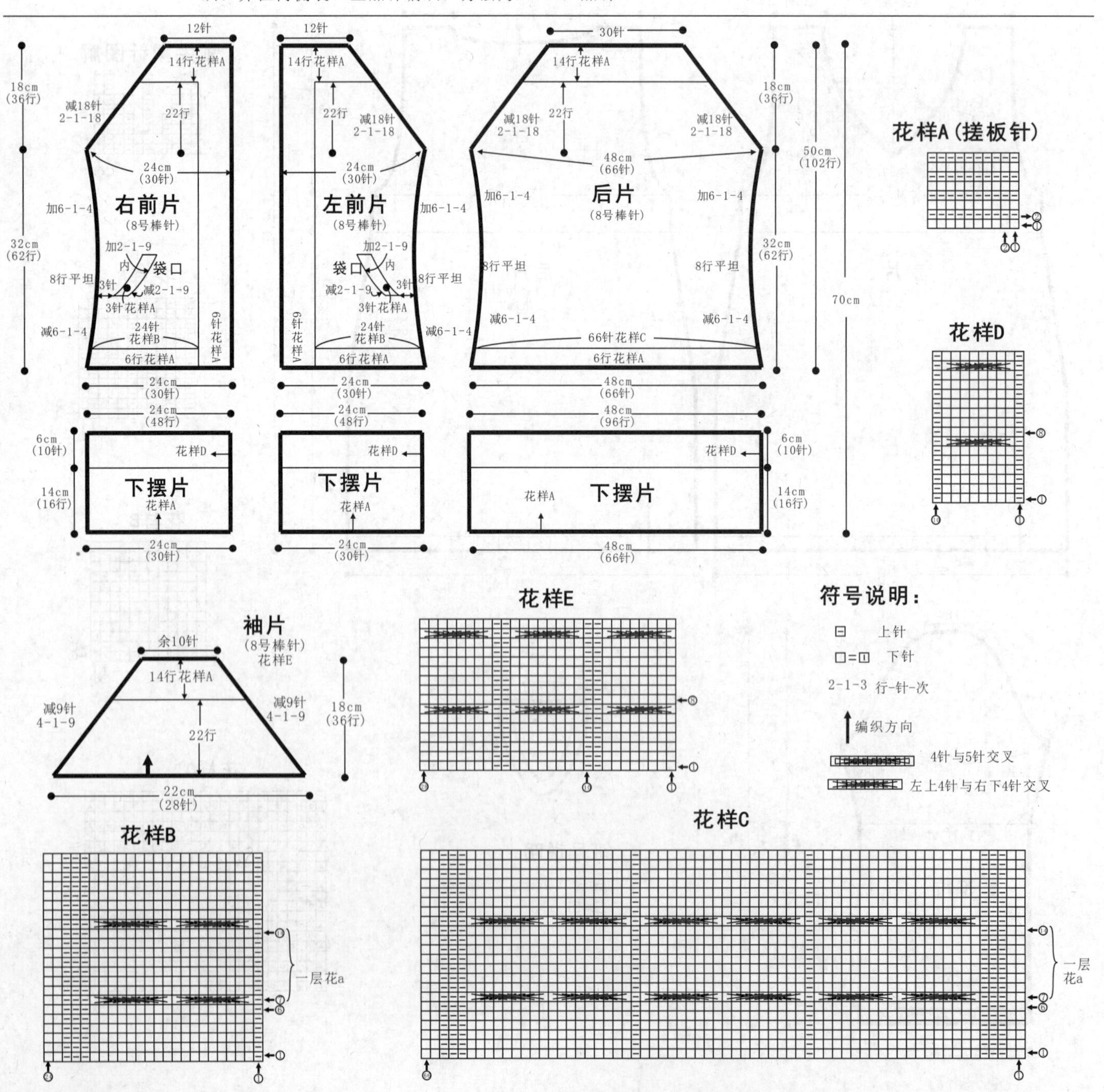

127

【成品规格】 披肩长194cm，宽47cm

【工　　具】 10号棒针

【编织密度】 18针×26行=10cm²

【材　　料】 红黄杂色段染线共550g

编织要点：

1.棒针编织法，披肩一片编织完成。

2.起29针织花样A，织10行后，改织花样B，两侧按2-1-13的方法减针，织至36行，织片余下3针，第37行起，改织花样C，两侧按2-1-13的方法加针，织至62行，两侧不再加减针，织至204行，第205行起，两侧按2-1-28的方法加针，织至260行，不再加减针织至289行，披肩片的左半部分编织完成。

3.用对称相反的加减针方法继续编织披肩的右半部分。

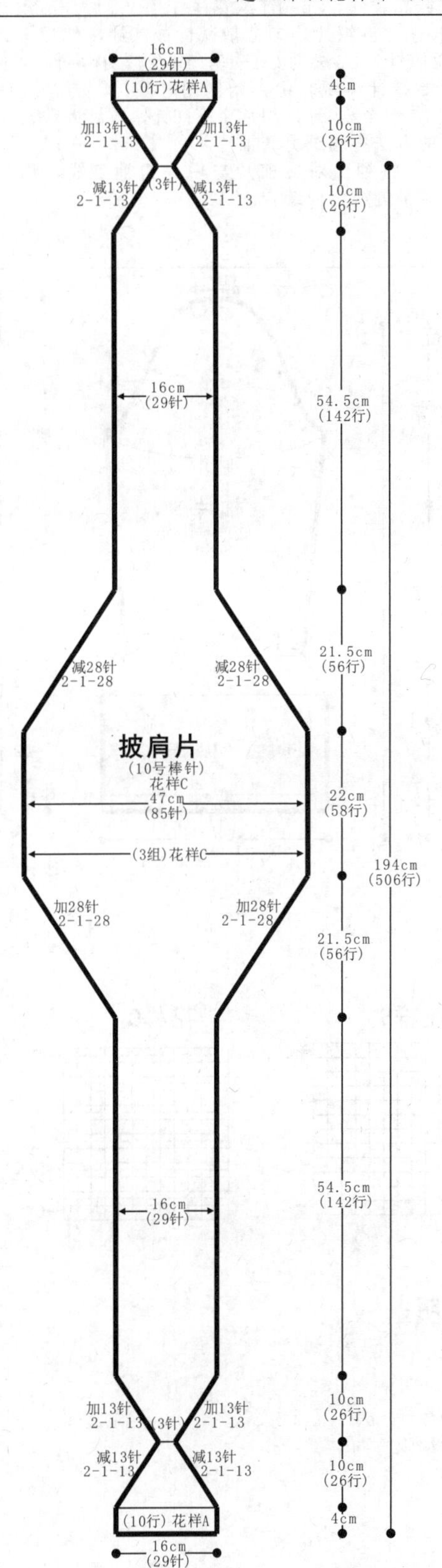

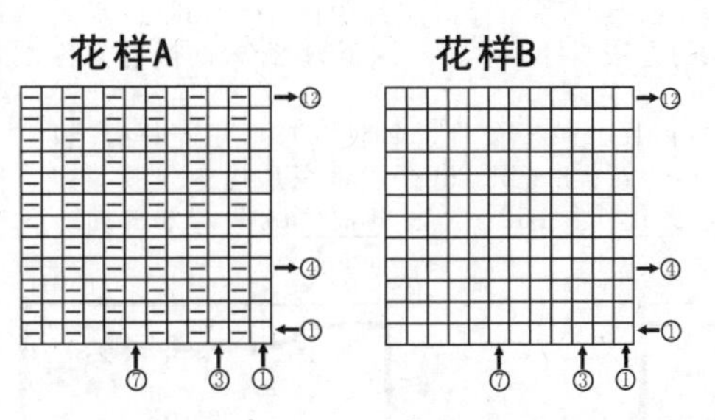

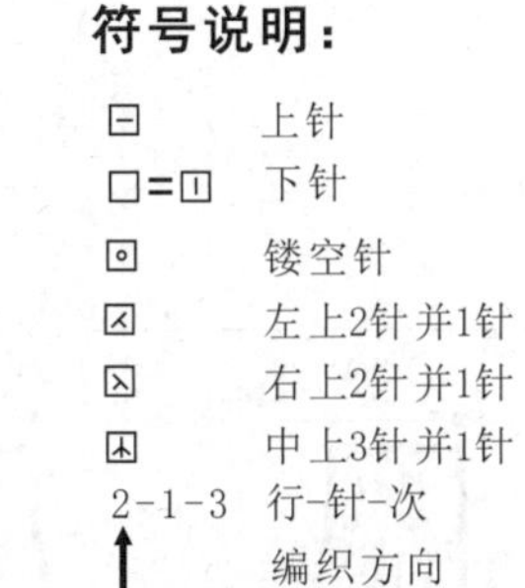

花样C

128

【成品规格】 衣长61cm，胸围82cm，肩宽33cm，袖长61cm

【工　　具】 13号棒针

【编织密度】 30.2针×40行=10cm²

【材　　料】 黑色棉线500g，纽扣8枚

编织要点：

1.棒针编织法，衣身分为左前片、右前片和后片分别编织。

2.起织后片，单罗纹针起针法起160针织花样A，织2行后，改织花样B，织至60行，将织片均匀分散减针成124针，继续织至152行，两侧袖窿减针，方法为1-4-1，2-1-8，织至241行，织片中间平收50针，两侧按2-1-2的方法减针织后领，织至244行，两侧肩部各余下23针，收针断线。

3.起织右前片，单罗纹针起针法起78针织花样A，织2行后，改织花样B，织至60行，将织片均匀分散减针成60针，继续织至152行，左侧袖窿减针，方法为1-4-1，2-1-8，织至193行，织片右侧减针织前领，方法为1-6-1，2-2-2，2-1-15，织至244行，肩部余下23针，收针断线。

4.用同样的方法相反方向编织左前片，完成后将两侧缝缝合，两肩部对应缝合。

衣襟/领片制作说明

1.棒针编织法，衣领往返编织。沿领口挑起146针织花样C，织8行后，收针断线。

2.沿左右前片衣襟侧分别挑起150针织花样C，织8行后，收针断线。

袖片制作说明

1.棒针编织法，编织两片袖片。从袖口起织。

2.单罗纹针起针法，起90针织花样A，织2行后，改织花样B，织至60行，将织片均匀分散减针成70针，然后一边织一边两侧加针，方法为8-1-13，织至172行，织片变成96针，开始减针编织袖山，两侧同时减针，方法为1-4-1，2-1-36，织至244行，织片余下16针，收针断线。

3.用同样的方法再编织另一袖片。

4.缝合方法:将袖山对应前片与后片的袖窿线，用线缝合，再将两袖侧缝对应缝合。

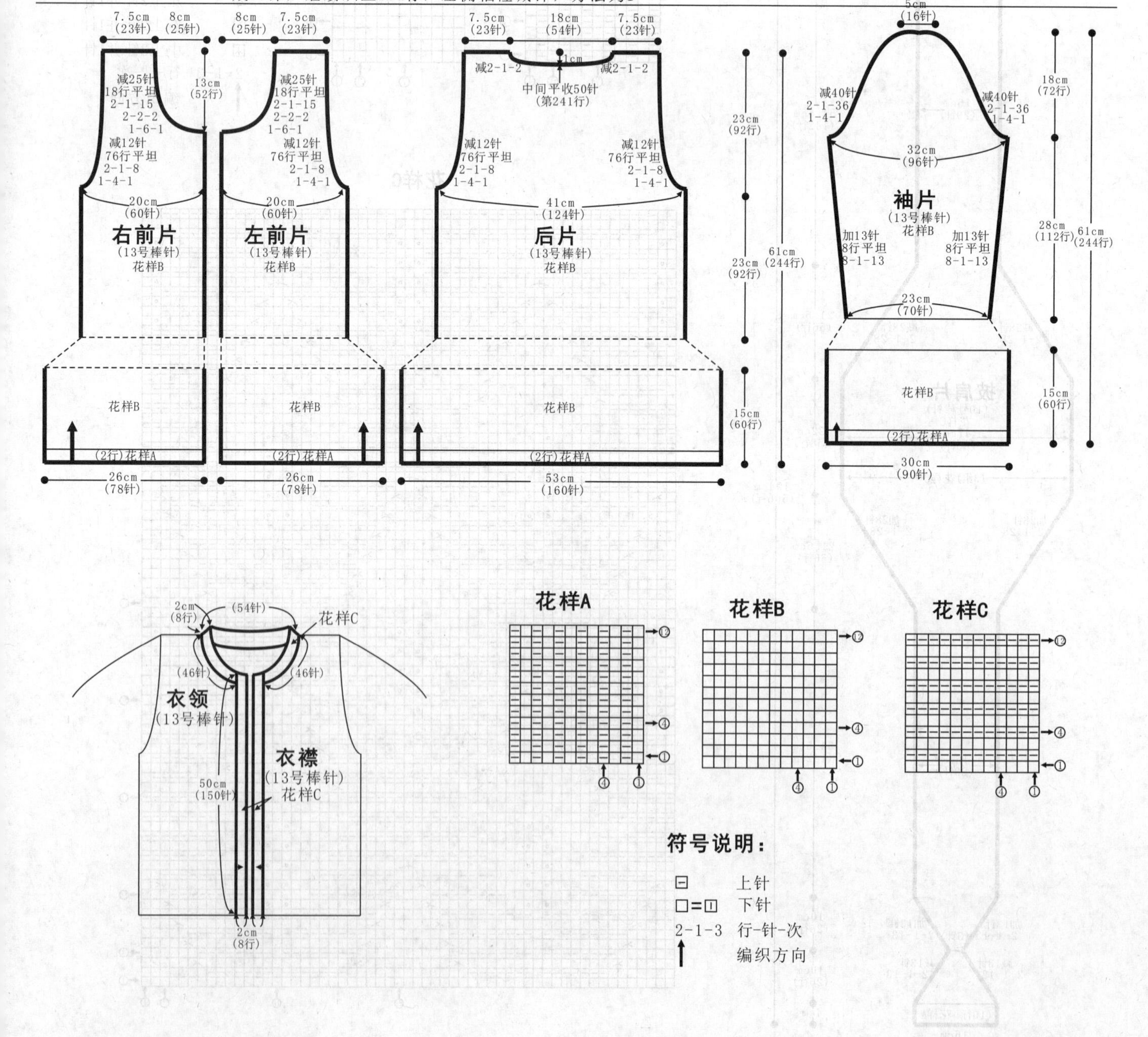

129

【成品规格】 衣长46cm,胸围92cm

【工　　具】 10号棒针

【编织密度】 19针×26行=10cm²

【材　　料】 黑色、深蓝色、浅蓝色、黄色棉线各100g

编织要点：

1.棒针编织法,衣身分为左片和右片编织，从衣襟横向编织至后背中心。

2.起织右片,下针起针法,起108针织花样A,织24行后，将织片右侧18针留起暂时不织，余下90针继续编织花样A，织至120行，收针断线。

3.另起线挑起右侧留起的18针编织衣领，织花样A，织24行后，收针断线。

4.用同样的方法、相反的方向编织左片，完成后将左右片后背中心缝合，再将两肩部分别缝合，再将后领对应缝合。

5.沿衣身下摆及两侧袖窿分别钩织花样B，作为花边。

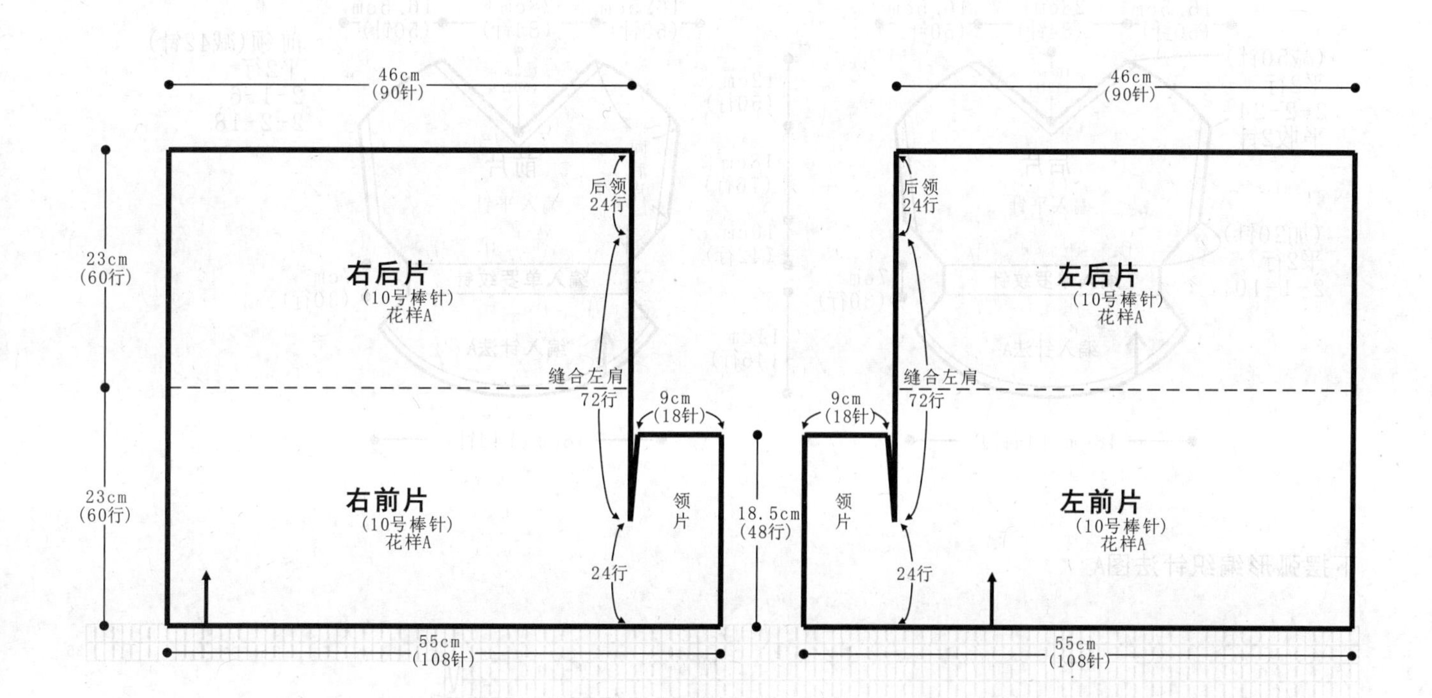

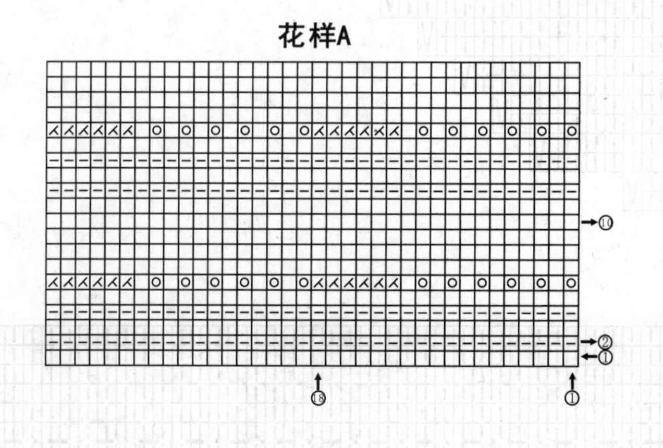

符号说明：

⊟ 上针

□=⊡ 下针

⊡ 镂空针

⊠ 左上2针并1针

花样B

130

【成品规格】 衣长51cm，胸围96cm，肩袖长18cm

【工　　具】 2.75mm棒针

【编织密度】 30针×42行=10cm²

【材　　料】 蓝色丝光棉线480g

编织要点：

衣服从下摆起针按结构图往上编织。前后片起针后均按针法图A编织成弧形下摆，到腰部合适位置织7cm单罗纹针。袖下加20针，袖口处不加不减平织18cm，然后收斜肩线，注意后开领的落差为2cm。下摆沿对折线向上对折成双层并用手缝针固定好。衣领和袖口均采用同样的方法进行操作。

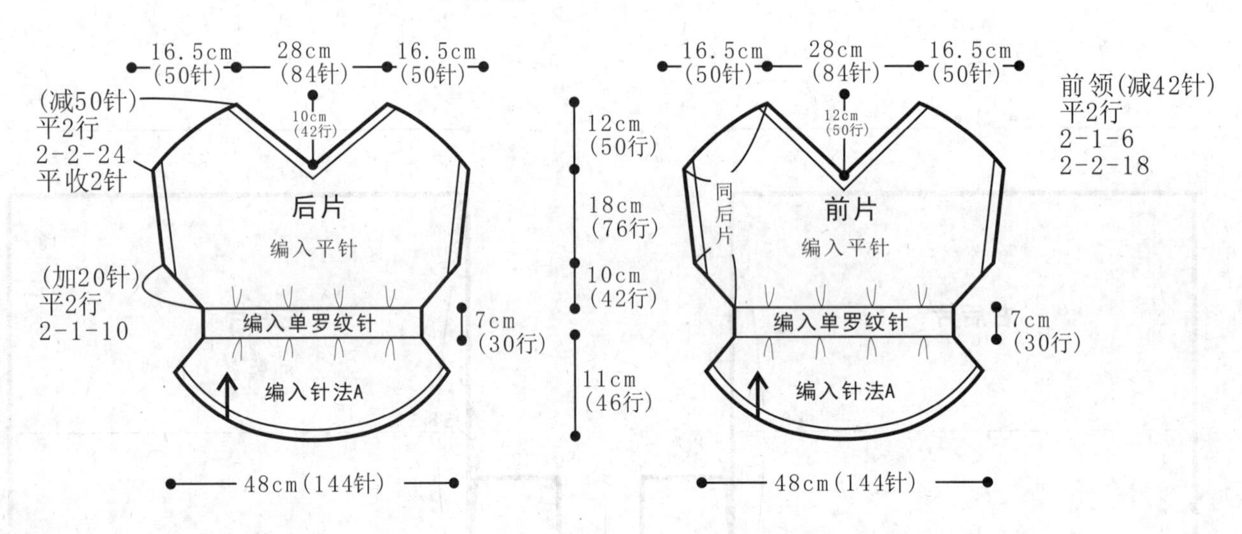

下摆弧形编织针法图A

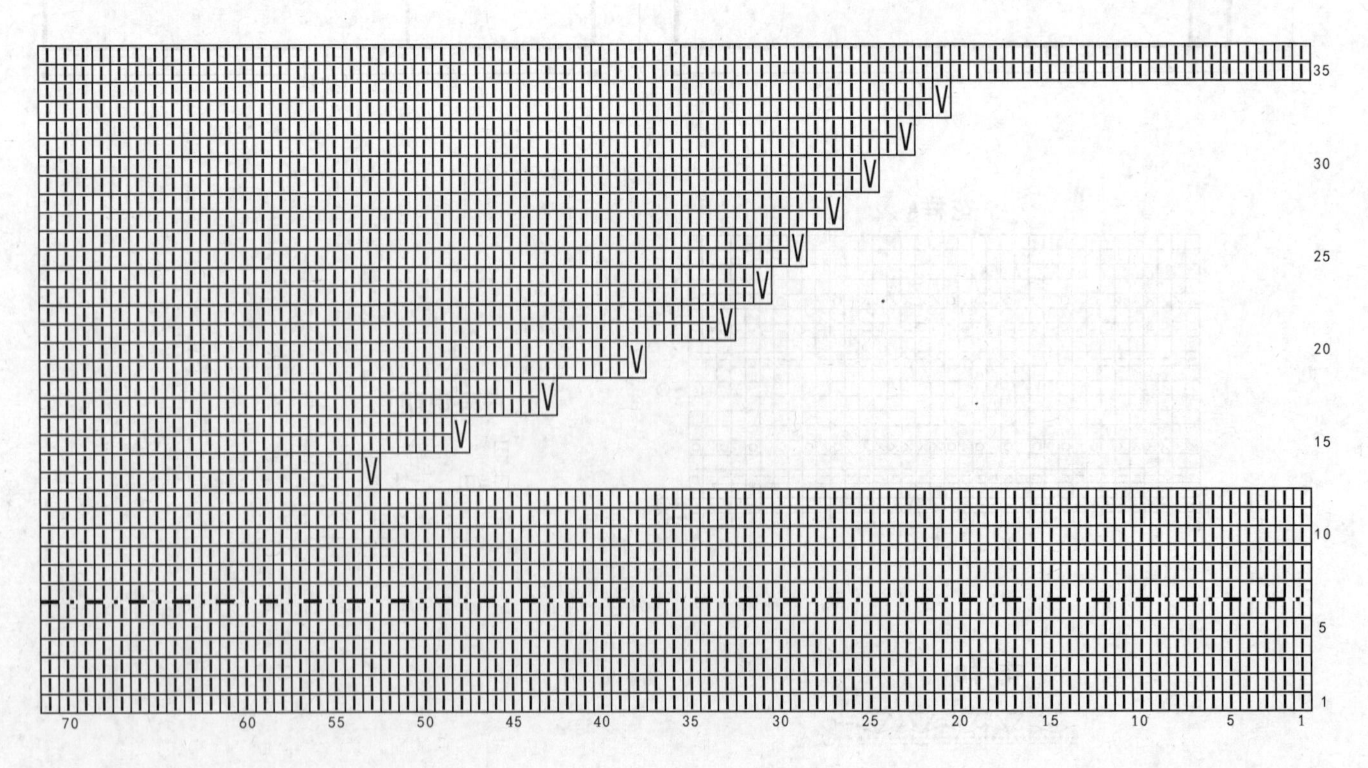

131

【成品规格】 衣长51cm，胸围84cm，肩连袖长54cm

【工　　具】 12号棒针

【编织密度】 22针×34.5行=10cm²

【材　　料】 浅灰色棉线350g，深灰色棉线150g

编织要点：

1.棒针编织法，衣身分为前片和后片分别编织。

2.起织后片，下针起针法，浅灰色线起144针织花样A，共织28行，织片变成120针，改织花样B，织至114行，将织片分散减至92针，改织花样C，织至124行，改为深灰色线织花样D，两侧减针织成插肩袖窿，方法为1-4-1，2-1-26，织至132行，改回浅灰色线织花样D，织至176行，余下32针，收针断线。

3.起织前片，前片起织方法与后片相同，织至156行，第157行中间平收8针，两侧同时减针织成前领，方法为2-1-10，织至176行，两侧各余下2针，收针断线。

4.将前片与后片侧缝缝合。

领片制作说明

1.棒针编织法环形编织。

2.沿领口起95针织花样E，共织24行，织片变成76针，收针断线。

袖片制作说明

1.棒针编织法，编织两片袖片。从袖口起织。

2.下针起针法，深灰色线起86针先织4行搓板针，改织花样B，织至124行，将织片分散减至72针，改为浅灰色线织花样C，织至134行，改为深灰色线织花样D，两侧减针织成插肩袖窿，方法为1-4-1，2-1-26，织至142行，改为浅灰色线织花样D，织至186行，余下12针，收针断线。

3.用同样的方法编织另一袖片。

4.将两袖侧缝对应缝合，前片及后片的插肩缝对应袖片的插肩缝缝合。

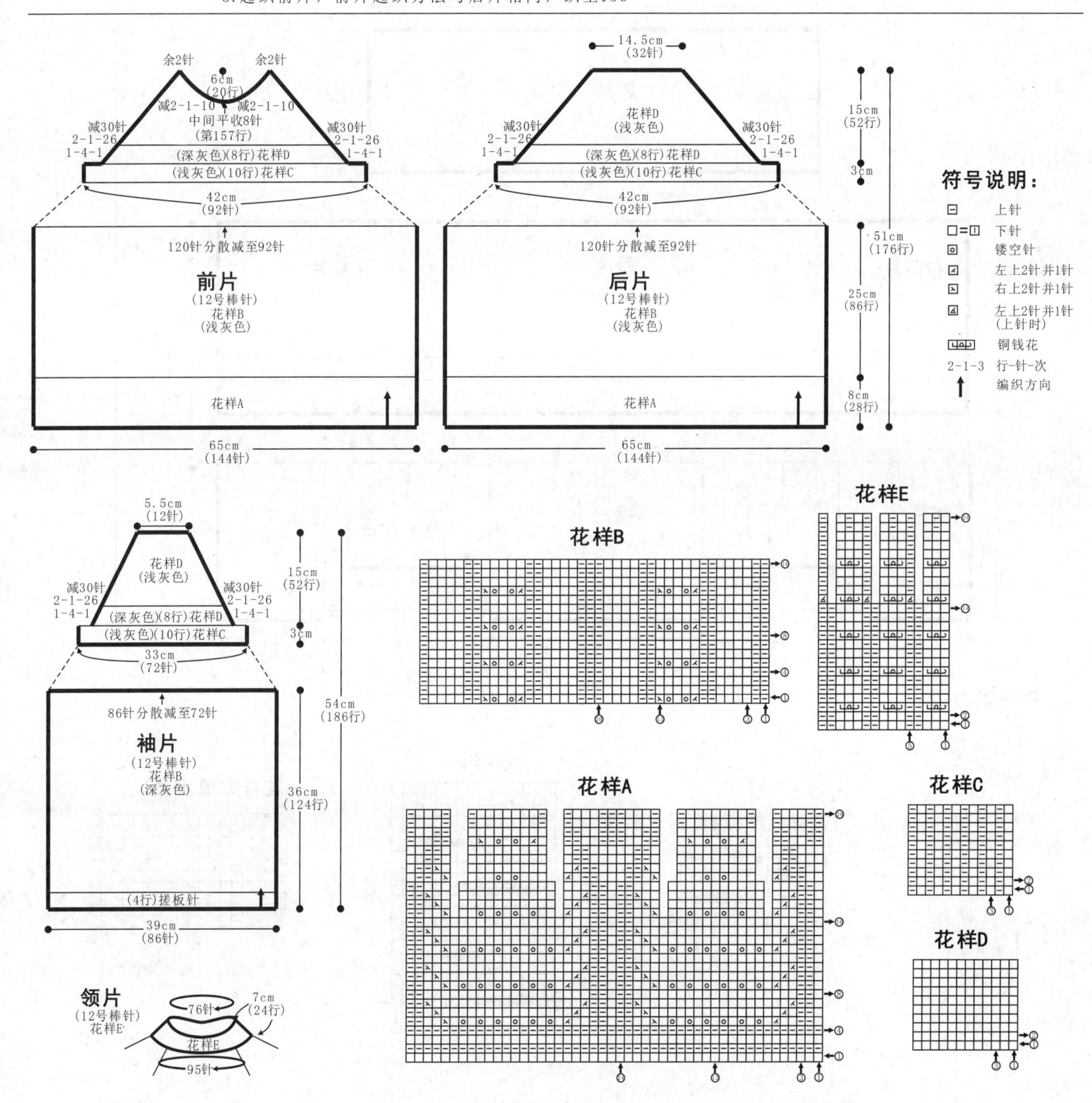

132

【成品规格】衣长40cm，胸宽36cm，肩宽36cm

【工　　具】8号棒针

【编织密度】11针×17行=10cm²

【材　　料】浅灰色丝光棉线400g

编织要点：

1.棒针编织法，由前片和后片连成1片、领片1片、下摆片1片、袖片2片组成。从左往右织起。

2.前后片连片的编织。一片织成。平针起针法，起35针，右侧15针编织花样B，左侧20针编织花样A，不加减针，织成160行，收针断线。

3.下摆片的编织。一片织成。平针起针法，起16针，编织花样A，不加减针，织成64行，收针断线。

4.领片的编织。一片织成。平针起针法，起26针，编织花样A，不加减针，织成76行，收针断线。

5.拼接，将前后片的左侧缝和领片的右侧缝对应缝合，前后片的右侧缝和下摆片的左侧缝对应缝合，同时留出左右袖口，沿着袖口边挑出26针，编织花样C，编织14行，收针断线。衣服完成。

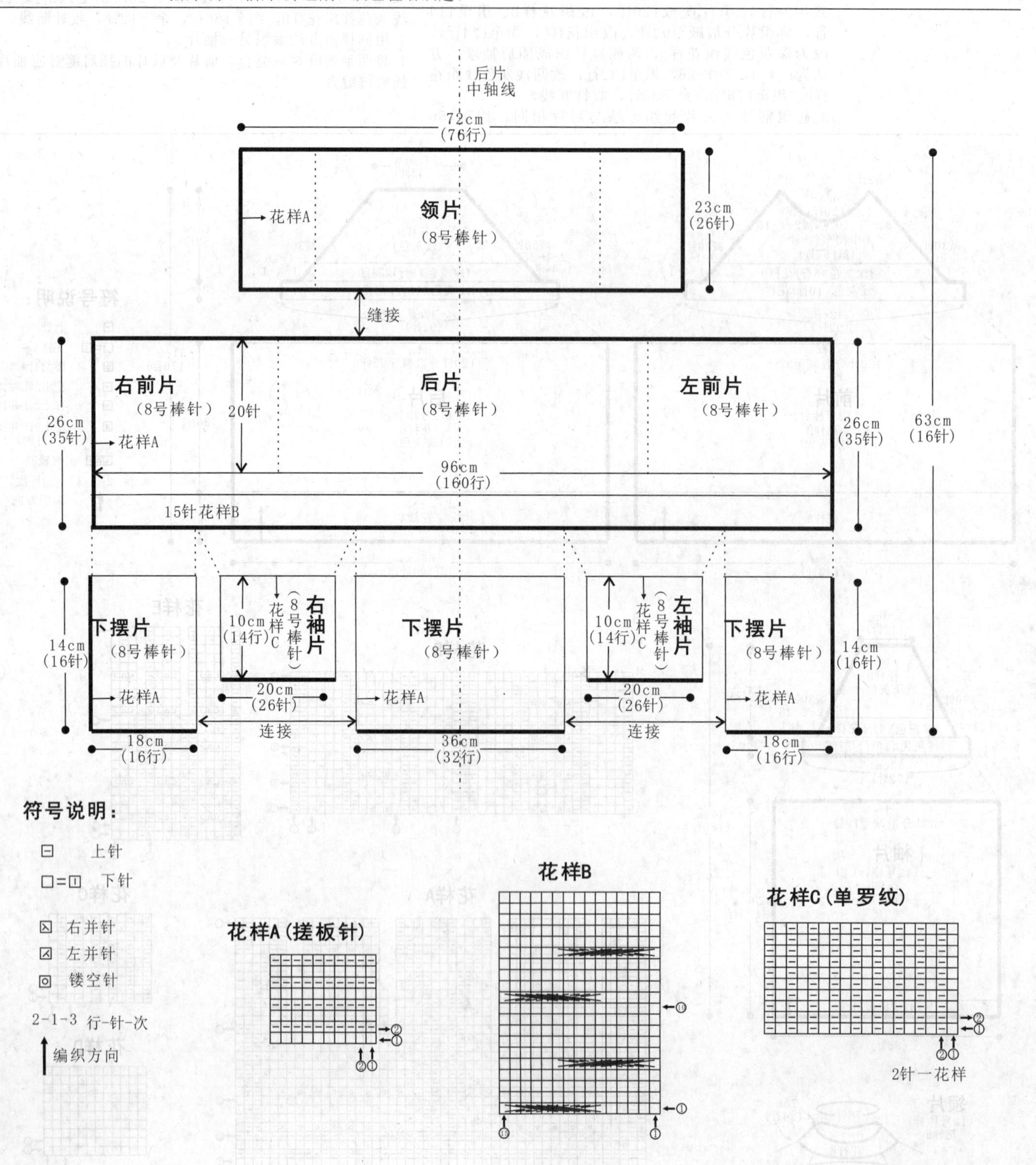

【成品规格】 衣长60cm，胸宽35cm，肩宽31cm

【工　　具】 12号棒针

【编织密度】 花样A密度：32针×57行=10cm²
下针 密度：25针×43行=10cm²

【材　　料】 紫罗兰色丝光棉线400g

编织要点：

1.棒针编织法，由前片1片、后片1片、袖片2片、领片1片组成。
2.前片的编织。由衣身片和肩胸片组成。
(1)衣身片的编织。一片织成。起针，平针起针法，起9针，下针编织，左侧边加针，1-9-9，编织9行后，共有90针，不加减针，编织150行后，左侧边开始减针，1-9-9，编织9行后，余9针，收针断线，衣身片完成。
(2)肩胸片的编织。沿着衣身片的左侧边侧缝挑出112针，编织花样A，左右两侧分别进行袖窿减针，平收4针，再2-1-3，当织成袖窿算起30行时，中间平收46针，两边进行领边减针，再2-1-8，66行平坦，至肩部，各余下18针，收针断线。
3.后片的编织。由衣身片和肩胸片组成。
(1)衣身片的编织。一片织成。起针，平针起针法，起9针，下针编织，左侧边加针，1-9-9，编织9行后，共有90针，不加减针，编织150行后，左侧边开始减针，1-9-9，编织9行后，余9针，收针断线，衣身片完成。
(2)肩胸片的编织。沿着衣身片的左侧边侧缝挑出112针，编织花样A，左右两侧分别进行袖窿减针，平收4针，2-1-3，当织成袖窿算起104行时，中间平收50针，两边进行领边减针，2-2-2，2-1-2，至肩部，各余下18针，收针断线。
4.袖片的编织。袖片从袖口起织，平针起针法，起58针，编织下针，开始袖身编织，两边侧缝加针，18-1-8，2行平坦，织146行，收针断线。在此侧缝边挑出58针继续进行袖身编织，两边侧缝加针，10-1-5，2行平坦，至袖窿。并进行袖山减针，平收4针，2-1-25，织成68行，余下10针，收针断线。用相同的方法去编织另一袖片。
5.拼接。将前片的侧缝与后片的侧缝和肩部对应缝合。再将两袖片的袖山边线与衣身的袖窿边对应缝合。
6.衣身下摆和袖口边的钩织。用钩针沿着衣身的下摆边钩织花样B，钩织4cm，收针断线。衣身下摆花边形成。沿着袖口边钩织花样B，钩织4cm，收针断线，袖口花边形成。
7.领片的编织。沿着前领边挑30cm，后领边挑19cm，钩织花样C，织1cm，收针断线。衣服完成。

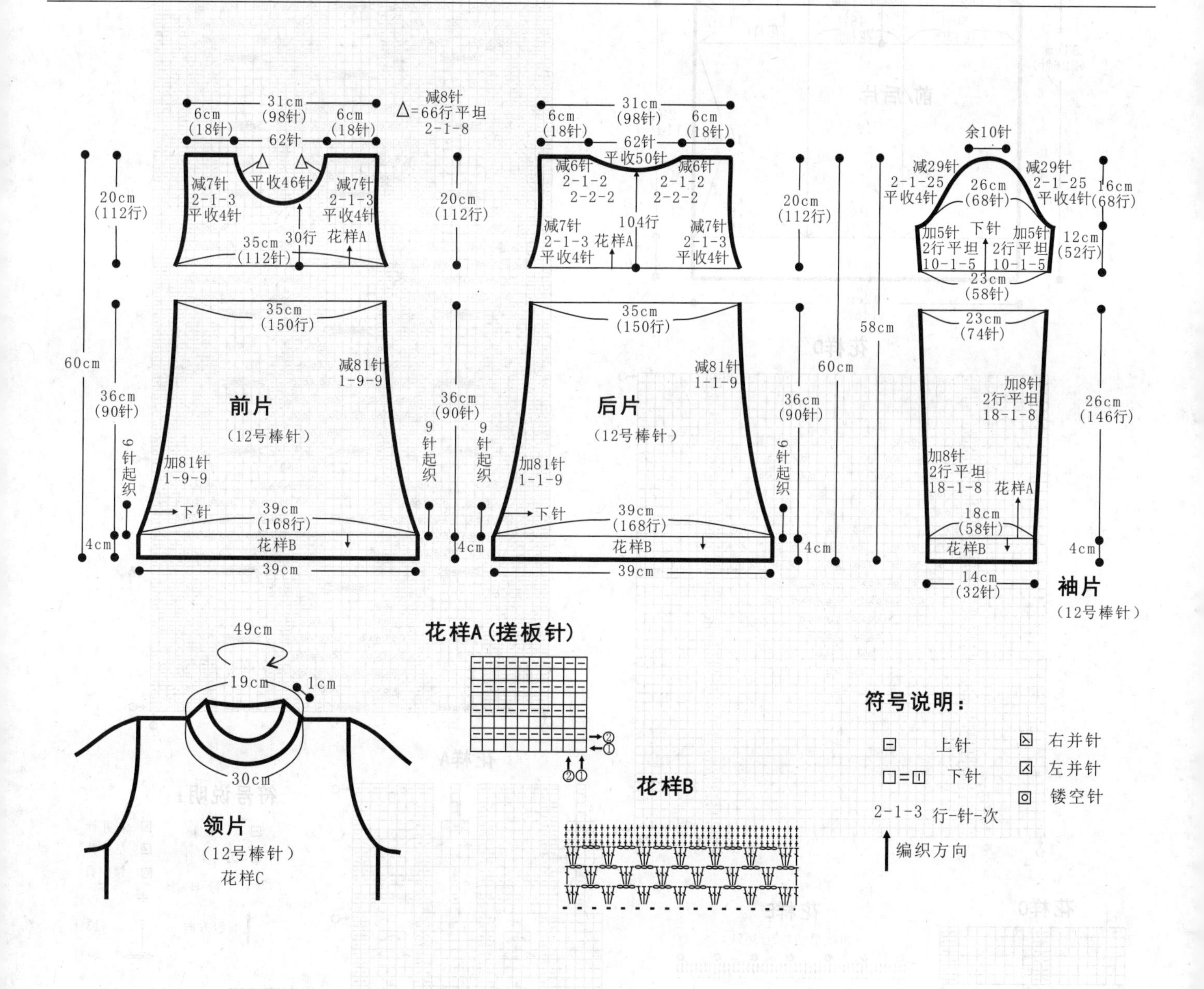

134

【成品规格】 衣长54cm，胸宽42cm，肩宽41cm

【工　　具】 12号棒针

【编织密度】 35针×43行=10cm²

【材　　料】 蓝色丝光棉线400g

编织要点：

1.棒针编织法，由前片1片、后片1片组成。从下往上织起。

2.前片的编织。起针，双罗纹起针法，起148针，编织花样A，不加减针，织26行的高度，开始织50针下针+48针花样B+50针下针，织104行后改织50针花样C+48针花样D+50针花样C，织10行。开始织袖窿。

3.袖窿以上的编织。左右侧同时减针，然后减2针，织4-1-2，织42行后，从56针起平收28针做领口，领口两侧各减16针，12行平坦，2-1-16。织44行后收针断线。

4.用相同的方法去编织后片。

5.拼接，将前片的侧缝与后片的侧缝对应缝合，将前后片一侧边与后片的肩部对应缝合。在袖口处钩花样E。衣服完成。

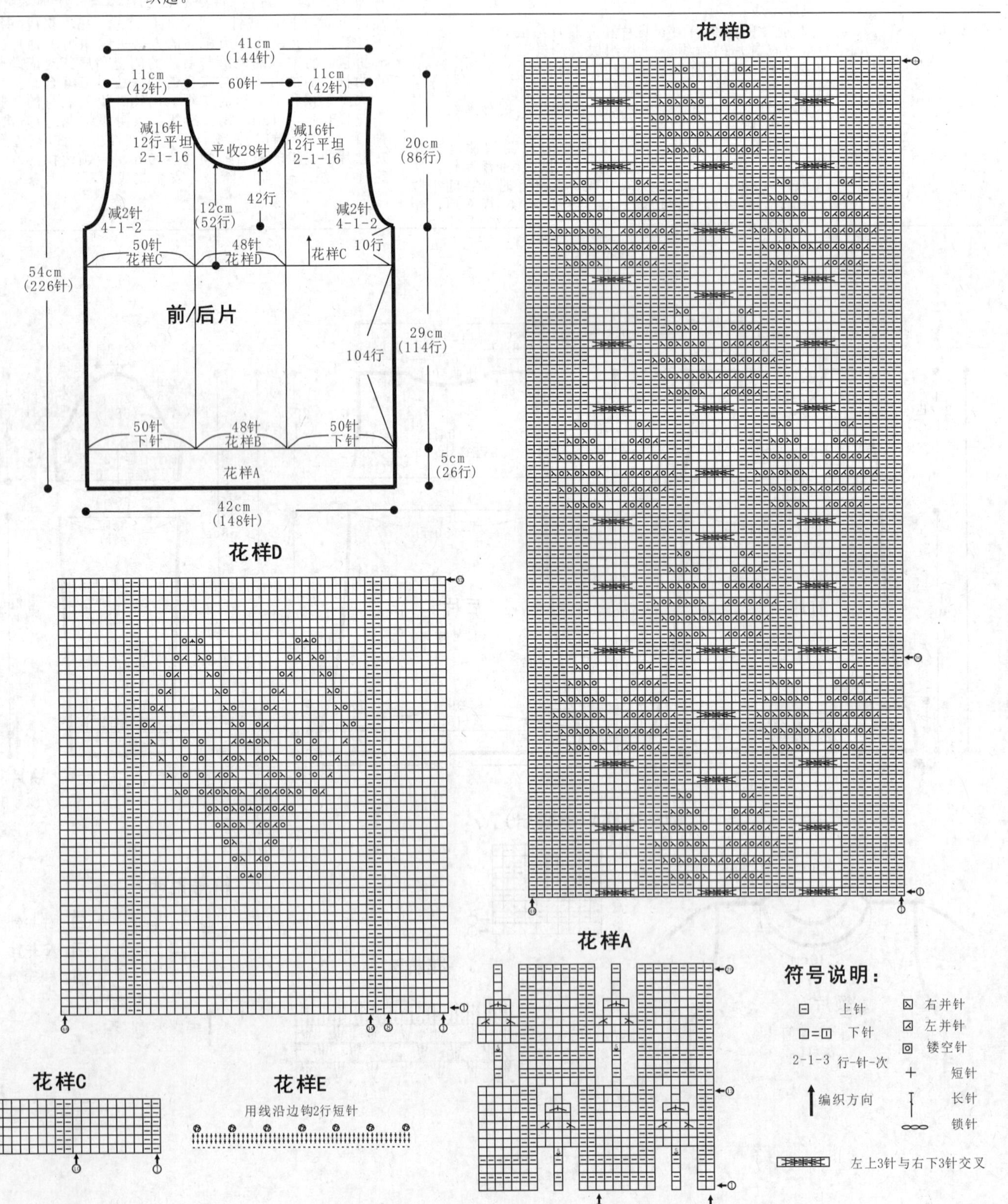

135

【成品规格】 衣长84cm，胸围86cm，肩宽34cm，袖长59cm

【工　　具】 10号棒针

【编织密度】 17.6针×19.3行=10cm²

【材　　料】 米白色棉线650g，纽扣5枚

编织要点：

1.棒针编织法，衣身袖窿以下一片编织，袖窿起分为左前片、右前片和后片分别编织。

2.起织，下针起针法起144针织花样A，织4行后，改织花样B，织至18行，改为花样C、D、E、F组合编织，组合方法如结构图所示，重复往上编织至74行，将织片第9针至26针及第119至136针改织花样B作为袋口，织至82行，将两袋口花样B收针，其余针数留起暂时不织。

3.分别起织2片袋片，起18针织花样A，织36行后，与之前织片对应袋口连起来编织，继续按衣身组合花样编织，织至118行，将织片分成左前片、右前片和后片分别编织，左右前片各取34针，后片取76针。

4.先织后片，起织时两侧袖窿减针，方法为1-3-1，2-1-5，织至160行，织片中间平收32针，两侧按2-1-1的方法减针织后领，织至162行，两侧肩部各余下13针，收针断线。

5.编织左前片，起织时左侧袖窿减针，方法为1-3-1，2-1-5，织至146行，右侧按1-3-1，2-2-2，2-1-6的方法减针织前领，织至162行，肩部余下13针，收针断线。

6.用同样的方法相反方向编织右前片，完成后将两肩部对应缝合。再将两袋片对应衣身缝合。

帽片/衣襟制作说明

1.棒针编织法，一片往返编织完成。

2.沿前后领口挑起63针，编织花样C、D、F组合编织，如结构图所示，重复往上织至48行，收针，将帽顶对称缝合。

3.编织衣襟，沿左右前片衣襟侧及帽侧分别挑针起织，挑起178针编织花样B，织6行后，改织花样A，织至10行，收针断线。

4.编织一条长约10cm的绳子，绳子一端绑制一个直径约6cm的毛绒球，另一端与帽顶缝合。

袖片制作说明

1.棒针编织法，编织两片袖片。从袖口起织。

2.下针起针法，起32针织花样A，织4行后，改织花样B，织至18行，改为花样C、D、F组合编织，组合方法如结构图所示，重复往上编织，一边织一边两侧加针，方法为8-1-8，织至86行，织片变成48针，开始减针编织袖山，两侧同时减针，方法为1-3-1，2-1-14，织至114行，织片余下14针，收针断线。

3.用同样的方法再编织另一袖片。

4.缝合方法:将袖山对应前片与后片的袖窿线，用线缝合，再将两袖侧缝对应缝合。

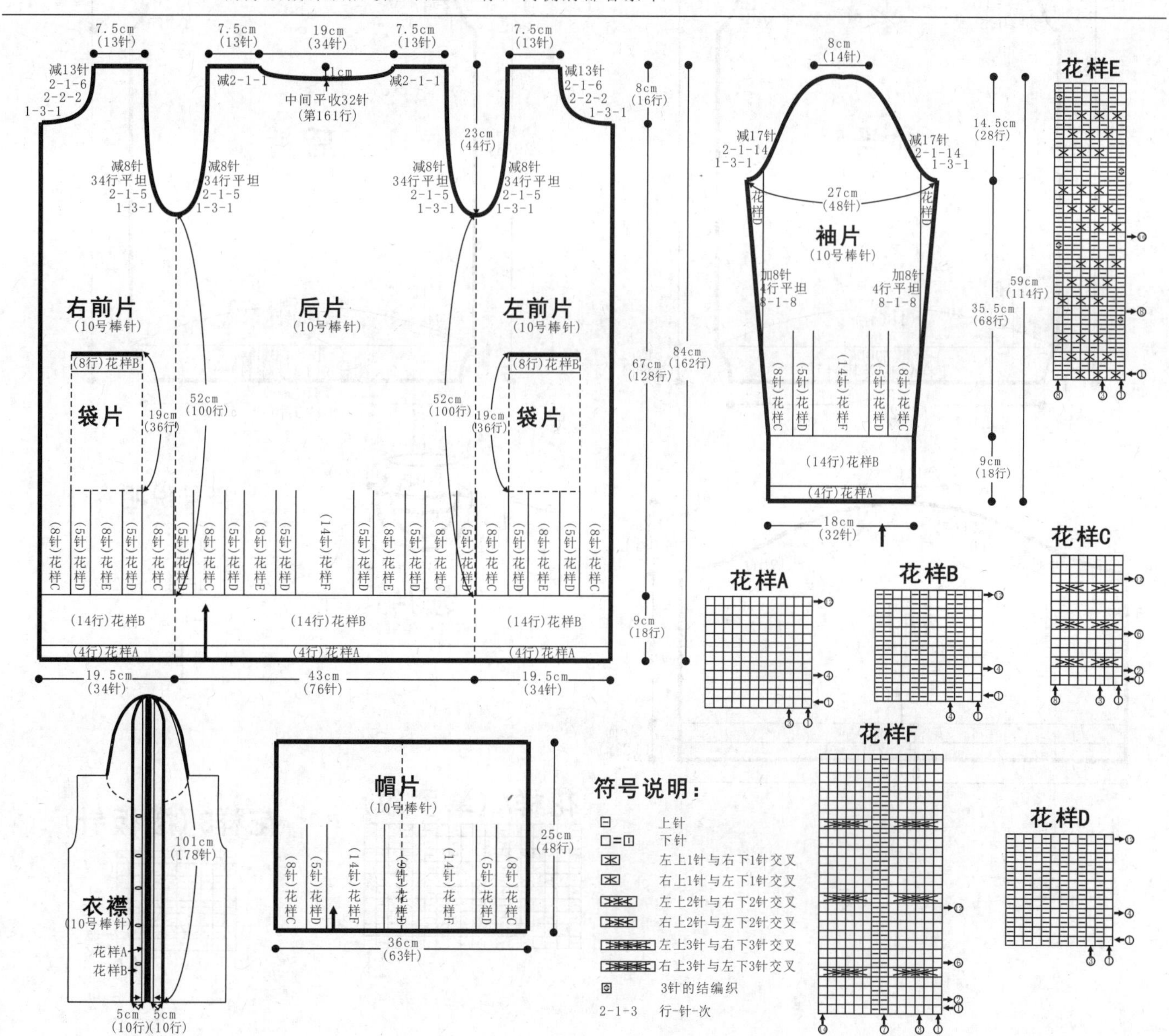

136 大红色淑女装

【成品规格】裙长64cm，肩宽36cm
袖长16cm，袖宽18cm

【工　　具】12号棒针，14号棒针

【编织密度】41针×46行=10cm²

【材　　料】大红色细羊毛线450g

编织要点：

1.棒针编织法，由前片1片、后片1片、袖片2片及领片组成，由下往上织成。

2.前片的编织，一片织成：单罗纹起针法，起120针，花样A起织，不加减针，织24行；下一行起，改织下针，分散加60针至180针，不加减针，织200行至袖窿；下一行起，两侧同时进行袖窿减针，收针6针，然后2-1-10，减16针，织74行；其中自织成袖窿算起16行高度，下一行进行衣领减针，从中平收84针，两侧相反方向减针，2-1-6，减6针，不加减针编织46行高度，余下26针，收针断线。

3.后片的编织，一片织成：自织成袖窿算起66行高度，下一行进行衣领减针，从中平收84针，两侧相反方向减针，2-2-2，2-1-2，减16针，织8行，余下26针，收针断线。其他与前片编织方法一样。

4.袖片的编织，一片织成：下针起针法，起148行，下针起织，不加减针，织6行；下一行起，改织花样A，不加减针，织6行；下一行起，改织下针，不加减针编织46行高度；下一行起，两侧同时进行减针，平收6针，然后2-1-10，减16针，织20行，余下116针，收针断线；用相同的方法编织另一袖片。

5.拼接，将前后片侧缝对应缝合；将袖片与衣身侧缝对应缝合。

6.领片的编织，于前片挑160针，后片挑96针，共256针，花样B搓板针起织，不加减针，织10行，收针断线，衣服完成。

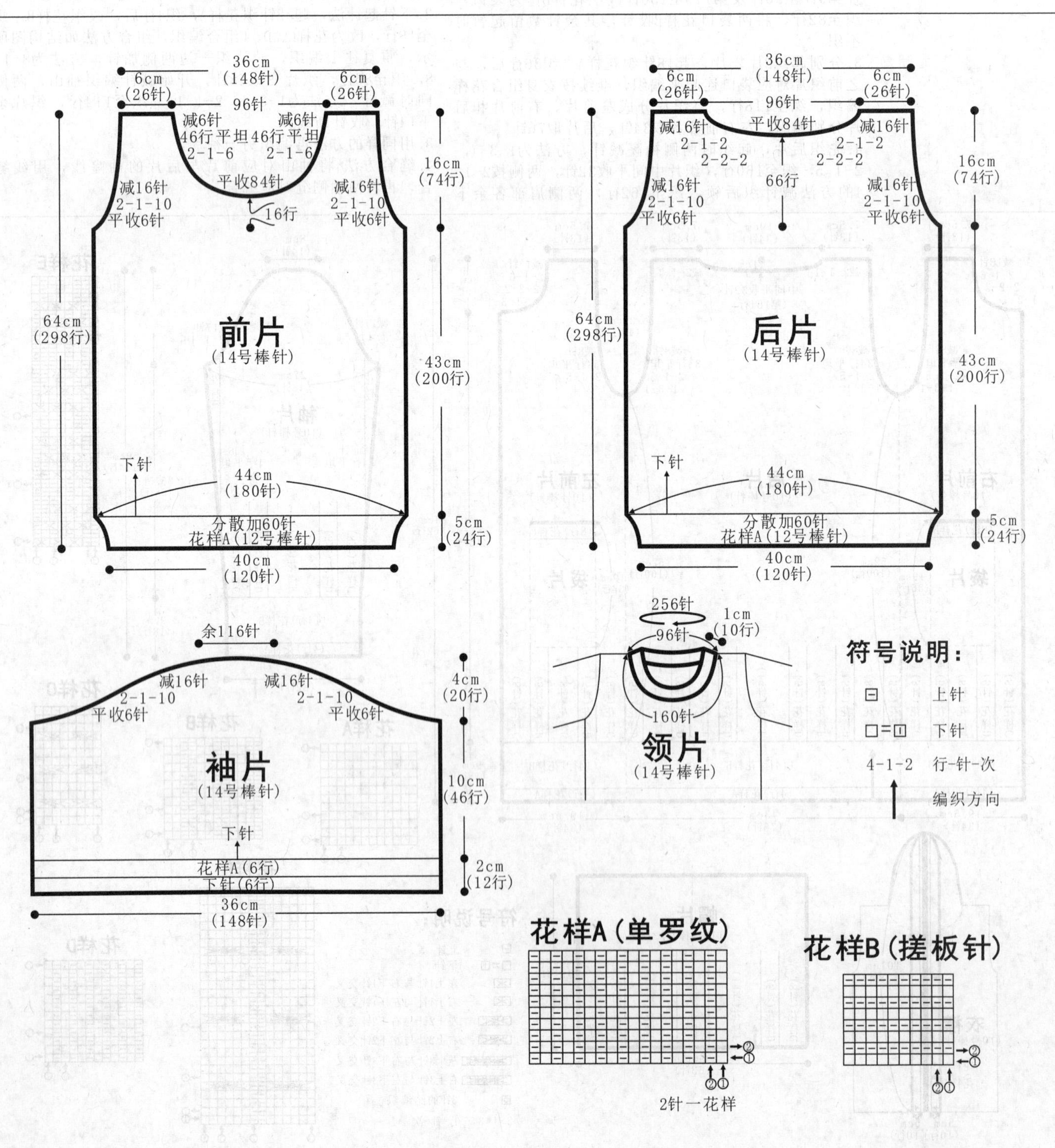

137 咖啡色亮片装

【成品规格】 裙长67cm，胸宽42cm

【工　　具】 10号棒针

【编织密度】 23针×27行=10cm²

【材　　料】 灰色丝光棉线450g

编织要点：

1.棒针编织法，由前片1片、后片1片、蝴蝶结1片组成，从上往下织起。

2.前片的编织，两片织成：加针起针法，下针起织，两侧外侧同时加针2-1-24，加24针，织48行；两侧内侧同时加针并分片编织，2-1-20，加20针，织40行，然后一次性加8针并起织花样A，然后两片并一片编织，织8行后，下一行排列成44针下针+8针花样A+44针下针，不加减针，织16行，收针断线；然后在断线处挑96针，下针起织，两侧同时加针，14-1-7，加7针，织98行；不加减针编织12行高度；下一行起，改织花样B，不加减针，织10行，收针断线。

3.后片的编织，两片织成，下针起针法，起64针，下针起织，两侧同时加针，2-1-24，加24针，织48行；下一行起，一次性收50针，然后一次性加8针；下一行起，不加减针，织16行；同时从中间向相反方向加针，2-1-34，加34针，织68行，收针断线。

4.蝴蝶结的编织，一片织成：下针起针法，起12针，下针起织，不加减针，织30行，收针断线。

5.拼接，将前后片侧缝对应缝合，将蝴蝶结于后片对应位置缝合，衣服完成。

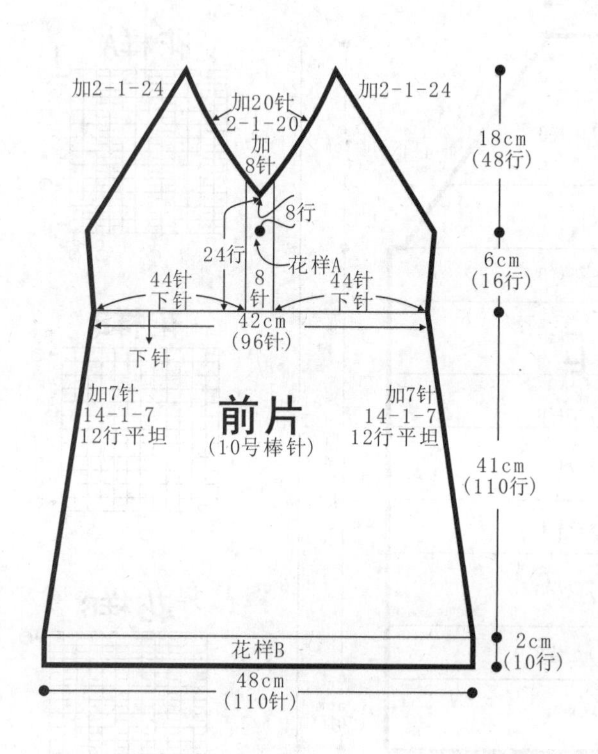

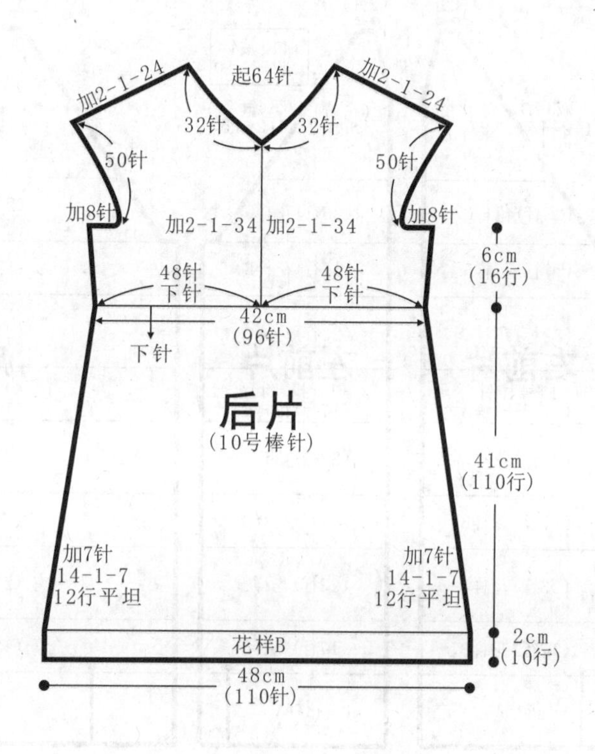

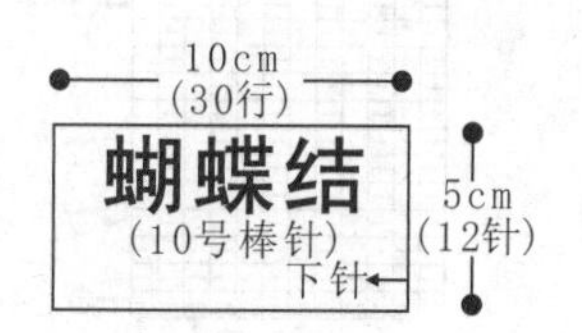

符号说明：

上针

下针

4-1-2　行-针-次

编织方向

2针交叉

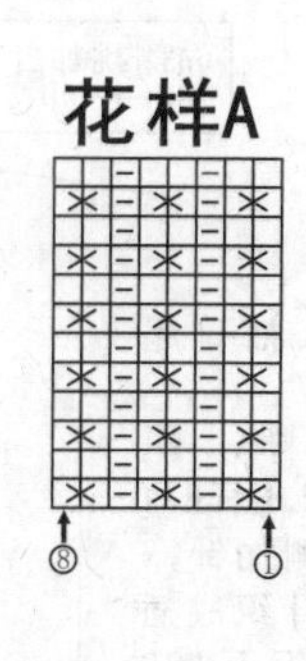

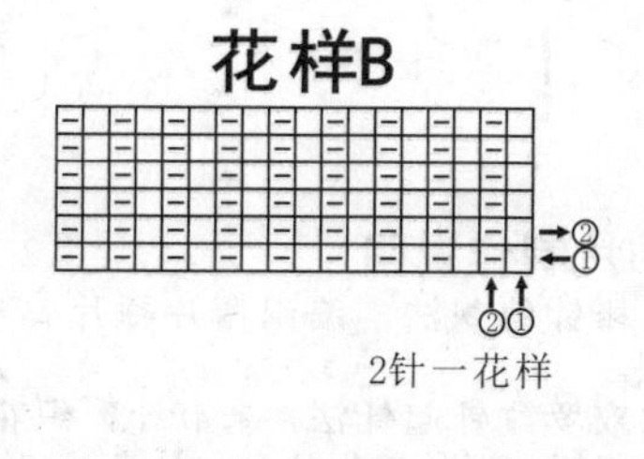

138

【成品规格】 衣长81cm，半胸围48cm，袖长66cm

【工　　具】 11号棒针

【编织密度】 21针×27.3行=10cm²

【材　　料】 灰色段染线共600g，纽扣6枚

编织要点：

1.棒针编织法，衣身分为左前片、右前片和后片分别编织，完成后与袖片缝合而成。

2.起织后片，双罗纹针起针法起100针，织花样A，织20行，开始编织衣身，衣身是17行花样B与23行花样C间隔编织，织至160行，然后减针织成插肩袖窿，方法为1-4-1，4-2-15，织至220行，织片余下32针，收针断线。

3.起织右前片，双罗纹针起针法起46针，织花样A，织20行，开始编织衣身，衣身是17行花样B与23行花样C间隔编织，织至160行，然后左侧减针织成插肩袖窿，方法为1-4-1，4-2-15，织至200行，右侧减针织前领，方法为2-1-10，织至220行，织片余下2针，收针断线。

4.用同样的方法相反方向编织左前片。将左右前片与后片的侧缝缝合，前片及后片的插肩缝对应袖片的插肩缝缝合。

衣领/衣襟制作说明

1.棒针编织法，领片与衣襟连起来编织。

2.沿后领挑起32针，织花样A，一边织一边两侧领口挑加针，方法为2-1-20，织至40行，第41行将两侧衣襟全部挑起来编织，两侧各挑起138针，共348针，不加减针织10行后，收针断线。

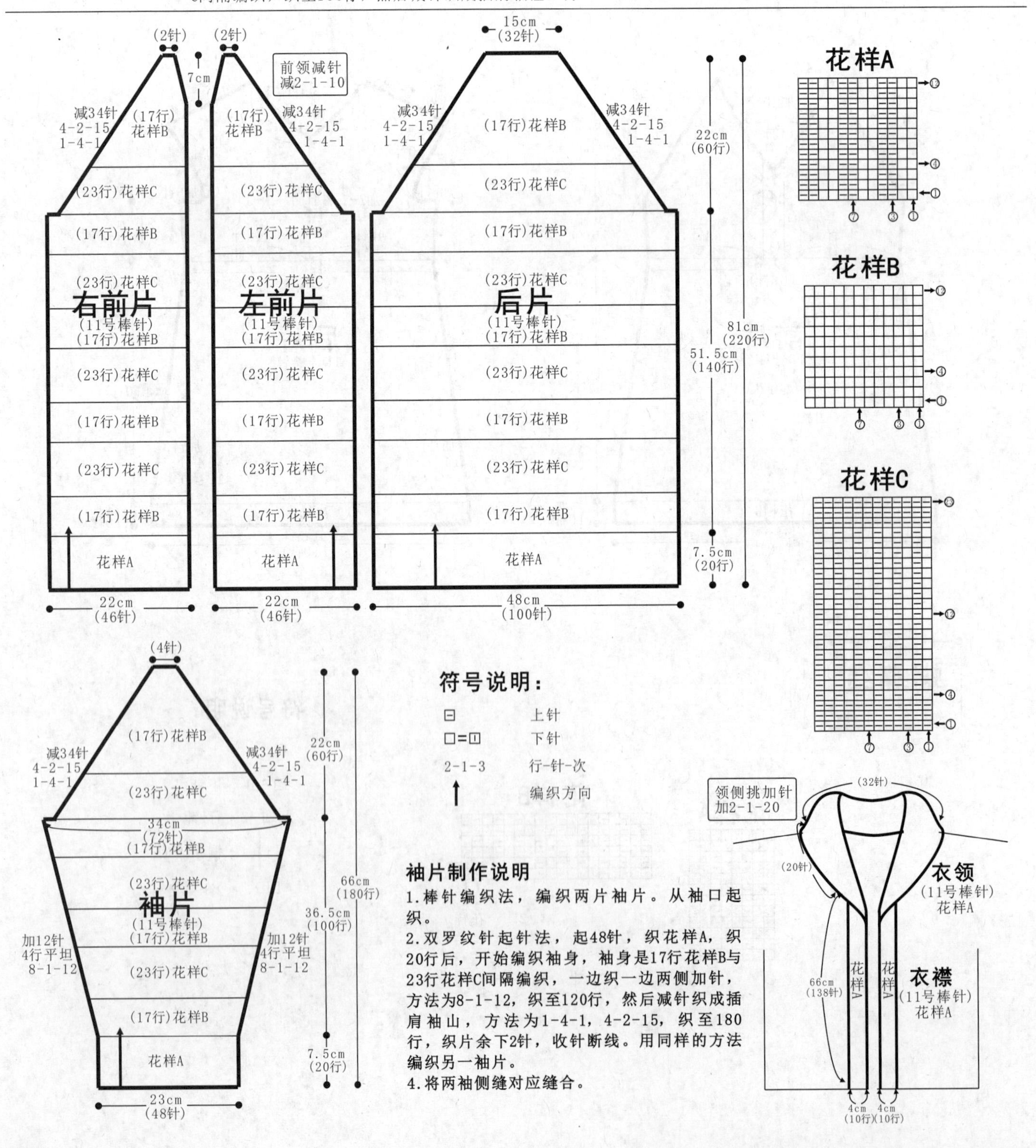

袖片制作说明

1.棒针编织法，编织两片袖片。从袖口起织。

2.双罗纹针起针法，起48针，织花样A，织20行后，开始编织袖身，袖身是17行花样B与23行花样C间隔编织，一边织一边两侧加针，方法为8-1-12，织至120行，然后减针织成插肩袖山，方法为1-4-1，4-2-15，织至180行，织片余下2针，收针断线。用同样的方法编织另一袖片。

4.将两袖侧缝对应缝合。

139

【成品规格】 衣长69cm，胸围100cm，肩宽36cm，袖长58cm

【工　　具】 10号棒针

【编织密度】 15针×23.2行=10cm²

【材　　料】 咖啡色棉线600g

编织要点:

1.棒针编织法，衣身分为左前片、右前片、后片分别编织。

2.起织后片，单罗纹针起针法，起75针织花样D，织2行后，改织花样B，织至70行，两侧开始袖窿减针，方法为1-4-1，2-1-6，织至115行，中间留起17针不织，两侧减针，方法为2-1-2，织至118行，两侧肩部各余下17针，收针断线。

3.起织右前片，单罗纹针起针法，起39针织花样A与花样C组合编织，如结构图所示，右起分别为5针花样A，14针花样C，20针花样A，织至20行，第21行起编织袋片，方法是在织片的第6针至30针每隔1针加起1针，共加起25针，加起的针数用防解别针扣起，留待编织口袋里片，左前片针数继续往上编织至52行，织片的第6针至30针改织花样D，其余针数花样不变，继续织至58行，花样D部分收针。另起线编织25针口袋里片，织下针，不加减针织38行后，与右前片连起来按右前片的花样组合继续编织，织至112行，左侧开始袖窿减针，方法为1-4-1，2-1-6，织至160行，左侧肩部平收17针，右侧余下12针，用防解别针扣起，留待编织衣领。

4.用同样的方法相反方向编织左前片。将左右前片与后片的两侧缝缝合，两肩部对应缝合。

5.沿前后领口挑起45针织花样A，不加减针织18行后，收针断线。

袖片制作说明

1.棒针编织法，编织两片袖片。从袖口起织。

2.起29针，织2行花样D，改织花样B，两侧一边织一边加针，方法为8-1-11，两侧的针数各增加11针，织至96行。接着减针编织袖山，两侧同时减针，方法为1-4-1，2-1-19，两侧各减少23针，织至134行，织片余下5针，收针断线。

3.用同样的方法再编织另一袖片。

4.缝合方法:将袖山对应前片与后片的袖窿线，用线缝合，再将两袖侧缝对应缝合。

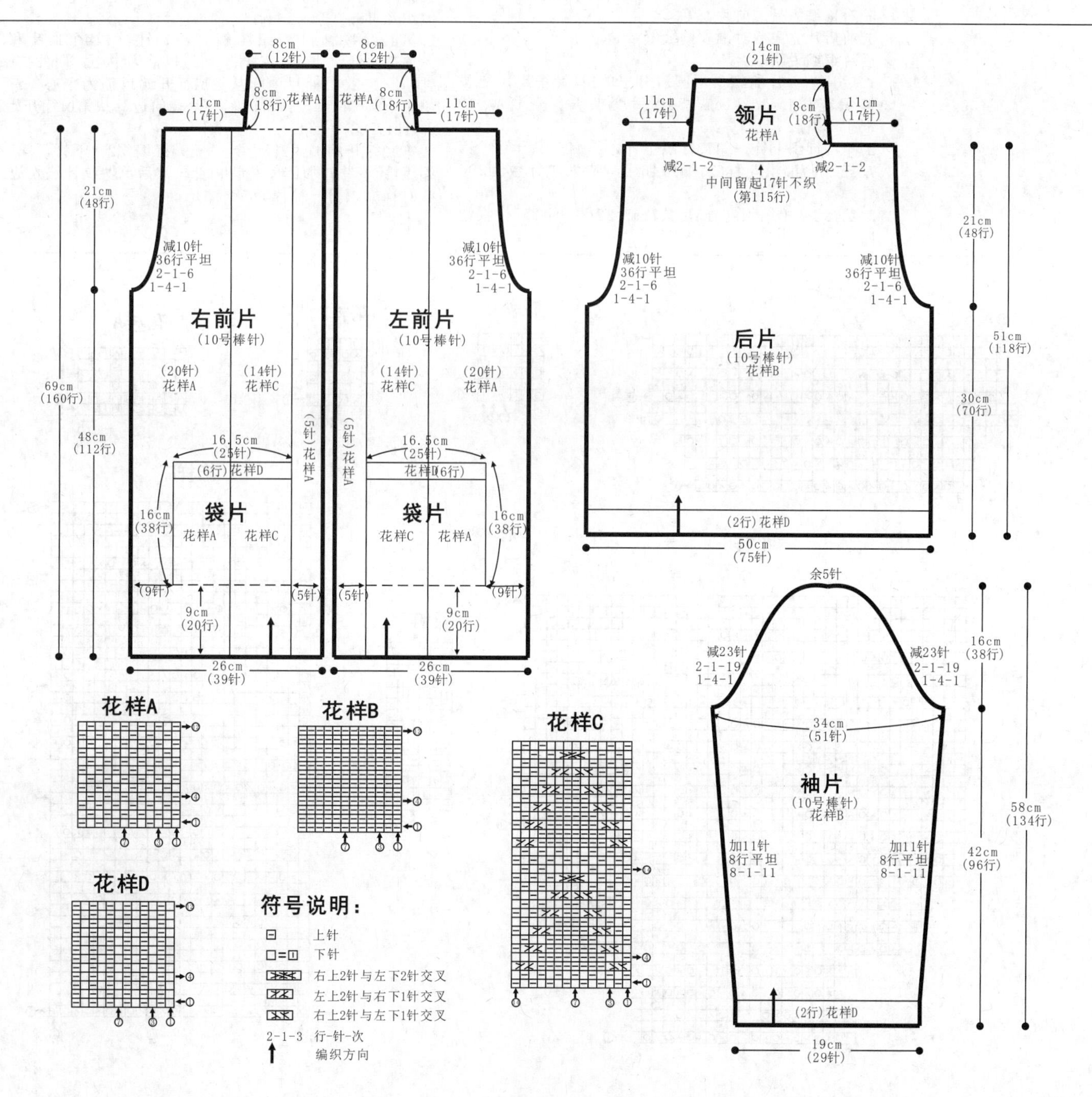

140

【成品规格】 衣长66cm，袖长50cm

【工　　具】 10号棒针

【编织密度】 28针×35行=10cm²

【材　　料】 毛线1000g，纽扣4枚

编织要点:

1.前片为两片编织，各用圆肩分出的59针编织，交替编织花样J、D，11cm，39行后变换编织花样A，共7cm，32行。

2.第72行织上针，第73行织下针，第74行织上针。第75行开始编织花样F，同时在衣侧缝处加针，方法为4-1-12，花样F编织46行，结束时针数为71针。

3.第121行开始编织花样A，共7cm，32行，同时在门襟内侧收针，顺序是2-3-6，4-2-5交替减针，至152行时针数剩47针，收针断线。

4.沿斜下摆及门襟挑针，第1行织2针并1针，加1针;第2行织上针然后单罗纹针法收针完成。

5.对称编织另一前片。

6.前后片完成后对准衣侧缝缝合。

后片编织说明

1.后片为一片编织，用圆肩分出的110针编织，交替编织花样J、D，11cm，39行后变换编织花样A，共7cm，32行。

2.第72行织上针，第73行织下针，第74行织上针。第75行开始编织花样G，编织46行，结束时针数为205针。

3.第121开始编织花样A，共7cm，32行，至152行收针断线。

衣领编织说明

1.衣领为一片编织，方法是沿领窝对应挑出围肩起针除门襟8针外的95针，分4部分全部编织花样A，在每根筋的两边加针，方法是2-1-18。行收针断线。

2.第37行开始编织2行上针，2行下针。第41行编织1针下针，加1针，2针并1针，然后单罗纹针法收边完成。

围肩编织说明

1.围肩是从领圈处起针，向外圆方向扩张编织，呈圆环形状，开前门襟。

2.起103针，左右门襟各4针，编织2行单罗纹，第3行：4针单罗纹门襟，11针下针，加1针，1针下针，加1针，35针花样A，加1针，1针下针，加1针，35针花样A，加1针，1针下针，加1针，11针下针，4针单罗纹。将围肩分成有3条“筋”的4个部分，“筋”就是加针中间的1针下针。

3.围肩前片部分编织下针，后片部分编织花样A，在每条“筋”的两边加针，方法为2-1-28，编织至58行时针数为263针。

4.第59行开始不加减针编织花样B，共15行。

5.第75行开始编织花样C，每花25针，共排11个花，需均匀加12针，花样C编织14行后针数为363针加门襟8针，圆肩完成，不收针，全部留在针上待分片编织。

袖片编织说明

1.袖片为两片编织，各用圆肩分出的71针编织，不加减针编织花样G，13cm，41行。

2.第42行按袖口编织图解，将71针分成4个17针和3个“筋”(1针)，编织1花样H。两边以筋为中心，向外扩张加针，2-1-20。袖片中间从第11行开始以筋为中心每2行编织中上3针并1针，17次。袖片两端的边针从第11行开始2针并1针17次。

3.第92行开始编织2行上针。第94行编织2行下针。第96行编织1针下针，加1针，2针并1针，然后单罗纹针法收边。

4.对称编织另一袖片。

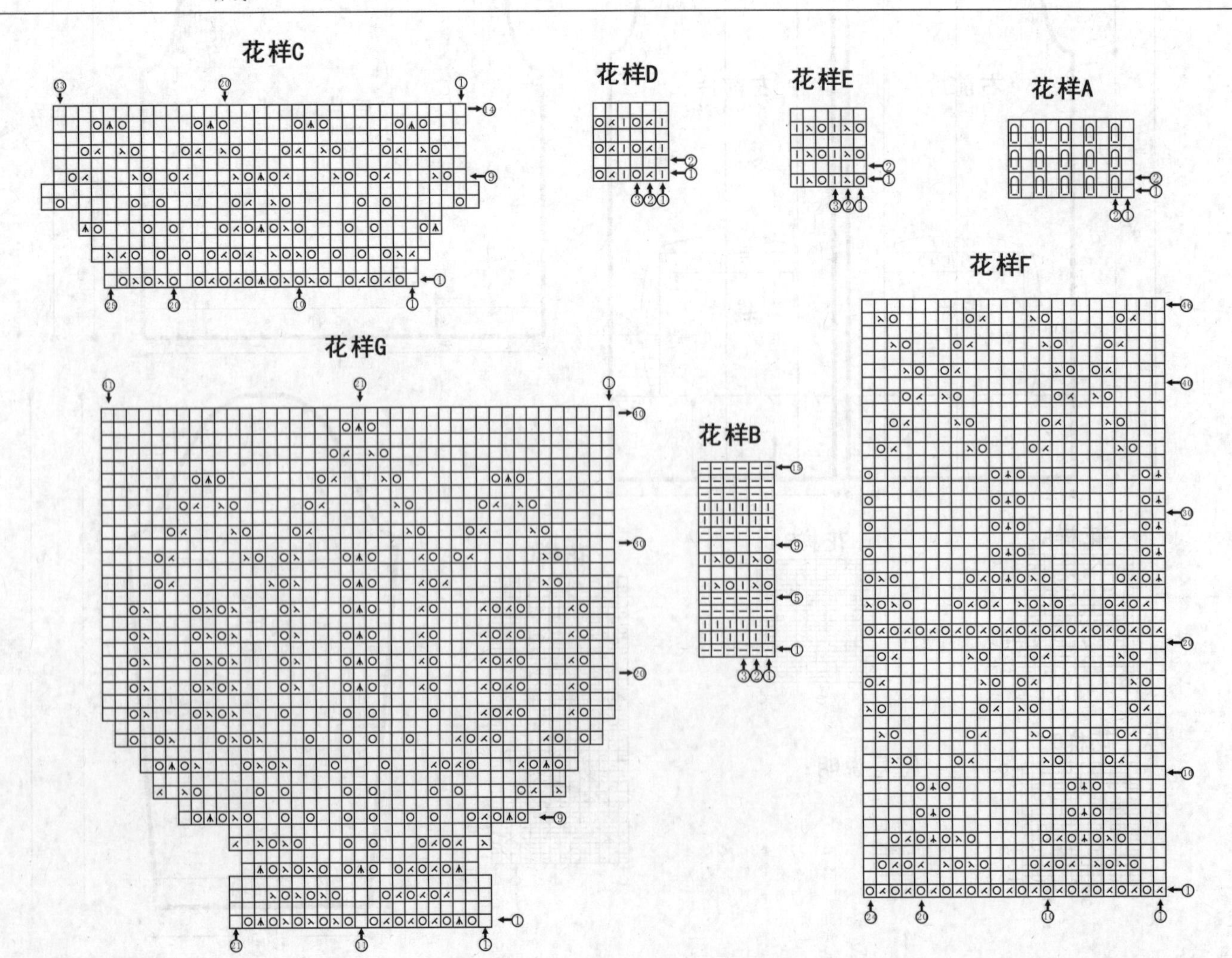

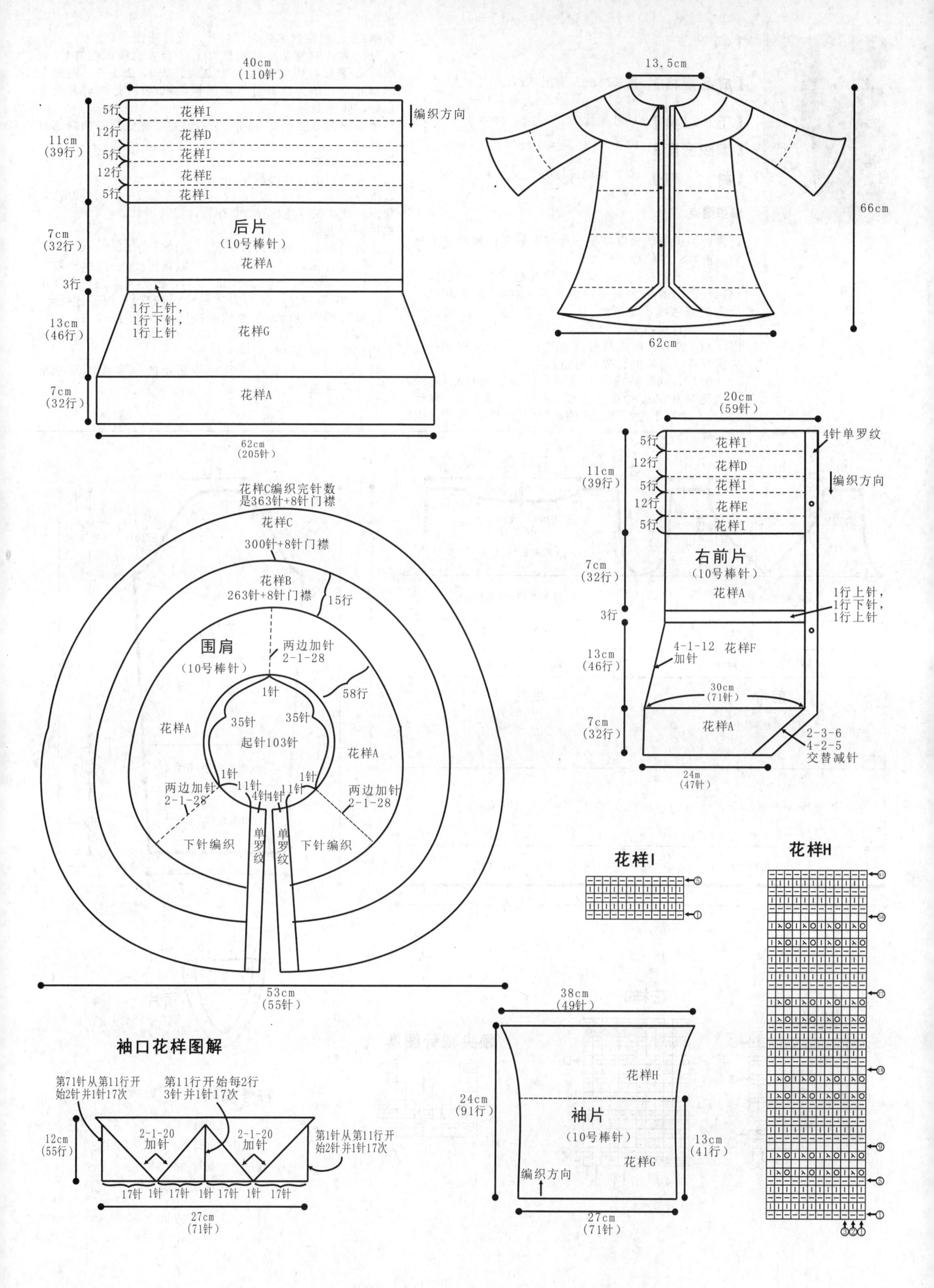
40cm
(110针)
编织方向
5行
花样I
12行
花样D
11cm
(39行)
5行
花样I
12行
花样E
5行
花样I
后片
(10号棒针)
7cm
(32行)
花样A
3行
1行上针,
1行下针,
1行上针
13cm
(46行)
花样G
7cm
(32行)
花样A
62cm
(205针)
13.5cm
66cm
62cm
20cm
(59针)
4针单罗纹
右前片
(10号棒针)
1行上针,
1行下针,
1行上针
4-1-12
加针
花样F
30cm
(71针)
2-3-6
4-2-5
交替减针
24m
(47针)
花样C编织完针数
是363针+8针门襟
花样C
300针+8针门襟
花样B
263针+8针门襟
15行
围肩
(10号棒针)
两边加针
2-1-28
1针
58行
35针
35针
起针103针
花样A
花样A
1针
11针
4针
4针
11针
1针
两边加针
2-1-28
两边加针
2-1-28
单罗纹
单罗纹
下针编织
下针编织
53cm
(55针)
花样I
花样H
38cm
(49针)
24cm
(91行)
花样H
袖片
(10号棒针)
13cm
(41行)
花样G
编织方向
27cm
(71针)
袖口花样图解
第71针从第11行开始2针并1针17次
第11行开始每2行3针并1针17次
12cm
(55行)
2-1-20
加针
2-1-20
加针
第1针从第11行开始2针并1针17次
17针
1针
17针
1针
17针
1针
17针
27cm
(71针)

141

【成品规格】 裙长74cm，胸围88cm，肩宽34cm，袖长62cm

【工　　具】 10号棒针

【编织密度】 15针×19.2行=10cm²

【材　　料】 炭灰色棉线450g，炭灰夹白色线100g

编织要点：

1.棒针编织法，袖窿以下一片环形编织，袖窿以上分为左前片、右前片、后片来编织。

2.起织，下针起针法，炭灰色棉线起132针织花样A，织14行后，改用炭灰夹白色线织花样B，织至30行，改为炭灰色线织花样A，按30行炭灰色、10行炭灰夹白色、10行炭灰色、18行炭灰夹白色的顺序换线编织，织至98行，将织片分成前片和后片，各取66针，先织后片，前片的针数暂时留起不织。

3.分配后片66针到棒针上，炭灰色线织花样A，起织时两侧减针织成袖窿，方法为1-2-1，2-1-5，织至139行，中间平收22针，两侧减针，方法为2-1-2，织至142行，两侧肩部各余下13针，收针断线。

4.分配前片右侧的33针到棒针上，炭灰色线织花样A，起织时右侧减针织成袖窿，方法为1-2-1，2-1-5，同时左侧按2-1-13的方法减针织成前领，织至142行，肩部余下13针，收针断线。

5.用同样的方法相反方向编织右前片，完成后将两肩部对应缝合。

领片制作说明

1.棒针编织法，环形编织完成。

2.挑织衣领，沿前后领口炭灰色线挑起77针，后领26针，前领51针，编织花样A，织8行后，收针断线。

袖片制作说明

1.棒针编织法，编织两片袖片。从袖口起织。

2.下针起针法，炭灰色线起27针织花样A，一边织一边两侧加针，方法为8-1-13，织26行后，改为炭灰夹白色线织花样A，织至42行，改为炭灰色线织花样A，织至104行，开始减针编织袖山，两侧同时减针，方法为1-2-1，2-1-18，织至140行，织片余下13针，收针断线。

3.用同样的方法再编织另一袖片。

4.缝合方法:将袖山对应前片与后片的袖窿线，用线缝合，再将两袖侧缝对应缝合。

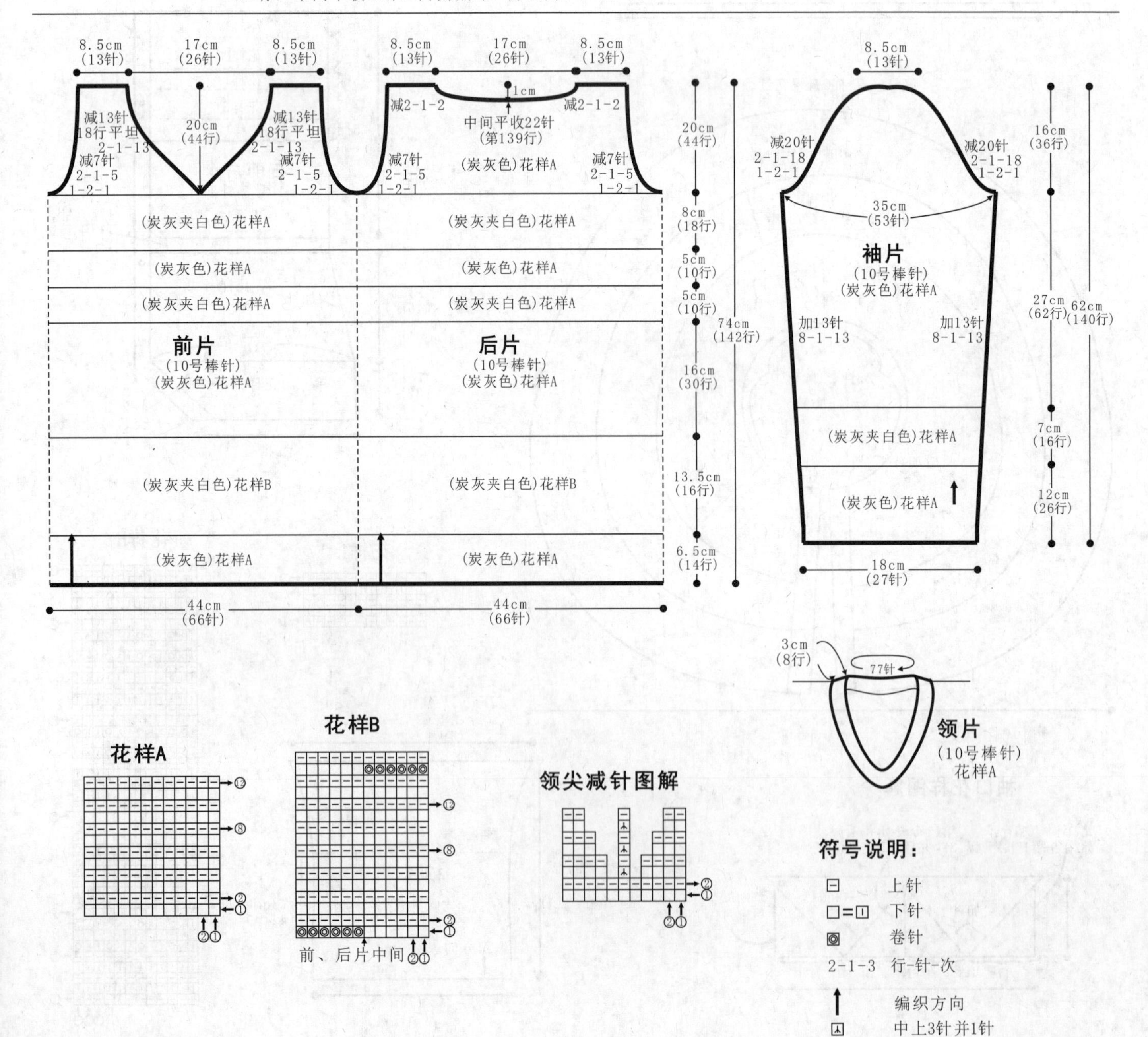

142

【成品规格】 衣长39cm，胸宽38cm，肩宽20cm

【工 具】 10号棒针

【编织密度】 33针×36行=10cm²

【材 料】 玫红色丝光棉线400g，纽扣2枚

编织要点:

1.棒针编织法，由前片2片、后片1片、袖片2片组成。从下往上织起。

2.前片的编织。由右前片和左前片组成，以右前片为例。

(1)起针，下针起针法，起62针，编织花样A，不加减针，织12行后改织52针花样B+10针花样A。织72行的高度，至袖窿。

(2)袖窿以上的编织。左侧减针，减32针，方法为平收4针，减针2-1-28。织10行及24行各留一个扣眼。织40行后右侧平收10针后减28针，方法为2-2-4，2-4-2，2-6-2，余下1针。然后沿右侧边与后片肩部进行缝合。收针断线。

(3)用相同的方法，相反的方向去编织左前片，注意左前片不用留扣眼。

3.后片的编织。下起针法，起128针，编织花样A，不加减针，织12行后改织14针上针+5组花a(100针)+14针上针。织72行的高度。至袖窿，然后袖窿起减针，方法与前片相同。当织成袖窿算起56行时，收针断线。

4.袖片的编织。袖片从袖口起织，下针起针法，起88针，起织花样A，不加减针，织12行后改织14针上针+3组花a(60针)+14针上针，往上织62行的高度，至袖山。并进行袖山减32针，方法为平收4针，2-1-28，织余24行，收针断线。用相同的方法去编织另一袖片。

5.拼接，将前片的侧缝与后片的侧缝对应缝合，将前后片加织高48行的宽度，选一侧边与后片的肩部对应缝合；再将两袖片的袖山边线与衣身的袖窿边对应缝合。在领口处左、右前片各挑42针，后片挑88针，织16行花样A，收针断线。衣服完成。

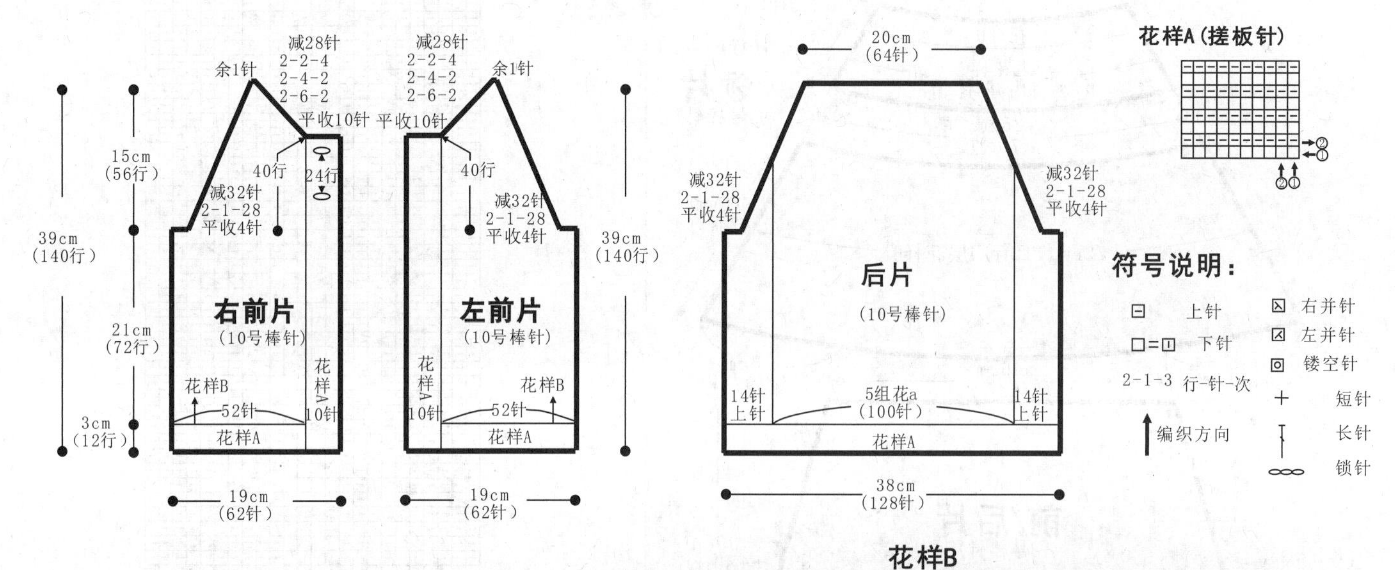

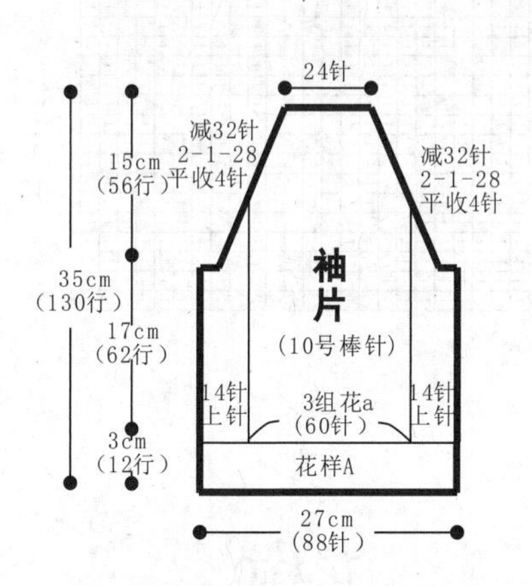

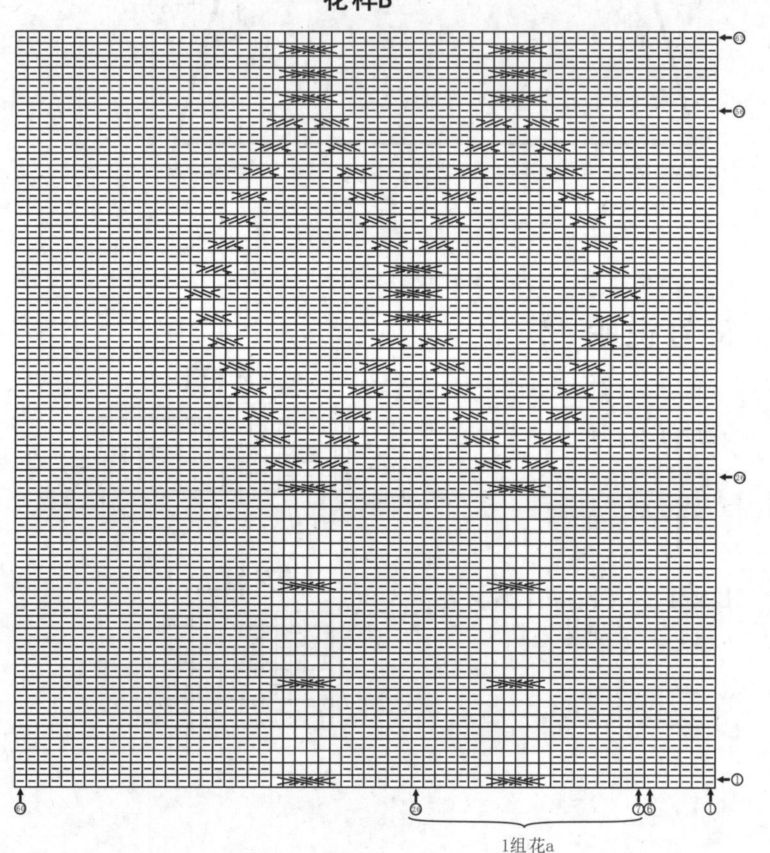

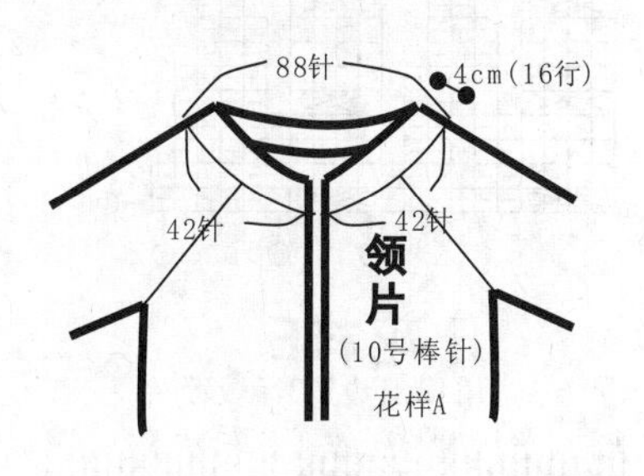

143

【成品规格】 衣长56cm，胸宽40cm

【工　　具】 8号棒针

【编织密度】 15针×27行=10cm²

【材　　料】 宝蓝色羊毛线550g

编织要点：

1.棒针编织法，由前后片、领片1片组成。从下往上织起。

2.前后片的编织，一片织成，前后片编织方法一样，以前片为例：下针起针法，起78针，花样A起织，两边同时减针，10-1-8，减8针，织80行，余下62针，收针断线；用相同方法编织后片；下针起针法，起24针，花样B起织，不加减针，织112行共4层花样B，收针断线。

3.拼接，将前后片对应缝合。

4.领片的编织，一片织成；于衣领部位挑针共70针，7组花样C起织，花样减针，每组减4针，织10行；下一行起，改织花样D，不加减针，织6行，余下42针，收针断线。

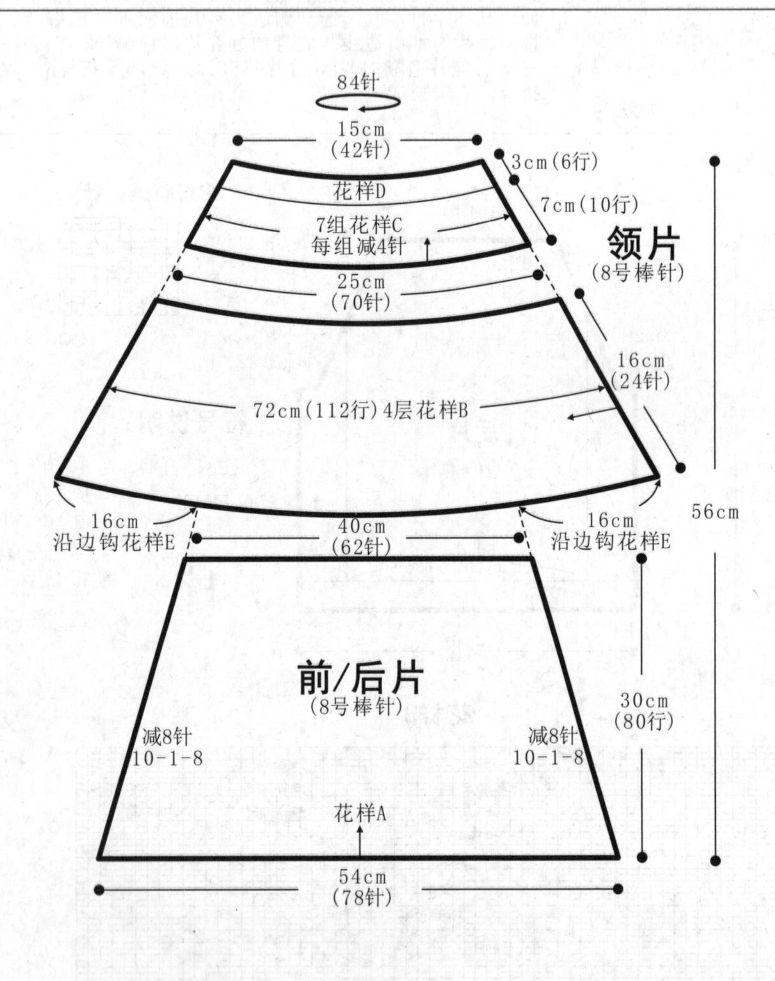

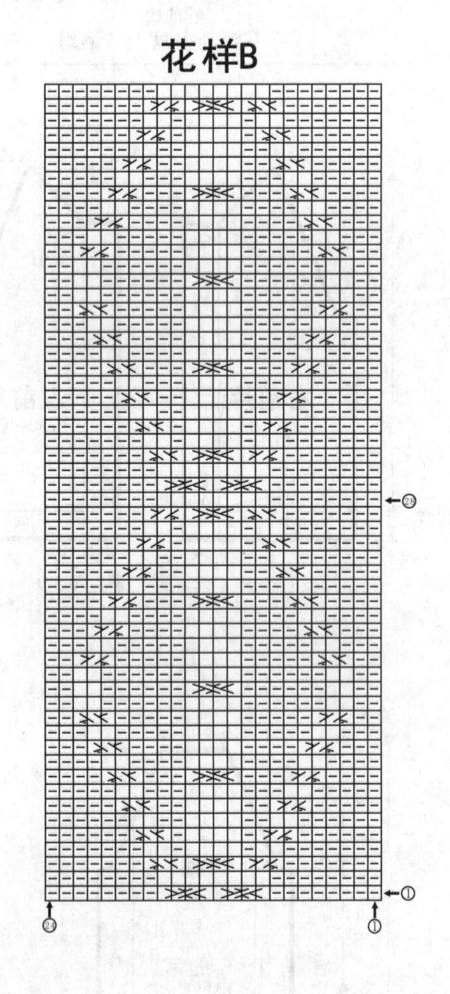

符号说明：

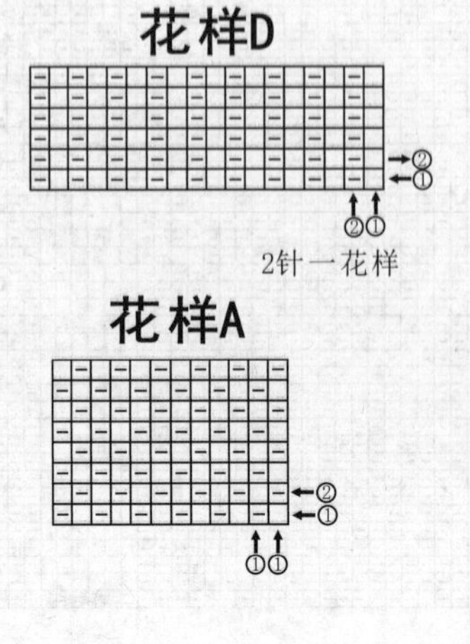

⊟ 上针

□=⊡ 下针

4-1-2 行-针-次

↑ 编织方向

左上2针与右下2针交叉

右上2针与左下1针交叉

＋ 短针

锁针

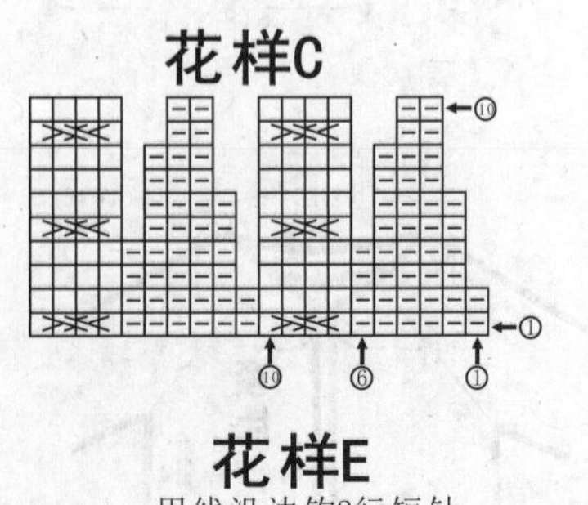

花样E

用线沿边钩2行短针

144

【成品规格】衣长67cm，胸围86cm

【工　　具】10号棒针

【编织密度】13.5针×22.3行=10cm²

【材　　料】蓝色棉线450g

编织要点：

1.棒针编织法，从下往上织，衣身分前后两片分别编织。

2.起织后片，起58针织花样A，织48行后，改织花样B，织至96行，两侧各加起21针，织片共100针，改织花样C，两侧各织12针下针，重复往上编织至120行，织片变成43针，改织花样D，不加减针织至128行，收针断线。

3.用同样的方法编织前片。完成后将前后片侧缝缝合，肩缝缝合。

4.沿两侧袖窿分别挑起42针环形编织，织花样D，织8行后，收针断线。

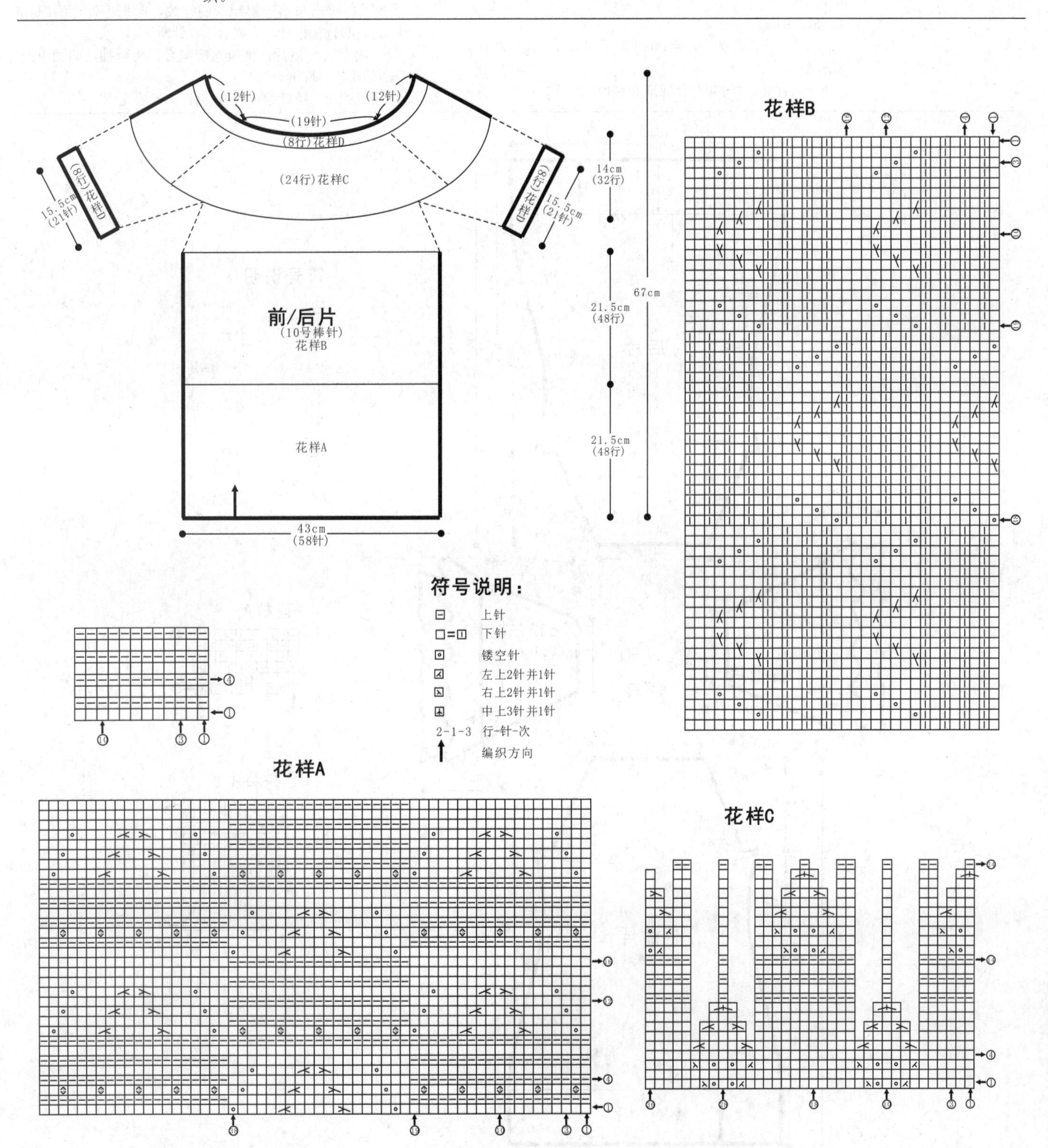

145

【成品规格】 衣长44cm，半胸围36cm，袖长44cm

【工　　具】 11号棒针

【编织密度】 28.5针×32行=10cm²

【材　　料】 粉蓝色棉线500g

编织要点：

1. 棒针编织法，从下往上织，由前片1片、后片1片和2个袖片组成。
2. 前片的编织。
(1)起针。下针起针法，起140针，不加减针，编织30行的花样A。
(2)下一行起，将140针分配成花样B进行编织，并在两侧缝进行加减针编织。先进行减针，每织12行减1针，减6次，然后加针，每织12行加1针，加3次。织成138行的高度，至袖窿。
(3)下一行进行袖窿减针，两边同时收6针，然后每织4行减2针，减12次，余下74针，将针数全部收针，断线。
3. 后片的编织。后片的结构和针数、行数与前片的完全相同，不再重复说明。
4. 袖片的编织。分成2部分，一部分为袖身，一部分为袖摆花边。先编织袖身，起64针，全织下针，两侧缝进行减针，每织4行减2针，减8次，织成32行，余下32针，收针断线。再从起织行挑针，挑出适当多的针数，全织下针，织12行下针后，改织4行搓板针。完成后，收针断线。然后再从袖口挑针，编织第二层袖摆，挑出与第一层相当的针数，起织下针，编织16行，而后再织4行搓板针，完成后，收针断线。
5. 缝合。将前片与后片的侧缝对应缝合。将两袖片的袖山线与衣身的袖窿线对应缝合。
6. 最后沿着领边，挑针编织4行搓板针。衣服完成。

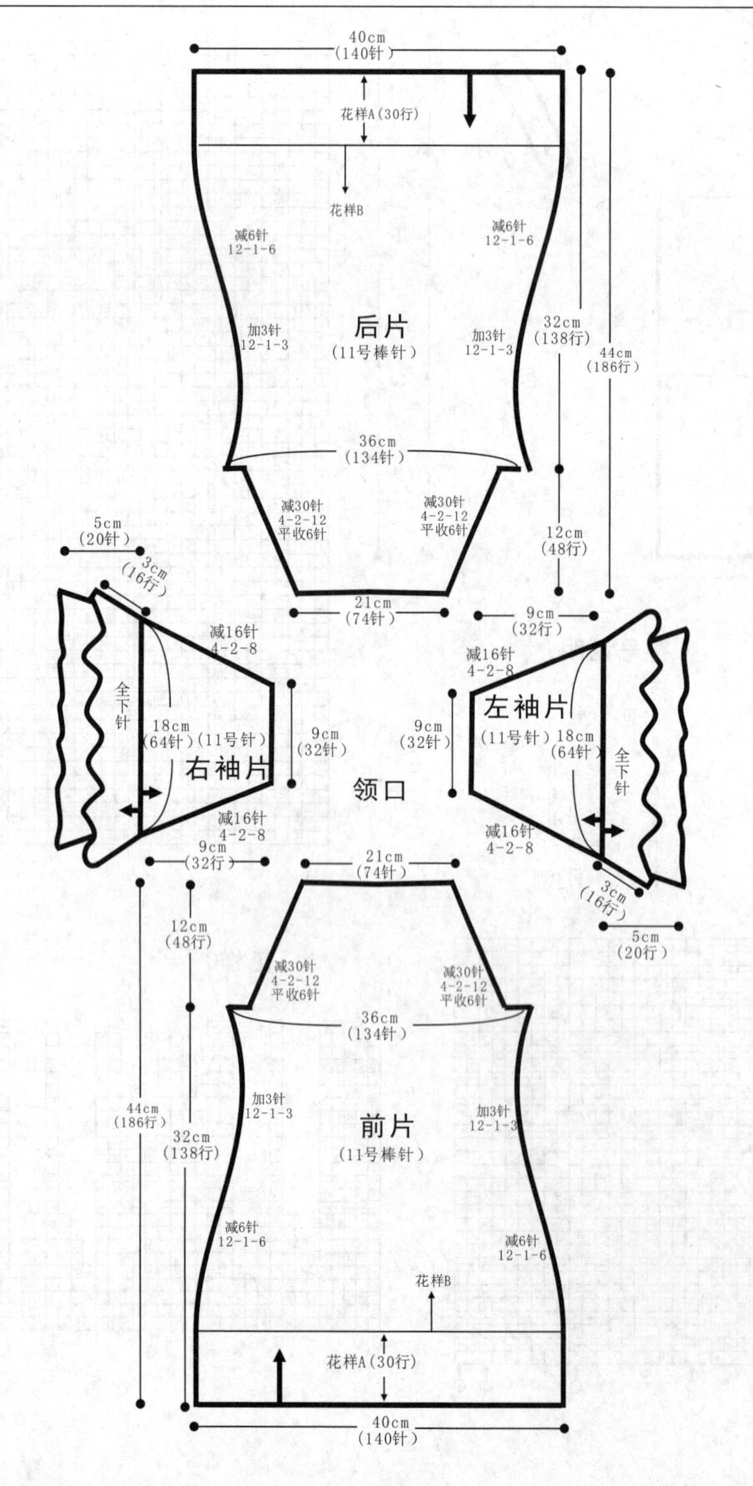

符号说明

符号	说明
⊟	上针
□=⊡	下针
2-1-3	行-针-次
↑	编织方向
⧅	左并针
⧄	右并针
⊙	镂空针

花样A

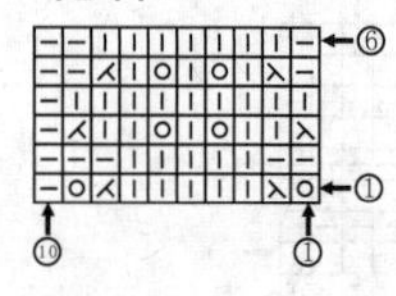

花样B

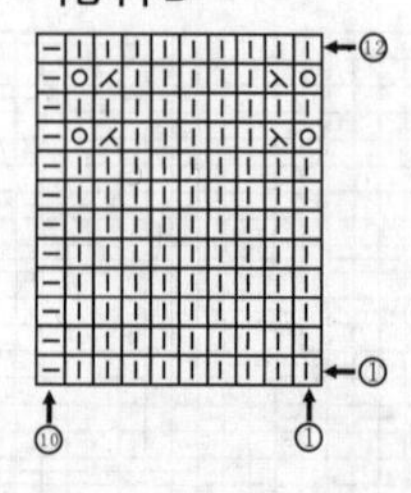

146

【成品规格】 衣长65cm，半胸围43cm，袖长28cm

【工　　具】 10号棒针

【编织密度】 28.5针×32行=10cm²

【材　　料】 深紫色棉线300g，蓝色棉线50g

编织要点：

1. 棒针编织法，由前片1片、后片1片、袖片2片和下摆花边、袖口花边组成。从下往上织起。
2. 前片的编织。一片织成。起针，下针起针法，起144针，起织下针，并在两侧缝上进行减针编织，12-1-10，织成120行，不加减针，再织20行至袖窿。袖窿起减针，两侧同时平收4针，然后4-2-14，当织成袖窿算起44行时，进行领边减针，中间平收48针，两边相反方向减针，2-1-6，织成12行，与袖窿减针同步进行，直至余下1针，收针断线。下摆花边的编织。起34针，编织花样B，不加减针，编织168行的高度后，将一侧边与前片下摆边进行缝合。
3. 后片的编织。袖窿以下的织法与前片完全相同，袖窿起减针，方法与前片相同。当袖窿以上织成56行时，余下60针，将所有的针数收针，断线。用相同方法织另一下摆花边。
4. 袖片的编织。下针起针法，起104针，不加减针，织8行，下一行袖窿减针，两侧平收4针，然后4-2-14，织成56行的高度，余下40针，收针断线。再织袖口花边，起34针，编织花样B，编织130行的高度，收针断线，将之一长侧边，与袖片起织行进行缝合。用相同的方法去编织另一边袖片。
5. 拼接，将前片的侧缝与后片的侧缝对应缝合，再将两袖片的袖山边线与衣身的袖窿边对应缝合。
6. 口袋的编织。单独编织，起44针，先织花样A，余下的全织下针，不加减针，将44针织成50行，收针断线。用相同的方法再编织另外一只口袋。再将其的3边，缝合于前片的下角位置。
7. 领片的编织。单独编织，起34针，起织花样B，不加减针，编织208行的长度后，与起织行进行缝合。再将一侧长边与衣身的领边进行缝合。衣服完成。

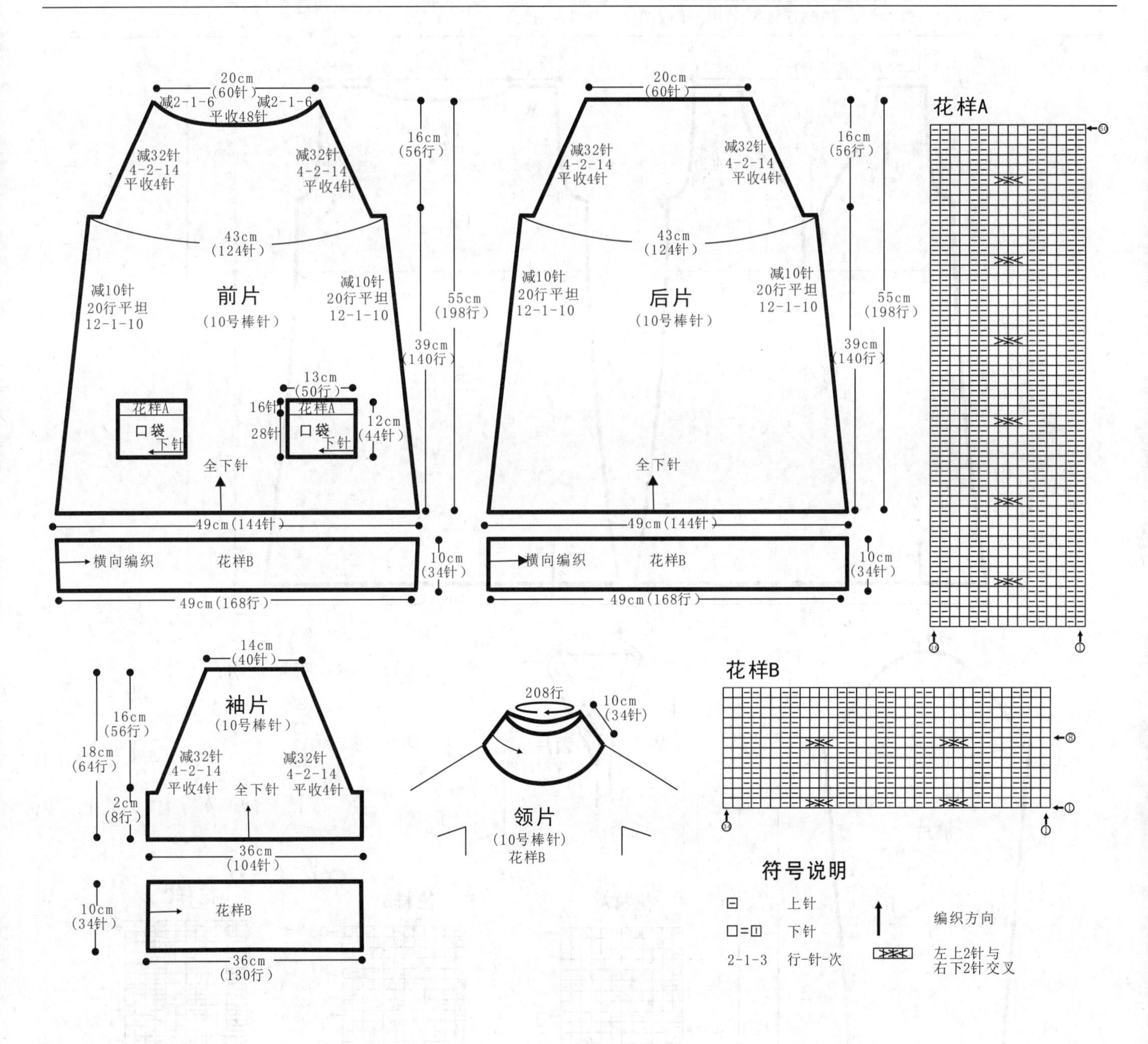

147

【成品规格】衣长70cm，胸围60cm，肩宽22cm，袖长58cm

【工　　具】13号棒针

【编织密度】44.5针×38行=10cm²

【材　　料】灰色棉线600g，纽扣2枚

编织要点：

1.棒针编织法，衣身分为前片、后片来编织。

2.起织后片，下针起针法，起160针织花样A，一边织一边两侧减针，方法为12-1-14，织至168行，织片变成132针，改织花样B，不加减针织至206行，两侧开始袖窿减针，方法为1-4-1，2-1-14，织至263行，中间平收48针，两侧减针织成后领，方法为2-1-2，织至266行，两侧肩部各余下22针，收针断线。

3.起织前片，下针起针法，起160针织花样A，一边织一边两侧减针，方法为12-1-14，织至168行，织片变成132针，第169行将织片中间平收12针，分成左前片和右前片分别编织，各取60针，先织左前片，右前片暂时留起不织。

4.分配右前片60针到棒针上，织花样B，不加减针织至198行，右侧开始前领减针，方法为3-1-20，织至206行，左侧开始袖窿减针，方法为1-4-1，2-1-14，织至266行，肩部余下22针，收针断线。

5.用同样方法相反方向编织左前片，完成后将前片与后片两侧缝合，两肩部相应缝合。

领片制作说明

1.棒针编织法，沿领口挑起244针织花样C，织12行后，双罗纹针收针法收针断线。

2.领尖处将两片领片重叠缝合，如结构图所示。

袖片制作说明

1.棒针编织法，编织两片袖片。从袖口起织。

2.下针起针法起62针，织花样A，一边织一边两侧加针，方法为10-1-17，织174行后，两侧减针编织袖山。方法为1-4-1，2-1-23，织至220行，织片余下42针，收针断线。

3.用同样的方法编织另一袖片。

4.缝合方法:将袖山对应前片与后片的袖窿线，用线缝合，再将两袖侧缝对应缝合。

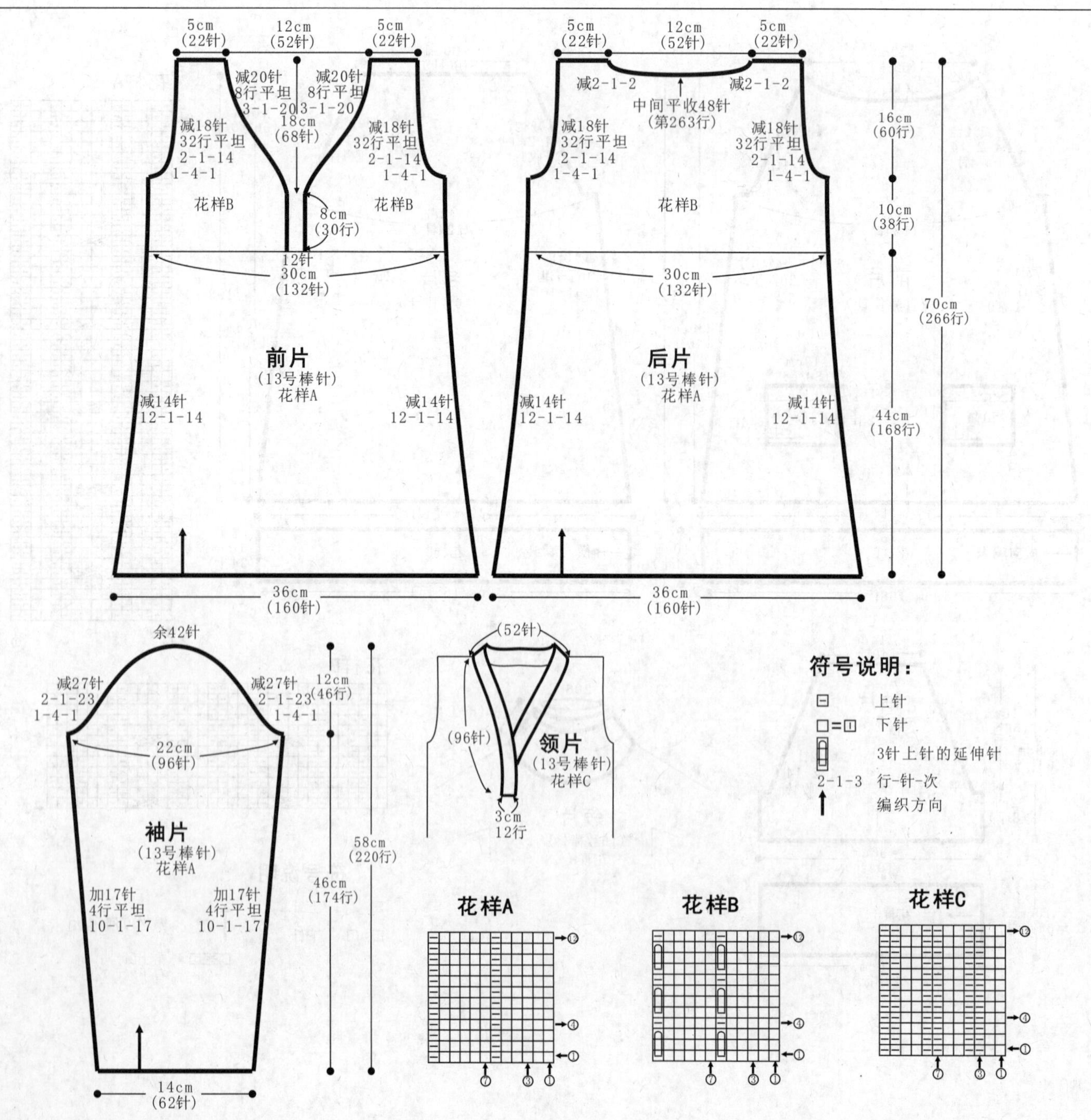

148

【成品规格】 衣长60cm，胸围80cm，袖长44cm

【工　　具】 10号棒针，1.5mm钩针

【编织密度】 21针×20行=10cm²

【材　　料】 羊毛线450g，纽扣4枚

编织要点:

五角拼花衣:起160针每花32针织五角花，按图解织30行后最后10针用线穿起收紧，一个五角花完成。

从1的一条边挑起32针，再起出128针圈织2;从1、2两条相邻的边各挑出32针，再起出96针织3，依此类推;共织出11个五角花。10和13是袖子。

袖：沿6、7、9、11相邻的边挑出128针，另起出32针织袖，此时不再按图解收针，而是按袖的常规织法在袖底端收针；另一侧同。

边缘：在10、11、12、13的红色线段各挑出32针，并连接1、9的黄色线段，织边缘50行，缝上纽扣，完成。

此款可上下变换穿着，韵味各有不同。

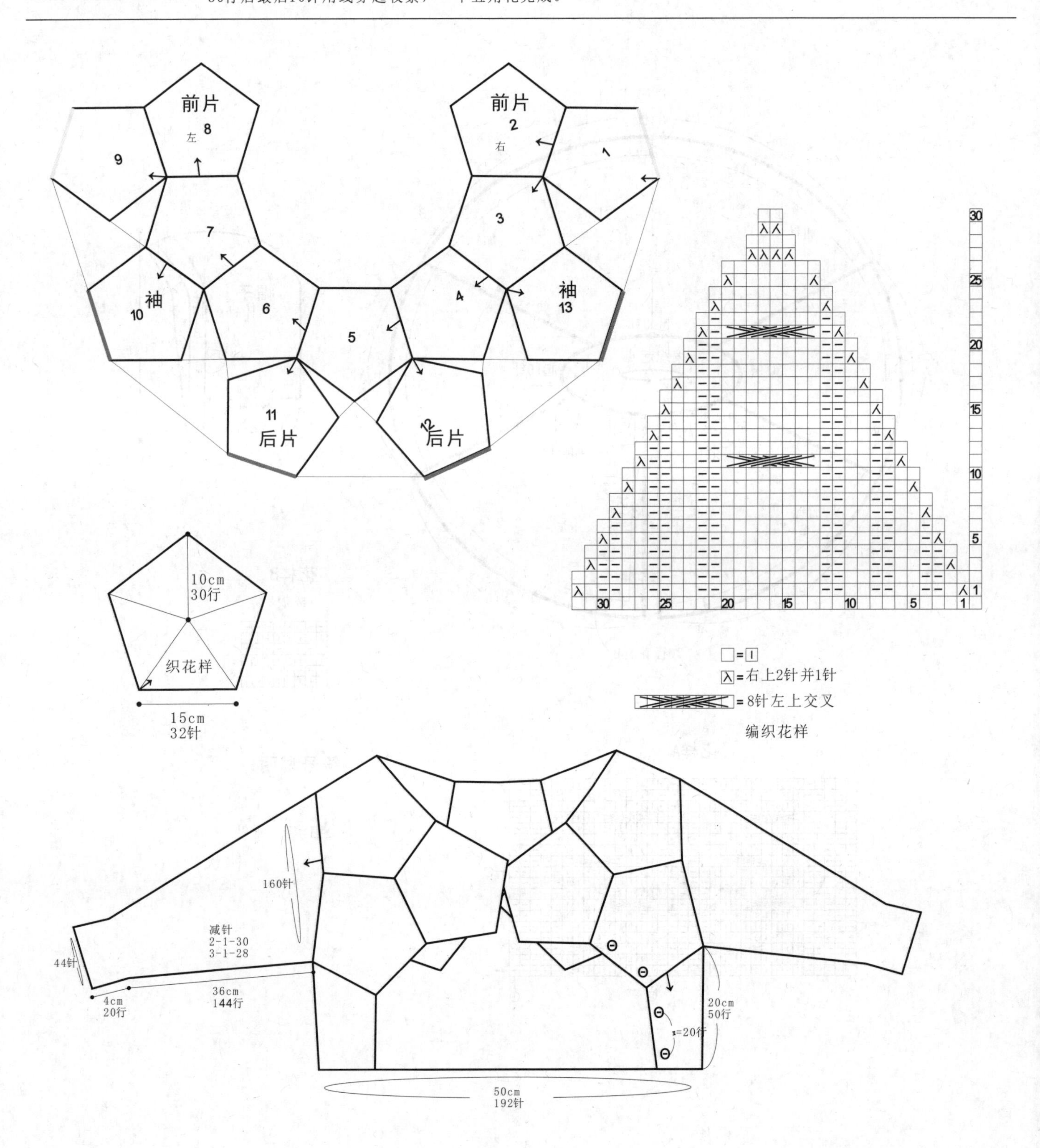

149

【成品规格】 衣长60cm

【工　　具】 8号棒针

【编织密度】 16针×18行=10cm²

【材　　料】 兔毛线700g，纽扣3枚

编织要点:

1.这件披肩前后片按编织结构图所示，从领口开始编织，最后挑织帽子。

2.后领口起23针，两边肩部各起19针，前领口加针形成，加针方法为2-3-3，2-2-3，平加4针，编织花样A，并在袖子和领子之间的插肩线两边加针，方法为2-1-24，在前后片的下摆两边加出圆弧，加针方法为2-2-4，织64行后，边缘编织花样B26行，收针。

3.挑织帽子，从衣领处挑35针编织花样A70行，对折收针。从门襟和帽边挑针编织花样B16行，同时在左边门襟均匀留出3个扣眼。

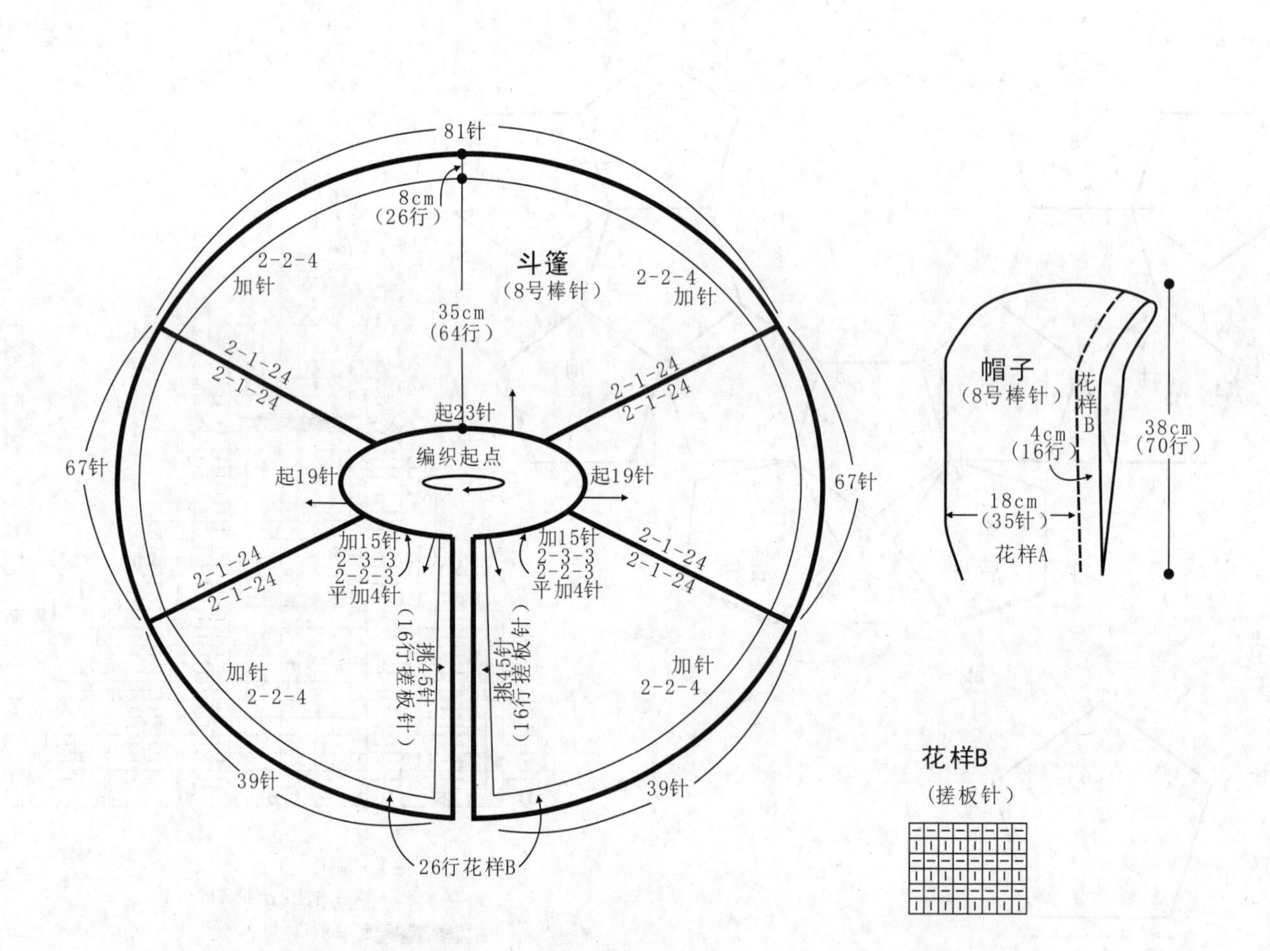

花样A

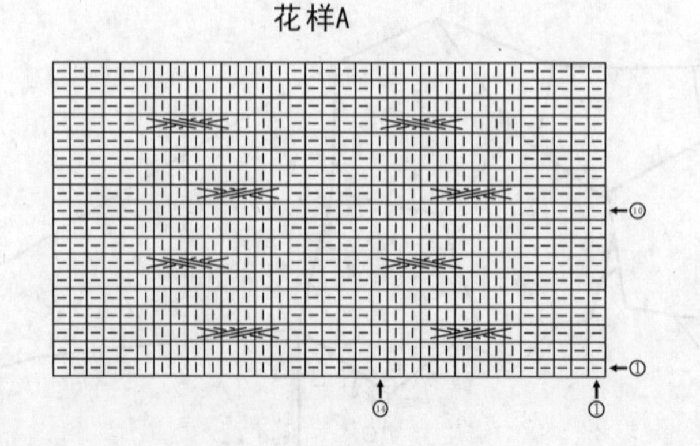

符号说明:

⊟ 上针

□=⊡ 下针

2-1-3 行-针-次

↑ 编织方向

150

【成品规格】衣长57cm，胸宽45cm
袖长35cm，袖宽48cm

【工　　具】10号棒针

【编织密度】19针×26行=10cm²

【材　　料】米白色兔毛线450g

编织要点：

1.棒针编织法，由前片1片、后片1片、袖片2片及领片组成，由下往上织成。

2.前片的编织。一片织成。单罗纹起针法，起84针，花样A起织，不加减针编织36行高度；下一行起，改织34针下针+16针花样B+34针下针排列，不加减针编织54行高度至袖窿；下一行起，两侧同时进行袖窿减针，收针3针，然后6-2-6，4-2-4，2-2-1，2-1-1，减26针，织56行，余下32针，收针断线。

3.后片的编织。一片织成。将前片16针花样B改织下针，其他与前片一样。

4.袖片的编织。一片织成。下针起针法，起80针，花样C起织，不加减针编织32行高度，下一行起，两侧同时进行减针，平收3针，然后6-2-6，4-2-4，2-2-1，2-1-1，减26针，织56行；其中自袖片起织算起编织40行高度，下一行改织下针，织48行，余下28针，收针断线；用相同方法编织另一袖片。

5.拼接。将前后片侧缝对应缝合；将左右袖片与衣身侧缝对应缝合。

6.领片的编织。于前后片各挑60针，共120针；花样A起织，不另减针编织60行高度，收针断线，衣服完成。

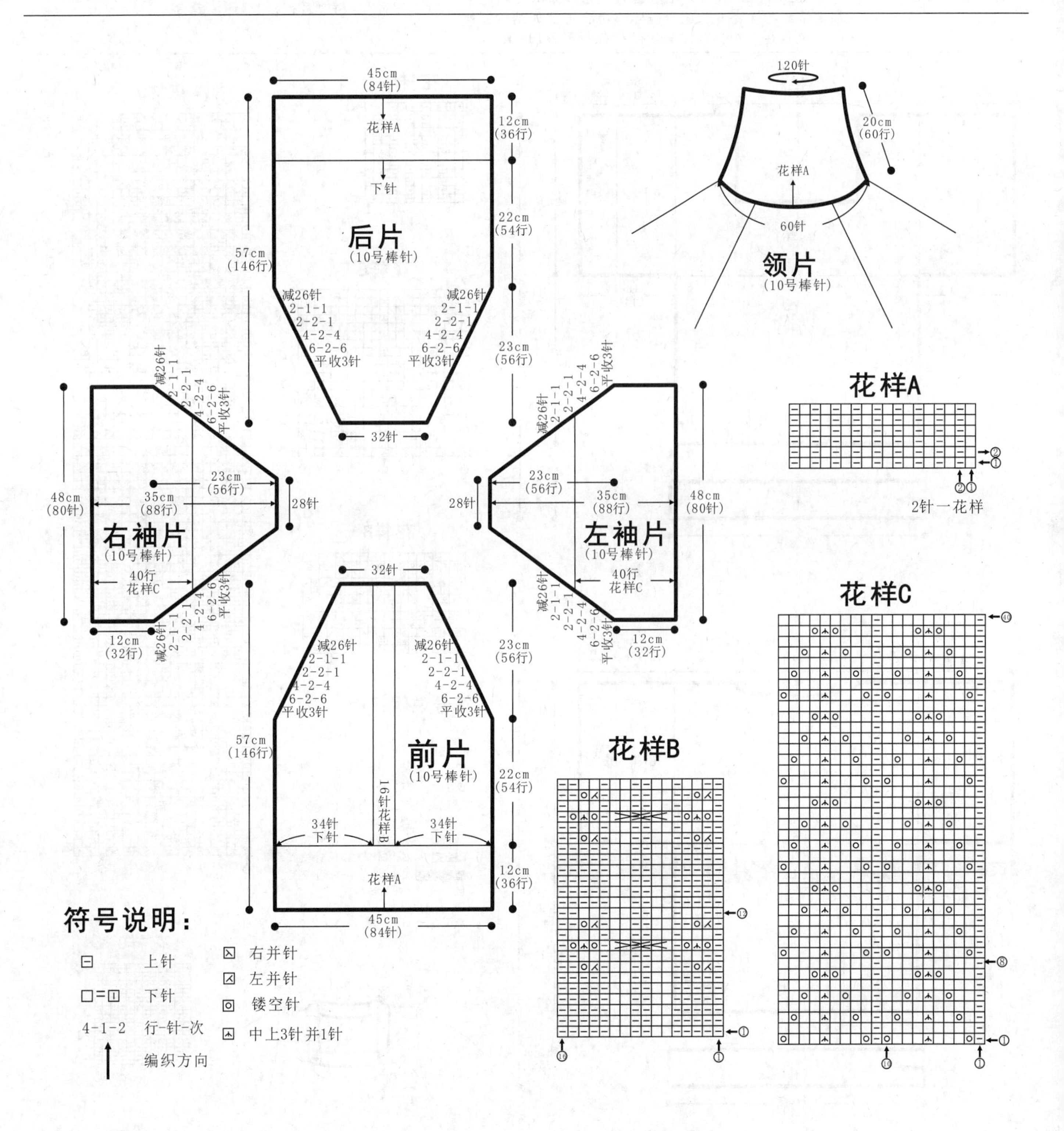

151

【成品规格】 衣长61cm，半胸围86cm，肩宽42cm，袖长16cm

【工　　具】 10号棒针，12号棒针

【编织密度】 花样A:36.6针×29行=10cm²
花样B/C/D/E:20.5针×23行=10cm²

【材　　料】 乳白色棉线500g

编织要点：

1.棒针编织法，衣身分为前片和后片分别编织。

2.起织后片，先织衣摆片，横向编织。起22针织花样A，织128行后，收针。沿衣摆片侧边挑起86针，从下往上编织花样A、B、C组合编织，组合方法如结构图所示，重复往上织64行，第65行左右两侧各加起43针，加起的针数织花样A和花样E组合编织，如结构图所示，织至123行，中间平收38针，两侧减针织成后领，方法为2-1-2，织至126行，两侧肩部连袖各余下65针，收针断线。

3.起织前片，起织方法与后片相同，织好衣摆片后，沿衣摆片侧边挑起86针，从下往上编织花样A、B、C、D组合编织，组合方法如结构图所示，重复往上织64行，第65行左右两侧各加起43针，加起的针数织花样A和花样E组合编织，如结构图所示，织至91行，中间平收42针，两侧余下针数继续往上织至126行，两侧肩部连袖各余下65针，收针断线。

4.将两侧缝缝合，两肩部对应缝合。

领片制作说明

1.棒针编织法，衣领起18针织花样A，织132行后收针，将一侧与后领及左右领侧边沿缝合。

2.起18针织花样A，织58行后，收针，将一侧与前领缝合，起针和收针边沿与领口侧边缝合。

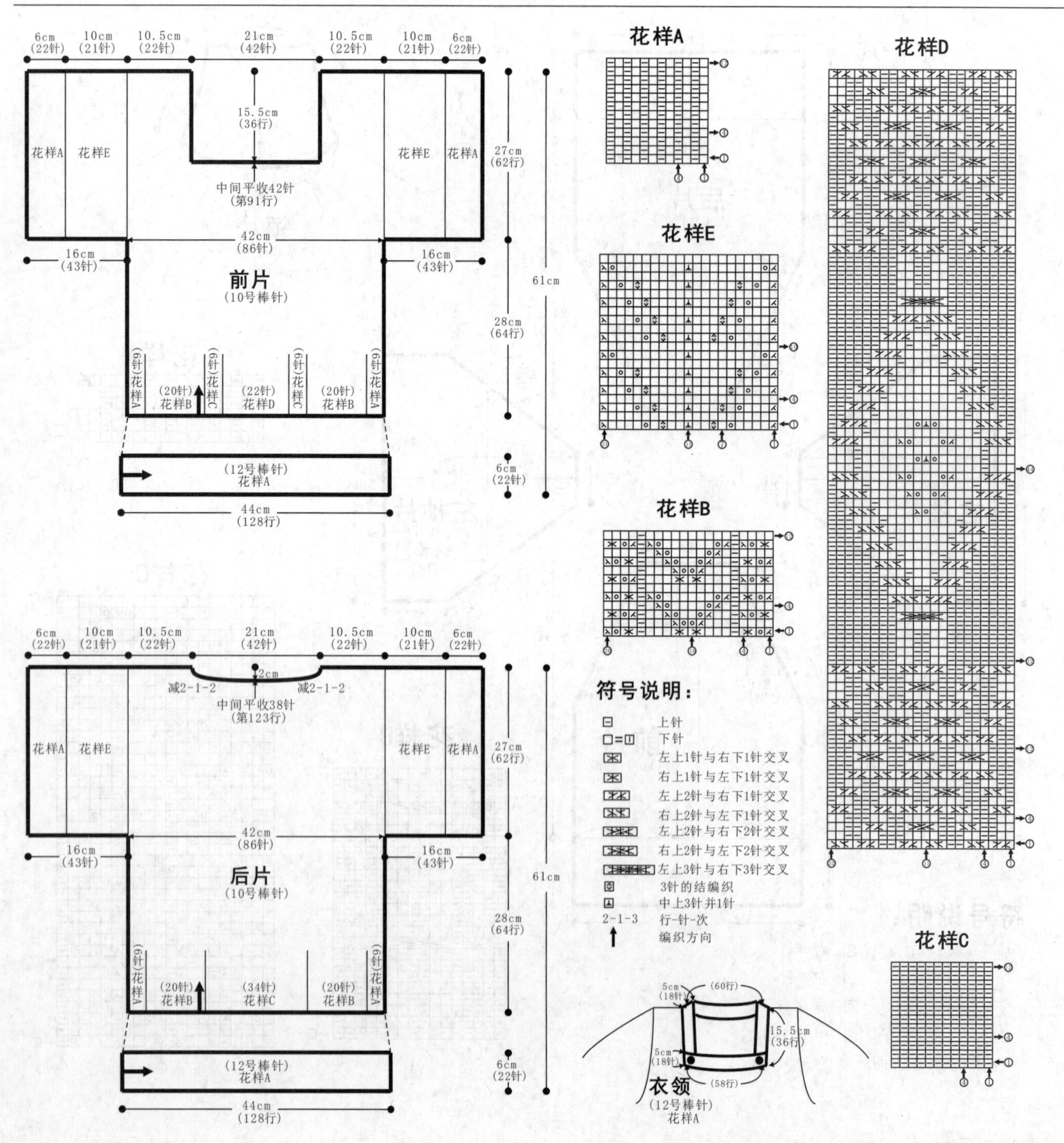

152

【成品规格】 衣长42cm，胸宽35cm

【工　　具】 9号棒针

【编织密度】 19针×29行=10cm²

【材　　料】 淡粉色圆棉线400g

编织要点：

1.棒针编织法，袖窿以下环织，分成前后片；袖窿以上分成前片和后片各自编织。

2.袖窿以下的编织，先编织前后片。

(1)下针起针法，起132针，首尾连接，环织。前片起织12针花样A+6针花样B+9针花样C+12针花样D+9针花样C+6针花样B+12针花样A，前后片花样排列相同，不加减针，织74行至袖窿；下一行起，分成前后片分别编织，各66针；以前片为例，分片的同时，前片从中分成左前片、右前片分别编织，各33针，不加减针，织46行，收针断线。

(2)后片的编织除在袖窿分片后继续编织30行再从中分片编织外，其他编织方法与前片一样。

3.拼接，将前后片对应缝合；衣服完成。

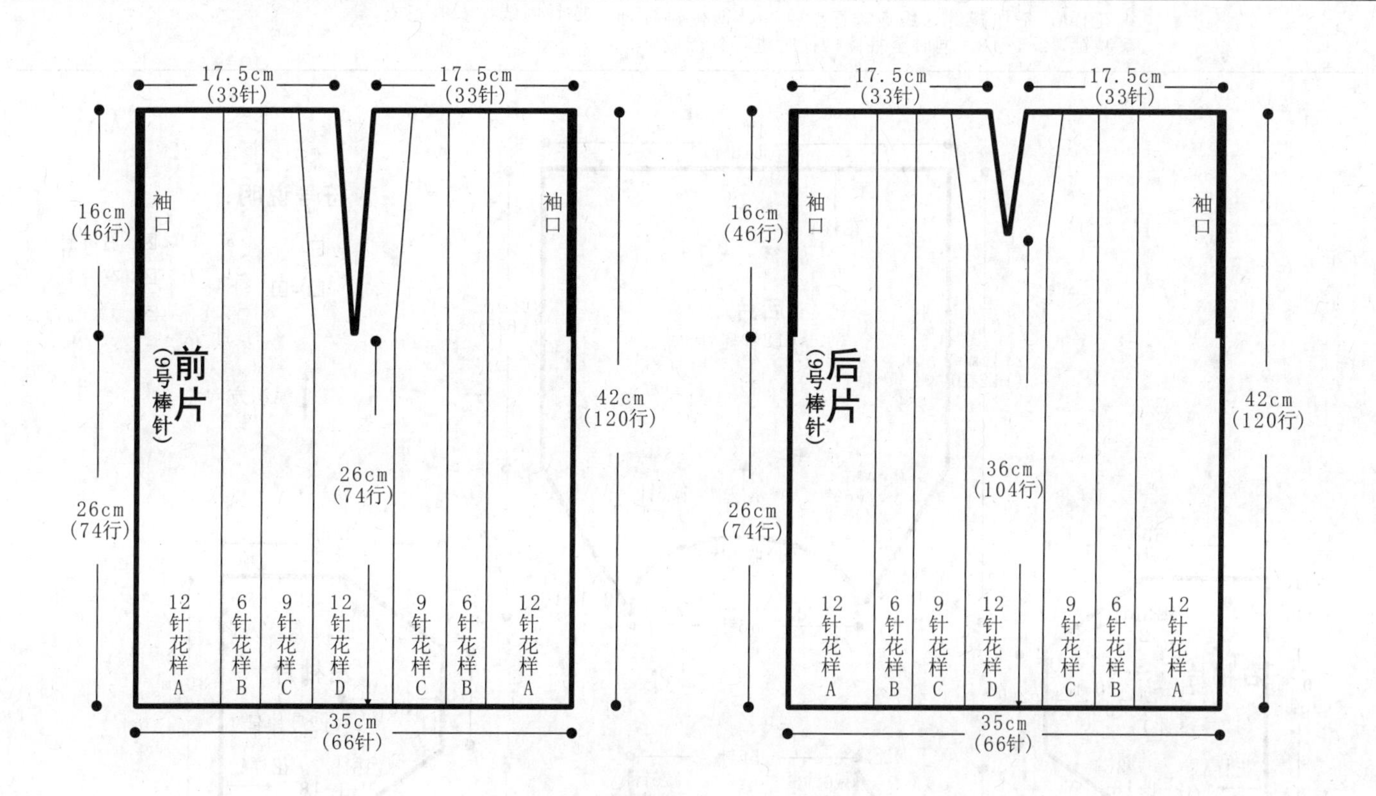

花样A

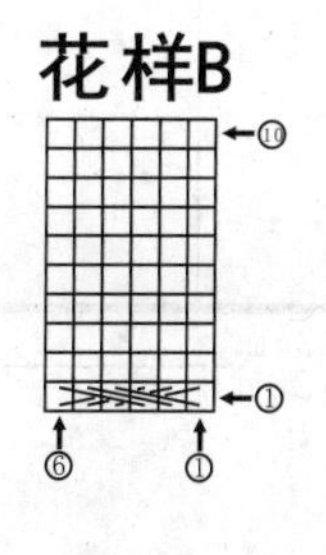

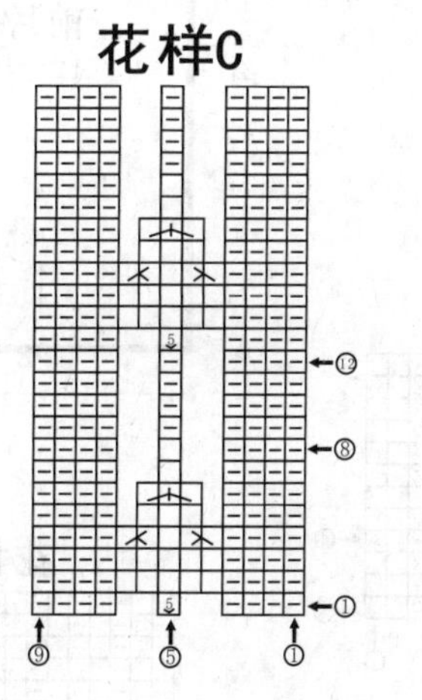

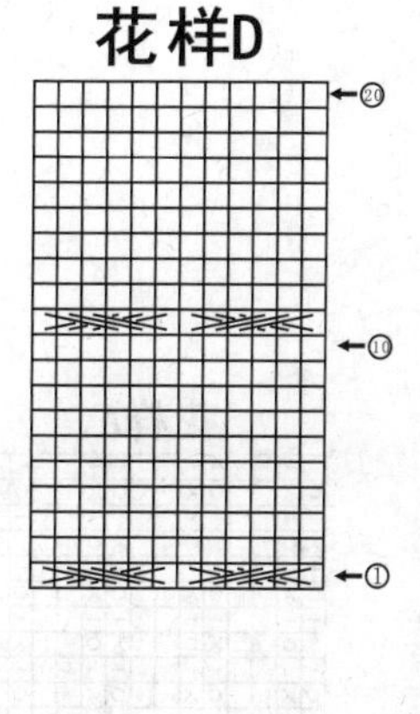

153

【成品规格】 衣长32cm，胸宽42cm，肩宽22cm

【工　　具】 12号棒针

【编织密度】 31针×35行=10cm²

【材　　料】 粉紫色丝光棉线400g

编织要点：

1.棒针编织法，由前片1片、后片1片、袖片2片组成。从下往上织起。

2.前片的编织。起针，双罗纹起针法，起128针，编织花样A，不加减针，织成76行至袖窿，两侧进行袖窿减针，2-1-18。同时至袖窿12行时进行领圈收针，中间平收44针，衣领两侧减针，2-1-6，12行平坦，共收56针，此时全部收针完毕，断线。

3.后片的编织。起针，双罗纹起针法，起128针，编织花样A，不加减针，织成76行至袖窿，两侧进行袖窿减针，2-2-18。同时至袖窿20行时进行领圈收针，中间平收44针，衣领两侧减针，2-1-6，12行平坦，共收56针，此时全部收针完毕，断线。

4.袖片的编织。起针，双罗纹起针法，起96针，编织花样A，不加减针，织成52行至袖山，两侧进行袖山减针，2-2-18。编织36行，余24针，收针断线。用同样方法，相反的方向去编织另一袖片。

5.拼接。将前片和后片、袖片的侧缝对应缝合，将袖片的袖山和前后片的袖窿对应缝合。

6.领圈的编织。将前片的领圈挑出80针，后片的领圈挑出64针，共144针，编织花样B，不加减针，织6行的高度，收针断线，衣服完成。

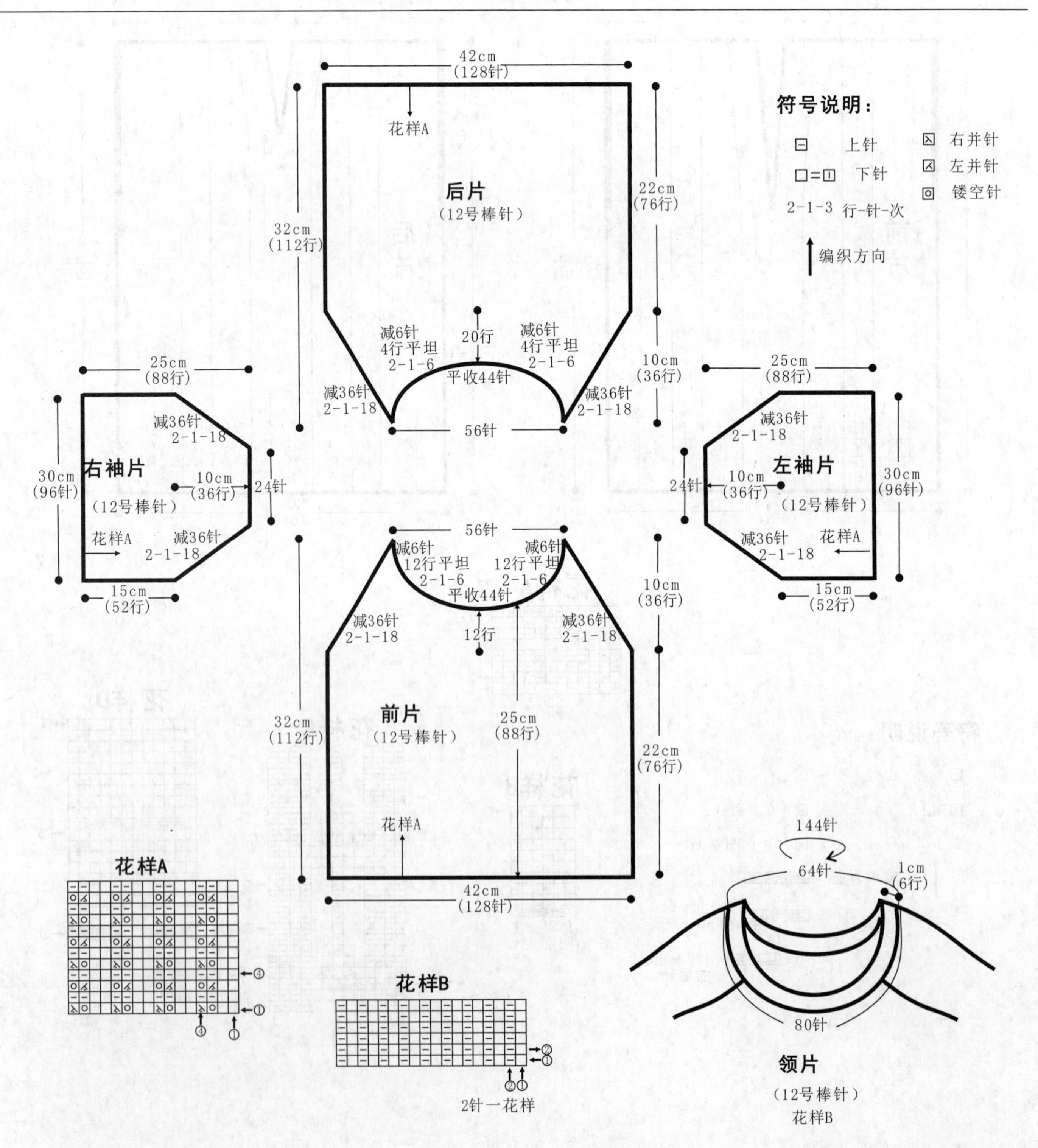

【成品规格】 衣长44cm，胸围88cm，肩宽37cm，袖长56cm，裤长36cm，臀围80cm

【工　　具】 10号棒针

【编织密度】 33.3针×35行=10cm²

【材　　料】 蓝色羊毛线400g，大扣子1枚

编织要点:

前片/后片制作说明

1. 棒针编织法，衣身分为左前片、右前片、后片来编织。

2. 起织后片，双罗纹针起针法，起135针织花样A，织24行后，改花样B与下针间隔组合编织，织至104行，两侧减针织成袖窿，方法为1-7-1，2-2-5，各减17针，织至175行，中间平收41针，两侧减针，方法为2-1-2，织至154行，两侧肩部各余下28针，收针断线。

3. 起织右前片，下针起针法起40针，花样B与下针间隔组合编织，一边织一边右侧加针，方法为2-2-10，共加20针，织至20行时，两侧不再加减针往上织，织至80行，左侧减针织成袖窿，方法为1-7-1，2-2-5，共减17针，同时右侧减针织成前领，方法为4-1-15，织至154行，肩部余下28针，收针断线。

4.用同样的方法相反方向编织左前片。将左右前片与后片的两侧缝缝合，两肩部对应缝合。

袖片制作说明

1. 棒针编织法，编织两片袖片。从袖口起织。

2. 双罗纹针起针法起59针，织花样A，织24行后，改为花样B与下针间隔组合编织，两侧一边织一边加针，方法为12-1-10，两侧的针数各增加10针，织至154行。接着减针编织袖山，两侧同时减针，方法为1-7-1，2-1-24，两侧各减少31针，织至202行，织片余下17针，收针断线。

3.用同样的方法再编织另一袖片。

4. 缝合方法：将袖山对应前片与后片的袖窿线，用线缝合，再将两袖侧缝对应缝合。

裤片制作说明

1. 棒针编织法，编织两片裤片。从裤管口起织。

2. 下针起针法起119针，织花样A，织24行后，向内与起针合并成双层边，改为花样B与下针间隔组合编织，中间织15针花样B，两侧余下针数织下针，不加减针织至54行，两侧减针编织裤裆，方法为1-4-1，2-1-2，6-1-2，8-1-1，18-1-1，织78行，将织片从花样B的左侧分成两片分别编织，先织左侧片，右侧减针织成袋口，方法为2-1-10，织至132行，用防解别针扣起暂时不织，另起线织右侧片，左侧加针，方法为2-1-10，织至132行，与左侧片连起来共99针，改织花样A，织36行后，向内折叠加18行的高度，缝合成双层裤腰。断线。

3. 沿袋口从织片内里挑起88针，环织下针，织8cm的长度，收针，将袋底缝合。

4. 沿袋口边沿挑织袋口边，挑起44针织花样A，织6行后，双罗纹针收针法收针断线。

5.用同样的方法相反方向再编织另一裤片。

6. 缝合方法：将两裤片裤裆对应缝合，左右裤管缝合。

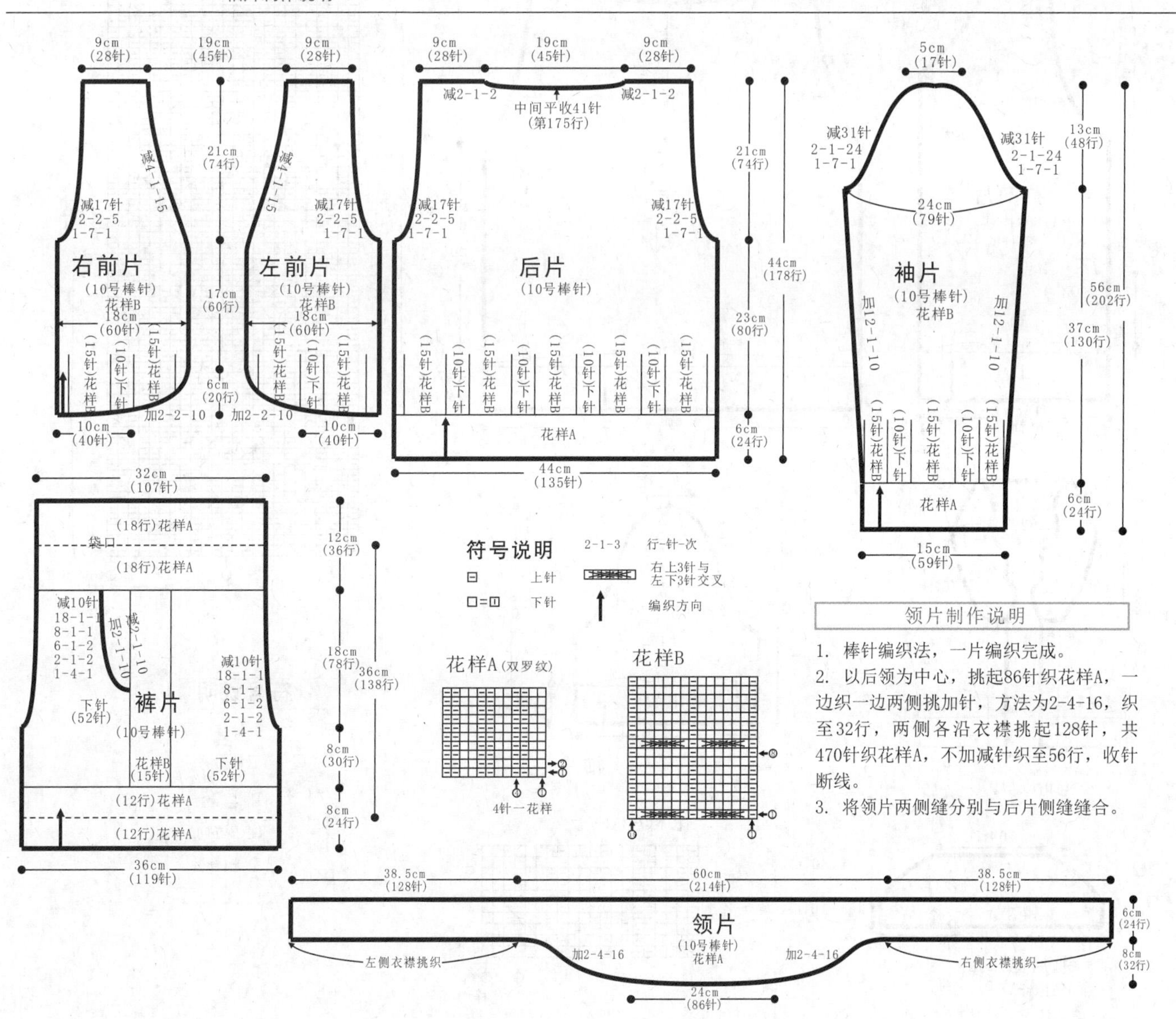

领片制作说明

1. 棒针编织法，一片编织完成。

2. 以后领为中心，挑起86针织花样A，一边织一边两侧挑加针，方法为2-4-16，织至32行，两侧各沿衣襟挑起128针，共470针织花样A，不加减针织至56行，收针断线。

3. 将领片两侧缝分别与后片侧缝缝合。

【成品规格】 衣长47cm，胸围84cm，袖长20cm

【工　　具】 10号棒针

【编织密度】 33.3针×42行=10cm²

【材　　料】 墨绿色棉线600g，纽扣5枚

编织要点：

1. 棒针编织法，由前片2片、后片1片、袖片2片组成。从下往上织起。

2. 前片的编织。由右前片和左前片组成，以右前片为例。起针，双罗纹起针法，起66针，编织花样A双罗纹针，不加减针，织30行的高度，袖窿以下的编织。第31行起，依照花样B分配好花样，并按照花样B的图解一行行往上编织，织成84行的高度，至袖窿。袖窿以上的编织。左侧减针，每织2行减2针，共减12次，然后不加减针往上织，织成28行时，右侧进行领边减针，左侧无变化，右侧每织2行减1针，共减24次，再织8行后，至肩部，余下18针，收针断线。用相同的方法，相反的方向去编织左前片。

3. 后片的编织。双罗纹起针法，起144针，编织花样A双罗纹针，不加减针，织30行的高度，然后第31行起，分配成花样B，不加减针往上编织成84行的高度，至袖窿，然后袖窿起减针，方法与前片相同。当织成袖窿算起80行时，下一行中间将56针收针收掉，两边相反方向减针，每织2行减1针，减2次，织成后领边，两肩部余下18针，收针断线。

4. 袖片的编织。袖片从袖口起织，双罗纹起针法，起96针，起织花样A，不加减针，往上织10行的高度，第11行起，分配成花样B编织，不加减针，织14行的高度，至袖窿。下一行起进行袖山减针，每织2行减1针，共减28针，织成56行，最后余下40针，收针断线。用相同的方法去编织另一袖片。

5. 拼接，将前片的侧缝与后片的侧缝对应缝合，将前后片的肩部对应缝合，再将两袖片的袖山边线与衣身的袖窿边对应缝合。

6. 衣襟的编织，沿着两边衣襟边，挑出126针，起织花样A双罗纹针，不加减针，编织10行的高度，右衣襟需要制作5个扣眼，另一侧钉上5个扣子。

7. 领片的编织。领片单独编织，再与领边缝合。起134针，起织花样A，不加减针，编织10行后，两侧同时减针，2-1-15，织成30行，余下104针，将起织边与衣身的领边对应缝合。衣服完成。

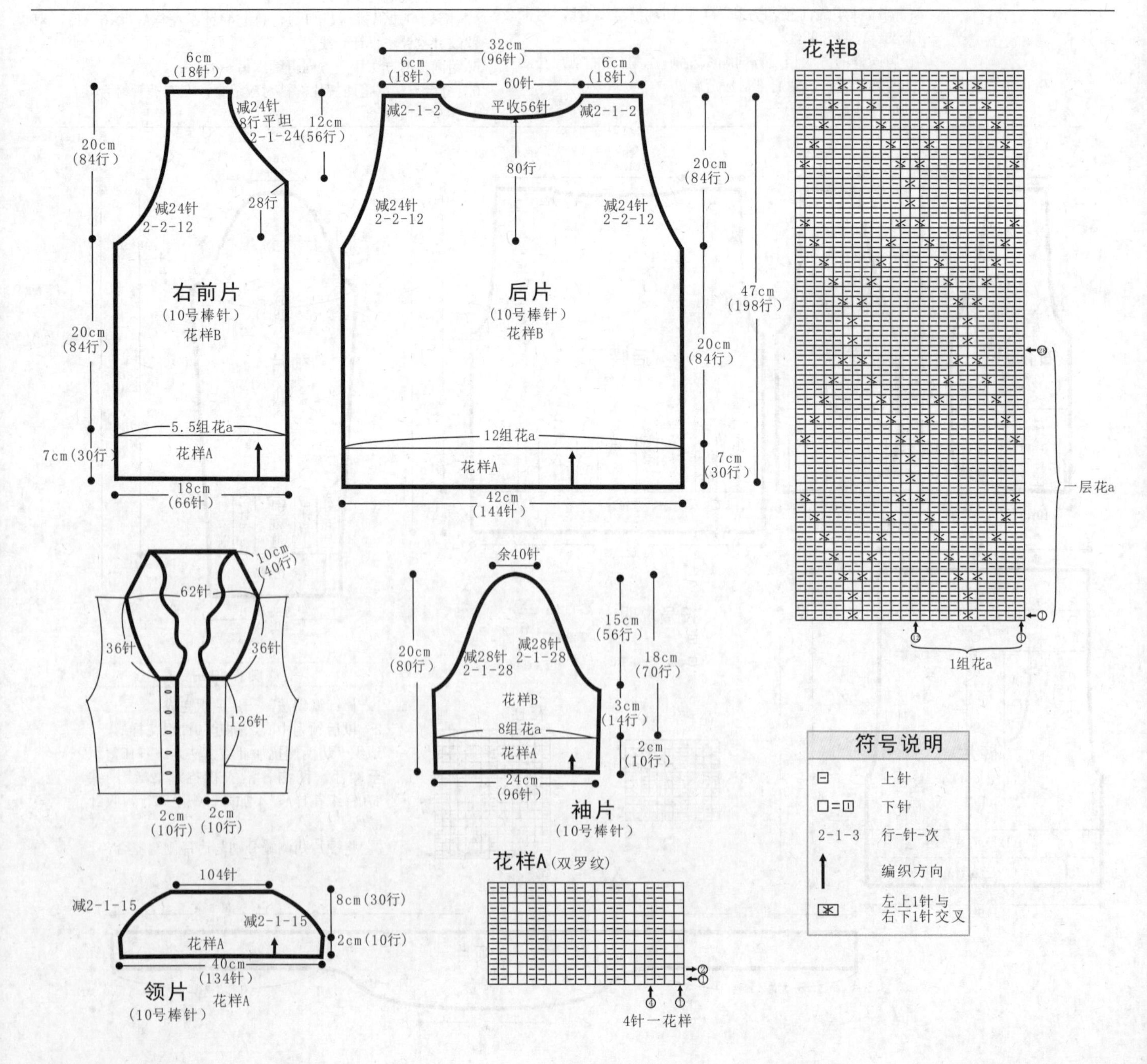

156

【成品规格】披肩长44cm

【工　　具】8号棒针，2.5mm钩针

【编织密度】19针×21行=10cm²

【材　　料】淡粉色圆棉线550g

编织要点:

1.棒针编织法，由披肩1片及领襟1片组成，由上往下编织。

2.披肩的编织，一片织成：下针起针法，起40针，8组花样A起织，两侧同时加针，2-1-44，加44针，织88行，不加减针编织2行高度，两侧加针各组成1组花样A编织；中间8组花样A花样加针，织90行，加成352针，收针断线。

3.领襟的编织，一片织成：用2.5mm钩针在披肩左右两侧起20针沿边钩花样B，沿上侧边缘挑针钩10行花样B，披肩完成。

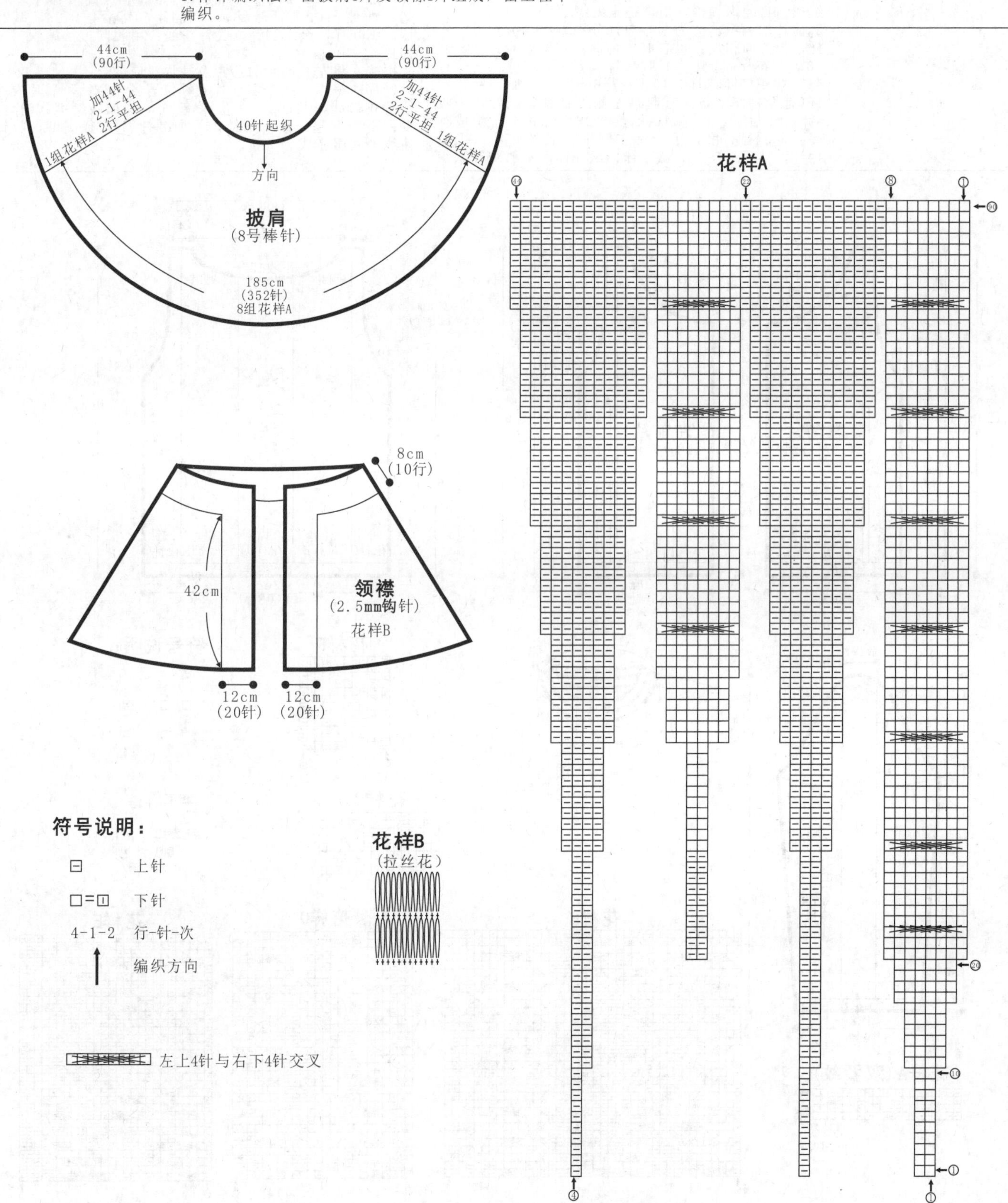

157

【成品规格】 衣长50cm，肩宽32cm，袖长54cm，袖宽13cm

【工　　具】 10号棒针

【编织密度】 30针×58行=10cm²

【材　　料】 深棕色羊毛线650g，纽扣5枚

编织要点：

1.棒针编织法，由左右前片各1片、后片1片及袖片2片组成，再编织领襟，由下往上编织。

2.前片的编织。分为左右前片分别编织，编织方法一样，但方向相反；以右前片为例，双罗纹起针法，起56针，花样A起织，不加减针编织4行高度；下一行起，改织16针花样C+40针花样B排列，不加减针，织160行至袖窿；下一行起，左侧进行袖窿减针，平收4针，然后2-1-6，减10针，织128行；其中自织成袖窿算起54行高度，下一行右侧进行衣领减针，平收14针，然后2-1-18，减32针，织36行，不加减针编织38行高度，余下14针，收针断线；用相同方法及相反方向编织左前片。

3.后片的编织。一片织成。双罗纹起针法，起108针，花样A起织，不加减针编织4行高度；下一行起，改织16针花样C+26针花样E+24针花样D+26针花样E+16针花样C排列，不加减针，织160行至袖窿；下一行起，两侧同时进行减针，平收4针，然后2-1-6，减10针，织128行；其中自织成袖窿算起96行高度，下一行进行衣领减针，从中间平收42针，两侧相反方向减针，2-1-9，减9针，织18行，不加减针编织14行高度，余下14针，收针断线。

4.袖片的编织。一片织成。双罗纹起针法，起44针，花样A起织，不加减针编织4行高度；下一行起，改织16针花样C+12针花样F+16针花样C排列，两侧同时加针，12-1-18，加18针，织216行，不加减针编织4行高度；下一行起，两侧同时进行减针，平收4针，然后4-1-24，减28针，织96行，余下24针，收针断线；用相同方法编织另一袖片。

5.拼接。将左右前片与后片及袖片对应缝合。

6.领片的编织。从左右前片衣领位置各挑52针，后片衣领位置挑60针，共162针，花样A起织，不加减针编织6行高度；下一行起，改织下针，不加减针编织6行高度，收针断线，衣服完成。

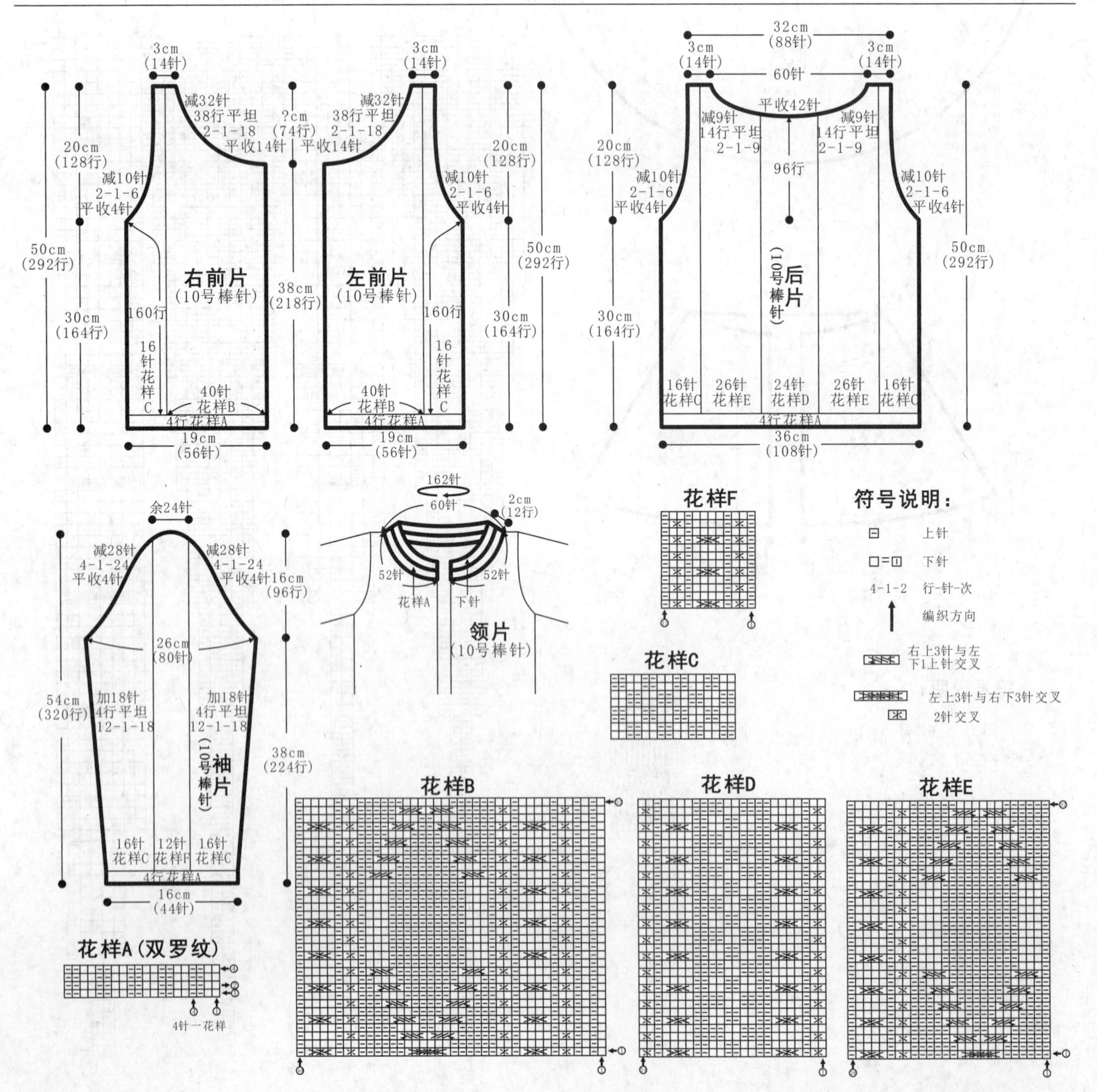

158

【成品规格】 衣长59cm，胸宽42cm，肩宽32cm，袖长58cm，袖宽16.75cm

【工　　具】 10号棒针

【编织密度】 24针×28行=10cm²

【材　　料】 段染羊毛线600g

编织要点：

1.棒针编织法，分为前后片、袖片编织，再进行缝合，最后编织领片。

2.前片的编织。单罗纹起针法，起102针，花样A起织，不加减针，织10行;下一行起，改织24针花样B+54针花样C+24针花样B排列，不加减针，织90行至袖窿;下一行起，两边同时减针，1-4-1，2-1-8，减12针，织17行，当自袖窿起织52行高度时，下一行进行衣领减针，从中间平收14针，两边相反方向减针，2-2-3，2-1-4，减10针，织14行，余下22针，收针断线。

3.后片的编织。单罗纹起针法，起102针，花样A起织，不加减针，织10行;下一行起，改织花样B，不加减针，织90行至袖窿;下一行起，两边同时减针，1-4-1，2-1-8，减12针，织17行;当自袖窿起织62行高度时，下一行进行衣领减针，2-1-2，减2针，织4行，余下22针，收针断线。

4.袖片的编织。单罗纹起针法，起58针，花样A起织，不加减针，织10行;下一行起，改织20针花样B+18针花样D+20针花样B排列，两边同时加针，8-1-12，加12针，织96行，不加减针编织2行高度，余下82针;下一行起，两边同时减针，1-4-1，2-1-28，减32针，织56行，余下18针，收针断线;用相同方法编织另一袖片。

5.拼接。将前后片与袖片对应缝合。

6.领片的编织。从前后片共挑74针，花样A起织，织42行，收针断线。衣服完成。

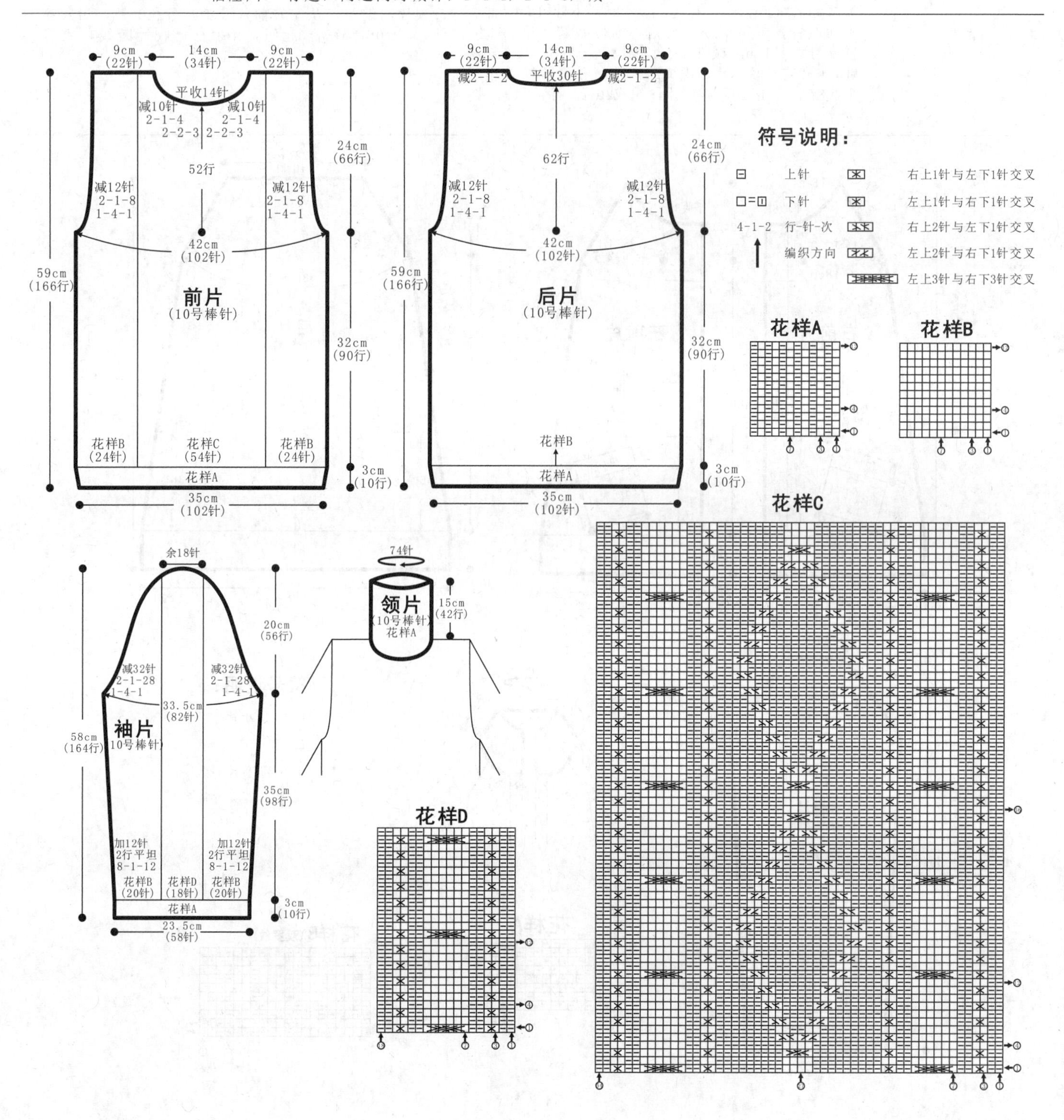

159

【成品规格】 衣长48cm，胸宽36cm，袖长53cm

【工　　具】 8号棒针

【编织密度】 17.3针×24.6行=10cm²

【材　　料】 橙色花线1000g

编织要点:

1.棒针编织法，分成左前片、右前片、后片分别编织，再编织两个袖片进行缝合，最后编织领片。

2.左前片和右前片的编织方法相同，但方向相反，以右前片为例，下针起针法，起38针，花样A起织，不加减针，织16行;下一行起，改织28针下针+10针花样A，不加减针，织36行;下一行起，右侧数起，第18针位置减针，4-1-6，减6针，余32针;下一行起，左侧减针，6-2-7，减14针，织成22行时，右侧同时减针，平收8针，2-1-10，减10针，织成20行，余下1针，收针断线;用相同方法及相反方向编织左前片。

3.后片的编织，下针起针法，起80针，花样A起织，不加减针，织16行;下一行起，改织下针，不加减针，织36行;下一行起，两侧数第18针起减针，4-1-6，减6针，余下68针;下一行起，两边同时减针，6-2-7，减14针，织42行，余40针，收针断线。

4.前片口袋的编织，下针起针法，起22针，下针起织，不加减针，织18行;下一行起，改织花样A，不加减针，织12行，收针断线，用相同方法编织另一口袋。

5.袖片的编织，下针起针法，起40针，花样A起织，不加减针，织20行;下一行起，改织花样B，两边同时加针，20-1-4，28行平坦，加4针，织108行，织成48针;下一行起，两边同时减针，6-2-7，减14针，织42行，余下20针，收针断线，用相同的方法去编织另一袖片。

6.拼接，将袖片的袖山边线分别与前片的袖窿边线和后片的袖窿边线进行对应缝合;将口袋于前片适合位置缝合。

7.领片的编织，从左右前片及袖片各挑28针，后片挑50针，共106针;花样A起织，织32行，收针断线，衣服完成。

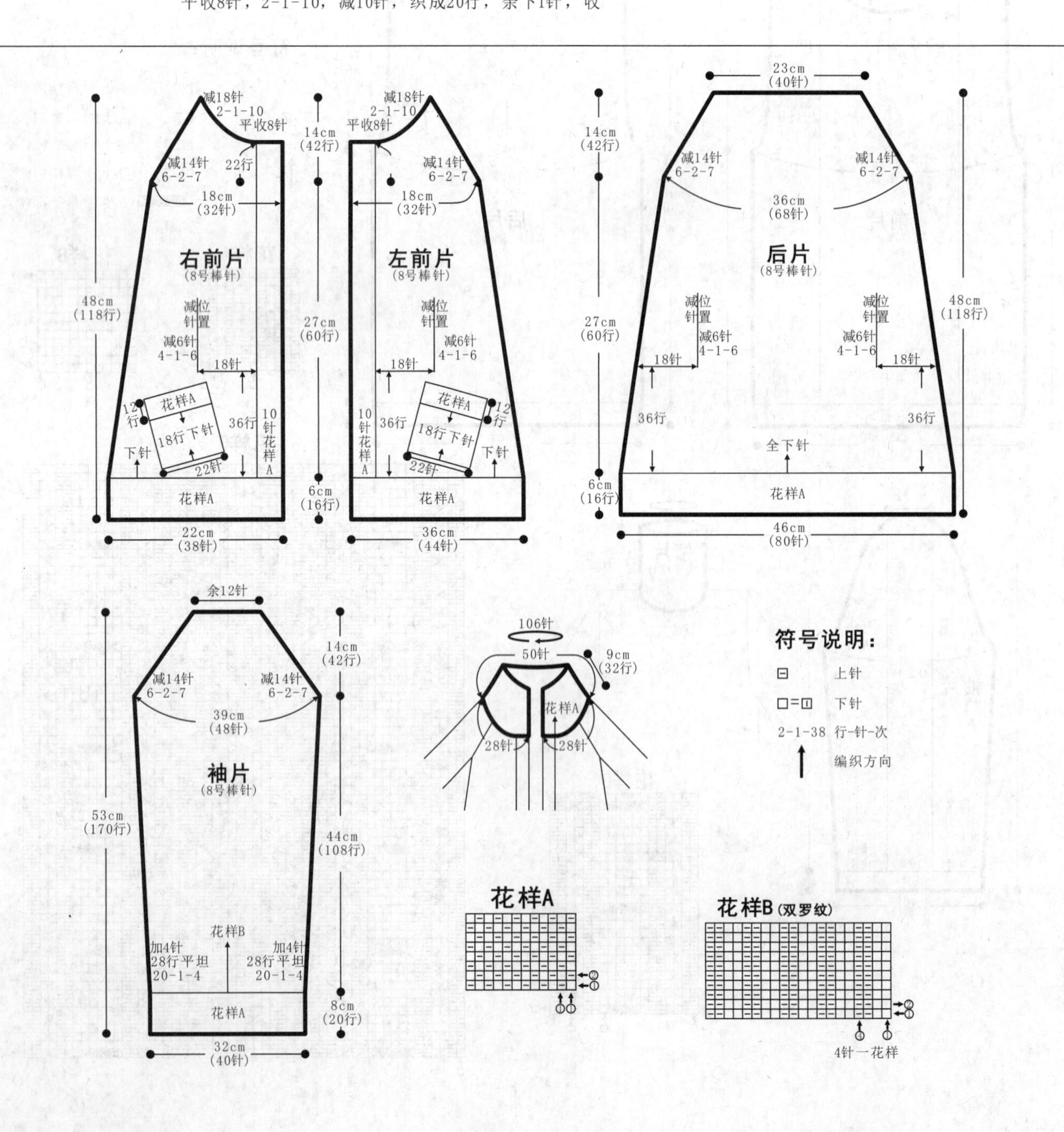

160

【成品规格】 衣长66cm，胸围96cm

【工　　具】 11号棒针

【编织密度】 17.6针×24.5行=10cm²

【材　　料】 蓝色羊毛线650g，纽扣5枚

编织要点：

1.棒针编织法，衣身分为左前片、右前片和后片来编织。

2.起织后片，双罗纹针起针法，起96针织花样A，织18行后，改为花样B、C、D组合编织，组合方法如结构图所示，两侧一边织一边减针，方法为12-1-6，织至108行，织片变成84针，两侧开始袖窿减针，方法为1-4-1，2-1-4，织至159行，中间平收30针，左右两侧减针织成后领，方法为2-1-2，织至162行，两侧肩部各余下17针，收针断线。

3.起织右前片，双罗纹针起针法，起43针织花样A，织18行后，改为花样B与花样E组合编织，组合方法如结构图所示，左侧一边织一边减针，方法为12-1-6，织至108行，织片变成37针，左侧开始袖窿减针，方法为1-4-1，2-1-4，织至151行，右侧减针织成前领，方法为1-6-1，2-1-6，织至162行，肩部余下17针，收针断线。

4.用同样的方法相反方向编织左前片，完成后将前后片两侧缝对应缝合，两肩部对应缝合。

帽片/衣襟制作说明

1.棒针编织法，一片往返编织完成。

2.沿前后领口挑起58针，编织花样B与花样E组合编织，组合方法如结构图所示，不加减针织至56行的高度，织片中间对称缝两侧减针，方法为2-1-6，织至68行，织片两侧各余下23针，收针，将帽顶缝合。

3.编织衣襟，沿左右前片衣襟侧及帽侧分别挑针起织，挑起166针编织花样A，织10行后，收针断线。

袖片制作说明

1.棒针编织法，编织两片袖片。从袖口起织。

2.双罗纹针起针法，起34针织花样A，织18行后，改为花样B与花样C组合编织，组合方法如结构图所示，两侧一边织一边加针，方法为8-1-11，织至106行，织片变成56针，开始减针编织袖山，两侧同时减针，方法为1-4-1，2-1-16，织至138行，织片余下16针，收针断线。

3.用同样的方法再编织另一袖片。

4.缝合方法:将袖山对应前片与后片的袖窿线，用线缝合，再将两袖侧缝对应缝合。

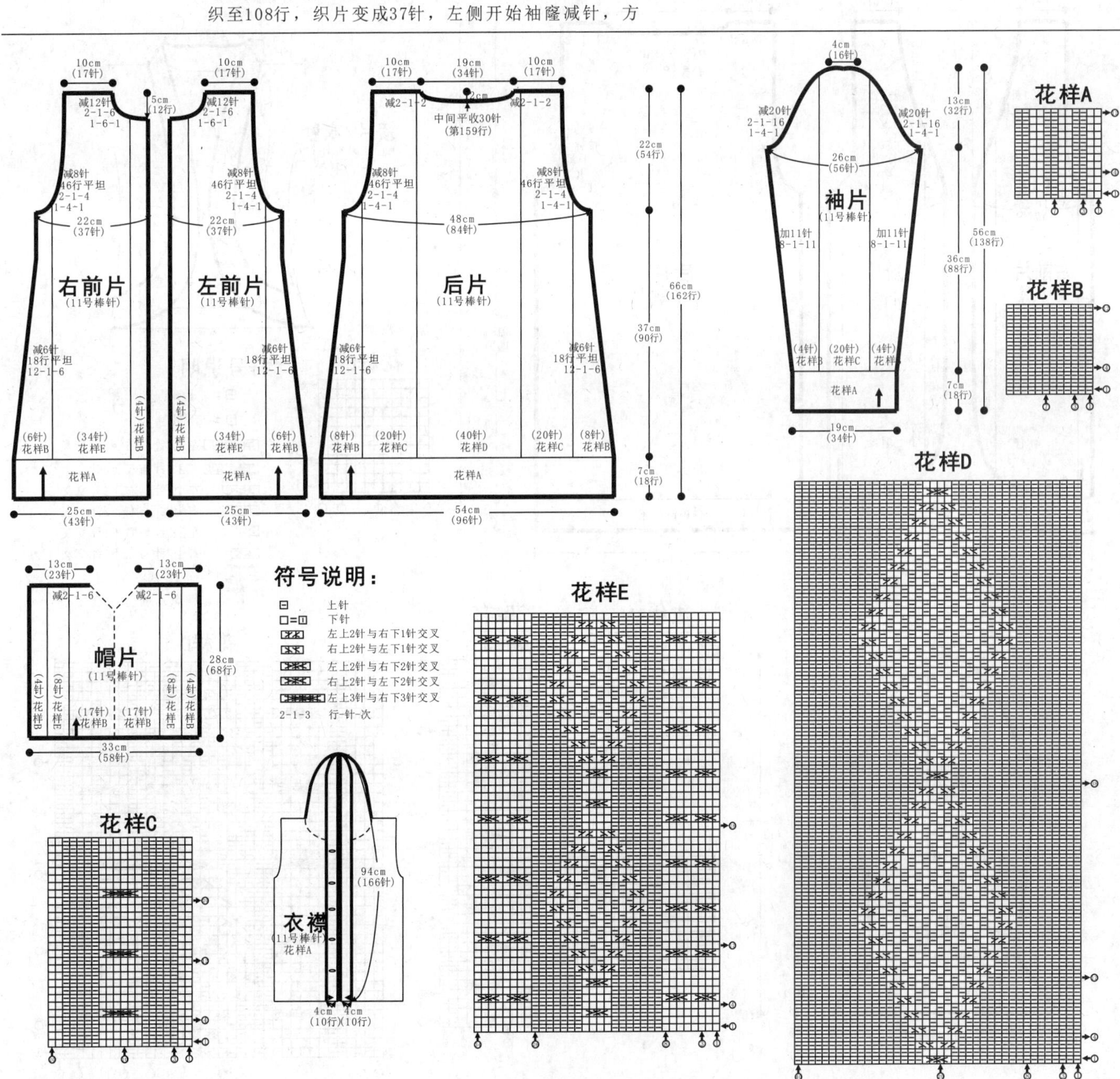

161

【成品规格】 衣长65cm，胸围72cm，肩宽32cm，袖长46cm

【工　　具】 11号棒针

【编织密度】 29.4针×25.6行=10cm²

【材　　料】 黑色棉线600g

编织要点:

1.棒针编织法，衣身分为左前片、右前片和后片分别编织。

2.起织后片，双罗纹针起针法，起106针织花样A，织10行后，改织花样B，织至110行，两侧袖窿减针，方法为1-3-1，2-1-3，织至163行，中间平收50针，两侧减针织成后领，方法为2-1-2，织至166行，两侧肩部各余下20针，收针断线。

3.起织右前片，下针起针法，起20针织花样D与花样E组合编织，起织时右侧衣摆加针，方法为2-2-2，2-1-21，4-1-2，织至54行，织片变成47针，花样C与花样D组合编织，如结构图所示，不加减针织至100行，左侧袖窿减针，方法为1-3-1，2-1-3，同时右侧前领减针，方法为2-1-21，织至166行，余下20针，收针断线。

4.用同样的方法相反方向编织左前片。完成后将左右前片与后片的两侧缝缝合，两肩部对应缝合。

领片/衣襟制作说明

沿领口及衣襟挑起288针织花样A，共织10行，双罗纹针收针法，收针断线。

袖片制作说明

1.棒针编织法，编织两片袖片。从袖口起织。

2.下针起针法起112针，织花样E，织18行后，将织片分散减针成56针，改织花样A，织至24行，改织花样B与花样D组合编织，如结构图所示，一边织一边两侧加针，方法为6-1-9，织至82行，两侧减针编织袖山，方法为1-3-1，2-1-18，织至118行，织片余下32针，收针断线。

3.用同样的方法编织另一袖片。

4.缝合方法:将袖山对应前片与后片的袖窿线，用线缝合，再将两袖侧缝对应缝合。

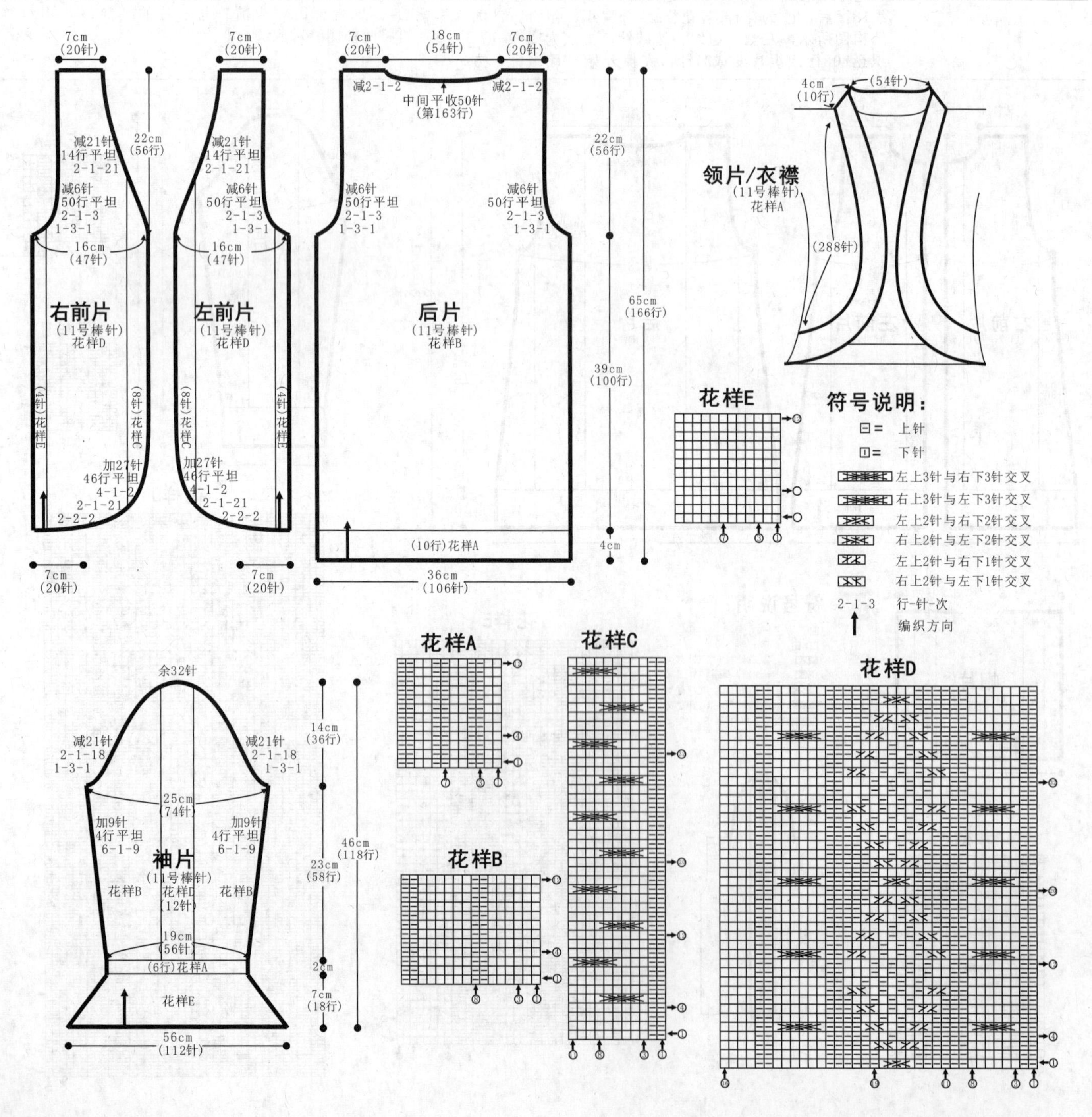

162

【成品规格】 衣长66.5cm，半胸围37cm，袖长58cm

【工　　具】 12号棒针

【编织密度】 32针×39行=10cm²

【材　　料】 朱砂红色毛线700g

编织要点：

1. 棒针编织法，袖窿以下一片编织而成，袖窿以上分成前片、后片各自编织，另袖片2片。
2. 袖窿以下的编织。双罗纹起针法，起320针，首尾连接，环织。起织花样A双罗纹针，织10行，下一行分配花样，将织片对折，取两边各10针，编织花样C至腋下。花样C之间，150针，分配成15组花样B，将花样B织成22行的高度，而后以上全织下针，并在花样C内一针上进行减针，减针方法12-1-16，再织4行后，至袖窿。
3. 袖窿以上的编织。将两端的花样C收针。这样余下前片118针，后片118针，先编织其中一片，两端同时减针，2-1-18，当织成袖窿算起26行时，进行前衣领减针，中间平收72针，两边减针，2-1-5，与袖窿减针同步进行，直至余下1针，收针断线。后片的减针方法与前片相同，但后片无衣领减针，织成36行后，将所有的针数收针，断线。
4. 袖片的编织。袖片从袖口起织，下针起针法，起88针，编织花样D，共10行，对折成5行的高度。下一行起，全织下针，不加减针，织成188行，至袖窿。下一行起进行袖山减针，两边同时收针，2-1-18，织成36行，最后余下52针，收针断线。用相同的方法去编织另一袖片。
5. 拼接，将前片的侧缝与后片的侧缝对应缝合，再将两袖片的袖山边线与衣身的袖窿边对应缝合。
6. 领片的编织，沿着前后领边，挑出264针，起织花样E，一圈共12组，在每组上进行减针编织，织成20行，收针断线。衣服完成。

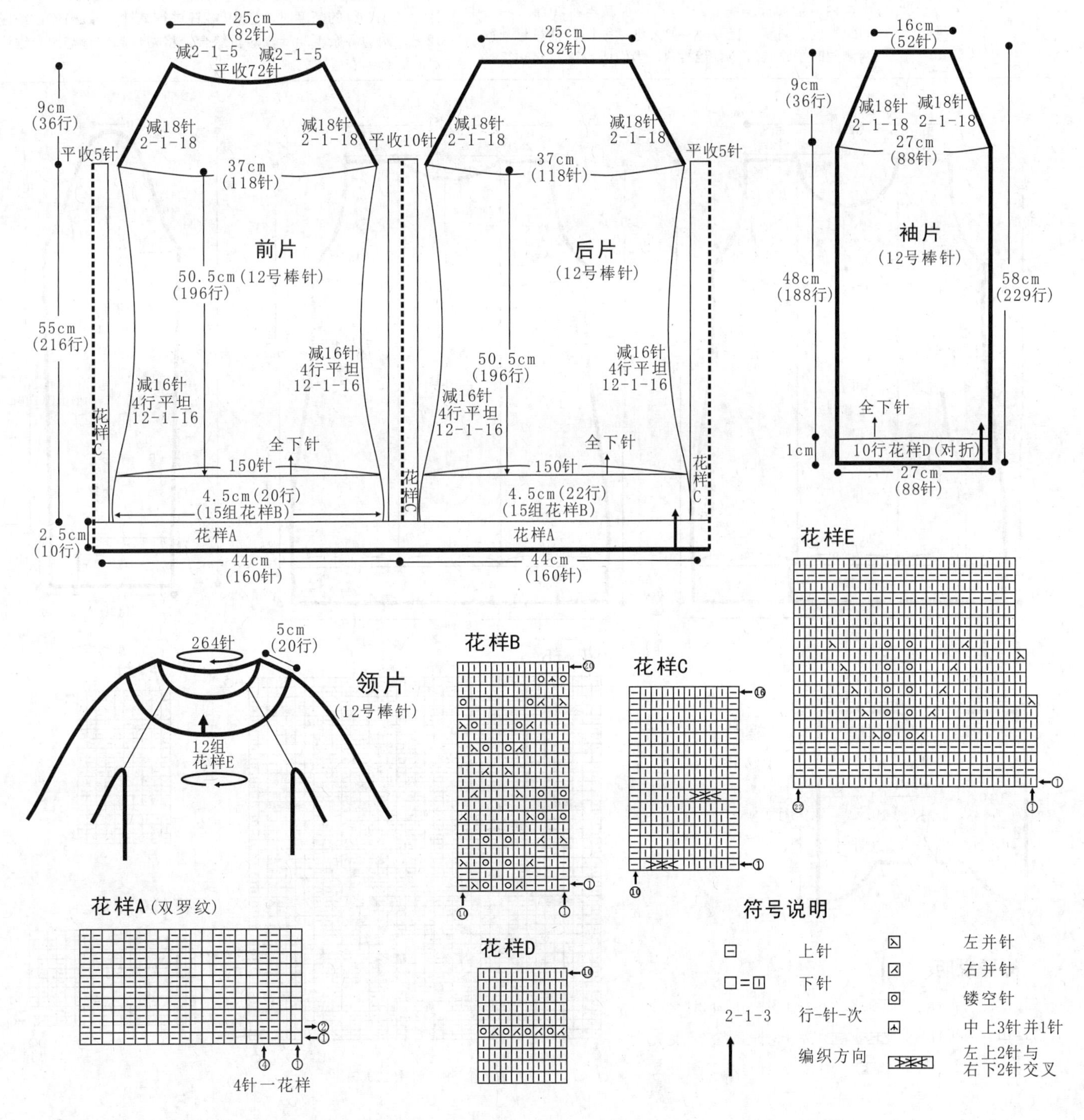

163

【成品规格】 衣长75cm，胸围76cm，袖长60cm

【工　　具】 9号棒针

【编织密度】 16.5针×28.6行=10cm²

【材　　料】 黑色棉线700g

编织要点：

1. 棒针编织法，由前片1片、后片1片、袖片2片和帽片组成。从下往上织起。
2. 前片的编织。一片织成。下针起针法，起86针，起织花样A，不加减针，编织16行高度。下一行起，依照结构图分配花样编织，并在两侧缝上进行减针编织，42-1-1，12-1-3，织成78行，不加减针，再织70行至袖窿。口袋的编织：当从花样分配起，织成42行的高度时，两侧各取8针的距离，中间余下的针数单独编织，并减针，2-1-5，不加减针再织20行后，暂停编织，将两边余下的8针编织，内侧边加针编织，2-1-5，不加减再织20行后，与中间织片同等高度，将3片并为1片继续编织。袖窿起减针，两侧同时平收4针，然后2-1-4，当织成袖窿算起36行时，进行领边减针，中间平收22针，两边相反方向减针，2-1-8，织成16行，至肩部余下12针，收针断线。
3. 后片的编织。袖窿以下的织法与前片完全相同，袖窿起减针，方法与前片相同。当袖窿以上织成48行时，进行后领边减针，中间平收44针，两边相反方向减针，2-1-2，至两肩部各余下12针，收针断线。
4. 袖片的编织。袖片从袖口起织，双罗纹起针法，起40针，起织花样C双罗纹针，不加减针，往上织20行的高度，第21行起，全织下针，并在两侧缝进行加针编织，10-1-10，编织100行的高度，至袖窿。下一行起进行袖山减针，两边同时收针，平收4针，然后2-1-20，最后余下12针，收针断线。用相同的方法去编织另一袖片。
5. 拼接，将前片的侧缝与后片的侧缝对应缝合，将前后片的肩部对应缝合。再将两袖片的袖山边线与衣身的袖窿边对应缝合。
6. 帽片的编织，全织下针，10针起织，右侧加针，加2-1-8，织成16行，再继续在同侧加针，加出22针，暂停编织。同样，再用10针起织，左侧加针，加2-1-8，织成16行，再继续在同侧加针，加出22针，与另一织片并为一片，共80针，不加减针，编织70行的高度时，选中间2针进行减针，减2-1-6，织成12行，两边各余下34针，对折缝合。将帽片起织行与衣身领边对应缝合。衣服完成。

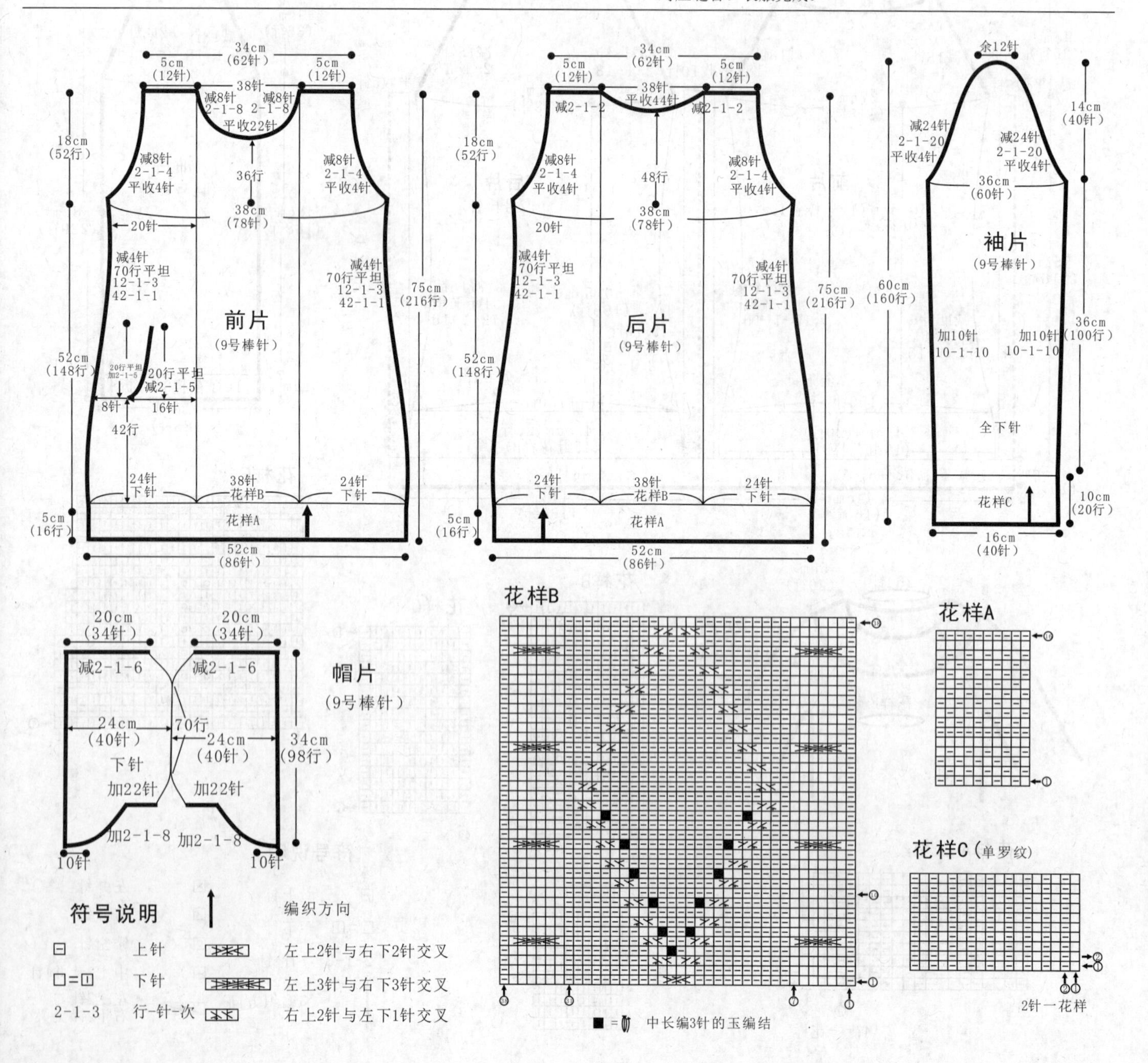

164

【成品规格】 衣长54cm，胸宽42cm，肩宽36cm

【工　　具】 10号棒针，缝衣针

【编织密度】 26针×34行=10cm²

【材　　料】 黑色羊毛线400g，纽扣5枚

编织要点:

1.毛衣用棒针编织，由2片前片、1片后片、2片袖片组成，从下往上编织。
2.先编织前片。分右前片和左前片编织。右前片:
(1)先用下针起针法，起46针，编织40行花样A后，改织下针，侧缝不用加减针，继续编织76行至袖窿。
(2)袖窿以上的编织。左侧袖窿平收2针，然后每织4行减2针，共减4次。
(3)门襟在开袖窿的同时开领窝，每4行减2针，共减9次，然后编织30行平坦，织至肩部余18针。
(4)用相同的方法，相反的方向编织左前片。
3.编织后片。先用下针起针法，起108针，编织40行花样A后，改织下针，侧缝不用加减针，继续编织76行至袖窿。然后袖窿开始减针，方法与前片袖窿一样，织至袖窿算起56行时，开后领窝，中间平收48针，两边减针，每两行减1针，减2次，再每2行减2针，减2次。织至两边肩部各余18针。
4.编织袖片。从袖口织起，用下针起针法，起40针，织10行花样A后，改织下针，同时分散加6针，继续编织，袖侧缝按图加针，每10行加1针，加5次，然后织50行平坦，编织100行至袖山，并开始袖山减针，每织4行减2针，减8次，编织完32行后余20针，收针断线。用同样方法编织另一袖片。
5.缝合。将前片的侧缝与后片的侧缝对应缝合，再将两袖片的袖山边线与衣身的袖窿边对应缝合。
6.领子编织。领圈边与两前片门襟同时挑388针，织8行花样A。左边均匀开纽扣孔，收针断线。完成。
7.缝上纽扣。

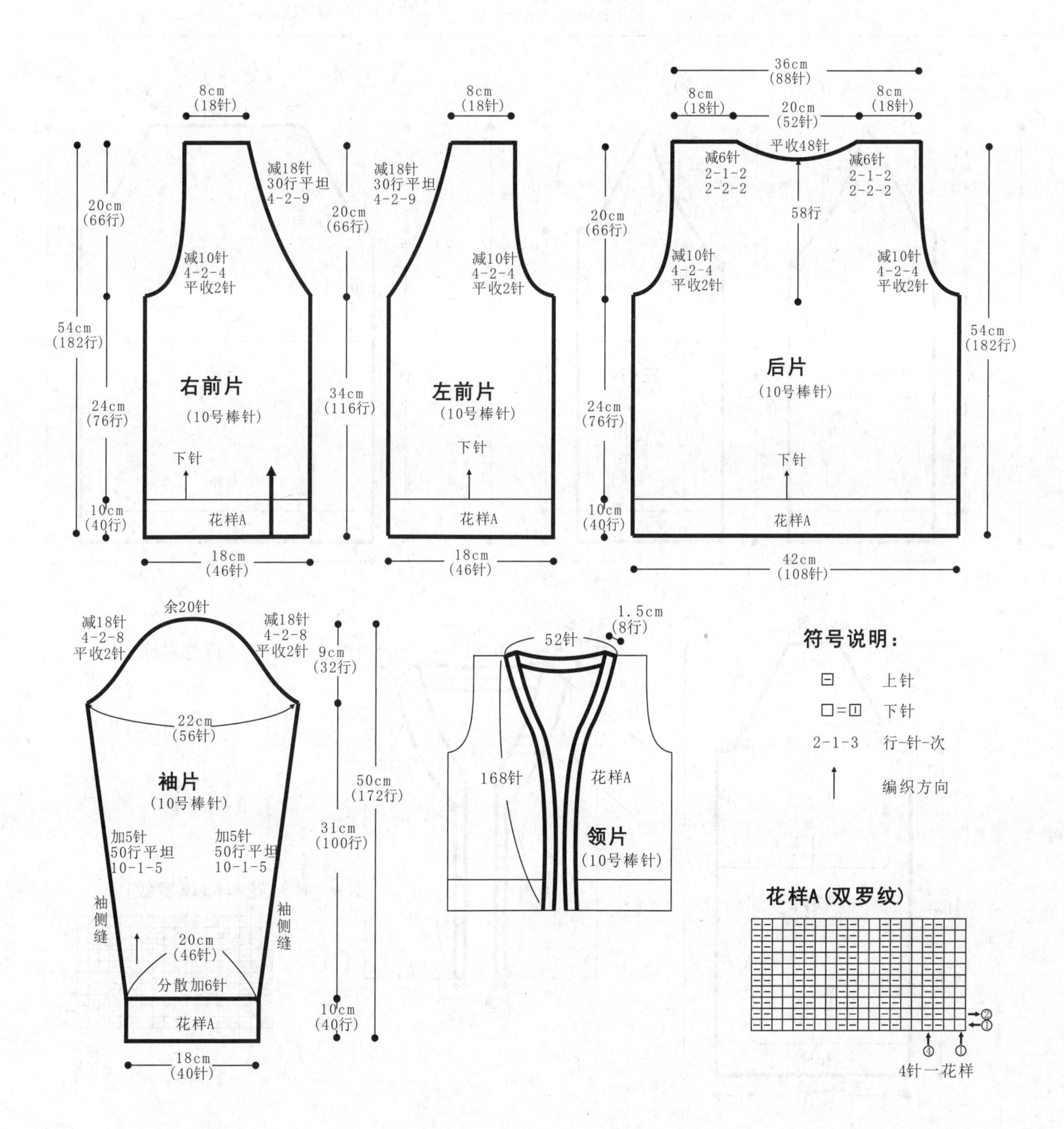

165

【成品规格】 衣长54cm，肩宽24cm，袖长54cm

【工　　具】 10号棒针

【编织密度】 29针×30行=10cm²

【材　　料】 桃红色羊毛线650g，纽扣3枚

编织要点:

1.棒针编织法，由左右前片各1片、后片1片及袖片2片组成，再编织领襟，由下往上编织。

2.前片的编织。分为左右前片分别编织，编织方法一样，但方向相反。以右前片为例，单罗纹起针法，起52针，花样A起针，不加减针编织16行高度；下一行起，改织上针，不加减针，编织66行;下一行起，改织花样A，不加减针编织30行高度；下一行起，右侧进行衣领减针，平收4针，然后2-2-10，减24针，织20行，不加减针编织30行；其中改织花样A后编织36行高度至袖窿；下一行进行袖窿减针，平收6针，然后2-1-22，减28针，织44行，余下1针，收针断线；用相同方法及相反方向编织左前片。

3.后片的编织。一片织成。单罗纹起针法，起104针，花样A直织，不加减针编织16行高度；下一行起，改织上针，不加减针编织66行高度；下一行起，改织花样A，不加减针，织36行至袖窿；下一行起，两侧同时进行减针，平收6针，然后2-1-22，减28针，织44行，余下48针，收针断线。

4.袖片的编织。一片织成。单罗纹起针法，起64针，花样A起织，不加减针编织16行；下一行起，改织上针，不加减针编织66行高度；下一行起，改织花样A，不加减针，织36行至袖窿；下一行起，两侧同时进行减针，平收6针，然后2-1-22，减28针，织44行，余下8针，收针断线；用相同方法编织另一袖片。

5.拼接。将左右前片与后片及袖片对应缝合。

6.领襟的编织。从左右前片位置各挑100针，花样A起织，不加减针编织6行高度，收针断线；于左右前片衣领位置各挑58针，后片衣领位置挑60针，花样A起织，不加减针编织8行高度；下一行起，改织下针，不加减针编织8行高度，收针断线，衣服完成。

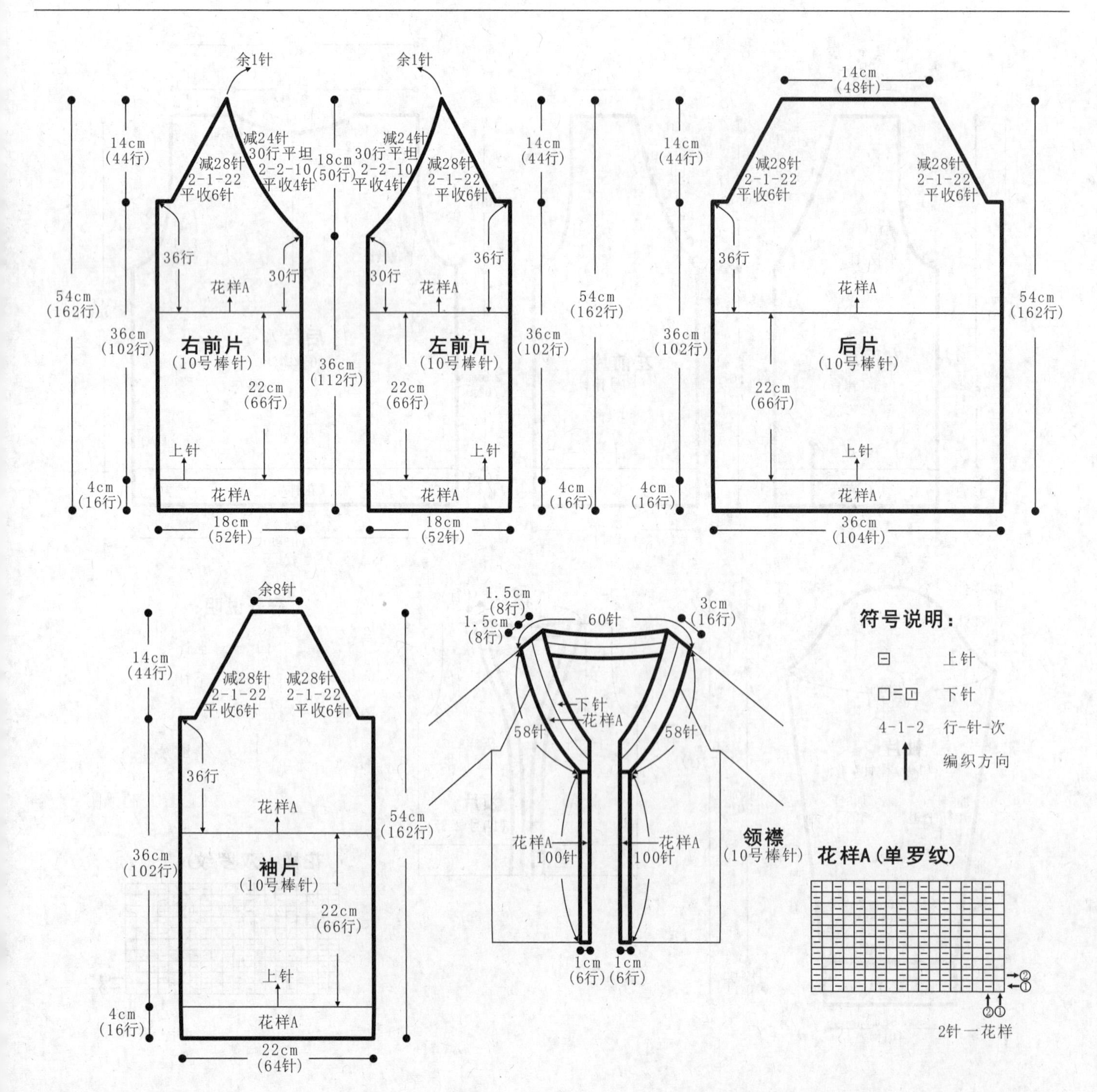

166

【成品规格】 衣长50cm，胸围66cm

【工　　具】 8号棒针

【编织密度】 18针×24行=10cm²

【材　　料】 蓝色棉线500g，纽扣5枚

编织要点：

1.棒针编织法，横向编织，从一侧衣襟织至另一侧衣襟。

2.起针，双罗纹起针法，起88针，起织花样A双罗纹针，不加减针，编织12行的高度；在织至第6行时，制作5个扣眼。第13行起，分配花样，从右至左，分别为10针花样B搓板针，28针花样D，38针花样C，12针花样B，不加减针，编织34行的高度后，花样C与12针花样B暂停不织，将花样B和花样D继续编织，再织64行作袖口；下一行继续编织，织80行后，同样留花样C与花样B不织，继续编织64行花样D与花样B，做出袖口，然后将所有的针数全部织起，再织34行后，全部改织花样A双罗纹针，再织12行后，收针断线。

3.沿着前后衣领边，挑出140针，起织花样A双罗纹针，不加减针，编织10行后，收针断线。再沿着袖口边，挑出80针，起织花样A，织成10行后，收针断线。在一侧衣襟上钉上5个纽扣。衣服完成。

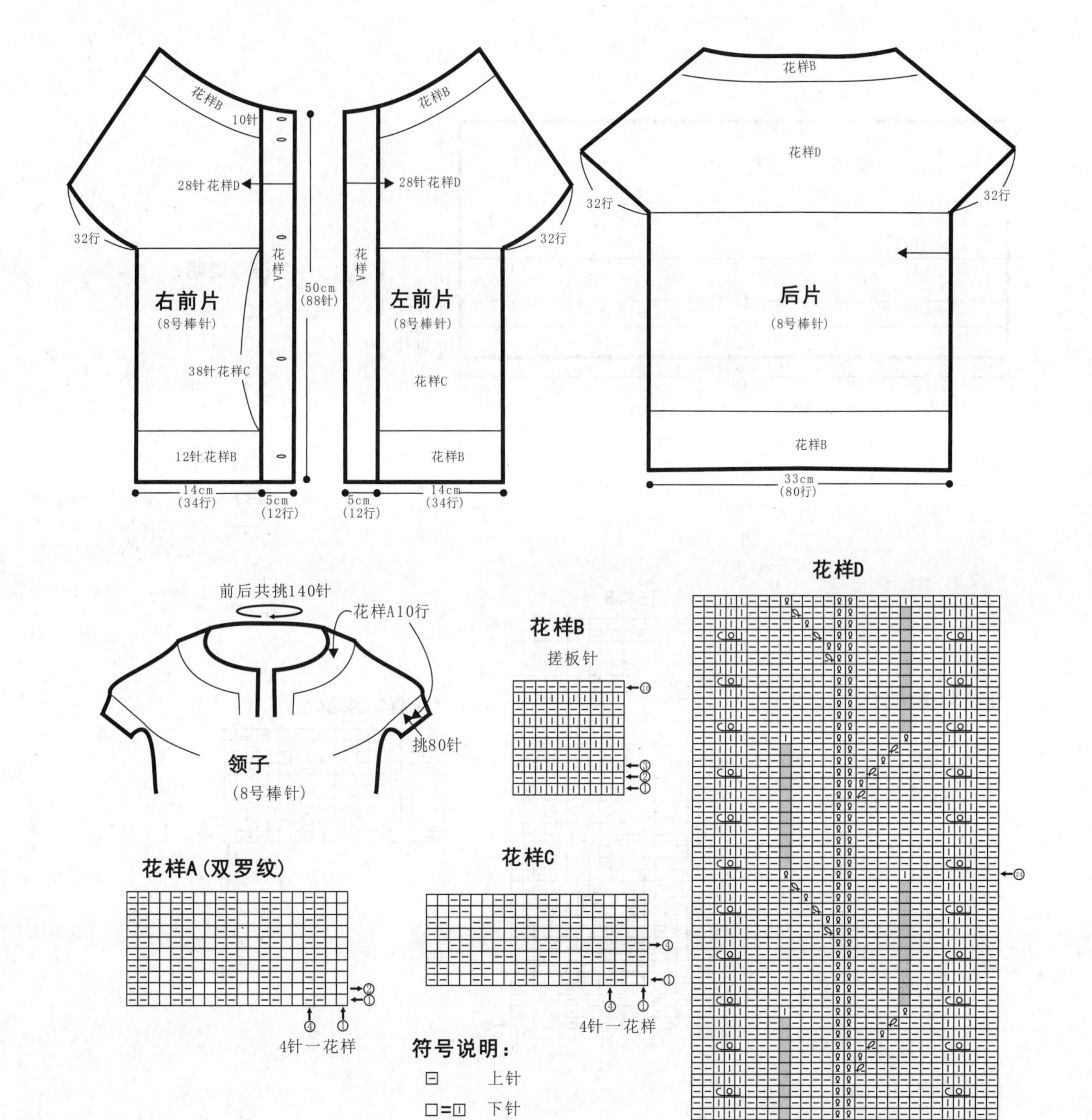

167

【成品规格】 披肩长96cm，宽40cm

【工　　具】 8号环形针

【编织密度】 17针×28行=10cm²

【材　　料】 深灰色丝光棉线150g

编织要点:

1.棒针编织法，环织而成。从下往上织起。
2.起针，下起针法，起160针，环织，编织花样A，不加减针，织20行的高度，开始织8组花样B，织54行后改织花样C，织54行。披肩完成。

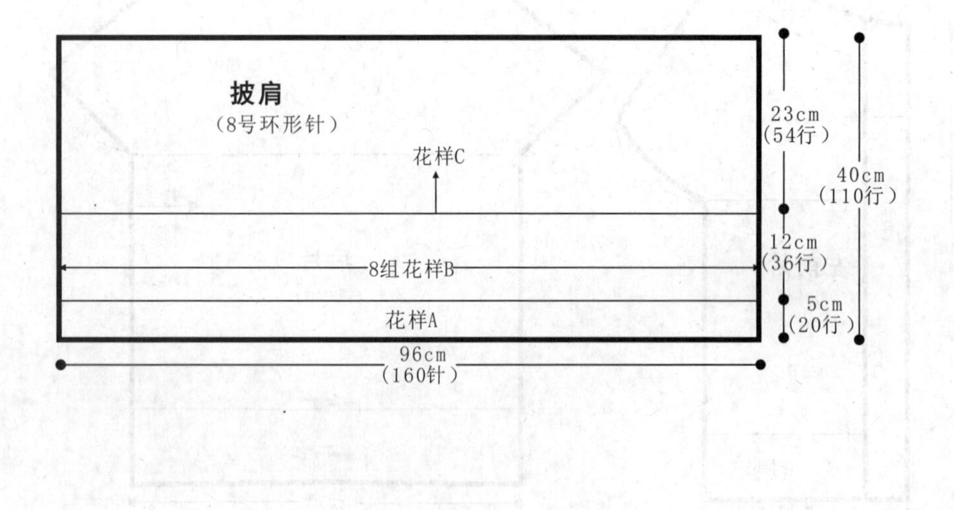

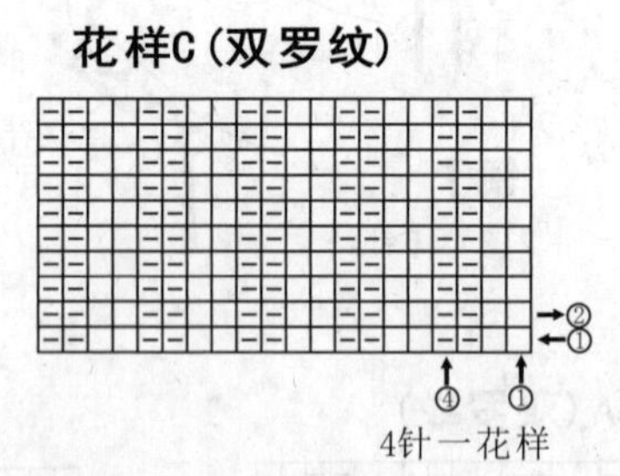

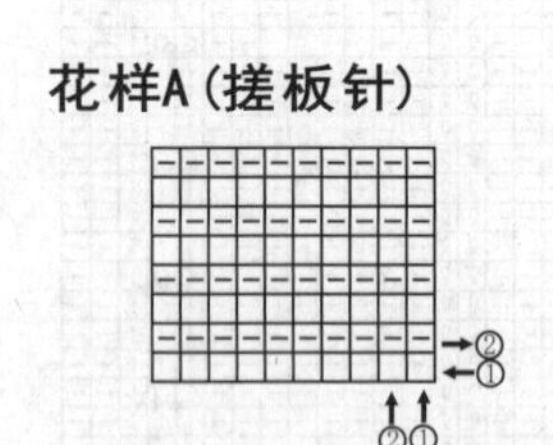

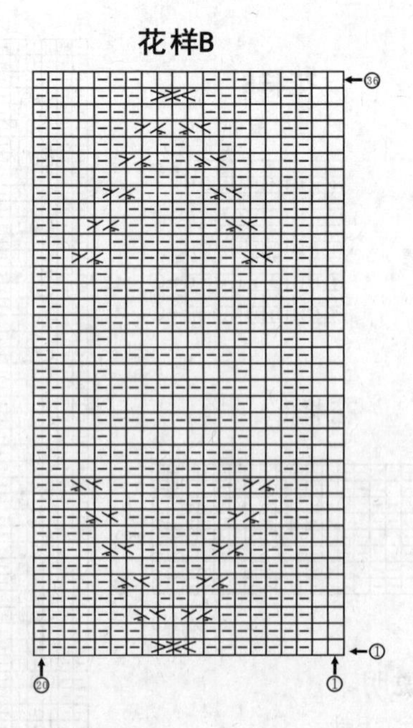

花样C(双罗纹)

4针一花样

168

【成品规格】衣长42cm，胸宽34cm，肩宽22cm

【工　　具】11号棒针

【编织密度】23针×22行=10cm²

【材　　料】水粉色丝光棉线400g，纽扣3枚

编织要点：

1.棒针编织法，一片织成。从下往上织起。

2.披肩的编织。起针，平针起针法，起384针，编织花样A，不加减针，织8行的高度，下一行起，编织花样C(16组)，不加减针，起织44行，此时余下针数288针，编织花样B(16组)，不加减针，起织64行，此时余下针数224针，编织领圈，编织花样D，不加减针，织22行高度。收针断线。

3.门襟的编织。将披肩的两边侧缝分别挑出108针，编织花样D，右侧门襟上端留出3个扣眼，左侧继续编织，不加减针，编织10行，收针断线。在左侧门襟相应位置钉上扣子，披肩完成。

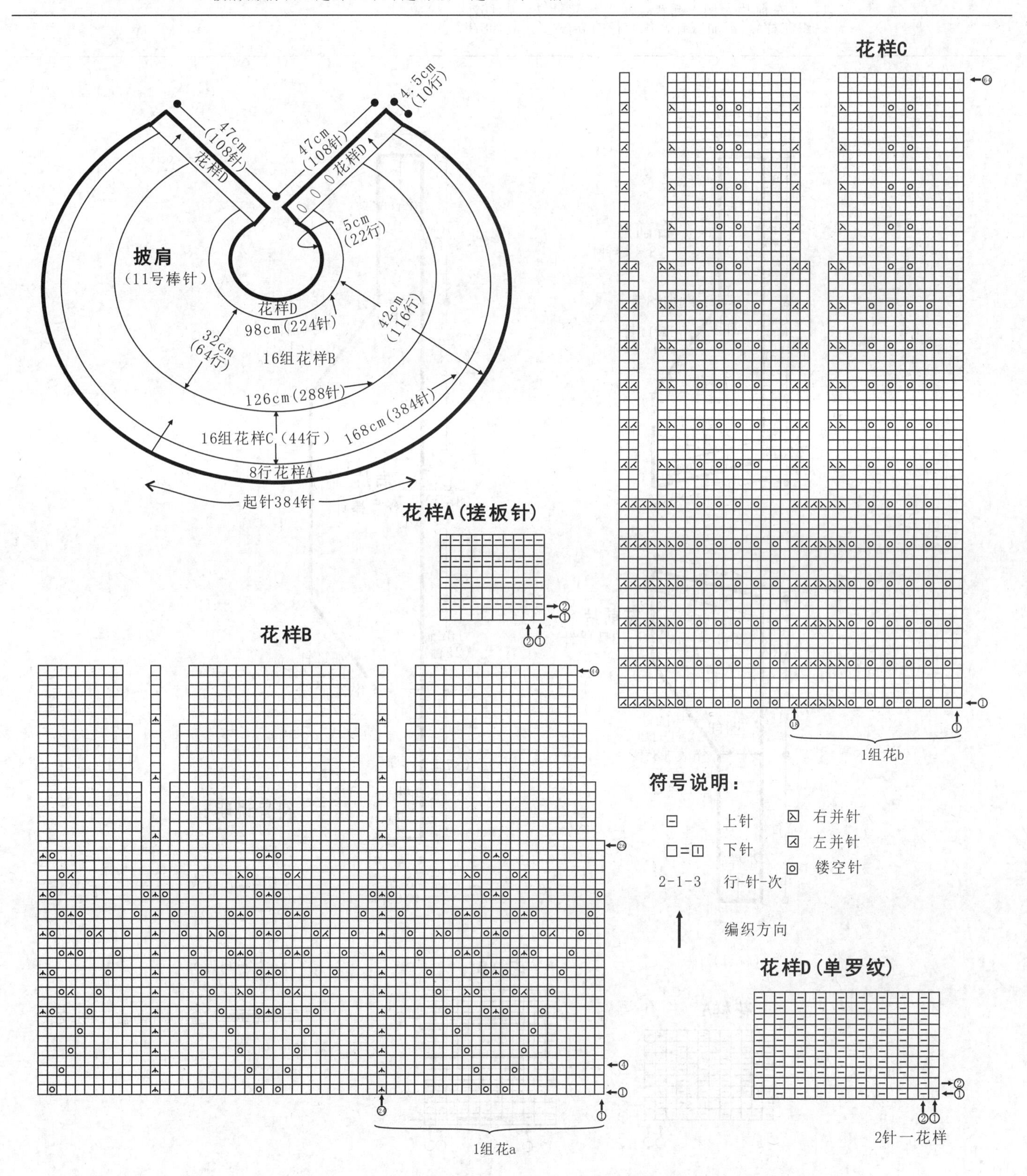

169

【成品规格】衣长23cm，领宽24cm，胸宽35cm，袖长42cm

【工　　具】8号棒针

【编织密度】20针×15行=10cm²

【材　　料】白色粗毛线400g，纽扣1枚

编织要点:

1.棒针编织法，由前片2片、后片1片组成。

2.前片的编织。

(1)以左前片为例。起针，单罗纹起针法，起16针，编织花样A, 不加减针，织37行的高度，分散加8针，织3针花样A+花样B, 并在右侧加12针，2-1-12。织24行后逐渐改织花样A6行后，开始左侧减针，2-9-4，收针断线。

(2)右前片方法同左前片，方向相反。

3.后片的编织。

(1)起针，单罗纹起针法，起16针，编织花样A，不加减针，织37行的高度，分散加8针，织3针花样A+花样B，并在右侧加12针，2-1-12，织35行，减针2-1-12，织25行后分散减5针。改织花样A37行，收针断线。

(2)袖窿以上的编织。织成22行，各余下10针，这是至肩部的宽度，收针断线。

4.拼接，将前片的侧缝与后片的侧缝对应缝合，选一侧边与后片的肩部对应缝合。挑下衣襟。左前片、后前片各挑32针，后片挑64针，织花样A15行，收针断线。衣服完成。

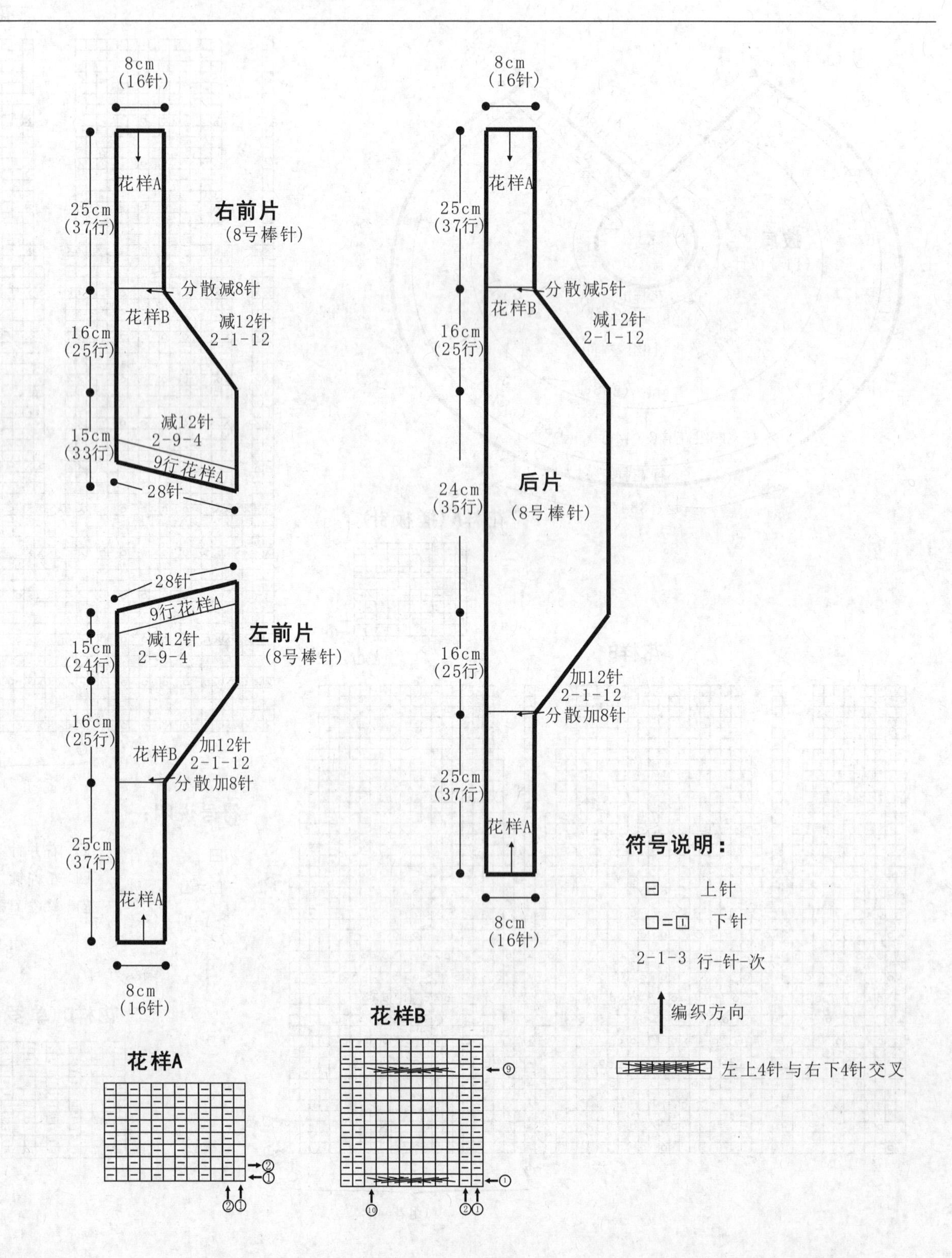

170

【成品规格】 披肩长52cm，胸围136cm

【工　　具】 10号棒针

【编织密度】 14针×18行=10cm²

【材　　料】 时装花线200g

编织要点：

1.由前后片及左右袖片组成。前后片、袖片均是按结构图从下往上编织。

2.前后片、袖片都要注意下摆底边以及花样的变换位置。下摆及袖口沿对折线向上对折成双层，并用手针固定好。

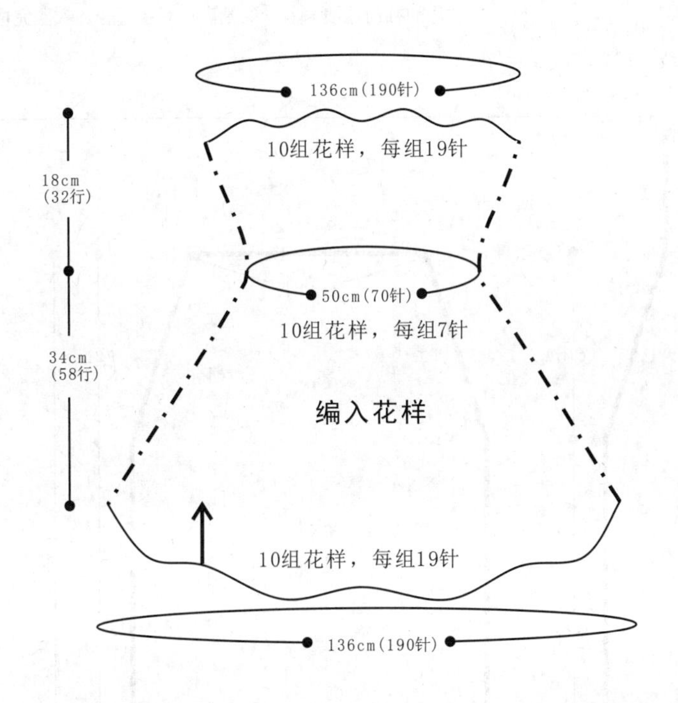

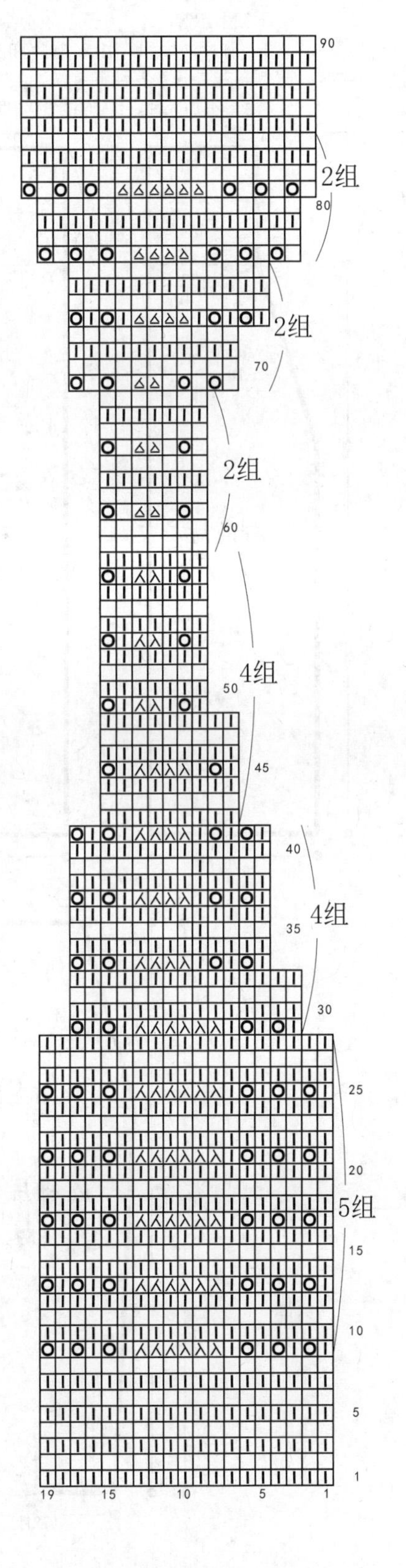

171

【成品规格】 衣长60cm，衣宽36cm，肩宽24cm，袖长60cm，袖宽14cm

【工　　具】 10号棒针

【编织密度】 58.33针×38行=10cm²

【材　　料】 米白色羊毛线600g

编织要点：

1. 棒针编织法，由前片2片、后片1片、袖片2片组成。从下往上织起。

2. 前片的编织。由右前片和左前片组成，以右前片为例。起针，双罗纹起针法，用白色线，起106针，编织花样A，不加减针，织156行的高度，至袖窿。袖窿以上的编织。左侧减针，然后每织4行减2针，共18次，织成72行，余下70针，这是至肩部的高度，然后不加减针往上织，织成48行，这48行的外侧边用于与后片肩部进行缝合。收针断线。用相同的方法，相反的方向去编织左前片。

3. 后片的编织。双罗纹起针法，起212针，编织花样A，不加减针，织156行的高度。至袖窿，然后袖窿起减针，方法与前片相同。当织成袖窿算起72行时，收针断线。

4. 袖片的编织。袖片从袖口起织，双罗纹起针法，起72针，起织花样A，不加减针，往上织156行的高度，至袖窿，并进行袖山减针，每织4行减2针，共减18次，织成72行，最后余下10针，收针断线。用相同的方法去编织另一袖片。

5. 拼接，将前片的侧缝与后片的侧缝对应缝合，将前后片加织高48行的宽度，选一侧边与后片的肩部对应缝合，再将两袖片的袖山边线与衣身的袖窿边对应缝合。衣服完成。

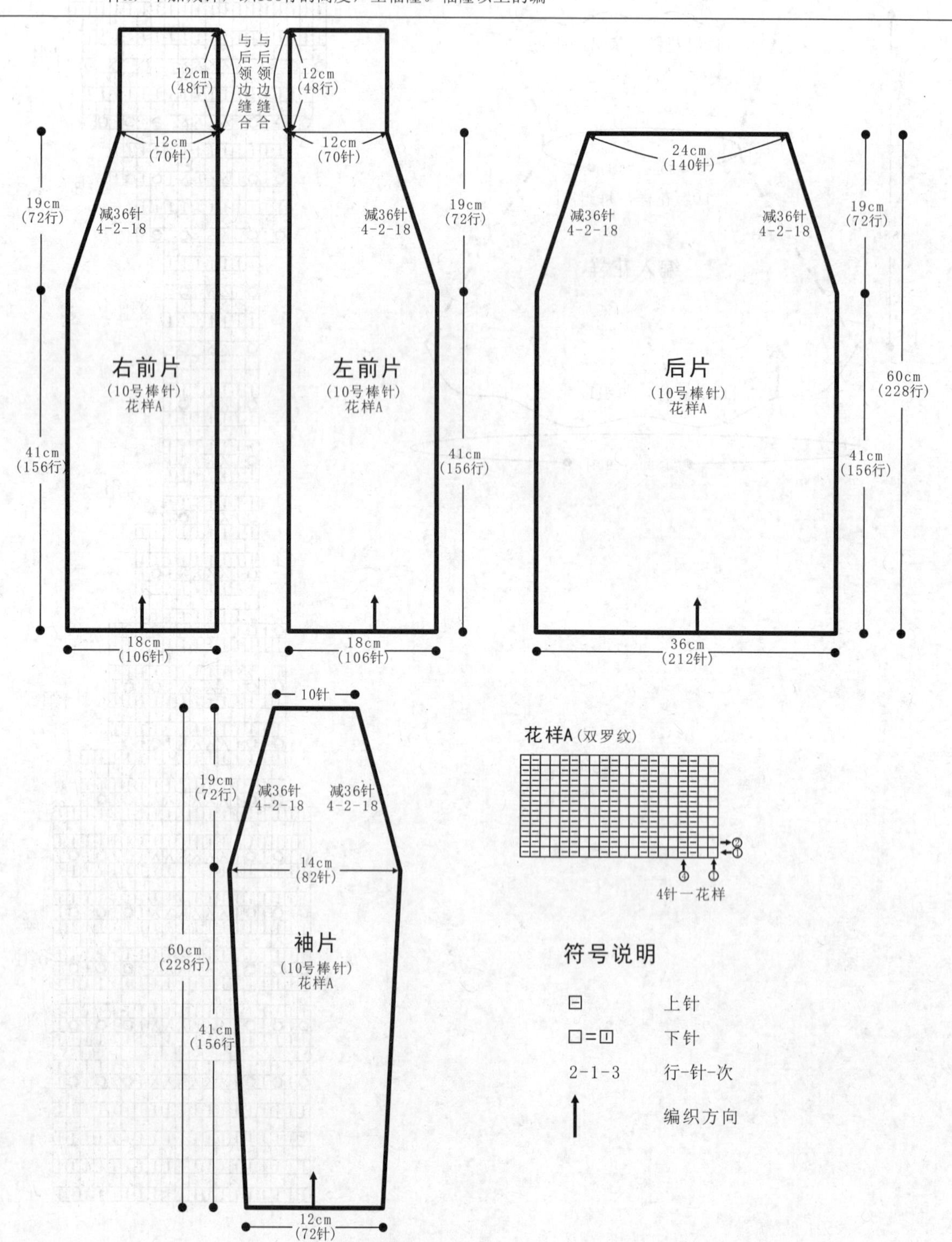

172

【成品规格】 衣长63cm，胸围79cm，袖长60cm，肩宽32cm

【工　　具】 9号棒针

【编织密度】 19针×28.9行=10cm²

【材　　料】 羊毛线700g，大扣子5枚

编织要点：

1. 整件衣服从下向上编织，分为1个后片、2个前片和2个袖片，领襟另外挑针编织。

2. 后片起86针，编织花样A26行，再编织花样C，同时在两边侧缝减针，方法为30-1-1，10-1-4，各减5针，然后开始加针，方法为18-1-1，16行平坦，织104行开始收袖窿，方法为平收4针，2-1-4，两边各减8针，织40行，后领中间平收30针，两边减针2-1-2。两边肩部各留14针。

3. 两个前片编织方法相同，方向相反，起38针，编织花样A26行，开始编织花样B，同时在侧缝处减针及加针，方法跟后片相同，织38行编织口袋边缘，在靠近领襟这边织过4针开始织花样A，靠近侧缝这边留8针，口袋边缘织好收针，另起28针编织全下针至口袋深度后和前边留下的靠近领襟处的4针和侧缝处留下的8针穿起一起继续编织，织到130行侧缝那边收袖窿，靠领襟这边收领子，收袖窿方法和后片相同，领边收针方法为4-2-6，16行平坦，两边各减12针，肩部留14针结束。

4. 袖片编织，袖口起40针，编织花样A36行，开始编织花样C，两侧同时加针编织，加针方法为10-1-8，8行平坦，两边各加8针，织88行后收袖山，收针方法为平收4针，2-1-20，两侧各减24针，织40行余8针，收针。

5. 衣片和袖片的缝合，将前片和后片的肩部相对用针编织收针，衣片和袖片的侧缝缝合，再将袖片跟衣服缝合。

6. 领襟编织，在前片衣襟挑112针，领边挑36针，后领挑40针，另一侧挑针方法相同，织花样A12行，收针。

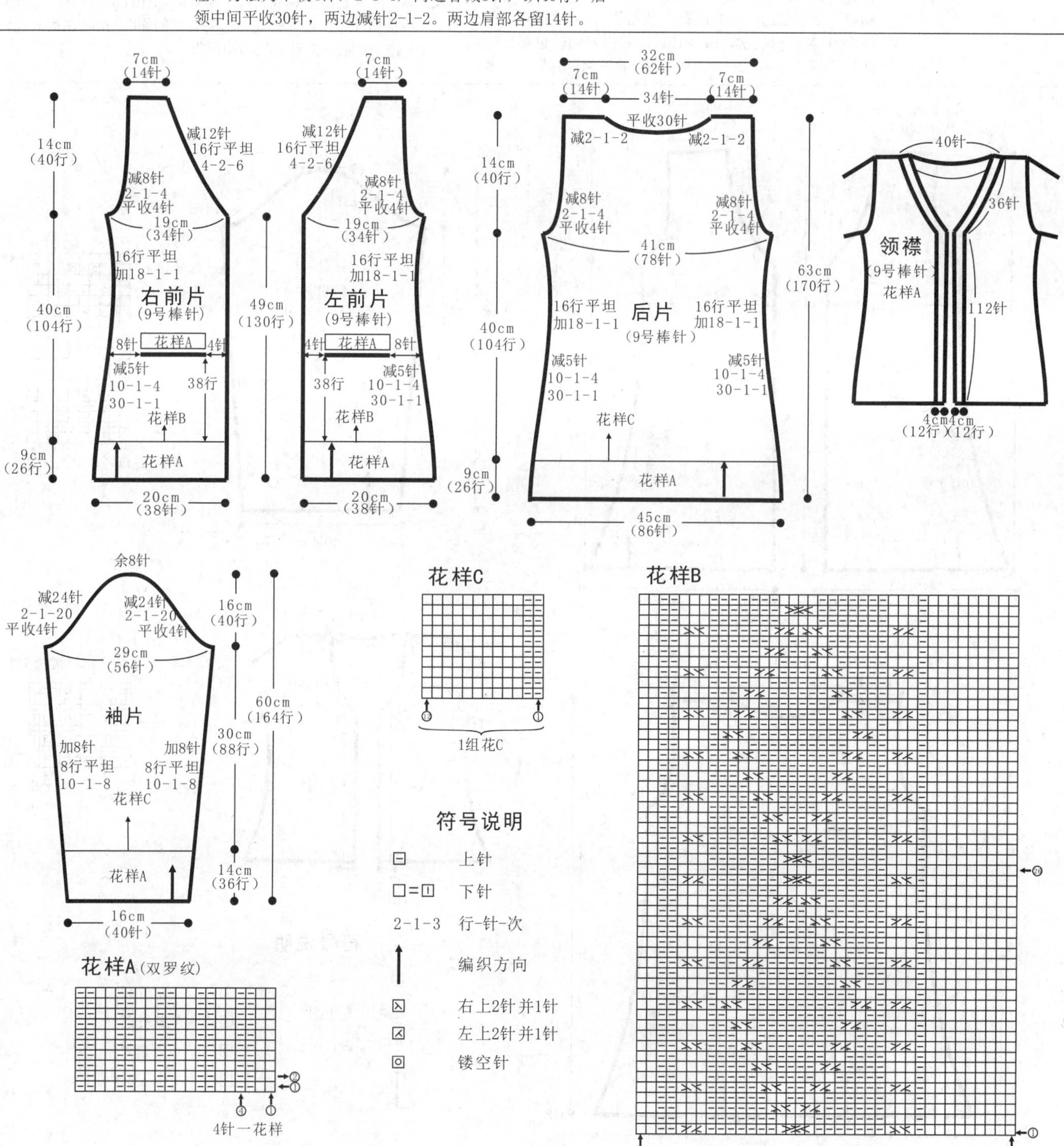

173

【成品规格】 衣长66cm，胸围80cm，袖长49cm

【工　　具】 12号棒针

【编织密度】 27针×43.6行=10cm²

【材　　料】 玫红色棉线600g，纽扣8枚

编织要点：

1. 棒针编织法，由前片2片、后片1片、袖片2片组成。从下往上织起。

2. 前片的编织。由右前片和左前片组成，以右前片为例。下针起针法，起60针，以花样A进行分配编织，衣襟侧不加减针，侧缝边进行减针，不加减针，织36行，下一行起，每织18行减1针，减6次。不加减针，再织72行，至袖窿。下一行起，袖窿减针，从左往右，平收4针，然后每织2行减1针减6次，减少10针，衣襟侧同时也减针，减针顺序是2-2-4，2-1-8，4-1-8，最后不加减针，再织16行，至肩部，余下20针，收针断线。用相同的方法，相反的减针方向去编织左前片。

3. 后片的编织。下针起针法，起130针，同样编织花样A，两侧缝进行减针，减针方法与前片侧缝减针方法相同。袖窿以下，织成216行的高度，下一行起，两侧同时减针，先平收4针，然后每织2行减1针，减6次。当织成袖窿算起64行的高度时，下一行起，后衣领减针。两边相反方向减针，每织2行减2针，减2次，然后每织2行减1针，减2次，各减少6针。至肩部各余下20针，收针断线。

4. 袖片的编织。从袖口起织，起60针，编织花样A图案，并在两侧缝进行加针，加8针，每织18行加1针，加8次。不加减针，再织18行的高度后，至袖窿，袖窿起减针，两边同时减针4针，然后每织2行减1针，减27次。织成54行的高度，余下14针，收针断线。

5. 拼接，将前片的侧缝与后片的侧缝对应缝合，将前后片的肩部对应缝合。

6. 最后沿着衣襟边和衣领边，挑针编织花样B搓板针，不加减针，编织6行后，收针断线。一侧衣襟制作8个扣眼，另一侧钉上8个扣子。挑针的针数见结构图所示。

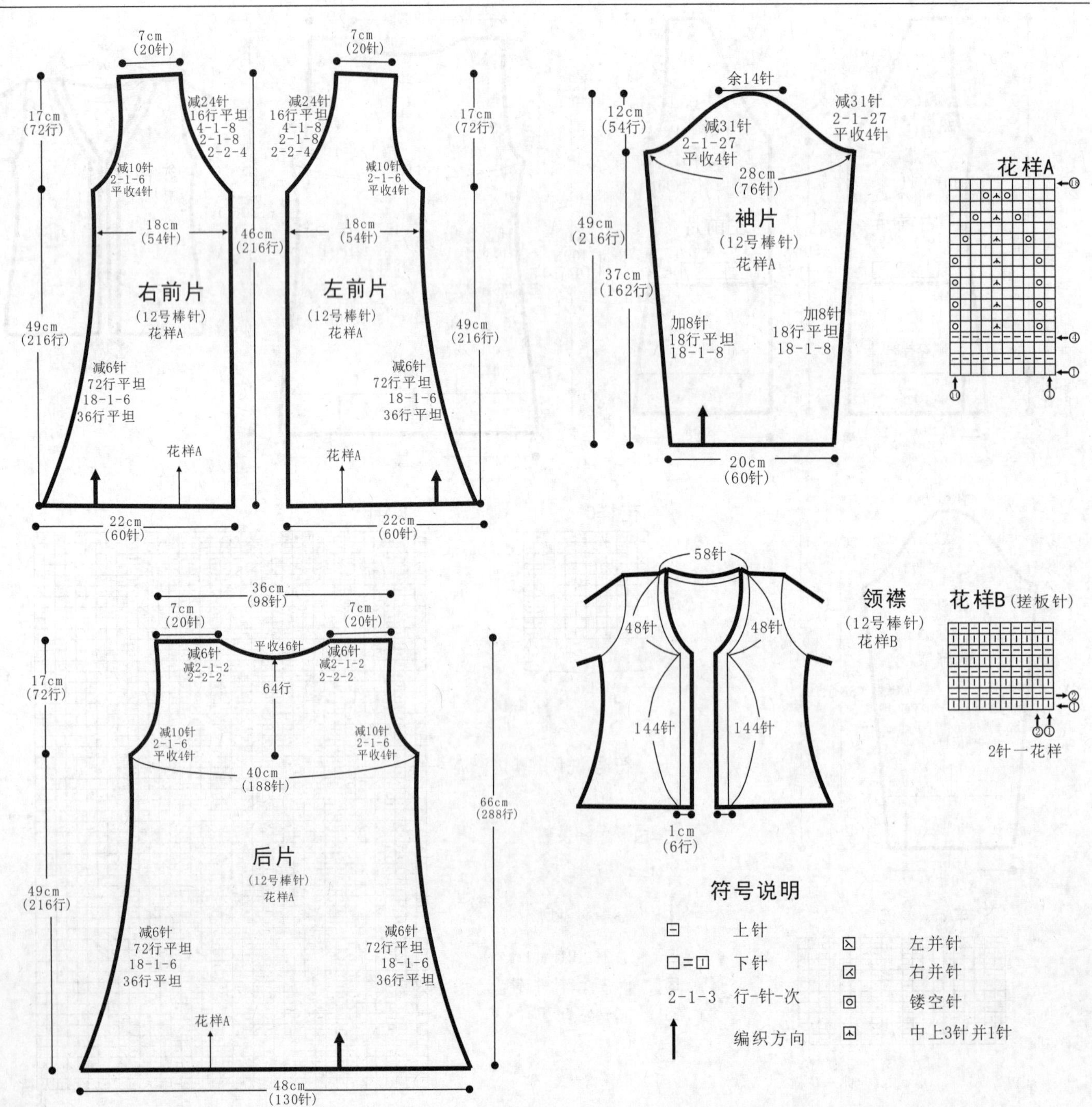

174

【成品规格】 披肩长186cm，宽50cm

【工　　具】 3.0mm钩针

【材　　料】 棕色棉线400g

编织要点：

1.钩针编织法，方形披肩，先完成方形披肩再钩花边，然后钩织立体花缝于相应的位置。

2.起针，钩织锁针起织，共钩织182针锁针辫子。然后起高3针锁针，依照花样A钩织花样，完成56行后，重复第一行起的步骤，共钩织四个花样A方块织片。完成后，留线，沿着方形四条边钩织花样B花边。完成后，收针断线。最后钩织六个立体花。方法是，依花样C图解，起钩锁针，然后钩织一行长针行，第三行里钩织花样C中的花样，完成后，将长针行做底边，一圈一圈绕在底下。再与披肩在相应的位置上缝合。共钩织六个立体花，钩织方法相同。披肩完成。

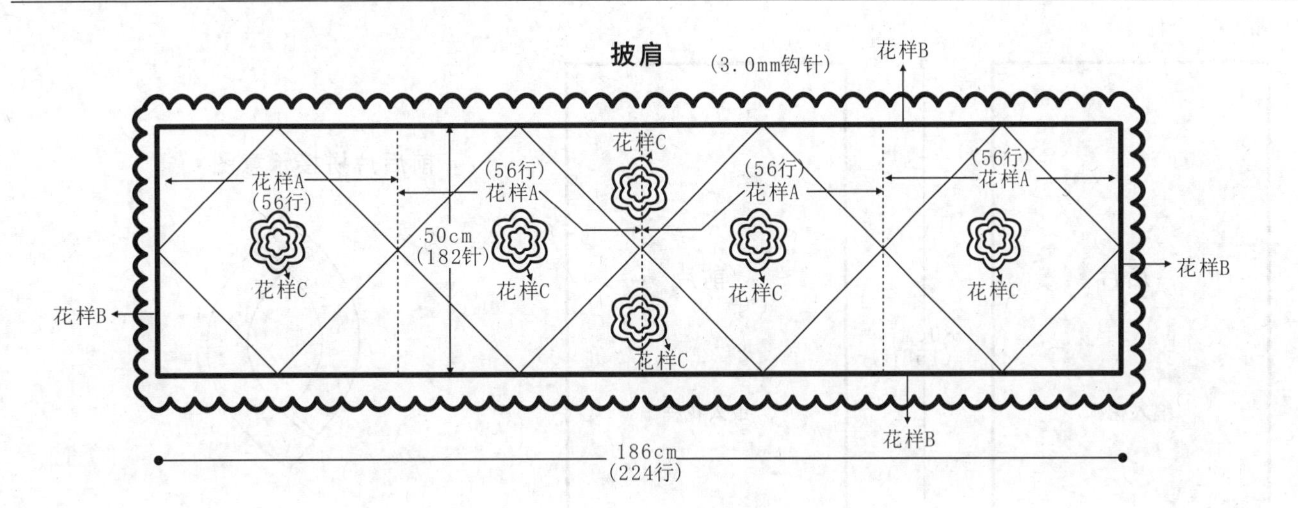

花样A

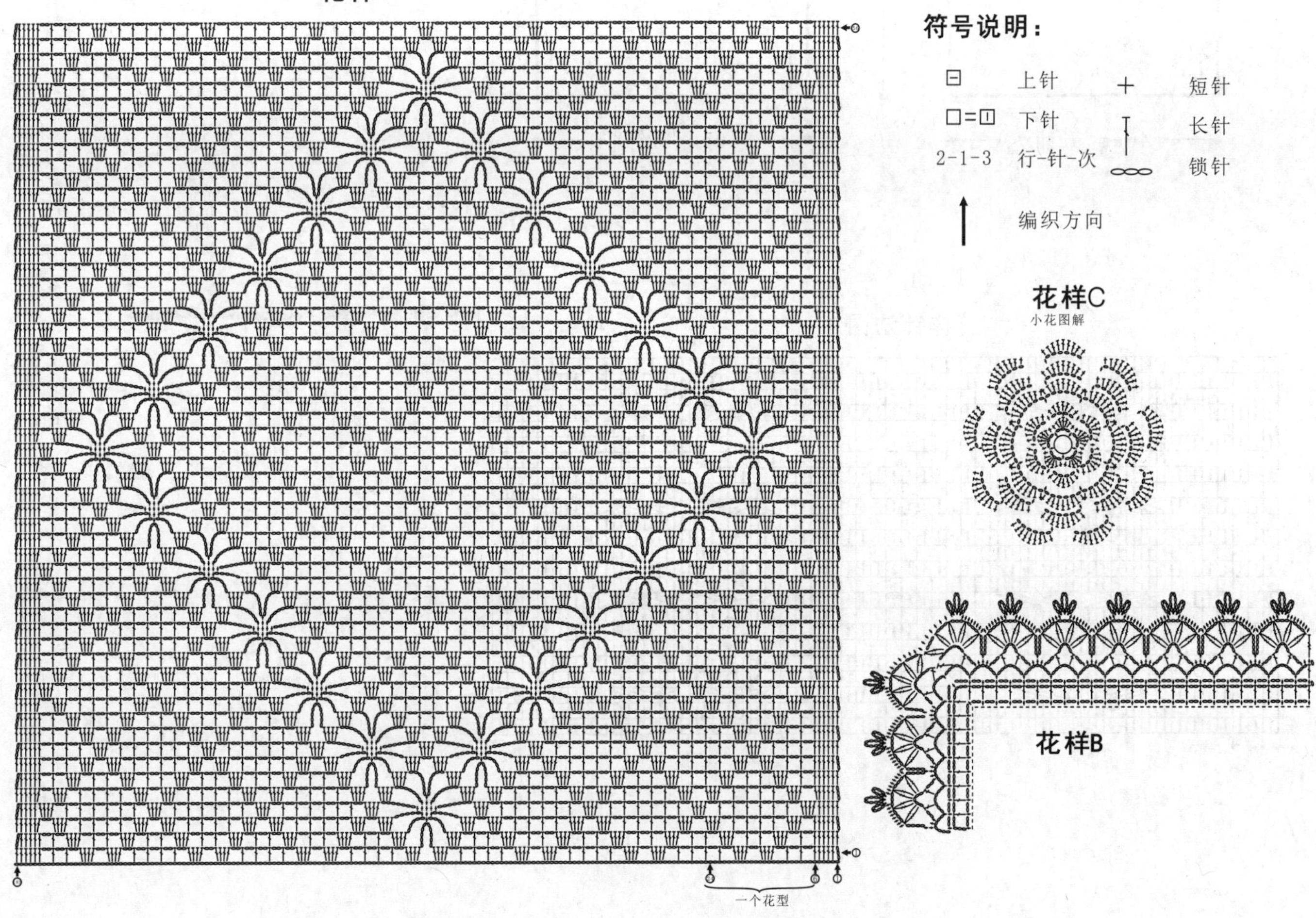

175

【成品规格】披肩长80cm，宽40cm

【工　　具】10号棒针

【编织密度】13针×19行=10cm²

【材　　料】长段染线600g

编织要点：

由前、后两片组成。拼接方式详见相关示意图，并用手针将其固定好。安装好流苏。最后在衣领处钩一行逆短针。

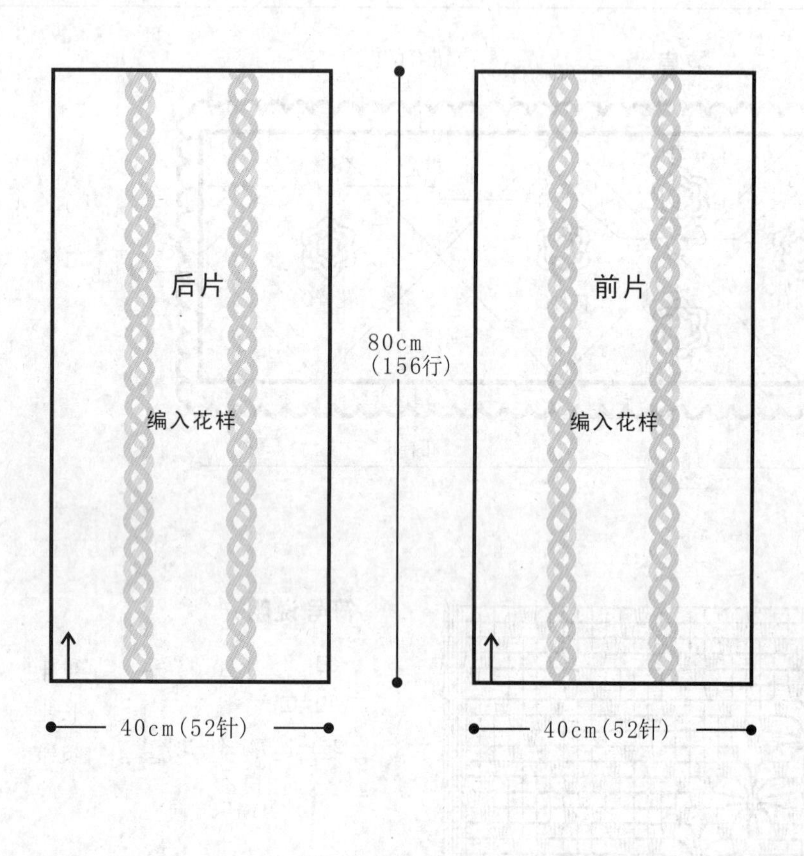

前后片拼接示意图

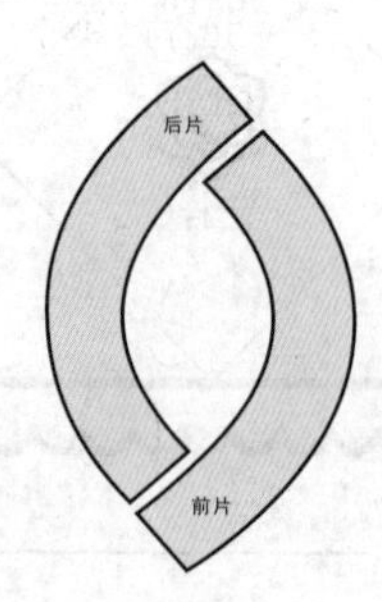

流苏制作示意图

10cm

花样针法图

176

【成品规格】 披肩长72cm

【工　　具】 8号棒针

【编织密度】 21针×25行=10cm²

【材　　料】 红色和黑色羊毛线各500g

编织要点：

1.这件披肩前后片按编织结构图所示，从编织起点开始编织。前片和后片均由2块黑色和2块红色组成。下摆做流苏装饰。

2.后片用红色线起34针，边织边加出领窝，加针方法为14-1-2，1-1-18，平加20针，加至74针，共编织88行。其余三片分别用红黑色编织方块，起74针编织全下针88行，将四片按结构图组合。前片的编织方法与后片相同。

3.将前后片侧缝缝合，用黑色线挑织领子，后片挑50针，前片挑62针，圈织双罗纹28行收针。按结构图在所示位置用黑色线挑出袖口28针×2，圈织双罗纹30行收针。钩花缝在前片正中作为装饰。

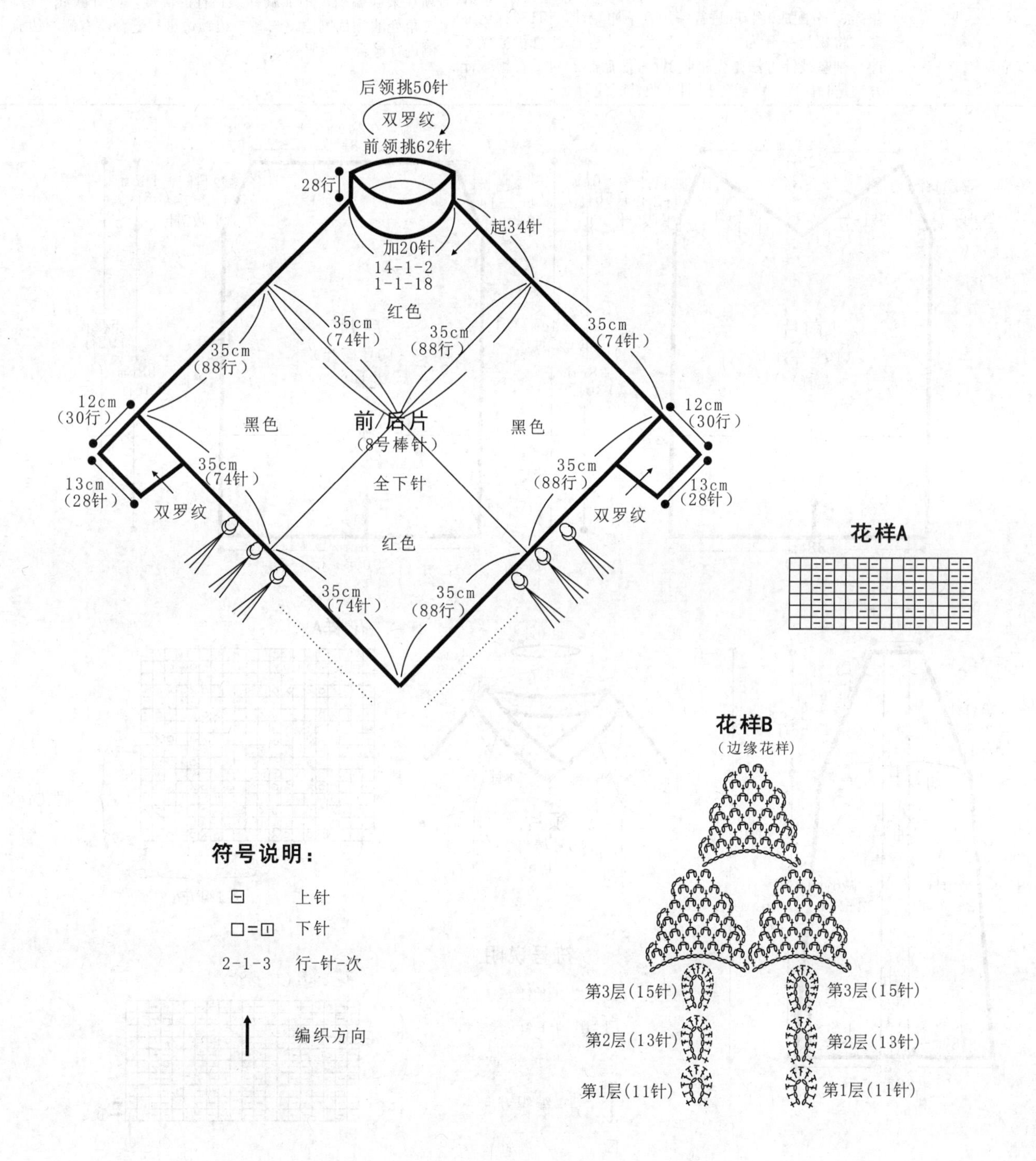

177

【成品规格】 衣长54cm，胸围76cm，袖长56cm

【工　　具】 10号棒针

【编织密度】 23.7针×35.6行=10cm²

【材　　料】 紫红色段染毛线600g

编织要点：

1. 棒针编织法，由前片1片、后片1片、袖片2片组成。从下往上织起。

2. 前片的编织。一片织成。下针起针法，起90针，依照花样A，分配成9组花a进行编织。不加减针，织136行至袖窿。将织片一分为二，各自编织，并进行领边和袖窿减针，袖窿减针方法是先平收3针，然后4-2-14，衣领减针方法是4-1-14，直至余下1针，收针断线。

3. 后片的编织。袖窿以下的织法与前片完全相同，袖窿起减针，方法与前片相同。当袖窿以上织成56行时，余下28针，将所有的针数收针。

4. 袖片的编织。袖片从袖口起织，下针起针法，起86针，依照结构图分配的花样进行编织，并在两袖侧缝上进行减针编织，24-1-6，织成144行，至袖窿。下一行起进行袖山减针，两边同时收针，收掉3针，然后每织4行减2针，共减14次，织成56行，最后余下12针，收针断线。用相同的方法去编织另一袖片。

5. 拼接，将前片的侧缝与后片的侧缝对应缝合，再将两袖片的袖山边线与衣身的袖窿边对应缝合。

6. 领片的编织，用10号棒针织，沿着前后领边，挑出180针，起织花样B双罗纹针，在前片V形转角处，首尾不连接编织，将领片来回编织，不加减针织14行的高度，收针断线。再将V形转角处的领片侧边，与另一边领边进行缝合，右侧领边放于内侧进行缝合。衣服完成。

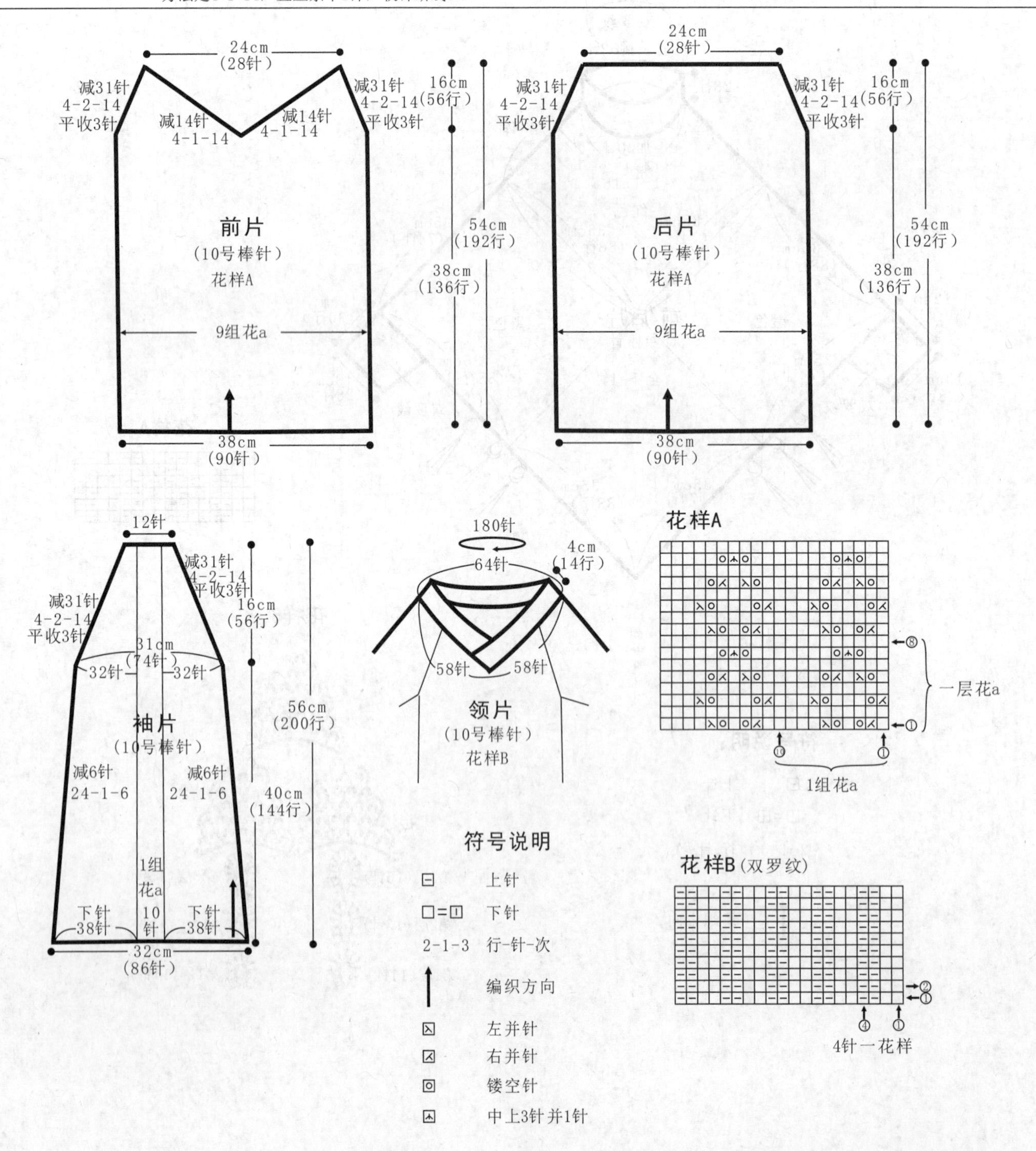

178

【成品规格】 衣长60cm，衣宽50cm，肩宽70cm

【工　　具】 12号棒针

【编织密度】 33针×38行=10cm²

【材　　料】 蓝色丝光棉线500g

编织要点:

1. 棒针编织法，由前片1片、后片1片组成，从下往上织起。

2. 前片的编织。一片织成。起针，下针起针法，起164针，起织花样A，织8行，下一行起，全织下针，并在两侧缝上进行减针编织，10-1-9，14-1-1，不加减针，再织10行后，至腰间余下144针，不加减针，织6行，然后再在内侧挑针编织出6行，再将两层并为一层，下一行分配花样，中间选10针编织花样B，两边余下的67针，分散加针加成101针，并在两侧缝上加针编织，4-1-9，不加减针再织10行后，至袖窿。此时两侧下针针数为104针，两边各取6针，编织花样B至肩部，余下的继续编织下针，当织成袖窿算起26行时，下一行中间平收66针，两边减针，2-1-10，不加减针再织14行后，至肩部，余下72针，收针断线。用相同的方法编织另一边。

3. 后片的编织。后片的织法和结构与前片相同。但后衣领在织成袖窿算起44行时，才进行后衣领减针编织。中间平收74针，两边减针，2-2-2，2-1-2，不加减针，再织8行后，至肩部，余下72针，收针断线。

4. 拼接，将前片的侧缝与后片的侧缝和肩部对应缝合。

5. 领片的编织，挑出204针，起织花样B，不加减针，织4行。衣服完成。

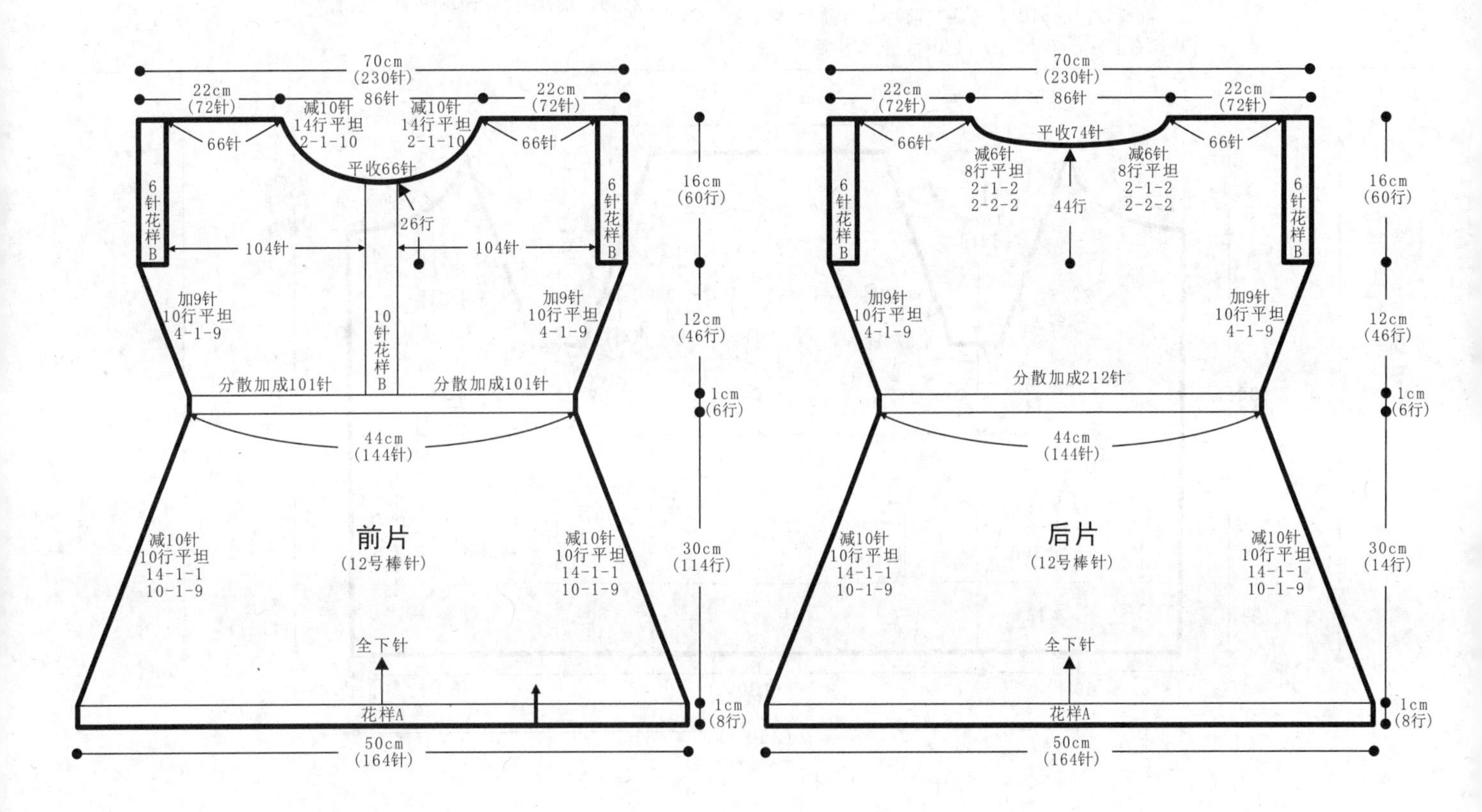

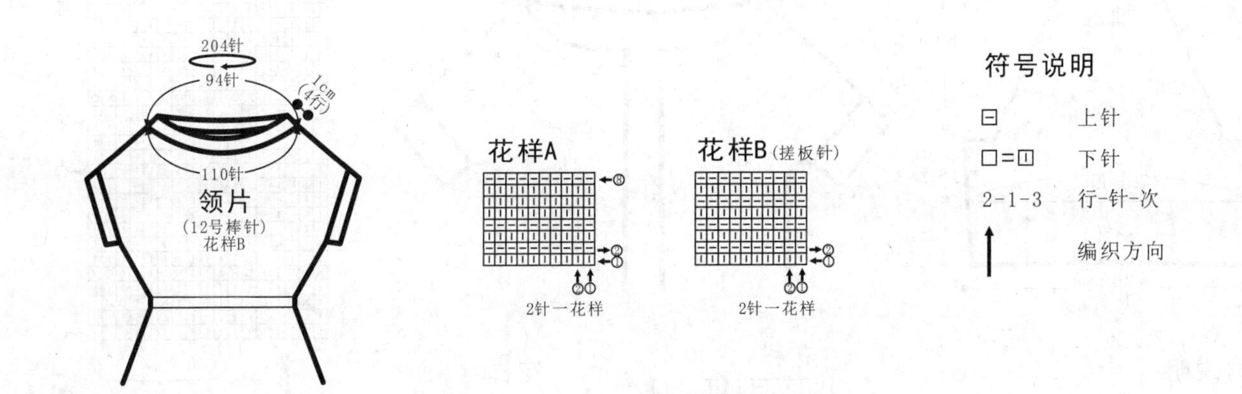

179

【成品规格】 衣长42cm，胸围92cm，袖长17cm

【工　　具】 12号棒针，1.5mm钩针

【编织密度】 27针×36行=10cm²

【材　　料】 紫色丝光棉线300g

编织要点:

1. 棒针编织法，袖窿以下一片编织而成，袖窿以上分成左前片、右前片、后片各自编织。

2. 袖窿以下的编织。下针起针法，起250针，起织花样A，不加减针，编织22行的高度。下一行起，依照花样B分配花a编织。不加减针，编织5层花a的高度，共60行。下一行起，全织下针，再织18行，至袖窿。

3. 袖窿以上的编织，分成左前片、右前片、后片。左前片和右前片各60针，后片130针，先编织后片。

① 后片的编织。两侧同时减针，减2针，然后每织4行减2针，减13次，织成52行的高度，将所有的针数收针断线。

② 以右前片为例。右侧减针，减2针，然后每织4行减2针，减13次。当织成袖窿算起30行的高度时，进入前衣领减针。从左往右，平收21针，然后每织2行减1针，减11次，与袖窿减针同步进行，直至余下1针，收针断线。用相同的方法去编织左前片。

4. 袖片的编织。袖片从袖口起织，下针起针法，起70针，编织花样A，不加减针，往上织12行的高度，第13行起，编织7组花a，编织8行的高度后，进入袖窿减针，两边同时平收2针，然后4-2-13，织成52行，最后余下14针，收针断线。用相同的方法去编织另一袖片。

5. 拼接，将前片的侧缝与后片的侧缝对应缝合，再将两袖片的袖山边线与衣身的袖窿边对应缝合。

6. 领片的编织，沿着前后领边，挑出132针，起织花样C搓板针，不加减针织4行的高度，收针断线。最后用钩针，沿着衣襟边，挑针编织一行逆短针。衣服完成。

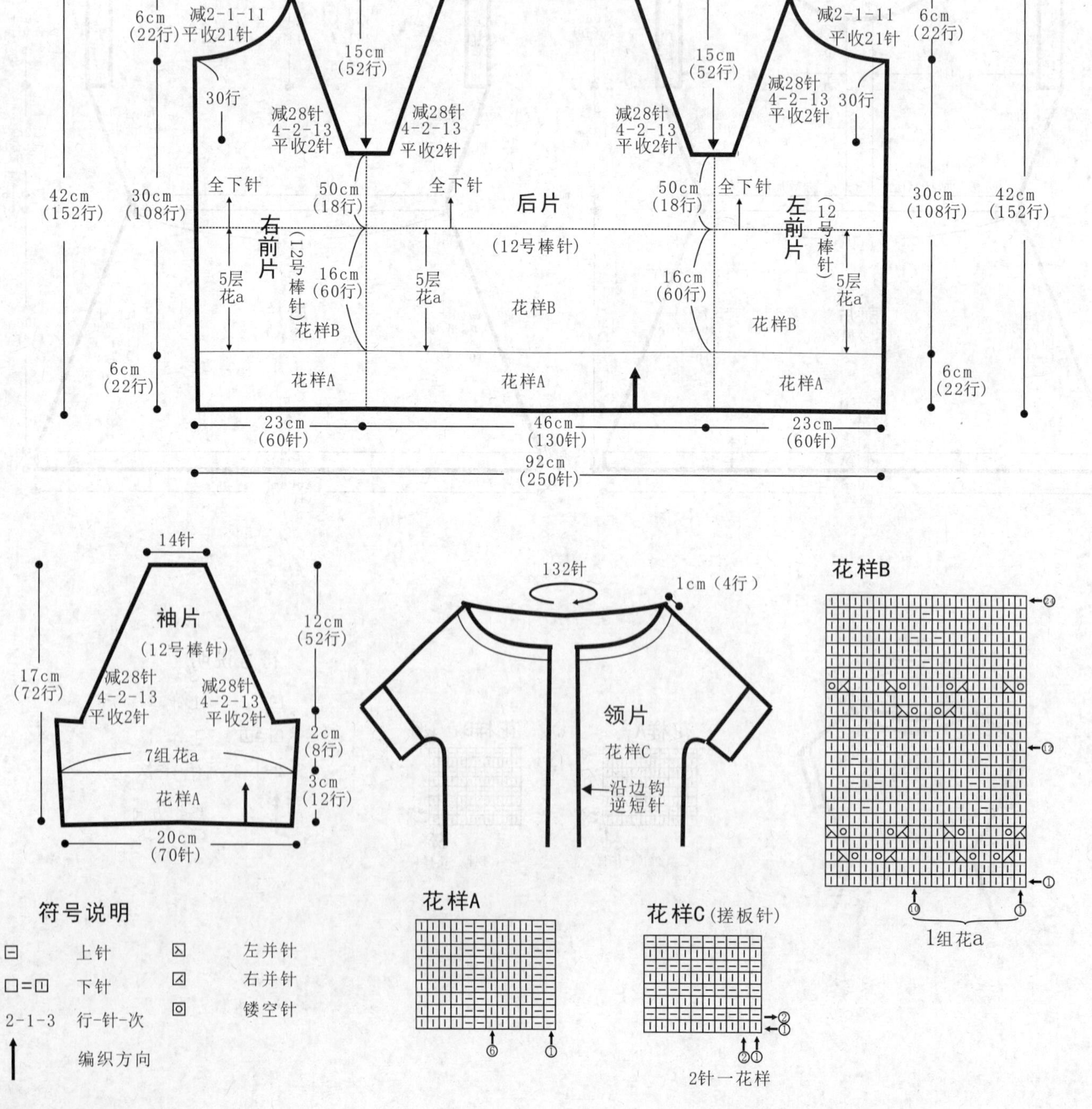

180

【成品规格】 衣长70cm，胸围70cm

【工　　具】 9号、10号棒针

【编织密度】 26针×29.5行=10cm²

【材　　料】 丝光毛线500g，蕾丝花边少许，纽扣3枚

编织要点:

1. 这件衣服从下向上编织，由后片和前片组成。
2. 后片起105针编织花样A116行，编织的同时在两边侧缝处减针，方法为16-1-7，4行平坦，然后在腰间织6行花样B单罗纹，再织下针32行开始收袖窿，减针方法为平收4针，2-1-4，两侧各减8针，织50行留后领窝，中间留47针，两边减针方法为2-1-2，两边肩部各留12针。
3. 前片起105针编织花样A116行，侧缝的减针方法和后片相同，但腰间改为搓板针编织，两边从6行逐步往中间加到18行，然后将针数分为两半各45针，同时在两边的门襟处加出5针织花样C搓板针作为领边，留3个扣眼，织20行开始收前领窝，方法为2-1-25，4行平坦，两边肩部各留12针。
4. 挑织衣领，将后领窝挑51针编织花样B6行收针。
5. 将前后片肩部相对进行缝合，侧缝处相对进行缝合。
6. 挑织袖窿边88针，编织花样B4行收针。

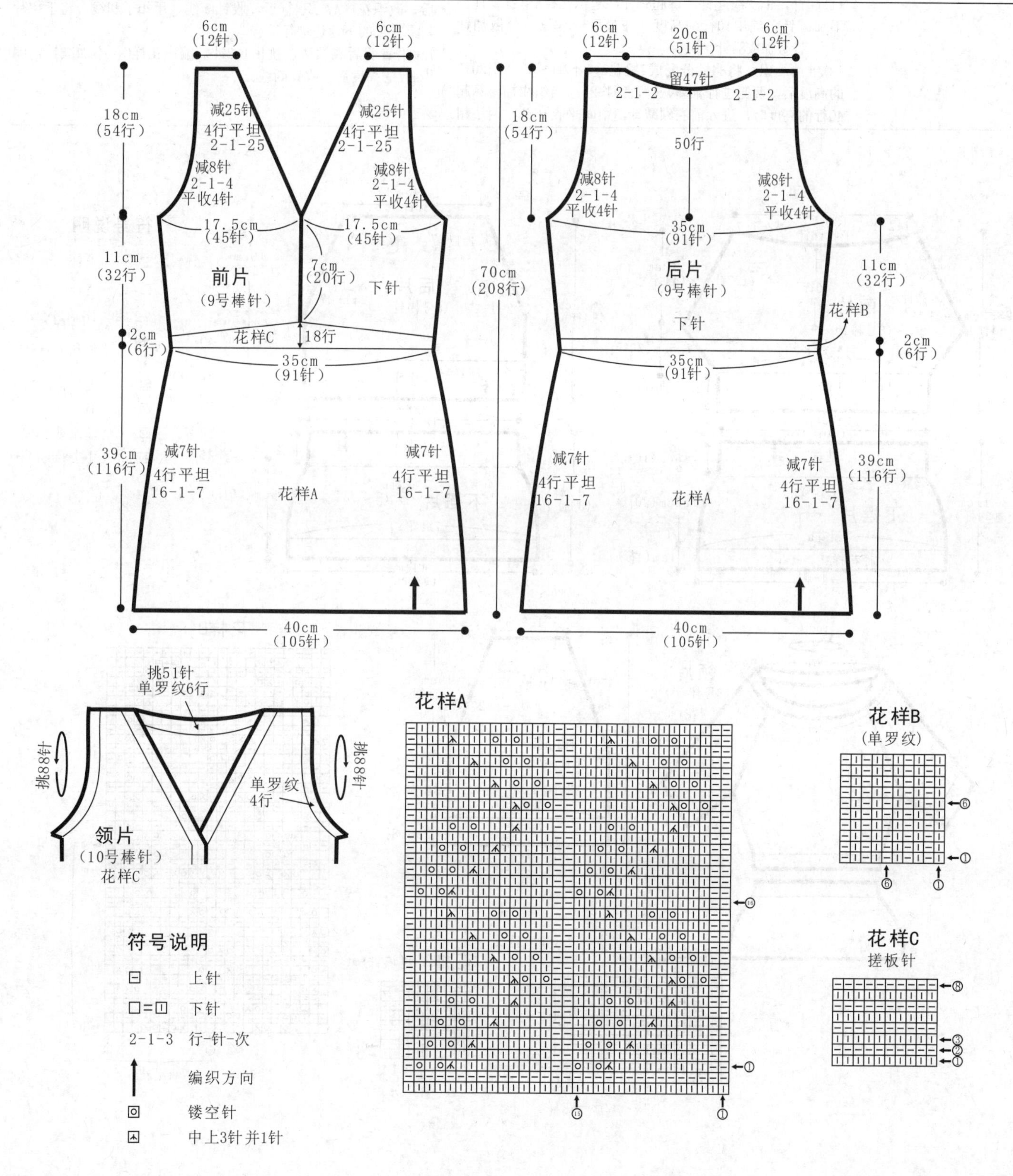

181

【成品规格】 衣长39.5cm，胸围88cm，袖长30cm

【工　　具】 8号棒针

【编织密度】 19针×29.5行=10cm²

【材　　料】 橘色毛线500g，纽扣12枚

编织要点：

1. 棒针编织法，由前片、后片、袖片2片和前后下摆片组成。

2. 前片的编织。

(1)起针，单罗纹起针法，起80针，起织花样A单罗纹针，不加减针，编织10行的高度。在最后一行里，分散加针4针。针数加成84针。

(2)继续编织，将84针分配成7组花a，不加减针，织20行的高度后，两侧进行袖窿减针，2-1-27，当织成袖窿算起40行的高度时，进入前衣领减针，中间平收16针，两边相反方向减针，2-1-7，与侧缝减针同步进行，直至余下1针，收针断线。

3. 后片的编织。后片袖窿以下的织法与前片完全相同，袖窿减针与前片相同，但无后衣领减针，当织成54行的高度时，余下30针，将所有的针数全部收针断线。

4. 袖片的编织，单罗纹起针法，起72针，起织花样A，织8行，而后分配6组花a编织，不加减针，织30行的高度后，进入袖窿减针，2-1-27，织成54行的高度，余下18针，收针断线，用相同的方法去编织另一只袖片。

5. 拼接，将前片的侧缝与后片的侧缝对应缝合，再将两袖片与衣身袖窿线对应缝合。

6. 下摆片的编织。单罗纹起针法，起160针，首尾连接，环织，从腰部向下起织花样A，不加减针，编织10行的高度，下一行起，分配成14组花a一圈，不加减针，编织20行的高度后，改织花样A，织4行后，收针断线。用扣子和线，将下摆片与上身片的下摆边进行缝合。

7. 沿着前后衣领边，挑出102针，编织花样C，不加减针，编织4行的高度后，收针断线。

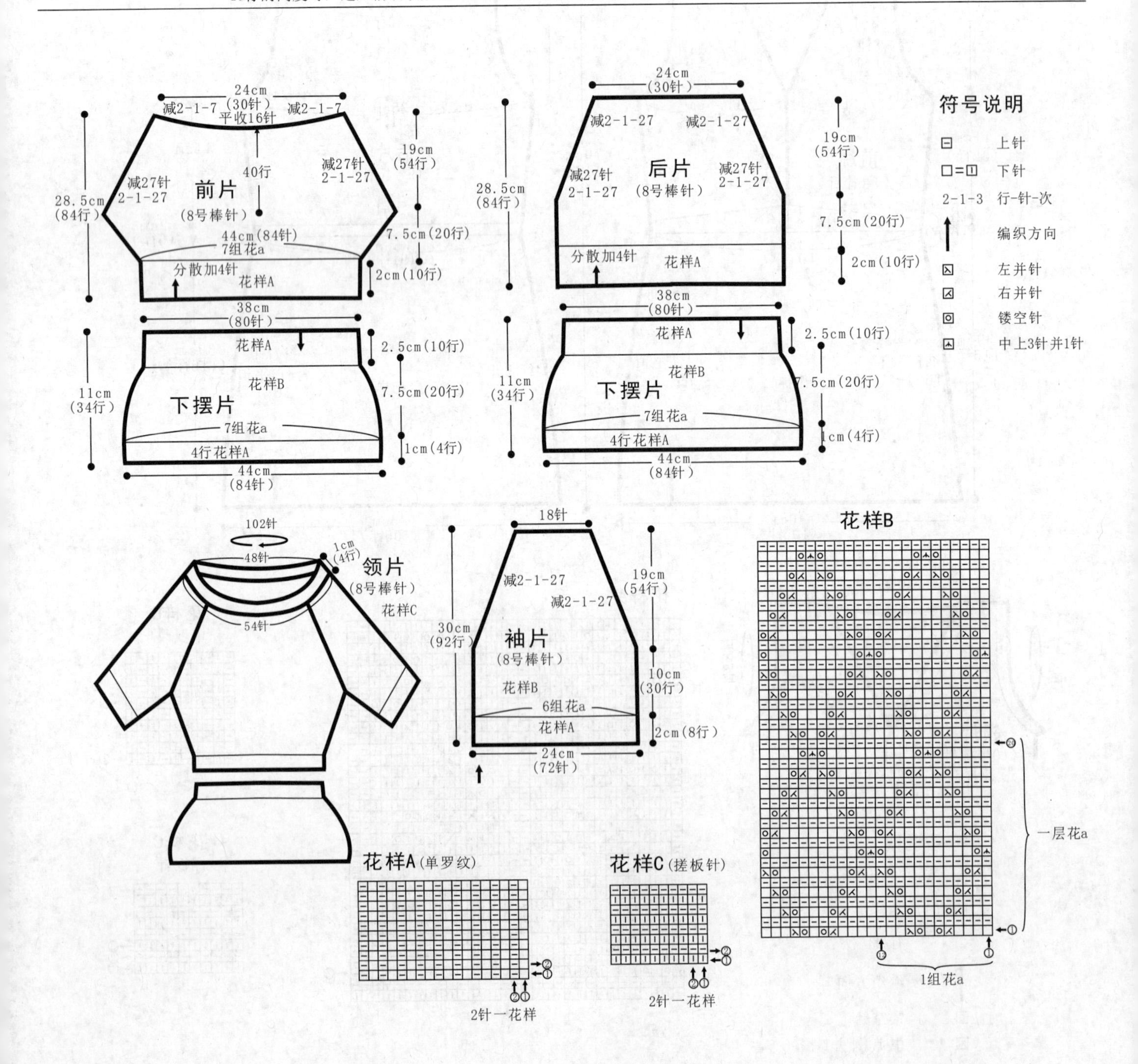

182

【成品规格】 衣长47cm，胸围80cm，肩连袖长16.5cm

【工　　具】 10号棒针

【编织密度】 32.6针×41.25行=10cm²

【材　　料】 橘色棉线400g

编织要点：

1. 棒针编织法，衣身片分为前片和后片，分别编织，完成后与袖片缝合而成。
2. 起织后片，下针起针法起140针，织花样A，织4行，改织花样B，两侧一边织一边减针，方法为10-1-7，织至84行，改织全下针，两侧加针，方法为10-1-6，织至150行，两侧各平收4针，然后减针织成插肩袖窿，方法为2-1-30，织至166行，改织花样B，织至210行，织片余下70针，收针断线。
3. 起织前片，下针起针法起140针，织花样A，织4行，改织花样B，两侧一边织一边减针，方法为10-1-7，织至84行，改织全下针，两侧加针，方法为10-1-6，织至150行，两侧各平收4针，然后减针织成插肩袖窿，方法为2-1-30，织至166行，改织花样B，织至188行，中间平收46针，两侧减针织成前领，方法为2-1-11，织至210行，两侧各余下1针，收针断线。
4. 将前片与后片的侧缝缝合。

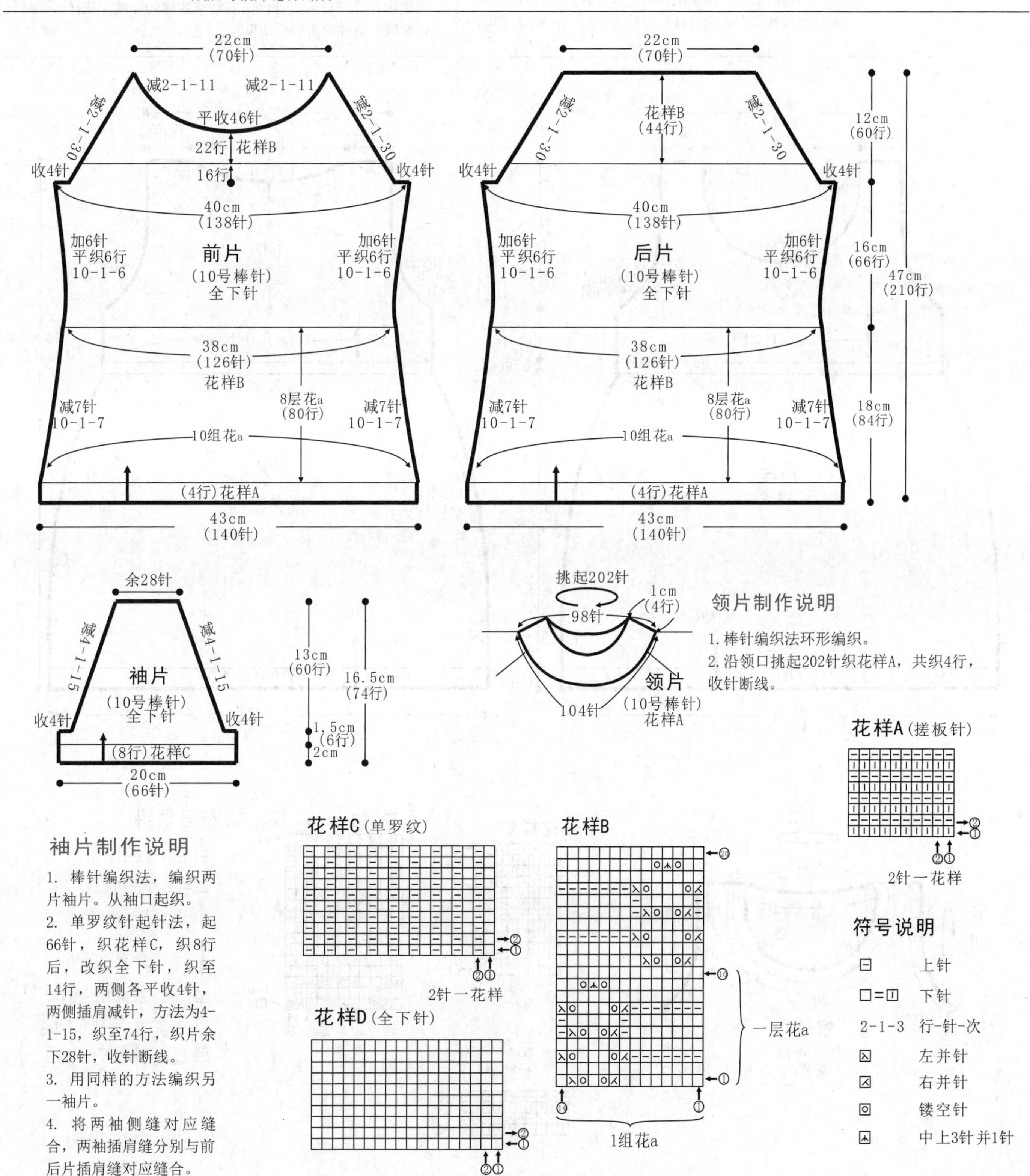

领片制作说明

1. 棒针编织法环形编织。
2. 沿领口挑起202针织花样A，共织4行，收针断线。

袖片制作说明

1. 棒针编织法，编织两片袖片。从袖口起织。
2. 单罗纹针起针法，起66针，织花样C，织8行后，改织全下针，织至14行，两侧各平收4针，两侧插肩减针，方法为4-1-15，织至74行，织片余下28针，收针断线。
3. 用同样的方法编织另一袖片。
4. 将两袖侧缝对应缝合，两袖插肩缝分别与前后片插肩缝对应缝合。

符号说明

符号	说明
⊟	上针
□=⊡	下针
2-1-3	行-针-次
⊿	左并针
⊿	右并针
⊙	镂空针
⊼	中上3针并1针

183

【成品规格】 衣长52cm，胸围72cm

【工　　具】 12号棒针

【编织密度】 30针×33行=10cm²

【材　　料】 羊毛线300g

编织要点：

1. 整件衣服由后片和前片组成，从下往上编织。
2. 后片起152针，编织花样A12行，再编织花样B，同时在侧缝处减针，左右侧缝减针方法为16-1-4，88行平坦，各减4针，织152行后织4行花样C，分散收34针，衣身上部为全下针，织10行后收袖窿，减针方法为平收6针，2-1-6，左右袖窿各减12针，织到第48行开始留后领窝，方法为中间平收54针，两侧减针，2-2-2，2-1-2，各减6针，左右边减针方法相同，左右肩部各留10针。
3. 前片起152针，编织花样A12行，再编织花样B，侧缝减针方法跟后片相同，织152行后织4行花样C，衣身上部为全下针，织10行后收袖窿，减针方法跟后片相同，织16行开始留前领窝，中间平收34针，两侧减针方法为2-2-6，2-1-4，20行平坦，左右边减针方法相同，左右肩部各留10针。
4. 将前后片肩部相对缝合，衣片侧缝缝合。
5. 挑织衣领，将后片衣领挑起62针，前片衣领挑起86针，环形编织花样C6行后收针。左右袖窿各挑80针编织花样C6行后收针断线。整件衣服编织结束。

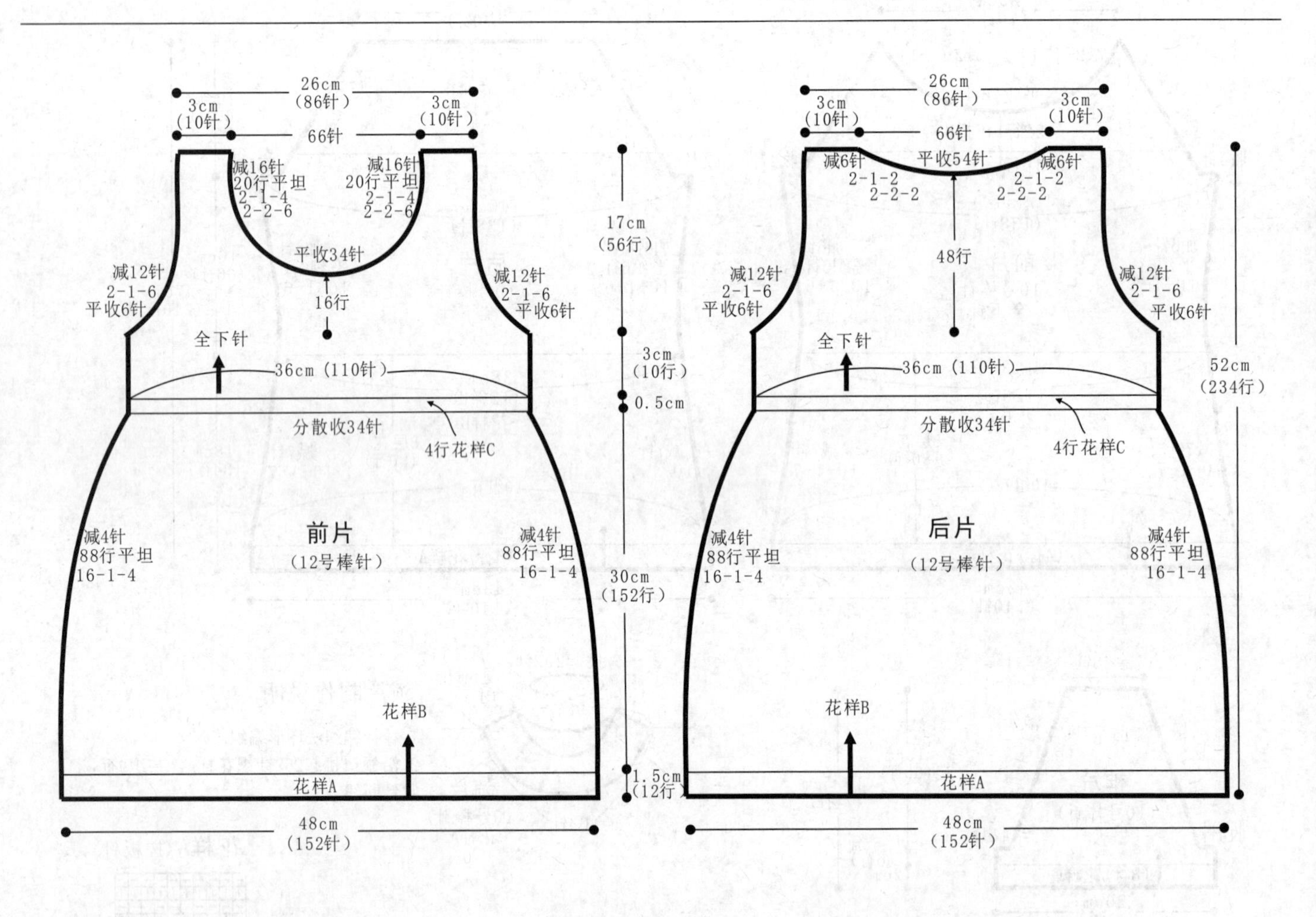

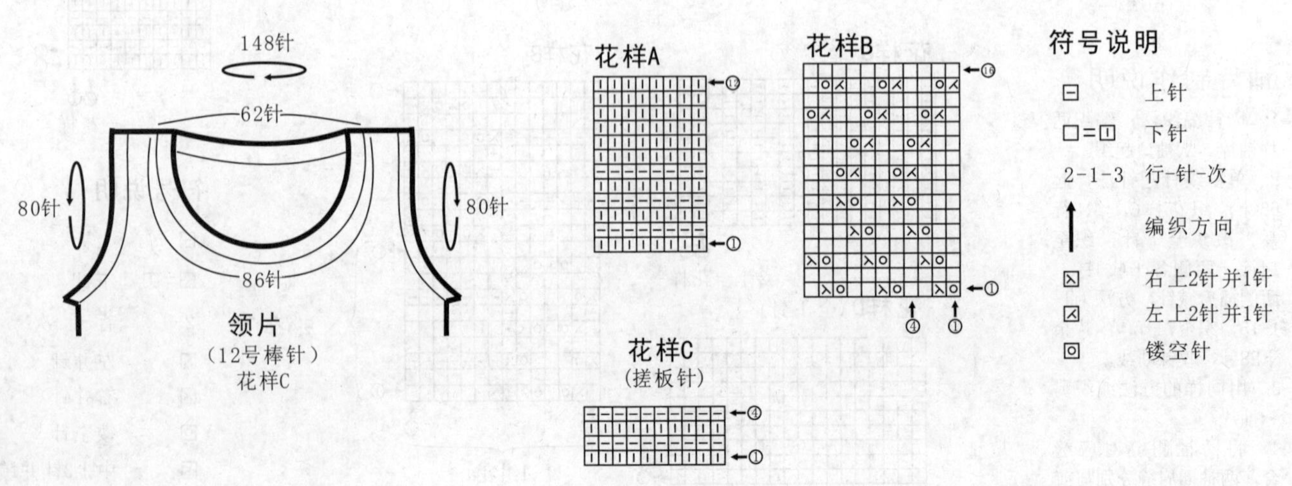

184

【成品规格】 衣长49cm，胸围86cm，肩连袖长59cm

【工　　具】 11号棒针

【编织密度】 29.8针×37行=10cm²

【材　　料】 浅橄榄色棉线500g

编织要点：

1. 棒针编织法，衣身片分为前片和后片，分别编织，完成后与袖片缝合而成。
2. 起织后片，双罗纹针起针法起128针，织花样A，织38行，改织花样B，织至182行，左右两侧各收4针，然后减针织成插肩袖窿，方法为4-2-12，织至230行，织片余下72针，收针断线。
3. 起织前片，双罗纹针起针法起128针，织花样A，织38行，改织花样B，织至182行，左右两侧各收4针，然后减针织成插肩袖窿，方法为4-2-12，织至170行，中间平收46针，两侧减针织成前领，方法为2-1-12，织至230行，两侧各余下1针，收针断线。
4. 将前片与后片的侧缝缝合，前片及后片的插肩缝对应袖片的插肩缝缝合。

袖片制作说明

1. 棒针编织法，编织两片袖片。从袖口起织。
2. 双罗纹针起针法，起64针，织花样A，织38行后，改织花样B，一边织一边两侧加针，方法为24-1-4，织至182行，织片变成72针，两侧各平收4针，接着减针编织插肩袖山。方法为4-2-12，织至230行，织片余下16针，收针断线。
3. 用同样的方法编织另一袖片。
4. 将两袖侧缝对应缝合。

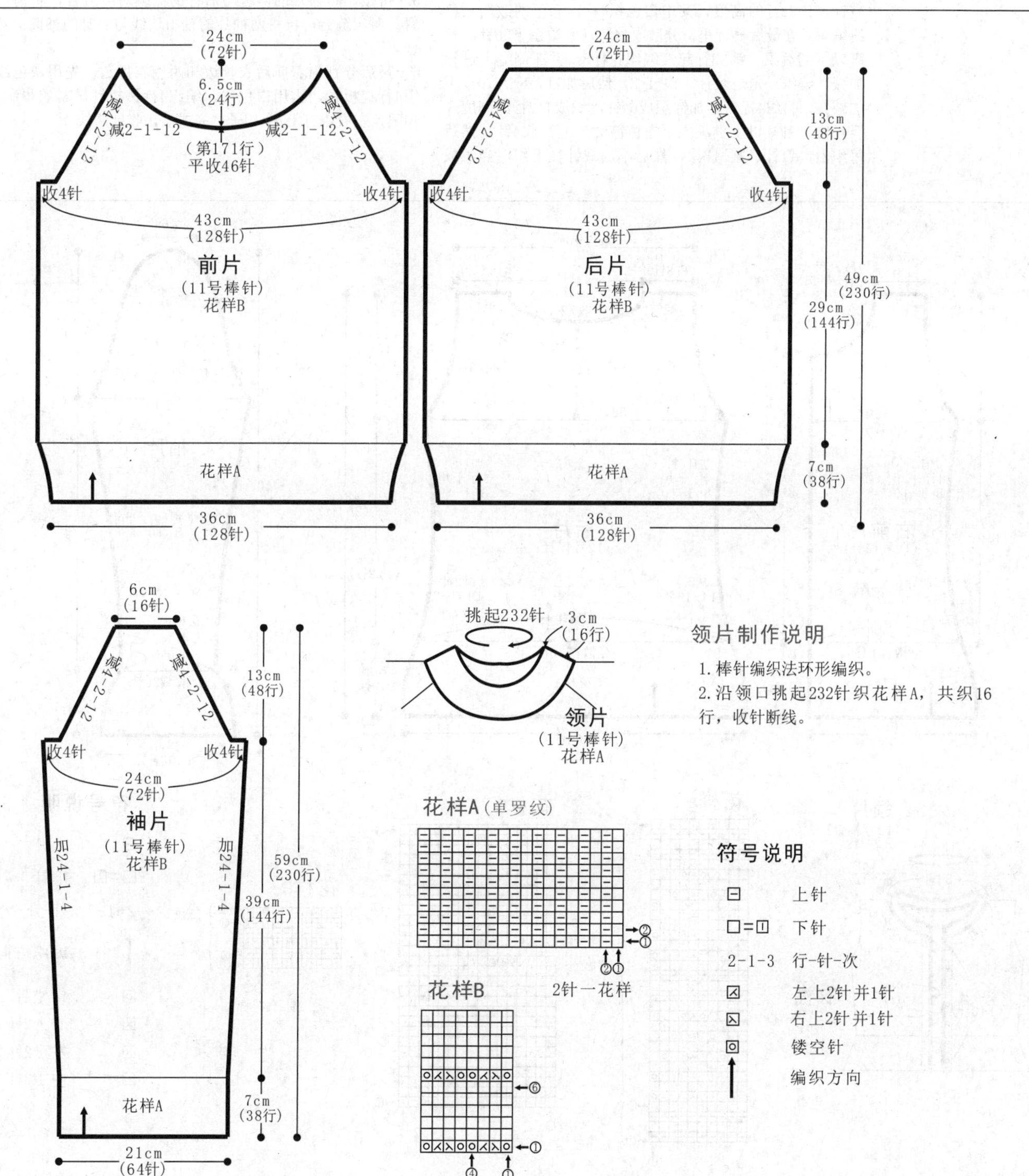

领片制作说明

1.棒针编织法环形编织。
2.沿领口挑起232针织花样A，共织16行，收针断线。

185

【成品规格】 衣长48cm，胸宽39cm，肩宽30cm，袖长40cm，袖宽27cm

【工　　具】 12号棒针

【编织密度】 36针×41行=10cm²

【材　　料】 灰色羊毛线500g，白色线50g，纽扣7枚

编织要点：

1. 棒针编织法，由前片2片、后片1片、袖片2片组成。从下往上织起。
2. 前片的编织。由右前片和左前片组成，以右前片为例。下针起针法，用白色线，起70针，编织花样A，不加减针，织32行的高度，其中白色织4行，余下的改用灰色线编织。在最后一行里，分散收14针，针数余下56针。袖窿以下的编织。第33行起，编织花样B，并在侧缝上进行加减针编织。先是减针，14-1-2，然后加针，8-1-10，不加减针，再织4行后，加针织成64针，织成112行的高度，至袖窿。袖窿以上的编织，左侧减针，先平收4针，然后每织2行减1针，共减6次，然后不加减针往上织，当织成22行时，进入前衣领减针，先平收20针，然后减针，2-2-4，2-1-8，不加减针再织14行后，余下18针，收针断线。用相同的方法，相反的方向去编织左前片。
3. 后片的编织。下针起针法，起150针，编织花样A，不加减针，织32行的高度。在最后一行里，分散并针，减少26针，余下124针，然后第33行起，全织花样B，并在侧缝上进行加减针，减针方法与前片相同，织成112行至袖窿，然后袖窿起减针，方法与前片相同。当织成袖窿算起52行时，下一行中间将72针收针收掉，两边相反方向减针，2-2-2，2-1-2，两肩部余下18针，收针断线。
4. 袖片的编织。袖片从袖口起织，下针起针法，起100针，起织花样A，不加减针，往上织32行的高度，在最后一行里，分散减针减少20针，第33行起，分配成花样B编织，在两袖侧缝进行加针，10-1-8，再织10行，至袖窿，并进行袖山减针，两边平收4针，每织2行减1针，共减21次，织成50行，最后余下46针，收针断线。用相同的方法去编织另一袖片。
5. 拼接，将前片的侧缝与后片的侧缝对应缝合，将前后片的肩部对应缝合，再将两袖片的袖山边线与衣身的袖窿边对应缝合。
6. 最后分别沿着前后衣领边和两侧衣襟边，先用灰色线，编织4行搓板针，再用白色线，编织4行搓板针。右衣襟制作7个扣眼，左衣襟钉上7个扣子。完成后，收针断线。

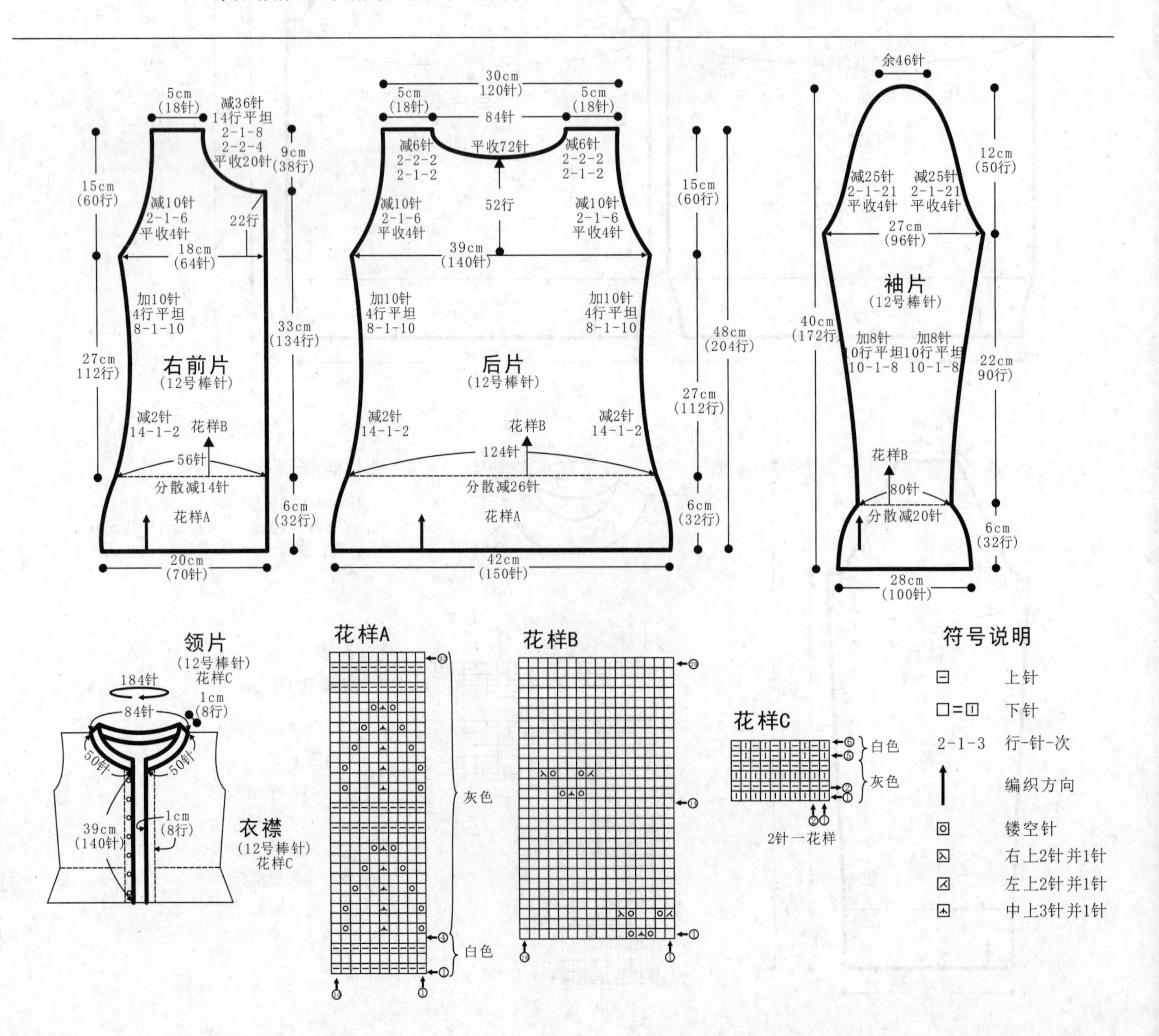

186

【成品规格】 裙长60cm，胸围72cm，肩宽32cm，袖长14cm

【工　　具】 10号、12号棒针

【编织密度】 34针×34行=10cm²

【材　　料】 粉色棉线400g

编织要点：

1. 棒针编织法，裙子分为前片、后片来编织。从下摆往上织。
2. 起织后片，下针起针法起130针织花样A，织6行后，改织花样B，共织13组花样B，一边织一边两侧减针，方法为10-1-10，织至126行，织片变成110针，改织花样C，织至130行，改织全下针，两侧加针，方法为10-1-4，织至178行，两侧开始袖窿减针，方法为1-10-1，2-1-8，织至223行，中间平收50针，两侧减针，方法为2-2-2，2-1-2，织至230行，两侧肩部各余下10针，收针断线。
3. 前片的编织方法与后片相同，织至203行，中间平收34针，两侧减针，方法为2-1-14，织至230行，两侧肩部各余下10针，收针断线。
4. 将前片与后片的两侧缝对应缝合，两肩部对应缝合。

袖片制作说明

1. 棒针编织法，编织两片袖片。从袖口起织。
2. 下针起针法，起90针织花样A，织4行后，改织花样B，两侧同时减针织袖山，方法为1-10-1，2-1-22，织至48行，织片余下26针，收针断线。
3. 用同样的方法再编织另一袖片。
4. 缝合方法：将袖山对应前片与后片的袖窿线，用线缝合，再将两袖侧缝对应缝合。

领片制作说明

1. 棒针编织法，往返编织完成。
2. 挑织衣领，沿前后领口挑起332针，环织下针，织12行后，改织花样A，织4行，收针断线。

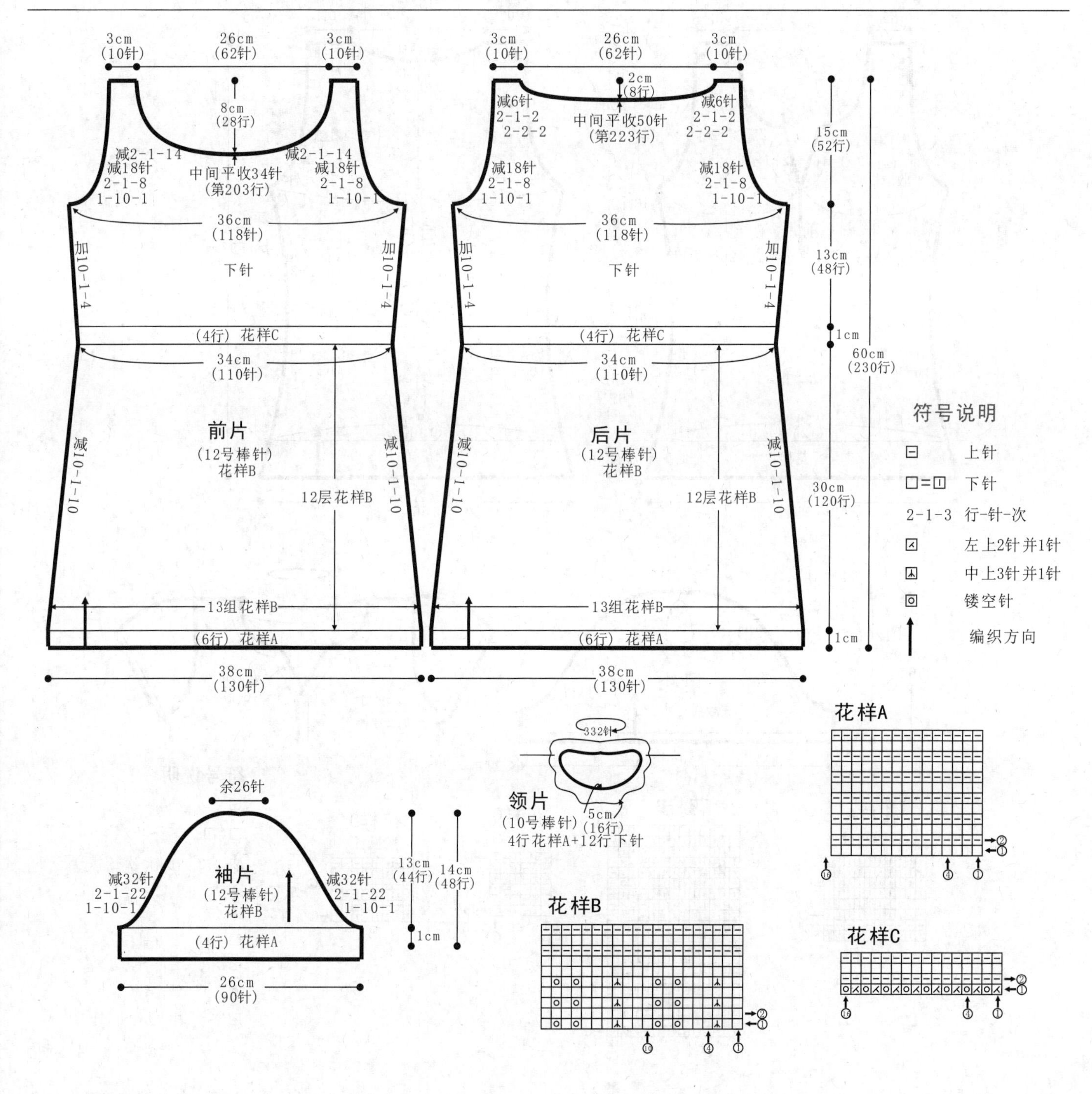

187

【成品规格】 衣长55cm，胸围78cm

【工　　具】 12号棒针

【编织密度】 32针×40行=10cm²

【材　　料】 含丝羊毛线250g，纽扣3枚

编织要点：

1. 这件衣服从下向上编织，由后片、前片和袖片2片组成。
2. 后片起156针编织花样A20行，分散减针至126针，编织花样B56行，编织的同时在两边侧缝处减针，方法为16-1-3，8行平坦，然后织下针的地方改织花样C20行，之后织花样C的地方继续编织花样B，同时在两边侧缝处加针，方法为18-1-2，20行平坦织56行后开始收袖窿，减针方法为平收5针，2-1-6，4-1-1，两侧各减12针，织58行留后领窝，中间留54针，两边减针方法为2-1-3，4行平坦，两边肩部各留20针。
3. 前片起156针编织花样A20行，然后跟后片相同的方法分针编织，侧缝的加减针和腰间的编织方法都和后片相同，织花样C后织花样B20行开始留前领窝，从中间针数分为两半，两边减针方法为2-1-16，平收4针，1-1-6，2-1-4，织到与后片相同的行数，两边肩部各留20针。将前后片肩部相对进行收针缝合，侧缝处相对进行缝合。
4. 袖子起128针，编织搓板针6行后织下针8行，开始收袖山，收针方法为平收5针，2-3-3，2-2-6，2-1-10，2-2-3，2-3-1，余38针收针，捏折成泡泡袖状与衣身缝合。
5. 挑织衣领，从后领窝开始挑针，每个针眼挑1针编织花样D6行收针。

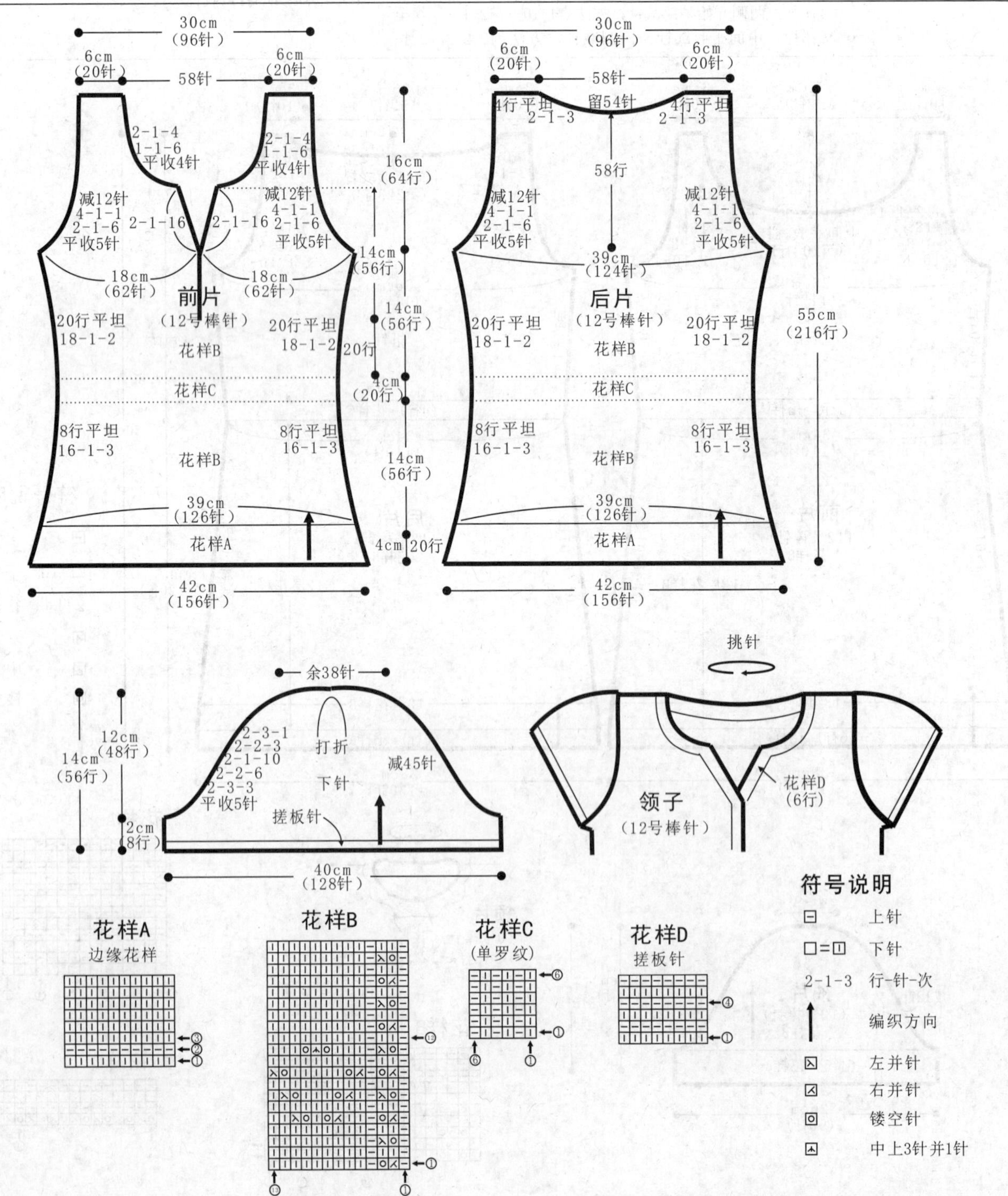

188

【成品规格】 衣长67cm，胸围76cm

【工　　具】 12号棒针

【编织密度】 28针×28.5行=10cm²

【材　　料】 羊毛线700g

编织要点：

1．这件衣服从下向上编织，由后片、前片和两个袖片组成。

2．后片起109针编织花样A26行，之后开始编织全下针，织114行后开始收斜肩，减针方法为平收4针，4-2-13，减30针，左右边减法相同，编织52行后，余49针，收针断线。

3．前片起109针编织花样A26行，然后将针数分为3份，两边的40针编织下针，中间的29针编织花样B，织114行后开始收斜肩，减针方法与后片相同，织30行开始留前领窝，减针方法为正中平收27针，左右两边各减2-1-11。

4．袖片单独编织。袖口起72针编织花样A16行，开始下针编织，两侧同时加针编织，加针方法为8-1-10，10行平坦，两侧各加10针。开始编织袖山，两侧同时减针，减针方法为平收4针，4-2-13，两侧各减30针，最后余下32针，收针断线。用同样的方法再编织另一袖片。

5．将袖窿侧缝与衣片袖窿侧缝缝合，然后从底边开始缝合衣片侧缝及袖底侧缝，一直缝合到袖口。

6．挑织衣领，从前领窝挑88针，后领窝挑82针，编织花样C14行，收针结束。

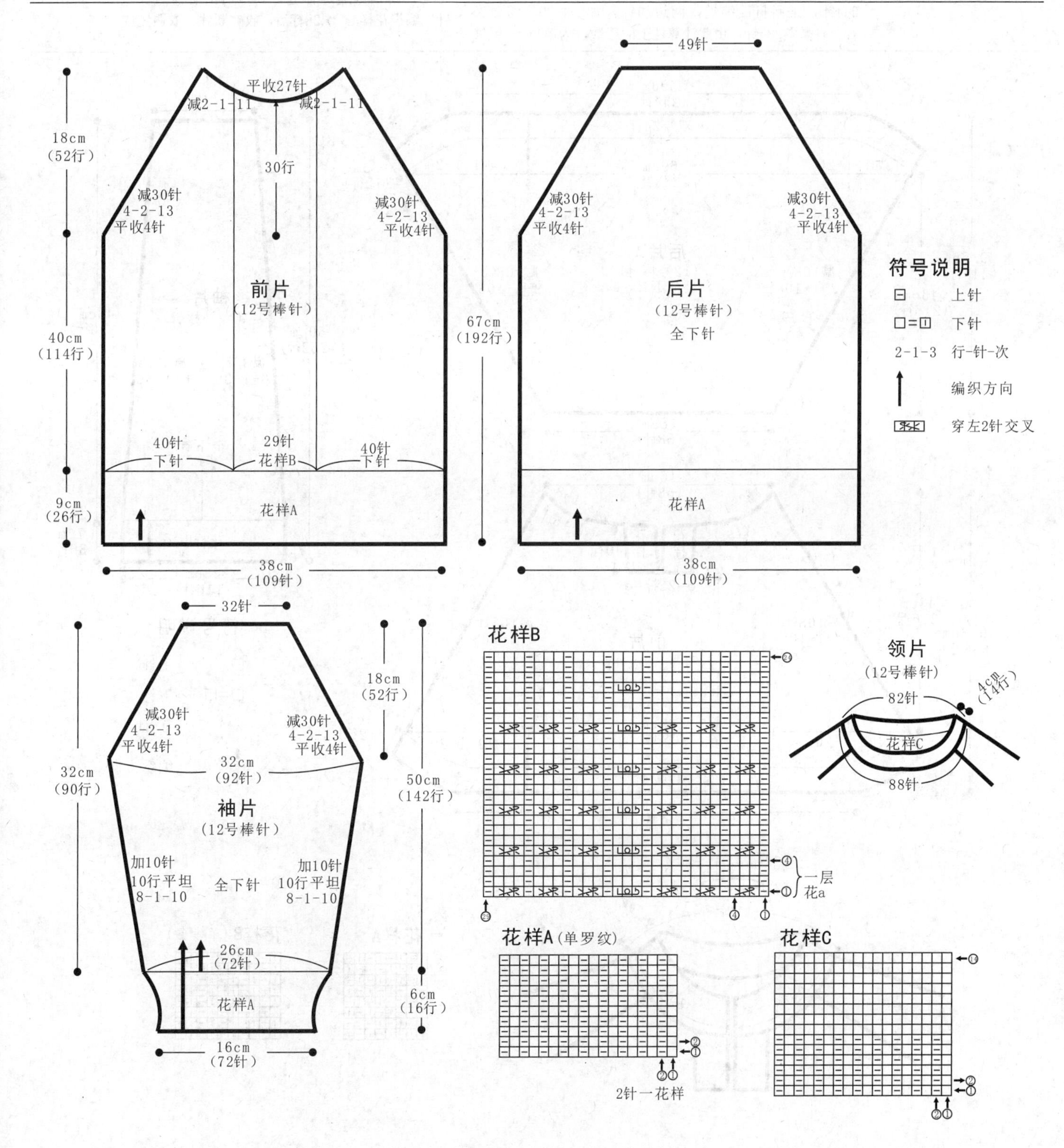

189

【成品规格】 衣长49.6cm，胸宽40cm，肩宽34cm

【工　　具】 12号棒针

【编织密度】 41针×50行=10cm²

【材　　料】 明黄色细羊毛线400g，纽扣1枚

编织要点：

1. 棒针编织法，由前片1片、后片1片、袖片2片组成。从下往上织起。

2. 前片的编织，一片织成。起针，下针起针法，起284针，起织下针，织24行，对折缝合。下一行起，从中间选244针，来回折回编织，两边加针，加1-1-20，织成20行。针数共284针，由此计算往上的行数，为第1行。继续下针编织。并在侧缝进行减针编织，2-1-108，当织成第1行算起160行的高度时，织片中间分片，将织片分成两片各自编织。从内往外算起11针，编织花样A，袖窿继续减针，织成40行时，进入前衣领减针，领边平收15针，然后减针，2-1-8，与插肩缝减针同步进行，直至余下1针，用相同的方法去编织另一边。

3. 后片的编织。后片结构及织法与前片完全相同，但无后衣领减针和分片编织，当插肩缝减针完成2-1-108后，织片余下68针，收针断线。

4. 袖片的编织。袖片从袖口起织，单罗纹起针法，起116针，起织花样B，织36行，下一行起，全织下针，并在插肩缝上进行减针编织，6-1-36，织成216行，最后余下44针，收针断线。用相同的方法去编织另一袖片。

5. 拼接，将前片与后片的侧缝与袖片的袖山边线对应缝合。将袖片的袖侧缝进行缝合。最后沿着前后衣领边，挑出278针，编织花样A，织28行后，收针断线。衣服完成。

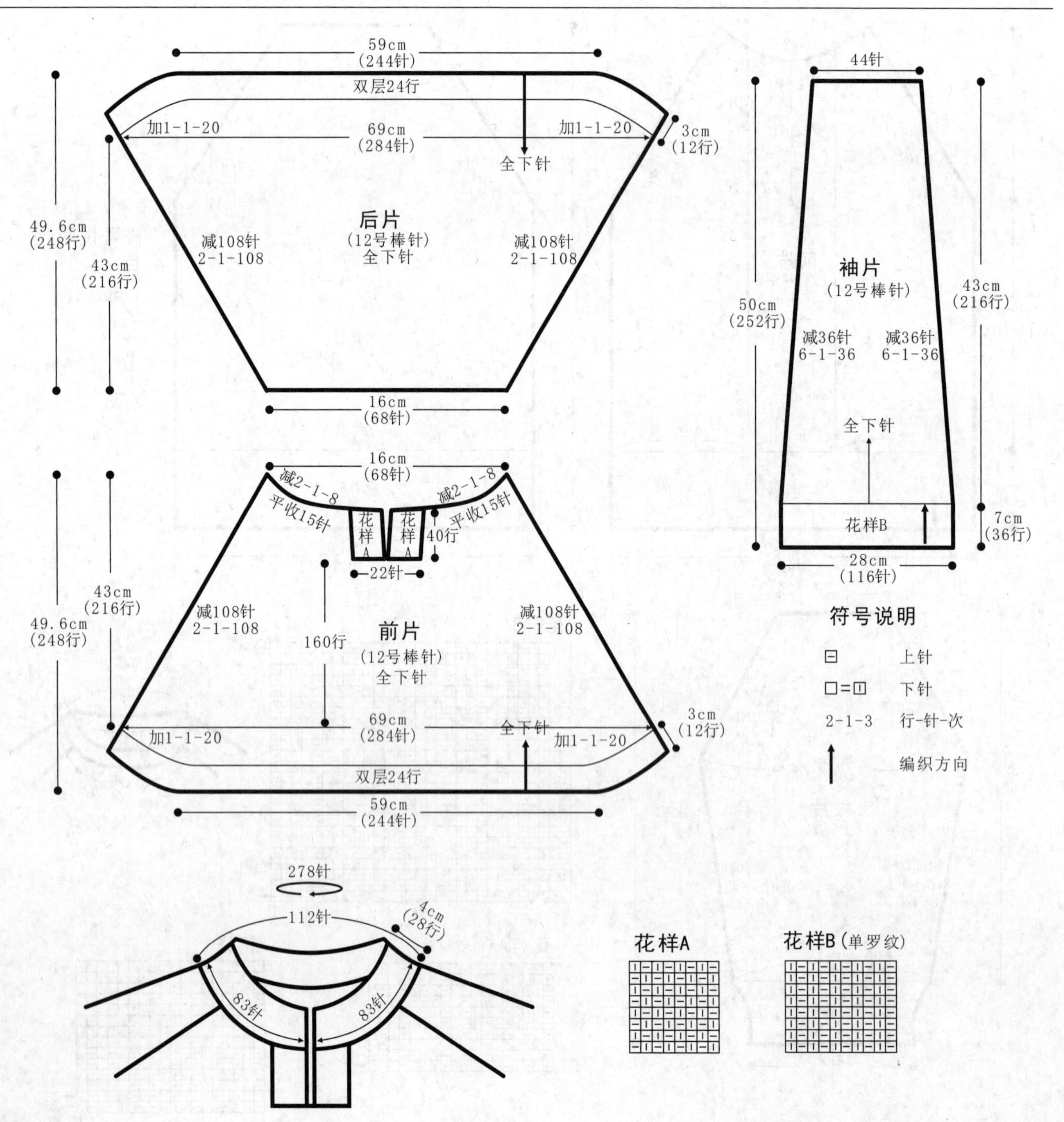

190

【成品规格】 衣长47cm，胸围90cm

【工　　具】 13号棒针

【编织密度】 33针×45行=10cm²

【材　　料】 羊毛线250g

编织要点：

1. 这件衣服从下向上编织，由后片和前片组成。
2. 后片起156针编织花样A4行，然后编织花样C68行，编织的同时在两边侧缝处减针，方法为8-1-1，6-1-9，6行平坦，再加针，方法为8-1-7，袖窿处为直的，在胸前加一组花样C，以花样A做边，织60行留后领窝，中间平收56针，两边减针方法为2-1-2，两边肩部往返2-15-3，各留45针。
3. 前片起156针编织花样A4行，然后跟后片相同的方法进行花样编织，侧缝的加减针及腰间的编织方法都和后片相同，袖窿后织34行后开始留前领窝，中间平收30针，两边减针方法为2-3-2，2-2-3，2-1-3，织到与后片相同的行数，两边肩部往返2-15-3，各留45针，与后片所留肩部相对，收针。
4. 侧缝缝合，将前片和后片的侧缝对齐缝合。
5. 挑织衣领，从后领窝开始挑针，每个针眼挑1针编织花样A4行，收针。
6. 挑织袖窿边，方法和领子挑针一样，编织花样A4行，收针。

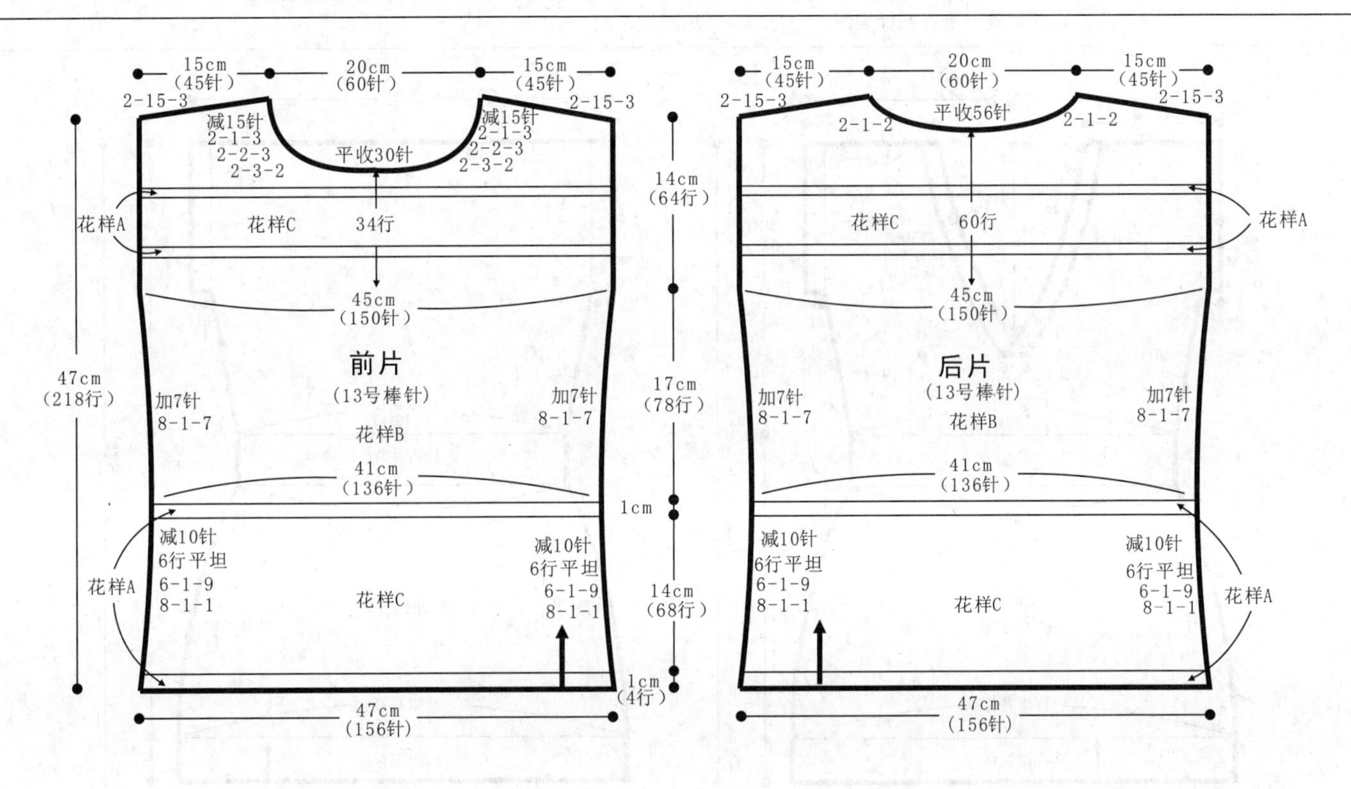

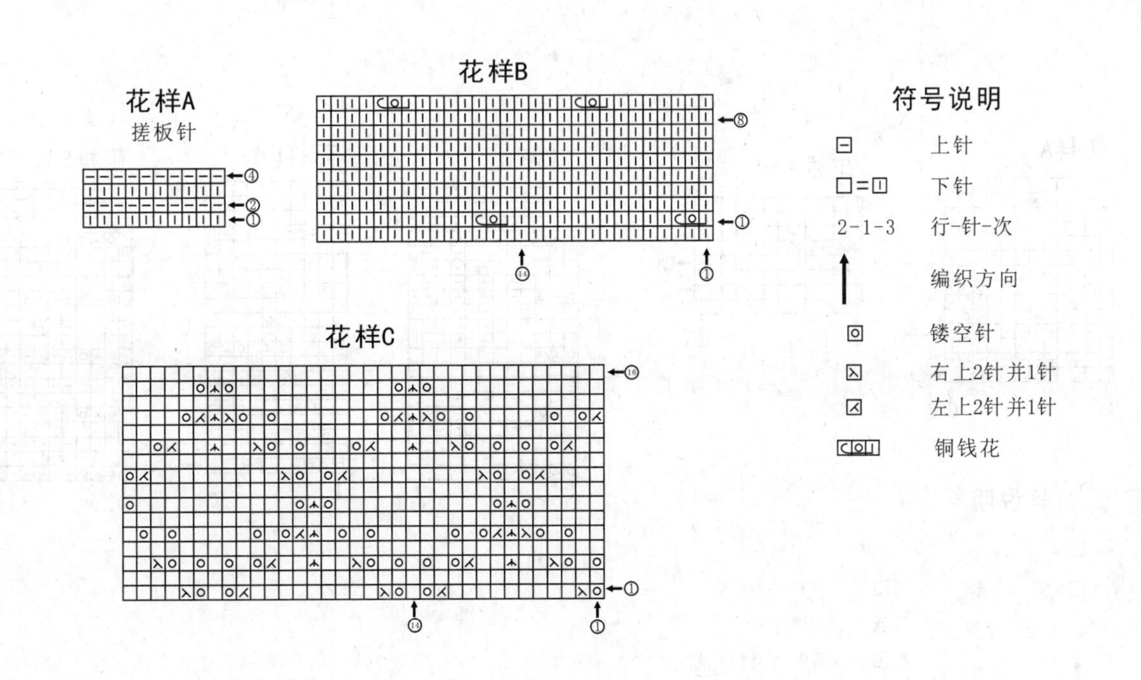

【成品规格】 衣长58cm，衣宽48cm

【工　　具】 12号棒针

【编织密度】 37.5针×46行=10cm²

【材　　料】 淡蓝色丝光棉线400g

编织要点：

1. 棒针编织法，由前片1片、后片1片组成，从下往上织起。

2. 前片的编织。一片织成。下针起针法，起180针，起织花样A，共15组，织14行，下一行起，改织花样B，共15组，在两侧缝上进行减针编织，6-1-12，不加减针，织12行后，织片余下156针，改织13组花样C，织20行，然后再织13组花样D，并在侧缝加针编织，10-1-7，当织成50行的花样D时，下一行中间先取10针，分成两半，各自编织，这10针始终编织花样E，花样E内侧1针上，进行减针编织。以左片为例，左侧进行衣领减针，2-1-40，与右侧加针同步进行，当织成70行时，侧缝往右加针，加出6针，这6针编织花样E搓板针，衣领继续减针，当减针完成时，不再加减针，再织20行，至肩部，织成43针，这80行的高度，用做袖口，不进行缝合。收针断线。用相同的方法编织另一边。

3. 后片的编织。后片起织与前片完全相同，花样分配与前片相同，但后片无衣领减针，袖窿起织成80行时，将所有的针数收针断线。

4. 拼接，将前片的侧缝与后片的侧缝和肩部对应缝合。衣服完成。

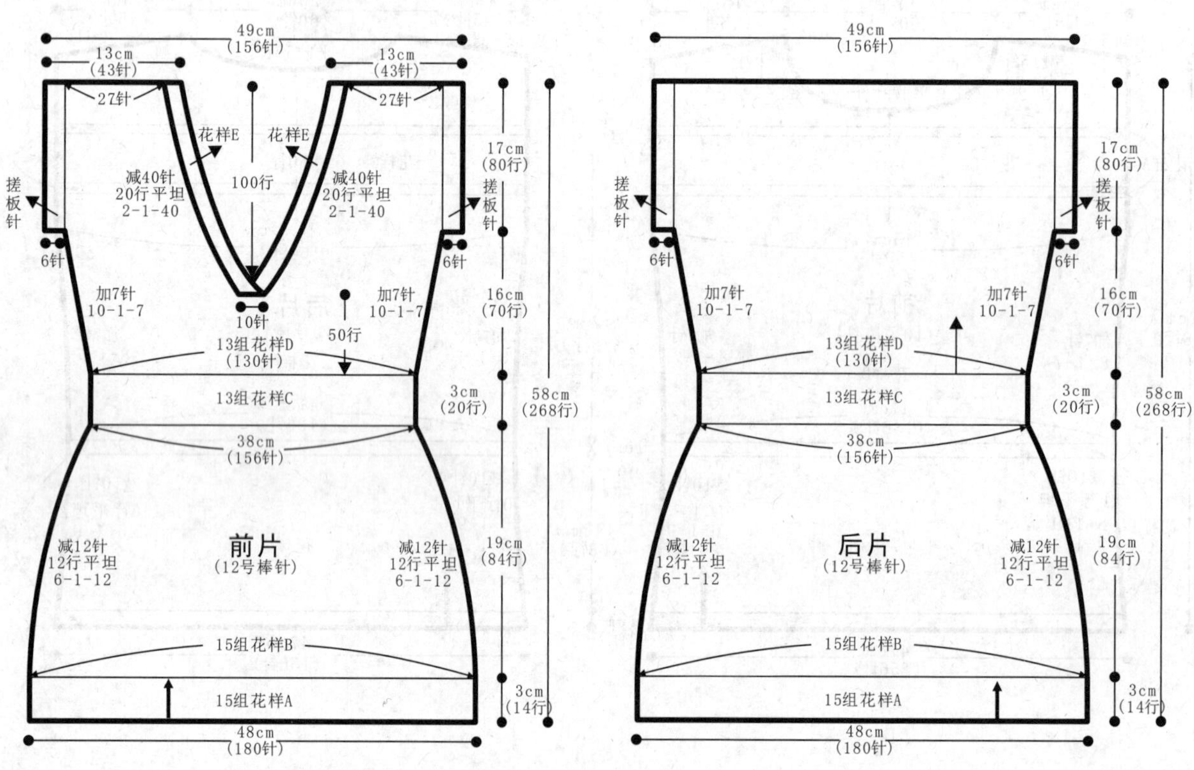

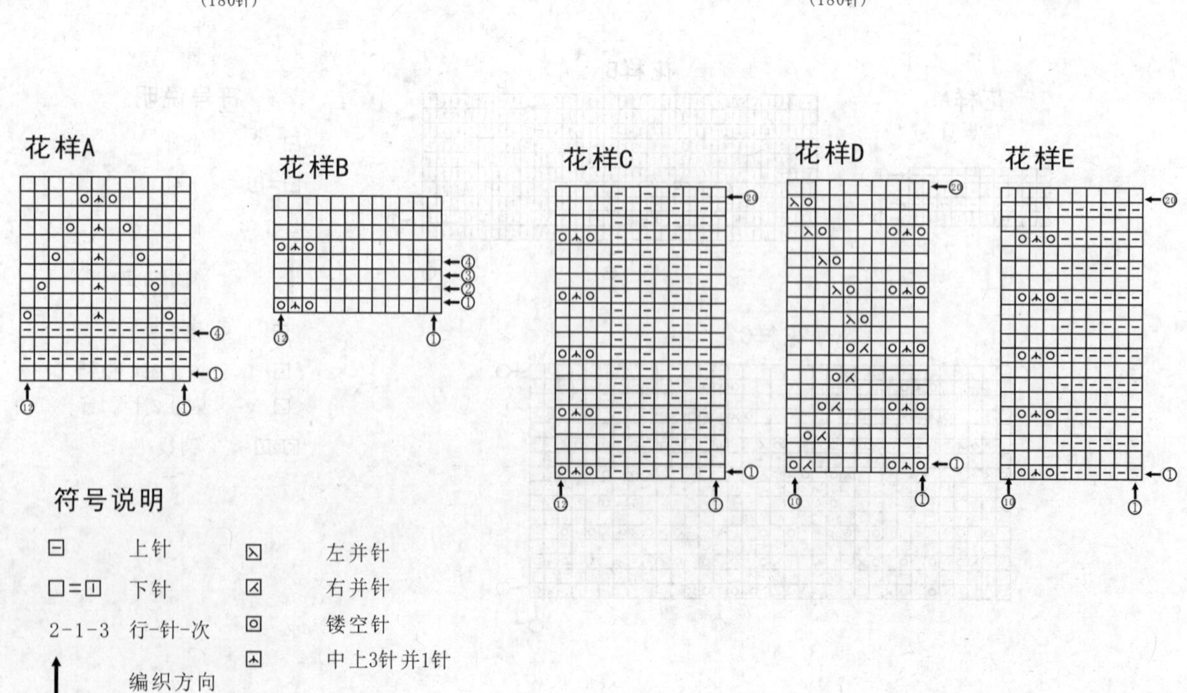

192

【成品规格】 衣长46cm，胸围72cm，袖长13cm

【工　具】 12号棒针

【编织密度】 35针×42行=10cm²

【材　料】 含丝羊毛线250g

编织要点：

1. 这件衣服从下向上编织，由后片和前片及2个袖片组成。

2. 后片起133针编织花样A8行，编织花样B，之后编织全下针，同时在两边侧缝处减针，方法为16-1-6，8行平坦，再加2针，方法为18-1-2，另一侧相同，织160行开始收袖窿，减针方法为平收4针，2-1-8，4-1-5，织到46行中间留领边91针。

3. 前片起133针编织花样A8行，然后跟后片相同的方法分针编织，侧缝的加减针方法都和后片相同，袖窿收针也和后片相同，收袖窿后26行开始编织花样C12行，织到38行留领边91针。

4. 袖子起84针，编织单罗纹6行后织花样D，同时开始收袖山，收针方法为平收4针，3-1-14，余48针收针。

5. 挑织衣领，从后领窝开始挑针，每个针眼挑1针编织花样A6行收针。

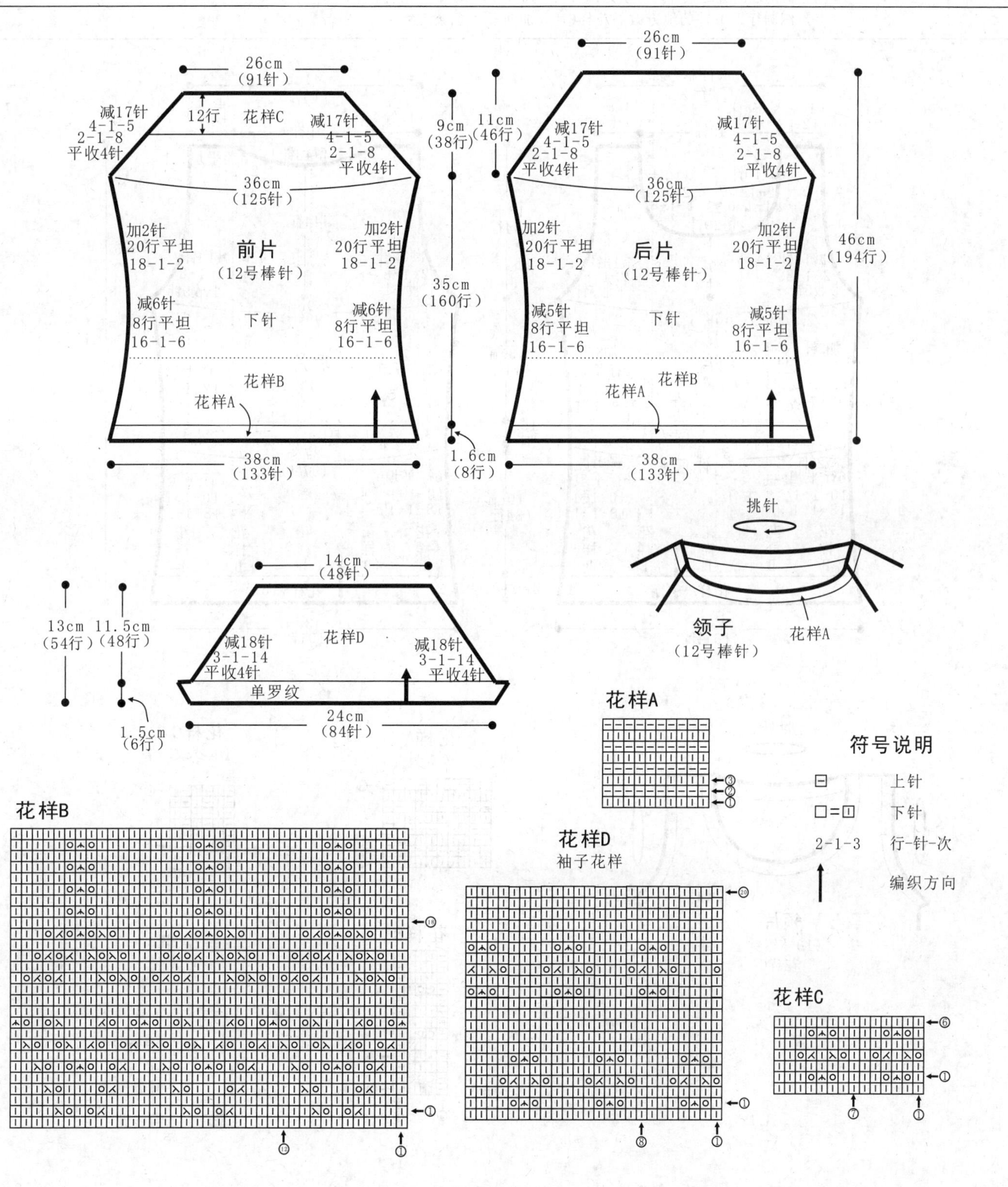

193

【成品规格】 衣长47cm，胸围78cm

【工　　具】 9号、10号棒针

【编织密度】 25.4针×33.7行=10cm²

【材　　料】 羊毛线250g，黑色线少许

编织要点：

1. 这件衣服从下向上编织，由后片和前片组成。

2. 后片起101针编织花样A16行，之后将针数依次分为8针下针，花样B，15针下针，花样B，15针下针，花样B，15针下针，花样B，15针下针，花样B，8针下针，编织的同时在两边侧缝处减针，方法为18-1-1，10-1-1，6行平坦，织34行织下针的地方改织花样C，并加两条黑色条纹，同时织花样C的地方减1针，共减6针，织15行后两边侧缝加针，8-1-1，12-1-2，两边各加3针将织花样C的地方继续编织下针，织44行开始收袖窿，减针方法为平收5针，2-1-8，两侧各减13针，织44行留后领窝，中间留43针，两边减针方法为2-1-3，4行平坦，两边肩部各留12针。

3. 前片起101针编织花样A16行，然后跟后片相同的方法分针编织，侧缝的加减针及腰间的编织方法都和后片相同，收袖窿后织20行开始留前领窝，中间留29针，两边减针方法为1-1-6，2-1-4，织到与后片相同的行数，两边肩部各留12针。

4. 将前后片肩部相对进行缝合，侧缝处相对进行缝合。

5. 挑织衣领，从后领窝开始挑针，每个针眼挑1针编织花样C4行，用黑线收针。

6. 挑织袖窿边，方法和领子挑针一样，编织花样C4行，用黑线收针。

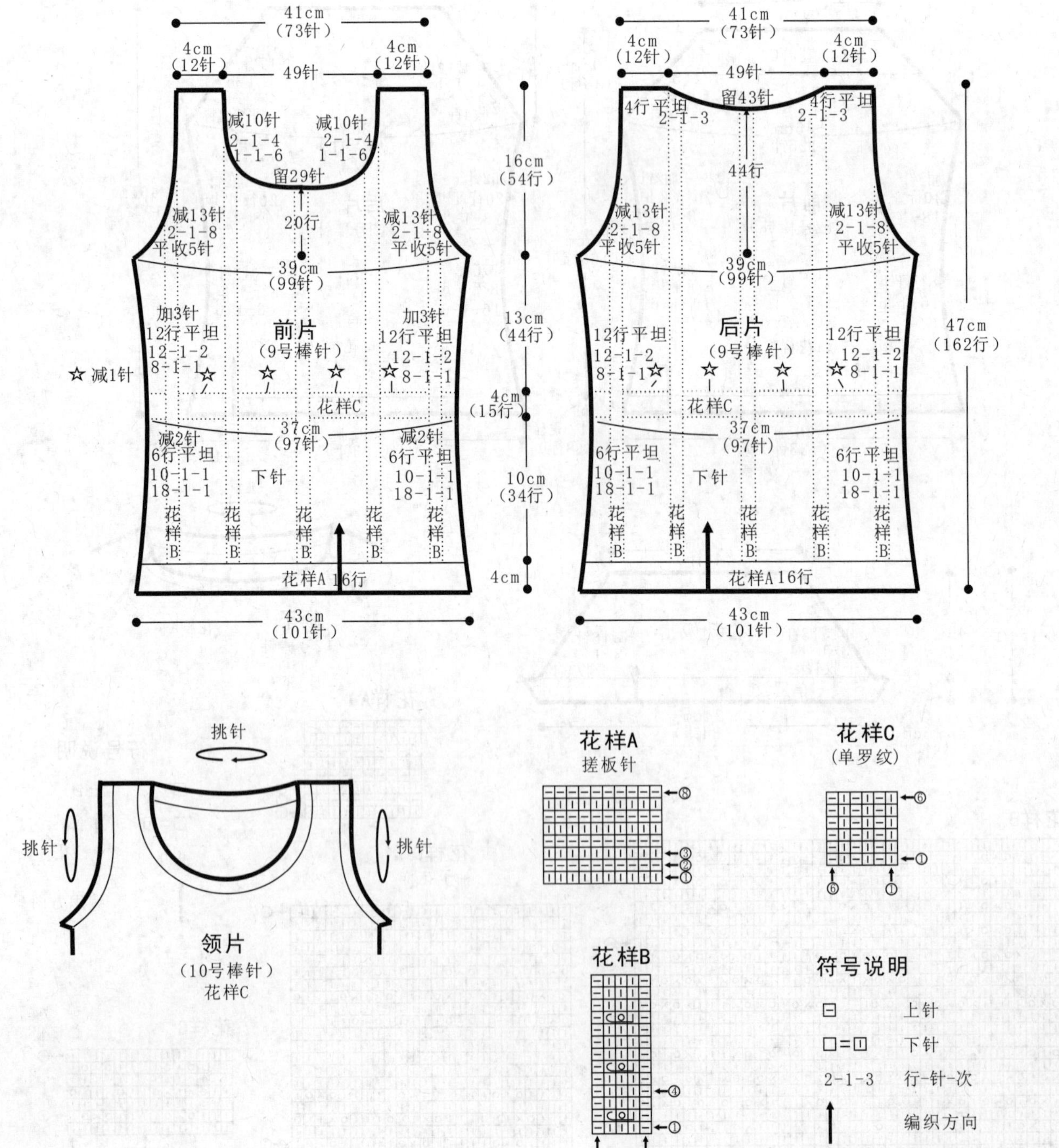

194

【成品规格】 衣长61cm，衣宽55cm，肩宽17cm，袖长52cm，袖宽26cm

【工　　具】 12号棒针

【编织密度】 花样A：31针×53行=10cm²

花样B：38针×42行=10cm²

【材　　料】 粉红色丝光棉线650g

编织要点：

1. 棒针编织法，由前片1片、后片1片组成，从下往上织起。

2. 前片的编织。一片织成。下针起针法，起168针，起织下针，织24行，将首尾两行对折缝合。下一行起，改织花样A，不加减针，织170行的高度。在第170行里，分散收针，收38针，然后编织花样B，织62行，至袖窿。袖窿起减针，两边平收4针，然后减针，4-2-14，当织成56行的高度时，余下66针，收针断线。

3. 后片的编织。后片织法与前片完全相同，不再重复说明。

4. 袖片的编织。下针起针法，起72针，织下针6行，然后改织花样A，不加减针，编织140行的高度，下一行起，改织花样C，并在两侧缝上进行加针，10-1-4，织成40行后，不加减针，再织10行后至袖窿，织成80针。下一行起袖山减针，两边平收4针，再减针，4-2-14，织成56行，余下16针，收针断线。

5. 拼接，将前片的侧缝与后片的侧缝对应缝合。将两袖片的袖山边与衣身的袖窿边对应缝合，再将袖侧缝进行缝合。

6. 最后沿着前后衣领边，挑出164针，编织花样D，织14行后，收针断线。衣服完成。

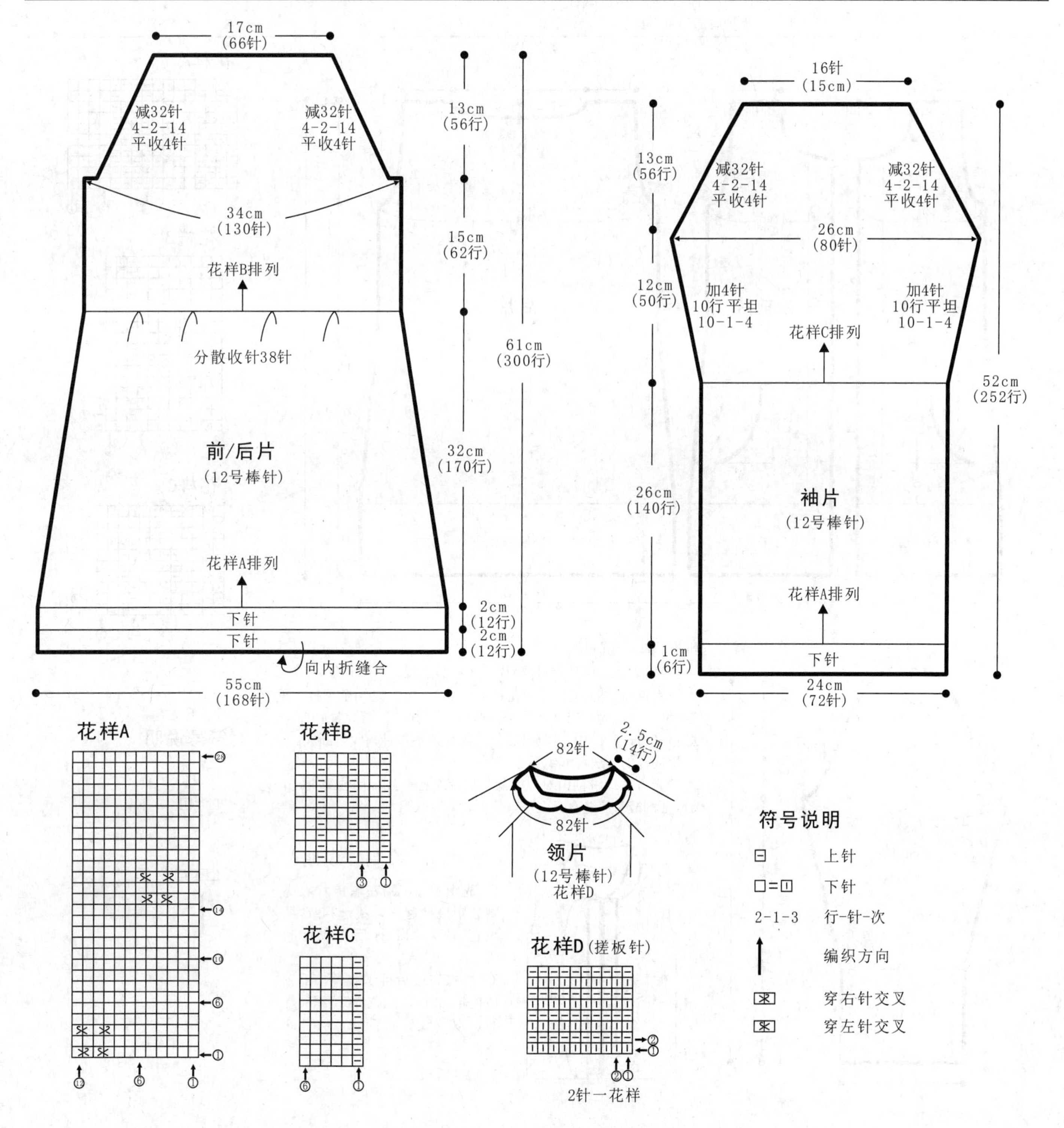

195

【成品规格】 衣长66cm，胸围72cm，肩宽30cm，袖长55cm

【工　　具】 12号棒针

【编织密度】 22针×28行=10cm²

【材　　料】 白色棉线450g，牛角扣3枚

编织要点：

1．棒针编织法，衣服分为左前片、右前片和后片来编织。从下摆往上织。

2．起织后片，双罗纹起针法起91针织花样A，织28行后，改织全下针，两侧一边织一边减针，方法为30-1-1，16-1-3，织至112行，两侧开始袖窿减针，方法为1-6-1，2-1-6，织至183行，中间平收31针，两侧减针，方法为2-1-2，织至186行，两侧肩部各余下12针，收针断线。

3．起织右前片，双罗纹起针法起44针织花样A，织28行后，改为花样B与全下针组合编织，右侧织11针花样B，其余织下针，左侧一边织一边减针，方法为30-1-1，16-1-3，织至52行，左侧8针暂时留起不织，其余36针一边织一边左侧减针，方法为2-2-2，2-1-8，4-1-3，织至84行，织片余下21针，留针暂时不织。另起线从织片第29行内侧挑起44针织下针，不加减针织24行后，与之前织片左侧留起的8针对应合并编织，织32行后，与之前织片右侧留起的21针对应合并编织，织至112行，左侧开始袖窿减针，方法为1-6-1，2-1-6，织至168行，右侧减针织成前领，方法为1-6-1，2-2-5，织至186行，肩部各余下12针，收针断线。

4．用同样的方法相反方向编织左前片，完成后将左右前片与后片的两侧缝对应缝合，两肩部对应缝合。内袋片与衣身织片缝合。

5．沿袋口边沿挑针编织花样C，织6行后，双罗纹针收针法，收针断线。

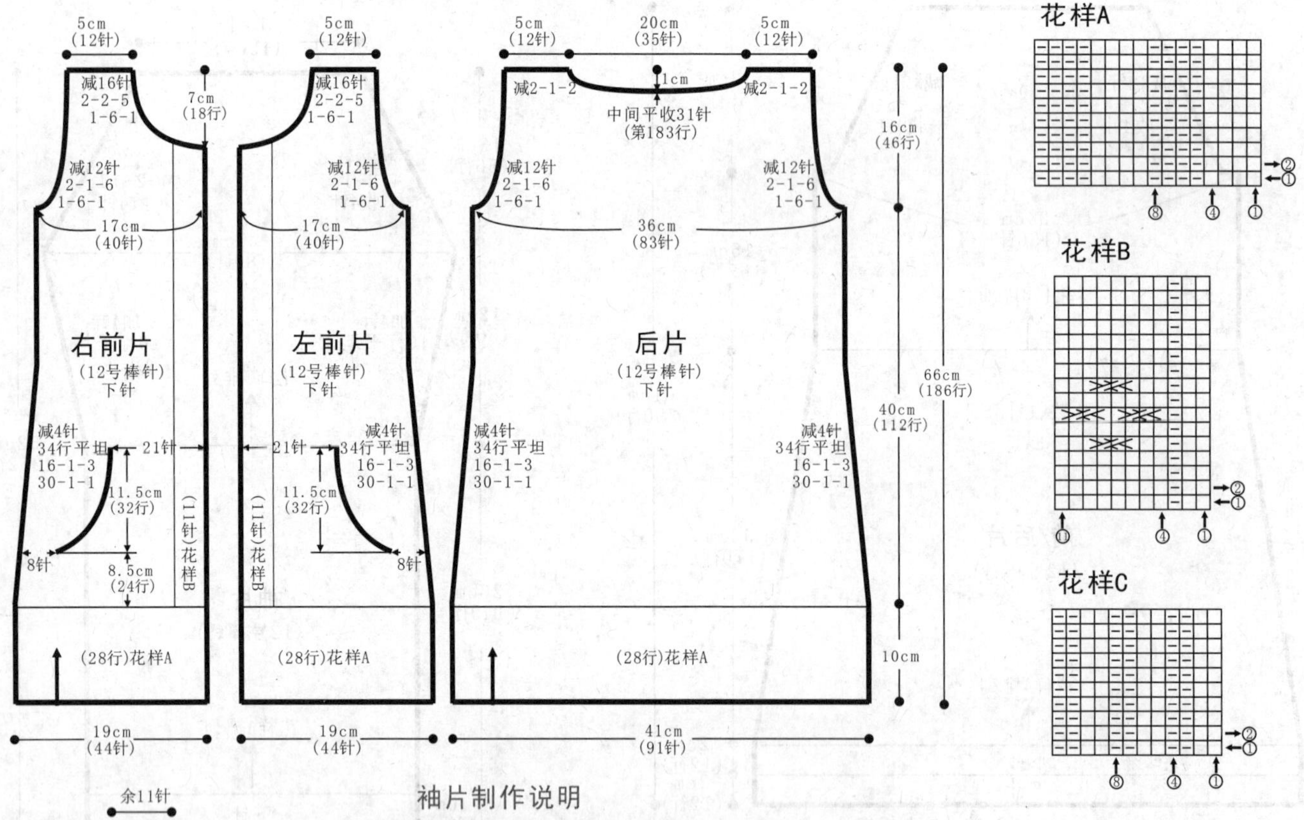

余11针

袖片制作说明

1．棒针编织法，编织两片袖片。从袖口起织。

2．下针起针法，起49针织花样A，织32行后，改织全下针，两侧加针，方法为12-1-6，织至114行，两侧同时减针织袖山，方法为1-6-1，2-1-19，织至152行，织片余下11针，收针断线。

3．用同样的方法再编织另一袖片。

4．缝合方法：将袖山对应前片与后片的袖窿线，用线缝合，再将两袖侧缝对应缝合。

减25针
2-1-19
1-6-1
14cm
(38行)
26cm
(61针)
袖片
(12号棒针)
下针
加12-1-6
29cm
(80行)
55cm
(152行)
12cm
(34行)花样A
16cm
(49针)

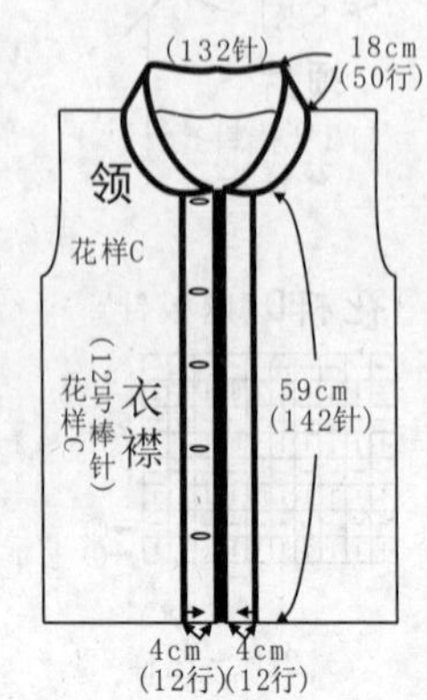

领片、衣襟制作说明

1．先织衣襟，沿左右前片衣襟侧分别挑针起织，挑起142针编织花样C，织12行后，收针断线。

2．衣襟完成后挑织衣领，沿领口挑起132针，织花样C，织50行后，双罗纹针收针法，收针断线。

符号说明

符号	说明
⊟	上针
□=⊡	下针
2-1-3	行-针-次
(交叉符号)	左上2针与右下2针交叉
↑	编织方向

196

【成品规格】 衣长55cm，衣宽42cm

【工　　具】 10号棒针

【编织密度】 20针×24行=10cm²

【材　　料】 粉色羊毛线400g

编织要点：

1. 棒针编织法，由前片1片、后片1片组成，从下往上织起。
2. 前片的编织。一片织成。双罗纹起针法，起84针，起织花样A，织10行，下一行起，改织花样B，不加减针，织成64行的高度，下一行在两侧缝上进行加针编织，4-1-6，当织片织成72行的花样B时，下一行中间平收12针，将织片分成两半，各自编织。门襟边不加减针，侧缝继续加针编织，当加针完成时，不再加减针，再织40行，至肩部，织成42针，这40行的高度，用做袖口。不进行缝合。收针断线。用相同的方法编织另一边。
3. 后片的编织。后片的织法和结构与前片相同。
4. 拼接，将前片的侧缝与后片的侧缝和肩部对应缝合。
5. 领片的编织，沿着门襟两边，各挑108针，前面54针，后片54针，不加减针，织10行，两侧边与衣领收针处进行缝合。袖口的编织，分别沿着袖口边，挑出64针，起织花样A，织10行后，收针断线。衣服完成。

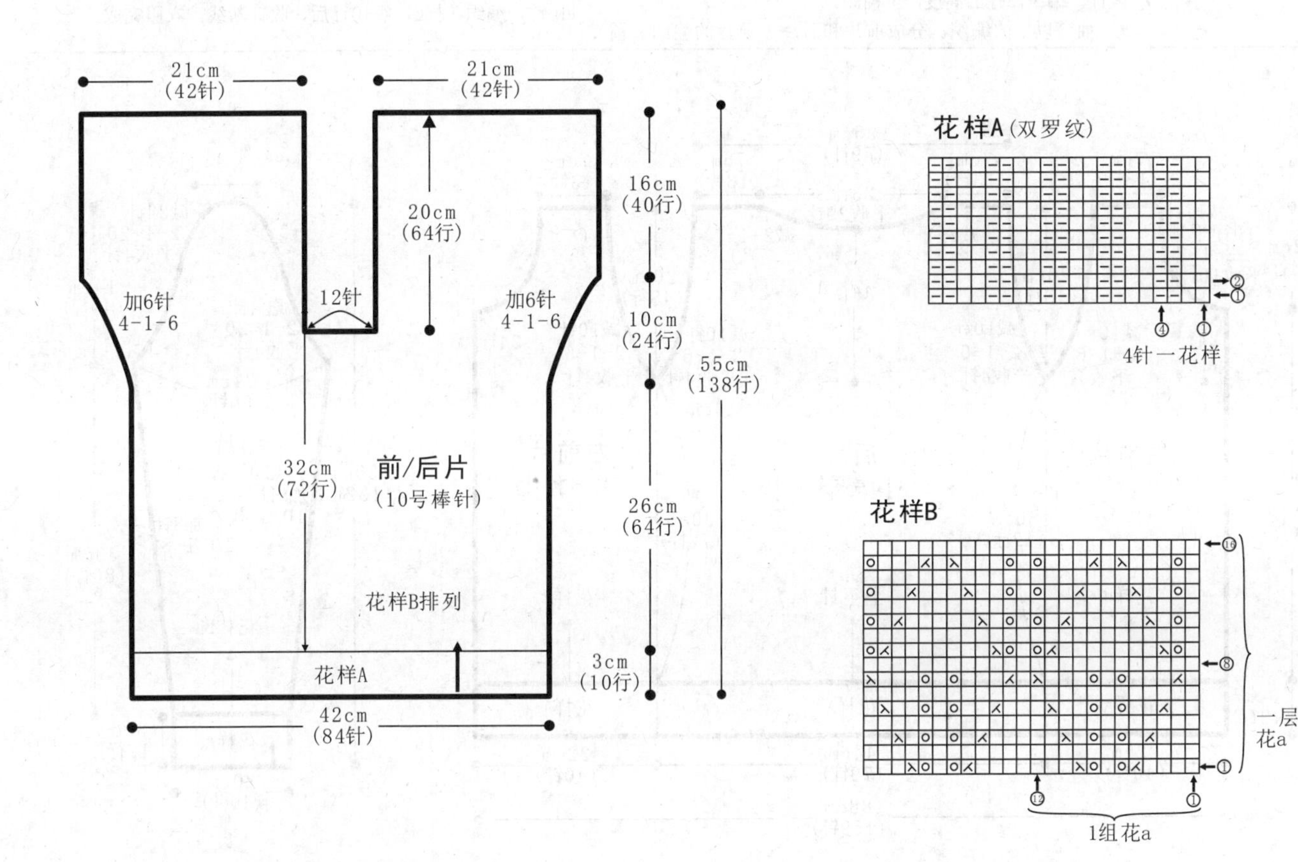

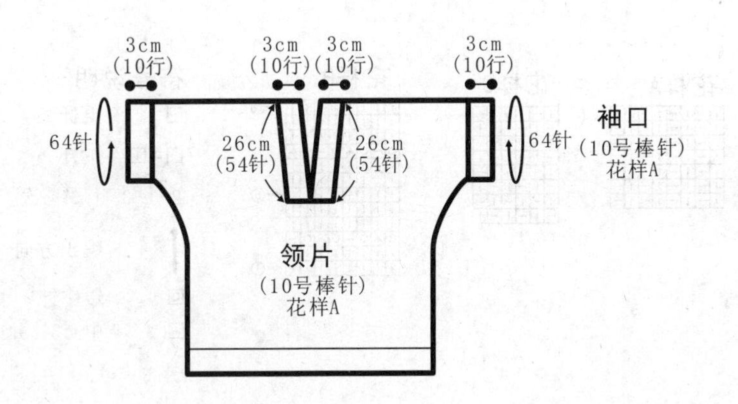

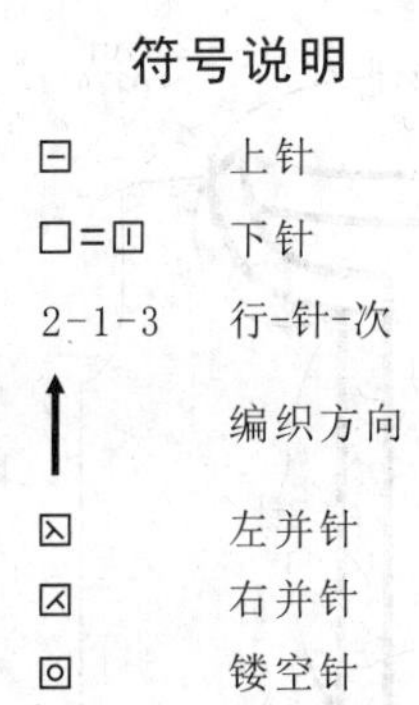

197

【成品规格】 衣长53cm，衣宽44cm，肩宽35cm，袖长50cm

【工　　具】 10号棒针

【编织密度】 18针×29行=10cm²

【材　　料】 玫红色羊毛线600g，纽扣5枚

编织要点：

1. 棒针编织法，袖窿以下一片编织而成，袖窿以上分成前片、后片各自编织。
2. 袖窿以下的编织。单罗纹起针法，起159针，起织花样A单罗纹针，不加减针，编织12行的高度。下一行起，右前片和左前片各40针，编织花样B，后片编织下针。不加减针，编织72行的高度，至袖窿。
3. 袖窿以上的编织。分成前片和后片。前片的编织。前片40针，袖窿减针，先平收4针，然后减针，2-1-6，当织成袖窿算起24行的高度时，进入前衣领减针，下一行平收10针，再减针，2-1-7，不加减针，再织10行后，至肩部，余下13针，收针断线。后片的编织。后片起79针，两侧袖窿减针，方法与前片相同，当织成袖窿算起44行的高度时，进入后衣领减针，下一行中间平收29针，两边相反方向减针，方法为2-1-2，至肩部，余下13针，收针断线。
4. 拼接，将前后片的肩部对应缝合。
5. 袖片的编织。单罗纹起针法，从袖口起织，40针，起织花样A，织12行，下一行起，编织花样B，并在两袖侧缝上进行加针，10-1-8，织成80行，至袖山减针，两侧同时收针，收4针，然后2-1-20，两边各减少24针，余下8针，收针断线，用相同的方法去编织另一边袖片。
6. 衣襟的编织，沿着两边衣襟边，各挑68针，起织花样C，不加减针，织10行的高度后，收针断线，右衣襟制作5个扣眼。左衣襟钉上5个扣子。衣领的编织。沿着前后衣领边，挑出110针，编织花样C，织10行后，收针断线。衣服完成。

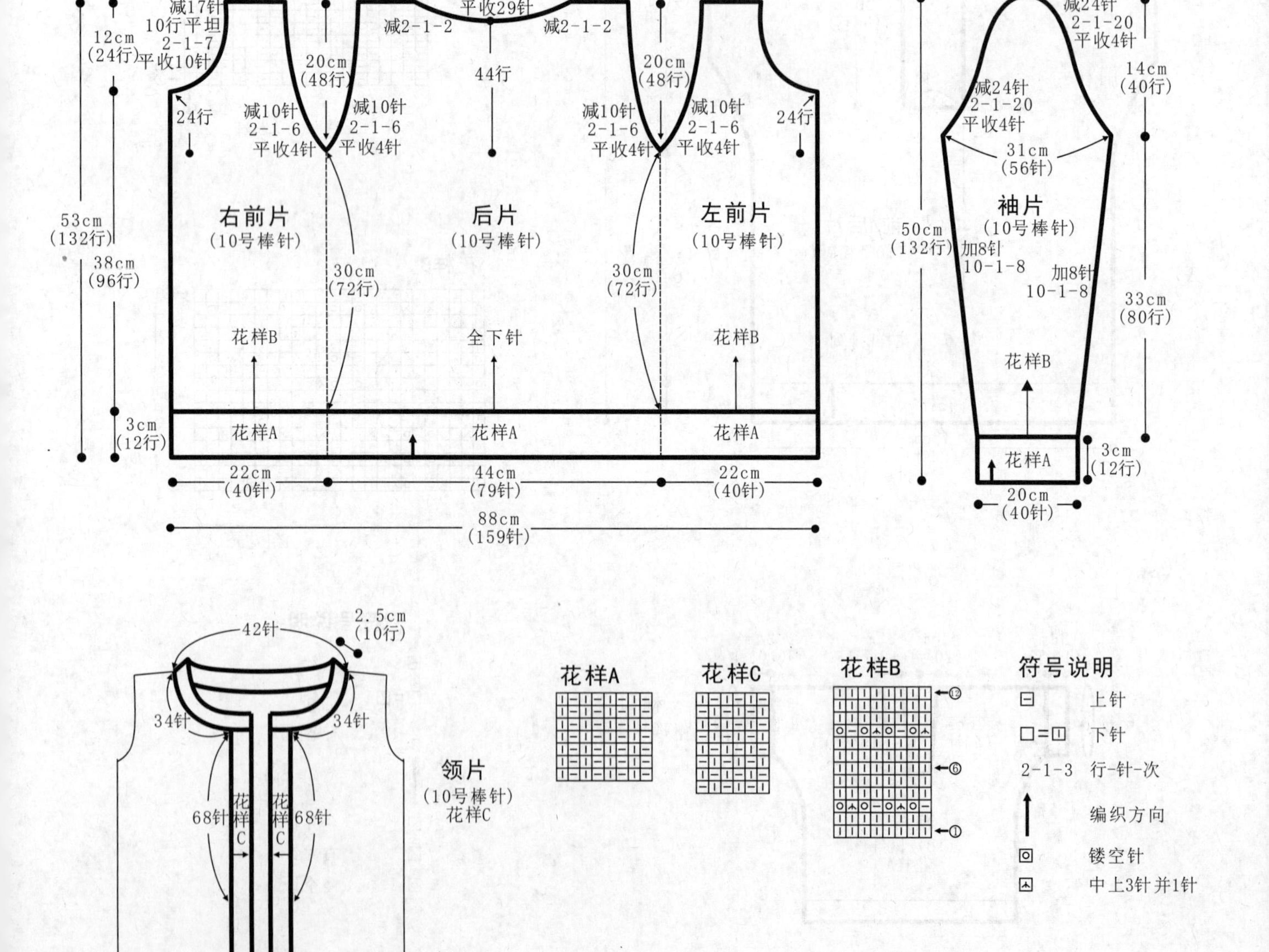

198

【成品规格】 衣长63cm，胸宽30cm，肩宽31cm

【工　　具】 12号棒针

【编织密度】 45.7针×48.6行=10cm²

【材　　料】 米白色丝光棉线400g

编织要点：

1. 棒针编织法，由前片、后片组成。从下往上织起。
2. 前片的编织。下针起针法，起182针，全织下针，不加减针，编织34行的高度。在最后一行里，分散收针24针，并将最后一行与倒数第8行对折缝合。继续编织下针，并在两边侧缝进行减针，10-1-10，织成100行，不加减针再织16行，进入收缩行数织法。先编织8行，折向内侧缝合这8行，然后织4行下针。重复这步做法，进行3次。这样形成3层收缩行。下一行起，分成左片与右片各自编织，先织左片。从右往左，选取75针，来回编织，左侧5针编织花样A搓板针，余下的全织下针，并在搓板针之内的第1针上进行减针编织，4-1-31，侧缝不加减针，织成48行时，侧缝进行袖窿减针，先平收6针，然后2-1-6，往上不再加减针，衣领边继续减针，将左片袖窿算起织成96行的高度。用相同的方法，相反的减针方向去编织右片。右片右侧从衣身外侧挑针编织。
3. 后片的编织。后片从起织至收缩行数部分，织法与前片完全相同，收缩行数后，往上不再分片编织。全织下针，织成48行后，至袖窿，袖窿减针方法与前片相同，当织成袖窿算起88行时，下一行中间收针，收38针，两边相反方向减针，减针依次是2-2-2，2-1-2，至肩部余下32针，收针断线。
4. 拼接，将前片的侧缝与后片的侧缝对应缝合，将前后片的肩部对应缝合。
5. 袖片的编织，沿着前后袖窿边，挑128针，编织花样A搓板针，不加减针织4行的高度，收针断线。用相同的方法编织另一边袖口。衣服完成。

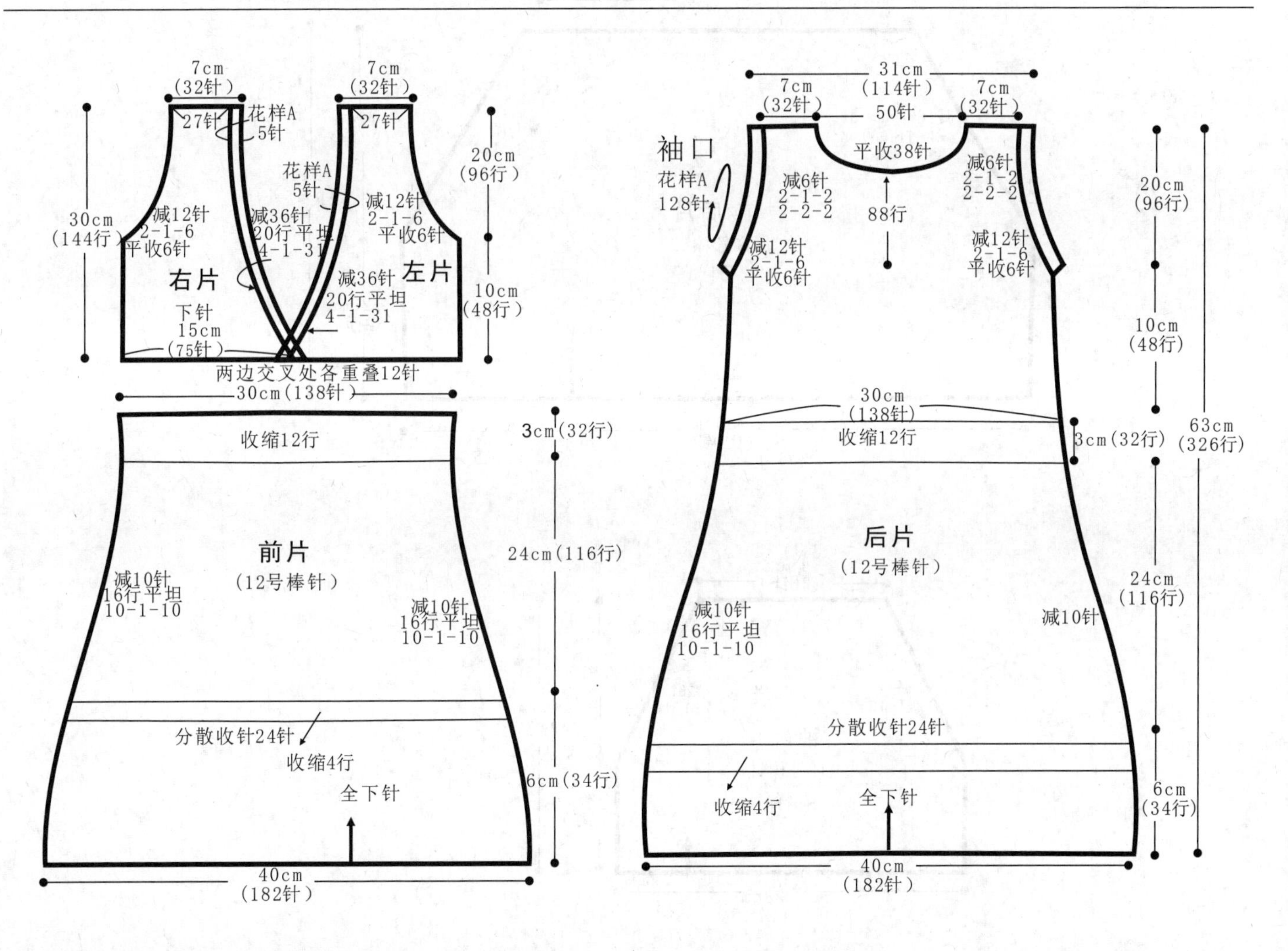

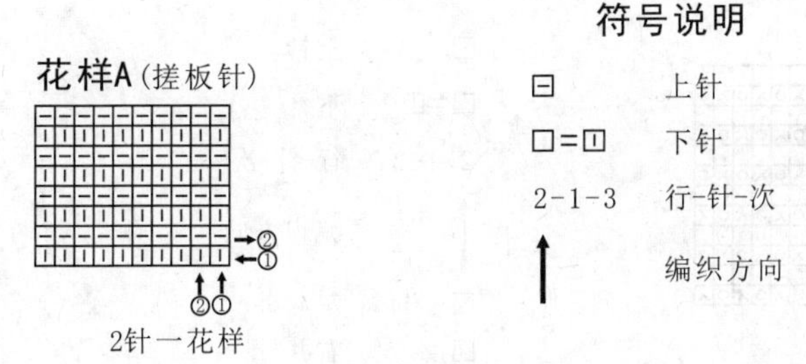

199

【成品规格】 衣长24cm，胸围100cm，袖长22cm

【工　　具】 12号棒针

【编织密度】 24针×26.7行=10cm²

【材　　料】 豆沙红色丝光棉线300g

编织要点：

1. 棒针编织法，由前片1片、后片1片、袖片2片组成。从下往上织起，插肩款，织法简单，花样简单。

2. 前片与后片的结构完全相同，以前片为例，单罗纹起针法，起120针，起织花样A，不加减针，编织32行的高度后，两边同时减针编织袖窿，每织2行减1针，减16次，织成32行的高度后，余下88针，收针断线。用相同的方法去编织后片。

3. 袖片的编织。从袖口起织，单罗纹起针法，起68针，起织花样A，不加减针，编织26行的高度后，两边同时减针编织袖窿边，每织2行减1针，减16次，织成32行的高度，余下36针，收针断线。用相同的方法去编织另一只袖片。

4. 拼接，将前片的侧缝与后片的侧缝对应缝合，将袖片的袖山边与衣身的插肩缝边进行缝合。衣服完成。

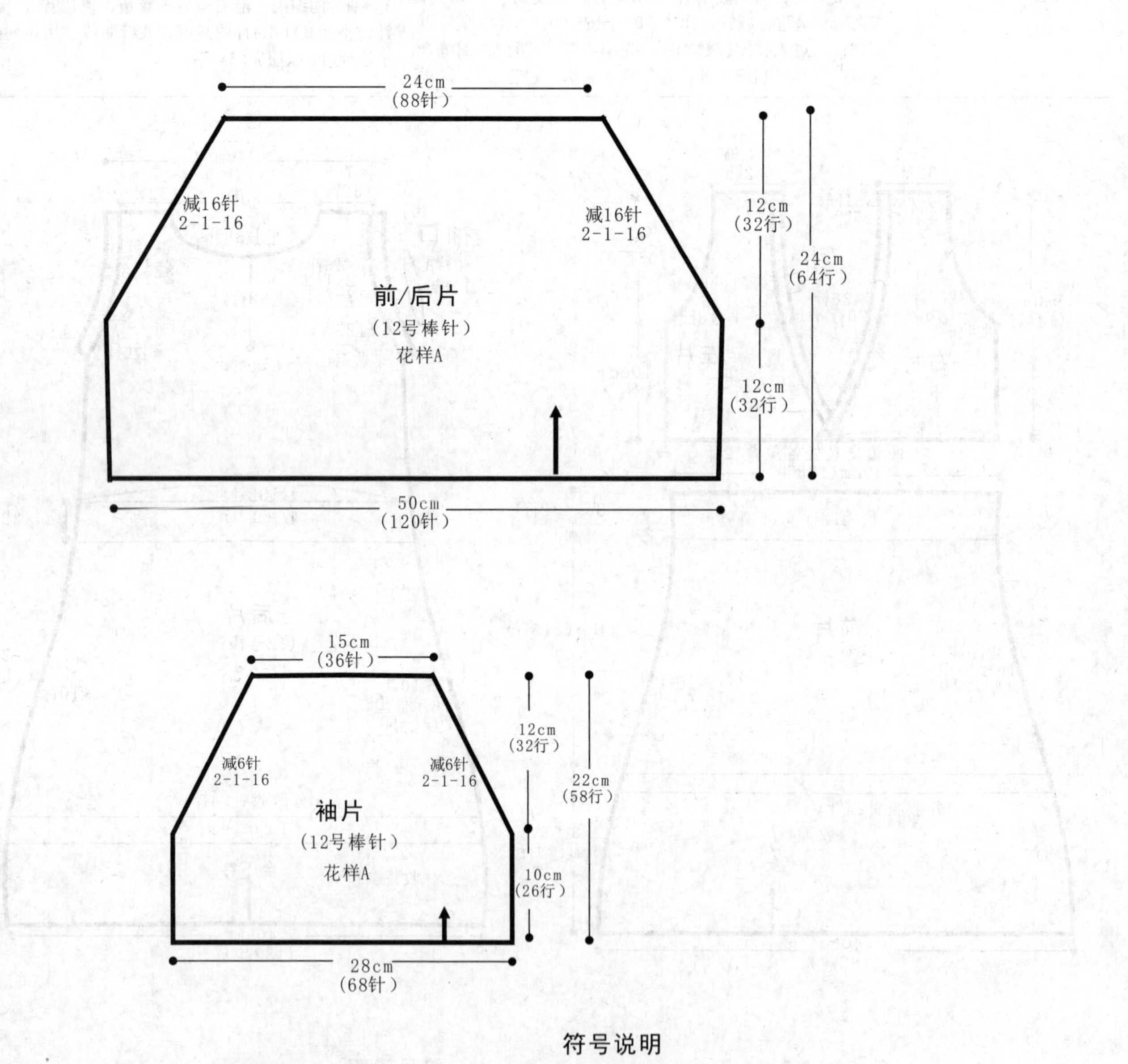

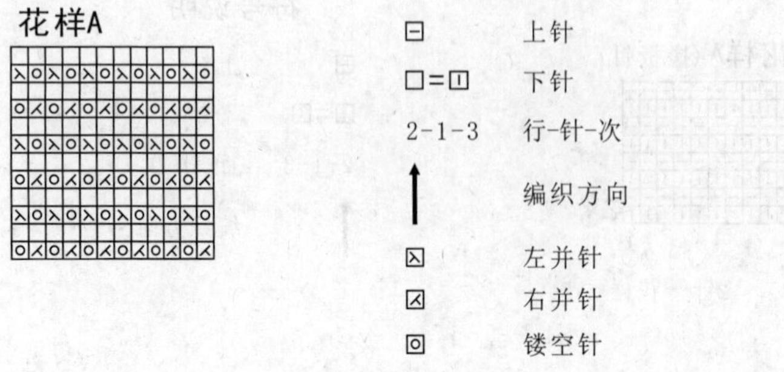

200

【成品规格】 衣长38cm，胸围88cm，袖长36cm

【工　　具】 10号棒针

【编织密度】 20针×19行=10cm²

【材　　料】 黑色毛线250g

编织要点：

1. 棒针编织法，由前片1片、后片1片、袖片2片组成。从下往上织起。插肩款衣服。

2. 前片的编织。一片织成。双罗纹起针法，起88针，编织花样A双罗纹针，不加减针，织18行的高度。袖窿以下的编织，第19行起，依照花样B分配好花样，并按照花样B的图解一行行往上编织，织成32行的高度，至袖窿。袖窿以上的编织。第51行时，两侧同时减针，然后每织2行减1针，共减16次，织成32行，余下56针，收针断线。

3. 后片的编织与前片完全相同，不再重复说明。

4. 袖片的编织。袖片从袖口起织，双罗纹起针法，起52针，分配成花样A双罗纹针，不加减针，往上织4行的高度，第5行起，编织花样B，不加减针，编织36行的高度，下一行起，两边袖侧缝进行减针，每织2行减1针，共减16次，织成32行，余下20针，收针断线。用相同的方法去编织另一袖片。

5. 拼接，将前片的侧缝与后片的侧缝对应缝合，再将两袖片的袖山边线与衣身的袖窿边对应缝合。衣服完成。

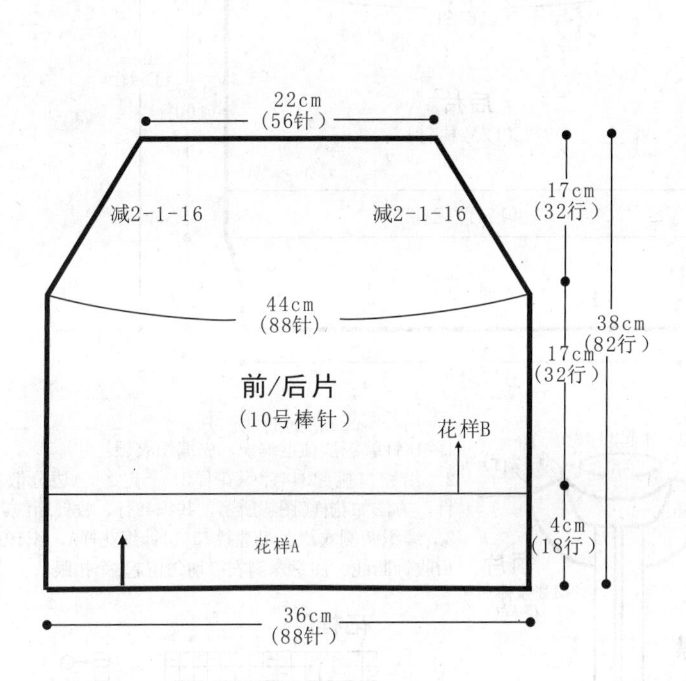

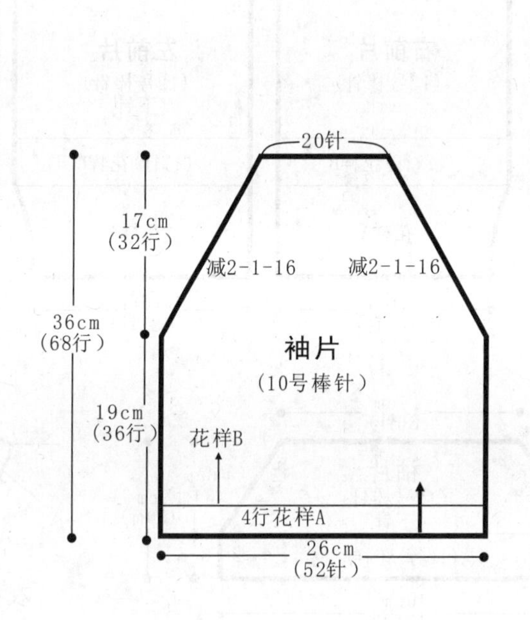

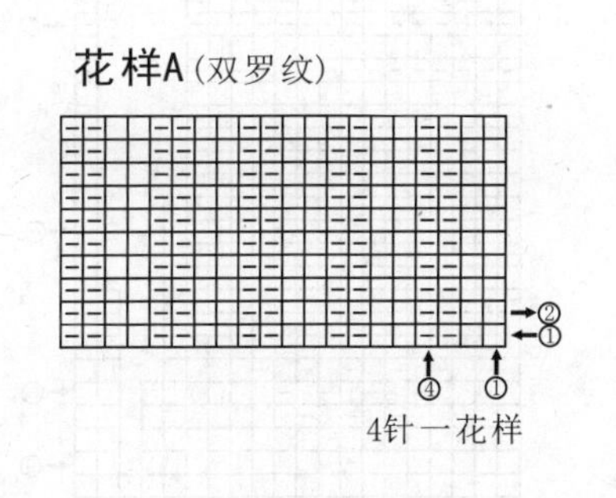

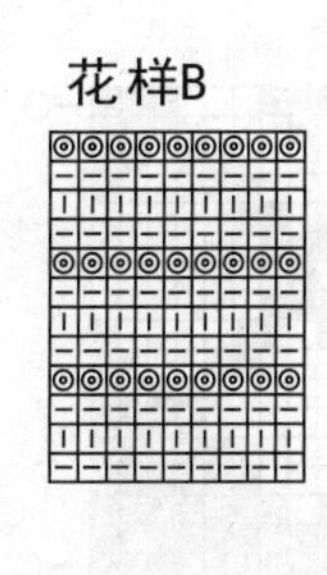

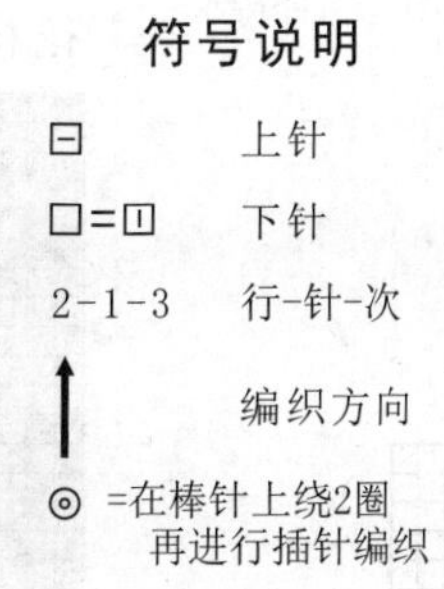

201

【成品规格】 衣长30cm，胸围80cm，肩连袖长9cm

【工　　具】 12号棒针

【编织密度】 42.6针×52.7行=10cm²

【材　　料】 黑色羊绒线300g，白色羊绒线30g，亮扣8枚

编织要点：

1. 棒针编织法。衣身片分为前片和后片分别编织，完成后与袖片缝合而成。
2. 起织后片。黑色线双罗纹针起针法起168针，织花样A，织30行，改为黑色线与白色线组合编织花样B，织至47行，全部改为黑色线编织，织至130行，两侧减针织成插肩袖窿，方法为2-2-17，织至164行，织片余下100针，留针待织衣领。
3. 起织右前片。黑色线双罗纹针起针法起81针，织花样A，织30行，改为黑色线与白色线组合编织花样B，织至47行，全部改为黑色线编织，织至130行，左侧减针织成插肩袖窿，方法为2-2-17，织至142行时，衣领侧减针，方法为平收35针，2-1-11，留针待织衣领。
4.用同样的方法相反方向编织左前片，完成后将左右前片与后片的侧缝对应缝合。

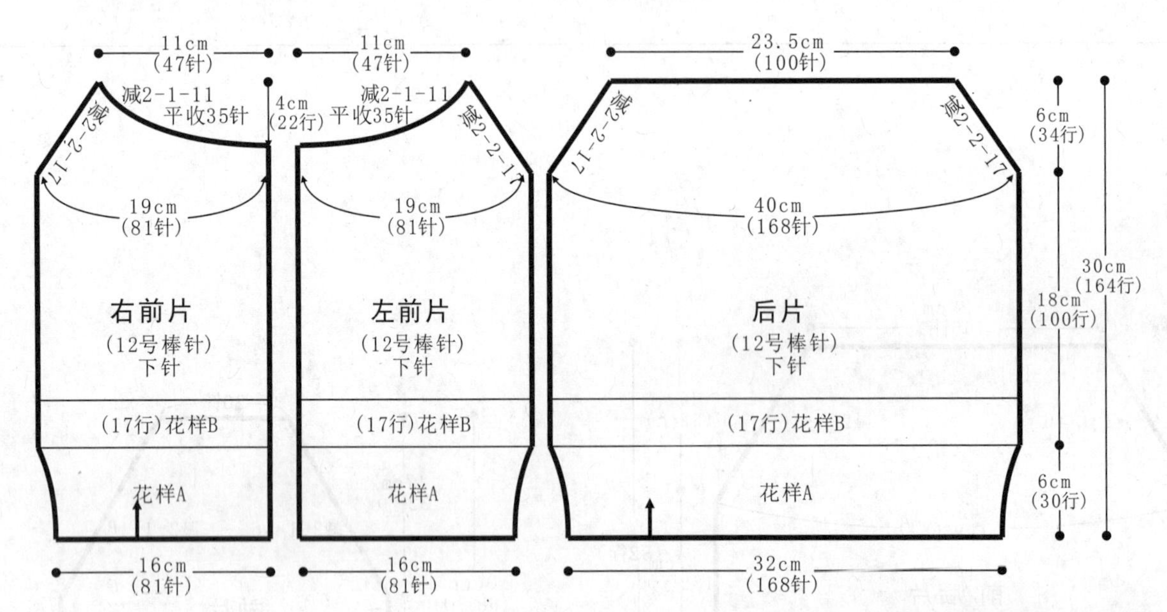

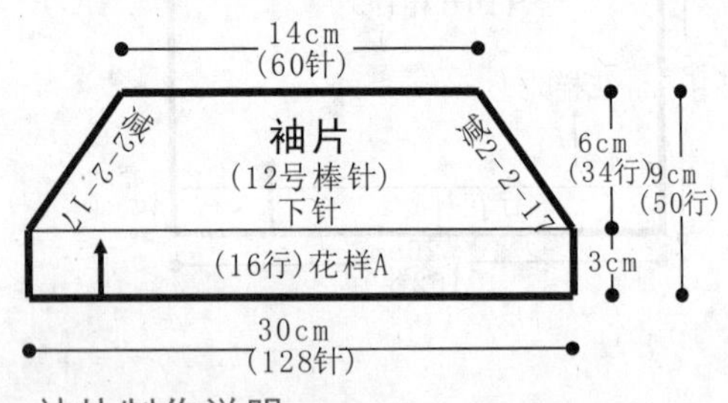

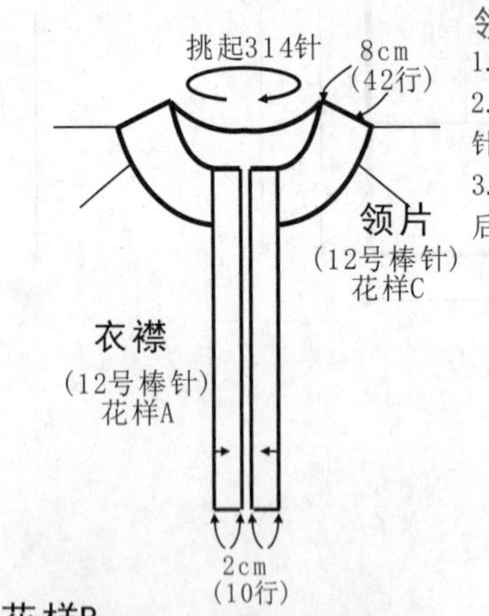

领片、衣襟制作说明

1. 棒针编织法往返编织，先编织衣领。
2. 沿领口挑起314针织花样C，一边织一边分散减针，方法如花样C图解所示，共织42行，收针断线。
3. 编织两侧衣襟。沿边挑起114针织花样A，织10行后收针断线。注意左侧衣襟均匀留起8个扣眼。

袖片制作说明

1. 棒针编织法，编织两片袖片。从袖口起织。
2. 双罗纹针起针法，起128针，织花样A，织16行后，改织全下针，两侧减针织成袖山，方法为2-2-17，织至50行，织片余下60针，留针待织衣领。
3. 用同样的方法编织另一袖片。
4. 将两袖侧缝对应缝合。

花样A（双罗纹）

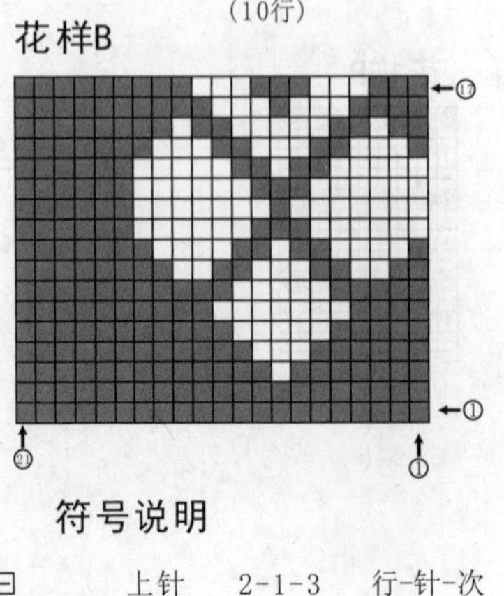

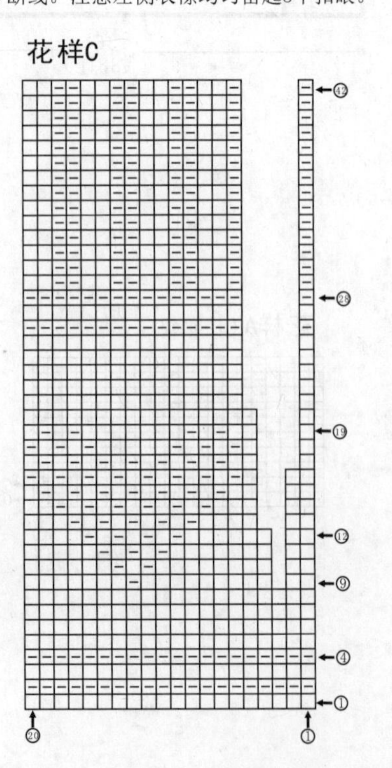

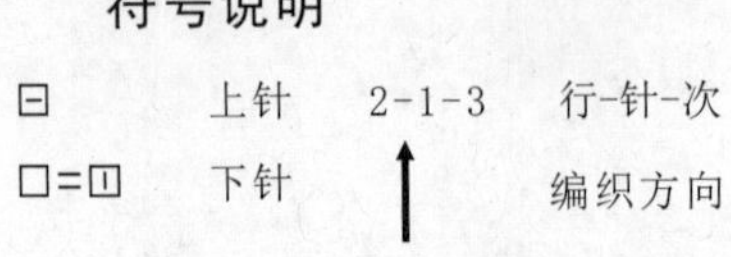

符号说明

⊟	上针	2-1-3	行-针-次
□=Ⅰ	下针	↑	编织方向

202

【成品规格】 衣长44.5cm，衣宽38cm

【工　　具】 11号棒针

【编织密度】 35针×49行=10cm²

【材　　料】 天蓝色丝光棉线400g

编织要点：

1. 棒针编织法，由领胸片与衣身前后片组成，从上往下织。

2. 领口起织，单罗纹起针法，起216针，首尾连接，起织花样A单罗纹针，织10行，下一行起，分配成24组花样B进行编织，并依照花样B加针方法进行编织，织成60行。下一行开始分片编织。先织125针，然后用单罗纹起针法，起8针，跳过领胸片的158针，接上继续编织125针，再用单罗纹起针法，起8针，接上起织处。这样，前后片共266针。

3. 前后片的编织。依照花样C排列继续编织，不加减针，织120行的高度后，改织花样A，不加减针，再织30行后，衣身完成。

4. 袖口的编织，分别沿着袖口边，挑出96针，起织花样A，织10行后，收针断线。衣服完成。

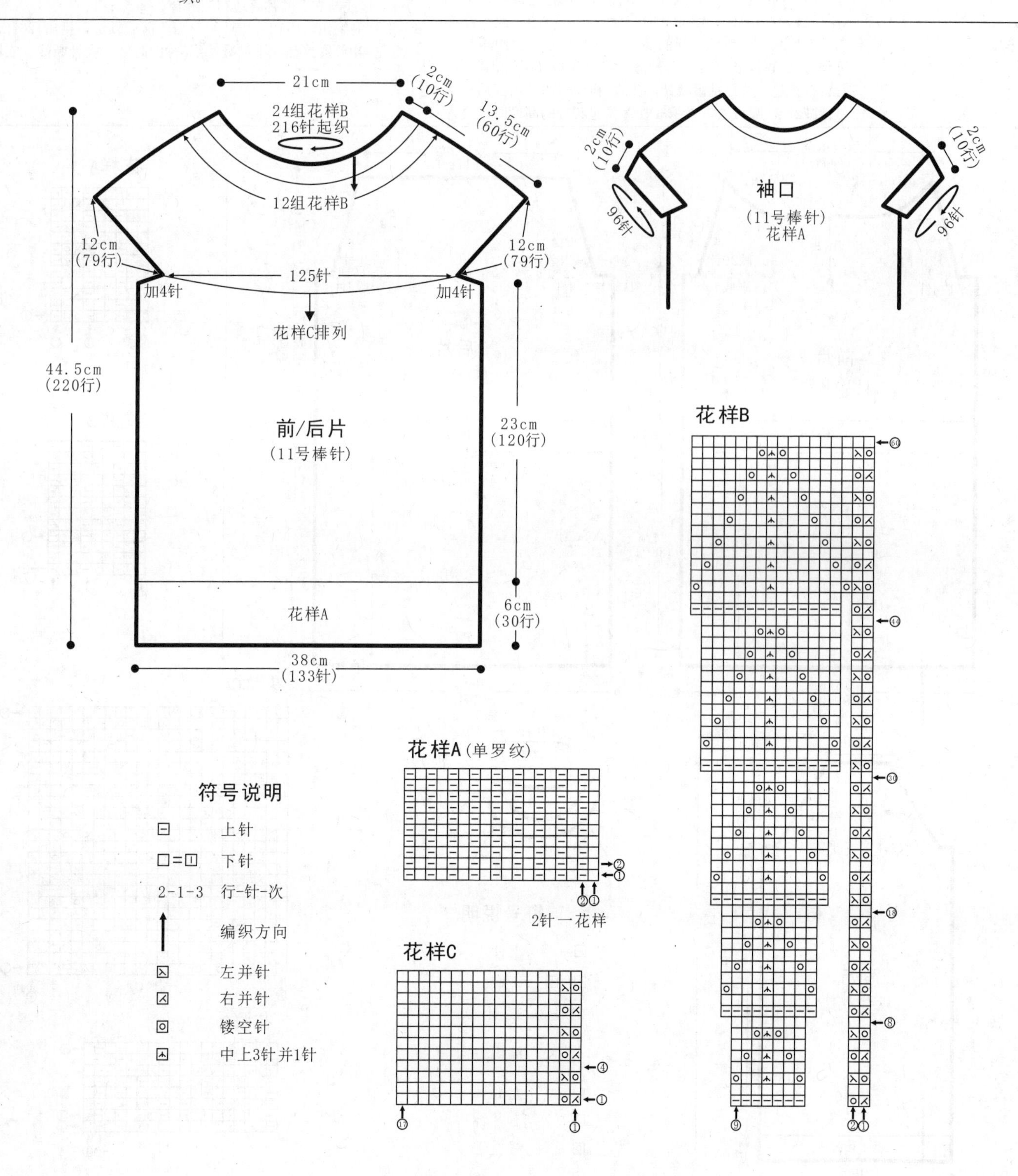

203

【成品规格】 衣长54cm，胸围76cm，袖长59cm

【工　　具】 12号棒针

【编织密度】 28针×37行=10cm²

【材　　料】 紫红色羊毛线600g

编织要点：

1. 棒针编织法，由前片1片、后片1片、袖片2片组成。从下往上起织。

2. 前片的编织。一片织成。下针起针法，起99针，编织花样A，不加减针，织88行的高度。下一行起，改织花样B，不加减针，编织20行的高度。下一行起，全织下针，至肩部。再织48行后，至袖窿。此时织成156行的高度，第157行起，进行袖窿减针，两边同时平收4针，然后每织4行减2针，减11次，当织成袖窿算起20行的高度时，进入前衣领减针，中间平收23针，两边相反方向减针，每织2行减1针，减12次，与袖窿减针同步进行，直至两边各余下1针，收针断线。

3. 后片的编织。袖窿以下的织法与前片完全相同，不再重复说明。袖窿以上，减针方法与前片相同，后片无后衣领减针，当减针织成44行时，余下47针，将所有的针数收针断线。

4. 袖片的编织。袖片从袖口起织，单罗纹起针法，起72针，分配成花样D单罗纹针，不加减针，往上织6行的高度，第7行起，依照花样C分配花样编织，不加减针，织成136行的高度时，至袖窿。下一行起进行袖山减针，两边同时收针，收掉4针，然后每织4行减2针，共减11次，织成44行，最后余下20针，收针断线。用相同的方法去编织另一袖片。

5. 拼接，将前片的侧缝与后片的侧缝对应缝合，再将两袖片的袖山边线与衣身的袖窿边对应缝合。

6. 领片的编织，用12号棒针织，沿着前后领边，挑出126针，起织花样D单罗纹针，不加减针织8行的高度，收针断线。衣服完成。

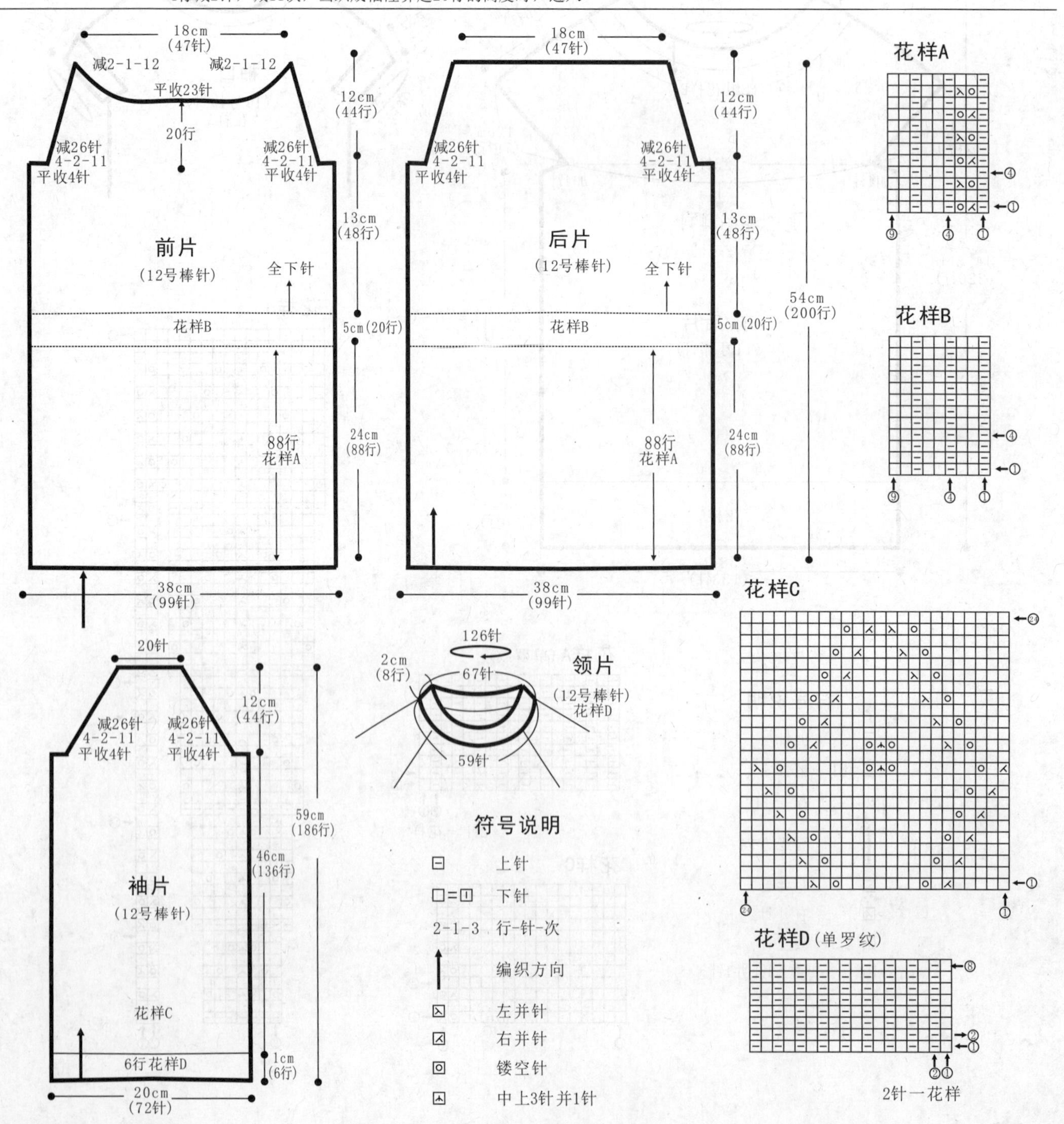

204

【成品规格】 衣长51cm，胸围76cm，袖长56cm

【工　　具】 12号棒针

【编织密度】 40针×48行=10cm²

【材　　料】 羊毛线600g，纽扣12枚

编织要点：

1. 整件衣服从下向上编织，分为1个后片、2个前片和2个袖片，领襟和领子另外挑针编织。

2. 后片起152针，编织花样A52行，编织花样B24行，再编织花样A48行，再织花样C18行开始收袖窿，方法为平收5针，2-1-6，4-1-1，两边各减12针，织90行，后领中间平收60针，两边减针2-2-2，两边肩部各留30针。

3. 2个前片编织方法相同，方向相反，起74针，编织花样A52行，开始编织花样B24行，再编织花样A48行，织花样C18行，侧缝那边收袖窿，方法跟后片相同，靠领襟这边织到188行收领子，领边收针方法为平收22针，1-1-5，2-1-3，4-1-2，两边各减32针，肩部留30针，跟前片肩部相对收针。

4. 袖片编织，袖口起60针，编织花样A，两边侧缝加针，方法为12-1-10，织202行后收袖山，收针方法为平收5针，2-2-3，2-1-3，2-2-2，织58行余44针，收针。

5. 衣片和袖片的缝合，将前片和后片的侧缝缝合，再将袖片跟衣服缝合。

6. 领襟编织，在前片衣襟挑188针，织花样D8行收针，右边门襟平均留12个扣眼。领边挑62针，后领挑65针，另一侧挑针方法相同，织花样A，织4.5cm收针。

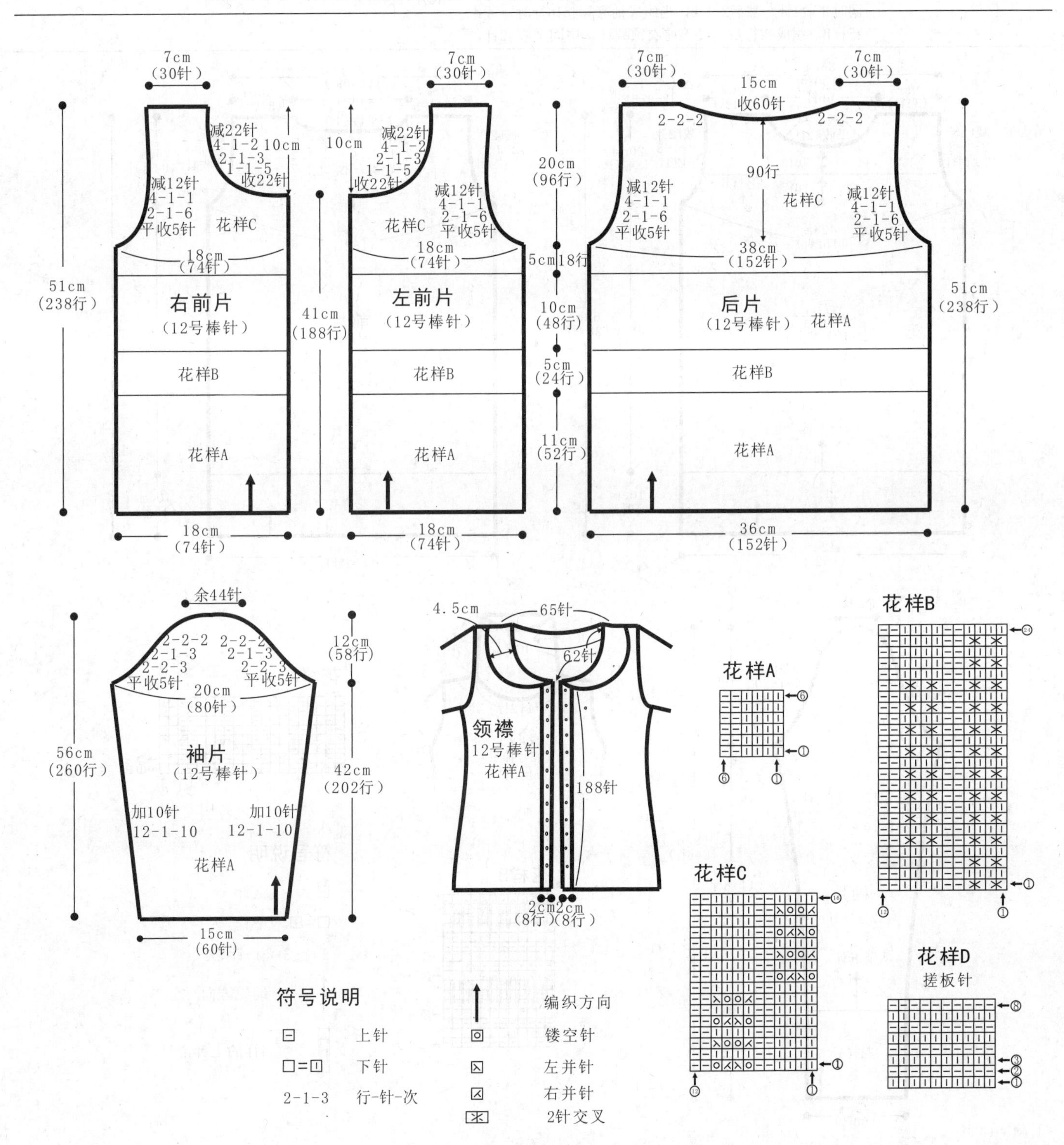

205

【成品规格】 衣长68cm，衣宽42cm，肩宽36cm，袖长59cm，袖宽28cm

【工　　具】 12号棒针

【编织密度】 36针×42行=10cm²

【材　　料】 绿色羊毛线650g

编织要点：

1. 棒针编织法，由前片1片、后片1片、袖片2片和领片组成，从下往上织起。

2. 前片的编织。一片织成。起针，双罗纹起针法，起152针，起织花样A，不加减针，织40行。下一行起，全织下针，不加减针，织160行，至袖窿。袖窿起减针，两侧同时平收4针，然后2-1-8，当织成袖窿算起16行时，改织花样B，织成42行后，进入前衣领减针，中间平收42针，两边相反方向减针，2-1-12，织成24行，再织18行后，至肩部，余下31针，收针断线。

3. 后片的编织。袖窿以下的织法与前片完全相同，袖窿起减针，方法与前片相同。当袖窿以上织成76行时，下一行进行后衣领减针，中间平收54针，两边减针，2-2-2，2-1-2，至肩部余下31针，收针断线。后片全织下针，无花样B编织。

4. 拼接。将前片的侧缝与后片的侧缝和肩部对应缝合，再将两袖片的袖山边与衣身的袖窿边对应缝合。

5. 袖片的编织。双罗纹起针法，起80针，不加减针，织40行，下一行起，全织下针，并在袖侧缝上加针编织，12-1-10，不加减针，再织28行至袖窿。下一行袖山减针，两侧平收4针，然后2-1-29，织成58行的高度，余下34针，收针断线。用相同的方法去编织另一边袖片。

6. 领片的编织。单独编织，起72针，起织花样B，不加减针，编织208行的长度后，与起织行进行缝合。再将一侧长边，与衣身的领边进行缝合。

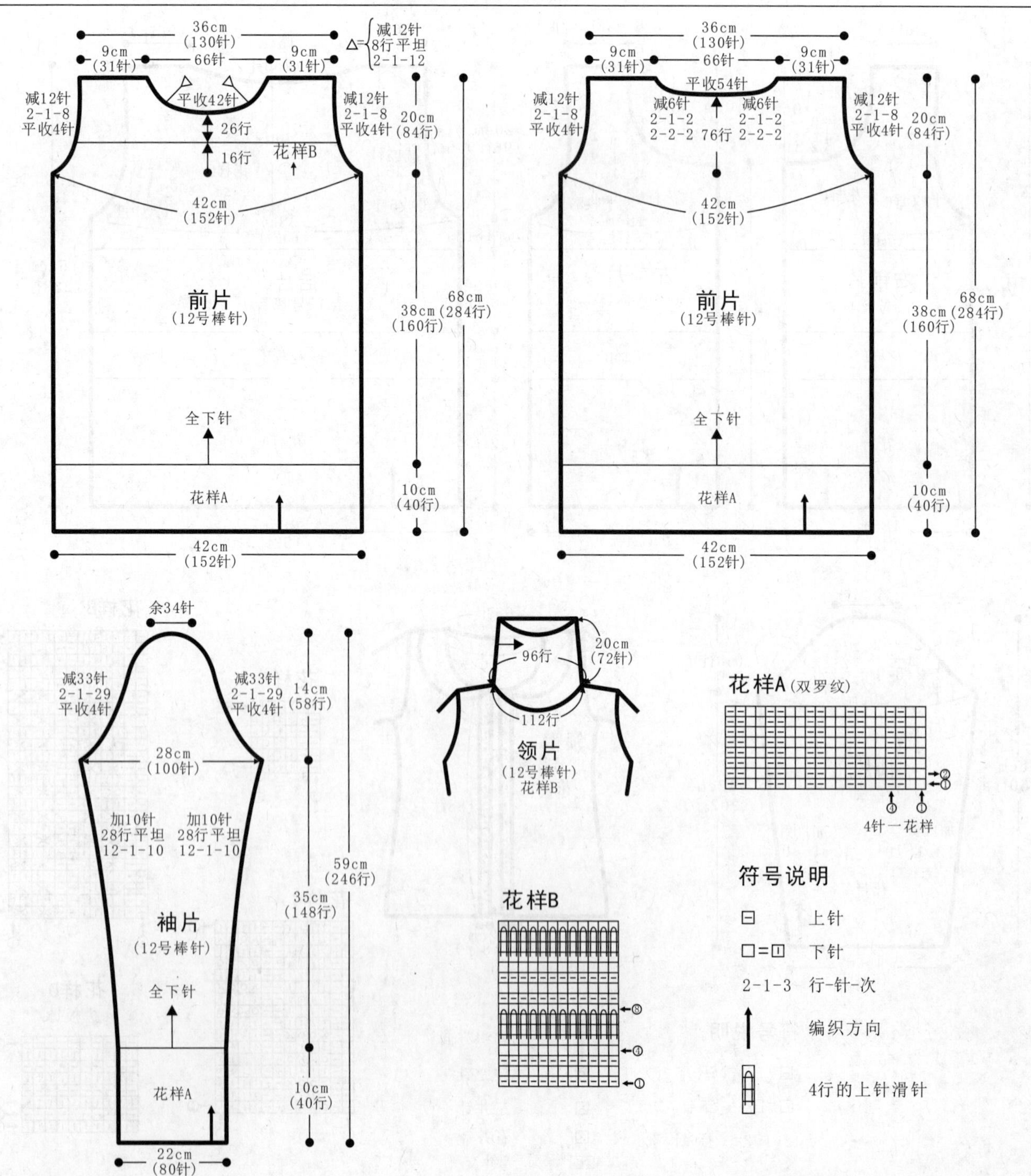

【成品规格】 衣长70cm，衣宽36cm，袖长50cm，袖宽29cm

【工　　具】 10号棒针

【编织密度】 30.6针×31行=10cm²

【材　　料】 绿色羊毛线600g

编织要点：

1. 棒针编织法，由前片1片、后片1片、袖片2片。从下往上编织。

2. 前片的编织。双罗纹起针法，起110针，起织花样A双罗纹针，不加减针，编织20行的高度。继续编织，将110针分配成3组花样B，两侧进行袖窿减针。两侧缝减针，74-1-1，18-1-1，不加减针再织50行后，至袖窿。袖窿以上的编织。两侧进行袖窿减针，各收6针，然后2-1-8，当织成袖窿算起8行的高度时，下一行的中间平收6针，织片分成两半，各自编织。以右片为例。内侧不加减针，左侧进行袖窿减针，织成22行的高度时，进入前衣领边减针，领边平收4针，然后2-2-8，不加减针再织12行后，至肩部，余下16针，收针断线。用相同的方法，相反的减针方法，去编织另一边。

3. 后片的编织。后片袖窿以下的织法与前片完全相同，不再重复说明，袖窿减针与前片相同，当织成54行的高度时，下一行作后衣领减针，中间平收42针，两边减针，2-1-2，至肩部余下16针，收针断线。

4. 袖片的编织，单罗纹起针法，起70针，起织花样A，织30行，下一行编织花样B，两袖侧缝进行加针，10-1-10，织成100行，至袖窿减针，两边平收6针，然后2-1-23，织成46行的高度，余下32针，收针断线，用相同的方法去编织另一袖片。

5. 拼接，将前片的侧缝与后片的侧缝对应缝合，将前后片的肩部对应缝合，再将两袖片与衣身袖窿线对应缝合。

6. 领片的编织。沿着前后衣领边和前开襟边，不含收针的6针，挑出132针，来回编织，织成12行后，收针断线。将开襟的侧边重叠，与衣身上收针的6针边进行缝合。衣服完成。

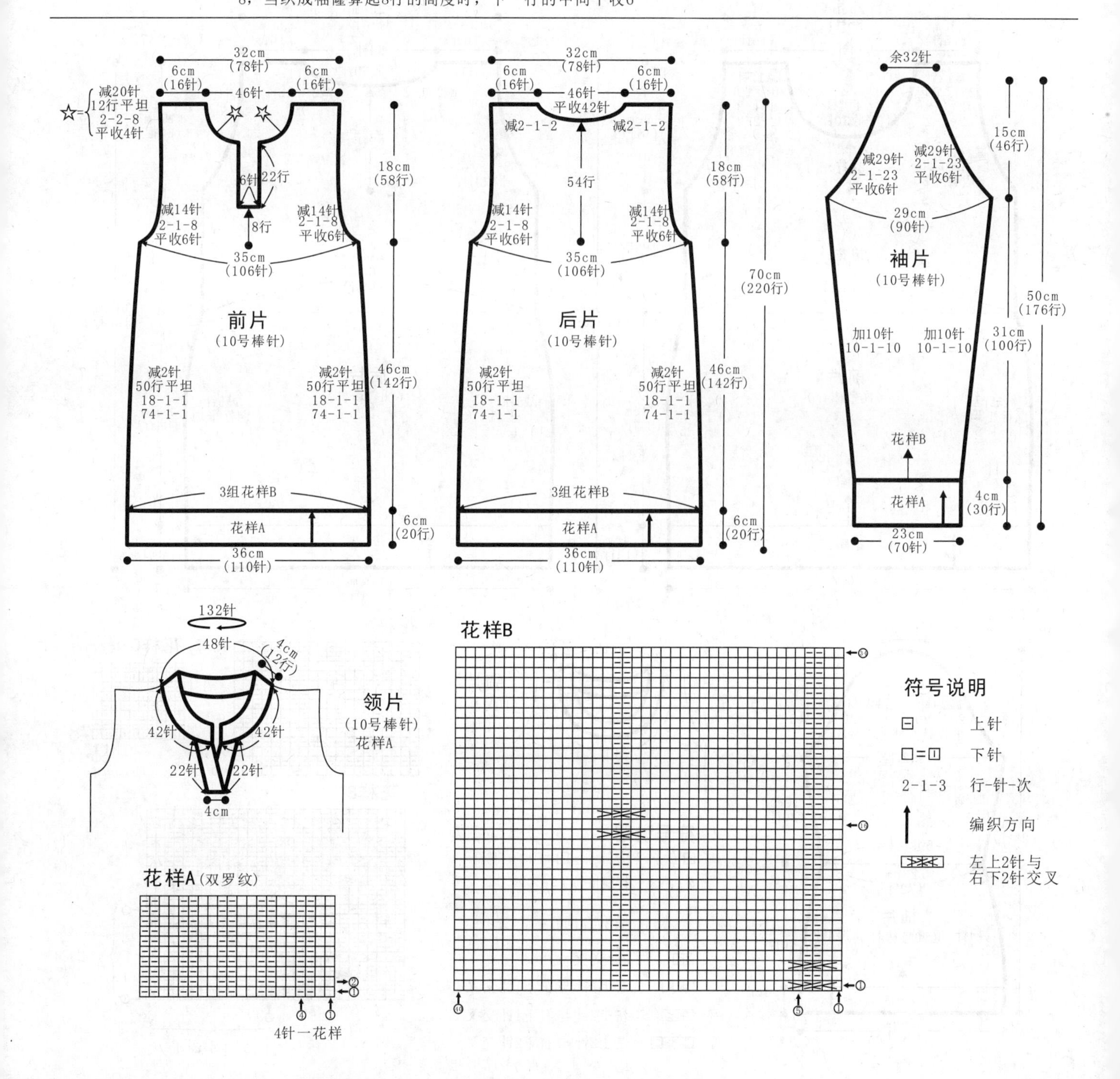

【成品规格】 衣长60cm，衣宽50cm，肩宽29cm
袖长39cm，袖宽26cm

【工　　具】 10号棒针

【编织密度】 31.66针×31.25行=10cm²

【材　　料】 紫色羊毛线600g

编织要点：

1. 棒针编织法，由前片1片、后片1片、袖片2片组成。从下往上织起。
2. 前片的编织。一片织成。下针起针法，起124针，起织花样A，织成14行，下一行起，全织下针，并在两侧缝上进行减针编织，14-1-5，织成70行，不加减针，再织14行，改织8组花a，不加减针，编织40行，至袖窿。袖窿起减针，两侧同时平收4针，然后2-1-10，当织成袖窿算起30行时，中间平收30针，两边进行领边减针，2-2-2，2-1-8，再织10行后，至肩部，余下16针，收针断线。
3. 后片的编织。袖窿以下的织法与前片完全相同，袖窿起减针，方法与前片相同。当袖窿以上织成56行时，下一行中间平收50针，两边减针，2-1-2，至肩部余下16针，收针断线。
4. 袖片的编织。袖片从袖口起织，下针起针法，起80针，起织花样A，不加减针，往上织14行的高度，第15行起，全织下针，并进行袖侧缝减针，8-1-4，织成32行，再织8行后，下一行改织5组花a，两袖侧缝进行加针，6-1-5，织成30行，至袖窿。下一行起进行袖山减针，两边同时收针，收掉4针，然后每织2行减1针，共减20针，织成40行，最后余下34针，收针断线。用相同的方法去编织另一袖片。
5. 拼接，将前片的侧缝与后片的侧缝和肩部对应缝合，再将两袖片的袖山边线与衣身的袖窿边对应缝合。
6. 领片的编织，沿着前后领边，挑出124针，起织花样C，不加减针织8行的高度，收针断线。衣服完成。

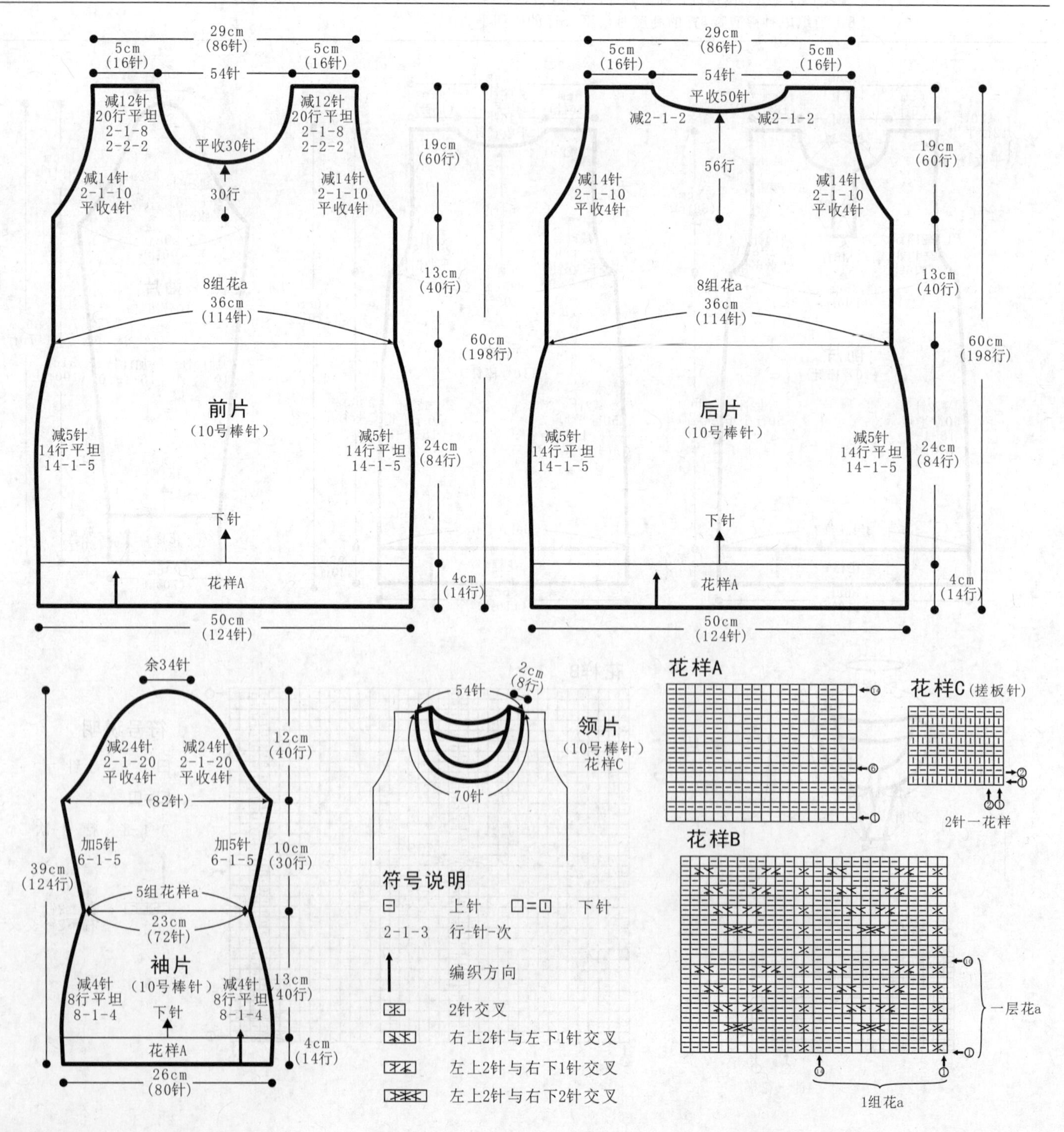

208

【成品规格】 衣长56cm，胸围78cm，袖长54cm

【工　　具】 9号棒针

【编织密度】 29.3针×40行=10cm²

【材　　料】 羊毛线500g，纽扣9枚

编织要点：

1. 整件衣服从下向上编织，分为1个后片、2个前片和2个袖片，领襟和领子另外挑针编织。

2. 后片起162针，编织花样A32行，然后均匀减针至98针，编织花样B82行，两侧侧缝加针如下，32-1-1，16-1-1，12-1-2，10行平坦，收袖窿，方法为平收4针，2-1-5，4-1-1，两边各减10针，织54行，后领中间平收40针，两边减针2-1-2，两边肩部各留21针。

3. 2个前片编织方法相同，方向相反，起84针，编织花样A32行，然后均匀减针至50针，开始编织花样B，在门襟处编织花样C，侧缝减针方法跟后片相同，袖窿收针方法跟后片相同，靠领襟这边织到142行收领子，领边收针方法为平收13针，1-1-5，2-1-3，4-1-2，两边各减23针，肩部留21针，跟后片肩部相对收针。

4. 袖片编织，袖口起84针，编织花样A9行，然后均匀减针至52针，两边侧缝加针，方法为8-1-6，10-1-5，织105行后收袖山，收针方法为平收4针，4-1-1，6-1-4，2-1-5，1-1-8，织52行余30针，收针。

5. 衣片和袖片的缝合，将前片和后片的侧缝缝合，再将袖片跟衣服缝合。

6. 领襟编织，在前片衣襟挑针织搓板针8行收针，右边门襟平均留9个扣眼。领边挑42针，后领挑55针，另一侧挑针方法相同，织搓板针，织3cm收针。

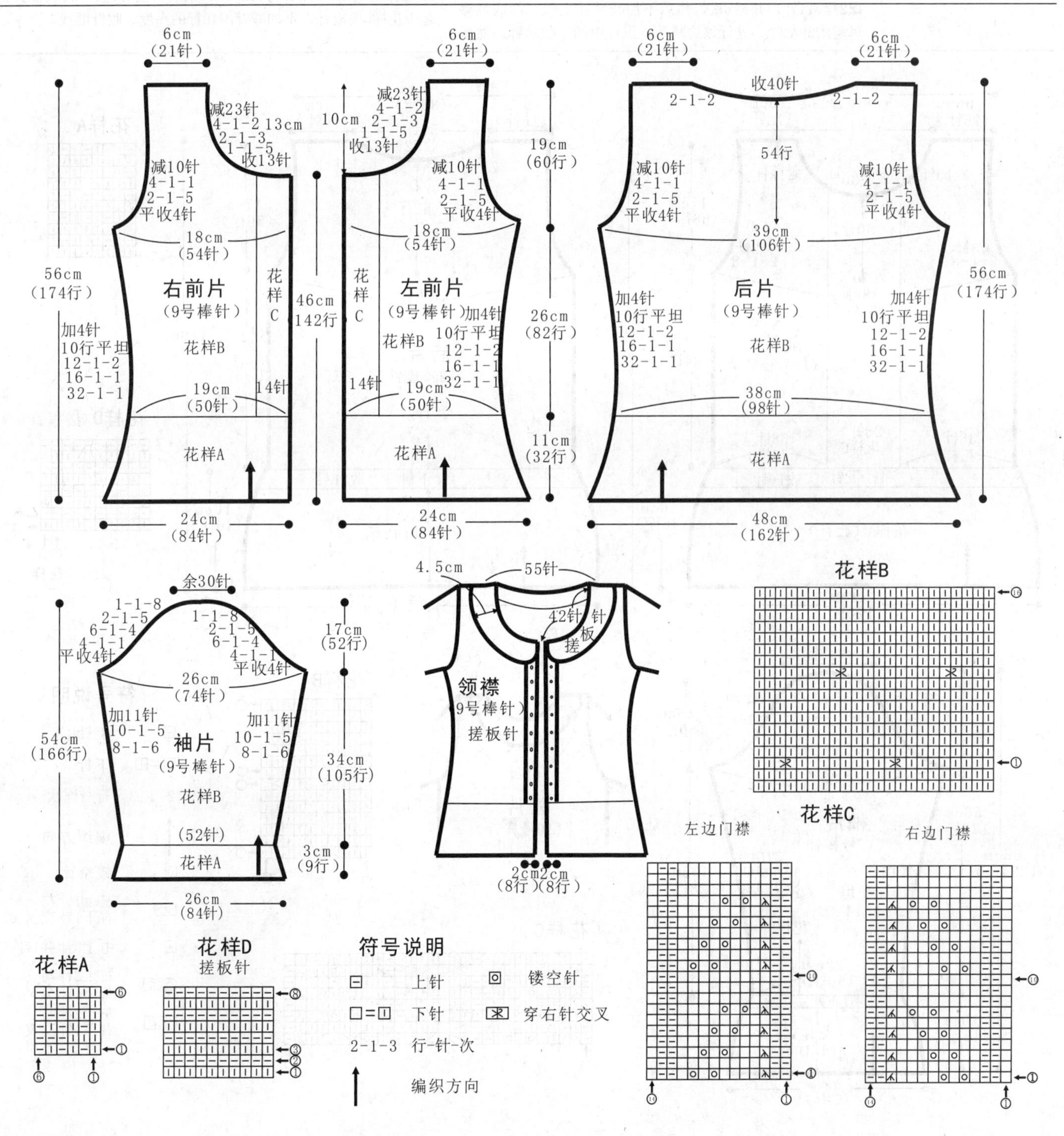

209

【成品规格】 衣长54cm，胸围76cm，袖长66cm

【工　　具】 10号、12号棒针

【编织密度】 27.3针×31.8行=10cm²

【材　　料】 砖红色棉线600g

编织要点：

1. 棒针编织法，由前片1片、后片1片、袖片2片组成。从下往上织起。

2. 前片的编织。一片织成。起针，下针起针法，起120针，编织花样A，不加减针，织42行的高度，而后改织下针共4行，完成衣摆编织。下一行起收16针，依照结构图分配的花样针数进行编织，不加减针，编织84行的高度，至袖窿。袖窿以上的编织。下一行起，两侧同时减针，每织2行减1针，共减8次，然后不加减针往上织，织成袖窿算起的30行时，进行领边减针，织片中间平收30针，然后两边每织2行减1针，共减13次，至肩部，余下16针，收针断线。

3. 后片的编织。下针起针法，起120针，编织花样A，不加减针，织42行的高度，而后织4行下针，第47行起，全织花样B，不加减针往上编织成84行的高度，至袖窿，然后袖窿起减针，方法与前片相同。当袖窿以上织成52行时，下一行中间平收52针，两边减针，2-1-2，肩部余下16针，收针断线。

4. 袖片的编织。袖片从袖口起织，下针起针法，起64针，分配成花样A，不加减针，往上织42行的高度，再织4行下针。下一行起收4针，全织花样B，两边袖侧缝进行加针，每织8行加1针，共加14次，再织16行，至袖窿。下一行起进行袖山减针，两边同时减针，然后每织2行减1针，共减25次，织成50行，最后余下38针，收针断线。用相同的方法去编织另一袖片。

5. 拼接，将前片的侧缝与后片的侧缝对应缝合，将前后片的肩部对应缝合，再将两袖片的袖山边线与衣身的袖窿边对应缝合。

6. 领片的编织，用10号棒针织，沿着前后领边，挑出122针，起织花样D搓板针，不加减针织16行的高度，收针断线。

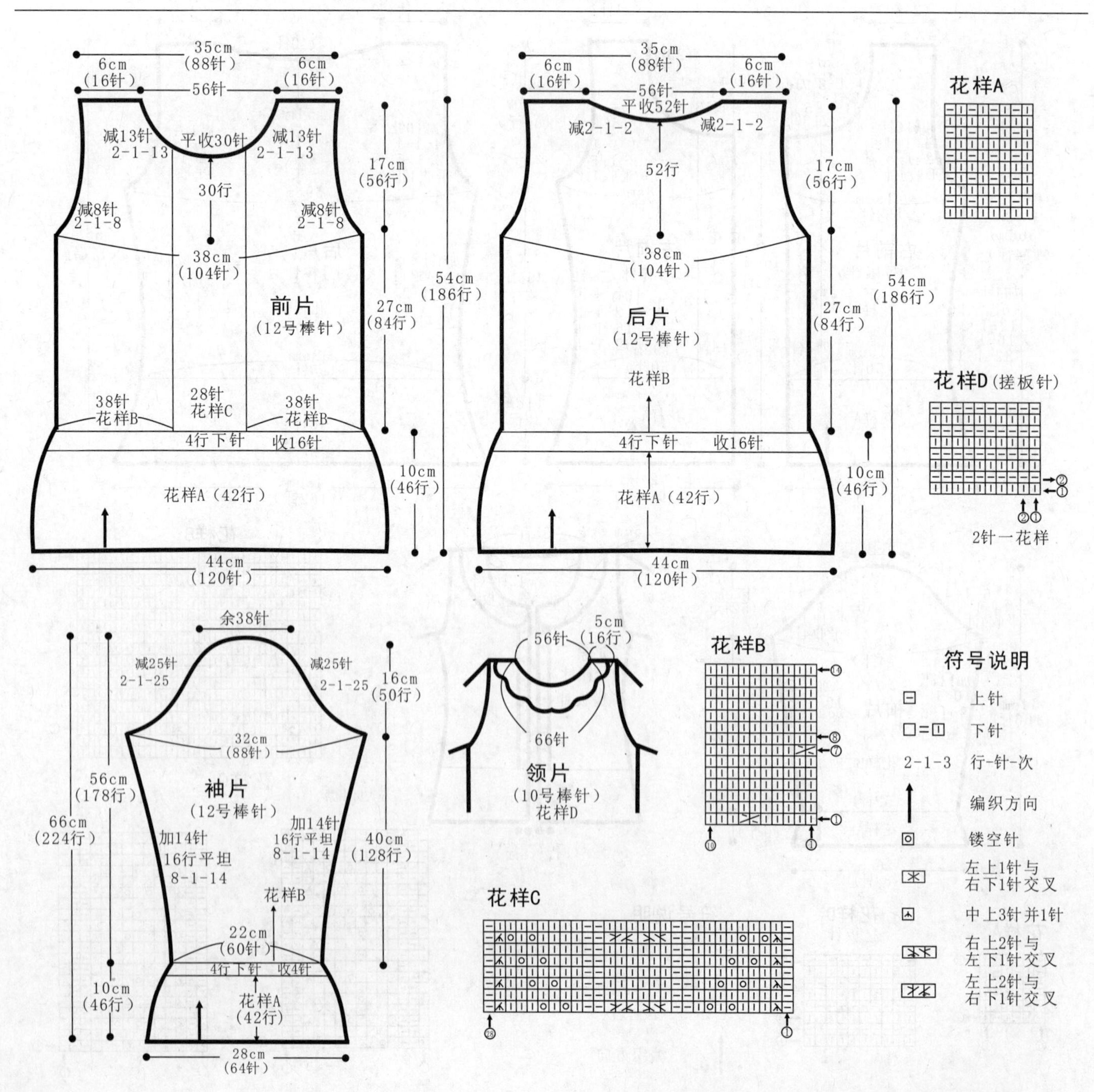

210

【成品规格】 衣长66cm，胸围80cm，肩连袖长54cm

【工　　具】 10号棒针

【编织密度】 30.2针×31.2行=10cm²

【材　　料】 灰色夹花棉线600g

编织要点:

1. 棒针编织法，衣身片分为前片和后片，分别编织，完成后与袖片缝合而成。
2. 起织后片，双罗纹针起针法起135针，织花样A，织44行，改织全下针，两侧一边织一边减针，方法为30-1-1，12-1-3，织至164行，织片余下127针，左右两侧各收4针，然后减针织成插肩袖窿，方法为2-1-24，织至212行，织片余下71针，收针断线。
3. 起织前片，双罗纹针起针法起135针，织花样A，织44行，改为下针与花样B组合编织，中间织51针花样B，两侧各织42针下针，织至74行，织片两侧各留起21针暂时不织，中间93针继续往上编织口袋片，两侧减针，方法为2-1-10，织至94行，织片余下73针，用防解别针扣起暂时不织。
4. 另起线从前片内侧衣摆花样A的上边沿挑针起织，挑起135针织全下针，两侧一边织一边减针，方法为30-1-1，12-1-3，织至94行，第95行将口袋片留起的73针与织片对应合并编织，织至164行，织片余下127针，左右两侧各收4针，然后减针织成插肩袖窿，方法为2-1-24，织至188行，第189行中间平收45针，两侧减针织成前领，方法为2-1-12，织至212行，两侧各余下1针，收针断线。
5. 将前片与后片的侧缝缝合，前片及后片的插肩缝对应袖片的插肩缝缝合。
6. 沿口袋两侧袋口边沿挑针织花样A，织6行后，双罗纹针收针法收针断线。

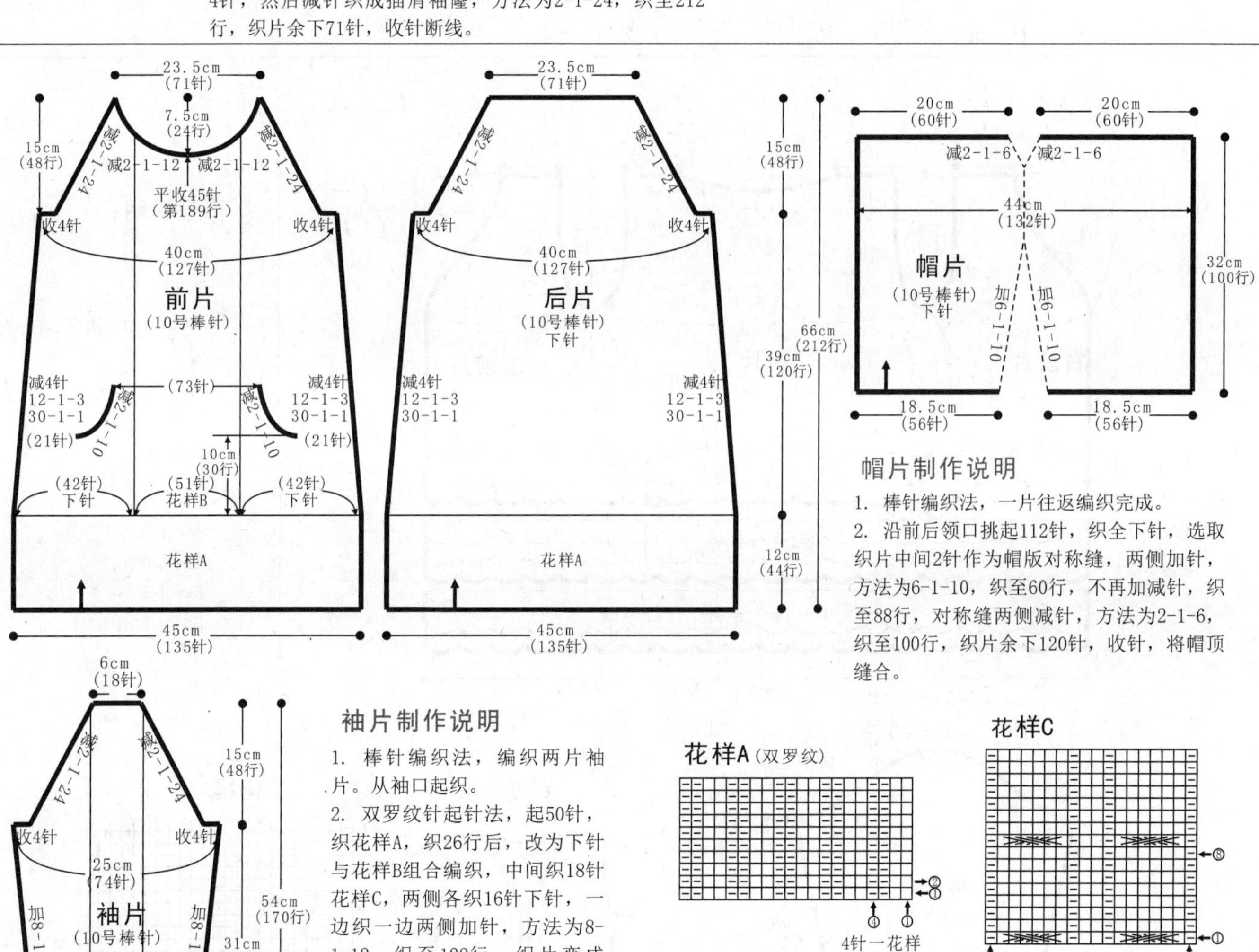

帽片制作说明

1. 棒针编织法，一片往返编织完成。
2. 沿前后领口挑起112针，织全下针，选取织片中间2针作为帽版对称缝，两侧加针，方法为6-1-10，织至60行，不再加减针，织至88行，对称缝两侧减针，方法为2-1-6，织至100行，织片余下120针，收针，将帽顶缝合。

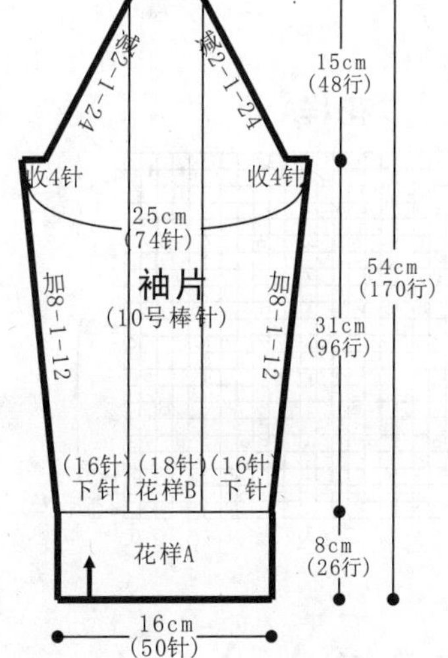

袖片制作说明

1. 棒针编织法，编织两片袖片。从袖口起织。
2. 双罗纹针起针法，起50针，织花样A，织26行后，改为下针与花样B组合编织，中间织18针花样C，两侧各织16针下针，一边织一边两侧加针，方法为8-1-12，织至122行，织片变成74针，两侧各平收4针，接着减针编织插肩袖山，方法为2-1-24，织至170行，织片余下18针，收针断线。
3. 用同样的方法编织另一袖片。
4. 将两袖片侧缝对应缝合。

花样A（双罗纹）

4针一花样

花样C

花样B

符号说明

⊟	上针
□=⊡	下针
2-1-3	行-针-次
	左上4针与右下4针交叉
	右上4针与左下4针交叉
	左上3针与右下3针交叉
	右上3针与左下3针交叉

211

【成品规格】 衣长60cm，胸围90cm，袖长50cm

【工　　具】 12号棒针，1.75mm钩针

【编织密度】 27针×36行=10cm²

【材　　料】 竹棉线绿色500g,白色30g

编织要点:

1.整件衣服从下向上编织，袖窿以下一片编织而成。袖窿以上分成左前片、右前片、后片各自编织。领襟边另外挑针钩织。

2.下摆起针，先用白色线起织，起240针，织2行花样A中的第1行和第2行花样，然后第3行起，织镂空花样，织成3层。共32行。再用另一根针，用相同的方法起针，织成第一层花样后，将两片的针并在一起，作一行编织。往上再织2层花样后，再用相同的方法起针，当织成第一层花样后，再将两片的针并为一行，继续往上编织。再织一层花样后，完成下摆的编织。下一行起，全织下针，并分片减针，后片选120针，左右前片各选60针，前片与后片的腋下侧缝的2针上进行加减针，先减针，10-1-4，一行共减少4针，织成40行，减4次针后，进入加针编织，8-1-4，加针行织成32行，至袖窿，袖窿起分片编织。进入下一行。

3.下一步分片编织。后片120针，前片与后片的袖窿部平收11针，即后片两侧各收5针，再减针，2-1-5，两侧各减少10针，不加减针再织44行后，下一行织衣领边，中间选30针收针，两侧减针，2-1-5，两肩部余下30针，收针断线。

4.前片的编织。以左前片为例，袖窿起减针，先收针6针，然后2-1-5，减少11针，减袖窿的同时，进行前衣领减针，2-1-2，不加减再织2行，这步骤重复织9次，共减少18针，织成54行，接着2-1-1，再减少1针，最后不加减针再织8行至肩部，余30针，收针断线。将前后片对应的肩部对应缝合。

5.袖片的编织。用白色线，起72针，分6个花型编织。织法与衣身的下摆织法相同，将袖口织成三层花型。完成后，往上全织下针，并在袖侧缝上加针，10-1-8，织成80行，至袖山减针，袖窿腋下收针11针，袖山减针2-1-22，织成44行，余下33针，缝合时将33针收皱缩缝合。用相同的方法去制作另一个袖片。

6.最后用1.75mm的钩针，沿着前后衣襟边，钩织花样B。完成后,收针断线。

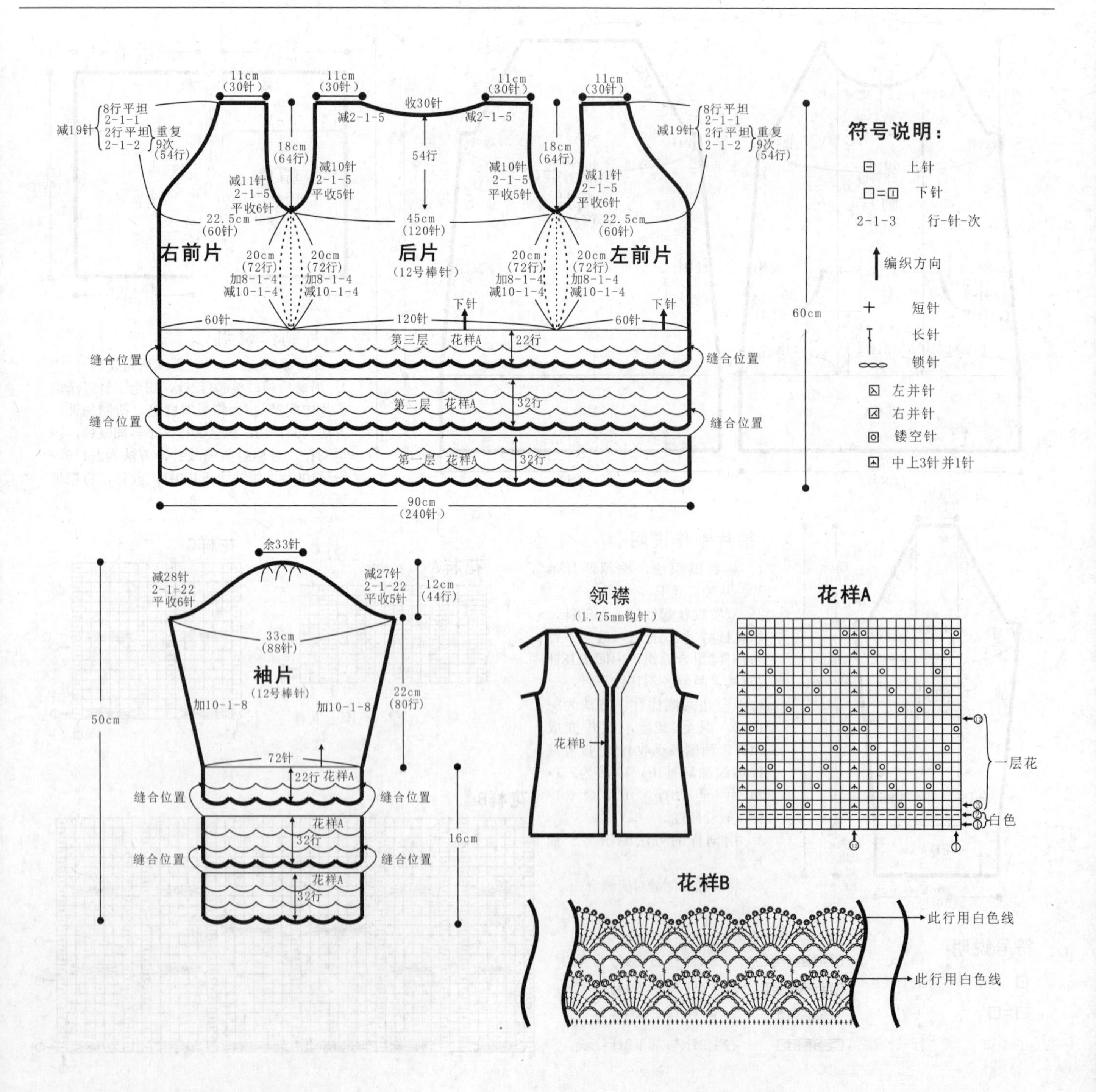

【成品规格】 衣长58cm，胸围72cm

【工　　具】 12号棒针

【编织密度】 46.7针×44行=10cm²

【材　　料】 紫色毛线300g

编织要点：

1. 棒针编织法，由前片1片、后片1片组成，无袖。从下往上织起。
2. 前片的编织。一片织成。起针，双罗纹起针法，起168针，编织花样A双罗纹针，不加减针，织26行的高度，袖窿以下的编织，第27行起，依照花样B分配好花样，一行共21组，不加减针，织成128行的高度，至袖窿。袖窿以上的编织，第154行时，两侧各取4针编织花样C搓板针，搓板针内侧第1针上，进行减针编织，2-1-4，然后不加减针编织。织成袖窿算起的64行时，进行领边减针，织片中间平收72针，然后两边每织2行减3针，共减2次，然后每织2行减2针，共减8次，再织16行后，至肩部，余下22针，收针断线。
3. 后片的编织。双罗纹起针法，起168针，编织花样A双罗纹针，不加减针，织26行的高度，然后第27行起，全织下针，不加减针往上编织成128行的高度，至袖窿，然后袖窿起减针，方法与前片相同。当袖窿以上织成92行时，中间平收104针，两边相反方向减针，依次是2-2-2，2-1-2，两肩部各余下22针，收针断线。
4. 拼接，将前片的侧缝与后片的侧缝对应缝合，将前后片的肩部对应缝合。
5. 领片的编织，领片是编织一长织片，然后将中间段与领边进行缝合，两端长出来的部分作前片系带。织片起10针，起织花样D单罗纹针，编织适当长度后收针，将中间段缝合于领边。衣服完成。

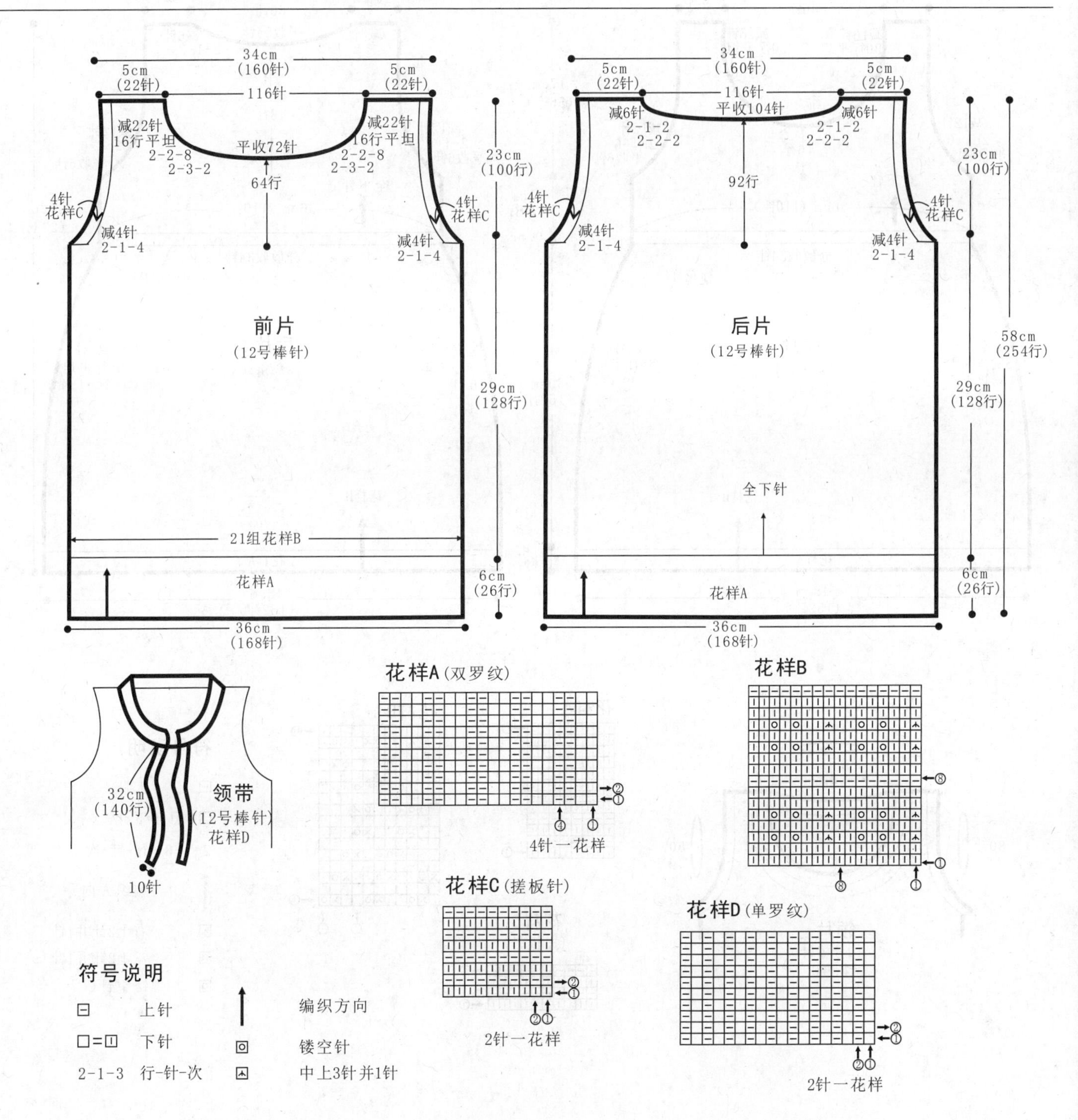

213

【成品规格】 衣长52cm，胸围72cm

【工　　具】 12号棒针

【编织密度】 30针×33行=10cm²

【材　　料】 羊毛线300g

编织要点：

1. 整件衣服由后片和前片组成，从下往上编织。
2. 后片起152针，编织花样A12行，再编织花样B，同时在侧缝处减针，左右侧缝减针方法为16-1-4，88行平坦，各减4针，织152行后织4行花样C，分散收34针，衣身上部为全下针，织10行后收袖窿，减针方法为平收6针，2-1-6，左右袖窿各减12针，织到第48行开始留后领窝，方法为中间平收54针，两侧减针，2-2-2，2-1-2，各减6针，左右边减针方法相同，左右肩部各留10针。
3. 前片起152针，编织花样A12行，再编织花样B，侧缝减针方法跟后片相同，织152行后织4行花样C，衣身上部为全下针，织10行后收袖窿，减针方法跟后片相同，织16行开始留前领窝，中间平收34针，两侧减针方法为2-2-6，2-1-4，20行平坦，左右边减针方法相同，左右肩部各留10针。
4. 将前后片肩部相对缝合，衣片侧缝缝合。
5. 挑织衣领，将后片衣领挑起62针，前片衣领挑起86针，环形编织花样C6行后收针。左右袖窿各挑80针编织花样C6行后收针断线。整件衣服编织结束。

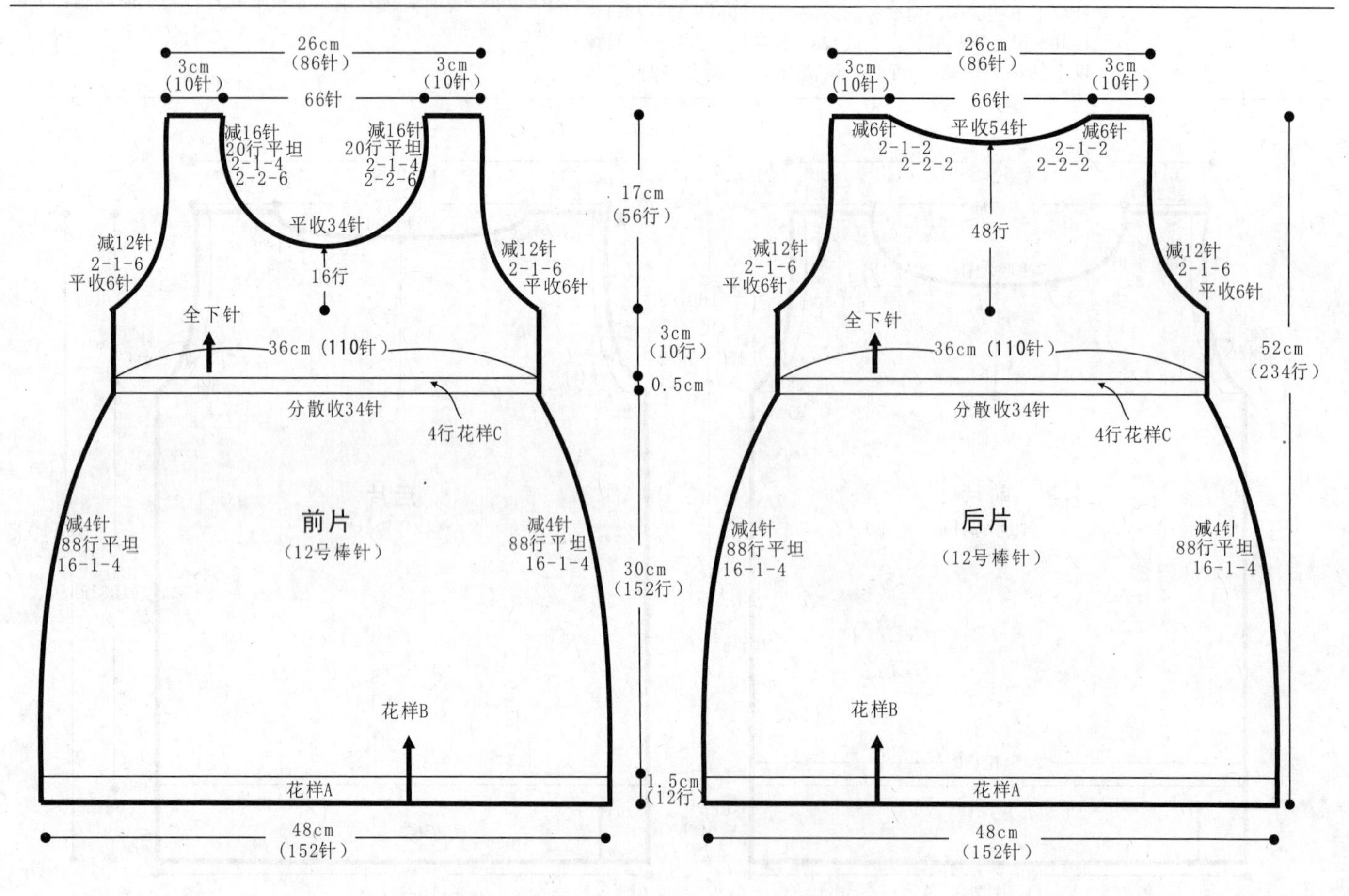

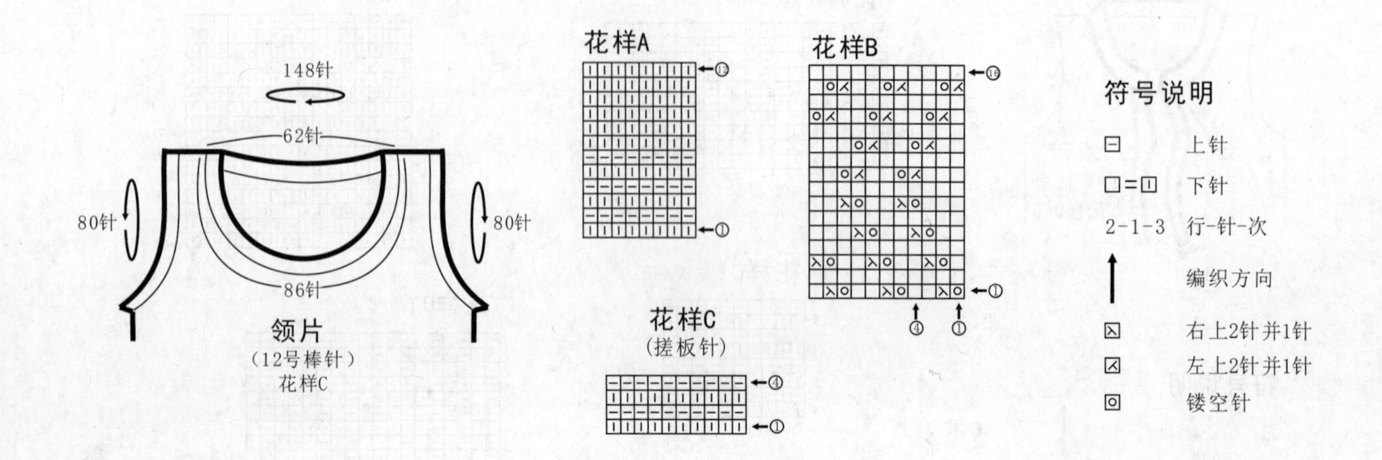

214

【成品规格】 衣长54cm，胸围86cm，袖长62cm

【工　　具】 10号、12号棒针

【编织密度】 28针×30行=10cm²

【材　　料】 红色棉线500g

编织要点:

1. 棒针编织法，由前片1片、后片1片、袖片2片组成。从下往上织起。

2. 前片的编织。一片织成。起针，下针起针法，起146针，全织下针，并在两侧缝上进行减针编织，6-1-13，织成78行，不加减针，再织32行至袖窿。袖窿起减针，两侧同时平收6针，然后2-1-26，当织成袖窿算起24行时，将织片一分为二，各自编织，并进行领边减针，2-2-14，与袖窿减针同步进行，直至余下1针，收针断线。

3. 后片的编织。袖窿以下的织法与前片完全相同，袖窿起减针，方法与前片相同。当袖窿以上织成52行时，余下56针，将所有的针数收针。

4. 袖片的编织。袖片从袖口起织，下针起针法，用10号棒针，起76针，全织下针，不加减针，往上织36行的高度，第37行起，改用12号棒针编织，全织下针，不加减针，编织98行的高度，至袖窿。下一行起进行袖山减针，两边同时收针，收掉6针，然后每织2行减1针，共减26针，织成52行，最后余下12针，收针断线。用相同的方法去编织另一袖片。

5. 拼接，将前片的侧缝与后片的侧缝对应缝合，再将两袖片的袖山边线与衣身的袖窿边对应缝合。

6. 领片的编织，用12号棒针织，沿着前后领边，挑出140针，起织花样A单罗纹针，不加减针织4行的高度，收针断线。衣服完成。

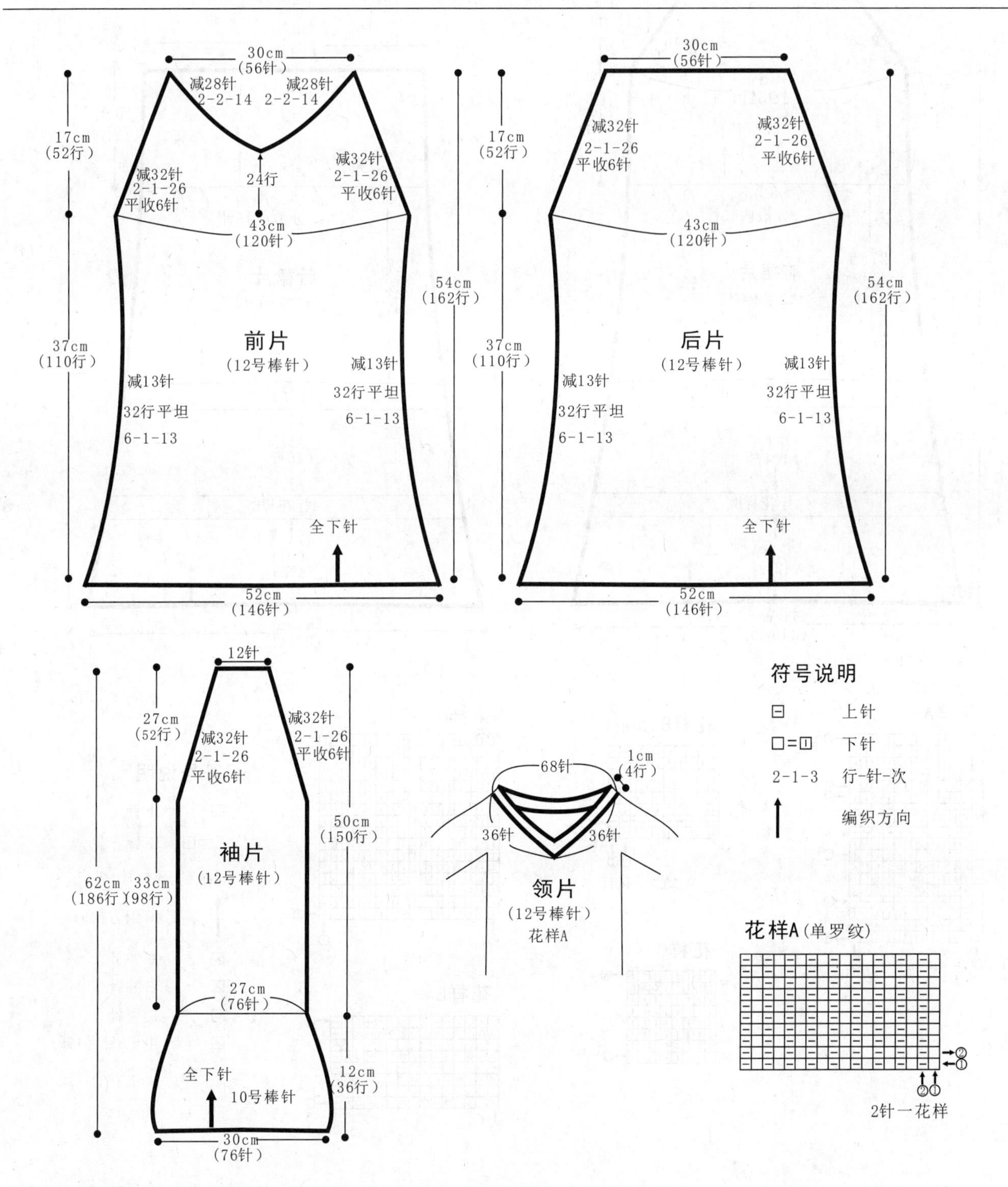

215

【成品规格】 衣长68cm，胸围76cm

【工　　具】 12号棒针

【编织密度】 44针×53.8行=10cm²

【材　　料】 蓝色段染丝光棉线600g

编织要点：

1. 棒针编织法，从下往上织，一片编织而成。
2. 起织，从裙摆起织，起480针，首尾连接，环织。起织花样A，不加减针，编织42行的高度，改织花样B，共4行，然后改织花样C，不加减针，织成40行的高度，而后改织花样D，共16行，下一行起，全织下针，不加减针，织成120行的高度时，在最后一行里，分散收针，每织5针并1针，将针数减少90针，余下390针，改织花样E，分配花样E编织，不加减针，编织72行的高度。开始分片。取前片195针，继续编织。后片195针，收针断线。
3. 继续编织前片，两侧缝进行减针，每织2行减1针，减36次，织成72行的高度，余下123针，将所有的针数收针，断线。
4. 最后用2段绳子，系于前片上侧边两个角与后片两端位置。衣服完成。

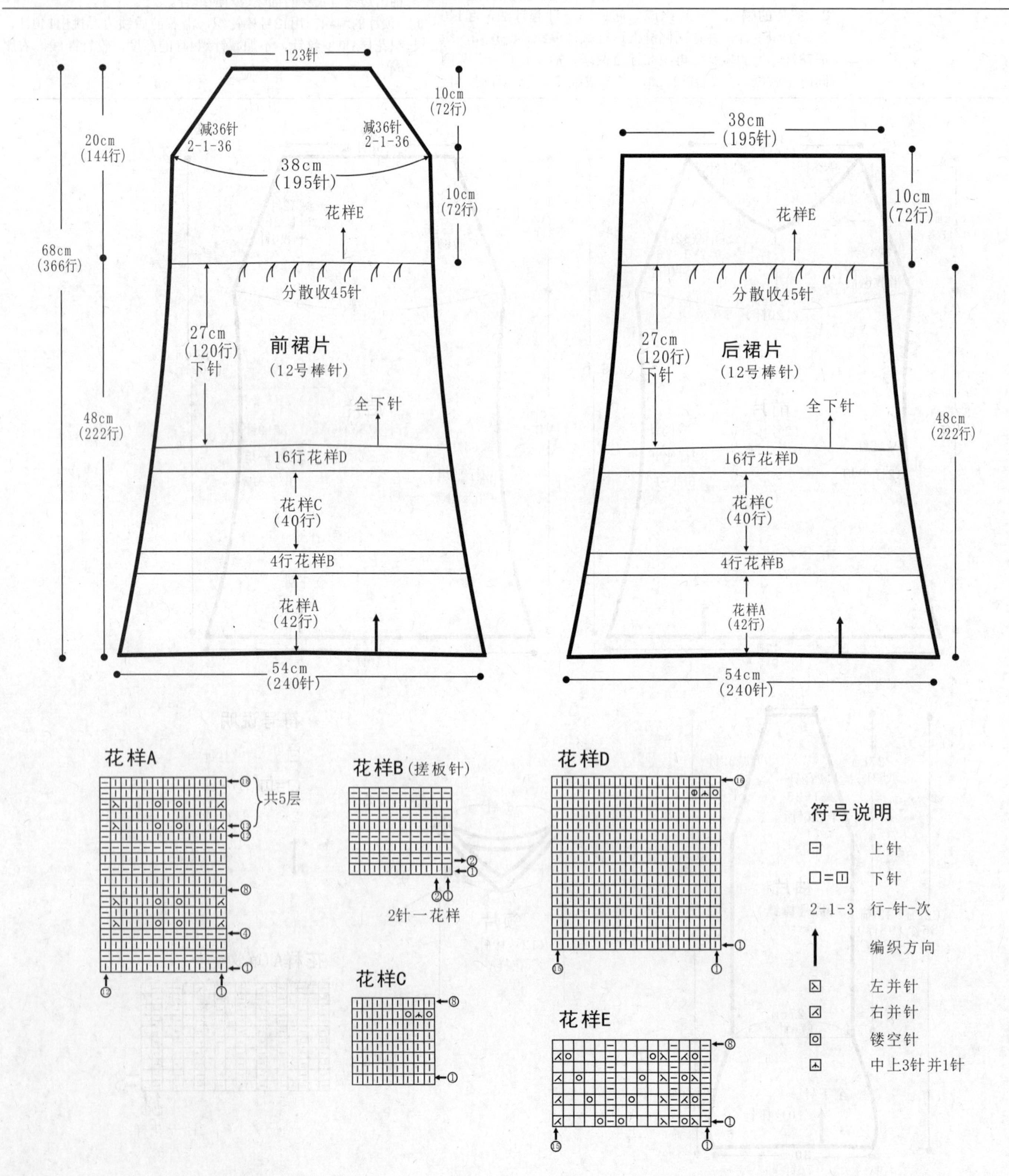

216

【成品规格】衣长52cm，胸围108cm，袖长37cm

【工　　具】10号棒针

【编织密度】24.2针×29行=10cm²

【材　　料】深褐色棉绒线650g

编织要点：

1. 棒针编织法，从下往上编织。分成前片、后片、袖片2片。

2. 前片与后片的织法完全相同，以前片为例。双罗纹起针法，起90针，起织花样A双罗纹针，不加减针，编织36行的高度。下一行起，依照结构图分配的花样针数进行编织。不加减针，编织16行的高度后，两侧同时减针。8-1-2，4-1-6，2-1-17，减少25针，织成74行减针行。余下40针，收针断线。用相同的方法去编织后片。

3. 袖片的编织。从袖口起织，双罗纹起针法，起90针，起织花样D搓板针，共6行，然后依照袖片结构图分配的花样针数进行编织。并在两边同时减针编织，8-1-2，4-1-6，2-1-17，顺序减针，减少25针，余下40针，收针断线。用相同的方法去编织另一边袖片。

4. 缝合。将前片与后片的侧缝对应缝合。将两袖片的袖山线与衣身的袖窿线对应缝合。

5. 领片的编织。沿着前后领边，以左侧肩线中间为开口，挑出144针一圈，来回编织，不加减针，编织64行的双罗纹。完成后，收针断线。

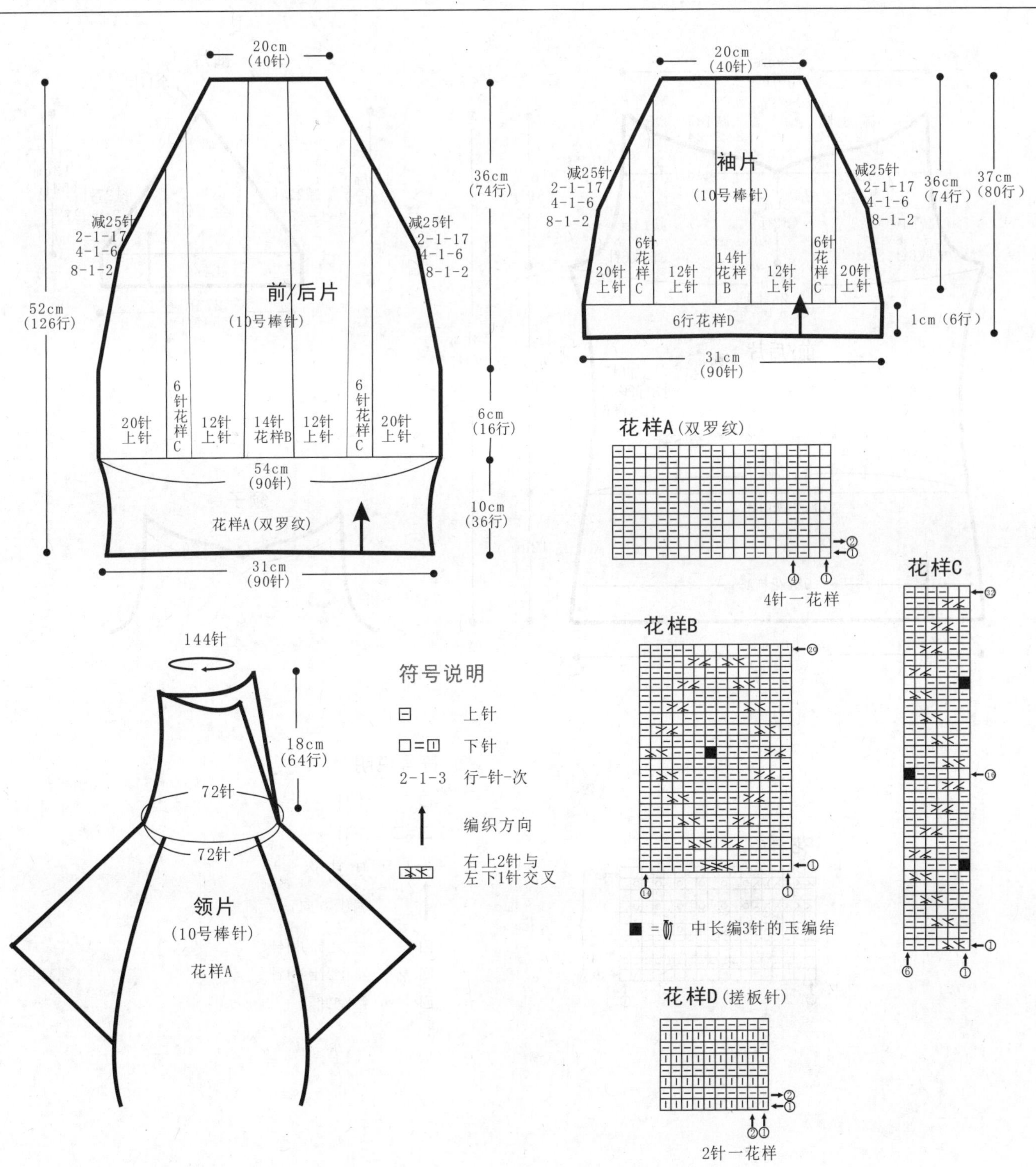

217

【成品规格】 衣长53cm，胸围74cm，袖长17cm

【工　　具】 12号棒针

【编织密度】 33.5针×42行=10cm²

【材　　料】 黑色丝毛线300g

编织要点：

1. 整件衣服由两个衣片组成，前、后片织法相同，从下往上编织。
2. 衣片起162针，织9组花样A，织54行后分散减50针至112针开始全下针编织，并在衣片两侧加针，加针方法为12-1-6，18行平坦，织90行后开始收袖窿，收针方法为平收6针，2-1-8，两侧减针方法相同，各收14针，织32行开始领子部位的编织，将针数一分为二，各48针，两半相对减针，减针方法为2-2-24，将针数减完结束。
3. 袖子起54针编织花样A10行，两边侧缝相对减针，减针方法为2-1-27，最后将针数减为1针。
4. 将衣片的侧缝缝合，再将袖片的侧缝和衣片的袖窿处缝合。
5. 挑织衣领，将前后片衣领处挑针编织花样A10行，收针结束。

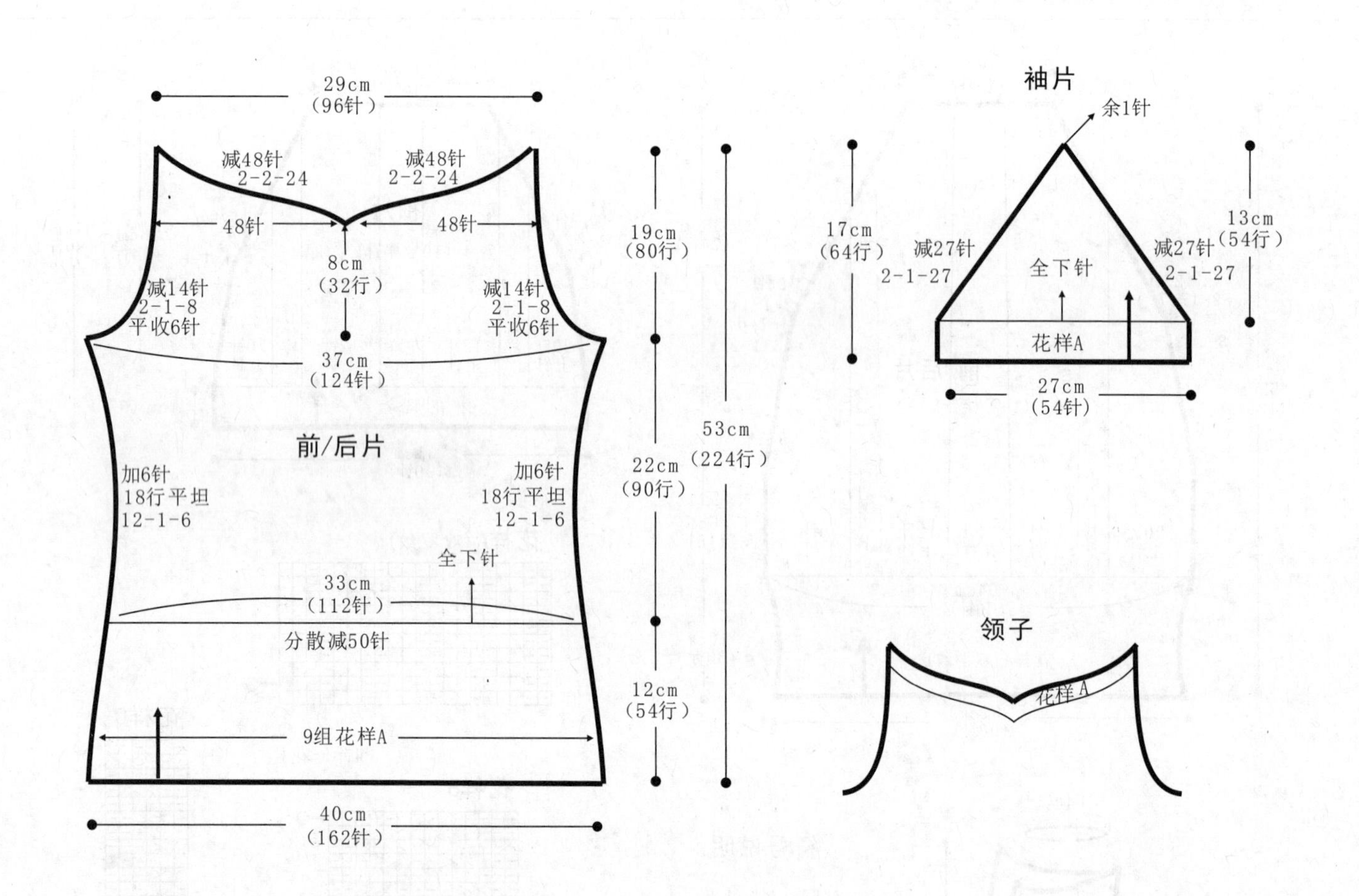

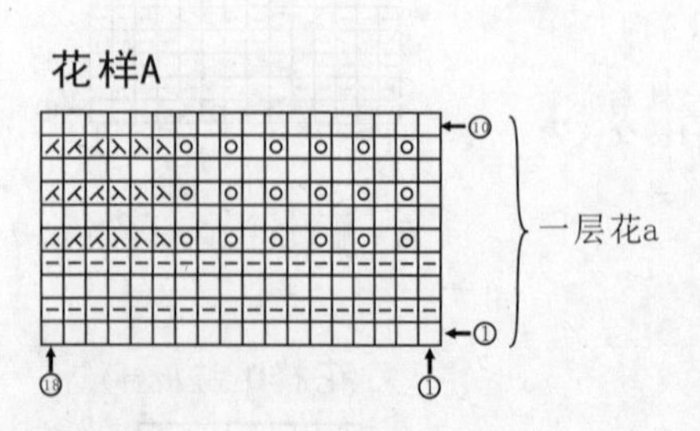

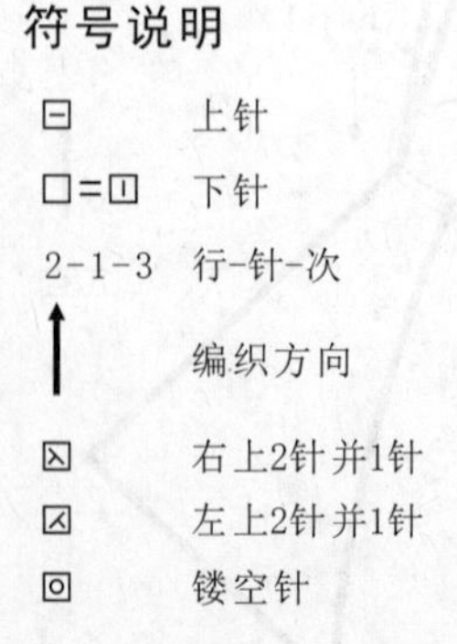

218

【成品规格】衣长65cm，胸围68cm，肩宽30cm，袖长54cm

【工　　具】12号棒针

【编织密度】22.4针×42行=10cm²

【材　　料】蓝色棉线500g，纽扣5枚

编织要点：

1. 棒针编织法，分为前片、后片来编织。从下摆往上织。

2. 起织后片，单罗纹针起针法起112针织花样A，织16行后，改织花样B，织至28行，改为全下针编织，织至162行，改织花样D，织至184行，改织花样E，织至224行，两侧开始袖窿减针，方法为1-4-1，2-1-8，织至273行，中间平收46针，两侧减针，方法为2-2-2，2-1-2，织至280行，两侧肩部各余下15针，收针断线。

3. 起织前片，单罗纹针起针法起112针织花样A，织16行后，改织花样B，织至28行，改为全下针编织，织至162行，改织花样A，织至172行，将织片从中间分开成左右两片分别编织，编织方法相同，方向相反，先织左前片。

4. 分配右前片56针到棒针上，先织6针花样A作为衣襟，再织23针花样C，余下27针织下针，重复往上编织52行，左侧减针织成袖窿，方法为1-4-1，2-1-8，织至64行，右侧减针织成前领，方法为1-12-1，2-2-5，2-1-7，织至108行，肩部余下15针，收针断线。

5. 用相同方法相反方向编织左前片，完成后将前片与后片的两侧缝对应缝合，两肩部对应缝合。

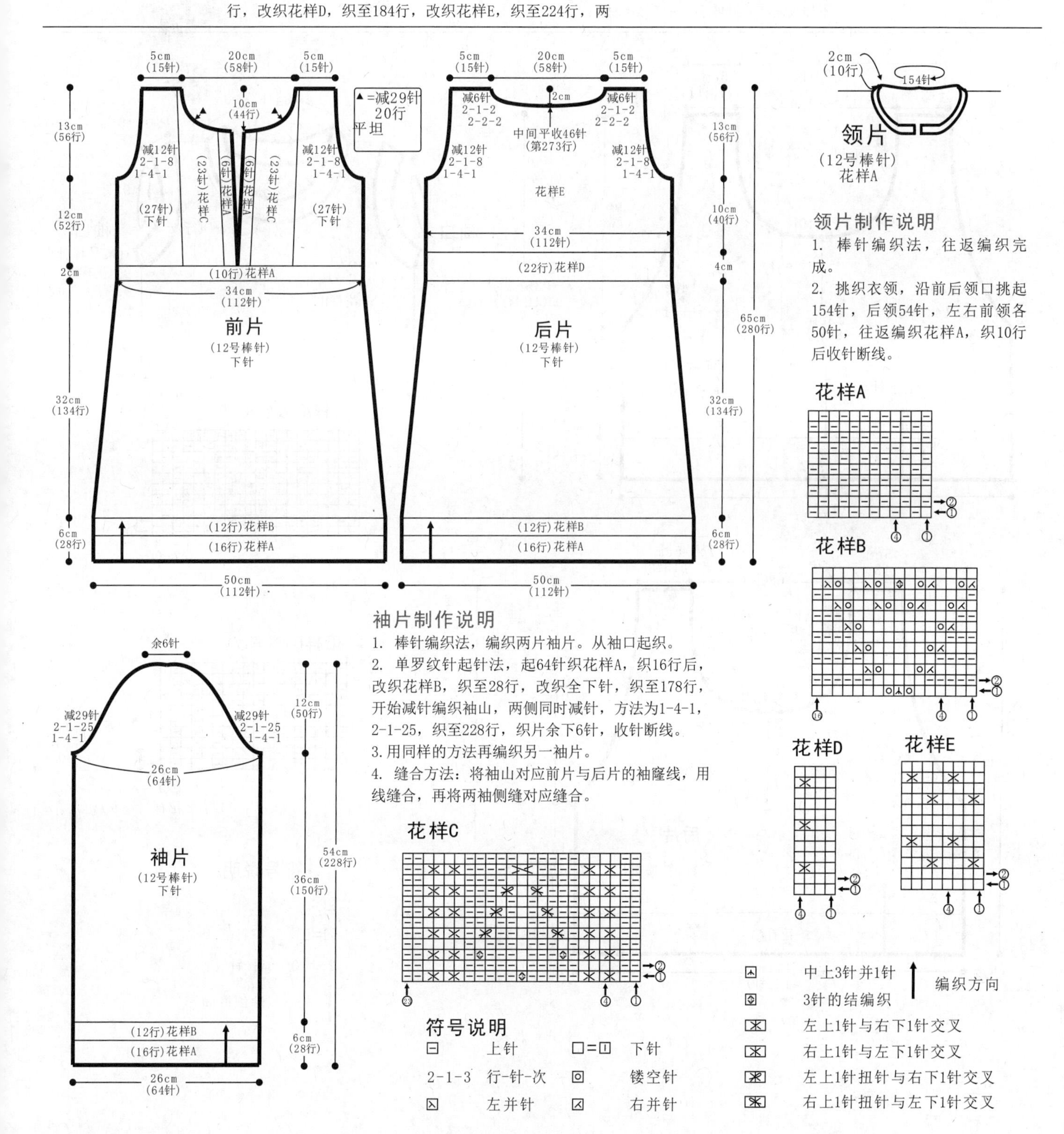

领片制作说明

1. 棒针编织法，往返编织完成。

2. 挑织衣领，沿前后领口挑起154针，后领54针，左右前领各50针，往返编织花样A，织10行后收针断线。

袖片制作说明

1. 棒针编织法，编织两片袖片。从袖口起织。

2. 单罗纹针起针法，起64针织花样A，织16行后，改织花样B，织至28行，改织全下针，织至178行，开始减针编织袖山，两侧同时减针，方法为1-4-1，2-1-25，织至228行，织片余下6针，收针断线。

3. 用同样的方法再编织另一袖片。

4. 缝合方法：将袖山对应前片与后片的袖窿线，用线缝合，再将两袖侧缝对应缝合。

符号说明

- ⊟ 上针
- □=⊡ 下针
- 2-1-3 行-针-次
- ◎ 镂空针
- ⧅ 左并针
- ◿ 右并针
- 中上3针并1针
- 3针的结编织
- 左上1针与右下1针交叉
- 右上1针与左下1针交叉
- 左上1针扭针与右下1针交叉
- 右上1针扭针与左下1针交叉
- ↑ 编织方向

219

【成品规格】 衣长35cm，胸围88cm

【工　　具】 12号棒针

【编织密度】 28针×35行=10cm²

【材　　料】 白色棉线300g

编织要点：

1. 棒针编织法，袖窿以下一片编织而成，袖窿以上分成前片、后片各自编织。

2. 袖窿以下的编织。双罗纹起针法，起244针，起织花样A双罗纹针，不加减针，编织8行的高度。下一行起全织下针，不加减针，编织46行的高度。至袖窿。

3. 袖窿以上的编织。分成前片和后片。前片的编织。前片122针，两侧袖窿减针，2-1-14，当织成袖窿算起34行的高度时，进入前衣领减针，下一行中间平收40针，两边相反方向减针，方法为2-1-14，不加减针，再织8行后，至肩部，余下13针，收针断线。后片的编织。后片122针，两侧袖窿减针，方法与前片相同，当织成袖窿算起38行的高度时，进入后衣领减针，下一行中间平收40针，两边相反方向减针，方法为：2-1-14，不加减针，再织4行后，至肩部，余下13针，收针断线。

4. 拼接，将前片的侧缝与后片的侧缝对应缝合，将前后片的肩部对应缝合。

5. 沿着前后衣领边，挑出172针，编织花样B单罗纹针，织4行后，收针断线。沿着袖窿边，挑出92针，编织花样B，织4行后，收针断线。用相同的方法去编织另一袖口。衣服完成。

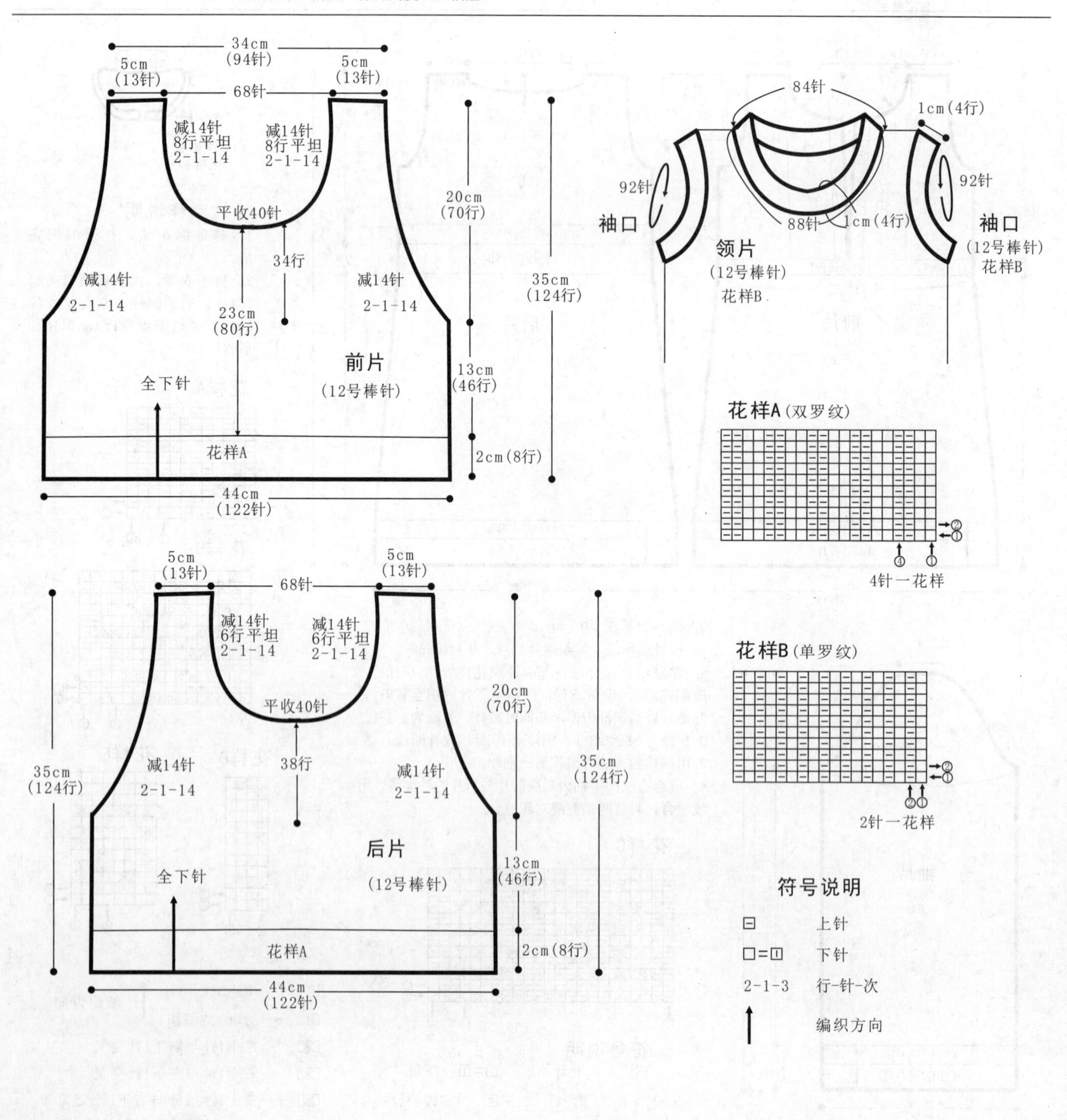

【成品规格】 衣长30cm，衣宽32cm，肩宽26cm，袖长11.5cm，袖宽20cm

【工　　具】 14号棒针

【编织密度】 45.8针×56行=10cm²

【材　　料】 红色丝光棉线300g

编织要点：

1. 棒针编织法，由前片2片、后片1片、袖片2片组成。从下往上织起。

2. 前片的编织。由右前片和左前片组成，以右前片为例。起针，下针起针法，起36针，编织花样B，右前片左侧进行衣摆加针，1-1-16，加出16针，织片加成52针，往上不再加减针，编织42行的高度，进入前衣领减针，4-1-12，当织成14行的高度时，至袖窿。袖窿以上的编织。右侧减针，先平收4针，然后每织2行减1针，共减8次，然后不加减针往上织，当左侧衣领减针完成时，不加减针再织62行后，余下28针，收针断线。用相同的方法，相反的方向去编织左前片。

3. 后片的编织。下针起针法，起144针，编织花样B，不加减针，织72行的高度。至袖窿，然后袖窿起减针，方法与前片相同。当织成袖窿算起88行时，下一行中间将52针收针收掉，两边相反方向减针，2-2-2，2-1-2，两肩部余下28针，收针断线。

4. 袖片的编织。袖片从袖口起织，下针起针法，起96针，起织花样A，不加减针，往上织12行的高度，第13行起，分配成花样B编织，在两袖山减针，先平收4针，2-1-30，织成60行，最后余下28针，收针断线。用相同的方法去编织另一袖片。

5. 拼接，将前片的侧缝与后片的侧缝对应缝合，将前后片的肩部对应缝合；再将两袖片的袖山边线与衣身的袖窿边对应缝合。

6. 最后分别沿着前后衣领边和两侧衣襟边，依照结构图所标示的针数，起织花样A，不加减针，织成12行后，收针断线。衣服完成。

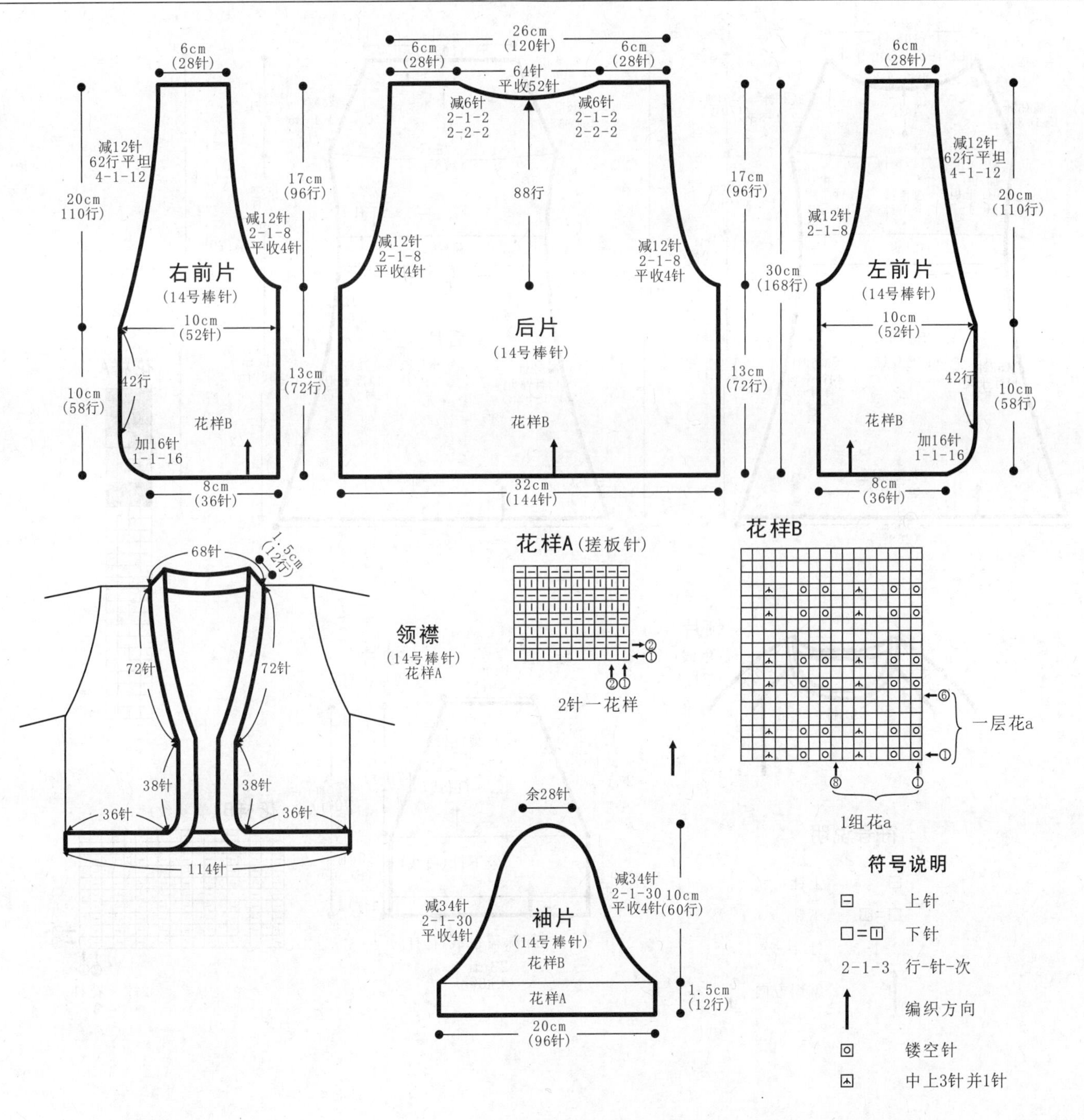

221

【成品规格】 衣长82cm，胸围74cm，袖片长17cm

【工　　具】 12号棒针

【编织密度】 48针×51行=10cm²

【材　　料】 蓝色、灰色、深蓝色毛线各80g，白色线500g

编织要点：

1. 棒针编织法，由前片1片、后片1片、袖片2片组成。从下往上编织。

2. 前片的编织。一片织成。下针起针法，起268针，全织下针，并依照花样A进行配色编织。两侧缝上进行减针，4-1-52，不加减针，再织44行，完成配色编织，余下164针，以上全用白色线编织。改织花样B，织成20行，而后全织下针，两侧缝上加针，10-1-7，再织6行后，至袖窿。袖窿以上的编织，两侧同时减针，2-1-35，当织成袖窿算起44行的高度时，织片中间平收82针，然后两边每织2行减1针，共减13次，与袖窿减针同步进行，直至余下1针，收针断线。

3. 后片的编织。袖窿以下的织法与前片完全相同，然后袖窿起减针，方法与前片相同。当袖窿以上织成70行时，将所有的针数收针。

4. 袖片的编织。袖片从袖口起织，下针起针法，用深蓝色线，起110针，织花样B单罗纹针，织4行。而后改用白色线织下针，不加减针，往上织12行的高度，第17行起，两边袖侧缝进行减针，2-1-35，最后余下40针，收针断线。用相同的方法去编织另一袖片。

5. 拼接，将前片的侧缝与后片的侧缝对应缝合，再将两袖片的袖山边线与衣身的袖窿边对应缝合。

6. 领片的编织，沿着前后领边，挑出286针，用深蓝色线，起织花样B双罗纹针，不加减针织4行的高度，收针断线。衣服完成。

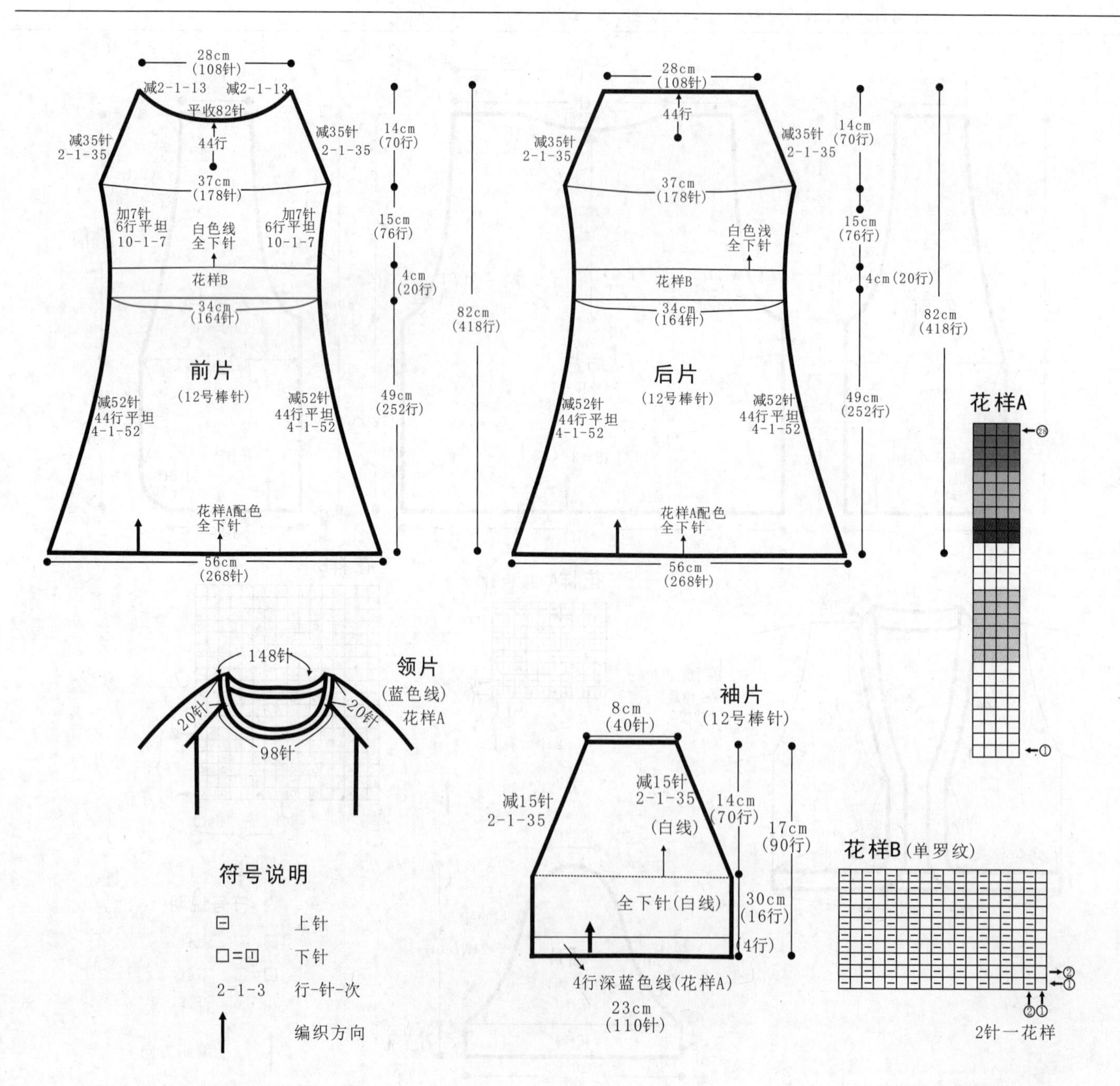

222

【成品规格】 衣长54cm，衣宽27cm，袖长50cm

【工　　具】 12号棒针，1.50mm钩针

【编织密度】 39针×40行=10cm²

【材　　料】 黄绿色段染腈纶毛线800g

编织要点：

1.棒针编织法。

2.下摆起织，环织，下针起针法，一圈起312针，起织花样A。一圈分成12组花样A编织。不加减针，织52行后，下一行里，在每一组花样B的上针位置并针，分成12组花样B编织。一圈的针数共288针，起织花样B，不加减针，织36行。用相同的方法，在下一行里，每组花样上进行上针减针，每组各减2针，每组共20针，不加减针，再织58行后，改织花样D，这次是加针。每组加2针，一圈共264针，不加减针，织成36行后。至袖窿。下一行起，袖窿分片。分成前片与后片。每一半各132针，先织前片。两侧袖窿减针，2-1-23，当织成袖窿算起36行的高度时，下一行的中间平收76针，两边减针，2-1-5，各减少5针，两侧各余下1针，收针断线。后片的编织，两侧袖窿的减针与前片相同，织成46行后，余下86针，收针断线。

3.袖片的编织。袖口起织，下针起针法，起100针，起织花样E，不加减针，织6行后，将针数分成5组花样C，不加减针，织60行后，下一行分成5组花样D，每一组加针，各加2针，织片针数加成110针，不加减针，往上编织86行后，至袖山，袖山起减针，两侧2-1-23，织成46行，余下64针，收针断线。用相同的方法去编织另一袖片。再将袖片与衣身的袖窿边对应缝合。

4.最后沿着前后衣领边，挑针钩织花样F。完成后收针断线。衣服完成。

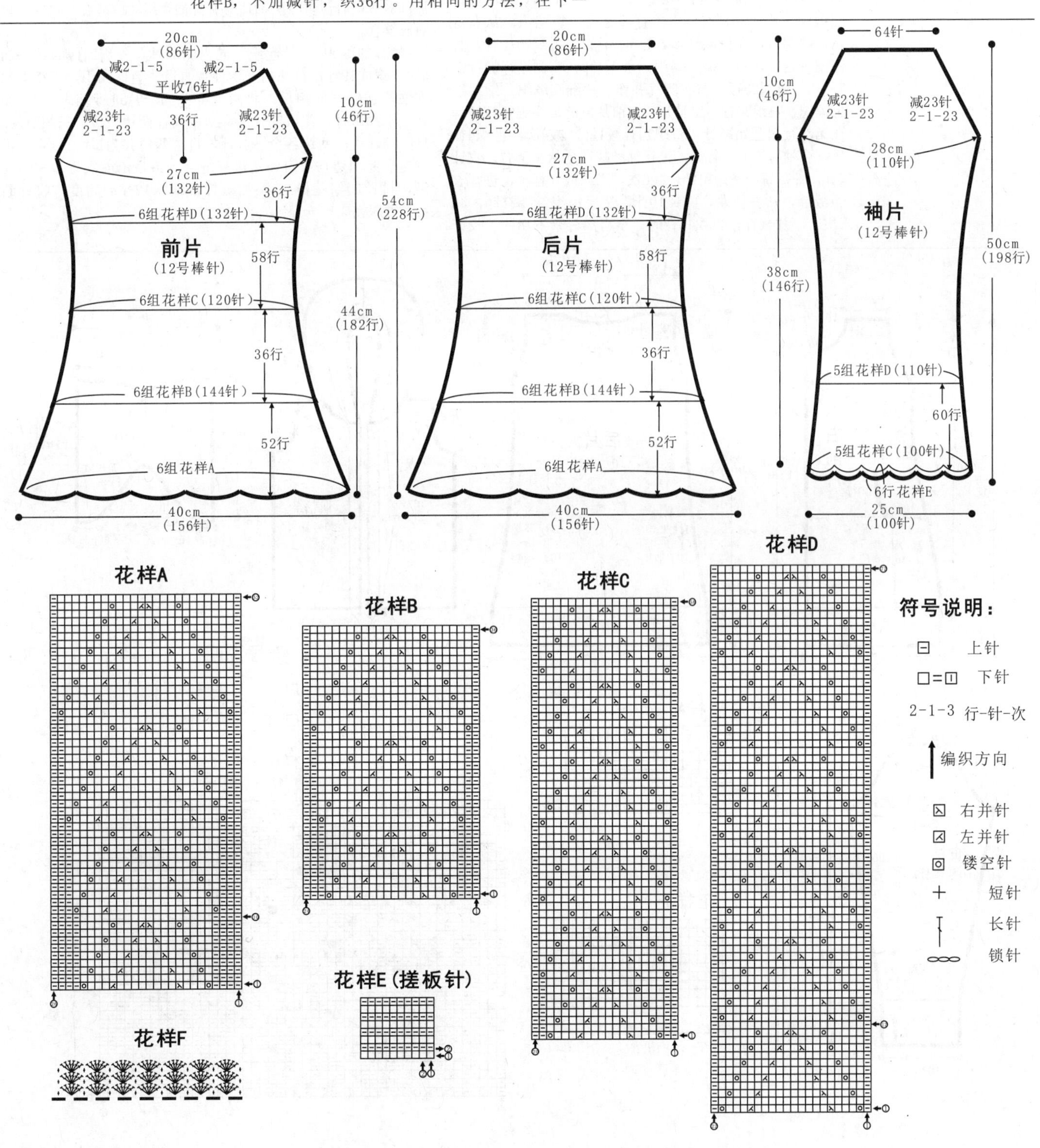

223

【成品规格】 衣长73cm，胸围76cm，袖长53cm

【工　　具】 9号、10号棒针

【编织密度】 26.7针×20.4行=10cm²

【材　　料】 绿棉线300g，红色纽扣6枚

编织要点:

1. 棒针编织法，由前片2片、后片1片、袖片2片、帽片1片组成。从下往上织起。

2. 前片的编织。由右前片和左前片组成，以右前片为例。袖窿以下的编织。双罗纹起针法，起48针，起织花样A双罗纹针，不加减针，织22行，下一行起，依照花样B分配编织。织成30行时，下一行起进行口袋编织，从右至左，选44针，左侧减针，2-1-5，不加减再织20行时，暂停编织这片，将左侧片编织。余下4针，右侧进行加针，2-1-5，再织20行，与右侧片并作一片继续编织。继续往上编织，再织30行，至袖窿，右前片侧缝需要进行减针，在第31行起开始减针，每织14行减1针，减4次，再织4行后，至袖窿。下一行起，进行袖窿减针，从左至右，收针4针，然后每织2行减1针，减6次。当织成16行时，进行衣领减针，从右往左，收针10针，然后每织2行减1针，减6次。不加减针，再织16行时，至肩部，余下18针，收针断线。

3. 后片的编织。双罗纹起针法，起110针，起织花样A双罗纹针，织22行的高度，下一行起，依照花样C分配编织，并在两侧缝上进行减针，不加减针织30后，进行减针，每织14行减1针，减4次。再织4行后，至袖窿，下一行起袖窿减针。两边同时平收4针，然后每织2行减1针，减6次。当织成袖窿算起的40行的高度时，进入后衣领减针，中间平收42针，两边相反方向减针，每织2行减1针，减2次。两肩部余下18针，收针断线。

4. 袖片的编织。从袖口起织，起48针，起织花样A，不加减针，编织24行，下一行起，全织上针，并在侧缝进行加针，每织10行加1针，加6次，织成60行，再织4行后至袖山，下一行起袖山减针，两边平收4针，然后每织2行减1针，减13次。余下26针，收针断线。

5. 拼接，将前片的侧缝与后片的侧缝对应缝合，将前后片的肩部对应缝合。再将两袖片与衣身袖窿线对应缝合。将袖侧缝对应缝合。

6. 帽片的编织。6针起织，向内侧加针，每织2行加1针，加6次，织成12行，再往内一次性加41针，暂停编织，用相同的方法，加针方向相反。将两片合并为一片进行编织，共106针，不加减针，织成58行后，从中间往两边减针，每织2行减1针，减6次。两边各余下47针，将这两边并为1片，缝合。再将帽子起织边与衣身领边进行缝合。最后沿着衣襟边和帽前沿，挑针起织花样A，不加减针，编织12行的高度，收针断线，衣服完成。

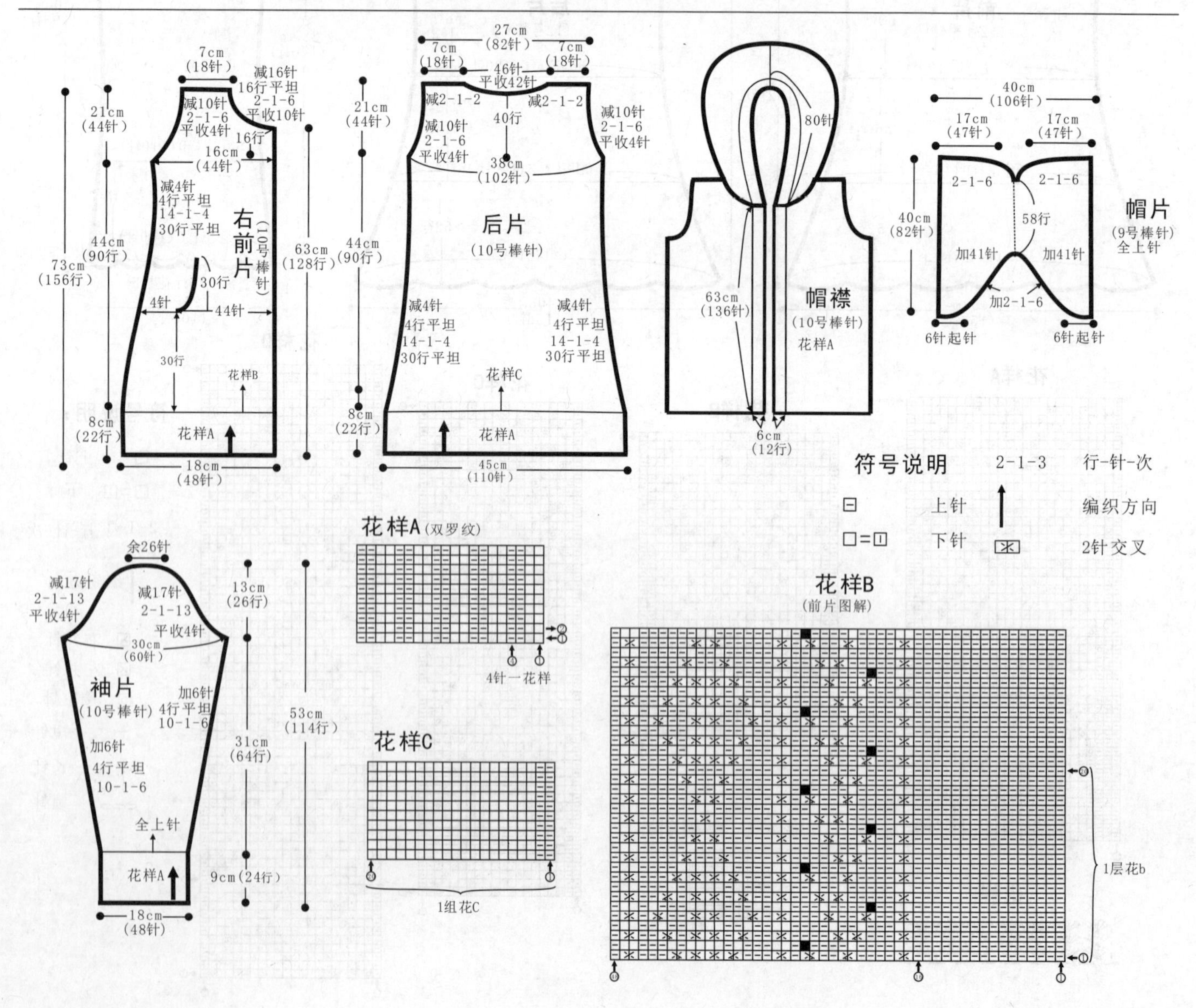

224

【成品规格】 衣长86cm，衣宽50cm，肩宽32cm

【工　　具】 12号棒针

【编织密度】 44针×47行=10cm²

【材　　料】 浅灰色丝光棉线600g，纽扣8枚

编织要点：

1．棒针编织法，由前片1片、后片1片组成，从下往上织起。

2．前片的编织。一片织成。下针起针法，起220针，起织下针，织20行，将首尾两行对折缝合。下一行起，改织花样A，不加减针，织150行的高度。在第150行里，分散收针，收35针，然后编织花样D，织10行，在里面挑针再织一层，然后两层并为1行。下1行起，分配花样，中间选13针编织花样B，两边各86针，编织下针，织成2/3的高度时，暂停编织，在一行内，在两边取适当宽度收褶，收掉10针，余下165针，继续编织，将这部分花样织成150行的高度，至袖窿。袖窿起减针，两边平收4针，然后减针，2-1-8，当织成16行的高度时，前衣领减针，中间平收59针，两边减针，2-2-2，2-1-12，不加减针，再织40行后，至肩部，余下25针，收针断线。

3．后片的编织。后片起织与前片完全相同，花样分配与前片相同，但后片无衣领减针，袖窿起织成76行时，下一行中间平收78针，两边减针，2-2-2，2-1-2，两肩部余下25针，将所有的针数收针。断线。

4．拼接，将前片的侧缝与后片的侧缝和肩部对应缝合。

5．最后沿着前后衣领边，挑出240针，编织花样C，同样，袖口也挑出120针，编织花样C，织6行后，收针断线。衣服完成。

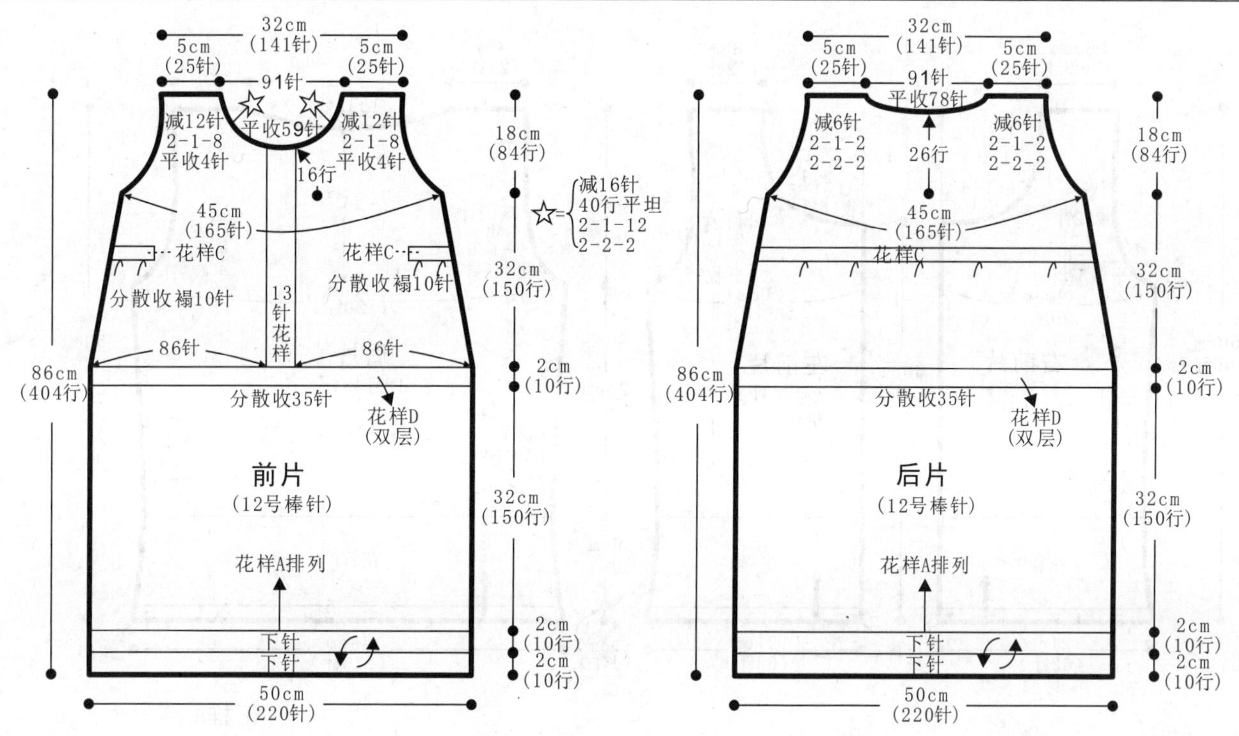

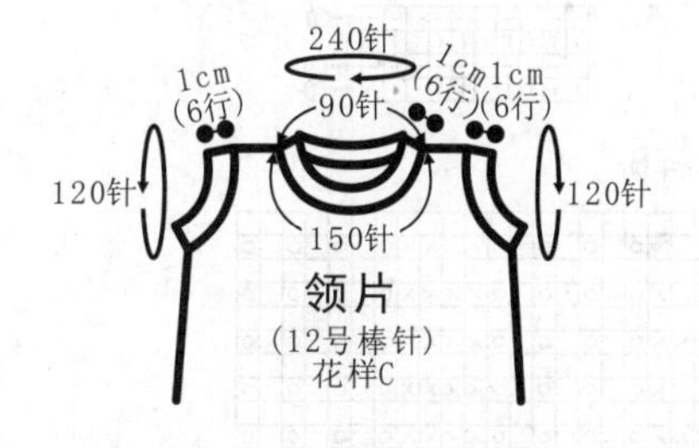

符号说明

⊟　上针

□=⊡　下针

2-1-3　行-针-次

↑　编织方向

⧄　左并针

⧅　右并针

⊡　镂空针

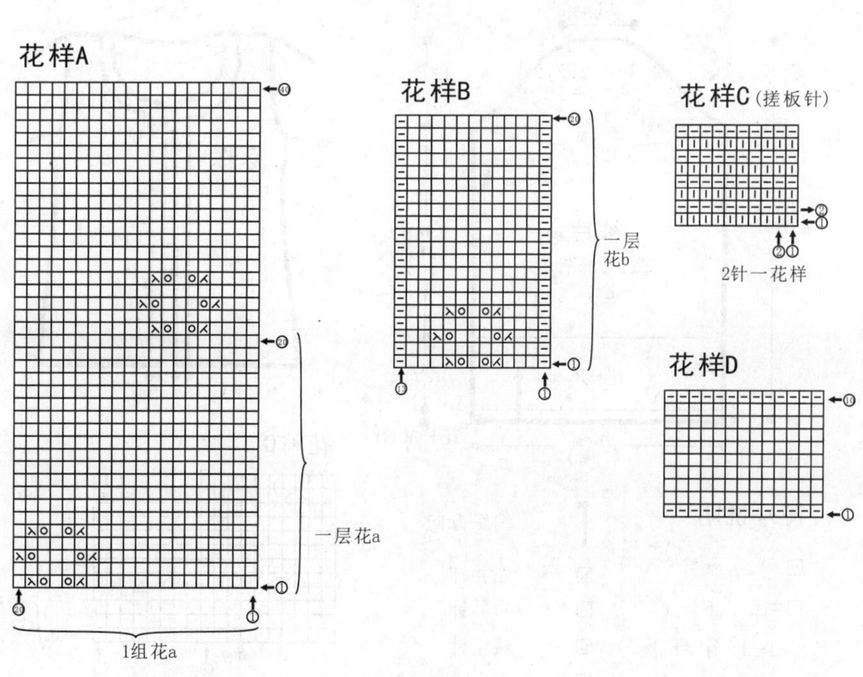

【成品规格】 衣长50cm，胸围81cm，袖长51cm

【工　　具】 12号棒针

【编织密度】 29.3针×40行=10cm²

【材　　料】 羊毛线500g，纽扣9枚

编织要点：

1. 整件衣服从下向上编织，分为1个后片、2个前片和2个袖片，领襟另外挑针编织。

2. 后片起126针，编织花样A4行，再编织花样B36行，然后编织花样C，同时在两边侧缝减针，方法为12-1-5，各减5针，然后开始加针，方法为12-1-2，16行平坦，织100行开始收袖窿，方法为平收5针，2-1-6，4-1-1，两边各减12针，织54行，后领中间平收44针，两边减针2-2-2，两边肩部各留22针。

3. 两个前片编织方法相同，方向相反，起63针，编织花样A4行，开始编织花样B36行，同时在侧缝处减针及加针，方法跟后片相同，织100行侧缝那边收袖窿，方法跟后片相同，靠领襟这边织到144行收领子，领边收针方法为平收16针，1-1-5，2-1-3，4-1-2，两边各减26针，肩部留22针，跟后片肩部相对收针。

4. 袖片编织，袖口起72针，编织花样A4行，开始编织花样B36行，侧缝为直的，不加减，织116行后收袖山，收针方法为平收5针，2-2-3，2-1-3，2-2-2，织48行余36针，收针。

5. 衣片和袖片的缝合，将前片和后片的侧缝缝合，再将袖片跟衣服缝合。

6. 领襟编织，在前片衣襟挑144针，领边挑50针，后领挑55针，另一侧挑针方法相同，织花样A4行，右边门襟平均留9个扣眼收针。

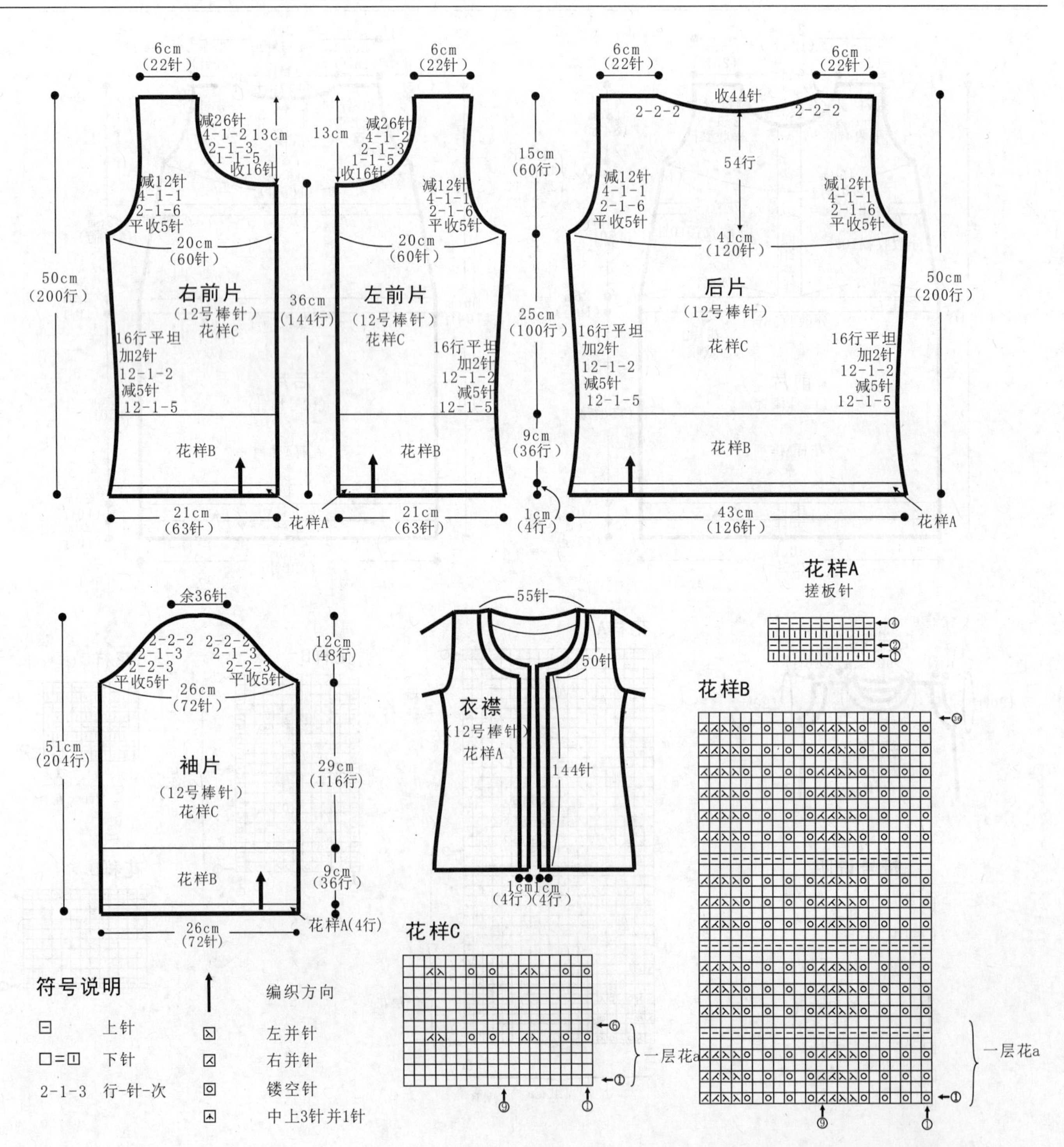

226

【成品规格】 衣长49cm，胸宽42cm
袖长5cm，袖宽16cm

【工　　具】 12号棒针

【编织密度】 35针×43行=10cm²

【材　　料】 紫色圆棉线550g

编织要点：

1.棒针编织法，由肩片1片、前片1片、后片1片及袖片2片组成，由上往下编织。

2.肩片的编织。一片织成。单罗纹起针法，起224针，首尾相接环织，花样A起织，花样加针，织6行；下一行起，改织14组花样B，花样加针，织22行达308针；下一行起，每组花样B加针2针，共加针24针，得336针花样A起织，花样A加针，织56行，得504针，收针断线。

3.前后片的编织。一片织成。前后片编织方法一样，以前片为例；于肩片挑145针，左右两侧各一次性加针6针，共157针，花样C起织，不加减针，织124行；下一行起，改织花样A，不加减针编织6行高度，收针断线；于前片相对位置用同样方法编织后片。

4.袖片的编织。一片织成。于前后片中间空位挑针107针，左右两侧一次性加针6针，共119针，花样C起织，不加减针，织16行；下一行起，改织花样A，不加减针编织6行高度，收针断线；于袖片对侧位置用相同方法编织另一袖片。

5.拼接。将前后片及袖片侧缝对应缝合，衣服完成。

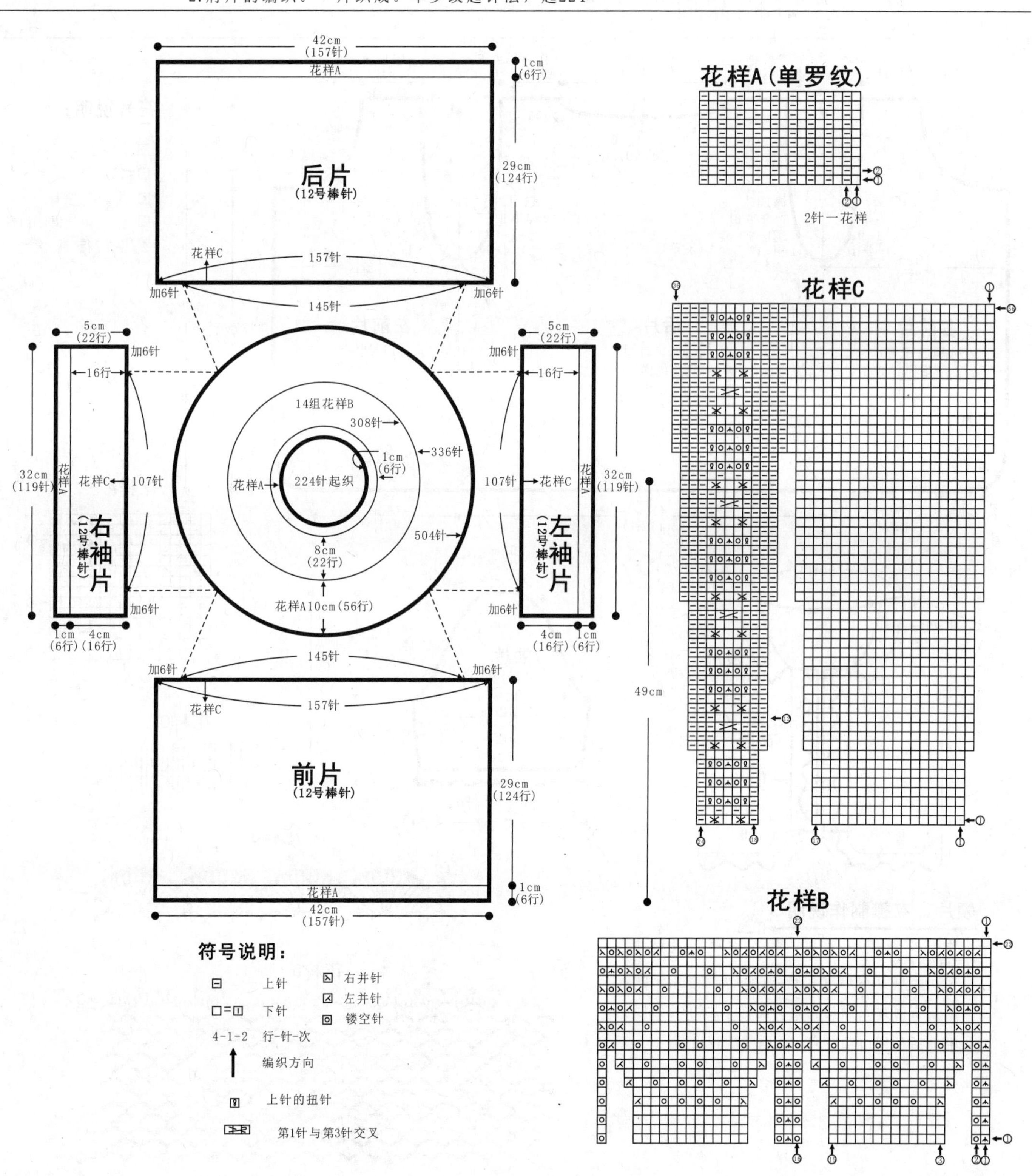

227

【成品规格】 衣长38cm，胸围82cm，肩宽32cm，袖长22cm

【工　　具】 11号棒针，1.25mm钩针

【编织密度】 27针×40行=10cm²

【材　　料】 白色棉线400g

编织要点：

1.棒针编织法，袖窿以下一片编织，自袖窿起分为左前、右前片和后片来编织。

2.起织，下针起针法，起196针织花样A，起织至两侧加针，方法为2-2-2，2-1-4，4-1-2，织至80行后，将织片分成左前片、后片和右前片分别编织，左右前片各取42针，后片取112针编织。

3.分配后片的针数到棒针上，起织时两侧减针织成袖窿，方法为1-4-1，2-1-9，织至149行，中间平收50针，两侧减针，方法为2-1-2，织至152行，两侧肩部各余下16针，收针断线。

4.分配左前片的针数到棒针上，起织时左侧减针织成袖窿，方法为1-4-1，2-1-9，织至109行，右侧减针织成前领，方法为1-6-1，2-2-2，2-1-13，织至152行，肩部余下16针，收针断线。

5.用同样的方法相反的方向编织右前片，完成后将两肩部对应缝合。

袖片制作说明

1.棒针编织法，编织两片袖片。从袖口起织。

2.下针起针法，起70针织花样A，一边织一边两侧加针，方法为8-1-3，织至24行，两侧减针织袖山，方法为1-4-1，2-1-27，织至78行，织片余下14针，收针断线。

3.用同样的方法再编织另一袖片。

4.缝合方法：将袖山对应前片与后片的袖窿线，用线缝合，再将两袖侧缝对应缝合。

5.沿袖口钩织花样B作为袖口花边。

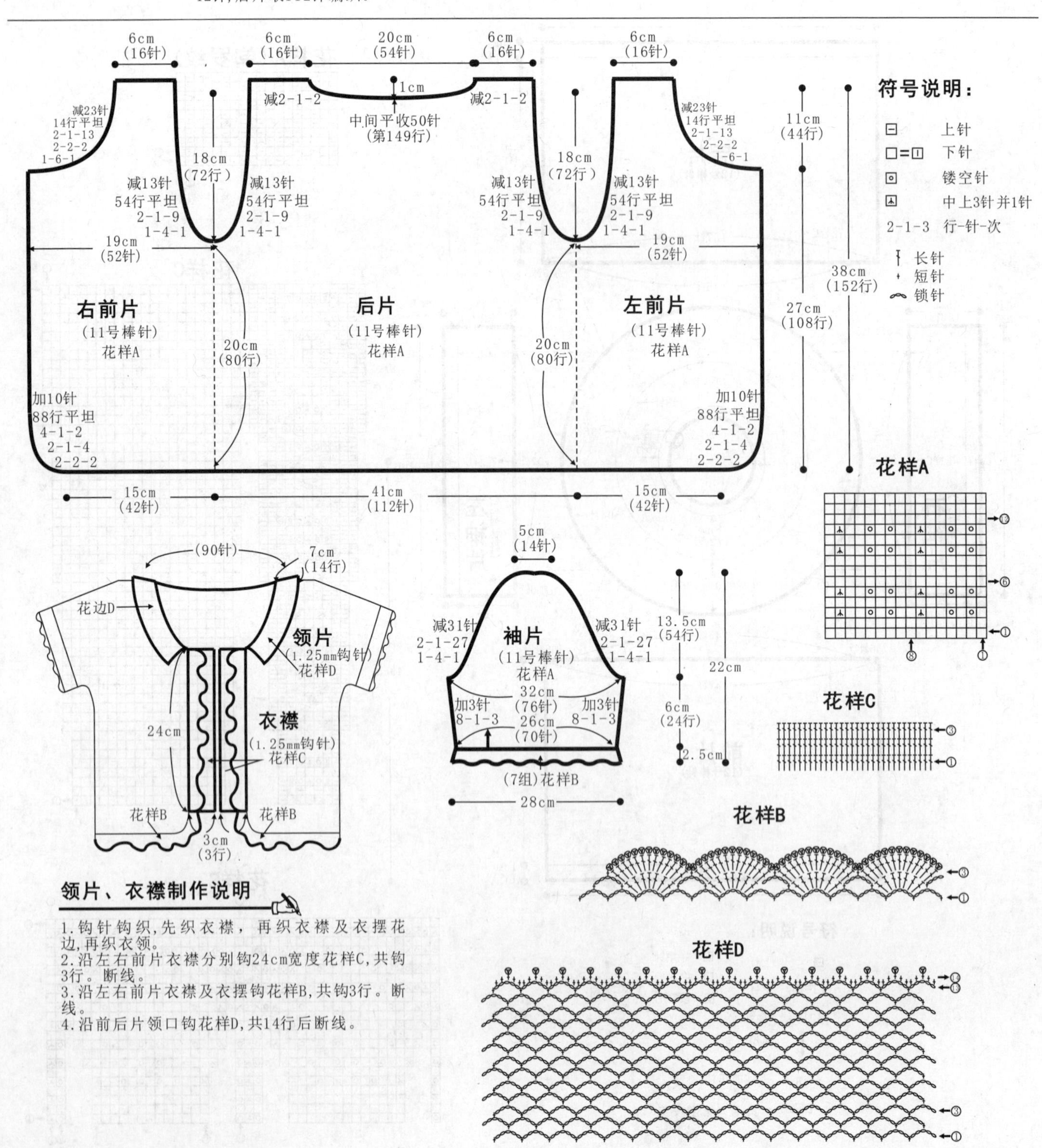

领片、衣襟制作说明

1.钩针钩织，先织衣襟，再织衣襟及衣摆花边，再织衣领。

2.沿左右前片衣襟分别钩24cm宽度花样C，共钩3行。断线。

3.沿左右前片衣襟及衣摆钩花样B，共钩3行。断线。

4.沿前后片领口钩花样D，共14行后断线。

228

【成品规格】 披肩长77cm

【工　　具】 8号棒针，30mm钩针

【编织密度】 16针×21行=10cm²

【材　　料】 编格尔浅蓝马海毛银丝毛线300g，蒂伊丝彩貂绒线100g

编织要点:

1.这件披肩按编织结构图所示，从编织起点开始编织。

2.起5针，第1针织下针，加1针空针，织第2针，加1针空针，织第3针，加1针空针，织第4针，加1针空针，最后织第5针，这样一行共9针，从第1行起织，返回织上针成第2行。第3行起至结束，第2针与第4针的两侧各加1针空针，加62次，第3针往上全织下针，第1针与第5针的内侧加空针加针，共加62针，织成108行后，分配花样编织花样A心形图案，织16行后，将披肩所有的针收针断线。

3.用钩针依照结构图所示的位置上钩织各个花样。

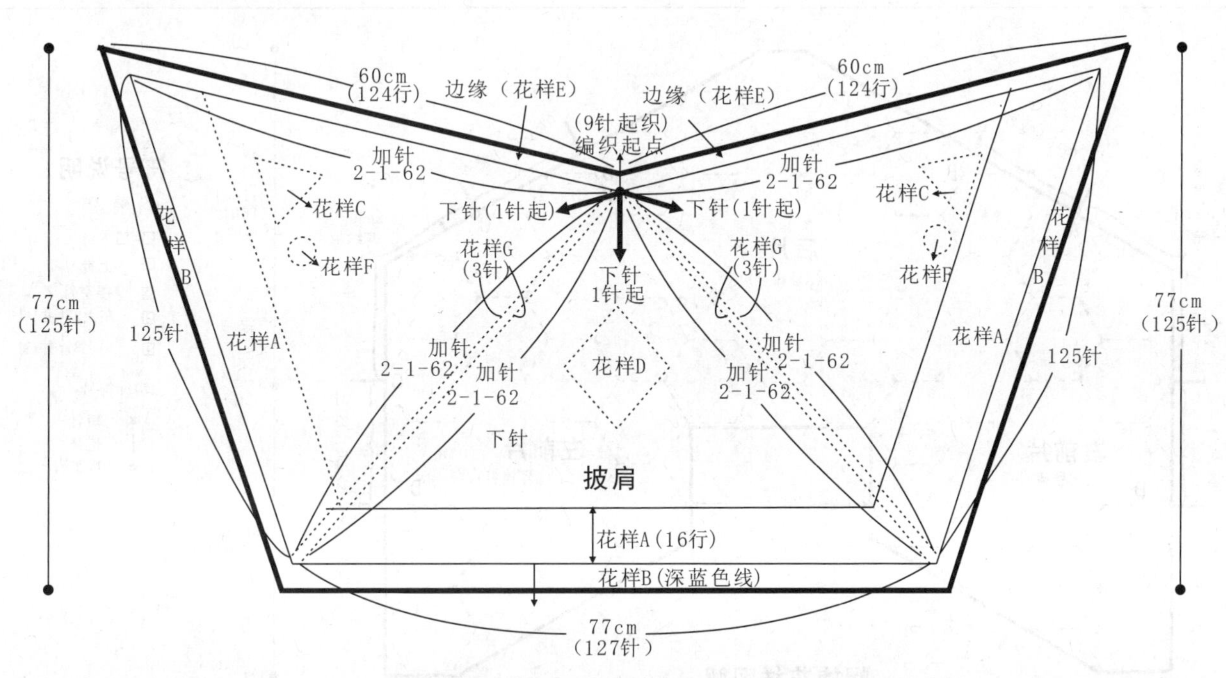

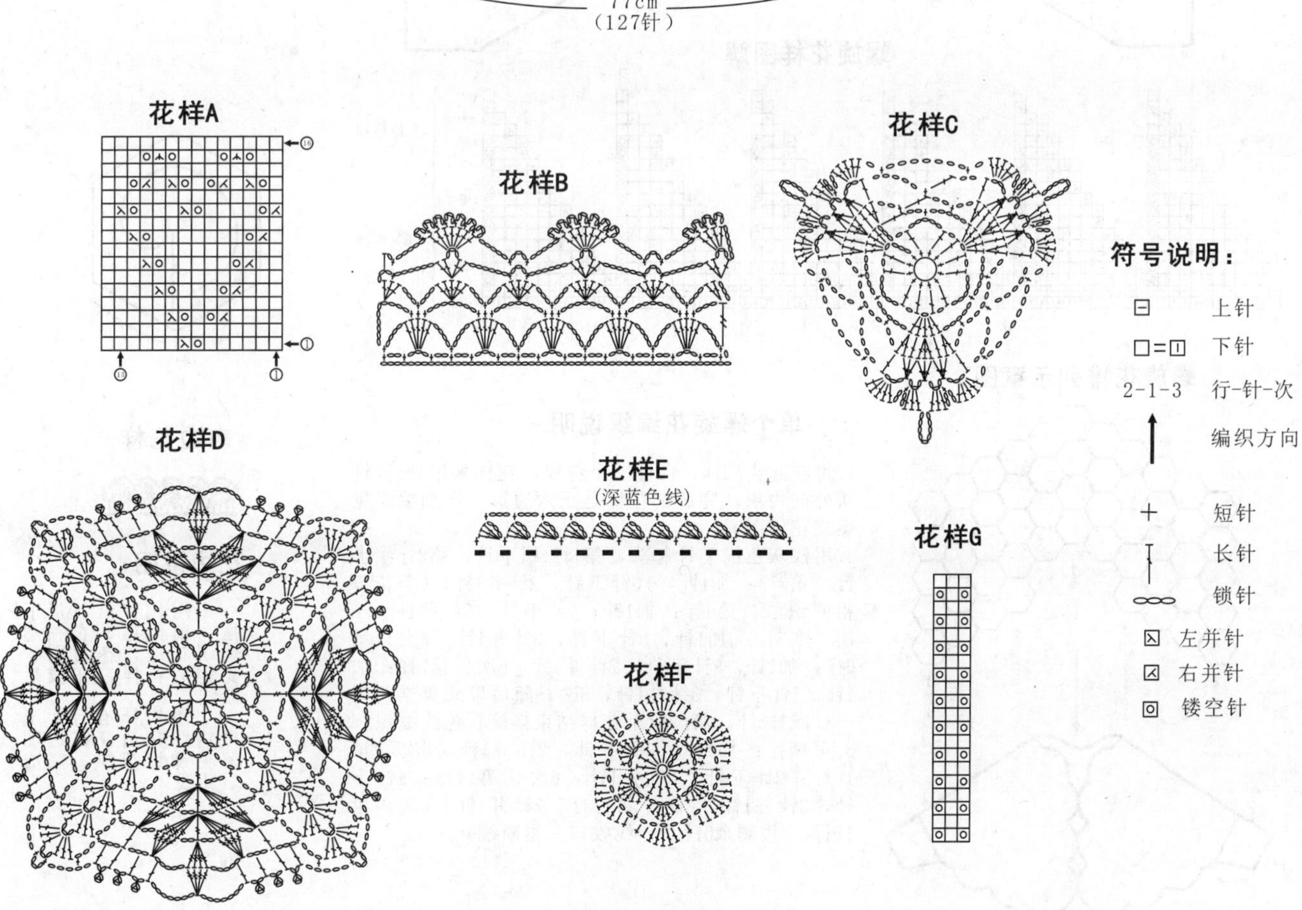

229

【成品规格】 衣长51cm，袖长59cm

【工　　具】 8号棒针，缝衣针，20mm钩针

【编织密度】 31针×30行=10cm²

【材　　料】 段染线600g

编织要点:

1.披肩采用螺旋花拼接编织，由52个螺旋花组成。花样排列见螺旋花排列示意图。单个螺旋花针法详见螺旋花编织图解，每个螺旋花均用淡灰色和浅粉色双色线编织。

2.从右前片的第一列开始编织，第一列编织5个螺旋花，除第1个螺旋花全部起头编织外，其余花样起头时，均先在相邻的螺旋花边上挑针，然后下针起头补充剩余针数。

3.第二列至第四列同样编织5个螺旋花，但每列花样按形状结构向后身片错位半个花样。

4.第五列至第七列每列编织4个螺旋花。从第七列开始，螺旋花向前身片错位半个花样。第八列至第十一列每列编织5个螺旋花。

5.用毛衣针将前后片的A、B、C、D分别对准缝合。

6.分别沿片A-A、C-C处挑出52针，用棒针编织单罗纹花样10cm，30行，收针断线。

7.用钩针沿前后片下摆、前门襟、领窝边钩织花边。

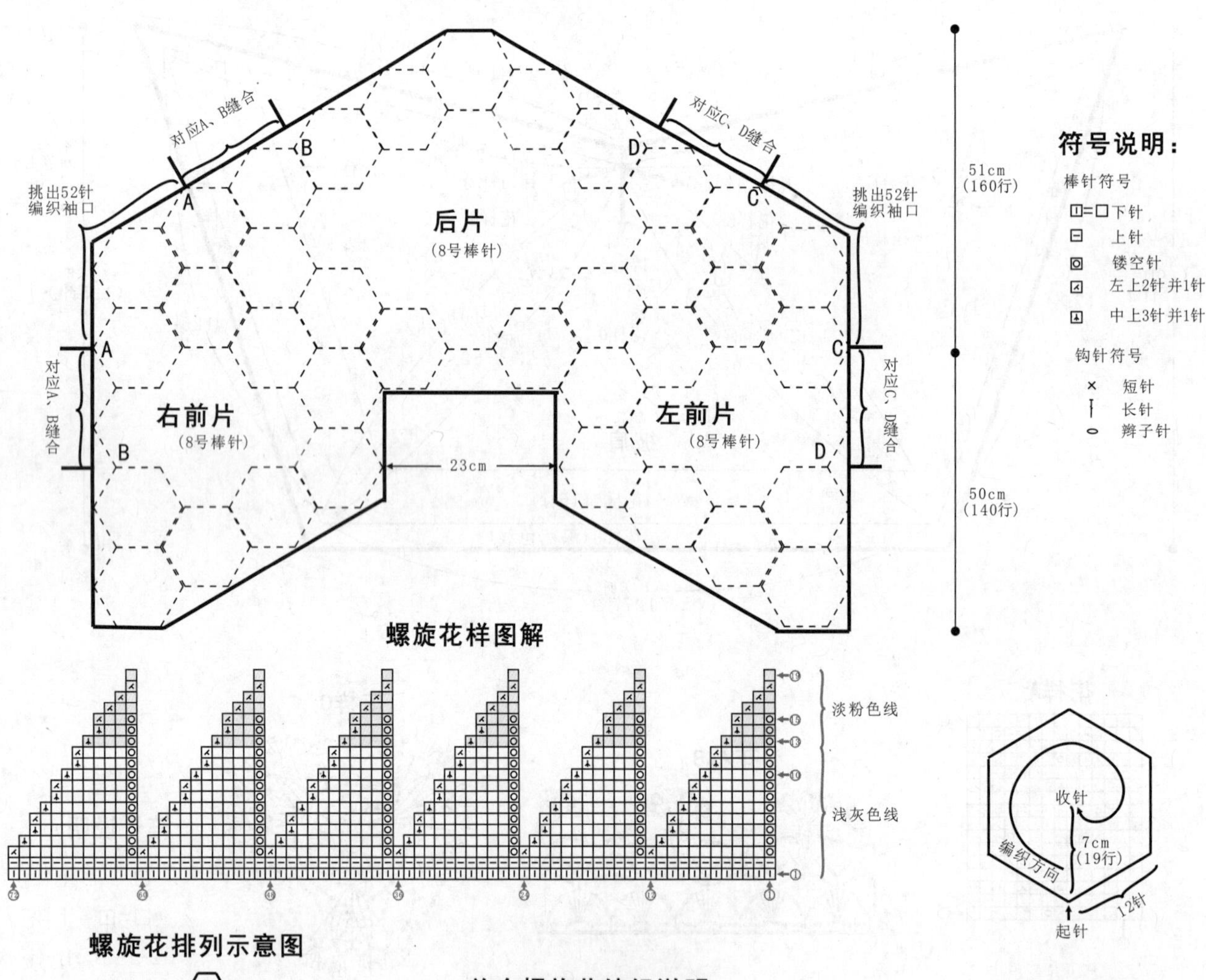

螺旋花排列示意图

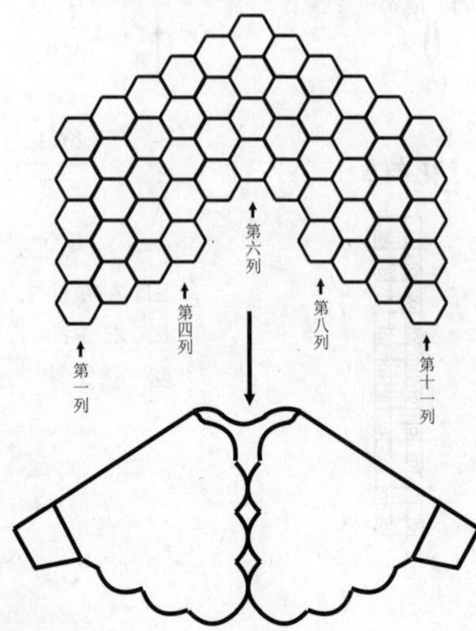

单个螺旋花编织说明

1.每花起头72针，12针一个花瓣，花样采用4根棒针从外向内织，完成的花样是正六边形。详细编织见螺旋花样图解。

2.用浅灰色线平针起头，第1行:织下针，第2行织上针。第3行：加1针，10针下针，2针并1针，6个花瓣相同织法。第4行：加1针，9针下针，3针并1针，6次。第5行：加1针，8针下针，3针并1针，6次。第6行：加1针，8针下针，2针并1针，6次。第7行：加1针，7针下针，3针并1针，6次。随后以此类推，每一行减掉6针。第13行至花样结束换淡粉色线编织。

3.第15行：加1针，2针下针，2针并1针，6次。第16行：2针下针，2针并1针，6次。第17行：1针下针，2针并1针，6次。第18行：2针并1针，6次。第19行：6瓣剩余6针，一线收口系紧断线。

钩边花样

花边说明:

用钩针沿前片下摆、前门襟、衣领边钩织花边，花边图解见钩边花样，完成后断线。

用钩针沿后片下摆钩织花边，花边图解见钩边花样，完成后断线。

230

【成品规格】 衣长91cm，衣宽35cm，袖长32cm

【工　　具】 12号棒针

【编织密度】 20针×34行=10cm²

【材　　料】 黄色棉线400g

编织要点:

1.棒针编织法，衣身分为左片、右片分别编织。

2.起织右片，单罗纹针起针法，起58针织花样A，织225行后，第226行右侧平收24针，接着改织16针花样B，余下的针数织花样A，第227行在上一行平收的位置加起36针，加起的针数织花样A，继续往上编织至310行，收针断线。

3.用同样的方法相反方向编织左片，完成后将左右片的后背缝合。

4.编织两片袋片。起32针，依次织8针花样A，16针花样B，8针花样A组合编织，织42行后，收针断线。将袋片与左右前片分别缝合，如结构图所示。

袖片/花边制作说明

1.棒针编织法，编织两个袖筒。从袖窿挑针环形编织。

2.挑起60针，同时加起12针，织花样A，不加减针织108行后，收针断线。

3.用同样的方法再编织另一袖片。

4.沿领口、衣襟、衣摆、袖口边沿钩织一行花样C，如图所示。

5.沿后领绑系12cm长流苏，沿衣摆侧绑系16cm长流苏，如结构图所示。

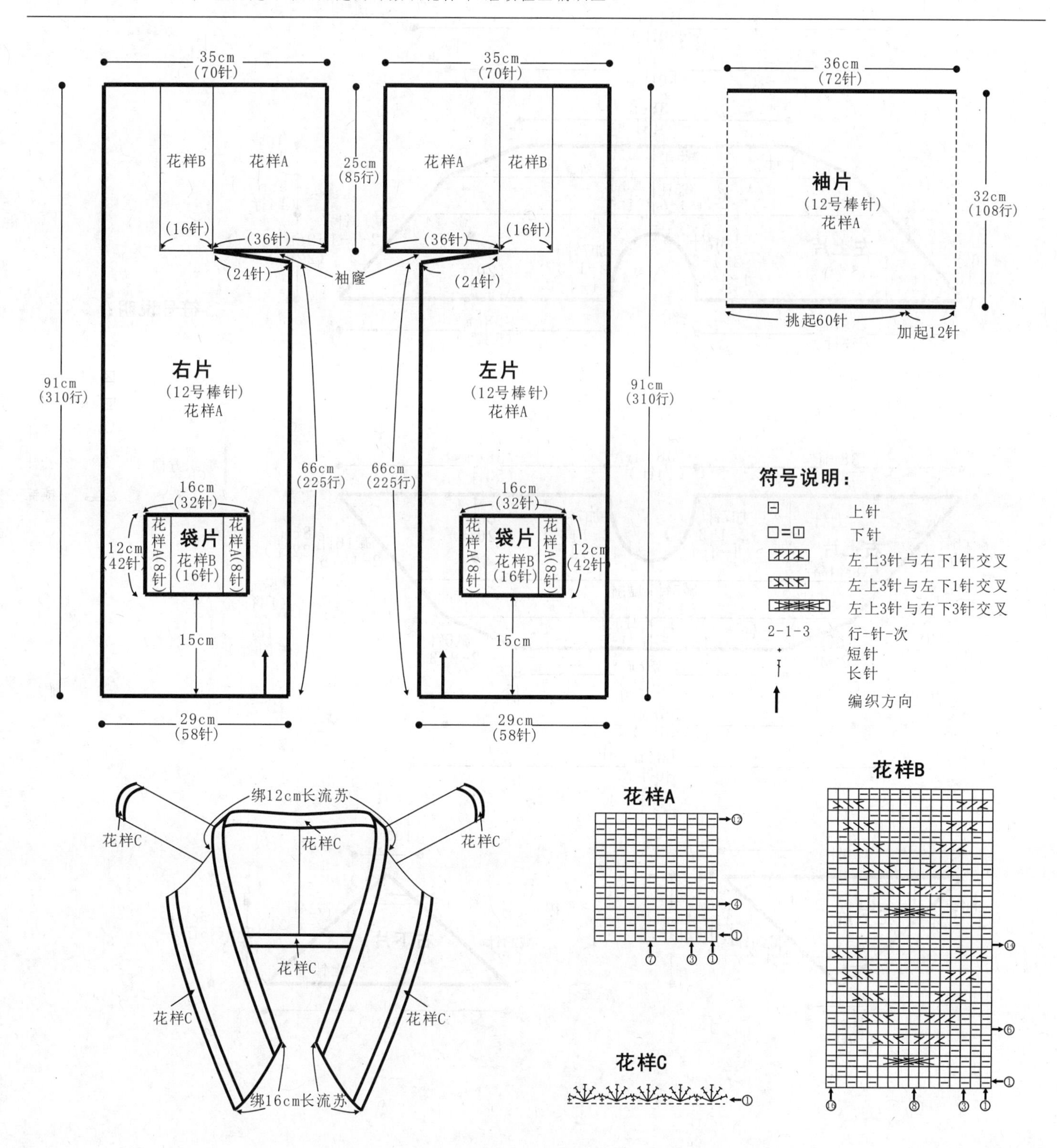

231

【成品规格】 衣长44cm，胸宽34cm，肩宽34cm

【工　　具】 8号棒针

【编织密度】 25针×33行=10cm²

【材　　料】 灰色丝光棉线400g，纽扣1枚

编织要点：

1.棒针编织法，由左上片1片、左下片1片、右上片1片、右下片1片组成。

2.左上片和右上片的编织。

(1)起针，下针起针法，起53针，编织上针，一侧加7针，2-1-3，1-4-1，另一侧减16针，织20行的高度。用同样织法织另一块，织20行后与前一块并做一块织，再织2行后改织下针，并从中间减针，往左右各减5针，1-1-5，织14行后织下针，中间再次往左右各减5针，1-1-5，两边同时减6针，2-2-3，余50针，收针断线。

(2)用同样方法织右上片。

3.左下片和右下片的编织。起针，下针起针法，起50针，编织上针，两侧减针，2-1-24，织35行的高度，换织下针，织10行收针断线。

4.拼接。将左上片与左下片缝合，右上片与右下片缝合。左右两片的后片对应缝合，挑领。左右前片各挑16针，后片挑32针，织4行上针、4行下针和4行上针。左侧留1个扣眼，收针断线，衣服完成。

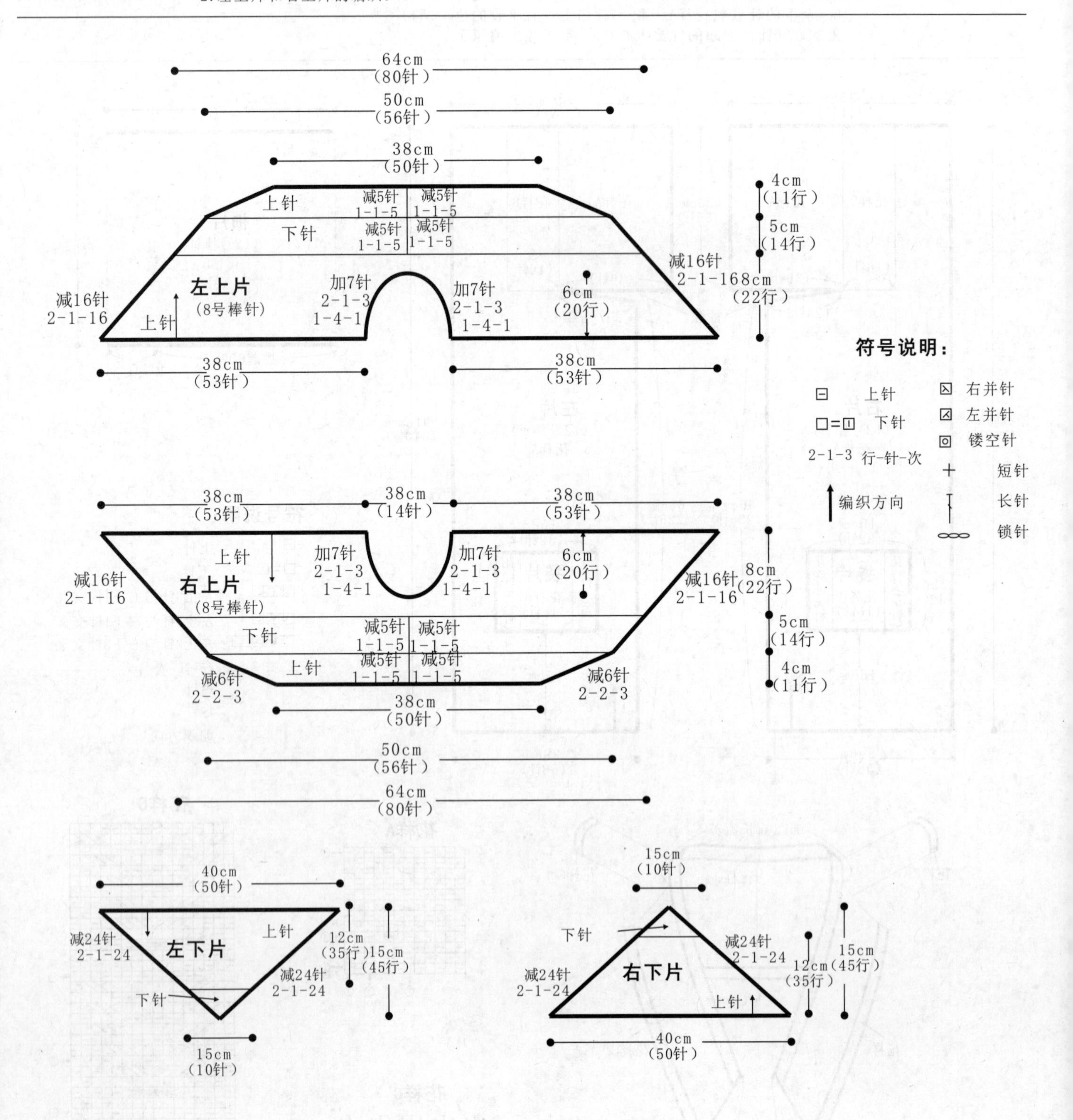

232

【成品规格】 裙长67cm，胸围82cm，肩宽33cm，袖长50cm

【工　　具】 13号棒针

【编织密度】 37.5针×31.6行=10cm²

【材　　料】 深紫色棉线650g

编织要点：

1.棒针编织法，袖窿以下一片环形编织，袖窿以上分为左前片、右前片、后片来编织。

2.起织，双罗纹针起针法，起308针织花样A，织8行后，改织花样C，织至164行，将织片分成前片和后片，各取154针，先织后片，前片的针数暂时留起不织。

3.分配后片154针到棒针上，织花样C，起织时两侧减针织成袖窿，方法为1-4-1，2-1-11，织至209行，中间平收68针，两侧减针，方法为2-1-2，织至212行，两侧肩部各余下26针，收针断线。

4.同分配前片右侧的77针到棒针上，织花样C，起织时右侧减针织成袖窿，方法为1-4-1，2-1-11，同时左侧按2-2-18的方法减针织成前领，织至212行，肩部余下26针，收针断线。

5.用同样的方法相反方向编织左前片，完成后将前片与后片的两肩部对应缝合。

领片制作说明

1.棒针编织法，环形编织完成。

2.挑织衣领，沿前后领口挑起184针，后领72针，前领112针，编织花样A，织8行后，收针断线。

袖片制作说明

1.棒针编织法，编织两片袖片。从袖口起织。

2.双罗纹针起针法，起52针织花样A，织8行后，改为花样B与花样C组合编织，袖片中间织16针花样C，其余织花样B，两侧一边织一边加针，方法为10-1-13，织至138行，开始减针编织袖山，两侧同时减针，方法为1-4-1，2-2-10，织至158行，织片余下30针，收针断线。

3.用同样的方法再编织另一袖片。

4.缝合方法：将袖山对应前片与后片的袖窿线，用线缝合，再将两袖侧缝对应缝合。

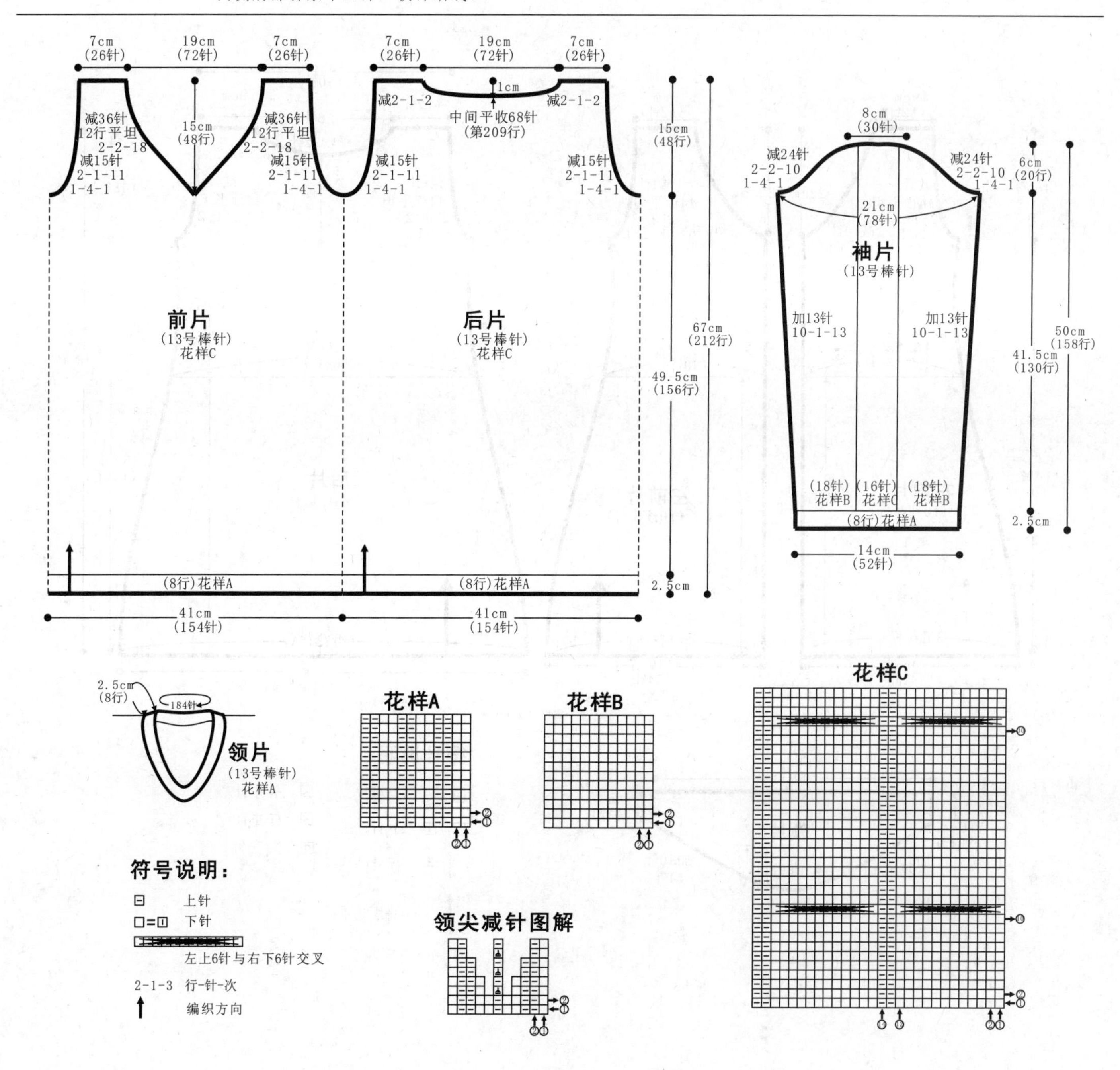

233

【成品规格】 长裙86cm，胸围90cm，袖长58cm

【工　　具】 10号棒针

【编织密度】 13针×22行=10cm²

【材　　料】 深蓝色花线1200g，纽扣5枚

编织要点：

1.棒针编织法，由前片2片、后片1片和袖片2片组成。从下往上织起。

2.前片的编织。由右前片和左前片组成，以右前片为例。

(1)起针，下针起针法，起54针，分配成3组花样A，并根据花样A图解的减针方法进行减针编织，依图织成80行，此后依照减针完成的花样针数进行编织，不再加减针，再织60行的高度，至袖窿。

(2)袖窿以上的编织。左侧减针，1-2-1，2-1-2，右侧同时减衣领，2-1-14，不加减针，再织20行后，至肩部，余下12针，收针断线。

(3)用相同的方法，相反的方向去编织左前片。

3.后片的编织。下针起针法，起108针，分配成6组花样A进行编织，并依照花样A图解进行减针，织成80行，减针后余下60针，照此针数和花样，不加减针，织60行的高度。至袖窿，然后袖窿起减针，方法与前片相同。当织成袖窿算起44行时，下一行中间平收22针，两边相反方向减针，减2针，2-1-2，两肩部各余下12针，收针断线。

4.袖片的编织。袖片从袖口起织，下针起针法，起80针，分配成5组花样A编织，照图解减针，织成80行，不加减针，往上织8行的高度，至袖窿，下一行进行袖山减针，两边各平收2针，然后2-1-20，织成40行，余下6针，收针断线。用相同的方法去编织另一袖片。

5.拼接，将前片的侧缝与后片的侧缝对应缝合，将前后片的肩部对应缝合;再将两袖片的袖山边线与衣身的袖窿边对应缝合。

6.衣襟的编织，沿着衣襟边，挑出90针，编织花样B，不加减针，编织10行后，收针断线，再编织另一侧衣襟。衣领的编织，起30针，起织花样B，两边同时加针，方法是2-4-2，2-2-11，织成26行，不加减针，再织10行后，收针断线。将收针边与衣身的衣领边对应缝合。衣服完成。

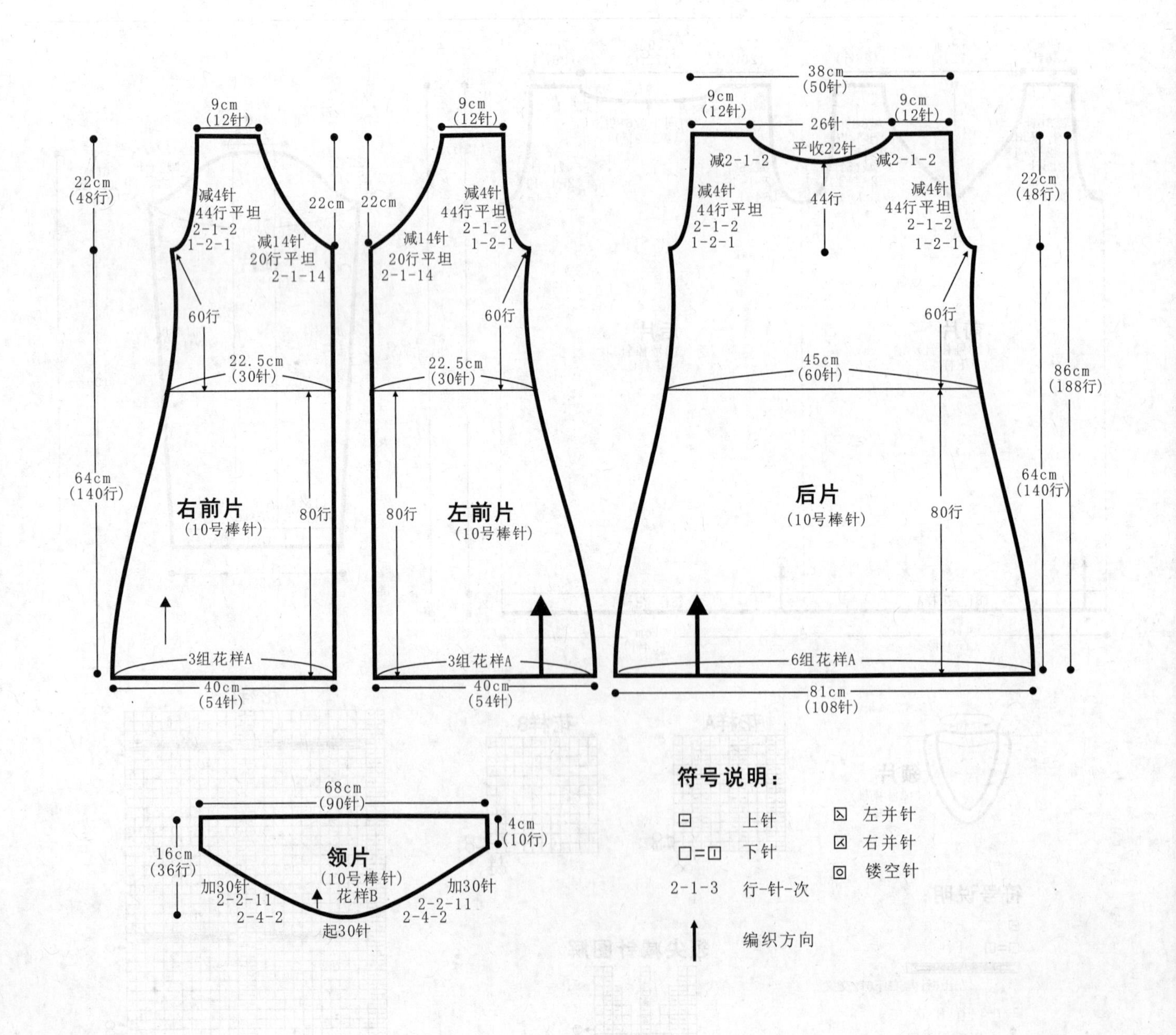

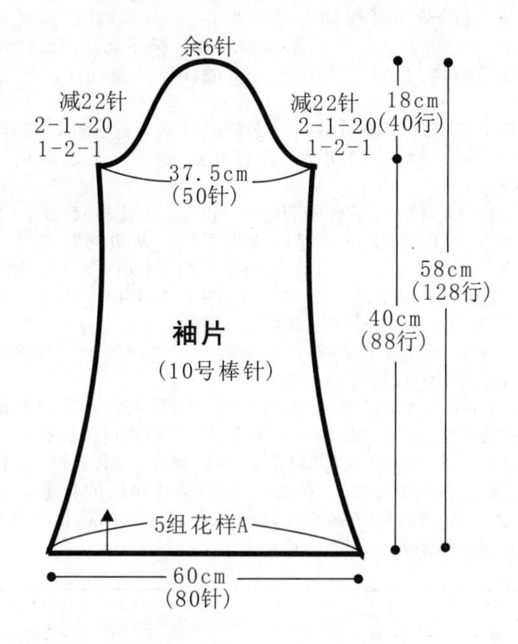
余6针
减22针
2-1-20
1-2-1
减22针
2-1-20
1-2-1
18cm
(40行)
37.5cm
(50针)
58cm
(128行)
40cm
(88行)
袖片
(10号棒针)
5组花样A
60cm
(80针)

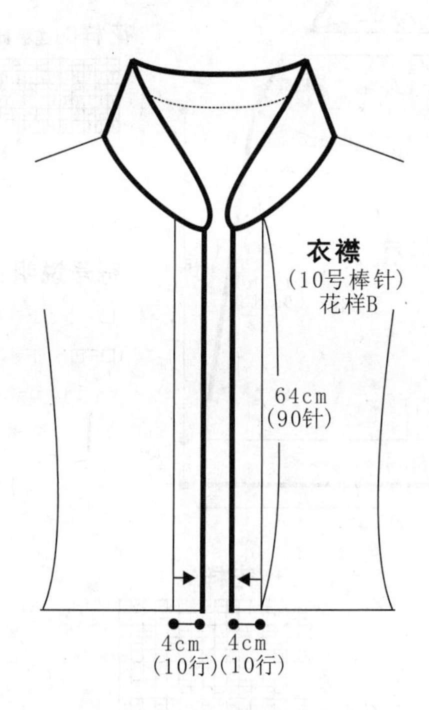
衣襟
(10号棒针)
花样B
64cm
(90针)
4cm
(10行)
4cm
(10行)

花样B

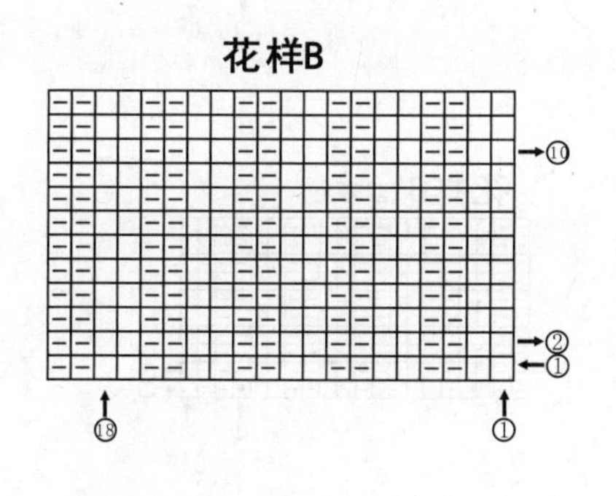

花样A

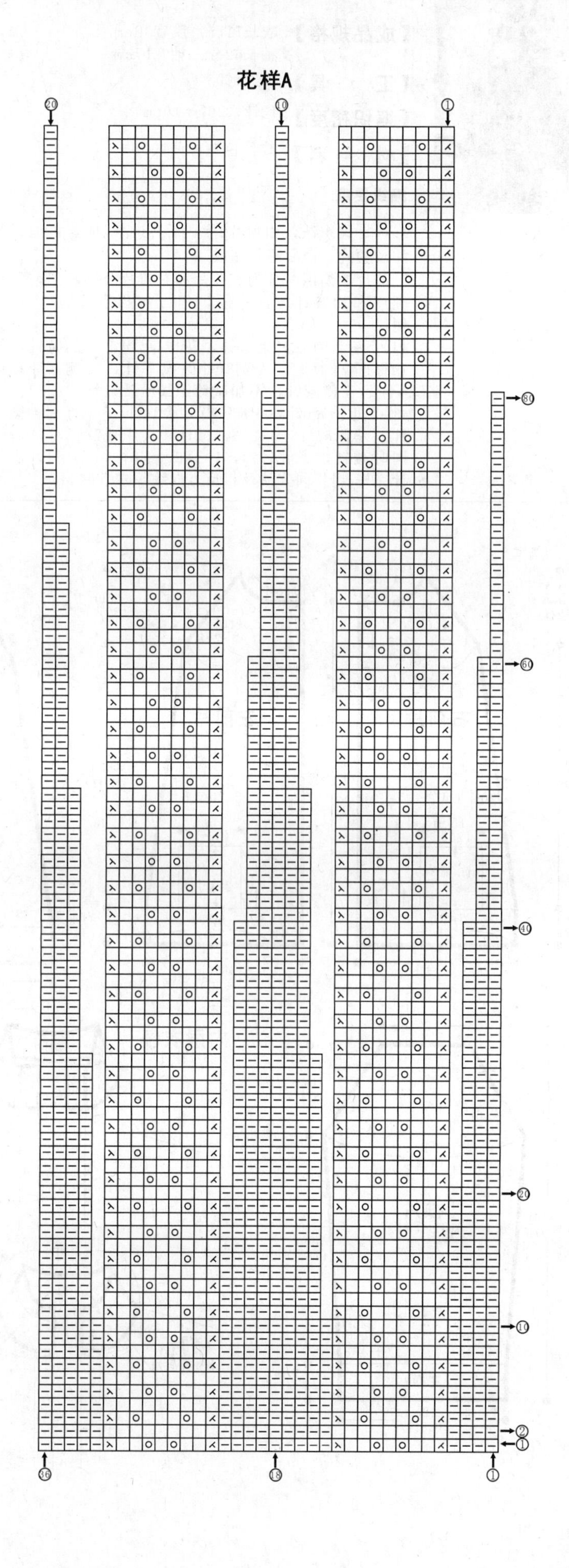

234

【成品规格】 衣长71cm，胸宽39cm，袖长62cm，袖宽17cm

【工　　具】 8号棒针

【编织密度】 13针×20行=10cm²

【材　　料】 玫红色花样线1000g

编织要点：

1.棒针编织法，由前片2片、后片1片织成，再编织袖片及领片，最后缝合完成。

2.前片的编织，分为左前片和右前片分别编织，编织顺序和加减针方法相同，但方向相反;以右前片为例，

(1)下针起针法，起40针，花样A起织，不加减针，织14行;下一行起，左侧30针改织下针，右侧10针花样A不变;左侧减针，不加减针织20行后减针，12-1-6，4行平坦，减6针，织成96行，余34针;下一行起袖窿减针，左侧减针，4-2-8，减16针，织成24行时，右侧同时减针，平收10针，1-1-8，织8行，余下1针，收针完毕;用相同方法及相反方向编织左前片。

(2)后片的编织，下针起针法，起90针，花样A起织，不加减针，织14行;下一行起，改织下针，两边同时减针，20行平坦，12-1-6，4行平坦，减6针，织96行，余78针;下一行起，两边袖窿同时减针，4-2-4，减8针，织成16行时，下一行起，从中收褶减掉32针，余下30针，继续两边同时减针，4-2-4，减8针，织成16行，余14针，收针断线。

(3)左右前片口袋的编织，下针起针法，起20针，花样A起织，不加减针，织28行，收针断线;用同一方法编织另一口袋。

3.袖片的编织，下针起针法，起28针，花样A起织，不加减针，织14行;下一行起，改织下针，两边同时加针，8-1-8，14行平坦，加8针，织78行，织成44针;下一行起，两边袖窿同时减针，4-2-8，减16针，织32行，余下12针，收针断线，用相同方法编织另一袖片。

4.拼接，将前后片与袖片对应缝合，将口袋于左右前片花样A尾部中间20针处对应缝合。

5.领片的编织，分两层衣领织成。内层衣领，从左右前片各挑22针，后片挑26针，共70针;左右袖片内侧10针，花样A起织，其余50针花样B起织，不加减针，织24行，收针断线;外层领片的编织，挑出与内层领片相同的针数，起织下针，不加减针，编织18行的高度后，改织花样C，织6行后，收针断线，衣服完成。

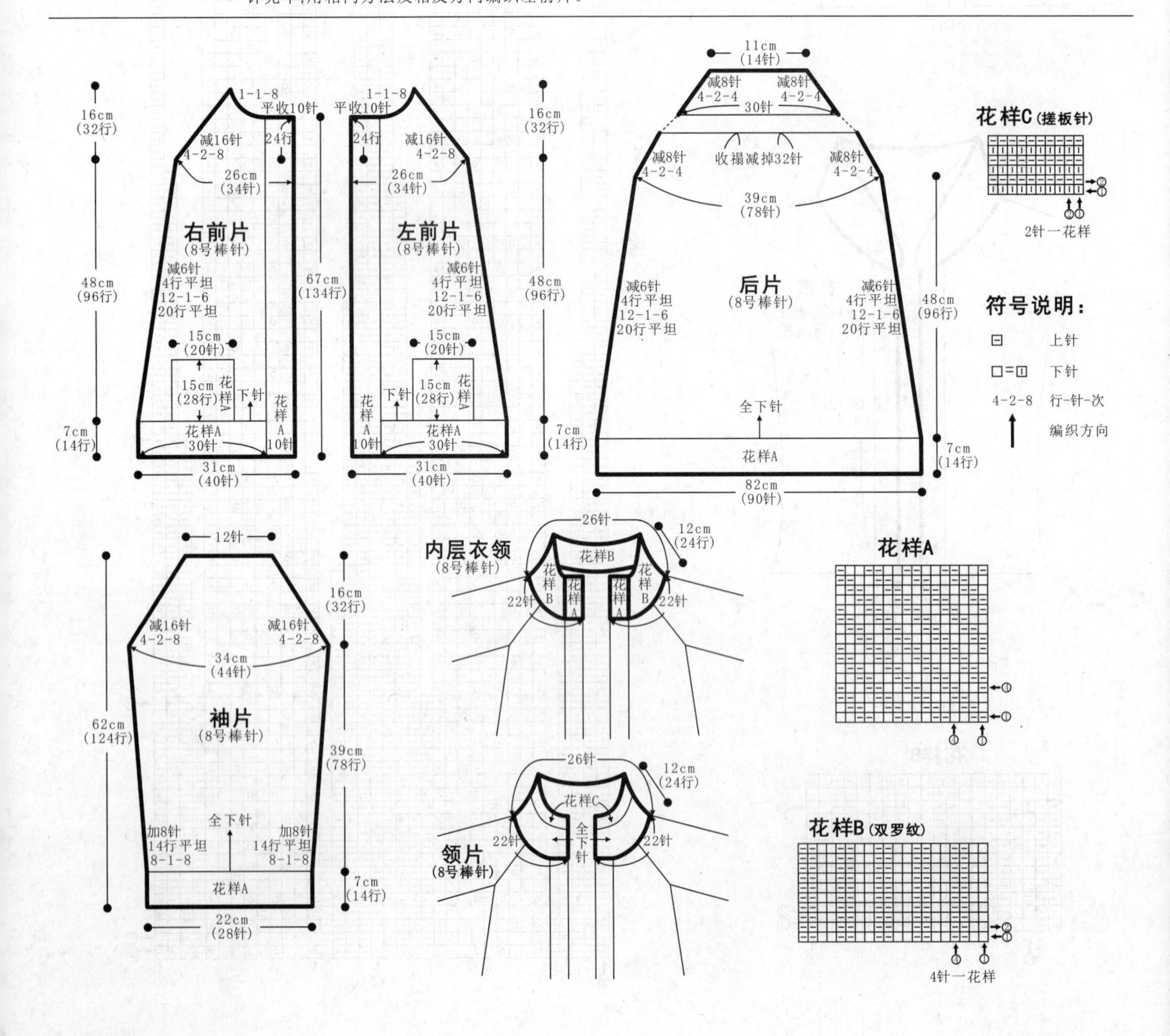

235

【成品规格】 裙长102.5cm，胸宽46cm，下摆宽70cm

【工　　具】 6号棒针，1.5mm钩针

【编织密度】 14针×17行=10cm²

【材　　料】 编格尔金丝马海毛线750g

编织要点：

1.棒针编织法，从上往下编织。织成肩片再分片编织前片与后片、袖片。

2.从领口起织，下针起针法，起108针，起织下针。分四个地方做插肩缝加针，每处选2针，两侧袖肩部分相隔15针选2针，而前后片各为35针，在2针插肩缝的位置上编织花样A加针，每织2行一侧各加1针空针。2-1-21，织成42行。前片的领部在两侧加针织长领边，每侧加15针，方法依次是2-1-4，2-2-4，2-3-1，最后将中间的7针挑出编织。随着插肩缝加针织成42行。最后前片和后片各织成79针(含插肩缝的2针)，袖片各是59针(含插肩缝的2针)，进入下一步分片编织。将前片的79针挑出编织，然后在腋下加10针，再织后片的79针，再在腋下加10针，接上前片的第1针，形成环织，起织下针，不加减针，织10行后，在腋下前后片的1针上减针，各减1针，两侧都减，一圈减少4针，然后再织10行，再次减4针。下一行起，改织花样B，并在第一行里，分散加7针，针数加成一圈184针，织成6行花样B。到下一行，分配花样C编织，并在第一行里，一面分散加8针，一圈共加16针，将针数加成200针一圈，然后不加减针，编织花样C，织成11层花，共110行。完成后，收针断线。

3.袖片的编织。袖片挑出59针，在前后片的腋下加出的针上挑出10针，环织，起织下针，选腋下最中心的2针进行减针，不加减针，织10行后开始减针，10-1-2，织成20行的高度后，下一行起，收掉1针，并编织花样B，织成6行后，再改织花样C，不加减针，织56行的高度后，收针断线。用相同的方法去编织另一侧袖片。

4.领片的编织。沿着前后衣领边，挑出104针，起织花样C，顺时针织正面。不加减针，织15行后，逆转方向，逆时针方向去编织，不加减针，织35行后，收针断线。最后用钩针，分别沿着衣身下摆边、袖口边和衣领边，钩织花样D花边。衣服完成。

领片（6号棒针）

后片（6号棒针）

肩片（6号棒针）

右袖片（6号棒针）

左袖片（6号棒针）

前片（6号棒针）

花样A

花样B

花样C

花样D

符号说明：

- ⊟ 上针
- □=⊡ 下针
- 2-1-3 行-针-次
- ↑ 编织方向
- 左上3针与右下3针交叉
- 左并针
- 右并针
- 镂空针
- 中上3针并1针
- ＋ 短针
- 长针
- 锁针

236

【成品规格】 衣长80cm，胸围90cm，袖长58cm

【工　　具】 10号棒针

【编织密度】 20针×22行=10cm²

【材　　料】 羊毛线1000g，纽扣1枚

编织要点:

1.后片:起96针织6行单罗纹后开始织花样，一直平织至128行后开挂肩:两侧各平收4针，每2行减1针减6针，织44行后平收。

2.前片:起56针，48针为身片，边缘8针为门襟;织6行单罗纹开始织花样，门襟8针一直织单罗纹;开挂同后片，领收针。

3.袖:从上往下织，织花样，袖口织6行单罗纹。

4.领:各片织好后缝合，沿领窝挑出所有针数织领，沿门襟的8针织单罗纹，其他花样，最后织6行单罗纹收针;领口缝一枚大纽扣;完成。

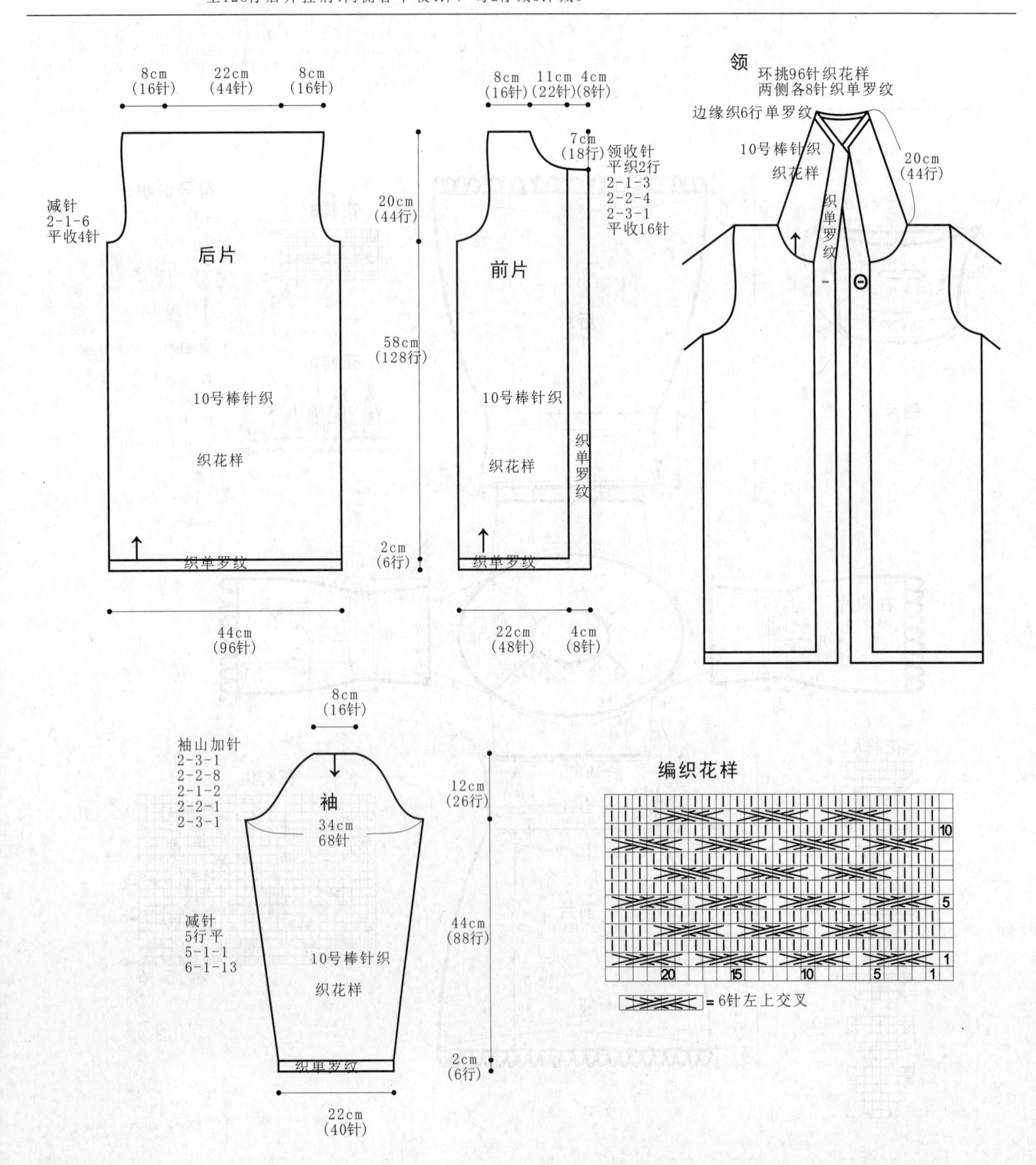

237

【成品规格】 衣长73cm，胸围53cm，袖连肩长65cm

【工　　具】 12号棒针

【编织密度】 27针×32.6行=10cm²

【材　　料】 紫色羊毛线600g，纽扣2枚

编织要点：

1.棒针编织法，衣身袖窿以下一片编织，袖窿起分为左前片、右前片、后片分别编织。

2.起织，双罗纹针起针法，起276针织花样A，织26行后，改织花样B，织至72行，第73行的第25针至50针以及第227针至257针改织花样A，织至80行，将花样A的部分收针，第81行，在同一位置分别加起26针，织花样B，继续往上编织，织至158行，将织片分成左、右前片和后片，左、右前片各取66针，后片取144针，分别编织。

3.分配后片的144针到棒针上，织花样B，一边织一边两侧按2-1-40的方式减针，织至238行，织片余下64针，收针断线。

4.分配左前片66针到棒针上，织花样B，一边织一两侧减针，右侧2-1-36，左侧2-1-30，织至218行，织片减针完成。用同样的方法相反方向编织右前片。

5.编织2片袋片。沿左前片第81行加起的针眼在内侧挑针起织，挑起26针织花样B，织54行后，收针，将袋片的左右侧及底部与衣身织片缝合。用同样的方法编织右袋片。

领片/衣襟制作说明

1.棒针编织法往返编织。

2.沿领口及两侧衣襟挑起460针织花样A，织14行后，双罗纹针收针法收针断线。注意右侧衣襟处均匀留起5个扣眼。

袖片制作说明

1.棒针编织法，编织两片袖片。从袖口起织。

2.起54针，织16行花样A，改织花样B，两侧一边织一边加针，方法为8-1-13，两侧的针数各增加13针，织至132行。接着减针编织插肩袖山，两侧同时减针，方法为2-1-40，两侧各减少40针，织至212行，断线。

3.用同样的方法再编织另一袖片。

4.缝合方法：将袖山对应前片与后片的袖窿线，用线缝合，再将两袖侧缝对应缝合。

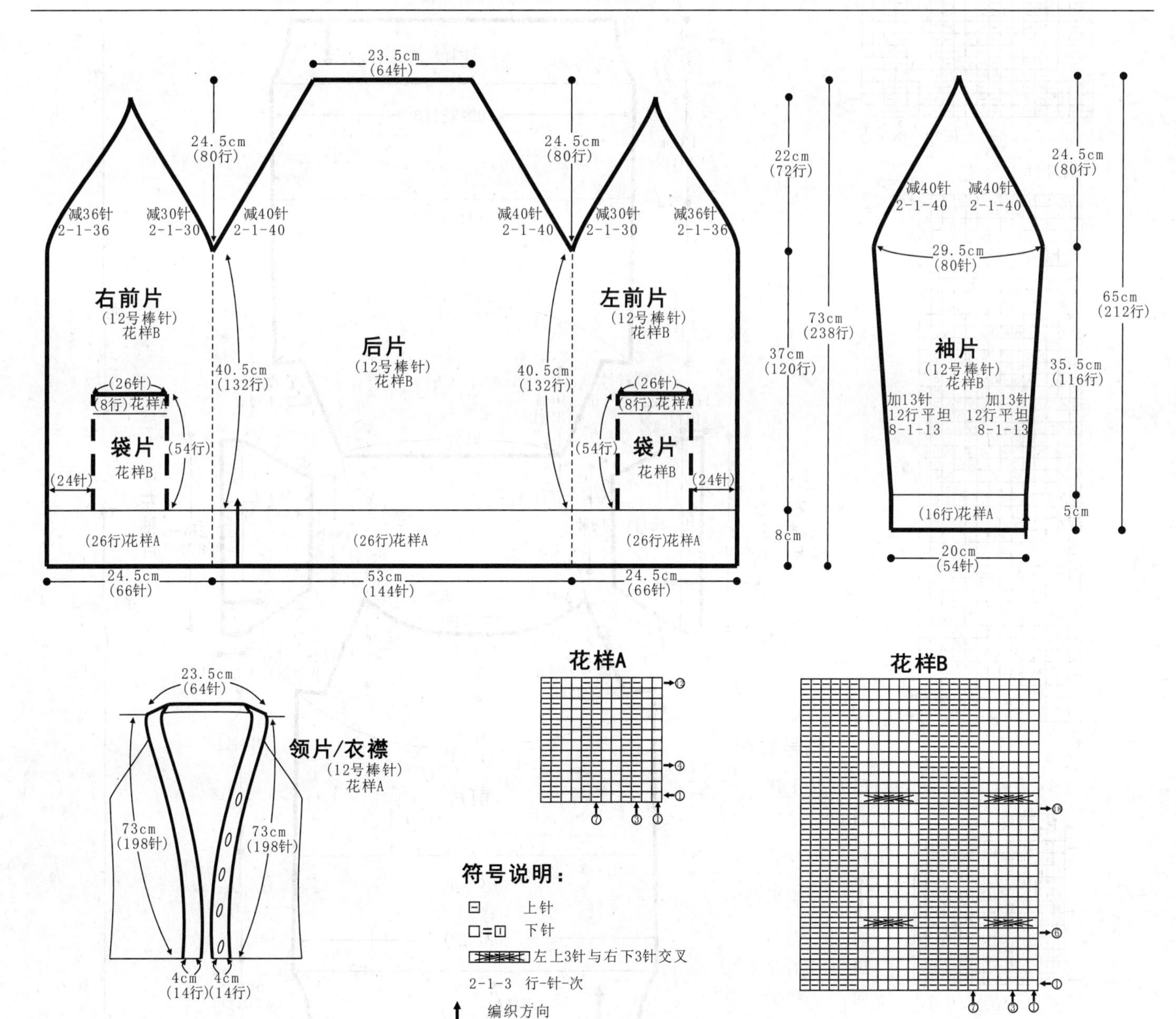

238

【成品规格】 衣长52cm，胸宽40cm，袖长10cm

【工　　具】 12号棒针

【编织密度】 33针×33.8行=10cm²

【材　　料】 绿色丝光棉线300g

编织要点：

1. 棒针编织法，由前片1片、后片1片、袖片2片组成。从下往上织起。

2. 前片的编织。一片织成。起140针不加减针，编织花样A双罗纹针，织20行的高度。

(1)袖窿以下的编织。第21行起，依照花样B分配好花样，并按照花样B的图解一行行往上编织，织成44行的高度，下一行起，全织下针，不加减针，再织48行的高度，至袖窿。此时衣身织成112行的高度。

(2)袖窿以上的编织。第113行时，两侧同时减针，两边同时平收6针，然后每织2行减1针，共减16次，当织成袖窿算起22行的高度时，进入前衣领减针，中间平收54针，两边相反方向减针，每织2行减2针，减10次，与插肩缝减针同时进行，直至余下1针。

3. 后片的编织。后片的织法与花样、针数、行数和减针方法，与前片完全相同，后片无后衣领减针，当织成32行的高度后，将所有的针数收针。

4. 袖片的编织。袖片从袖口起织，双罗纹起针法，起80针，起织花样A双罗纹针，不加减针，编织10行的高度，下一行起，分配成花样C进行编织，并在两边减针，每织2行减1针，减16次，织成32行的高度后，余下48针，收针断线。用相同的方法去编织另一袖片。

5. 拼接，将前片的侧缝与后片的侧缝对应缝合，再将两袖片的袖山边线与衣身的袖窿边对应缝合。

6. 领片的编织。沿着前后衣领边编织花样A双罗纹针，不加减针，编织10行的高度后，收针断线。衣服完成。

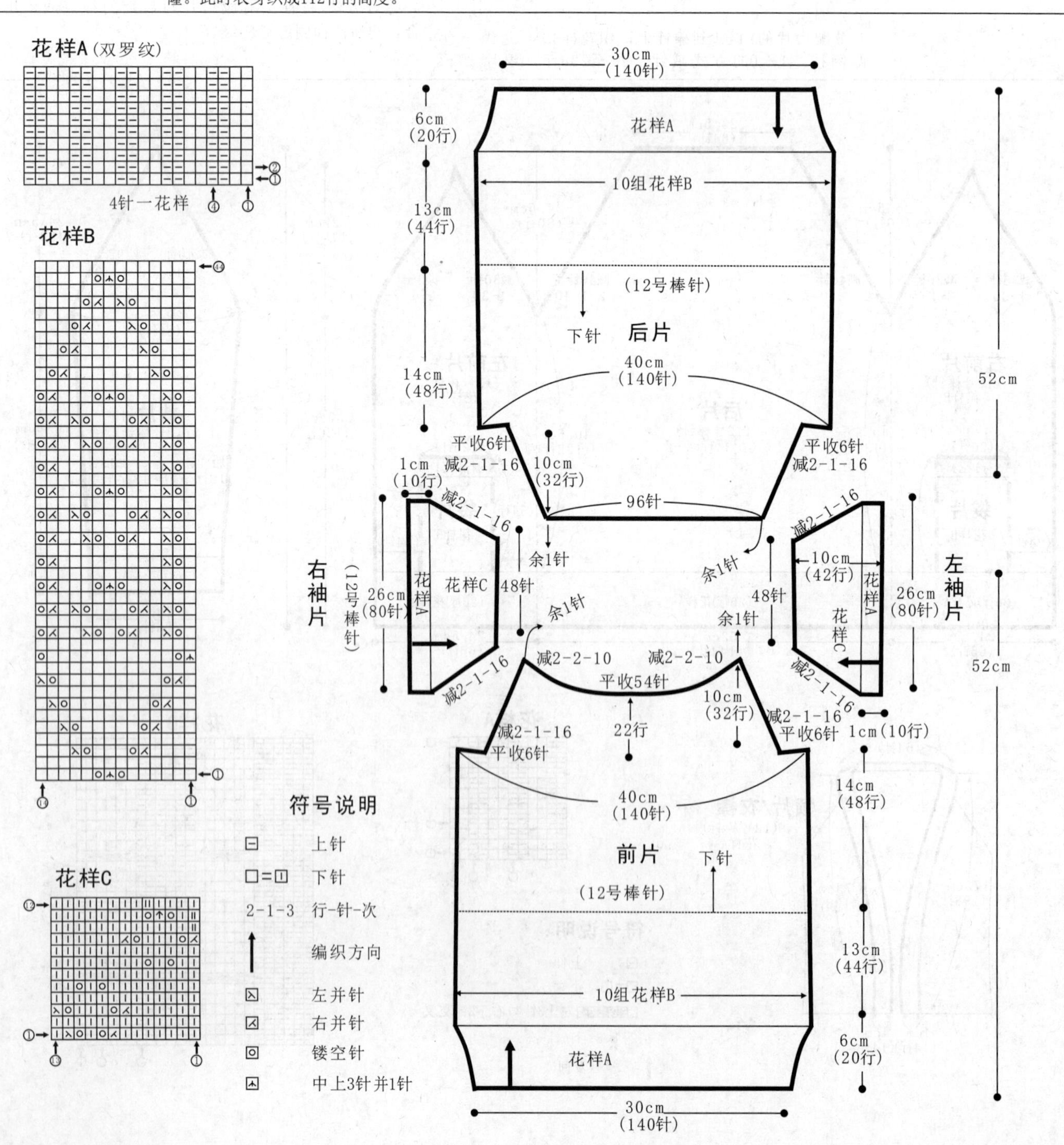

239

【成品规格】衣长60cm，胸围84cm，袖长62cm

【工　　具】14号棒针

【编织密度】35针×45行 =10cm²

【材　　料】细纯羊毛线450g

编织要点:

1.本款整体由两片构成:起296针织花样A40行后，将上针全部收掉，织平针28行；开始在两边减针：先2行减1针减10针后再每3行减1针；平针织到15cm的时候，中间织一组花样B；袖口每3针减1针织双罗纹44行平收；织两片。

2.边缘：起16针织花样C308行。

3.缝合：将织好的梯形对折先缝合底边，这时袖和身片就形成了；将边缘长方形缝合在起始处；然后留出领位置，将下端连起来。

4.下摆：沿边缘挑272针织双罗纹44行，完成。

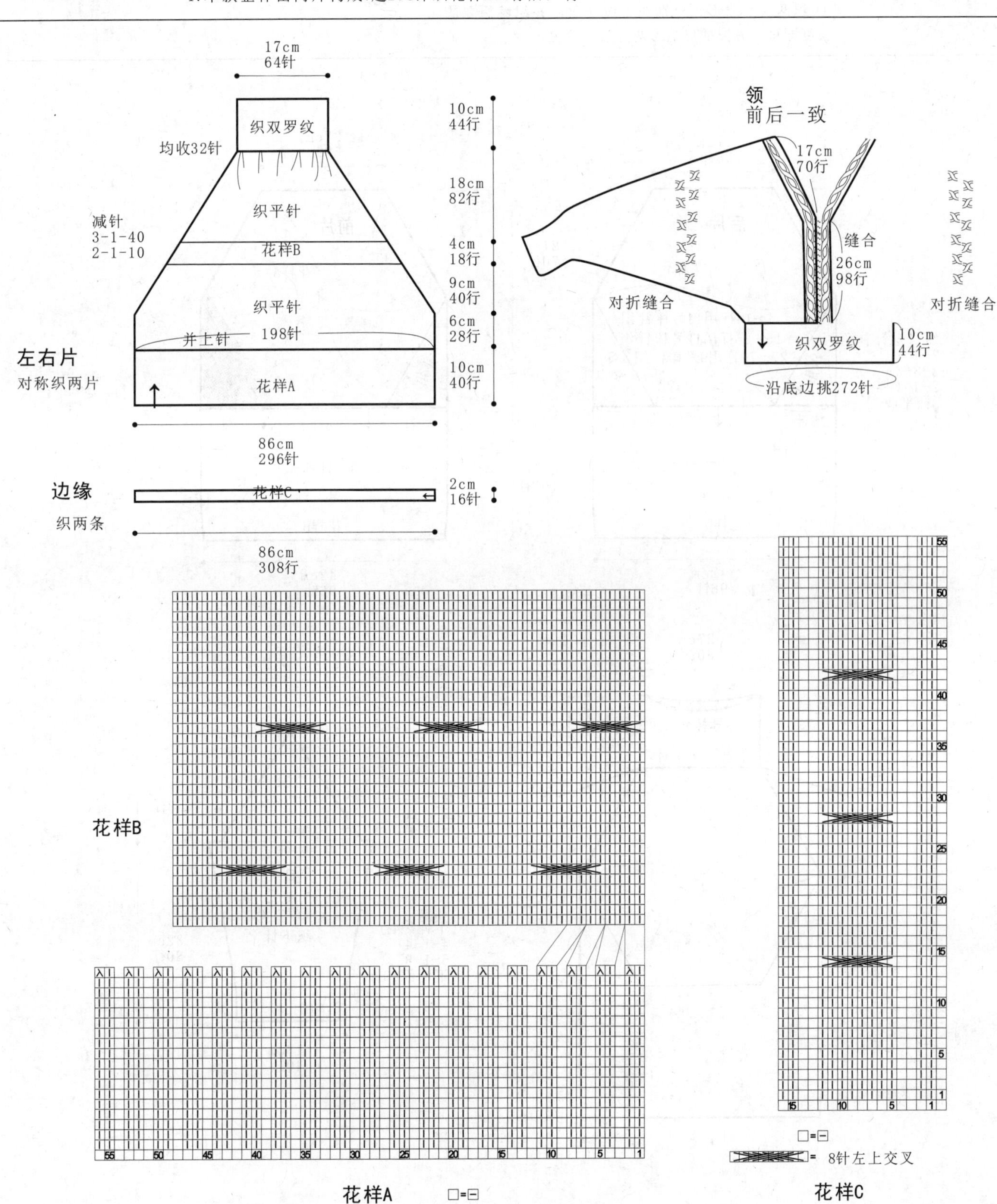

240

【成品规格】 衣长64cm，胸围84cm，袖长53cm

【工　　具】 9号、11号、12号棒针，2.5mm钩针

【编织密度】 23针×25行=10cm²

【材　　料】 段染线450g

编织要点:

1.织两块六边形，分别在下边补角，并织够想要的长度即可；另按插肩袖织两片袖子缝上。

2.六边形从中心往外织;用钩针起头钩18个短针，分成6份开始织叶子花，1~14行用11号棒针织，15~26行用12号棒针织，以后都用9号棒针织。

3.前后片相同，叶子花织完后，按图示在下左右两侧补角，补角完成后分别挑出下侧针数并穿起中间的针同织下边的下针，下摆织花样。

4.袖片从下往上织，起40针织花样，上面织下针，挂肩两侧平收7针后，每2行收1针直到结束，然后与六边形的一条边对应缝合。

5.领沿六边形领口的一条边直接往上织下针，织13cm花样，完成。

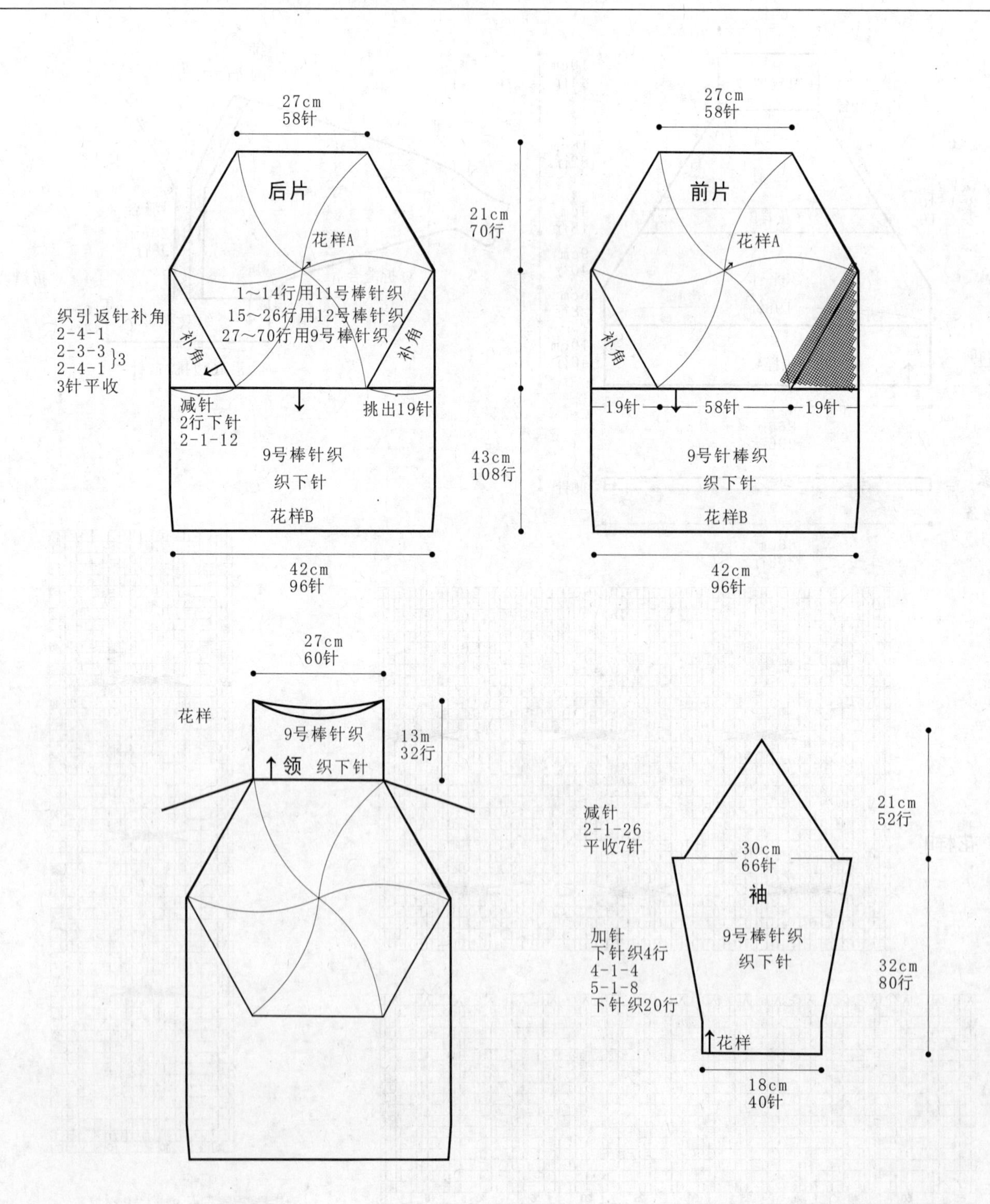

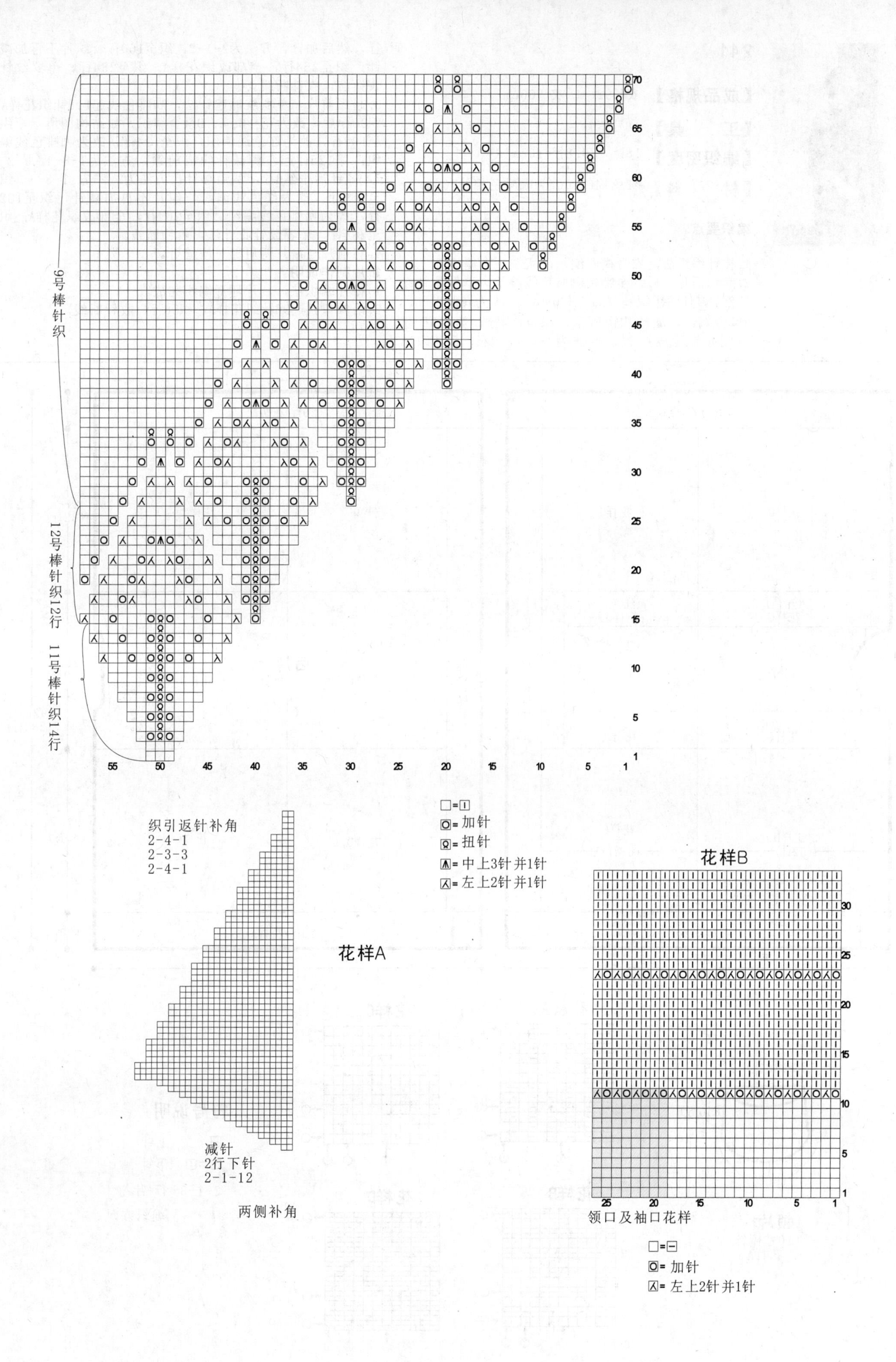
9号棒针织
12号棒针织12行
11号棒针织14行
织引返针补角
2-4-1
2-3-3
2-4-1
减针
2行下针
2-1-12
两侧补角
□=⊡
⊙= 加针
♀= 扭针
⋀= 中上3针并1针
⋏= 左上2针并1针
花样A
花样B
领口及袖口花样
□=⊟
⊙= 加针
⋏= 左上2针并1针

241

【成品规格】 衣长92cm，衣宽66cm

【工　　具】 10号棒针

【编织密度】 18针×30.8行=10cm²

【材　　料】 红色棉线100g，咖啡色棉线500g

编织要点：

1.棒针编织法，衣身横向编织，从左往右编织。

2.起织后片，后片全部用咖啡色线编织。单罗纹针起针法，起118针织花样A，织20行后，改为花样B、C、D组合编织，如结构图所示，织至124行，第125行起右侧减针织成后领，方法为2-1-2，减针后平织28行，然后加针，方法为2-1-2，织至160行，织片不再加减针，织至264行，全部改织花样A，织至284行，单罗纹针收针法，收针断线。

3.起织前片，单罗纹针起针法，咖啡色线起118针织花样A，织20行后，改为花样B、C、D组合编织，如结构图所示，织至102行，改为红色线编织，织至124行，改为咖啡色线编织，第125行起左侧减针织成前领，方法为1-8-1，2-2-7，减针后平织6行，然后加针，方法为2-2-7，1-8-1，织至160行，改为红色线编织，织片不再加减针，织至182行，改为咖啡色线编织，织至264行，全部改织花样A，织至284行，单罗纹针收针法，收针断线。

4.将前片与后片两肩部对应缝合。

领片制作说明

1.棒针编织法，一片环形编织完成。

2.沿领口挑起96针织花样A，织56行，收针断线。

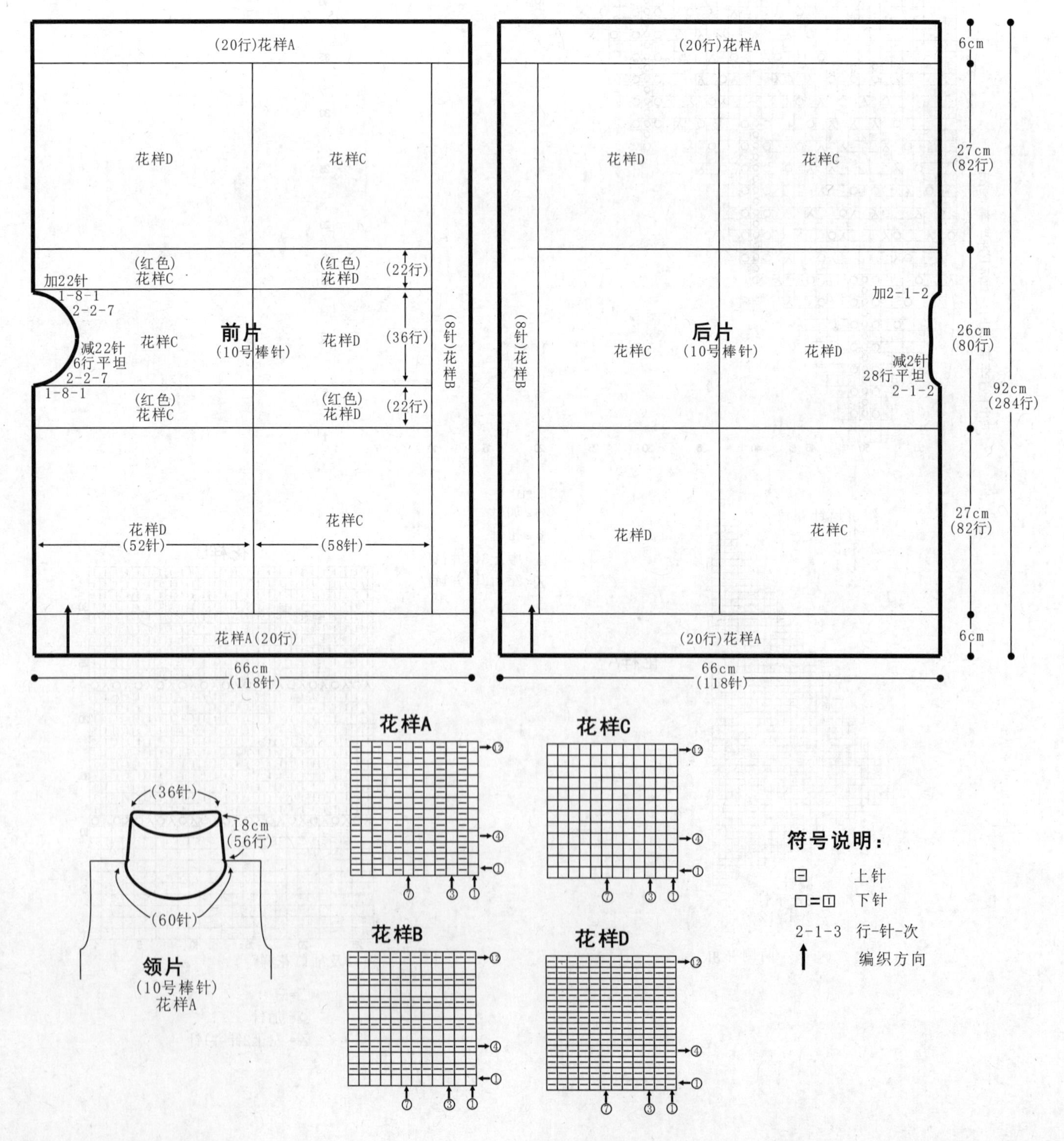

242

【成品规格】 衣长61cm,下摆宽50cm

【工　　具】 10号棒针

【编织密度】 25针×55行=10cm²

【材　　料】 织美绘牛奶丝绒白色380g,灰色370g

编织要点:

1.棒针编织法,一片编织而成,再将袖侧缝与腋下侧缝缝合成形。
2.从袖口起织。下针起针法,用灰色线起织,起75针,起织花样A元宝针,不加减针,织18行,再用白色线织花样B搓板针,不加减针,织16行,这时织片织成34行高度。下一行起,重复18行灰色、16行白色的配色顺序排列,并在两侧同时加针编织,方法顺序是10-1-5,8-1-5,2-2-10,2-3-5,两侧各加出45针,织片针数一共为165针,再用单罗纹起针法,往两侧再一次性加针,加出56针,继续往上配色编织,织成126行后,下一行先织116针,将接下来的105针收针,返回编织116针,用单罗纹起针法,起105针,接上织片,将余下的116针织完,形成的孔作领口,不加减针,织126行。两侧将56针收针,中间165针继续编织,并在两侧减针编织,方法依次是2-3-5,2-2-10,8-1-5,10-1-5,最后不加减针,织34行后,收针断线。将五星与五星对应缝合,将三角与三角对应缝合。
3.蝴蝶结的编织,下针起针法,起32针,先织8行白色搓板针,再用灰色线织6行搓板针,最后织8行白色搓板针,完成后收针断线,用灰色线,沿边钩织一圈逆短针。另一片长度长些,起40针,配色方法相同,织22行后,同样用灰色线沿边钩织逆短针。
4.用白色线分别沿着领口边和衣身下摆边钩织一圈逆短针。将两只蝴蝶结缝合后衣领和开口的上下位置。衣服完成。

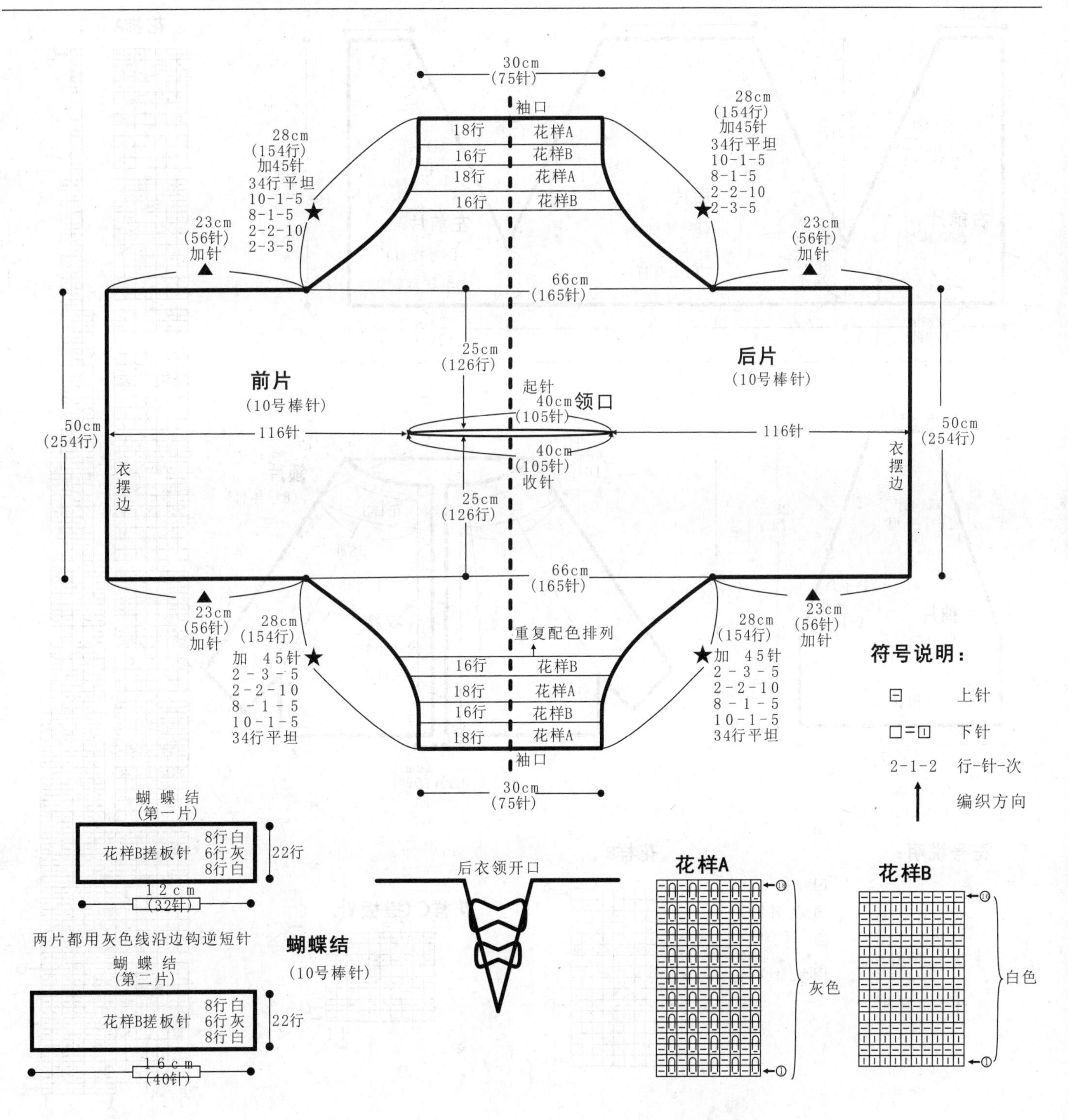

243

【成品规格】 衣长36cm，胸宽48cm，袖长43cm

【工　　具】 8号棒针

【编织密度】 （下摆片花样）32针×27行=10cm²

【材　　料】 红色腈纶毛线500g，扣子4枚

编织要点：

1.棒针编织法，从下往上织。

2.下摆起织，下针起针法，起294针，分配成21组花样A编织，不加减针，织24行，下一行起分片，两边各5组花样A，作左右前片，中间11组花样A，作后片。以右前片为例，起织5组花样A，在每一组花样A上进行减针，每一组减掉6针，在插肩缝上同时进行减针，4-1-14，减掉14针后，不加减针再织16行至领边。后片的编织，11组花样A，同样每一组各减掉6针，在插肩缝上进行与前片相同的减针，织成72行，余下60针，暂不收针。用相同的方法去编织出左前片。袖片的编织，起70针，织5组花样A，不加减针织36行后，花样A上同样减针，两插肩缝同样减14针，织成72行后，余下12针，收针断线。用相同的方法去编织别一袖片。

3.将两个袖片与衣身的插肩缝进行缝合。沿着前后衣领边，将所有的针数作一圈进行编织，起织花样B，一圈共148针，织成16行后，改织花样C搓板针，不加减针，织6行后，收针断线。最后沿着衣襟边挑针，挑114针，织10行后，收针断线。在右衣襟侧制作4个扣眼。

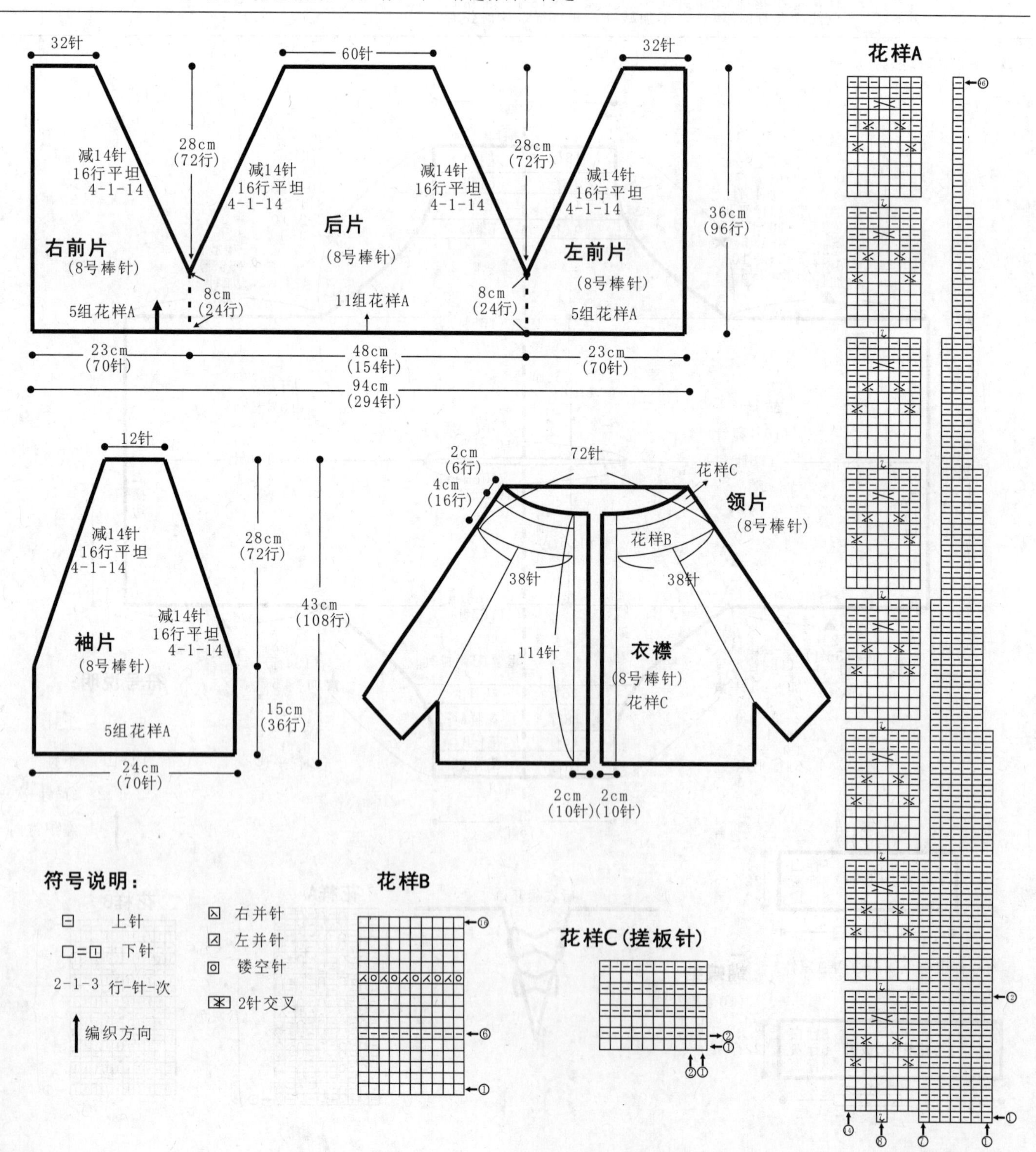

244

【成品规格】 衣长50cm，胸宽36cm，袖长62cm

【工　　具】 12号棒针，1.5mm钩针

【编织密度】 46针×56行=10cm²

【材　　料】 橘红色丝光棉线800g

编织要点：

1.钩针编织法与棒针编织法结合。先用棒针编织衣身，再钩织单元花补上衣身加减针形成的孔。

2.前片的编织。下摆起织，16针起织，往左加针，2-10-21，加出210针，织成42行，右侧缝在编织完30行后，开始制作花样A孔。先平收6针，2-2-10，2-1-24，减掉60针，然后不加减针，织4行后开始加针，2-1-24，加出24针，然后往上继续减针，减6针，10-1-6，织成60行，再织8行至袖窿。左侧缝织法，先减针编织，10-1-10，然后不加减针，织70行至袖窿。此时织片余下164针，下一行两侧收针，各收8针，然后将织片分成两半各自编织，每一半各74针，衣领和袖窿同时减针。袖窿减针方法：2-1-34，衣领减针方法：2-2-6，2-1-28，直至余下1针，收针断线。用相同的方法去编织另一边。

3.后片的编织。后片的袖窿以下织法，与前片相同，但是方向相反，后片是从左侧用16针起织，往右加针，花样A挖的孔是在左侧。织至袖窿后，袖窿起减针，两侧同时收针8针，然后2-1-34，织成68行后，余下80针，收针断线。将前后片的侧缝对应缝合。再沿着下摆边缘，钩织4行短针锁边。

4.袖片的编织。两个袖片需要挖的花样B和花样C的位置不同，先织左袖片。从袖口起织，起118针，全织下针，两侧缝减针，6-1-10，织成60行后，开始挖花样B孔边缘，先减针，2-1-24，不加减织14行后，开始加针，4-1-12，此时织片余下74针，两侧缝继续加针，10-1-10，织成100行，至袖山，针数为94针，下一行袖山减针，两侧平收8针，2-1-34，织成68行后，余下10针，收针断线。再织右袖片。起118针，侧缝减针，6-1-10，不加减针，再织110行后，再加针，加10针，10-1-10，至袖山，在这个右袖片加针后，选个位置挖花样C孔，方法为，两边相同方法加减针，中间收针12针，然后两边各自减针加针，先减针，2-1-10，不加减针织6行后，再加针，2-1-10，下一行再用单罗纹起针法，起12针，完成孔的编织。袖片袖山起减针，两侧收针8针，2-1-34，织成68行，余下10针，收针断线。将两个袖片与衣身的袖窿边缘对应缝合，再将袖侧缝缝合。

5.最后将花样A、花样B、花样C用短针缝合于各自的位置上。最后根据领片结构图，钩织花样D，根据个数、位置，缝合于领片边缘。衣服完成。

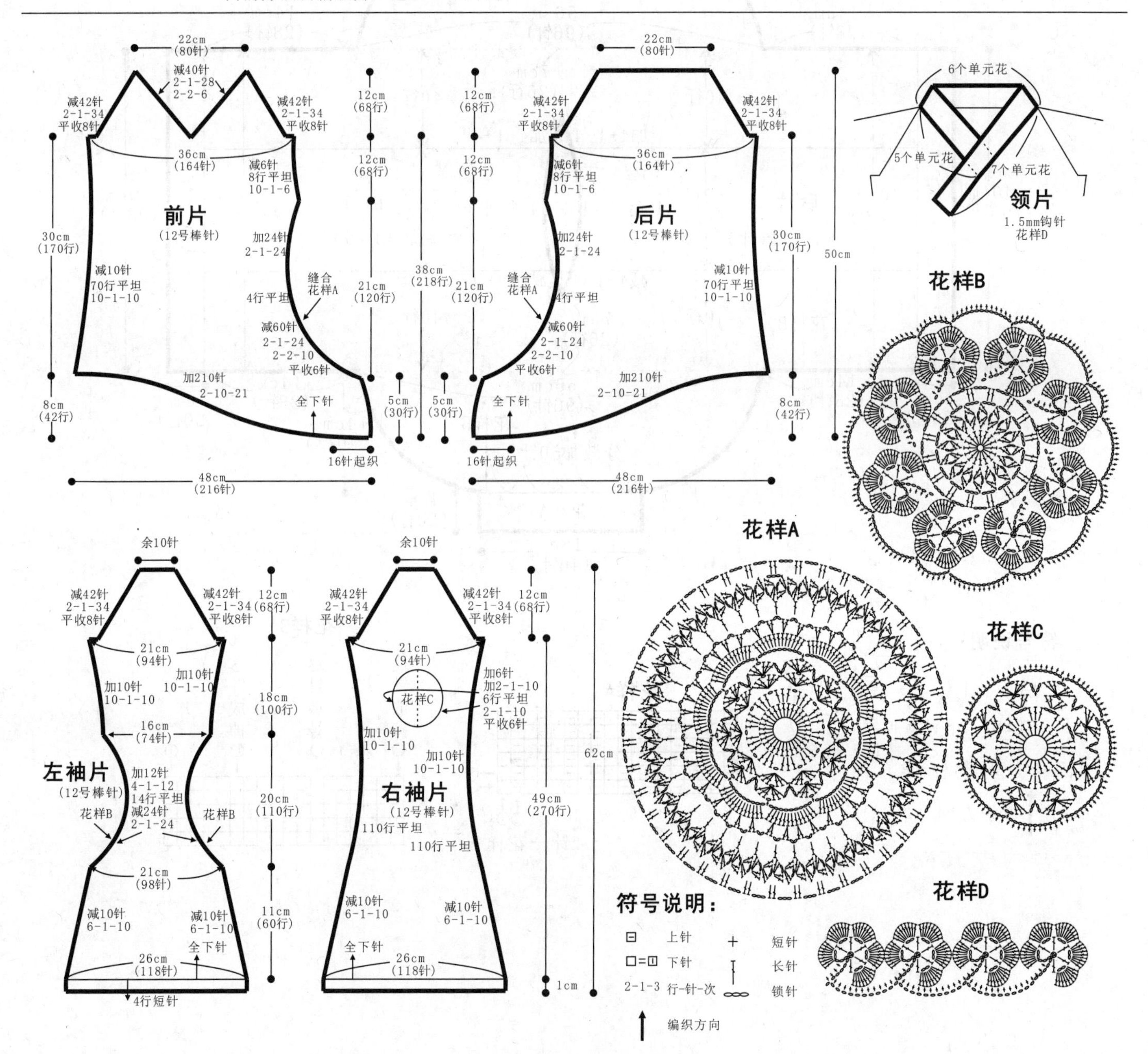

245

【成品规格】 衣长46cm，胸宽40cm，肩宽40cm

【工　　具】 10号棒针

【编织密度】 18针×33行=10cm²

【材　　料】 浅米色丝光棉线400g，藕荷色线适量,缎织金线适量

编织要点:

1.棒针编织法，由前片1片、后片1片、袖片2片组成。从下往上连片织起。

2.前片、后片、袖片的连片编织。一片织成。用藕荷色线起针，单罗纹起针法，起46针，起织花样A，不加减针，编织20行后，分散加50针，共96针编织花样B，织成40行，形成袖片，然后两侧同时加28针，共有152针开始编织前后片衣身。不加减针，继续编织花样B，织成26行，中间两侧分别进行衣领减针，4-1-4，48行平坦，衣领减针的同时编织到40行后换成缎织金线继续编织，编织52行后，再换成藕荷色线继续编织，加针完毕，针线合并一起编织26行后，衣身左右两侧各收28针断线。衣身编织完毕。余96针编织另一个袖片，不加减针，编织花样B，织成40行，分散收针50针，余46针，编织花样A，织成20行，收针断线，整片完成。

3.前后和后片下摆的编织。在前后片衣身侧边分别挑出98针，不加减针，编织花样A，编织20行，收针断线。

4.拼接。将前片的侧缝与后片的侧缝对应缝合。再将两袖片的侧缝对应缝合。衣服完成。

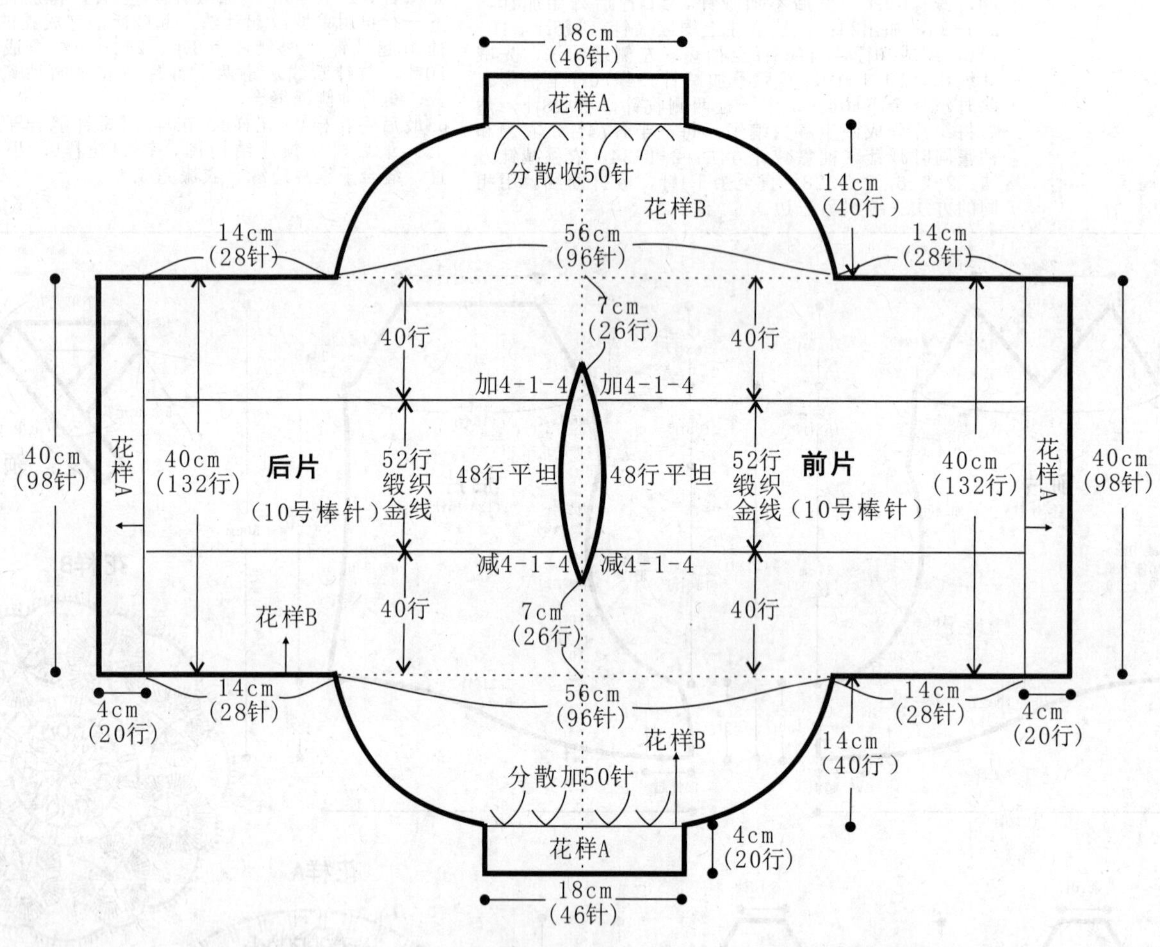

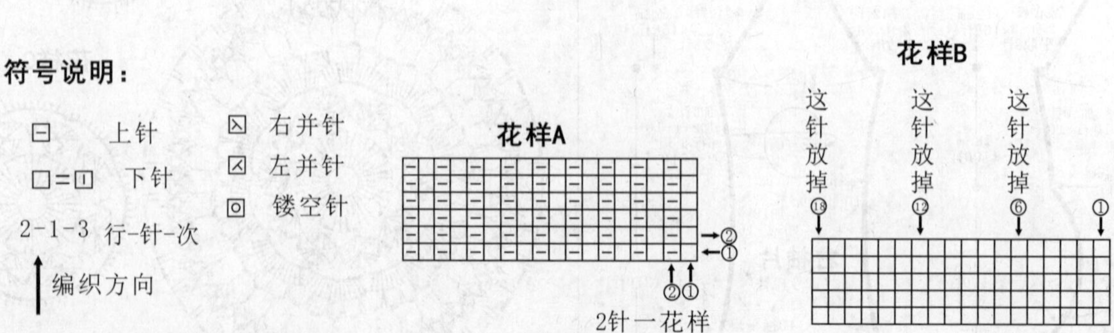

246

【成品规格】衣长52cm，胸围88cm，肩袖长62cm

【工　　具】8号棒针

【编织密度】36针×42行=10cm²

【材　　料】天蓝色细毛线600g

编织要点：

1.由前、后片及袖片组成。前、后片及袖片均是按结构图从下往上编织。

2.各单元片织好后，合在一起往上织4cm下针作为衣领，让其形成自然卷曲的状态。

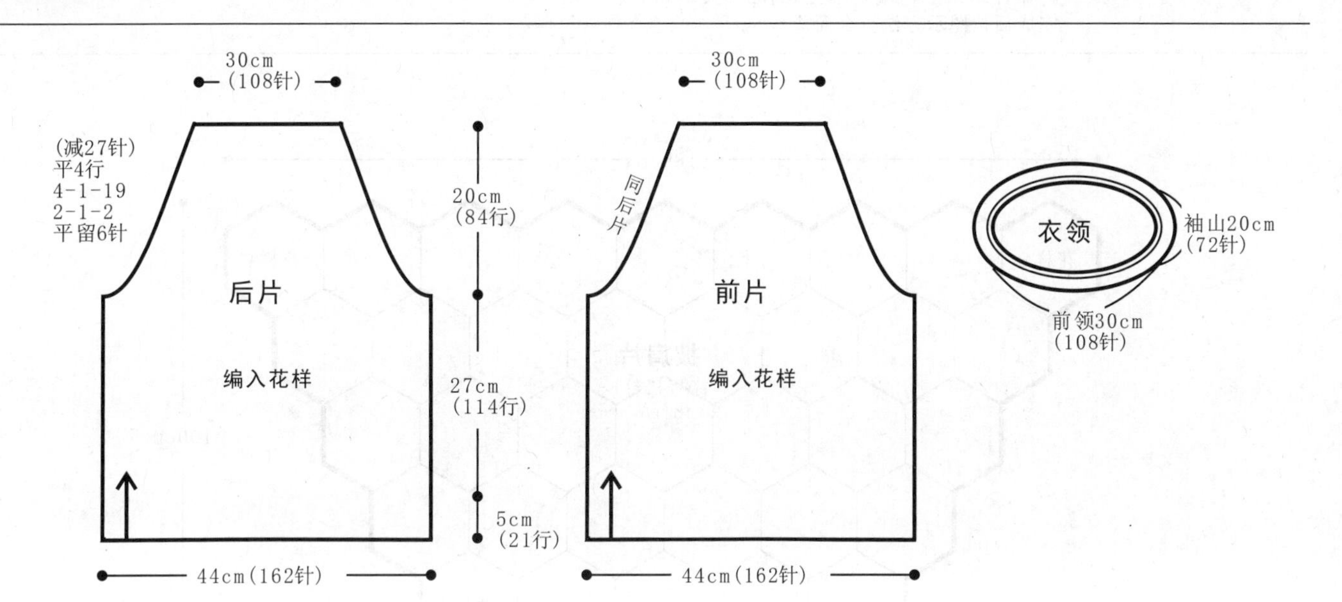

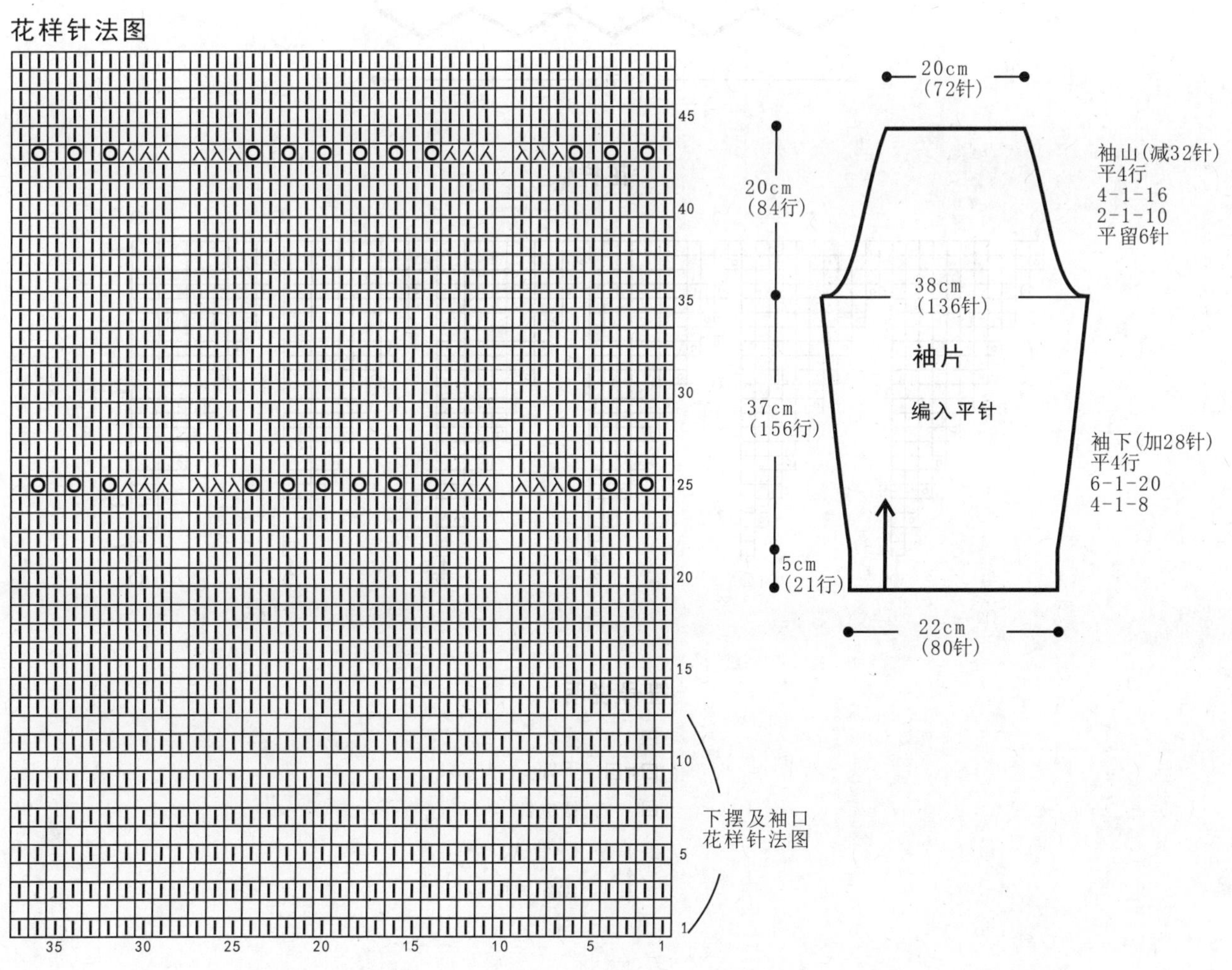

247

【成品规格】 披肩长100cm，宽189cm

【工　　具】 10号棒针

【编织密度】 16针×21行=10cm²

【材　　料】 绿色棉线500g

编织要点：

1.棒针编织法，编织单元花样A，共织35个单元花，完成后按图示方法拼合而成。

2.起织单元花样A，起6针，按图解所示方法加针，共织22行织片变成66针，收针断线。

3.用相同的方法共编织35个单花样A，按结构图所示拼合，完成后在披肩的3条短边绑系约16cm长的流苏。

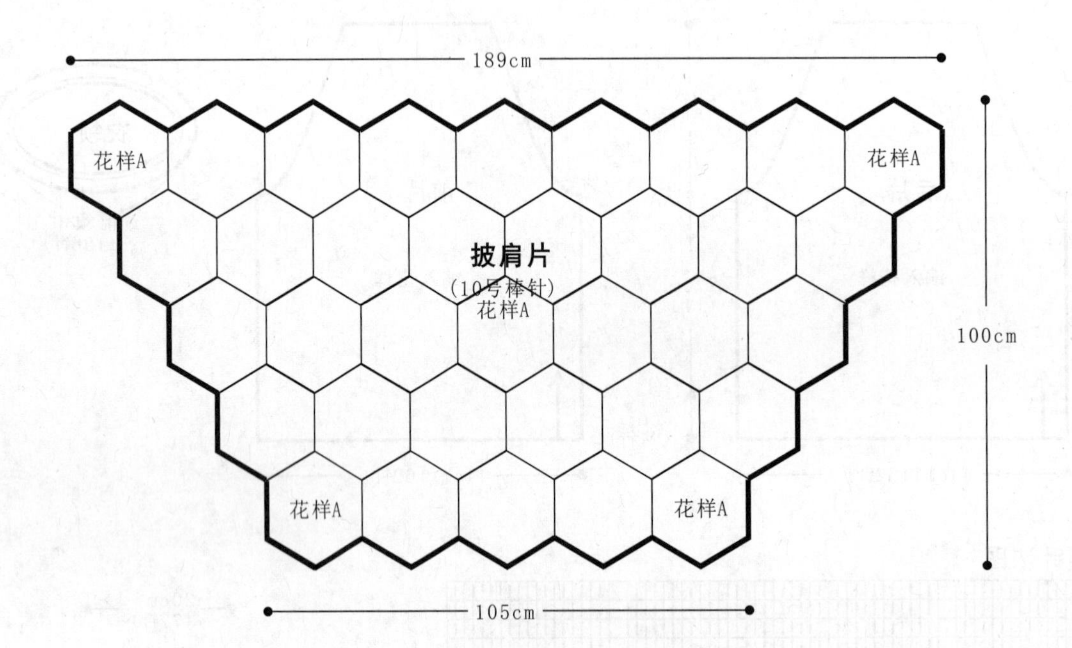

花样A

符号说明：

⊟ 上针

□=⊡ 下针

⊡ 镂空针

2-1-3 行-针-次

↑ 编织方向

248

【成品规格】衣长40cm，胸围68cm，袖长61cm

【工　　具】8号棒针

【编织密度】26针×26行=10cm²

【材　　料】深紫色棉线300g，蓝色棉线50g，纽扣3枚

编织要点：

1. 棒针编织法，由前片2片、后片1片、袖片2片组成。从下往上织起。

2. 前片的编织。由右前片和左前片组成，以右前片为例。起针，下针起针法，起52针，右侧选取10针，始终编织花样C，余下的针数42针，全织花样A，织6行的高度，袖窿以下的编织。第7行起，花样C继续编织，余下的全织下针，织40行后，改织花样A4行，此处开始留扣眼，向上共3个。下一行，分配成花样B编织，织18行后，至袖窿。袖窿以上的编织。左侧减针，收针4针，每织4行减2针，共减8次，然后不加减针往上织，织成14行时，改织4行花样A，下一行进行右侧进行领边减针，从右往左，收针18针，然后每织2行减1针，共减14次，与袖窿减针同步进行，直至余下1针，收针断线。用相同的方法，相反的方向去编织左前片。

3. 后片的编织。下针起针法，起88针，编织花样A，不加减针，织6行的高度。然后第7行起，全织下针，不加减针往上编织成40行的高度，下一行改织4行花样A，而后依照花样B分配花样进行编织。再织18行后至袖窿，然后袖窿起减针，方法与前片相同。当织成袖窿算起14行时，下一行改织4行花样A，余下的行数全织下针，再织14行后，将所有的针数收针，断线。

4. 袖片的编织。袖片从袖口起织，下针起针法，起40针，起织花样A，不加减针，往上织4行的高度，第5行起，分配成花样B编织，不加减针，织32行的高度，下一行改织4行花样A，余下全织下针，并在两侧缝进加针，12-1-6，6-1-1，织成78行，至袖窿。下一行起进行袖山减针，先平收4针，每织4行减2针，共减8次，织成32行，最后余下14针，收针断线。用相同的方法去编织另一袖片。

5. 拼接，将前片的侧缝与后片的侧缝对应缝合，再将两袖片的袖山边与衣身的袖窿边对应缝合。

6. 领片的编织。沿着前后衣领边，挑出116针，起织花样C单罗纹针，不加减针，编织12行的高度后，收针断线。衣服完成。

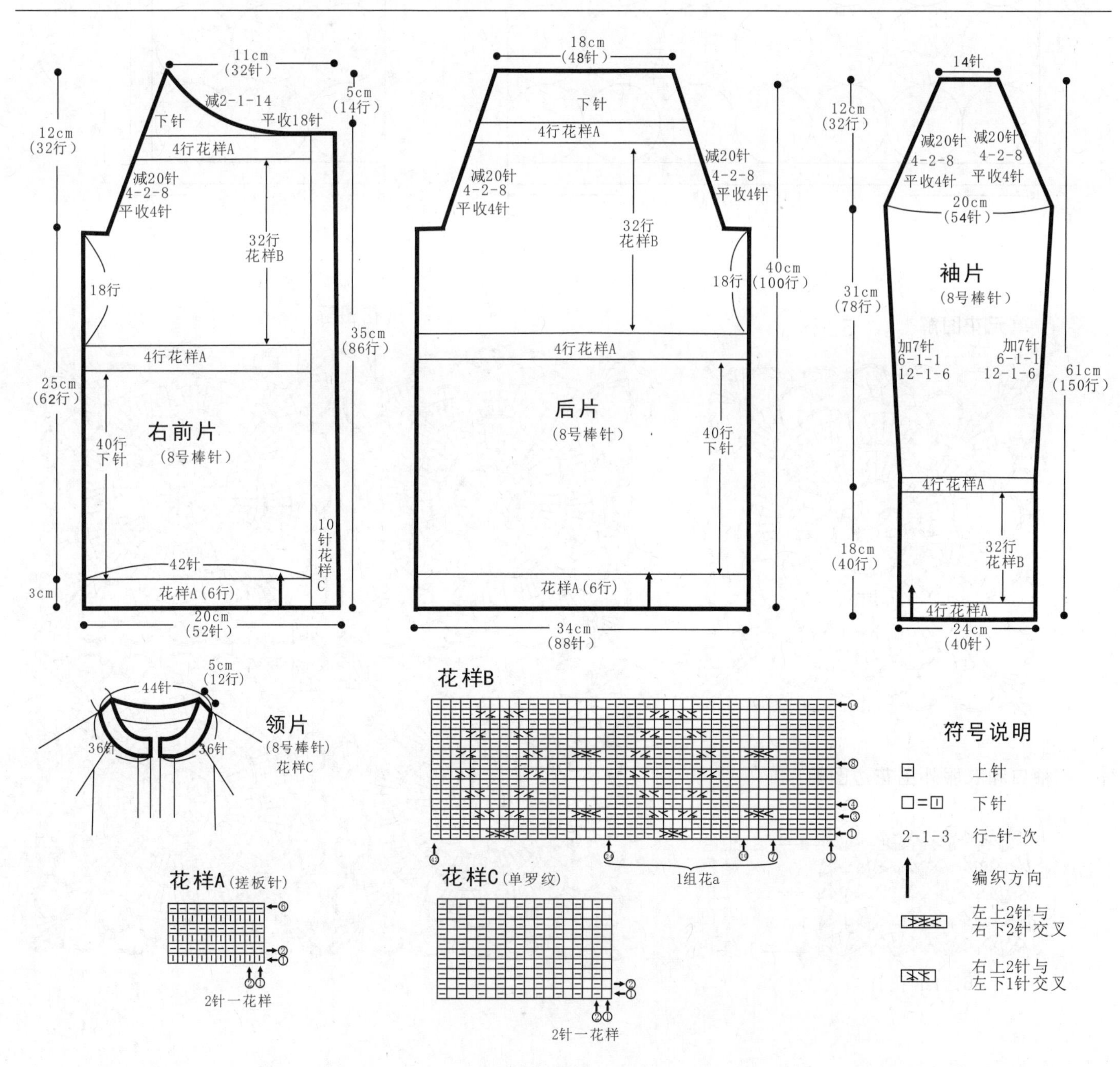

249

【成品规格】 披肩长71cm，胸围90cm

【工　　具】 2.0mm钩针

【材　　料】 黑色毛线500g，红色毛线少许

编织要点：

1.此披肩由单元花拼花而成。
2.参照单元花图解钩单元花52个，参照拼花图解和结构图拼花。后幅1片28个拼花，前幅2片各12个拼花。
3.在衣服外围钩花边5行，参照袖口和衣服外围花边图解。袖口1圈钩花边10组花样。衣服外围钩花边90组花样。

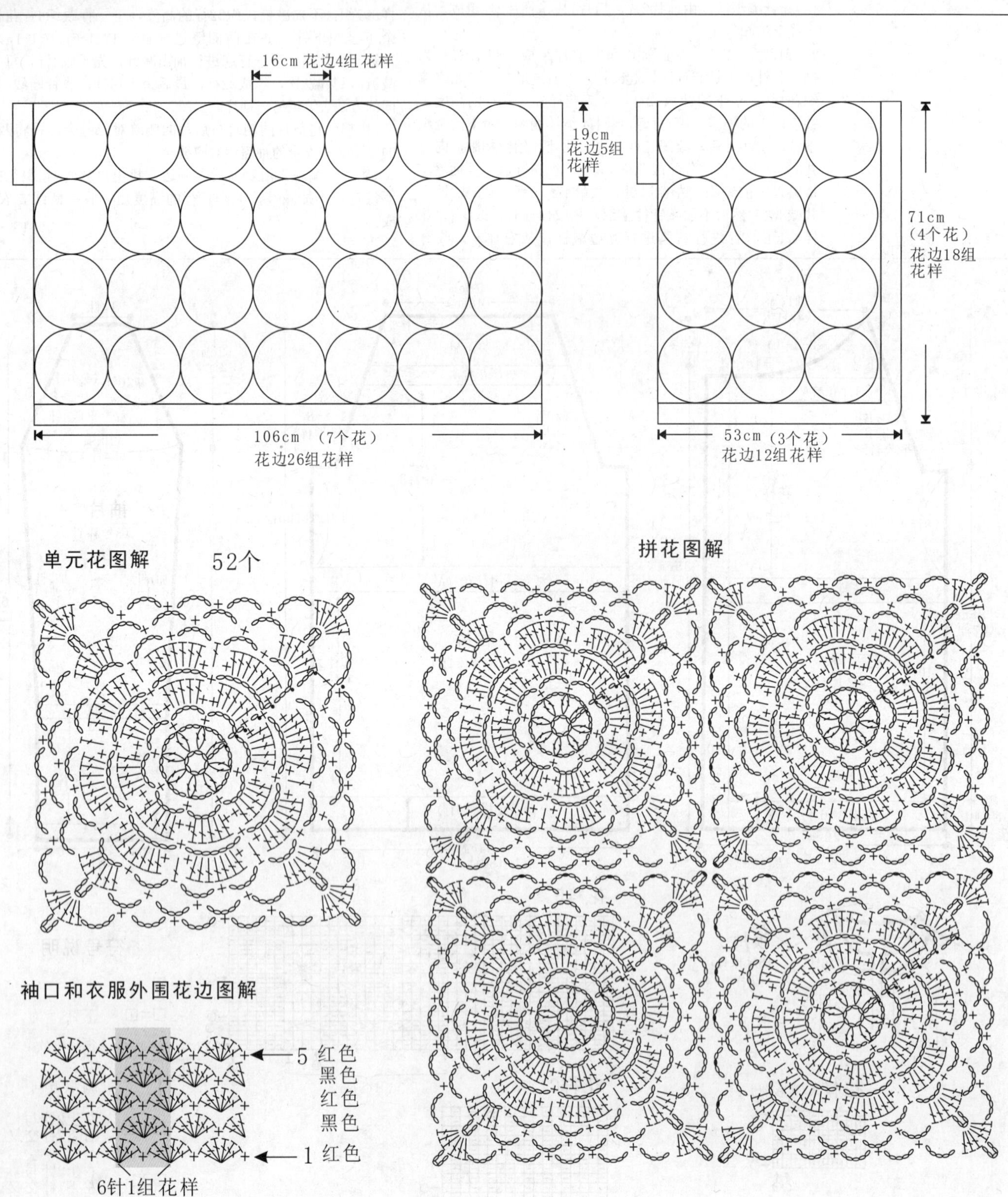

250

【成品规格】衣长64cm，肩宽52cm，袖长64cm，袖宽17.5cm

【工　　具】12号棒针

【编织密度】31针×41行=10cm²

【材　　料】灰色羊绒线800g

编织要点：

1.棒针编织法，由前片1片、后片1片、袖片2片组成。从下往上织起。

2.前片的编织。一片织成。起针，双罗纹起针法，起148针，起织花样A，不加减针，编织38行的高度。下一行起。依照结构图所示进行花样分配，不加减针。编织20行的高度后。开始进行加减针编织。在侧缝两边进行加针，5-2-4，4-2-24，而花样内进行减针，在花样B上进行减针，花样中间减针，4-1-20，24行平坦。两侧的花样B上，4-1-8，24行平坦。下一行起。织片两侧不再加减针，将织片分成两半，下一行进行领边减针，2-3-10，2-2-23，在衣领边算起第7针的位置上进行减针，完成后，最后余下6针。暂停编织，不收针。

3.后片的编织。袖窿以下的织法与前片完全相同，袖窿起减针，在花样A的两侧上进行减针，3-2-26，将花样往内缩移。完成后，余下60针，不收针。暂停编织。

4.袖片的编织。双罗纹起针法，起74针，起织花样A双罗纹针，不加减针，编织34行的高度。下一行起。依照花样C进行花样分配，并在两袖侧缝上进行加针，8-1-18，不加减针再织8行后，至袖山减针，下一行起。在内侧第5针的位置上进行减针，2-1-42，织成84行，余下26针，不收针。用相同的方法去编织另一只袖片。将两只袖片与衣身对应缝合。再将袖侧缝缝合。

5.领片的编织，将前片留下的6针，边织边与袖片后领片留下的针数进行并针编织。织至另一侧前领边留下的6针进行缝合。最后沿着前领边，两侧各挑61针，后领边挑36针，起织花样D，在前领片转角V形处，进行并针编织。3针并为1针，中间1针朝上。织成20行后，收针断线。衣服完成。

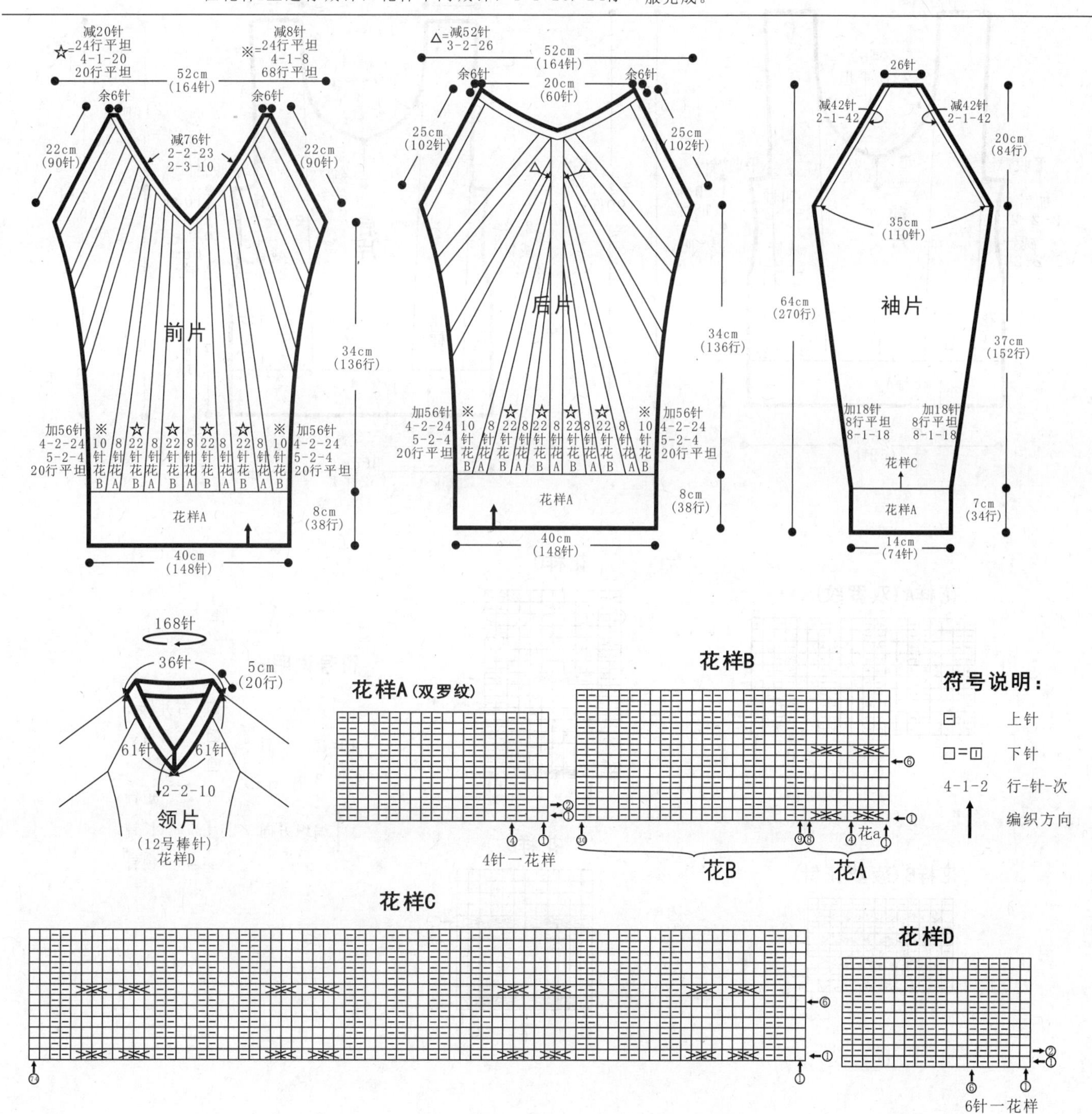

251

【成品规格】 衣长54cm，胸宽36cm，肩宽24cm

【工　　具】 8号棒针

【编织密度】 14针×18行=10cm²

【材　　料】 灰色丝光棉线400g

编织要点：

1.棒针编织法，由前片1片、后片1片组成。从下往上织起。
2.前片的编织。
(1)起针，双罗纹起针法，起52针，编织花样A，不加减针，织10行的高度，换织7针花样B+12针花样C+12针花样D+12针花样C+7针花样B，织18行开始减针2-2-2，织9行后开始加针，2-2-2。同时织6行后，开始分织领口，领口两侧各减6针，1-1-6。再织12行开始平收7针织袖窿。
(2)袖窿以上的编织。织成35行，各余下13针，这是至肩部的宽度，收针断线。
3.后片的编织。
(1)起针，双罗纹起针法，起52针，编织花样A，不加减针，织10行的高度，换织7针花样B+12针花样C+12针花样B+12针花样C+7针花样B，织18行开始减针2-2-2，织9行后开始加针，2-2-2。织18行后，两侧平收7针织袖窿。织12行后，开始分织领口，领口两侧各减6针，1-1-6，收针断线。
(2)袖窿以上的编织。织成22行，各余下13针，这是至肩部的宽度，收针断线。
4.拼接，将前片的侧缝与后片的侧缝对应缝合，选一侧边与后片的肩部对应缝合。衣服完成。

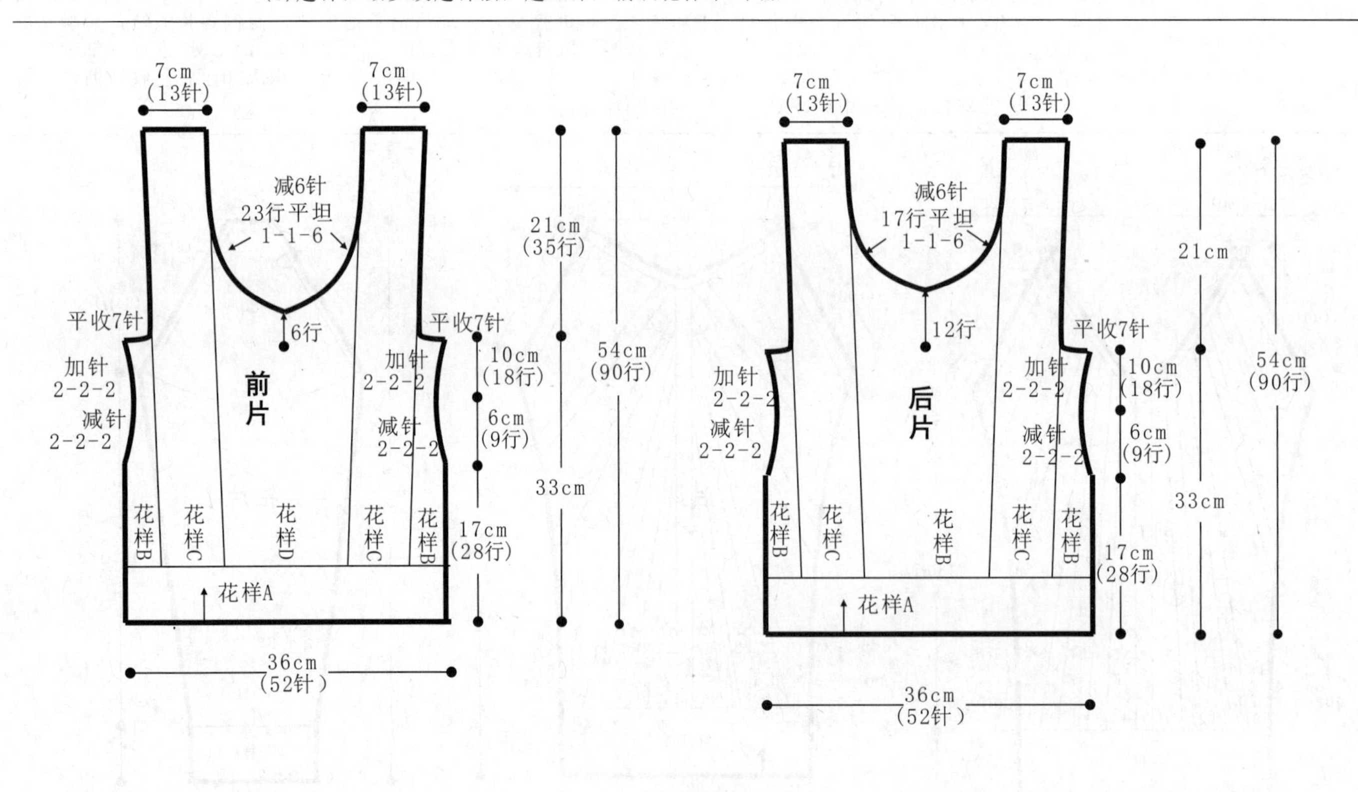

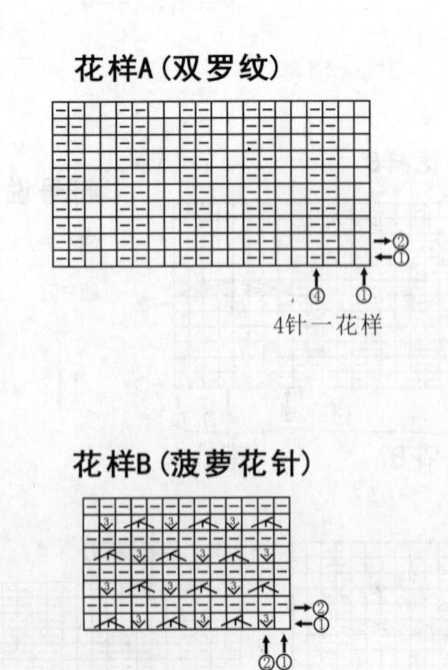

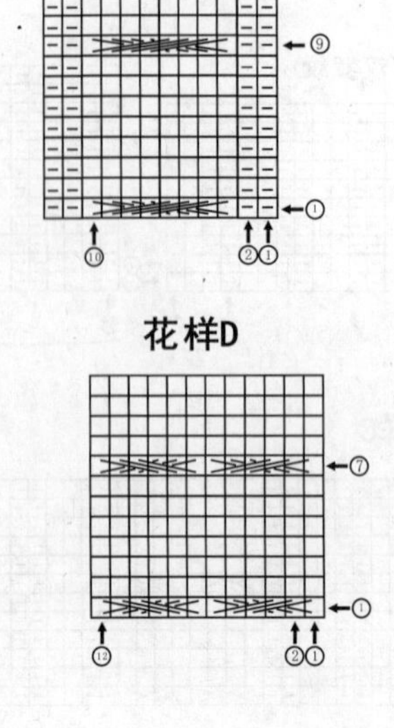

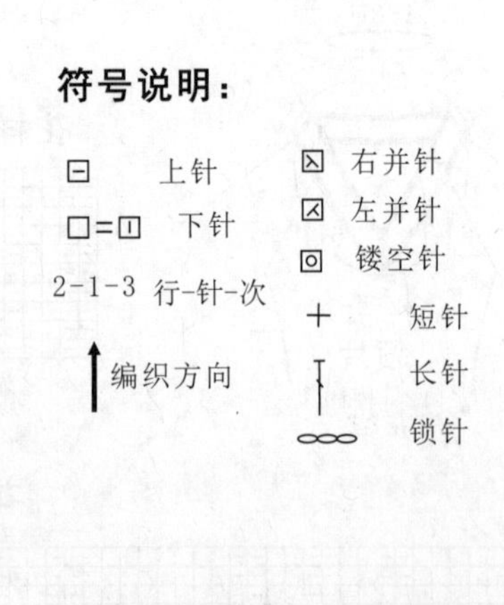

252

【成品规格】 衣长74cm，胸宽46cm，肩宽43cm

【工　　具】 12号棒针

【编织密度】 28.3针×32行=10cm²

【材　　料】 紫色丝光棉线400g，白色线30g

编织要点：

1.棒针编织法，由前片1片、后片1片、领片1片组成。从下往上织起。

2.前片的编织。一片织成。平针起针法，起40针，起织花样A，右侧边加针，1-4-10，2-4-12，2-1-2，2行平坦，共编织40行，不加减针，继续往上编织，织成56行，编织花样B，编织18行后，编织花样A，编织24行后开始领片分针，从中间对半平分针数，分别往上编织，编织40行至袖窿。袖窿起减针，两侧同时减2-1-4，织64行后，至肩部，两边各余36针，收针断线。

3.后片的编织。一片织成。平针起针法，起40针，起织花样A，右侧边加针，1-4-10，2-4-12，2-1-2，2行平坦，共编织40行，不加减针，继续往上编织，织成56行，编织花样B，编织18行后，编织花样A，编织64行后至袖窿。袖窿起减针，两侧同时2-1-4，织48行后，两边开始领边减针，2-1-8，至肩部，两边各余下36针，收针断线。

4.拼接，将前片的侧缝与后片的侧缝和肩部对应缝合。再将两袖片的袖山边线与衣身的袖窿边对应缝合。

5.前领片的编织，沿着右侧前领边用白色线挑72针，编织花样B，其左侧边减针，2-2-36，织72行后，与左侧领边对应缝合，收针断线。

6.衣边、袖边的钩织。沿着两个袖边分别钩织花样C，沿着前后片的下侧边分别钩织花样C。

7.前胸小花的钩织。分别用紫色线和白色线按照花样D钩织小花，然后由里到外卷起来形成立体花朵，按图缝制在衣服上，衣服完成。

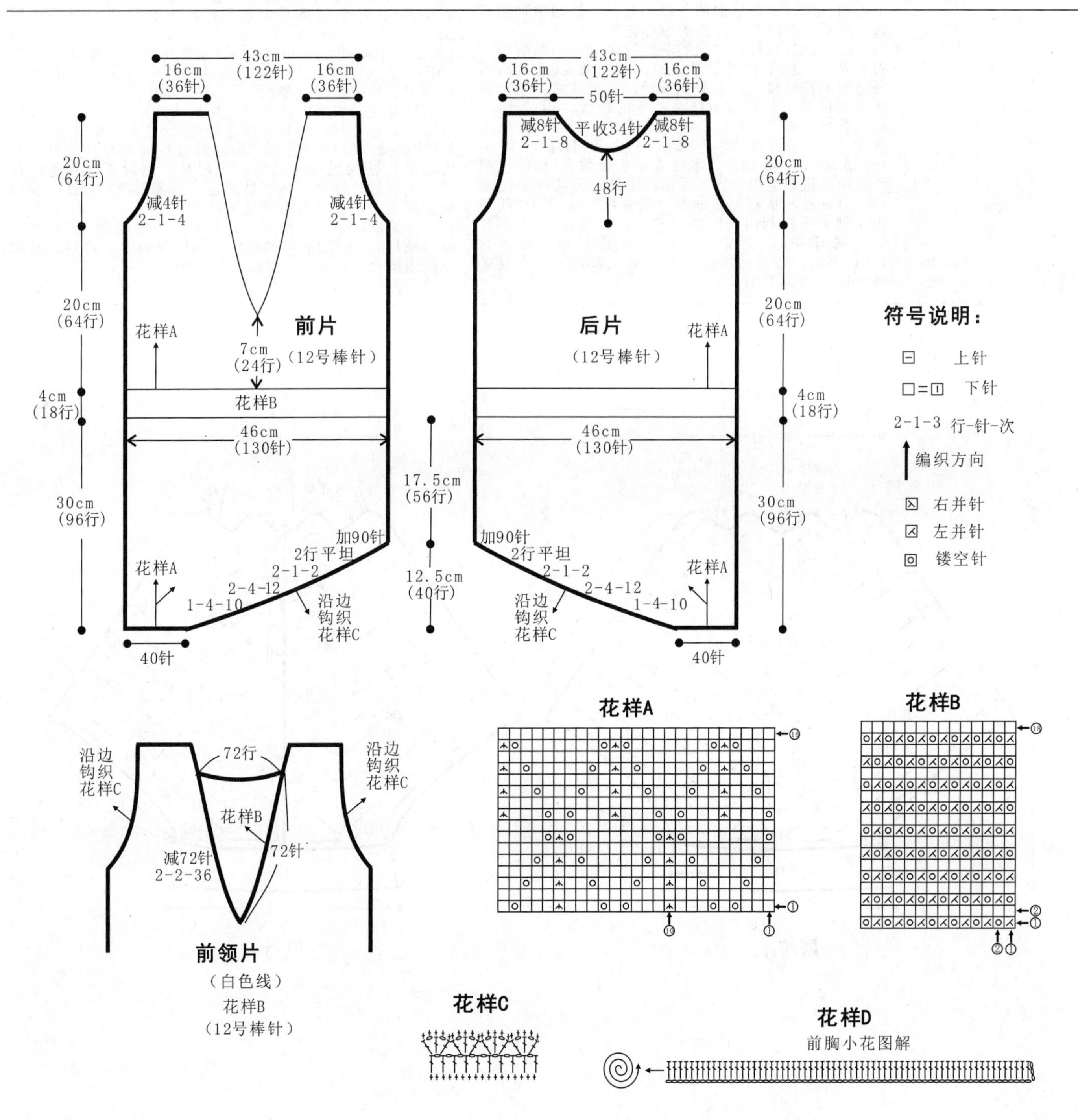

253

【成品规格】 衣长54cm，腰宽44cm，肩宽30cm，下摆宽40cm

【工　　具】 10号棒针

【编织密度】 36针×30行=10cm²

【材　　料】 6股丝麻棉线200g

编织要点：

1.棒针编织法，分成两片编织，衣身一片织成，下摆一片，横织成。

2.衣身编织，织法特别，利用了折回编织的原理。衣服是横织，如结构图中粗箭头所示的方向编织，从后片中间起织，利用折回编织的原理，编织好中心花型，然后利用折回编织原理，全织下针，至袖中轴，编织一个花型，然后也是折回编织下针，再织前片的中心的花型，再折回编织下针，至另一边袖中轴的花型，最后再折回织回后片的中心花型。

(1)起针，起116针，衣服的起针有讲究，如图所示，衣服是由一些下针长条形成的，每一条是8针，而两条之间的拉丝线，是衣服完成后，将之放线，脱至起针处形成的。起针数也就是长条的针数，用N表示，而长条的个数用S表示，公式就是(N+1)×S-1，原图衣服的长条下针数是8针，一共织13条，就是(8+1)×13-1=116针，本件衣服起针数为116针。衣服的织法正面全织下针，返回织上针，无花样变化。

(2)起116针，从右至左编织，先编织2行，第3行起开始花型编织。利用折回编织的原理，先将最右边8针折回编织10行的高度，即第3行挑织8针后，余下的108针不动，即返回织8针上针，就是反面了，重复这8针编织，织成10行。

(3)将织片弯一弯，接上第9针起织，织至第17针，即返回编织反面上针，织至第1针，共17针，将这17针重复编织正面下针，返回上针，共织成10行。

(4)再接上第18针编织，织至第26针（共挑织9针），折返回编织反面上针，但只织17针，而第1针与第9针放弃不织。将左边的17针，重复编织成10行。

(5)重复第4步，直至织最后的第99针与116针共17针，将之织10行的高度后，完成半个花型的编织，半个花型的高度是10行。这一行花型是从右编织至左的，而第二层半个花型，是从左边编织至右边的。

(6)第二层半个花型起织，第一层最后一片留在棒针上的针数为17针，从左边起织，只选8针编织，折回编织10行，然后按照第3步的方法，挑织第9针至第17针，将这17针折回编织10行，然后就是重复第4步和第5步了，这样，就完成了一个花型，共20行。

(7)按照第1步至第6步骤织2个半花型后，针上的针数共116针，从左边起织，起织后片左边的花样，就是下针花样，先选8针编织，织10行后，同第3步织法，将17针再织10行，然后挑9针织，但这次要将这9针与17针，共26针一起编织，织10行的高度，用同样的方法，每次织完10行后，就向左边棒针上挑9针和原来在织的针数一起编织，直至将116针全部挑起编织10行，完成后片左边花样编织。

(8)后片中心起织，依次编织2个整花型，半个花型，共50行。至袖中轴是一个整花型，前片中心共3个整花型，织回至后片中心时，是织2个半花型再缝合。

3.放针方法。衣服中的拉丝花样是放针形成的，织完衣服后，在最后一行，将每长条之间的1针放掉，即（8+1）中的1针放掉，但稍不注意，当这针放掉回到起针行时，会引起其他针的脱线，避免的方法是，当线未放到起针行时，先将后片缝合，将针数固定。共需要放掉12针。放后将衣服拉一拉开，效果更显著。

4.下摆编织。下摆是横织后，再将一长边缝合，起18针，编织花样D，共织240行的长度后，首尾缝合，再将之与衣下摆边缝合。

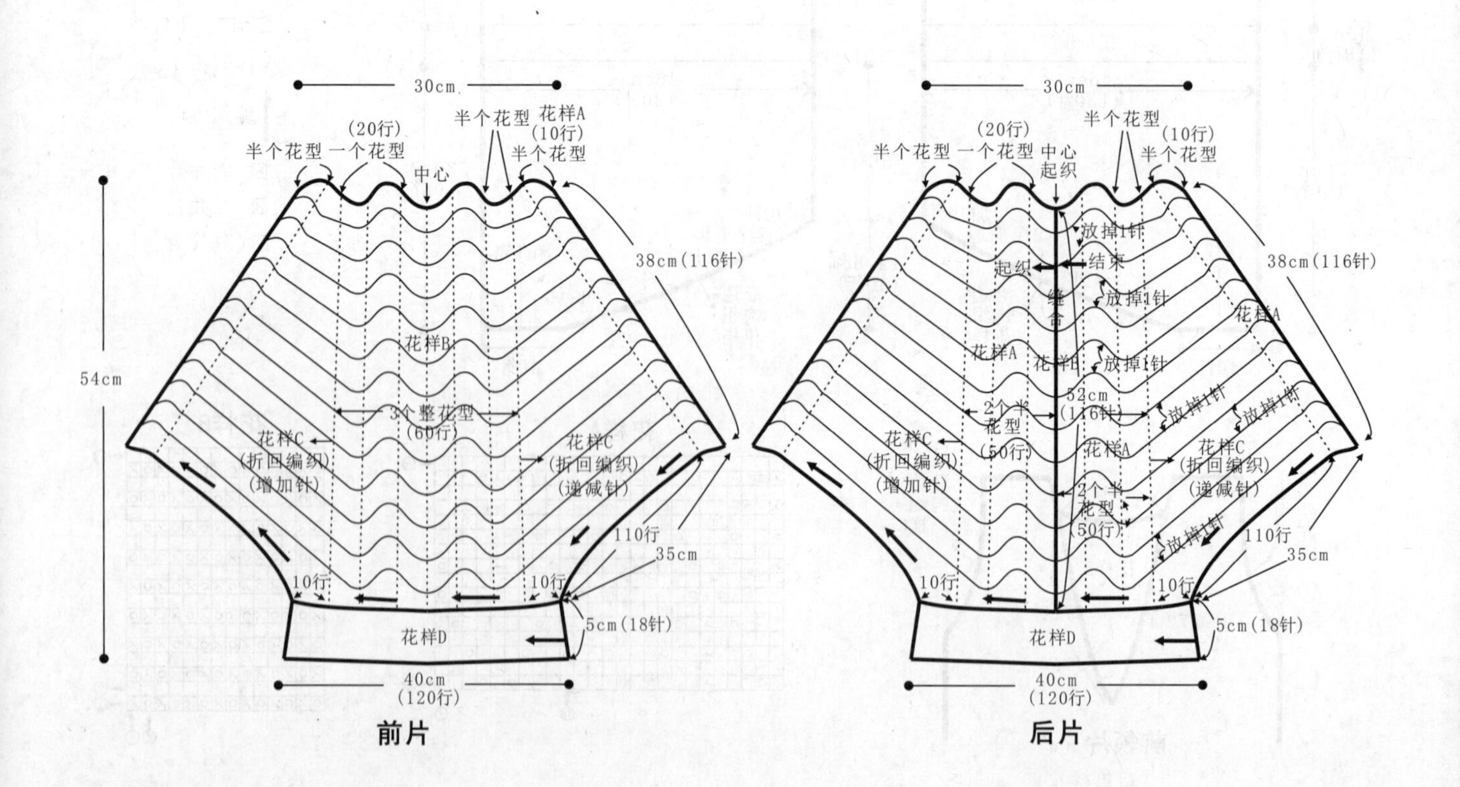

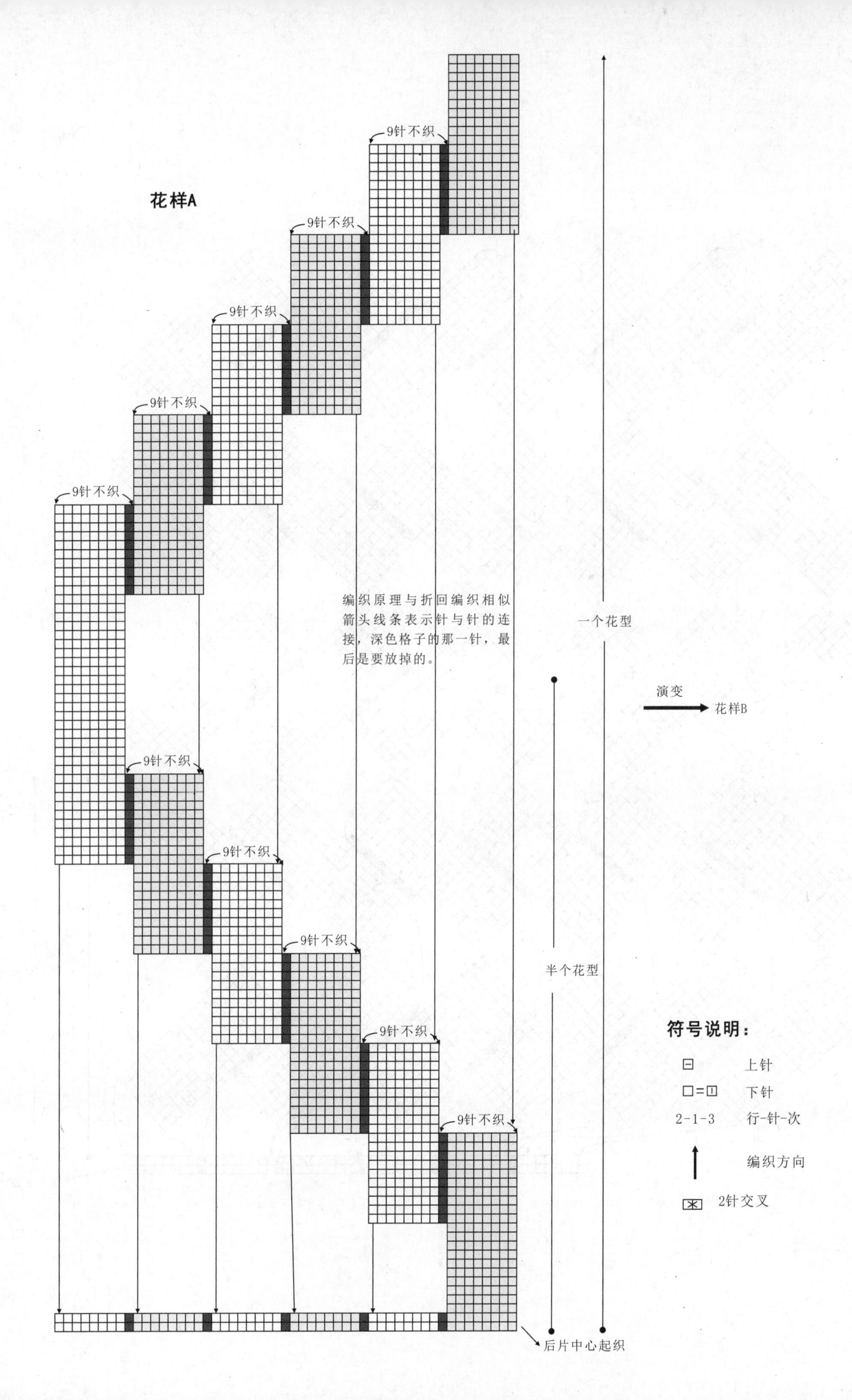
花样A
9针不织
9针不织
9针不织
9针不织
9针不织
9针不织
9针不织
9针不织
9针不织
9针不织
编织原理与折回编织相似
箭头线条表示针与针的连
接，深色格子的那一针，最
后是要放掉的。
一个花型
半个花型
演变
花样B
后片中心起织
符号说明：
上针
□=□ 下针
2-1-3 行-针-次
编织方向
2针交叉

花样B

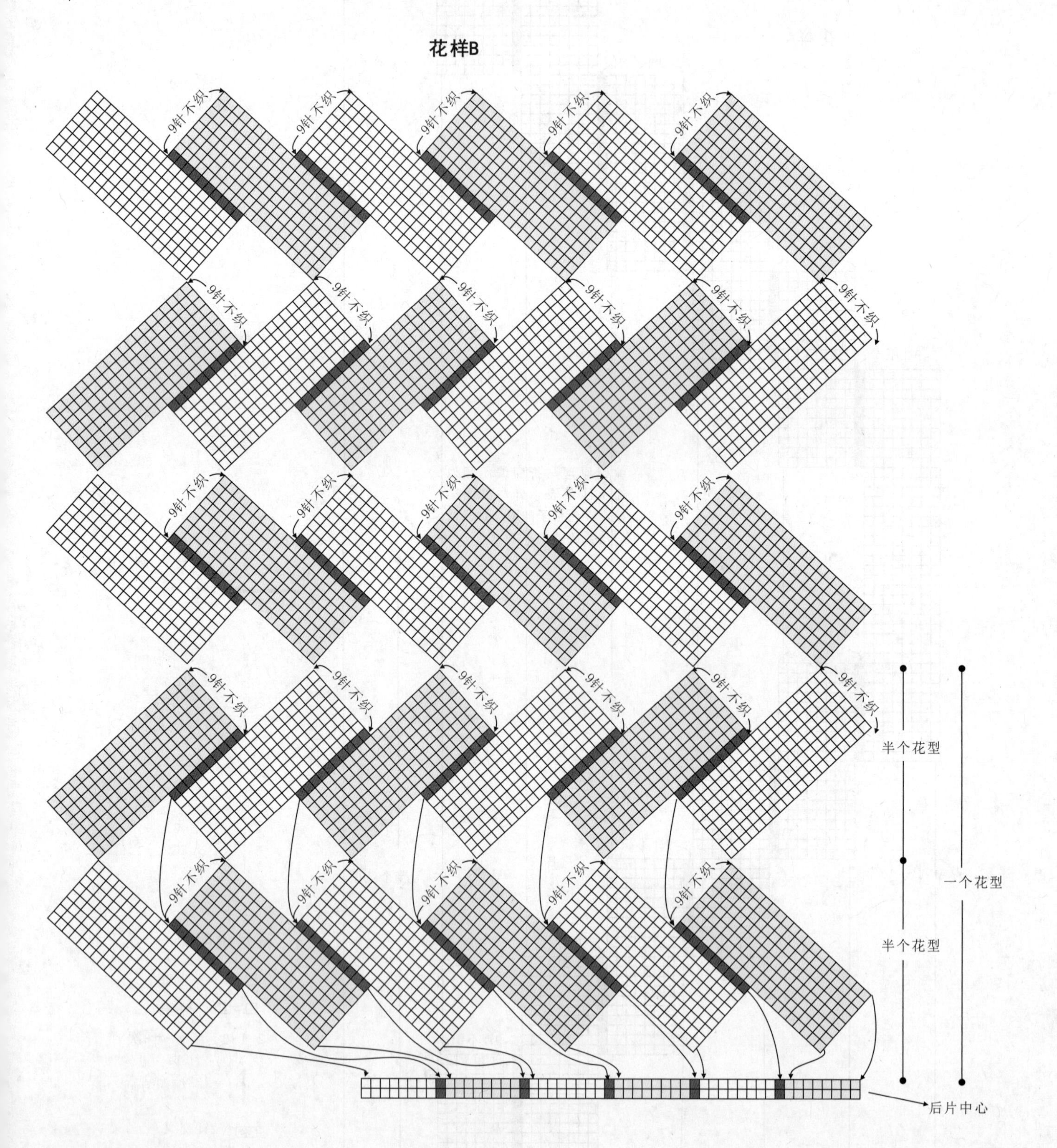

花样C

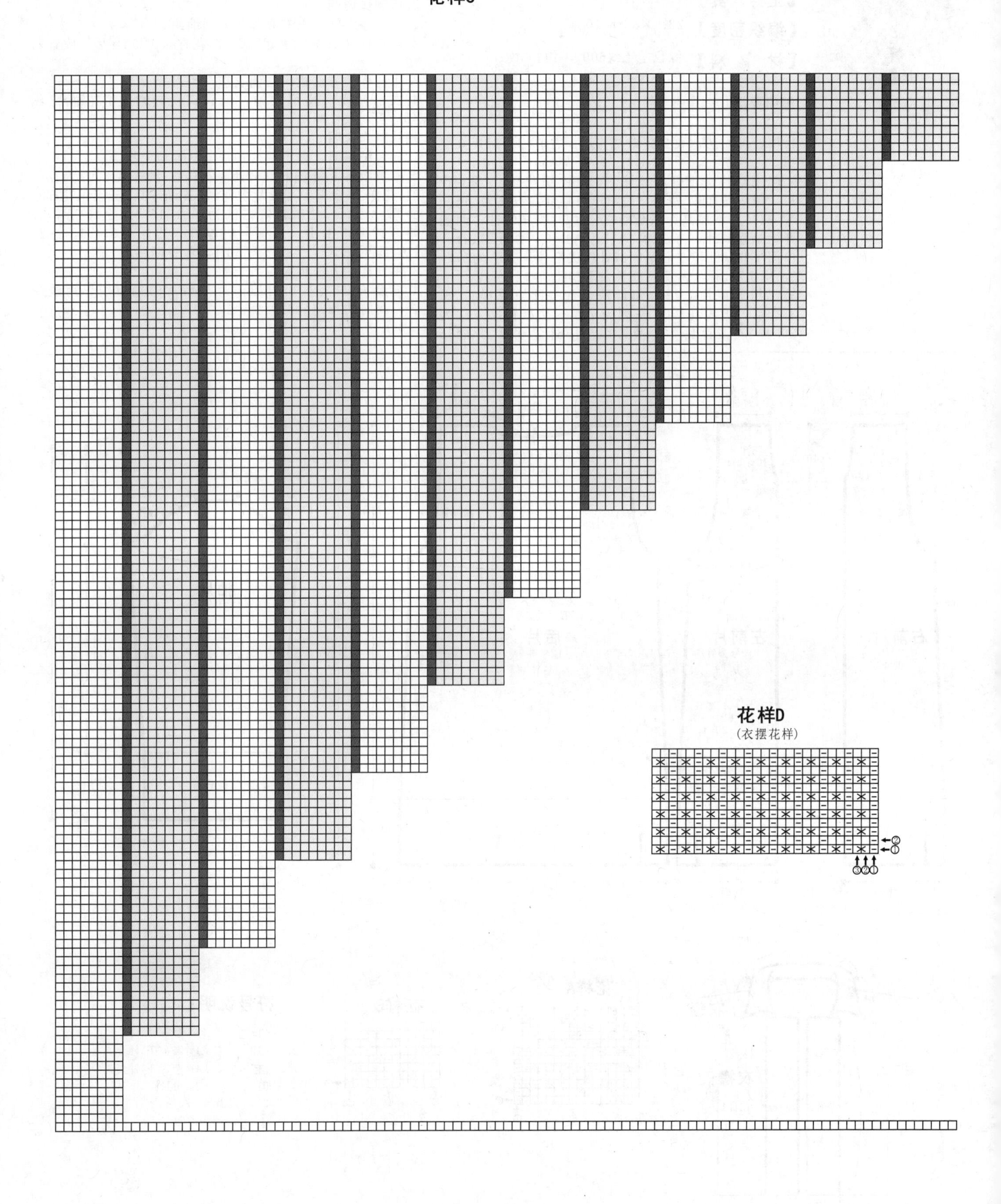

254

【成品规格】 衣长67cm，胸围78cm，肩宽30cm，袖长66cm

【工　　具】 12号棒针

【编织密度】 23针×33行=10cm²

【材　　料】 绿色羊毛线600g，纽扣8枚

编织要点：

1.棒针编织法，衣身分为左前片、右前片和后片来编织。

2.起织后片，下针起针法，起96针织花样A，织34行后，改织花样B，两侧一边织一边减针，方法为20-1-3，减针后不加减针织至156行，织片变成90针，两侧开始袖窿减针，方法为1-4-1，2-1-6，织至219行，中间平收26针，左右两侧减针织成后领，方法为2-1-2，织至222行，两侧肩部各余下20针，收针断线。

3.起织右前片，下针起针法，起38针织花样A，织34行后，改织花样B，左侧一边织一边减针，方法为20-1-3，减针后不加减针织至156行，织片变成35针，左侧开始袖窿减针，方法为1-4-1，2-1-6，织至183行，右侧减针织成前领，方法为2-1-5，织至222行，肩部余下20针，收针断线。

4.用同样的方法相反方向编织左前片，完成后将前后片两侧缝对应缝合，两肩部对应缝合。

衣襟制作说明

1.棒针编织法，左右衣襟片分别编织。

2.沿左前片衣襟侧挑起126针织花样A，织34行后，收针断线。

3.用同样的方法挑织右侧衣襟。

4.衣襟完成后挑织衣领，沿领口挑起94针织花样A，织40行后，收针断线。

袖片制作说明

1.棒针编织法，编织两片袖片。从袖口起织。

2.双罗纹针起针法，起52针织花样A，织8行后，改为花样B与花样C组合编织，袖片中间织16针花样C，其余织花样B，两侧一边织一边加针，方法为10-1-13，织至164行，开始减针编织袖山，两侧同时减针，方法为1-4-1，2-2-10，织至185行，织片余下30针，收针断线。

3.用同样的方法再编织另一袖片。

4.缝合方法：将袖山对应前片与后片的袖窿线，用线缝合，再将两袖侧缝对应缝合。

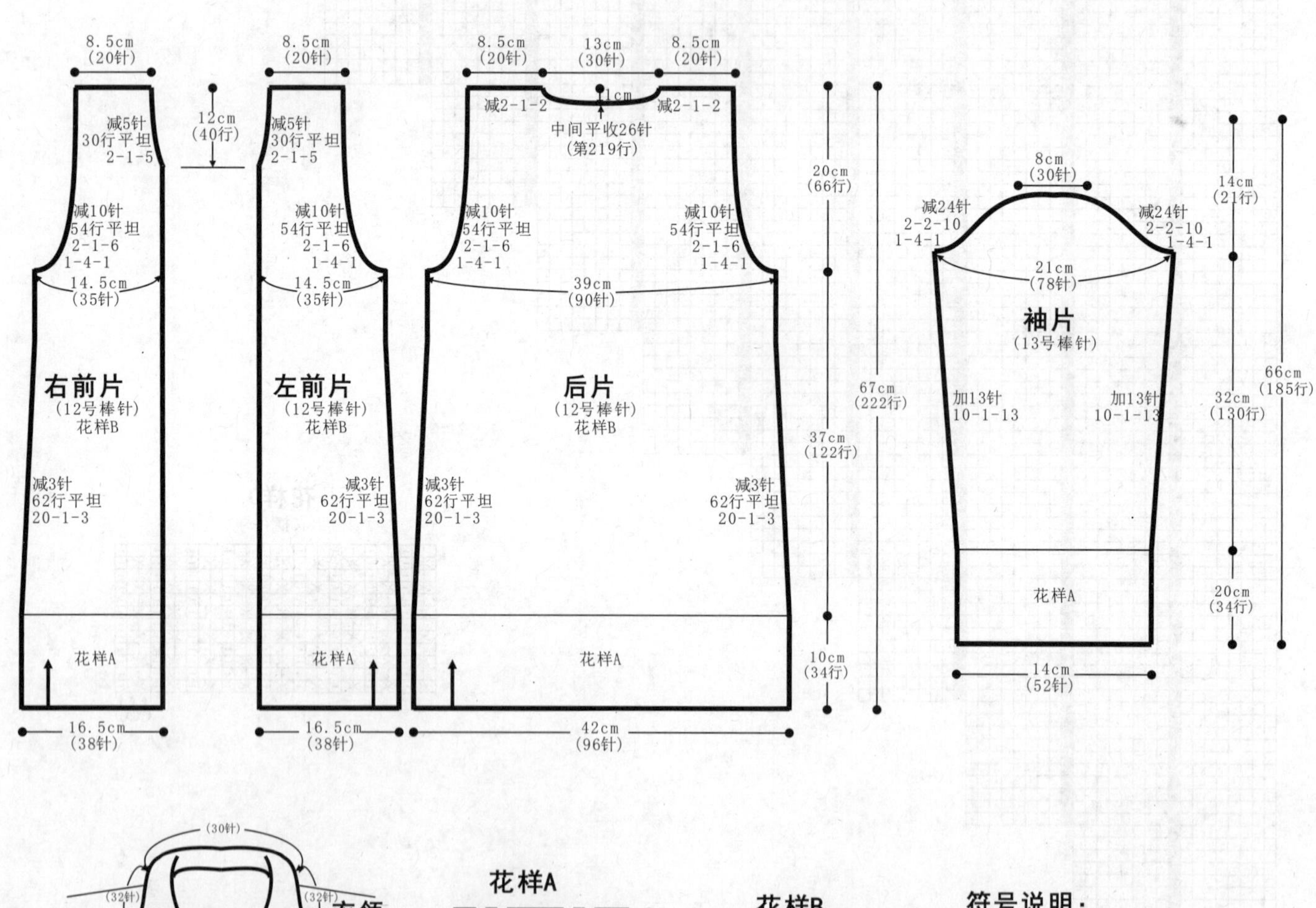

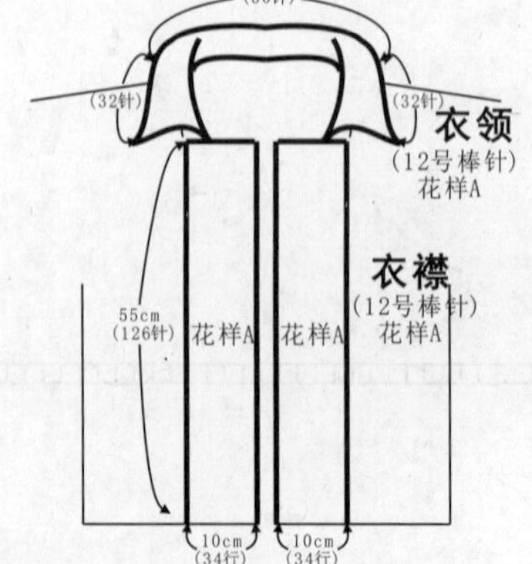

花样A

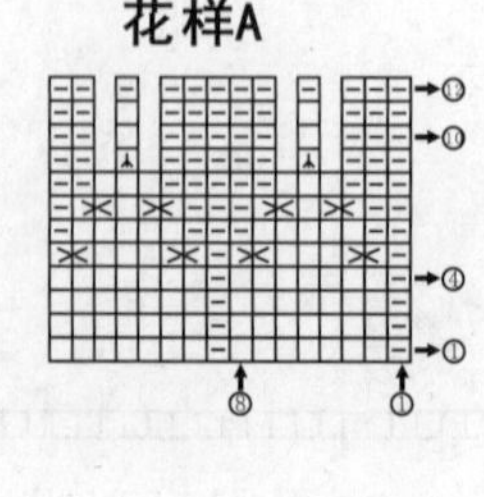

花样B

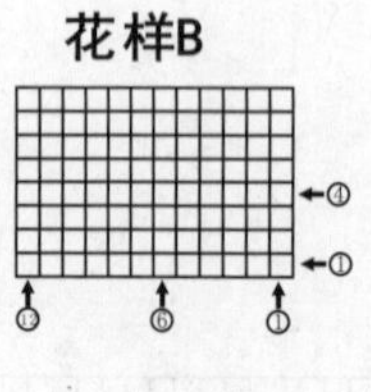

符号说明：

□=□ 下针

左上1针与右下1针交叉

右上1针与左下1针交叉

中上3针并1针

2-1-3 行-针-次

↑ 编织方向

255

【成品规格】 衣长50cm，肩宽37cm，袖长60cm，袖宽15.5cm

【工　　具】 12号棒针

【编织密度】 36针×37行=10cm²

【材　　料】 灰色羊毛线550g，纽扣2枚

编织要点:

1.棒针编织法，由前片2片、后片1片、袖片2片组成。从下往上织起。

2.前片的编织，分为左前片和右前片分别编织，编织方法一样，但方向相反。以右前片为例，下针起针法，起78针，花样A起织，不加减针，织128行至袖窿；下一行两侧同时进行减针，左侧平收4针，然后2-1-8，减12针，织56行；右侧平收12针，然后2-2-11，减34针，织22行，不加减针编织34行高度，余下32针，收针断线；用相同方法及相反方向编织左前片。

3.后片的编织，一片织成;下针起针法，起154针，7组花样A起织，不加减针，织128行至袖窿；下一行两侧同时进行减针，平收4针，然后2-1-8，减12针，织56行;其中自织成袖窿算起编织48行高度，下一行进行衣领减针，平收34针，两侧相反方向减针，2-2-2，2-1-2，减16针，织8行，余下32针，收针断线。

4.袖片的编织，一片织成；下针起针法，起78针，花样A起织，两侧同时加针，10-1-16，加16针，织160行；下一行起，两侧同时减针，平收4针，2-1-32，减36针，织64行，余下38针，收针断线。

5.拼接，将左前片及右前片与后片侧缝对应缝合；将袖片侧缝与衣身侧缝对应缝合。

6.领襟的编织，从左右前片领片位置挑38针，衣襟侧位左右各挑106针，下端左右各挑78针，后片挑68针，花样B起织，织一组花样B，收针断线。

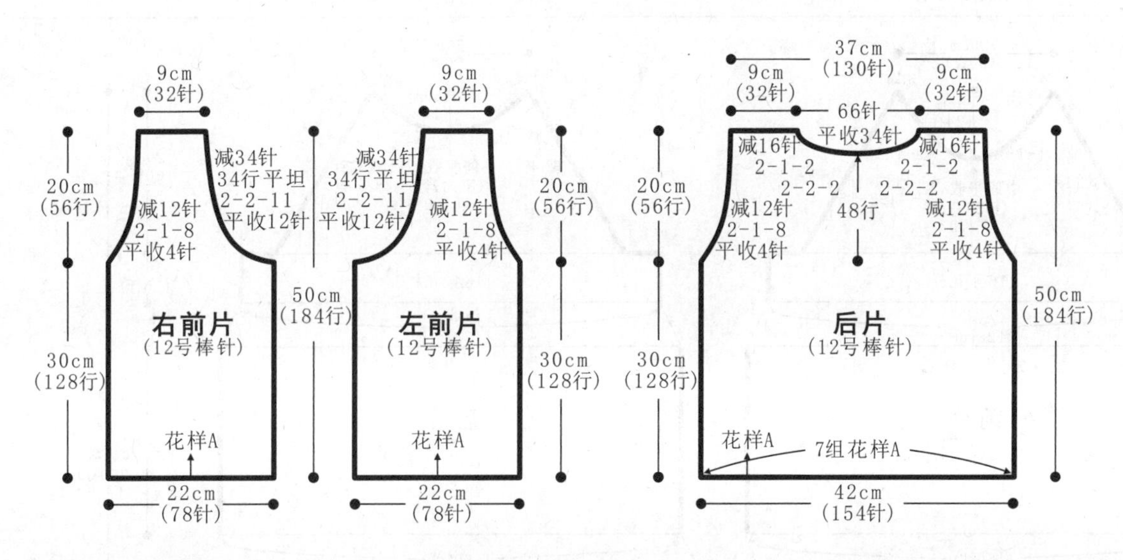

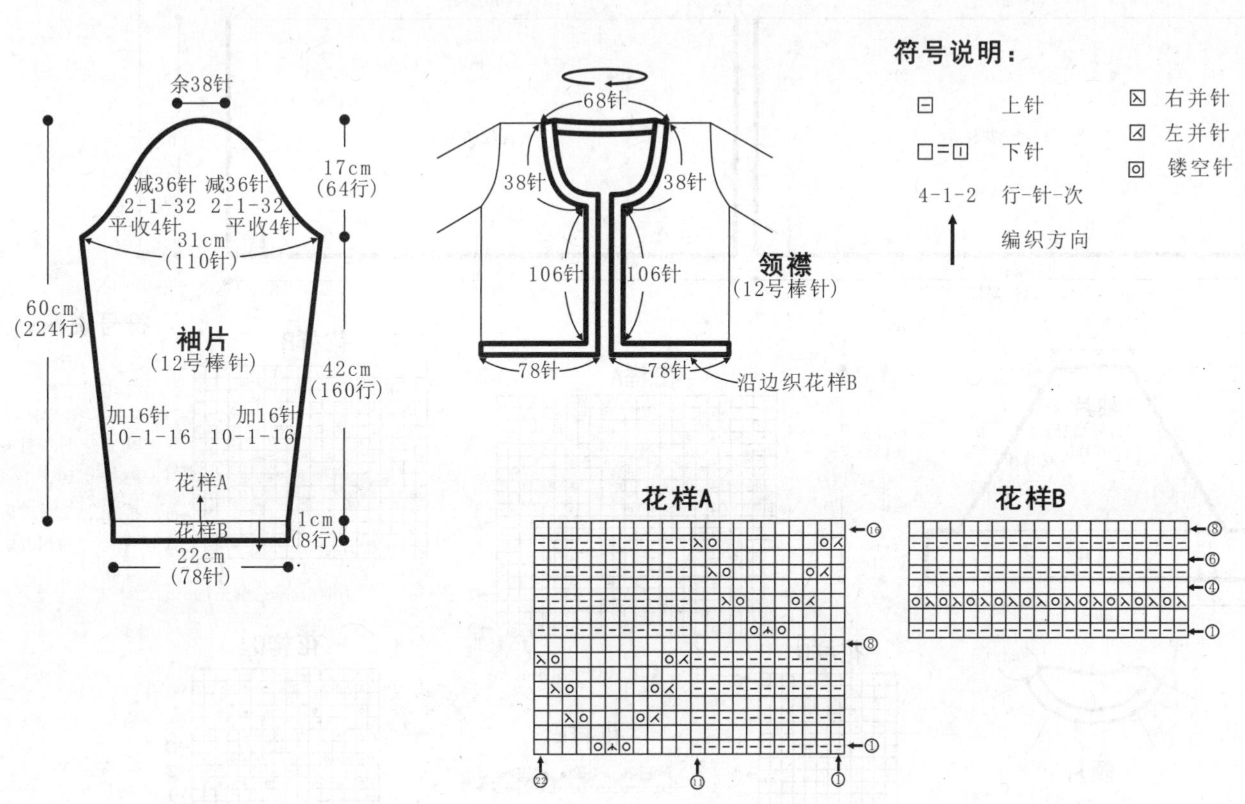

256

【成品规格】 衣长88cm，胸围84cm，肩连袖长25cm

【工　　具】 12号棒针，1.25mm钩针

【编织密度】 30针×29.5行=10cm²

【材　　料】 粉黄色段染线500g

编织要点：

1.棒针编织法，衣身袖窿以下一片环形编织，袖窿起分为前片和后片分别编织。

2.起织，下针起针法起384针织花样A，每12针一组花样，共织16组花样，织至100行，改织花样B，每10针一组花样，共16组花样，织至180行，改织花样C，每8针一组花样，共16组花样，织至200行，将织片分成前片和后片，各取128针，先织后片，前片的针数暂时留起不织。

3.起织后片。分配后片128针到棒针上，织花样D，起织时两侧减针，方法为1-4-1，4-2-15，织至247行，织片中间平收42针，两侧减针织成后领，方法为2-1-7，织至260行，两侧各余下2针，收针断线。

4.起织前片。分配前片128针到棒针上，织花样D，起织时两侧减针，方法为1-4-1，4-2-15，织至237行，织片中间平收32针，两侧减针织成前领，方法为2-1-12，织至260行，两侧各余下2针，收针断线。

领片制作说明

领片沿领口环形钩织花样E，织1cm的高度，断线。

袖片制作说明

1.棒针编织法，编织两片袖片。从袖口起织。

2.下针起针法，起86针织花样B，织16行，改织花样D，两侧减针织成插肩袖窿，方法为1-4-1，4-2-15，织至76行，余下18针，收针断线。

3.用同样的方法编织另一袖片。

4.将两袖侧缝对应缝合，前片及后片的插肩缝对应袖片的插肩缝缝合。

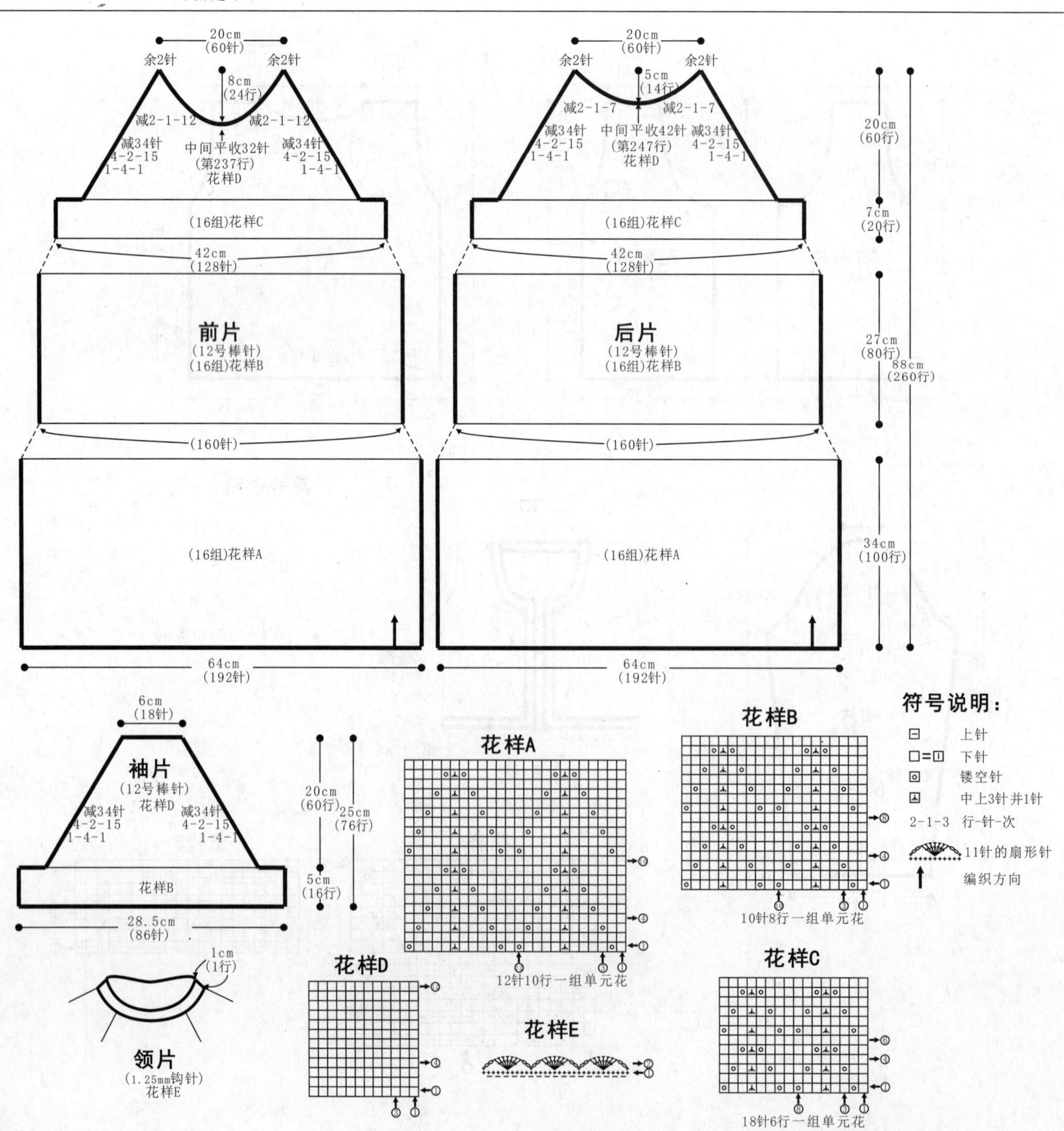

257

【成品规格】 衣长47cm，半胸围42cm，肩宽34cm，袖长49cm

【工　　具】 12号棒针，1.25mm钩针

【编织密度】 33针×32行=10cm²

【材　　料】 红色冰丝线450g

编织要点：

1.棒针编织法，袖窿以下一片编织，袖窿起分为左前、右前片和后片来编织。

2.起织，下针起针法，起188针织花样A，起织至两侧加针，方法为2-2-4，2-1-16，4-1-2，织至48行，不加减针织32行后，将织片分成左前片、后片和右前片分别编织，左右前片各取50针，后片取140针编织。

3.分配后片的针数到棒针上，起织时两侧减针织成袖窿，方法为1-4-1，2-1-10，织至149行，中间平收52针，两侧减针，方法为2-1-2，织至152行，两侧肩部各余下28针，收针断线。

4.分配左前片的针数到棒针上，起织时左侧减针织成袖窿，方法为1-4-1，2-1-10，同时右侧按4-1-8的减针方法减针织成前领，织至152行，肩部余下28针，收针断线。

5.用同样的方法、相反的方向编织右前片，完成后将两肩部对应缝合。

袖片制作说明

1.棒针编织法，编织两片袖片。从袖口起织。

2.下针起针法，起86针织花样A，一边织一边两侧加针，方法为8-1-7，织至62行，两侧减针织袖山，方法为1-4-1，2-1-29，织至120行，织片余下34针，收针断线。

3.用同样的方法再编织另一袖片。

4.缝合方法。将袖山对应前片与后片的袖窿线，用线缝合，再将两袖侧缝对应缝合。

5.沿袖口钩织12组花样B作为袖口花边。

领片、衣襟制作说明

钩针钩织，沿左右前片衣襟衣摆及衣领边沿钩织花样B，共钩12行，断线。

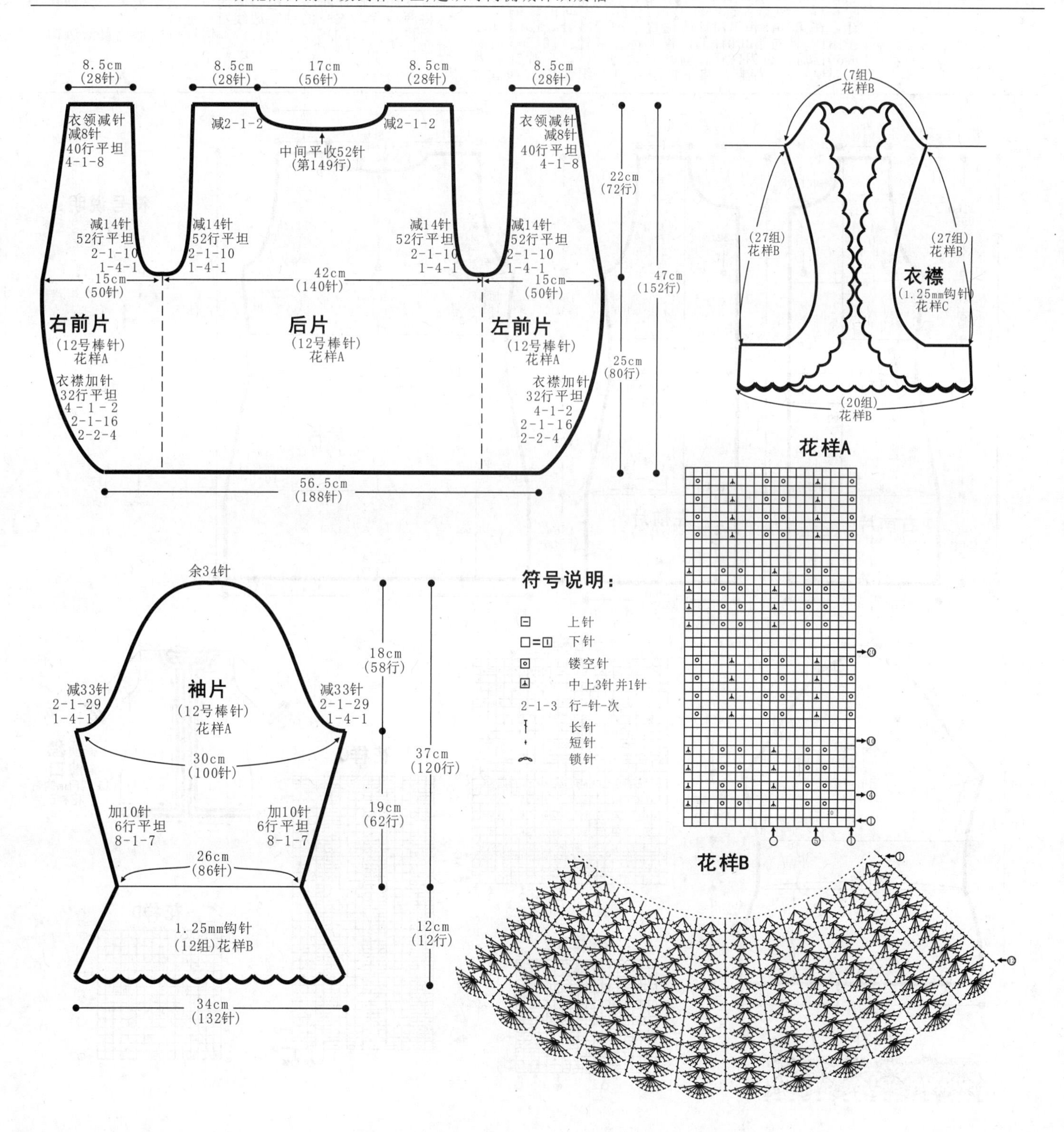

258

【成品规格】衣长85cm，胸宽47cm，肩宽36cm，袖长53cm

【工　　具】10号棒针，1.25mm钩针

【编织密度】23.5针×31.8行=10cm²

【材　　料】羊绒线700g，纽扣4枚

编织要点：

1.棒针编织法，用10号棒针编织，衣边用1.25mm钩针钩织。袖窿以下一片编织而成，袖窿以上分成左右前片和后片各自编织。袖片单独编织再缝合。最后钩织衣边。

2.起织。下针起针法，起269针，两侧一边留2针，一边留3针作边。中间分配22个花样A，每个花12针，起织花样A，不加减针，织4层花，共56行，下一行起分配花样，两侧各选24针编织花样B。中间的针编织下针，在第70针和第71针的位置上进行减针，10-1-6，在第199针与第200针的位置上进行减针，10-1-6，织成60行后，再织10行，前片针数为64针，后片针数为117针。下一行起，将下针织片改为织花样C，并在第1行上进行收针，前片分散收8针，后片分散收16针，前片的针数减少为56针，后片为101针，起织花样C，织34行，下一行起，花样B继续编织。将花样C改为织花样D，照此分配织至肩部。起织花样D，在原来减针的针上进行加针，即腋下加针，14-1-2，不加减再织16行至袖窿。前片针数加成58针，后片加成105针。下一步分片编织。

3.将前片58针挑出编织右前片。袖窿起收针5针，往上2-1-6，衣襟织成22行后，织前衣领，减针方法依次是，平收15针，1-1-11，不加减针织33行至肩部。肩部留21针，收针断线。用相同的方法，相反的减针方向去编织左前片。

4.将后片105针挑出起织，两袖窿收针，各收5针，然后2-1-6，当织成60行高度时，下一行起织后衣领，中间平收32针，两侧减针，1-1-5，肩留21针，收针断线。将前后片的肩部对应缝合。

5.袖片的编织。下针起针法，起84针，首尾连接，环织。花样A起织，不加减针，织4层花样A，下一行里，分散收12针，针数减少为72针，起织花样C，不加减针，织34行，下一行起，起织花样D，并选择首一针与尾一针进行加针，10-1-3，再织10行至袖山减针。针数加成78针，袖山减针，两侧各收5针，然后2-1-20，2-5-1，织成42行，余下18针，收针断线。用相同的方法去编织另一只袖片。再将两袖片与衣身的袖窿边线对应缝合。

6.领襟、袖口的编织。用1.25mm钩针按图示位置沿边钩一组花样E，衣服完成。

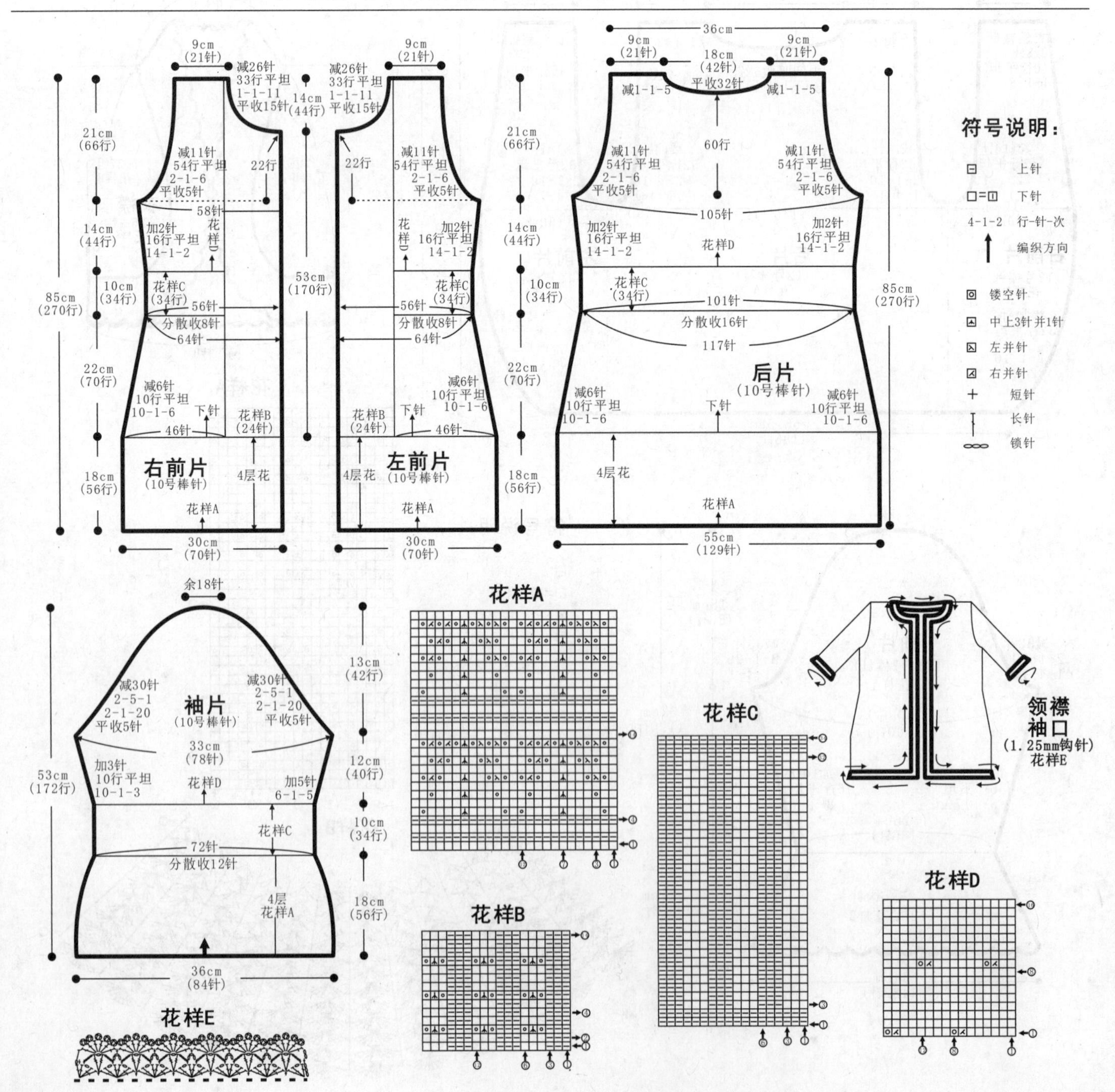